草木名の語源

江副水城　著

鳥影社

＊はじめに

　草木名は、古く、奈良・平安時代に付けられたものが多数あります。草木名についても、主としてこれらが基本名となり、後世に至ってから同種類のものが発見されたりして細かく分類され同じ科属のものに修飾名を付けてそれぞれの種名になっています。

　例えば、キク（菊）という草についていうと、キクが基本名であり、ヒナ、ハマ、ノジなどの修飾名が付けられてヒナギク、ハマギク、ノジギクの種名になっています。

　サクラ（桜）という木についていうと、サクラが基本名であり、シダレ、ヤエ、ヨシノなどの修飾名が付けられてシダレザクラ、ヤエザクラ、ヨシノザクラなどの種名となっているのです。したがって、基本名は３５０種であっても、修飾名付きのものを含めると優に１０００種類以上の草木が対象に含まれます。

　江戸時代になると、シナの明代の本草綱目や三才図会などに記載された多くの草木名が紹介され、それぞれに対して、既存名称と併せてつくられたり新たにつくられたりして和名が付けられています。それらのすべてについての語源説を述べることはできない訳ではありませんが、本書では紙面も許さないので古くからの草木名について取上げています。

　日本に生育する古くからの草木は、日本語の基本名だけに限れば、それほど多くはありません。本書での語源説は古い時代に付けられた草木の名称をほぼ網羅し、かつ、比較的身近に知られた草木のものになっています。

　草木名の語源については、すでに語られたものがあり、その語源本も出版されています。しかしながら、本書の語源説は、それらのすべての語源説とは異なった、本邦空前の、斬新な、しかもほんとうと思われる語源説になっています。したがって、僭越ながら日本の言語・国語学のためにも、敢えて本書を出版しておく気になったのです。本書の語源説は「＊おわりに」に示した「新音義説」に依っています。書名は「草木名の語源」としました。草名２００種、木名１５０種、合計３５０種を取上げています。読者の皆様に興味をもって読んで頂ければ幸甚です。

著　者

平成二十九年七月十日

草木名の語源

目次

＊木名の語源

＊一般語の語源

＊おわりに

＊参考文献

草木名の語源

＊草木名の基本語源

草木の個々の名称語源について云々する前に、先にいっておきたいことは、特別な場合を除いて、その基本的な語源の意味は**「美」**になっているということです。ご承知のとおり「美」には「美味」や「良好」の意味も含まれています。したがって、ある草が①**「美しい草」**の意味になっているときは、少し意訳して②**「美しい花の咲く草」**の意味になっており、花の咲いたあとに食べられる実がなるときは③**「美味しい実のなる草」**の意味にもなっており、その実自体を指すときは④**「美味しい実」**の意味にもなっているということです。目立った花も咲かない実もならないときは、その草自体が食べて美味しかったり姿が美しかったり良い香りがしたり薬効があったりする点などに注目して、⑤**「美味しい草」**、**「美しい姿の草」**や**「素晴らしい草」**などの意味になっています。

木に関するときも同じことで、①**「美しい木」**の意味になっているときに、それが花の咲く木であるときは、少し意訳して②**「美しい花の咲く木」**の意味になっており、花の咲いたあとに食べられる実がなるときは③**「美味しい実のなる木」**の意味にもなっており、その実自体を指すときは④**「美味しい実」**の意味にもなっているということです。目立った花も咲かない実もならないときは、姿が美しかったり良い香りがしたり薬効があったり各種用材として良好であったりすることに注目して、そのままの意味で⑤**「美しい姿の木」**や**「素晴らしい木」**の意味にもなっています。

ということは、大抵の場合、その名称の意味は表現が異なるだけで、始めから分かっているのであり、要は、その意味の根拠となる、いわゆる具体的な語源はなにかということに絞られることになります。このことは、人名の場合に非常に似ており、格別の特徴がある場合はともかく、ごく普通の草木であっても「よい名称」が付けられているということです。したがって、草木名の語源の説明は似たような意味のものになります。以下に叙述する草木について「美」という意味がでてきたときは、もし本書の説明が舌足らずの場合でも、補足して上述したような意味に解釈して頂きたいと思います。

同じ意味の名称がそんなに多数できるのかということですが、ご承知のとおり、数学における**「順列組合せの法則」**というものがあります。例えば、「美しい花」や「美しい花の咲く草」という意味の三音節の言葉をつくりたい場合に、「美しい」の意味の漢字が5個あるときは、その中から3個を取出して重複音なしの三音節の言葉をつくると、5個から3個の取出し方が10通り、3個の並べ方が6通りですから、両数を掛合わせると60語ができます。同じように漢字10語から3個を取出して重複音なしの三音節の言葉をつくると、720語ができることになるのです。

現状では、日本語名称は魅力がないのか、意味も分からないヨーロッパ系名称の垂れ流しが放置されています。

「日本語と外国語」（慶応大学名誉教授・鈴木孝夫著・岩波新書）という本の〝外来語の氾濫〟の下りには、「私は大の植物好きなので、（花屋・園芸店の）店先に色とりどりの草花の鉢が綺麗に並べてあるのをみると、つい入ってしまう。ところが、店一杯に飾ってある美しい花、珍しい植物を見る楽しさに水を差すものが、その名前なのである。今では、大袈裟にいえば日本語の名を見つけることが苦労なぐらい、花の名、植物の名称が外来語のカタカナに変わってしまっている。中略。一体どうして今の日本人は、せっかく以前からある美しくて理解しやすい、しかも覚えやすい日本語名があるものまで、わけの分からぬカタカナ外来語に置き換えてしまうのだろうか」とあります。同書の〝日本語の植物名〟の下りには、「もちろん日本語の植物名にも、サクラ、マツ、スギ、ツバキのようなものを始めとして、ススキ、ユリ、キキョウ、オミナエシといった、いくら考えても実物との関連が浮かばないものがある」とあります。つまり、これらを始め多くの日本語植物名の意味が分からないと書いてあるのです。

当然のこととして、日本人としては日本語名を使い続けることが望ましいのであり、そのためにはそれぞれの草木の日本語名の語源とその意味が分かるようにすることが是非とも必要と思われます。

＊草木の部位名の語源

1　クサ（草）

草は、木と比較したときに、丈は高くならずに小さくて、普通には、その茎、枝、葉などの地上部分が、一〜二年程度で枯れてしまう一年草や二年草が多くなっています。草の字は、漢語の一音節読みではツァオと読み、日本語の音読ではソウと読み訓読ではクサと読みます。音読のソウはツァオが多少訛った日本語音読ですが、訓読というのは、ご承知のとおり、「解釈読み」或いは「説明読み」のことですから、クサとはいかなる意味かということが問題になります。

クサの特徴は、普通には緑色であることです。一音節読みで、酷はクと読み、程度が著しいことを表現するときに、通常は、「とても、非常に、著しく」などの意味で使われます。蒼はサンと読み「青い」、英語でのグリーン（green）の意味があります。つまり、クサとは酷蒼の多少の訛り読みであり、直訳すると**「とても青い（もの）」**の意味になり、これがこの言葉の語源と思われます。しかしながら、この意味だけでは、木も含まれることになってしまいます。漢語の一音節読みでは、些はシィエ、瑣はスオと読むのですが、日本語辞典では重ね式表現にした些些や瑣瑣はササと読み「小さい」の意味とされています。つまり、クサとは酷些または酷瑣の多少の訛り読みであり**「とても小さい（もの）」**の意味になっており、これもクサの語源で掛詞になっています。掛詞をまとめると「とても青い、小さい（もの）」になります。小さいというのは、木と比較したときのことを指しています。

2　キ（木）・ハヤシ（林）・モリ（森）

「木」の字は、そもそもの漢語の一音節読みでムと読まれるのに、なぜ日本語ではキと読むのかということ、ついでに、ハヤシ（林）とモリ（森）についても言及しておきます。木・林・森の字は、木の字が、一個・二個・三個と次第に増えています。漢語では順番にム・リン・センと読みますが、日本語では順番に音読でモク・リン・シン、訓読ではキ・ハヤシ・モリと読みます。

キ（木）については、巋という字があり、一音節読みでキと読み「ひとりで高く聳えている」の意味があります。巋然独存という四字熟語があり、直訳すると「ひとりで高く独存する」の意味です。つまり、木をキと読むのは、巋の読みを転用したもので「ひとり」というのですから、「一本」のことであり、したがって、キとは巋であり**「一本の（もの）」**の意味になり、これがキという音声語の語源と思われます。

音読のモクについては、猛はモンと読み、程度が著しいことを表現するときに使われ、ここでは「たった、わずか」の意味になります。孤はクと読み「孤独の、独立の、一つの」の意味です。つまり、木をモクと読むのは、猛孤の多少の訛り読みであり**「たった一つの（もの）」**の意味になり、これがモクの語源と思われます。

ハヤシ（林）とは、漢語辞典によれば「集まって生えている樹木」のことを指すとされています。一音節読みで、繁はハン、洋はヤンと読み、共に「多い、衆多の、たくさん」の意味です。之は、清音読みではシと読み、植物のことについて動詞で使うときは「生える」の意味があります。つまり、ハヤシとは、繁洋之の多少の訛り読みであり、直訳すると**「たくさん生えている（もの）」**の意味になり、これがこの言葉の語源と思われます。この語源では、木の意味はどこにもでてきませんが、林の字から音声外で察知できるということです。

モリ（森）は、木の字が三個から構成されています。一音節読みで、茂はマオと読み「茂る、繁茂する」の意味であり、林は上述したように音読でリンと読みます。そうしますと、モリは、茂林（マオ・リン）の多少の訛り読みであり、直訳すると**「茂った林」**の意味になり、これがこの言葉の語源と思われます。つまり、森をモリと読むのは、茂林の多少の訛り読みからでたものであり、林の繁茂したものが森であるという考えになっているようです。音読のシンはセンの訛り読みと思われます。

「日本語の起源」（大野晋著・岩波新書）という本には、

要約すると、次のように書いてあります。「今日の日本語では、木の茂った小山のようなところをモリというが、古くはモロ・モリは神が降下してくるところであった。朝鮮では、山は神が降下してくるところとされていて、『山』を古い朝鮮語でモリといった。日本語と朝鮮語ではモリは指すものが多少ずれているが、根本で一致しているのは、モリという語が朝鮮から日本に伝わってきたからである」。

しかしながら、例え、山に木が茂って森になっているにしても、山は山であり、森は森であって、根本では少しも一致していないのではないかと思われます。海に魚がたくさん生息しているから、海と魚は、根本では一致しているとはいえないのと同じことです。この学者は、なにかというと、日本語を朝鮮語起源や朝鮮語同源にしたがる人ですが、正直いって、「日本語のモリは、古い朝鮮語では山の意味であって、それが日本に伝わって森の意味に変わった」などとは俄《にわか》には信じ難いことであり、古い朝鮮語とは何世紀頃のどんな朝鮮語なのか分かりませんが、そうとは思われません。なぜならば、キ・ハヤシ・モリという三つの言葉は、朝鮮語とはなんの関係もなく、上述したような意味であり、日本語としてつくられた言葉と思われるからです。なお、現代の朝鮮語では、山は漢語の読みに近い「サン」と読み、森は「スプ」といいます。

3　ミキ（幹）・クキ（茎）

一般的に、木は、丈が高く全体的にも大きくなり、寿命も長く、樹齢なん百年というものもあります。他方、草は、丈は高くならず全体的にも小さくて、普通には、その茎、枝、葉などの地上部分が一～二年程度で枯れてしまうものが多く、多年草とされる草でも木と比べると遥かに短い寿命になっています。木の軀体部分を幹《みき》というのに対して、草の軀体部分は茎《くき》といいます。幹と茎とが明確に区別されているらしいことは、幹の古字は榦でありその旁《つくり》に木の字が含まれていることや、茎の字が艸《くさ》冠であることからも判断できます。一般的には、幹は中心部が緻密で堅い組織であり、茎は中心部が空疎で柔らかい組織になっています。幹や茎にはいろんな機能がありますが、その最も重要な機能は幹内や茎内の軌道を通じて水分や養分を身体の各部分に補給することです。

一音節読みで、密はミと読み「緻密な」の意味があります。枯はクと読み「空疎な」の意味があり、例えば、漢語では人のいない「空城」のことを「枯城《クチャン》」ともいいます。軌はキと読み「軌道、通路」の意味があります。つまり、**ミキ**とは密軌であり**「緻密な軌道」**、**クキ**は枯軌であり**「空疎な軌道」**の意味になり、これらが日本語の訓読で幹をミキ、茎をクキと読むときの語源と思われます。幹と茎の区別については、漢語辞典や漢和辞典、或いは、日本の大辞典においても、必ずしも明確に区別されていませんが、少なくとも幹や茎をミキやクキという音声語で訓読する限り、日本語においては区別すべきものと思われます。

4　エダ（枝）

草木の本体となる太い茎や幹から延びでた多くの分肢のことをいいます。通常は、分肢は更に分肢し先に進むにつれて小さくなり、そこに葉が付き、花が咲き、実がなります。

一音節読みで、延はエンと読み「延びる」の意味です。大はダと読み、漢和辞典をひもといて頂くとお分かりのように「多い」の意味があります。多は、本来はトゥオと読むのですが、日本語でタと読むのは大の清音読みを転用したものです。つまり、エダとは延大の多少の訛り読みであり、直訳すると**「延びでた多くの（もの）」**の意味であり、これがエダという言葉の語源と思われます。

その証拠となるような古文書の記述があります。古事記における応神天皇の歌謡（歌番四四）の条では、原文における「本都延」を「上枝《ほつえ》」と訳してあります。同じように、「志豆延」を「下枝《しづえ》」、「那迦都延」を「中つ枝《え》」と訳してあります。また、雄略天皇の歌謡（歌番九八）の条では「延陀」を「枝」と訳してあります。つまり、エダのエは延だということです。

5　ハ（葉）

草木の茎や枝についているもので、刀身形のものなどもありますが、特別なものを除いて、普通には、薄くて平たく、楕円形のものが殆んどで、緑色をしています。草木を構成するものの中では、最も数の多いもので、光合成や呼吸作用をつかさどる重要な機能を果しています。一音節読みで、繁はハンと読み「多数の、多くの、たくさんの」の意味があり、酣はハンと読み「盛美である、とても美しい」の意味があります。つまり、ハとは、繁と酣の多少の訛り読みで掛詞と思われ、その意味上は繁酣であり直訳すると**「多数の美しい（もの）」**の意味になり、これがこの言葉の語源と思われます。

古事記の神武天皇の条には「畝傍山《うねびやま》　昼は雲とゐ　夕されば　風吹かむとぞ　木の波《は》騒げる」という歌が詠まれています。平安時代の和名抄には「葉、波、草木の茎枝に敷《つ》くものなり」と書いてあります。葉を波とあるのは、さざ波（＝小さな美しい波）という言葉があるように、両者は「多数で美しい」という共通点があるからかも知れません。

6　ハナ（花）

花は、草冠《くさかんむり》といわれる「艹」と「化」とから構成された字であることから分かるように、草木において、美しく変化した部分のことをいいます。花は、漢語の音読ではホアと読みますが、日本語では音読でカ、訓読でハナと読みます。一音節読みで、姱はクァと読み**「美しい」**の意味です。つまり、日本語で花をカと音読するのは、姱の多少の訛り読みを転用したものです。

また、酣はハンと読み形容詞では「盛美である、とても美しい」、娜はナと読み「美しい」の意味です。つまり、ハナとは、酣娜であり**「とても美しい（もの）」**の意味になり、これがハナという訓読言葉の語源と思われます。「はなやか」、「はなばなしい」などの言葉も、ここから派生しています。

なお、「花が咲く」のことを古くは「花が開く」といっていました。いつ頃からか「咲く」というように変わったのですが、「咲く」とはいかなる意味なのでしょうか。そもそもの漢語漢字では「咲」は「笑」の古字とされていてシィアオと読み「笑う」の意味です。それを日本語漢字では読み方と字義とを変更して花や蕾《つぼみ》などが「開く、膨《ふく》らむ」の意味にしてあります。粲という字があり燦とほぼ同じ意味の字ですが、どの漢和辞典をみても、「美しく光り輝く」や「とても美しい」の外に「笑う、笑い」の意味があると書いてあります。つまり、「咲く」を「さく」と読むのは、古字の咲と同じ「笑う」の意味をもつ粲の音読が関係しているようなのです。一音節読みで、粲はサンと読み、形容詞では「とても美しい」の意味があります。膨はクと読み「膨らむ、大きくなる」の意味です。つまり、咲《さく》とは、粲膨の多少の訛り読みを転用したものであり、直訳すると**「とても美しく膨らむ」**の意味になります。ということは、花や蕾について、「膨らむ」と「開く」とは、同じ現象を表現した同じ意味と考えられていたと思われます。そうしますと、花についての「蕾が膨らむ」とは「花が開く」ことに繋がり、結局は「花が咲く」ことに繋がるという思考ではないかと推測されます。

7　ツボミ（蕾・莟）

大言海によれば「花ノ初生ノ未ダ開カザルモノ」と説明してあり漢語辞典にも「未開の花」のことと書いてあります。漢字では蕾や莟と書かれます。大言海によれば、萬代集（一二四八撰）には「白妙の　花のつぼみを目にかけて　いそぢの峰をおりぞわづらふ」という歌が詠まれています。

一音節読みで、姿はツと読み形容詞で使うときは「美しい」の意味、膨はポンと読み「膨らむ」の意味があります。昧はメイと読み動詞では「隠蔽して未《ま》だ露出しない、覆い隠して未だ顕れない」などの意味とされ、曖昧という熟語で使われています。未は、昧の旁《つくり》と同じであることからこれに影響されて「未」もまたメイとも読むのですが、すでに万葉仮名ではミと読んであります。未は「未《ま》だ」の意味であることはご承知のとおりです。つまり、ツボミとは、姿膨未の多少の濁音訛り読みであり直訳すると**「美しく膨らむものが未だである（もの）」**の意味になり、これがこの言葉の語源と思われます。

8 オシベ・メシベ（雄蕊・雌蕊）

種子植物の生殖器官であり、漢字では雄蕊《おしべ》（雄蘂）と雌蕊《めしべ》（雌蘂）と書かれ、漢語の一音節読みで雄蕊（雄蘂）はションルイ、雌蕊（雌蘂）はツルイと読みます。一般的には、オシベの雄性花粉をメシベの雌性花粉が受粉して種子をつくり次世代の生命のもとになります。大言海によれば、平安時代の和名抄に「蘂、和名之倍、花心也」と書いてあります。

日本語で、雄をオと読むのは峨（オ）の読みを転用したもので「高く聳える」の意味です。雌をメと読むのは美（メイ）の読みを転用したもので「美しい」の意味です。つまり、古くは、雄と雌とはそのようなものと見做されていたのです。

さて、語源の話をしますと、そもそもの漢語の一音節読みで息はシと読み男女を問わず「子ども」のことであり、区別するときは男性は子息《しそく》、女性は息女《そくじょ》といいます。本はベンと読み「本源、根源」の意味があります。つまり、シベとは「息本」の多少の訛り読みであり直訳では「子どもの根源」の意味になっています。

したがって、オシベは峨息本で**「男性側の子どもの根源」**、メシベは美息本で**「女性側の子どもの根源」**の意味になり、これらが、オシベとメシベの語源と思われます。

9 メ（芽）

大言海には「**め**（名）芽 草木ノ茎、幹、枝、葉、ナドノワズカニ出デ初メタルモノ」と説明してあります。遠回りの話になりますが、ハギ（萩）は、取り上げていうほどの香りもしない、薬用にもならない、ただ美しい花の咲くことが特徴と思われる草ですが、その種類の中には灌木とされるものもあります。万葉集の歌にでてくる草木の中では最も多い一四二首が詠み込まれています。その内、芽と書かれたものが十三首、芽子と書かれたものが一一六首、合計一二九首があり、すべてハギと読まれています。ハギは美しい花の咲く草ですから、芽の字の中に含まれる牙は、雅のことであり「雅《みやび》やかな、優雅な、美しい」などの意味と思われます。つまり、芽は、「草冠＋雅」から構成されているので、「草の美しい（部分）」の意味の字になっているようです。したがって、メとは一音節読みでメイと読む「美」のことであり直訳すると**「美しい（もの）」**の意味になり、これがメ（芽）という言葉の語源と思われます。

10　ネ（根）

根の字は、漢語の音読ではケンと読むのですが、日本語の音読ではコン、訓読ではネと読みます。なぜ、日本語ではコンやネと読むのでしょうか。

先ず、根をコンと読むことについては、一音節読みで、坑（阬）はコンと読み、他動詞では「土中に埋める」、自動詞では「土中に埋まっている」の意味があります。坑は、人口に膾炙《かいしゃ》した四字熟語で、秦の始皇帝が行ったとされる焚書坑儒《ふんしょこうじゅ》（焚書阬儒）という言葉で使われている字です。根は土中に埋まっているので、坑の読みをその読みに転用したということです。つまり、根をコンと読むときのコンは坑であり**「土中に埋まっている（もの）」**の意味です。

次に、根をネと読むことについては、粘はネンと読み「粘着している」の意味があります。根をネと読むのは、粘の多少の訛り読みを転用したものです。つまり、根は土中に**「粘着している（もの）」**と見做してあります。草木は、普通には、土中にしっかりと根をはってその身体を支えているので、それを粘着していると見做してあるものと思われます。

11　トゲ（刺・棘）

トゲは、漢字では刺や棘と書きます。一音節読みで、恫はトンと読み「恐《こわ》い、恐ろしい」、艮がゲンと読み「堅い」の意味です。つまり、トゲとは、恫艮の多少の訛り読みであり、直訳すると**「恐ろしい堅い（もの）」**の意味になっており、これがこの言葉の語源と思われます。なぜ、このような意味になるかというと、触れると怪我をする危険があるからです。なお、漢語の一音節読みで、刺はラと読みバラやタラなどのラの語源、棘はチと読み、カラタチ、サイカチやタチバナなどのチの語源となっています。

12　サヤ（莢）

大言海には、「**さや**（名）莢〔鞘ト同義〕豆類ノ実ヲ被ヒテ生フル殻」と説明してあり、また、平安時代の宇津保物語には「人ハ、十五人、漬豆ヲ、一《ヒト》さや宛《アテ》ニ出ストモ十余《アマリ》五ツナリ」とでています。鞘は、刀の刀身を内臓するための筒状の入れ物です。大言海によれば、鞘について、和名抄には「鞘、刀室なり、佐夜」、天治字鏡には「鞘、刀剣室、佐也」と書いてあります。

一音節読みで、蔵はツァンと読み「内臓する」の意味、掩はイェンと読み「覆う、被せる、覆い被せる」の意味があります。つまり、莢とは蔵掩の多少の訛り読みであり直訳すると**「内臓して覆い被せる（もの）」**の意味になり、これがこの言葉の語源と思われます。掩の発音記号は**yan**なので、本来はイェンと読むべきなのですが、この言葉の場合は訛り読みというよりも意図してヤンの読みにしたものと思われます。

13　タネ（種）

種の字は、漢語の一音節読みではチョンと読み、生物の生命の源となるものです。生物の種には脂肪も含まれますが、その主成分は、炭水化物や蛋白質といえます。一音節読みで炭はタンと読み「炭水化物」、蛋はタンと読み「蛋白質」のことを指します。つまり、タネのタは炭と蛋との掛詞になっています。内はネイと読み「内部」のことです。したがって、タネは、炭内と蛋内との掛詞であり、意味上は炭蛋内になっており、直訳すると**「炭水化物や蛋白質を内包する（もの）」**の意味になり、これがタネという訓読言葉の語源と思われます。三大要素には脂肪もあるのですが、語源上はそのようになっているようです。

14 ミ（実）

実の字は、漢語の一音節読みではシと読み、日本語の訓読ではミと読みます。子の字は一音節読みでツと読むのですが、日本語ではシと読むのは、実の一音節読みを転用したものです。なぜならば、子の最も重要な意味の一つは「実、種」のことだからです。つまり、子は種子におけるようにシと読むときは実と同じ意味になっています。

江戸時代頃までの文献では、例えばクハノ子《み》（桑の実）のように、子はミとも読んであります。種子という熟語においては、種と子とは同じ意味ですから、実、種、子の三字は同じ意味の字にもなることがあるということです。

実の字は、訓読ではミと読みます。これは、一音節読みでミンと読む命の読みを転用したものと思われます。植物においては、実は、次世代の生命の源になるものなので、このような転用ができるのです。つまり、実をミと読むときのミとは命であり**「生命の（源）」**の意味になり、これがこの言葉の語源と思われます。

15 クダモノ（果物）

「実」の頭に「果」を乗せた「果実」という熟語は、英語でいうフルーツ（fruits）のこととされており、和製熟語では「果物」と書き「クダモノ」と読みます。漢語辞典によれば、果の字は樹木上に実《みの》る果実をかたどった象形文字ですが、現在では、草に実るものも含むとされています。大言海によれば、和名抄に「果、或は菓に作る、久太毛乃。蓏、久佐久太毛乃」と書いてあります。蓏は、「草冠＋瓜」から成り立っているので、美味しい草の実を意味する字です。

さて、語源となると、日本語のクダモノとはいかなる意味なのかということになります。果物は、普通には、食べて美味しい草木の果実を指します。一音節読みで穀はクと読み「よい、良好な、美しい」、讜はダンと読み「よい、美しい」の意味があります。つまり、クダモノとは、穀讜物であり直訳では「美しい物」ですが、美には美味の意味があるので**「美味しい物」**の意味になり、これがこの音声言葉の語源と思われます。したがって、そもそもは、食べない、或いは、食べられない草木については、実とはいっても果実というべきではありません。

16 ナ（菜）

草木に限らず、食べている、或いは、食べることのできるものを菜といいます。菜は、そもそもの漢語の一音節読みではツァイと読み、その多少の訛り読みで日本語音読ではサイと読みますが訓読ではナと読みます。一音節読みで娜はナと読み「美しい」の意味です。つまり、菜をナと読むのは娜の読みを転用したもので、菜は娜であり直訳すると「美しい（もの）」の意味になります。ご承知のように、美には美味の意味があるので、少し意訳すると**「美味しい（もの）」**の意味になっており、これがこの言葉の語源です。また、饢はナンと読み「食べ物を口にくわえ込む」、つまり**「食べる」**の意味があり、ナは饢でもあります。したがって、ナとは意味上は娜と饢との掛詞であり、**「美味しく食べる（もの）」**の意味になっています。人間に限らず動物は、通常は、美味しいから食べるのであって、美味しくないものは食べないということです。菜には、そもそもは植物性と動物性との区別はありませんが、この字に草冠があることから、狭義では植物性の食物に多用されます。菜は、収穫場所によって、山菜、野菜、海菜《かいさい》に分けられます。

植物名とは、直接の関係はありませんが、本書において、その茎葉や実や根を食材にする草木のことがでてくるので、ついでに少し触れておきます。飯の字は、漢語の一音節読みではファンと読みますが、日本語の音読では少し訛ってハンと読み、日本語の訓読ではメシやママなどと読みます。飯は、そもそもは私たちが食べるすべての料理のことをいいますが、日本語の狭義では米飯のことをいいます。この飯の字をメシと読むのは美食、ママと読むのは蛮曼の読みを転用したものです。

一音節読みで、美はメイと読み、食はシと読みます。つまり、メシとは、美食であり、直訳すると「美しい食べ物」ですが、上述してきたように美には美味の意味があるので**「美味しい食べ物」**の意味になっており、これがこの言葉の語源です。

また、一音節読みで、蛮はマンと読み「とても、非常に、著しく」などの意味、曼はマンと読み「美しい」の意味があります。つまり、ママとは蛮曼であり直訳すると「とても美しい（もの）」ですが美には美味の意味があるので、**「とても美味しい（もの）」**の意味であり、これがこの言葉の語源です。したがって、メシとママとは、ほぼ同じ意味の言葉です。

一部の言語・国語学者の説では、ママは、赤ん坊が言葉を使い始めるときに教えなくても真っ先に自然に口からだす「自然語」の一つであるとされていますが、そんなことはないのであって、母親が乳などを与えるときに使うから乳幼児も真似ているに過ぎないのです。つまり、乳幼児の自然語といわれるものには字義をともなった意味のある言葉は存在し得ないのです。したがって、ママに字義としての「美味しい（食べ物）」の意味があるかぎり自然語ではありません。江戸時代の学者がいったことが今だに信奉されているということは、日本の言語・国語学界の語源分野は、全然進歩していないらしいことが窺われます。

＊草名の語源

1　アオイ

アオイと名の付く草木には、科属を始めいろいろな種類があり、それぞれに異なっていて、草と見做される種が殆んどですが、木と見做される種さえあります。万葉集には次のような歌が詠まれています。

・梨棗黍《なしなつめきみ》に粟《あわ》嗣《つ》ぎ延《は》ふ田葛《くず》の
　後も逢はむと葵《あふひ》花咲く（万葉３８３４）

漢語辞典には「葵は、通常は、冬葵を指し、古代では主要な蔬菜とされた。また、葵は向日葵のことをも指す。他に錦葵、蜀葵などがある」と説明されています。日本語では冬葵はフユアオイ、向日葵はヒマワリ、錦葵はゼニアオイ、蜀葵はタチアオイ、更に双葉葵はフタバアオイといいます。

フユアオイはアオイ科の多年草で、葉は食用になり、種子は漢方薬にされています。ヒマワリは向日葵と書かれますが、キク科の一年草とされ、種子から食用油を採ります。ゼニアオイはアオイ科の一年草です。タチアオイはアオイ科の多年草で、美しい花が咲くのでハナアオイともいいます。フタバアオイはウマノスズクサ科の一年草とされています。このように様々の科に分かれるのは、アオイという音声自体に漠然とした意味しか含まれていないからと推測されます。

大言海によれば、平安時代の字鏡に「葵、阿保比」、本草和名に「秋、葵を種《う》え、冬を経て、春に子《み》が生《な》る、此れを冬葵子と謂ふ、阿布比乃美」、和名抄に「葵、阿布比」と書いてあります。平安時代の枕草子六六段の「草は」には「唐葵《からあふひ》、日の影にしたがひてかたぶくこそ、草木といふべくもあらぬ心なれ」とありますが、この唐葵とはヒマワリのことと思われます。上述の万葉３８３４で列挙されている植物は、すべて食材となる実のなる草木であることから、この万葉歌でのアオイは、漢語辞典や本草和名にいう冬葵のことと思われます。

フタバアオイの葉三枚を巴形に組合せたものは葵巴《あおいともえ》といい、徳川家の家紋に使われていることで有名です。一般的に、巴とは「円形に巻く状《さま》」と説明されています。

さて、アオイの語源の話に移りますと、一音節読みで、盎はアンと読み、程度が著しいことを表現するときに、「とても、非常に、著しく」などの意味で使われます。娥はオ、咲はイと読み、共に「美しい」の意味です。つまり、アオイとは、盎娥咲の多少の訛り読みであり直訳すると**「とても美しい（草木）」**の意味になり、これがこの草木名の語源と思われます。「美しい」の意味は、種によっていろいろと思われ、花の場合もあろうし、姿の場合もあろうし、美には美味の意味もあるので美味しいの意味であるかも知れません。アオイ科には、美しい花の咲くフヨウやムクゲなども含まれています。

2　アオノリ

アオサ科アオノリ属の水藻《みずも》です。主として河口の汽水域の石や岩などの表面に生え、長さ30㎝程度にまで成長します。汽水とは、淡水と海水とが入り混じって、塩分の薄くなった海水のことをいいます。最も寒い時期である一～二月に採取し、天干《てんぼし》にすると、よい香りがし、より美味しくなります。干しアオノリをそのままの姿で醤油をかけて炊き立ての米飯のおかずにすると、食事が美味しく頂けます。短く切って、または、細かく砕いて、汁物の中に入れたり他の料理に振りかけても食べます。大言海（大槻文彦著・冨山房）によれば、平安時代の和名抄に「阿乎乃利、俗には青苔を用ふ」、天治字鏡に「海糸菜、乃利」と書いてあります。

さて、語源の話に移りますと、アオノリのアオは青のことであるとして、一音節読みで、穠はノン、麗はリと読み、共に「美しい」の意味があります。つまり、ノリとは、穠麗の多少の訛り読みであり、美には美味の意味があることを考慮して直訳すると**「美味しい（水藻）」**の意味になっています。したがって、アオノリとは青穠麗であり、**「青色の美味しい（水藻）」**の意味になり、これがこの草名の語源です。

すでに平安時代には名称のあったアマノリ、オゴノり、ムラサキノリ等のノリについても同じ意味です。現在では、ムラサキノリはアサクサノリと呼ばれて、漢字では、浅草海苔と書かれますが、浅草は当て字です。一音節読みで、盎はアン、酷はクと読み、共に「とても、非常に、著しく」などの意味です。粲はサンと読み「とても美しい」の意味があります。つまり、アサは盎粲、クサは酷粲のことであり共に「とても美しい」の意味になります。したがって、美には美味の意味があることを考慮すると、アサクサノリは盎粲酷粲海苔であり「とても美味しい海苔」の意味になり、これがこの海草の語源と思われます。

なお、海は、現在では普通には塩水域のことを指しますが、そもそもウミとは呉瀰《ウミ》であり、呉は「大きい」瀰は「水」の意味なのでその字義は海水や淡水にこだわらず直訳では「大きな水（溜まり）」の意味になり、淡水湖である琵琶湖などを海といっても構わないのです。したがって、この水藻は、通常は汽水域に生えるにもかかわらず漢字では青海苔と書かれています。

3　アカザ

アカザ科の一年草で、ホウレンソウもこの科に属します。一年草とは、同じ年度内で、種子から発芽し、開花し、結実して枯れる草のことをいいます。漢字では、アカザは藜と書きます。丈は1・5m程度にまで生長し、古くはその若葉が食材とされたようです。ホウレンソウは根元が赤くなっていますが、アカザは若葉と成長葉の根元が赤色で、遠くから見ると花のようであり、緑色の葉と対照して独特の美しさがあります。

大言海によれば、平安時代の字鏡に「藜、阿加座」、本草和名に「藜灰、阿加佐乃波比」、和名抄に「藜、阿加佐」と書いてあることから、古代から存在する草名です。

さて、語源の話に移りますと、アカは赤のことであるとして、一音節読みで、臧はザンと読み「よい、良好な、美しい」などの意味があります。つまり、アカザとは、赤臧の多少の訛り読みであり直訳すると**「赤色の美しい（草）」**の意味になり、これがこの草名の語源と思われます。この草の若葉が美味しいという人にとっては、美には美味の意味があるので、**「赤色の美味しい（草）」**の意味にもなり掛詞になっています。したがって、合わせていうと**「赤色の美しい、美味しい（草）」**の意味であったと思われます。

4　アカネ

アカネ科の多年草で、本州以西の山野に自生し、茎は蔓性《つる》です。秋、淡黄色または白色の小花が咲き、根は黄赤色で赤色染料となります。草名としてのアカネは、漢字では日漢で共に「茜」と書きます。大言海によれば、平安時代の和名抄の染色具の項に「茜、以って緋に染めるべき者なり、阿加禰」と書いてあるので、この頃には、すでに染料草として使われていたのです。

漢語では、茜の字はチィエンと読み、その字義は、名詞では「茜草《チィエンツァオ》」、形容詞では「赤い、赤色の」、動詞では「赤く染める」の意味とされています。日本語では、茜の字の第一義は「茜草」、第二義は「赤色染料」、第三義は「茜色」のこととされています。茜色とは、茜草の根で染めた赤色のことですが、なぜ、日本語で茜をアカネと訓読できて、第二義や第三義の意味にもなるのかが問題なのです。

一音節読みで、盎はアンと読み、「とても、非常に、著しく」などの意味があります。釭はカンと読み「灯火《ともしび》」という意味です。釭を分解すると、金工になりますが、ここでの金は同じ読みの錦（＝美しい）、工は同じ読みの紅（＝赤）のことと思われます。つまり、釭（＝灯火）を分解した金工の意味は錦紅であり、そもそもの漢語では紅と赤とは同義語ですから、「美しい赤」の意味になっています。そうしますと、アカとは、盎釭の多少の訛り読みであり、直訳すると**「とても美しい赤」**の意味になり、これが赤をアカと読むときの語源と思われます。ということは、盎釭の読みを赤の読みに転用してあるということであり、アカという音声言葉は盎釭の読みから生れた言葉ということになります。

いつ頃から赤の字をアカと読むようになったかは分かりませんが、古い時代には、現在のような電灯はなかったので、常時、明かりをもたらすものといえば、主として太陽、月、星、火だったのです。中でも最も身近にあったのが上述した「釭（=灯火）」だったので、赤の読みの語源として使われたと思われます。火は、必ずしも赤色ではありませんが、「赤々と火が燃えている」や「まっ赤に燃える火」などの表現があるように赤色と認識されていたのです。また、月や星についても「月明かり」「星明かり」という言葉があり、「明かり」とは「赤り」のことと考えられていたのではないかと推測されます。

　さて、草名としてのアカネの語源の話に移りますと、アカは赤のことであるとして、一音節読みで捻はネンと読み「美しい」の意味があります。つまり、アカネは、赤捻の多少の訛り読みであり直訳すると「赤い美しい（草）」ですが、それは赤色染料のことと思われるので、少し意訳すると**「赤色の美しい染料の採れる（草）」**の意味になり、これがこの草名の語源と思われます。トンボの一種のアカネは「赤色の美しい（トンボ）」の意味になっています。

　万葉集の歌では、茜、茜草、赤根、安可禰などがすべて「あかね」と読まれて「あかねさす」という枕詞として使われ、紫、日、照、昼などに懸かっています。例えば、次のような歌があります。

・茜草《あかね》指す紫野行き標野《しめの》行き
　野守は見ずや君が袖振る（万葉20）

・茜刺す日は照らせれど烏玉《ぬばたま》の
　夜渡る月の隠《かく》らく惜しも（万葉169）

・赤根指す日の暮れぬればすべを無み
　千遍《ちたび》嘆きて恋ひつつそ居る（万葉2901）

大言海には、「あかね」は「茜、赤根の義」と説明されています。しかしながら、「赤い根」の意味と見做して、これらの万葉歌の「あかね」と入れ替えても意味の通じる歌にはなりません。つまり、「あかねさす」という枕詞における「あかね」は、「赤い根」の意味ではないのです。したがって、このことに気付いたと思われる大言海では、「あかねさす」の説明において「あかハ明キ義ナリ、ねニハ意ナシ、さすハ耀クナリ、

明気映《アカケサ》す ノ意」と説明を改めてあります。

「あかねさす」における「あかね」は上述したような赤捻（=赤い美しい）の意味であるとして、燦はツァンと読み「輝く、光り輝く、照り映える」、スは動詞としての燦の活用語尾としますと、これらの歌におけるアカネサスとは、「赤捻燦す」の多少の訛り読みであり、直訳すると**「赤く美しく照り映える」**の意味になり、これがこの枕詞の語源と思われます。

5　アサガオ

現在、私たちがアサガオと呼んでいる草は、はるか昔の平安時代に芝那《シナ》から輸入されたもので、当時、日本語では牽牛子と書き「けにごし」ともいいました。アサガオという草については、少々複雑なことがあります。どういうことかというと、草木種が二転、三転しているようなのです。つまり、歴史上において、現在までに三種の草木がアサガオと呼ばれてきたのです。先ず、奈良時代に、山上憶良（六六〇〜七三三頃）という歌人により、万葉集に次のような「秋の七種《ななくさ》」の歌が詠まれています。

・萩の花　尾花　葛花《くずばな》　瞿麦《なでしこ》の花
　女郎花《をみなへし》　また　藤袴《ふぢばかま》　朝貌《あさがほ》の花（万葉１５３８）

原歌では「朝皃《がほ》之花」と書かれています。このことから、万葉時代には、朝皃（朝貌）という名称の草が存在したことが分かります。更に、万葉集には次のような歌も詠まれています。

・朝貌は朝露負《お》ひて咲くといへど
　夕陰《ゆふかげ》にこそ咲きまさりけれ（万葉２１０４）

原歌では、朝貌は「朝皀《がほ》」と書かれています。この歌の意味を解釈しますと、「アサガオは朝露を受けて咲くというけれど、夕日を受けての方が、より華やかに咲いていますよ」。つまり、この歌の真意は「朝から咲くのでアサガオの名称であるといわれているが、そうではありませんよ」ということではないかと思われます。この歌意から判断すると、朝貌の「朝」は時間帯としての朝ではなくて、朝貌は単なる当て字であり、本来は他の意味だったらしいことを示唆しています。鎌倉時代後期の夫木和歌抄《ふぼくわかしょう》（藤原長清撰・一三一〇頃）に、次のような歌が挙げられています。

・和歌の浦へいざ帰りなむ朝がほの
　一花桜うつろひにけり（夫木和歌抄）

「一花桜」とは、布を一度だけ染めた程度の薄色の花びらの桜のことをいいます。アサガオがサクラである筈もないので、ここでの「朝がほ」は草や草花の名称というよりも、「一花桜」の修飾語として使われているように思われます。そこで、この歌でのそもそもの「あさがほ」という音声言葉はいかなる意味かを推測してみます。一音節読みで、盎はアンと読み程度が著しいことを表現するときに「とても、非常に、著しく」などの意味で使われます。粲はツァン、崗はガン、侯はホウと読み、いずれも「美しい」の意味があります。つまり、上述で推測したように、アサガホとは、盎粲・崗侯の多少の訛り読みであり、直訳すると「とても美しい」の意味ですが、美しいのは花のことと思われるので、花を指すときは「とても美しい（花）」、草を指すときは**「とても美しい花の咲く（草）」**の意味になり、これが奈良時代における「あさがほ」という音声言葉の意味だったと思われます。そうしますと、「朝がほの一花桜」は**「とても美しい一花桜」**の意味に解釈できることになります。ということは、この歌での「朝がほ」は当て字だったということです。

夫木和歌抄は、鎌倉時代後期に編撰された歌集ではありますが、万葉集以降における、現在は散逸して存在しない私撰集・私家集・歌合《うたあわせ》などでの歌に、勅撰和歌集の撰にもれた歌なども含めて約一七三五〇首もの多数の和歌が収録されている、古代の歌資料として極めて貴重なものになっています。

奈良・平安時代当時、遣唐使などにより、芝那から桔梗《チィエコン》という美しい青い花の咲く草が輸入されて朝貌に代わってアサガホと呼ばれるようになったとされています。ということは、日本の朝貌より芝那の桔梗の方が美しかったらしいということです。或いは、日本の朝貌と芝那の桔梗とは、青い花の咲く同じ草であり、桔梗という漢字名称が輸入されてアサガホと読まれた可能性さえあります。その際の共通事項として、この草の具体的特徴が注目されて、アサガホにおけるサは、「美しい」の意味の粲《さん》から、同じ読みで「青い」の意味の蒼《さん》のことと理解されるようになったと思われます。つまり、アサガホは盎蒼崗侯の多少の訛り読みになり、花を指すときは「とても青い美しい（花）」、草を指すときは**「とても青い美しい花の咲く（草）」**の意味になったのです。

　漢語辞典によれば、桔梗は、「**桔梗**　多年生の草本植物、葉は卵形或いは卵状披針《ひしん》形、花は濃藍色或いは濃紫白色。鑑賞用とする」と説明されています。藍色とは、ご承知のように、本来は「美しい青色」のことです。繰返しになりますが、桔梗の花は、日本のアサガホ（盎蒼崗侯）の意味にぴったりと合致し得る草だったので、平安時代に至って、この漢字名称を芝那から輸入してアサガホと読むことにしたと思われます。名称だけではなく、草種も一緒に輸入されたかは定かではありません。ただ、万葉集に詠まれていることから、朝貌は、そもそもから日本の在来種として存在したと思われるのであり、桔梗という漢字名称と共に草種が輸入されたとしても、日本の朝貌と芝那の桔梗とは同じ草種だった可能性もあります。では、なぜ、朝貌ではなく桔梗の名称の方が使われたかというと、当時の人々は芝那文化を重んじていたからと思われます。その後に芝那から輸入された後述する槿《むくげ》や牽牛子《けにごし》もまたアサガホと読まれています。

　大言海には、著者の解釈で意訳すると、おおよそ、次のように記述されています。

「アサガホは、朝の容花《かほばな》の意味で、朝に美しく咲くことからそのように呼ぶと思われる。平安時代になると、芝那の桔梗《チィエコン》という草名が輸入されたが、とても美しい花の咲く草だったのでアサガオと呼ばれた。しかしながら、新たに芝那から槿《チン》または木槿《ムチン》という灌木が輸入され、その花が美しいことに加えて、朝に咲き夕には萎《しぼ》むことから、アサガオと呼ぶにふさわしいとして、槿がアサガオと呼ばれるようになった。したがって、それまでのアサガオだった桔梗は『ききょう』と呼ばれることになった。そのうちに、芝那の牽牛子《チィエン・ニュウ・ツ》、日本語では『けにごし』と呼ばれる草が薬草として輸入されるようになったのであるが、この草の花は朝に咲き、日に当たれば萎み、かつ、その碧色《あおいろ》が槿を超えるほどに美しかったので、アサガオの名称を槿から奪ってしまい、槿は『むくげ』と呼ばれるようになった。それ以降、牽牛子《けにごし》がアサガオと呼ばれるようになり今日に至っている」。

この説明は、極めて当を得たものと思われます。ただ、アサガホと呼ばれた桔梗が在来種としても存在したかどうかについては触れられていません。しかしながら、草種はどうだか分かりませんが、少なくとも、桔梗という漢字名は芝那から輸入されたものです。

大言海に記述されていることを大胆に要約すると、「あさがほという名称は、平安時代になってから芝那から順次に輸入された、桔梗《ききょう》↓槿《むくげ》↓牽牛子《けにごし》という草木に順次に変遷して使用されたのであり、現在のキキョウは万葉歌でのアサガオであり、現在のムクゲは平安時代の一時期のアサガオであり、平安時代のある時期以降の牽牛子《けにごし》が現在のアサガオであり、それが改良されて今日に至っている」と書かれているようです。

中務集《なかつかさしゅう》（九五〇頃）という歌集には、次のような歌が詠まれています。女流歌人の中務は、同じ女流歌人として有名な伊勢の子とされています。

みじかききやうをねごめにひきて

女三宮より

・露しげき　浅ぢが原の花なれば
みじかきほどに秋を知るかな

平安時代のある時期以降は、キキョウ（桔梗）とアサガホとは、明確に区別されるようになったようであり、岩波文庫の枕草子六七段の「草の花は」には「・・・。桔梗。あさがほ。・・・」と並列して書かれています。「草の花は」の段ですから、ここにおける「あさがほ」は、木である槿《むくげ》ではなくて、草である牽牛子《けにごし》を指していると思われます。

上述してきたように、アサガホという呼称は漢語から輸入した三種類の草木に順次に使われたことになりますが、特に、夕方や夜に萎まない桔梗と、朝に咲き夕方や夜に萎む槿や牽牛子とでは、その意味は少々異なっていることが考えられます。つまり、上述で説明したように、そもそもの万葉歌におけるアサガホは盎粲崗侯であり**「とても美しい花の咲く（草）」**、桔梗におけるアサガホは盎蒼崗侯であり**「とても青い美しい花の咲く（草）」**の意味になっているらしいのですが、槿や牽牛子になると、その花は朝に咲き夕方や夜には萎むことから、アサは時間帯としての朝のことと見做されるように変化したと思われます。したがって、槿や牽牛子におけるアサガホは朝崗侯になり、直訳すると「朝の美しい」ですが、花を指すときは**「朝に美しく咲く（花）」**、草を指すときは**「朝に美しい花の咲く（草）」**の意味に変化したのです。つまり、アサの意味が、盎粲崗侯→盎蒼崗侯→朝崗侯と変化したということです。

結局のところ、「朝貌」と「桔梗」と「槿」・「牽牛子」とではアサガホの意味が三様に異なっているのであり、「朝貌」と「桔梗」と「槿・牽牛子」とにおける意味上での際立った違いは、アサガホにおけるアサを、盎粲と見做すか、盎蒼と見做すか、或いは時間帯としての朝と見做すかという点にあります。

また、残存する問題の一つは、厳密にいうと、草種として考えた場合、万葉歌における朝貌は日本の在来種と思われますが、芝那に存在した青藍色の花の咲く桔梗と同じ草であったかどうかについては分からないということです。つまり、桔梗という漢字名は芝那から輸入されたのですが、植物としての草種までもが輸入されたかは分からないのです。なぜならば、そのことを確実に示す奈良時代の文献資料が存在しないことと、万葉歌に詠われた「朝貌」の花の色が分からないからです。

平安時代の字鏡（新撰字鏡とも）は、現存する日本で最古の漢和辞典とされるので、奈良時代、つまり、万葉時代に最も近い頃の辞典ということになり、大言海によれば、そこでは「桔梗、阿佐加保、又、岡止止支」と書いてあります。この頃には、奈良時代からの伝承も残っていたかも知れず、ほんとうに万葉集の朝貌と芝那の桔梗とが同じ草であるかどうかはともかくとして、他にふさわしい草もないようなことから、その伝承を根拠にして、平安時代に至ってから万葉歌での朝貌は桔梗と見做されることになったと推測されます。それには、桔梗の青い花が極めて美しいと見做されたことと、その花の色が青色だったので日本語でのアサガオのサガが「蒼《ツァン》＝青い」と見做し得ることが大きく影響したのではないかと思われます。

桔梗は、同じキキョウ科のツリガネニンジンがトトキとも呼ばれるのに対して、すでに平安時代にはオカトトキ（岡止止支）とも呼ばれていたのです。オカトトキは、美しいトトキ、つまり、「美味しいトトキ」の意味であり、若葉や若茎を食用にしますが、現在ではトトキより味がよいとされています。

ただ、万葉歌での朝貌は、漢語から導入した桔梗であるとは有力に推測できても、断定し得るまでには至らないのです。確実を期すならば、すでに十分に行われたこととは思われますが、①在来種である、②草である、③秋に花が咲く、④青い花である、などの諸条件に該当する草を一つ一つ挙げて再々検討すれば、万葉歌での朝貌に相当する桔梗以外の草種が存在し得るかどうかは或いは一層明確になるかも知れません。

大言海によれば、平安時代の和漢朗詠集（一〇一三頃）に「槿《アサガホ》、槿花一日自為栄」、康頼本草（平安中期）に「木槿、ムクゲ」、名義抄（平安末期）に「槿、アサガホ。蕣、アサガホ」と書いてあります。このことから、平安時代の一時期においては、ムクゲ（槿・木槿）もアサガオと呼ばれたことが分かります。

更に、平安時代の本草和名に「牽牛子、阿佐加保」、和名抄に「牽牛子、阿佐加保。蕣、朝生夕落者也」、室町時代の下学集《かがくしゅう》に「蕣華、倭訓、朝顔也」と書いてあります。蕣を分解したときの舜は瞬のことなので、蕣は、一瞬間の草、つまり、短い時間だけ花の咲く草の意味の字になっており、朝に花の咲く牽牛子の実態と合致したものになっています。このように、ケニゴシ（牽牛子）もまたアサガホと呼ばれたのです。現在のアサガオである「牽牛子」は、江戸時代の書物ではアサガオと読まれており、特に江戸時代から様々の改良種がつくられて、現在ではご承知のとおり多彩な美しい花の咲く草になっています。

なお、「秋の七種」の中に、アサガオが入ったりキキョウが入ったりするのは、通説では、万葉歌でのアサガオ（朝貌）は平安時代のキキョウ（桔梗）と同じ草と見做されているからであり、ムクゲ（槿）が問題にならないのは、槿は草ではなくて木だからです。くどく繰返しますと、アサガオ（朝貌）と桔梗との関係について肝心なことは、万葉歌での朝貌は最初から桔梗だったのではなくて、平安時代になってから芝那から桔梗の漢字名が輸入されて、桔梗のことと見做されるようになったということです。

・朝顔は桔梗《ききょう》木槿《むくげ》に牽牛子《けにごし》と
　草木変わりて今に至れり　　不知人

（注）「崗」の字は、発音記号がgangなので、濁音読みでガン、清音読みでカンと読みます。漢語での崗尖（ガンチィエン）という熟語は「とてもよい、素晴らしい」の意味ですが、花などを指すときは敷衍《ふえん》して「美しい」の意味になります。したがって、本書では、「崗」に「とてもよい、素晴らしい、美しい」などの意味があるものとして使用しています。なお、本書での崗の代わりに、哿（ガ、ゴ、カ、コ）や可（カ、コ）としてもよい場合があります。哿と可は、共に「よい、良好な」の意味ですが、敷衍して「美しい、美味しい」などの意味でも使われます。

6　アサツキ

ユリ科の多年草です。多年草とは、たとえ地上の茎や葉が枯れても、毎年、地下の根茎から芽をだして足掛け三年以上生育する草のことをいいます。アサツキは葱《ねぎ》と同じユリ科に属する北国の野菜で、早春に葉と根茎を食べます。ホウレン草の要領で、熱湯でさっと茹でてカツオ節と醤油をかけて、或いは、酢味噌和えなどにしてとても美味しく食べられます。大言海によれば、平安時代の和名抄に「島蒜、阿佐豆木」、字類抄に「角葱、アサツキ、嶋蒜、阿佐豆岐」と書いてあります。蒜は、現在では、ネギ、ニンニク、ノビル、アサツキなど、食用となるユリ科の多年草の総称とされています。

さて、語源の話に移りますと、一音節読みで、盎はアンと読み程度が著しいことを表現するときに「とても、非常に、著しく」などの意味で使われます。餐はツァンと読み「食べる」の意味です。したがって、アサツキのアサとは、盎粲であり「とても食べる」ですが、ここでは意味がよく通るように表現を変えて「よく食べる」と解釈します。姿はツ、瑰はキと読み、共に「美しい」の意味があります。つまり、アサツキとは、盎餐姿瑰の多少の訛り読みであり、直訳すると「よく食べる美しい」の意味ですが、美には美味の意味があるので**「よく食べる美味しい（草）」**の意味になり、これがこの草名の語源と思われます。和名抄に「葱、記」と書いてある、つまり、葱はキと読むと書いてあることから、アサツキのキは葱のこととすると、アサツキは盎餐姿葱になり**「よく食べる美味しい葱」**の意味になります。

　現代の大辞典では、アサツキを漢字で浅葱と書いてありますが、これは江戸時代の和漢三才図会などの記述をそのまま引継いだものです。そこには胡葱《あさつき》と書かれ「臭気は他の葱よりも浅い。故に浅葱と名づく。ツは仮名の助語なり」と書かれています。つまり、浅葱という当て字は、江戸時代にこの本などで初めてつくられたのです。しかしながら、アサツキやネギには取り立てていう程の臭気はないことから、アサツキは他のネギよりも「臭気が浅い」からアサツキであるとは思われません。また、アサツキのツはなんの意味もない助語とするのには疑問があります。浅は単なる当て字と看做すべきものであり、浅の字だけで浅い臭気と解釈し、かつ、アサツと読むのには無理があるといえます。和名抄に「葱、記《キ》」と書いてあり、大言海のねぎの項には「本名、葱《き》。一音ナレバ一文字ノ異名モアリ」と書いてあるように、そもそも葱はキやギと読むのであり、浅葱はアサギとは読めてもアサツキとは読み得ないのです。例えば、浅葱《アサギ》色、萌葱《モエギ》色などと使われています。にもかかわらず、現在では、浅葱をアサツキと読むことは定着しています。したがって、浅葱はアサギと読まれたりアサツキと読まれたりしています。しかしながら、混乱を避けるためには、古代におけると同じように蒜をツキと読み、アサツキは「浅蒜」と書いた方がよいのです。広辞苑（第六版）では、あさつきについて漢字で「浅葱、糸葱」と書いてあり、糸葱という新しい漢字語が追加されています。ということは、浅は和漢三才図会などにいうような「浅い臭気」の意味ではないらしいことを示唆しています。

　色彩に**アサギ色**という種類があり「晴天の空の色」である「美しい青色」のことを指します。漢字では浅葱色や浅黄色と書かれているので、ここでもアサギ色は薄い緑色や薄い黄色のことと誤解されています。例えば、広辞苑（第六版）には、アサギ色について「**あさぎ**【浅葱】（薄い葱《き》の葉の色の意。浅黄とも書く）①薄い藍色。みずいろ。うすあお」、「**あさぎ色**【浅葱色】浅葱①に同じ」と、よく分からない説明がされています。なぜならば、なに色だかよく分からないからです。葱《ねぎ》は緑色であり、あさぎ色は黄色でもないのに浅黄色とも書かれることから、浅葱も浅黄も当て字と看做すべきものです。アサギ色は、語源上は広辞苑に書いてあるような色ではありません。一音節読みで、蒼はツァンと読み「青色」、瑰はキと読み「美しい」の意味があります。つまり、アサギ色とは、盎蒼瑰色の多少の濁音訛り読みであり、直訳すると「とても青い美しい色」ですが、少し表現の順序を変えると**「とても美しい青色」**の意味になっています。

7　アザミ

アザミは、キク科の多年草です。葉は深く切れ込んでおり、茎や葉には鋭い刺《とげ》があり、小花の集まりからなる紅紫色の美しい花が咲きます。現在でも食べますが、古くから食べられてきた野草です。漢字で薊と書かれ、薊はジと読み、同じ読みの棘に通じています。棘は、刺と同じくトゲの意味なので、「トゲのある草」の意味になっています。大言海によれば、平安時代の字鏡には「薊、阿佐彌」、和名抄には「薊、葉ハ刺多シ、阿佐美」と書いてあります。

早速、語源の話に移りますと、一音節読みで盎はアンと読み、程度が著しいことを表現するときに使われ、「とても、非常に、著しく」などの意味です。臧はザン、靡はミと読み、共に「美しい」の意味があります。つまり、アザミとは、盎臧靡の多少の訛り読みであり、「とても美しい」の意味になっています。美しい花に着目して、花を指すときは「とても美しい（花）」、草を指すときは**「とても美しい花の咲く（草）」**の意味になり、これがこの草名の語源です。美には美味の意味があることから、**「とても美味しい（草）」**の意味もあったと思われます。なぜならば、日本食物史（櫻井秀・足立勇共著・雄山閣）によれば、正倉院文書に蔬菜として挙げられており、和名抄には「味が甘温で、これを服すれば健かになる」と書いてあるからです。

また、一音節読みで残はツァンと読み動詞では「損なう、傷つける」の意味、閔はミンと読み「困る、迷惑する、厄介な」の意味があります。つまり、アザミとは、盎残閔の多少の濁音訛り読みであり、直訳すると**「著しく傷付ける厄介な（草）」**の意味であり、これもこの草名の語源で掛詞になっています。トゲのある草なので直訳ではこのような意味にもなるのです。掛詞をまとめると、「とても美しい花の咲く、とても美味しい、著しく傷付ける厄介な（草）」の意味になります。

8　アシ

イネ科の多年草で、水辺に自生しており、地下根茎から丈が２ｍ程度の直立した茎をだして叢生《そうせい》します。茎は簾《すだれ》や屋根葺材などとして使われます。漢字では葦と書きます。平安時代の和名抄には「葦　阿之」と書いてあります。現在では、アシは「悪シ」につながるので、「善シ」につながるようにヨシとも読むとされています。

一音節読みで、岸はアンと読み「岸、岸辺」の意味です。茲は、本来はツと読むのですがシとも読むとされ、万葉仮名ではシと読んであり「茂る、繁茂する」の意味があります。つまり、アシは、岸茲の多少の訛り読みであり直訳すると**「岸辺で繁茂する（草）」**になり、これがこの草名の語源と思われます。

「萬葉の花」（松田修著・芸艸堂）によれば、葦は、万葉集には四七首が詠まれており、最も有名と思われるものは、山部赤人の次のような歌です。

・若の浦に　潮満ち来れば潟《かた》を無《な》み
　葦辺を指して鶴《たづ》鳴き渡る（万葉９１９）

9　アズキ（アヅキ）

マメ科の一年草です。夏に、黄色い花が咲き、大豆よりやや小さめの濃赤色の実がなり秋に収穫します。この実は、古来、お汁粉や餡子《あんこ》の材料として重宝されていることはご承知のとおりです。大言海によれば、平安時代の本草和名と和名抄に「赤小豆、阿加阿都岐」と書いてあります。大言海では、平仮名で「あずき」ではなくて「あづき」と書いてあります。

広辞苑の編者である新村出著の「言葉の今昔」（河出新書）という本には、アズキの語源について次のように記述されています。「赤いちいさい豆にアズキという語がある。これは日本語であるかあるいは異国語であるか、まだ最後の決定はできない。というのは、アイヌ語において**antuki**という言葉があって、アズキのことを意味している。このアズキの語源は、マメという言葉よりもさらに分りにくい。あるいはアイヌ語から入った外来語と考えることもできるし、また逆に東北、関東の語が古く蝦夷から来たという見方もある」。

しかしながら、アズキの名称は、アイヌ語などからきたものとは思われずその語源は簡単です。一音節読みで、盎はアンと読み程度が著しいことを表現するときに、「とても、非常に、著しく」などの意味で使われます。子はヅと読み形容詞で使うときは「小さい」の意味、瑰はキと読み「美しい」の意味があります。つまり、アヅキとは、盎子瑰の多少の訛り読みであり直訳すると「とても小さい美しい」ですが、美には美味の意味があることを考慮すると、実を指すときは「とても小さい美味しい（実）」、草を指すときは**「とても小さい美味しい実のなる（草）」**の意味になり、これがこの草名の語源です。

10　アツモリソウ・クマガイソウ

アツモリソウというラン科の多年草があり、丈は40cm程度で、初夏に紅紫色の美しい花が一輪咲きます。花は淡紅色や白色も

あります。早速、語源の話に移りますと、一音節読みで、盎はアン、猛はモンと読み、共に「とても、非常に、著しく」などの意味があり、姿はツ、麗はリと読み、形容詞で使うときは共に「美しい」の意味があります。つまり、アツは盎姿、モリは猛麗であり、共に「とても美しい」の意味になっています。したがって、アツモリソウとは、同じ意味の二字語を二つ重ねた盎姿猛麗草であり、直訳すると「とても美しい草」ですが、美しいのは特には花のことと思われるので、少し意訳すると**「とても美しい花の咲く草」**の意味になり、これがこの草名の語源です。

関連して、クマガイソウもまたラン科の多年草です。丈は30㎝程度で、晩春に淡紅色の美しい花が一草に一輪咲きます。一音節読みで、酷はク、亢はガンと読み、副詞で使うときは共に「とても、非常に、著しく」などの意味があり、曼はマン、呹はイと読み共に「美しい」の意味があります。つまり、クマは酷曼、ガイは亢呹であり、共に「とても美しい」の意味になっています。したがって、クマガイソウとは、同じ意味の二字語を二つ重ねた酷曼亢呹草であり、直訳すると「とても美しい草」ですが、美しいのは特には花のことと思われるので、少し意訳すると**「とても美しい花の咲く草」**の意味になり、これがこの草名の語源です。なお、クマガエソウというときのエは艶のことであり呹と同じく「美しい」の意味なので、どちらで読んでも構わないということです。

このように、アツモリソウとクマガイソウとは、表現が異なるだけで同じ意味の草名になっています。漢字で敦盛草や熊谷草と書かれて、平家一族の平敦盛や源氏武士の熊谷直実と関係があるかのように流布されていますが、単なる当て字に過ぎません。ただ、極めて上手につくられた草名といえます。

江戸時代の和漢三才図会には、次のように書かれています。「**熊谷草（くまがえそう）**俗称〔本名は未詳〕花の形は母衣《ほろ》に似ている。源氏の武臣に熊谷直実という者がいた。一の谷の合戦に戦功があり、その母衣を負うた姿を図して彼を讃えた。この草の姿がその母衣に似ているので、熊谷と名づけたという。大へん迂遠な名のつけ方というべきである。（注）母衣　鎧の背につけてなびかせた飾り布。風でふくらむと流れ矢などを防ぐことができる」。

アツモリソウについても、平敦盛の母衣に似ているからなどと、まったく同じようなことが流布されています。しかしながら、和漢三才図会に指摘されているように余りにも「迂遠」な名付け方であり、また、人それぞれの主観によって異なるとしても、正直いって、これらの美しい草花の姿が母衣に似ているとは到底思われません。両草の名称は江戸時代につくられたと思われますが、江戸時代の博物誌にはこのようなほんとうとも思われない作り話が多いのです。草木名初見リスト（磯野直秀・慶応大学名誉教授〔博物史学〕作）によれば、アツモリソウは江戸時代前期の花壇綱目初稿（一六六四）に、クマガイソウは同時代中期の花壇地錦抄（一六九五）にでています。

11 アブラナ・ナノハナ

アブラナ科の越年草です。越年草とは、発芽して枯れるまでの期間が足掛け二年になる草のことをいい、二年草ともいいます。アブラナは、秋に種を播き、翌春に芽をだし、若い茎や葉は食べられます。晩春頃に黄色の四弁花が総状に咲きその花をナノハナといい、秋に実った種子はナタネといいその種から食用油を採取します。

平安時代初期の物語とされる竹取物語には赫映姫《かぐやひめ》について「竹の中より見つけ聞えたりしかど、菜種の大《おほき》さおはせしを、我が丈《たけ》立ち竝《なら》ぶまで養ひ奉りたる我が子」と書かれています。アブラナの名称は、草木名初見リスト（磯野直秀作）によれば、安土桃山時代頃の多聞院日記の一五九二年の条にでています。また、大言海によれば、江戸時代の和爾雅という本に「蕓薹、油菜」、農業全書に「油菜、一名ハ蕓薹、又、胡菜ト云フ」と書いてあります。江戸時代には次のような俳句が詠まれています。

・菜の花や霞の裾に少しづつ（一茶）

ということは、日本語では古代から漢字で「菜」と書き「ナ」と読む草があり、その花をナノハナ、その種子をナタネといったのです。ここでのナは、漢字の字義では「娜《な》（＝美しい）」という意味、つまり、「美しい花の咲く美味しい草」の意味だったのです。現在、この草のアブラナという漢字名の中に「菜」の字があるのは単にその音声を利用するための当て字と思われます。しかるに、草名を指すのに「ナ」という一音節語だけでは心もとないとして、安土桃山時代頃にアブラという接頭語を付けてアブラナという新しい四音節語の名称がつくられたのです。

一般的には、「菜の花畑」というのは、菜種油をとるために、アブラナが広域にわたって植えられ、その花が一面に咲いた畑のことをいい、田園風景を美しく彩っています。朧月夜（高野辰之作詞）という唱歌があり、その一番の歌詞は、次のようなものです。

菜の花畠に　入り日薄れ
見わたす山の端　霞ふかし
春風そよふく　空を見れば
夕月かかりて　におい淡し

さて、語源の話に移りますと、アブラナは食用油を採るために栽培される草ですから、一義的には「油菜《あぶらな》」のことです。つまり、食用油としての**「油を採る（草）」**の意味であり、これがこの草名の語源です。

しかしながら、ただ、それだけの意味ではないようです。一音節読みで、盎はアンと読み程度が著しいことを表現するときに、「とても、非常に、著しく」などの意味で使われます。峬はブ、孌はラン、娜はナと読み、いずれも「美しい」の意味があります。つまり、アブラナとは、盎峬孌娜の多少の訛り読みであり直訳では「とても美しい」ですが、花を指すときは**「とても美しい花の咲く（草）」**、食べることに関するときは美には美味の意味があることを考慮すると**「とても美味しい（草）」**の意味にもなり、これらもこの草名の語源で掛詞になっていると思われます。この草は、食用油を採る草である以外に、この草自体も食用にされてきたのです。まとめていうと、**「油を採る、とても美しい花の咲く、とても美味しい（草）」**になっています。

ナノハナを漢字入りでは「菜の花」と書くときの「菜」

は当て字ではないかと上述しました。なぜならば、漢字の菜とは、広義では動植物を問わず「食材一般」のこと、狭義では「植物性の食材一般」のことを指すので、「菜の花」とは、そもそもは、固有の植物の花を指すのではなく、食材になるすべての植物の花が対象になるからです。

12 アヤメ

アヤメ科の多年草です。比較的に乾燥した草地に生え、丈は60㎝程度、葉は根生した剣状で、初夏に、花びらに数条の縦綾目の入った美しい紫色の花が咲きます。最近では園芸種と思われる白色や淡紅色の花などもあります。美しい花が咲くことから、日本語の当て字では「文目」や「綾目」というよりも「綾女」と書いた方がその感じがでるように思われます。

さて、早速、アヤメの語源の話に移りますと、一音節読みで、盎はアンと読み程度が著しいことを表現するときに「とても、非常に、著しく」などの意味で使われます。雅はヤと読み「雅《みやび》やかな、優雅な、美しい」、美はメイと読み「美しい」の意味です。つまり、アヤメとは、盎雅美の多少の訛り読みであり、直訳すると「とても、優雅で、美しい」の意味になりますが、美しいのは花のことと思われるので、花を指すときは**「とても優雅で美しい（花）」**、草を指すときは**「とても優雅で美しい花の咲く（草）」**の意味になり、これがこの草名の語源です。

アヤメ科のアヤメという草名が、いつ頃つくられたかというと、草木名初見リスト（磯野直秀作）によれば、室町時代の「お湯殿の上の日記」の一五二八年の条にでているとされるので、比較的新しくつくられた名称といえます。したがって、この時期より前に、歌集やその他の書籍にでてくるアヤメは、アヤメ科のアヤメではなく、漢字で「菖蒲」と書き、万葉集の歌などでアヤメグサと呼ばれた草名の下略、つまり、略称だということです。この美しい花の咲くアヤメ科のアヤメという草名が万葉時代以来この頃までになかったとは、極めて不可解なことから、万葉時代には同じ科の同じような美しい花の咲くカキツバタに包含されていたのではないかと推測されます。江戸時代の大和本草の本編では「**紫羅欄花**《ハナアヤメ》　花葉燕子花《カキツバタ》ニ似テ小ナリ今ハ只アヤメト云」と書いてあります。ただ、アヤメという草名がつくられた後で、その花が美しいので別称でハナアヤメともいわれるようになったと思われますが、その逆でハナアヤメという草名が先につくられてその略称でアヤメともいわれるようになったのかは分かりません。アヤメ科の草は、アヤメに限らず、カキツバタにせよ、ハナショウブにせよ、実際も字義上も「美しい花」或いは「美しい花の咲く草」ということです。本欄の主題であるアヤメ科のアヤメの語源のことは以上で終わりです。

　アヤメという草名については、現代では混乱がみられるので、そのことについて少し余談をします。アヤメ科のアヤメの話をするときに最も肝心なことは、正式には**「全称としてのアヤメは菖蒲と書くべきではなく、逆に、菖蒲は全称としてのアヤメと読むべきではない」**ということです。更に、くどくいうと、**「アヤメ科のアヤメは、漢字の菖蒲とはなんの関係もない」**ということです。にもかかわらず、現在では、日常の実際でアヤメが菖蒲と書かれ菖蒲がアヤメと読まれているということは、日本の植物学界や辞典・辞書界には、高名な学者も含めて大きな誤解があるということです。

　その誤解の原因には、江戸時代を溯った時代における三つのことが挙げられます。その一つは奈良時代の万葉集での歌にあります。万葉集の歌では、菖蒲、昌蒲、菖蒲草、安夜女具佐、安夜売具左と五通りに書かれた言葉が、日本古典文学大系「萬葉集」（岩波書店）ではすべてアヤメグサと読まれ、菖蒲五首、安夜女具佐四首、安夜売具左、昌蒲、菖蒲草が各一首づつ、合計十二首が詠まれています。問題は、大伴家持の詠んだ万葉１４９０でアヤメグサが「菖蒲草」と書かれていることです。菖蒲草において、グサは草のことなので、順序よく読めば菖蒲はアヤメと読むべきことになります。しかしながら、当時、菖蒲はアヤメグサと読まれたので、菖蒲草はアヤメグサ・グサと読むことになりますが、菖蒲草における草は菖蒲をアヤメグサと読ませるために、念を入れて付されたと思われるもので蛇足ともいえるものだったのであり、このことが後世に大きな混乱を招くことになっています。どのような混乱かというと、菖蒲は全称でアヤメとも読み得るのではないかという誤解が生じたことです。しかしながら、菖蒲をアヤメとだけ読むのは、アヤメグサの下略、つまり、略称と見做すべきものであって、菖蒲は単独ではアヤメと読むべきではないのです。大言海によれば、平安時代の本草和名に「昌蒲、阿也女久佐」、和名抄に「昌蒲、阿夜女久佐」と書いてあります。当時、昌蒲（菖蒲）はアヤメではなくアヤメグサと読まれていたのです。昌蒲は本字では菖蒲と書きます。少し時代が下った平安時代の枕草子では「菖蒲《さうぶ》」、つまり、菖蒲はショウブ（さうぶ）と読んであり、この頃に、菖蒲についてショウブ（さうぶ）という別称がつくられたのです。なぜ、別称がつくられたかというと、平安時代になってから、和歌に詠み込むのに三音節語も必要とされたからと推測されます。したがって、平安時代以降の和歌や書籍において、仮名で「あやめ」と書いてあるものはともかく、漢字で「菖蒲」と書いてあるものは「あやめ」ではなくて「さうぶ」と読むべきと思われます。

二つには、枕草子の記述にあります。岩波文庫の枕草子（池田亀鑑校訂）では、その二二一段において、「・・・菖蒲《さうぶ》葺きわたし、よろずの人ども菖蒲《さうぶ》鬘して、菖蒲《あやめ》の蔵人、かたちよきかぎり・・・」のように、枕草子の中でただ一例だけ「あやめ」と振仮名されています。これは正式には「菖蒲《あやめぐさ》の蔵人」と読むべきところを、よくあることとして、下略、つまり、略称して「菖蒲《あやめ》の蔵人」と読まれているに過ぎないものです。枕草子八九段に「あやめの蔵人」と平仮名で書いてあるので、岩波文庫の枕草子では、二二一段の「菖蒲の蔵人」と八九段の「あやめの蔵人」の記述を整合させるために、そもそもの原書にはなかった振仮名が施してあるのです。したがって、実際にはなんと読まれたのかは分からないのですが、このことが菖蒲を全称でアヤメと読み得るのではないかという誤解に繋がっています。大言海のあやめぐさ（菖蒲）欄に「あやめトノミ云フハ、下略ナリ」と書いてあるのは、その著者である大槻文彦博士の流石《さすが》の卓見といえます。

源氏物語で「菖蒲」と書かれたときは「さうぶ」と「あやめ」のどちらで読まれたかは、そもそもの原書では振仮名されていないので分かりません。この草について、「蛍」の巻で和歌四首が読まれており、その原書ではすべて漢字で菖蒲と書かれています。

・今日さえや　引く人もなき水隠れに
生ふる菖蒲の根のみ泣かれん

・あらはれて　いとど浅くも見ゆるかな
菖蒲もわかず　泣かれける根の

・その駒も　すさめぬ草と名に立てる
汀《みぎは》の菖蒲今日や引きつる

・鳰鳥《にほどり》の　影をならふる若駒は
いつか菖蒲に引く別るべき

また、源氏物語のその他では「乙女」の巻に、原書では「水のほとりに菖蒲植ゑ茂らせて・・・」とありますが、これも振仮名がないのでどちらで読まれたかは不明です。本書では、これらの菖蒲はすべて「さうぶ」と読まれたのではないかと推測しています。なぜならば、平安時代に、わざわざ「さうぶ」という三音節語がつくられているからです。ただ、理由は分かりませんが、源氏物語の現代翻訳書では、これらの漢字の菖蒲は「さうぶ」ではなく「あやめ」と読んであります。

三つは、平安時代になってから、特に和歌に詠み込まれる際に、五七五七七の三一音節を守るために、少数ではありますが、五音節語のアヤメグサが三音節語のアヤメと下略、つまり、略称されることがあったことです。そのために、菖蒲は全称でアヤメと読んでもよいのではないかという誤解が生じ、これまた後世に混乱を招く結果をもたらしています。具体的には、例えば、次のような歌において、アヤメグサが下略、つまり、略称されてアヤメと書いてあります。

・あやめ刈り　君は沼にぞまどひける　我は野にでてかるぞわびしき（伊勢物語五二段・平安時代）

・空晴れて沼のみかさを　おとさずばあやめも葺《ふ》かぬ　五月なるべし（山家集・一一九〇頃）

・うちしめり　あやめぞかをる　ほととぎす　鳴くや　五月の雨の夕暮れ（新古今集・一二〇五年撰）

これらの歌における「あやめ」が、そもそもは「あやめぐさ」の下略であることは、歌中に「刈り」「沼」「葺く」「五月」「かをる」などの言葉が使われていることから容易に判断できます。これらの歌では、直接には漢字の菖蒲とアヤメとの関連はないようにみえますが、ここでのアヤメは全称ではアヤメグサ、つまり、菖蒲のことですから、菖蒲は全称でアヤメとも読み得るのではないかという誤解に繋がるのです。現代に伝わる幾多の古代歌集の歌の中には、アヤメを菖蒲と書いたり菖蒲をアヤメと読んだりしたものがありますが、書き写しの際に、各時代の学者の手を経由しているので、そもそもの原歌が漢字書なのか仮名書なのかを含めて、なんと読まれていたかは極めて分かりにくくなっています。

以上の三つのことが原因となって、江戸時代の大和本草の本編には「古歌ニアヤメトヨメルハ菖蒲ナリ」、「菖蒲　和名アヤメ、古歌ニヨメリ」、その付録巻にはアヤメ科のアヤメの別称であるハナアヤメについて「花菖蒲《ハナアヤメ》」と振仮名してあります。しかしながら、「古歌ニヨメリ」といっても、万葉集の歌では「菖蒲」はすべて「あやめぐさ」と読まれているのであり、勅撰集の古今集（九〇五）では「あやめ草」と書かれた歌がただ一首だけ詠まれています。同じ勅撰集の新古今集（一二〇五）では「あやめ草」と書かれたものが一首、「菖蒲草」と書いて「あやめぐさ」と読まれたものが一首の計二首が詠まれています。これらの勅撰集では、漢字で菖蒲、および、たまたま菖蒲草と書いた場合にもすべてアヤメグサと読んであります。つまり、菖蒲草をアヤメグサと読む場合、万葉集の歌の条で上述したように、草は念のために付された字ですから、菖蒲草から菖蒲だけを切離してアヤメと読むべきではないのです。大和本草での記述の特記すべき決定的な疑問は菖蒲をアヤメと読んであることです。繰返していいますと、菖蒲は全称ではアヤメグサかショウブと読むべきものであり、大和本草で菖蒲をアヤメ、花菖蒲をハナアヤメと読んであるのは完全な誤りの一つです。大和本草での殆んど誤りともいえるこれらの記述は、現代にまで極めて大きな禍根を残しています。実際に、現代の大辞典や植物本において、或いは、現代の植物学者や植物研究者によってまでも、アヤメが菖蒲と書かれ、菖蒲がアヤメと読まれているからです。菖蒲をアヤメと読むときは、アヤメグサの下略、つまり、その略称であることを認識しておかなければならないのに、あたかも全称の如くに認識されているという誤解は、上述した三つのことに加えて、この大和本草での記述に大きく起因していると思われます。

現在の大辞典では、アヤメ科のアヤメについて誤った説明がされています。例えば、広辞苑（第六版）には「**あやめ**【菖蒲】①アヤメ科の多年草。②ショウブの古称」とありますが、アヤメ科のアヤメは、菖蒲ではなく、かつ、ショウブの古称であったことはないので、この記述は完璧な誤りといえます。この欄の主題であるアヤメ科のアヤメ、つまり、全称としてのアヤメは、「いずれアヤメかカキツバタ」という文句におけるアヤメであり、漢字では絶対に菖蒲と書くべきではなく、美しい花が咲くことからの命名なので、日本語の当て字では文目や綾目よりも綾女《あやめ》と書いた方がよいと思われます。

なお、アヤメ科のアヤメの漢名は明らかではありませんが、上述したように、江戸時代の大和本草の本編には「紫羅欄花《ハナアヤメ》　花葉燕子花《カキツバタ》ニ似テ小ナリ今ハ只アヤメト云」と書いてあるので、或いは、アヤメやハナアヤメの漢名は「紫羅欄花」であるかも知れません。また、大和本草には引続いて「一説ニ、渓蓀ヲハナアヤメトス」とあり、和漢三才図会に「渓蓀、蘭蓀、今、阿夜女と云ふ」、重訂本草綱目啓蒙に「渓蓀、蘭蓀、ハナアヤメニシテ、今略シテアヤメト云」と書いてあることから、アヤメやハナアヤメは江戸時代には漢語由来の名称では渓蓀や蘭蓀とされていたのです。この記述を継承してと思われますが、現在の大辞典や植物本でもそのように書いてあるものがあります。しかしながら、これは完全な誤りであり、渓蓀はアヤメやハナアヤメの漢名ではなく、香草であるアヤメグサやその別称ショウブの漢名の一つと思われます。なぜならば、ご承知のように「渓」は山間の小川とその沿岸湿地のことですが、「蓀」は一種の香草のことだからです。

現代の植物学者や植物研究者の中に、平気で、菖蒲をアヤメと読む人たちがいて混乱に拍車をかけています。原色牧野植物大図鑑（北隆館）や原色日本植物図鑑（保育社）においてさえも、菖蒲について**「古くはアヤメまたはアヤメグサといった」**などという不用意と思われる記述があります。結局のところ、以上に縷々《るる》述べてきたようなことから、「アヤメは菖蒲と書くべきではなく、菖蒲はアヤメと読むべきではない」ということです。アヤメグサをアヤメと略称することが誤りになることの例えを挙げると、鈴木という姓の健太郎という名の男性について、幼少の頃から、家族や親族、学友、親しい友人などに略称で「健」と呼ばれてきた場合に、第三者から名はなんというかと質問されたときには、「健太郎」と答えるべきであって「健」と答えるべきではありません。なぜならば、鈴木健太郎と鈴木健とはまったくの別人になる場合があるからです。

　アヤメという草名についての混乱の原因の一つにもなっているアヤメグサは、サトイモ科（現在ではショウブ科ともいう）の多年草です。花といえるような美しい花は咲きませんが、いわゆる香草で香りがあり、薬用にもなるのが特徴の草です。漢字で菖蒲と書いて、奈良時代にはアヤメグサと読まれましたが、平安時代からはショウブ（さうぶ）とも呼ばれるようになります。アヤメグサ、つまり、ショウブはサトイモ目サトイモ科（ショウブ科とも）ショウブ属の草であり、他方、本欄の主題のアヤメ、つまり、全称としてのアヤメはキジカクシ目アヤメ科アヤメ属のアヤメという草であって、全称としてのアヤメグサと全称としてのアヤメとはお互いに異なる草です。アヤメグサについては、ショウブ欄をご参照ください。

　アヤメ科のアヤメとカキツバタは、花の姿形が似ているので見分けにくく、更に両草と同じアヤメ科のハナショウブをも加えると、この三種の草は一層見分けにくくなるとされています。それぞれの草の際立った特徴は、**アヤメ**は主として陸地に生えて花弁の根元に数条の綾状の縦筋目があり、**カキツバタ**は水辺に生えて花弁の根元に一条の白色の縦筋目、**ハナショウブ**はどちらにも生えて花弁の根元に一条の黄色の縦筋目があることです。以上の二つの特徴を覚えてさえおけば比較的簡単に見分けることができます。したがって、本書において拙いながら、二つの歌を詠みましたので、これを記憶しておけば見分けるのは容易になります。

・アヤメ陸《おか》　水辺に咲くはカキツバタ
　どちらにも咲くハナショウブかな　　不知人

・アヤメ綾《あや》　白い筋目はカキツバタ
　黄色筋目のハナショウブなり　　不知人

13　アラセイトウ

アブラナ科の多年草です。丈は70㎝程度になり、葉は長楕円形で互生し軟細毛が密生しています。四月頃に茎先に紫色の十字形の小花からなる総状花が咲きます。現在では、赤紫色や白色の花の咲く園芸種もあり鑑賞用とされています。大辞典には、地中海沿岸やヨーロッパの原産と書かれています。

　大言海によれば、江戸時代頃の秘伝花鏡に「紫羅蘭花」、同時代の大和本草（一七〇九）には「荒世伊登宇、三月ニ紫花ヲ発シ、花ハ四片有リ、紅夷ヨリ来ル、蛮流ノ外医、此実ヲ用テ、油ヲ煎ジ取ル」と書いてあり、和訓栞には「あらせいとう、蛮種、蛮名也、紫羅仙也、寛文中ニ来ル」と書いてあります。寛文年間は、江戸時代前期の西暦一六六一～一六七二年の十一年間に該当します。

　漢字では、例えば、大言海では紫羅蘭花と書かれており、漢語字音のとおりに読むと「ツ・ラ・ラン・ホア」になり、その意味は字義どおりに直訳すると「紫色の集まった美しい花」になります。アラセイトウは、現在の漢語では洋紫羅蘭（ヤン・ツ・ラ・ラン）といいます。なお、大和本草では、アヤメ欄で述べたように紫羅蘭花と酷似した紫羅欄花はハナアヤメと読んであります。

　アラセイトウはヨーロッパからの外来種とされるので、その名称は日本語なのか、或いは、ポルトガル語やオランダ語などのヨーロッパ語なのかということが云々されてきましたが、今もって不明とされています。

　しかしながら、漢字で紫羅蘭花や紫羅仙と書かれることからしても、その名称が日本語であることは間違いないと思われます。なぜならば、ヨーロッパ語などがあれこれと詮索されたにもかかわらず、今もってその発音に該当するヨーロッパ語はまったく見当たらないとされるからです。

一音節読みで、盎はアンと読み「とても、非常に、著しく」などの意味、藍はランと読み「青い、青色の」の意味です。嫻はシィエン、昳はイ、都はト、嫵はウと読み、形容詞で使うときは、いずれも「美しい」の意味があります。つまり、アラセイトウとは、盎藍嫻昳都嫵の多少の訛り読みであり、直訳すると、花を指すときは「とても青い美しい（花）」、草を指すときは**「とても青い美しい花の咲く（草）」**の意味になり、これがこの草名の語源と思われます。紫色と青色では少し異なりますが、同系統の色なので語源上はそのようになっています。

14　アワ

イネ目イネ科の草で、畑で栽培されて、食材にできる穀物が収穫できます。大言海によれば、平安時代の本草和名に「青粱米、阿波乃與禰。粟米、阿波乃宇留之禰。秫米、阿波乃毛知」と書いてあります。つまり、すでに、この頃から粟はアワ（阿波）と読まれていたのです。

アワは、漢字では日漢で共に粟と書き、漢語では小米《ショウミ》ともいいます。今では、あまり食べませんが、古くは主たる穀物食材の一つとされていたのです。日本食物史（櫻井秀・足立勇共著・雄山閣）という本には「粟の飯は、この室町時代でも農民の常食であったらしい」と書かれています。広辞苑の編者である新村出著の「言葉の今昔」には、アワの語源について「アワ、キビなどのキビという言葉は黄味である、という語源説もまたその一つであるが、アワ（粟）のごときものは、ちょっと日本語に分析できない。分析的に語源を解剖することができないのである」と書かれています。

一音節読みで、盎はアンと読み程度が著しいことを表現するときに「とても、非常に、著しく」などの意味です。婉はワンと読み「美しい」の意味ですから、アワとは盎婉の多少の訛り読みであり直訳すると「とても美しい」の意味です。美には美味の意味があることを考慮すると、その実を指すときは「とても美味しい（実）」、その草を指すときは**「とても美味しい実のなる（草）」**の意味になり、これがこの草名の語源と思われます。

一音節読みで阿はアと読み、字そのものには「小さい」の意味はありませんが、漢語では、愛情や親密さを示すために、特には小さい子供などの名前の前に冠詞的に付けて使われます。一音節読みで丸はワンと読み「丸い」の意味です。阿は「小さい」の意味を含むものとすると、アワとは、阿丸であり実を指すときは「小さい丸い（実）」、草を指すときは**「小さい丸い実のなる（草）」**の意味になり、これもこの草名の語源で掛詞になっていると思われます。そうしますと、アワとは、盎婉と阿丸との掛詞であり実を指すときは「とても美味しい、小さい丸い（実）」、草を指すときは「とても美味しい、小さい丸い実のなる（草）」の意味になります。キビについては、その欄をご参照ください。

15　イグサ

イグサ科の湿地に生える多年草で、単音でイといい、イグサともいいます。漢字では、藺や藺草と書きます。特には、畳表《たたみおもて》の材料として知られた草で、現在の産地としては、数量、品質ともに熊本県八代地方が最も有名です。

大言海によれば、平安時代の字鏡に「藺、知比佐支《チヒサキ》井《ヰ》」、和名抄に「藺、為《ヰ》、鷺尻刺、莞《オホヰ》ニ似テ細ク堅ク、席《ムシロ》ト為スニ宜シ」、名義抄に「藺、ヰ、ヰクサ」と書いてあります。イグサ科には多くの種類があり、莞は茎の太いイグサの一種で、現在一般に畳表用として水田で栽培されるのは茎の細いイグサ（藺）の一種です。水田に冬に植えて夏に刈取り、泥処理をして乾燥させて仕上げます。それを織機で織ってムシロにします。ムシロは、漢字では席とも書きますが、本来は、蓆、莚などと書き、ワラやイグサなどの植物の茎や葉などを材料としてつくった敷物のことをいいます。イグサで織ったムシロを表材にして畳をつくります。

さて、語源の話に移りますと、一音節読みで、茵はインと読み、ムシロ（蓆）のことです。一音節読みで藺はリンと読みますが、訓読でイと読むのは茵の読みを転用したものです。つまり、イとは、「茵」の多少の訛り読みであり直訳すると「ムシロ（蓆）」ですが、この草の場合は、少し意訳して**「ムシロ（蓆）の材料となる草」**の意味になり、これがこの草名の語源です。

16　イタドリ・スカンポ

タデ科の多年草で、山野に自生します。丈は1m程度、茎は中空で節があり、その表面に紅色の斑点があるのが特徴です。初秋に白色の小花が穂状に咲きます。その茎は酸味があり食べることができ、根は漢方薬ともされています。

「おいしい山菜図鑑」（千趣会）には、次のように書かれています。「昔、田舎では、イタドリの茎の中にはヘビが入っている、といわれて、それを信じていたものだ。そんな迷信がまともに信じられていた地方では、子どものおやつもキャラメル、チョコレートなどではなく、もっぱら自然に生えているものが主であった。山で摘み採ったイタドリ、イチゴ、スイバ、グミ、などなど。ところが、自然の恵みに誘惑されて、子どもたちが手当たり次第に採って食べ過ぎないようにと心配した親たちが、こんなヘビ伝説を作りあげたのだろう」。

さて、語源の話に移りますと、一音節読みで、食はイ、啖はタンと読み、共に「食べる」の意味です。都はド、麗はリと読み、形容詞で使うときは、共に「美しい」の意味があります。つまり、イタドリとは、食啖都麗の多少の訛り読みであり、美には美味の意味があることを考慮して直訳すると**「食べて美味しい（草）」**の意味になり、これがこの草名の語源と思われます。

日本書紀の反正天皇の段には、「時に多遅《たじ》の花、井の中に有り、因りて太子の名とす。多遅の花は、今の虎杖《いたどり》なり」とでています。大言海によれば、すでに紀元前の芝那の最古の辞典とされる爾雅《じが》には「虎杖　紅草に似る」と書かれており、平安時代の字鏡に「虎杖根、伊太登利」、和名抄に「虎杖、伊太止里」と書いてあります。古い記録にあるということは、この草は古くから食べられており薬草ともされていたらしいことを示しています。

この草が、漢字で虎杖と書かれることについて、枕草子一五四段の「見るにことなることなきもの」の欄には「いたどりは、まいて虎の杖と書きたるとか。杖なくともありぬべきかほつきを」と書かれています。簡単に翻訳しますと「杖が無くてもよさそうな顔付なのに」と書いてあります。しかしながら、清少納言が気付かなかったとは思われませんが、この漢字名における虎とは虎紋《とらふ》のこと、杖とは茎のことを指しています。つまり、漢字における虎杖の字義は**「虎紋のある茎の（草）」**の意味になっているのです。上述したように、イタドリの茎の際立った特徴は、多数の斑紋があることです。現代の大辞典の中には、斑紋のことにぜんぜん触れられていないものがあります。ということは、虎杖の意味に今でも気付いていない学者がいるということです。

別称で**スカンポ**といいます。一音節読みで、醋はツと読み「酢っぱい」、甘はカンと「美味しい」の意味です。餑はポと読み「お菓子」の意味ですが、植物の場合は草自体やその果実のことになります。つまり、スカンポとは、醋甘餑の多少の訛り読みであり直訳すると**「酢っぱくて美味しい草」**の意味になり、これがこの別称の語源です。日本書紀でのタジ（多遅）というのは、一音節読みで大はタと読み「大いに」、即はジと読み「食べる」の意味があります。つまり、タジとは大即であり直訳では**「大いに食べる（草）」**の意味になっています。

17　イチゴ

バラ科の多年草とされています。イチゴには、いろいろな種類がありますが、現在では、普通には、最もよく食べられているオランダイチゴを指します。この種は、ヨーロッパで栽培種として育成され、日本には江戸時代にオランダ人が持込んだので、そもそもの全称ではオランダイチゴといいます。自然状態では春に五弁の白い花が咲き、初夏に表面にゴマのある赤い美味しい実がなります。現在では数種類の栽培種ができており、温室栽培されているので収穫時期も広がっています。

漢字では、覆盆子や苺と書かれています。大言海によれば、平安時代の字鏡には「覆盆、伊知比古、実は苺に似る」、和名抄に「覆盆子、以知古」と書いてあります。また、平安時代の枕草子四二段の「あてなるもの」には「いみじううつくしきちごのいちごくひたる」と書かれています。江戸時代の本朝食鑑には「苺、伊知古と訓む」と書かれています。

漢語辞典では、覆盆子は「常緑小灌木、葉は複葉、花は茎の頂上に咲く、果実は紅色、食べられる」、苺は「バラ科の蛇苺属の植物の一般名称。灌木或いは草本。果実は食べられる」と別々の欄に説明されているので、両者は同じ植物とはされていないようであり、更に覆盆子と苺についての日本語と漢語の意味するものは異なっているようです。また、日本の古い時代における覆盆子（イチビコ）と苺（イチゴ）の関係は、現在ではよく分からないといえそうであり、結局のところ、昔のイチゴという果物やその草木がどのようなものであったかは、現在では正確には分かりません。

現在のイチゴはオランダイチゴなので、昔のイチゴとは、種類が異なることになります。ただ、上述したように、イチゴという名称は平安時代にはできていたのです。一音節読みで、食はイと読み「食べる」、赤はチと読み「赤い」の意味です。哿はゴと読み、「よい、良好な」の意味があります。つまり、イチゴとは、食赤哿であり、直訳すると「食べる赤い良好な」ですが、食べ物について「よい、良好な」というのは「美味しい」ということなので、果実を指すときは「食べる赤い美味しい（果実）」、草を指すときは**「食べる赤い美味しい果実のなる（草）」**の意味になり、これがこの草名の語源と思われます。

18　イチシ

漢字では壱師と書かれ、万葉集には次のような歌が一首だけ詠まれています。

・路《みち》の辺の　壱師花《いちしのはな》の灼然《いちしろく》
　人皆知りぬ　わが恋妻を（万葉2480）

日本古典文学大系「萬葉集三」（岩波書店）では、この歌について「道のほとりのイチシの花のように、はっきりと、人は皆知ってしまった。私の恋しい妻を」のように解説されています。この歌における漢字熟語の「灼然」は、「明白に、明らかに、はっきりと」などの意味ですが、「いちしろく」と読むのは、次の長歌における「伊知白苦」と同じ意味とされているからです。

・恋ひしくに　病きわが身そ　伊知白苦
身に染み透り　村肝の　心砕けて　死なむ命・・・
（万葉３８１１）

また、鎌倉時代中期の撰とされる現存和歌六帖に次のような歌が詠まれています。

・立つ民の　衣手白しみちのべの
いちしの花の　色にまがえて

この歌意は次のようなものと思われます。「旅立つ人々の着物の袖が白くて、道の辺のイチシの花の色と見紛《みまが》うほどである」。

これらの歌の歌詞における「人皆知りぬ」ということは「明白になってしまった」ということであり、「伊知白苦」や「白し」と詠われていることから、本書ではこの草木の花は「白い」のではないかと心象しています。また、花と衣手（＝着物の袖《そで》）とを見紛うのだから、この植物の花は人間の身丈の手の位置程度の高さに咲いていたと考えられないことではありません。

これらのことを踏まえて、語源の話に移りますと、一音節読みで、昳はイ、芝はチと読み共に「美しい」の意味、皙はシと読み「白い」の意味があります。したがって、イチシは、昳芝皙であり直訳すると「美しい白い」ですが、花を指すときは**「美しい白い（花）」**、草木を指すときは**「美しい白い花の咲く（植物）」**の意味になり、これがこの植物名の語源と思われます。

ところが、万葉集には一度だけしか詠われていないので、イチシとはどのような草木であるかが分かっていないのです。日本古典文学大系の万葉２４８０の補注には、イチシは現在のどの草木に相当するかについて、次のように書かれています。「諸説がある。①羊蹄《ぎしぎし》（タデ科の草本。淡緑の穂状の花が四、五月ごろ咲く）、②クサイチゴ（バラ科の宿根草。初夏に白い目立つ花が咲く）、③エゴノキ（エゴノキ科の落葉喬木。純白の五弁の合弁花が初夏のころ咲く。長い柄があり、総状に垂れ、目につく花）など」。エゴノキ説は白井光太郎博士が唱えたものであり、他に牧野富太郎博士による赤い花の咲くヒガンバナ説があります。

「萬葉の花」（松田修著・芸艸堂）には、「故牧野富太郎博士は、歌を『いちしろく』とのみ訓まず『いちじろく』と解釈するとこれは『灼然く』の意味になり、ヒガンバナが浮かぶ。ただこれにイチシに近い方言のないのが残念であると述べられたことがあった」と書かれています。

しかしながら、この言説は論理的に可笑しい。なぜならば、「灼然く」を「いちしろく」と読もうが「いちじろく」と読もうが、「伊知白苦」の読みであることに変わりはないのであり、なぜ唐突にヒガンバナが浮かぶのか理解困難だからです。

最近、日本植物方言集（八坂書房）に、マンジュシャゲの方言として山口県に「イチシバナ」、福岡県に「イチジバナ」というのが記載されているのが見付かったということで、イチシはマンジュシャゲ、またの名はヒガンバナのこととの牧野説が支持されつつあるようですが、この場合は音声言葉の意味が異なると思われるのです。つまり、イチシという言葉は、白い花の意味にも赤い花の意味にもなり得ることを示しています。昳はイと読み「美しい」の意味であることについては上述しましたが、一音節読みで、赤はチ、絶はシと読み共に「赤い」の意味があります。つまり、イチシバナは昳赤絶花であり、**「美しい赤い花」**の意味になります。要は、歌意から推し量って、昳芝皙花と昳赤絶花ではどちらがふさわしいかということです。

また、その方言がどの時代につくられたのかも考慮すべき重要なことと思われます。日本植物方言集には、マンジュシャゲについてシロイ、シロイハナ、シロイバナという方言も紹介されています。上述したように、シは絶、イは昳と見做せば、柔はロウと読み「美しい」の意味なので、シロイハナやシロイバナは絶柔昳花で

「赤い美しい花」の意味になります。また、シは皙、ロは柔と見做せばシロイハナやシロイバナは皙柔咲花で「白い美しい花」の意味にもなります。ただ、マンジュシャゲについてのシロイ、シロイハナ、シロイバナという紛らわしい方言は、後世に言語に詳しい学者か知識人が戯れにつくったものと思われます。

結局のところ、本書では、イチシは「白い花」の植物と心象しており、白い花の植物はかなりあるので、旧説も含めて更に検討してみる必要があり、当面は、無理になんらかの花に同定するよりは、壱師花は「美しい白い花」、壱師は「美しい白い花の咲く（植物）」とだけ見做しておくのが無難だと思料しています。

19　イチハツ

アヤメ科の多年草です。丈は40㎝程度、葉は剣状です。アヤメ科の草にふさわしく、初夏に花茎上に淡紫色または白色の美しい花が咲きます。原産地はシナ（芝那）とされています。漢字では、日本語で「一八」とも書かれますがこれは当て字です。ヒオウギとシャガとイチハツとは、姿形や花の色などは異なりますが、アヤメ科の似たような草とされています。

大言海によれば、室町時代の林逸節用集（明応）に「一八《イチハツ》」、江戸時代の和爾雅（元禄）に「鳶尾《イチハツ》」と書いてあることから、この草名は室町時代につくられたものと思われます。植物一日一題（牧野富太郎著）には「このイチハツは日本で名づけた俗名でありながら、今のところその語源が不明である」と書いてあります。

漢字では、日本と同じく漢語でも「鳶尾」と書かれますが、これは、この草のどこかが鳶《とび》の尾に似ているからではなくて、漢語式の当て字です。漢語の一音節読みで、鳶はイェンと読み、同じ読みの艶、妍、嫣などに通じ、尾はウェイと読み、同じ読みの瑋に通じています。艶、妍、嫣などと瑋には、いずれも「美しい」の意味があります。つまり、鳶尾とは艶瑋のことであり、直訳では、花を指すときは**「美しい（花）」**、草を指すときは**「美しい花の咲く（草）」**の意味になっています。

さて、日本語の語源の話に移りますと、昳はイ、芝はチ、酣はハン、姿はツと読み、形容詞で使うときは、いずれも「美しい」の意味があります。つまり、イチハツとは、昳芝酣姿の多少の訛り読みであり、直訳すると「美しい」ですが、美しいのは花のことと思われるので、花を指すときは**「美しい（花）」**、草を指すときは**「美しい花の咲く（草）」**の意味になり、これがこの草名の語源であり、日本語でも漢語の当て字の意味とまったく同じになっています。

20　イネ・コメ

イネ科の一年草です。漢字で稲と書き、その実をコメといい、漢字で米と書きます。畑で栽培する陸稲というのもありますが、殆んどは水田で栽培する水稲です。日本には、古代遺跡などからでるモミゴメから推測して有史以前の弥生時代に東南アジア方面の外国から伝来して普及したとされ、以来、日本人の主食材となり、現在でも日本人の主食材の地位を維持し続けています。「萬葉の花」（松田修著・芸艸堂）によれば、万葉集の歌では、稲や伊祢と書かれて二六首が詠まれおり、例えば、次のような歌があります。

・伊祢つけば　かかる吾が手を今夜もか
　殿の若子《わくご》が取りて嘆かむ（万葉３４５９）

一音節読みで、食はイと読み「食べる」の意味です。捻はネンと読み「美しい」の意味ですが、美には美味の意味があるので「美味しい」の意味があることになります。また、粘はネンと読み「粘る」の意味です。つまり、ネンとは、捻と粘との掛詞であり、捻・粘は「美味しい・粘る（もの）」の意味になっています。したがって、イネとは、食捻と食粘との掛詞ですが、意味上からは食捻粘であり、実を指すときは「食べて美味しい粘る（実）」の意味、草を指すときは**「食べて美味しい粘る実のなる（草）」**の意味になり、これがイネの語源と思われます。米粒は粘《ねば》つくので、昔は、炊いた米粒を箆《へら》で潰して糊をつくって障子紙を貼ったり工作用接着剤として使用していたのです。

コメについては、日本書紀の皇極二年十月条に「岩

の上に　小猿渠梅《こめ》焼く　渠梅だにも　食《た》げて通らせ山羊の老翁《をぢ》」という里謡が歌われていて、この歌での渠梅は米のこととされています。また、平安時代の和名抄には「糄米　夜木古女」と書いてあるので、コメという名称はかなり古い時代からつくられていたのです。

一音節読みで、穀はクともコとも聴きなせるように読み「穀物」の意味です。美はメイと読み「美しい」の意味です。つまり、コメとは、穀美の多少の訛り読みであり、美には美味の意味があることから、直訳すると「穀物で美味しい（もの）」の意味ですが、表現を逆にしていうと**「美味しい穀物」**の意味になり、これがコメという名称の語源と思われます。

なお、日本の米は、**モチ米**と**ウルチ米**とに大別されます。一音節読みで、猛はモンと読み「猛烈に、とても、非常に、著しく」などの意味、黐はチと読み「粘る」の意味です。つまり、モチ米とは猛黐米であり**「とても粘る米」**の意味になっています。他方、無はウと読み「〜でない」の意味、溽はルと読み「濃厚である」の意味があります。つまり、ウルチ米とは、無溽黐米であり直訳すると「濃厚でなく粘る米」、表現を変えると**「やや粘る米」**の意味になり、これらが両米のそれぞれの名称の語源と思われます。米についてのコメという音声名称は、日本の一部の高名な国語学者によって唱えられているような東南アジアや南洋系統のインドネシア語やその周辺語などとは一切関係ないのです。

21　イノコヅチ

ヒユ科の多年草です。丈は80㎝程度、春から秋にかけて茎頂および葉腋から穂を出して淡緑色の総状小花が咲きます。実の苞には刺があるので、衣服などが触れると容易に付着する草として知られています。漢字では、牛膝と書きます。大言海によれば、平安時代の和名抄に「牛膝、為乃久豆知、節は牛膝に似る故を以って之を名づく」と書いてあります。

イノコヅチという草名の語源については、一音節読みで、衣はイと読み「衣服、衣装」のことです。能够はノンコと読み助動詞として常用される「容易に〜できる」という意味の二字熟語です。子は、ヅと読み、その最も重要な意味の一つに「種子、実」があります。即はチと読み「ぴったりと着く、しっかり付着する」の意味であり、不即不離《ふそくふり》（=つかずはなれずの意）という四字熟語があることはご承知のとおりです。つまり、イノコヅチとは、衣能够子即であり、直訳すると**「衣服に容易に種子がしっかり付着できる（草）」**の意味であり、これがこの草名の語源です。

22　イモ

イモとは、一般的には、植物の根や地下茎が肥大したもので食材とするものを指し、主なものではヤマイモ、サトイモ、サツマイモ、ジャガイモなどがあります。

早速、語源の話に移りますと、一音節読みで、翳はイと読み「隠れている、隠蔵している」、没はモと読み「埋没している」の意味です。つまり、イモとは、翳没であり、直訳すると「隠れて埋没している(もの)」、実態に即して少し意訳していうと**「土中に隠れて埋没している（もの）」**の意味であり、これがこの言葉の語源です。古くはウモともいったようで、万葉集に次のような歌が詠まれています。

・蓮葉《はちすは》は　かくこそあるもの　意吉麿《おきまろ》が
　家にあるものは　宇毛《うも》の葉にあらし（万葉3826）

この歌での、宇毛とは、芋《いも》のことであるとされています。捂はウと読み「埋没している、没入している」の意味があります。したがって、ウモとは、捂没であり直訳では「埋没しているもの」ですが、実態に即して少し意訳していうと**「土中に埋没している（もの）」**になるので、イモ（翳没）とウモ（捂没）とはほぼ同じ意味ということです。大言海によれば、平安時代の字鏡に「芋、伊毛」、天治字鏡には「薯蕷、有毛」と書いてあります。

ヤマイモについては、ヤマノイモ科の蔓性の多年性植物です。大言海によれば、平安時代の和名抄に「山芋、夜萬都以毛、俗云、山乃以毛」、名義抄に「山芋、ヤマツイモ、俗、山ノイモ」と書いてあります。漢字では山芋と書かれるので、第一義的にはヤマとは山のことと思われます。また、一音節読みで雅はヤ、曼はマンと読み共に「美しい」の意味なので、ヤマイモは雅曼芋であり直訳では「美しい芋」、つまり「美味しい芋」の意味になっています。ヤマイモは、山芋と雅曼芋との掛詞と考えた方がよい思われることから、合わせると**「山に生える美味しい芋」**の意味になっています。安土桃山時代頃からは、漢字で自然薯と書いてジネンジョとも呼ばれています。

サトイモについては、サトイモ科の一年生植物で、漢字では里芋と書かれます。山芋に対して里芋という見地かも知れません、一音節読みで、粲はサン、都はトと読み、形容詞で使うときは共に「美しい」の意味があります。つまり、サトとは粲都の多少の訛り読みなので、サトイモとは粲都芋であり「美しい芋」の意味になっています。美には美味の意味があることを考慮すると**「美味しい芋」**の意味になり、これがこのイモの語源と思われます。掛詞と考えると**「里で採れる、美味しい芋」**の意味になります。サトイモという名称は、草木名初見リスト（磯野直秀作）によれば、安土桃山時代の久政茶会記（一五八九）という本にでています。また、江戸幕府によってつくられた諸国産物帳にもでています。

サツマイモについては、ヒルガオ科の一年生植物であり、漢字では、通常は、薩摩芋や甘藷と書かれます。大言海には次のように説明されています。「明ノ萬暦年中、南蕃ヨリ支那ニ入リテ蕃薯ト云ヒ、琉球ニ入リテ唐薯《カライモ》ト云ヒ、薩摩ニ渡リテ琉球薯ト云ヒ、元文年中、全国ニ殖シテ薩摩薯《サツマイモ》ト云フ」。

一音節読みで、粲はサン、姿はツ、曼はマンと読み、いずれも「美しい」の意味があります。つまり、サツマイモは、粲姿曼芋の多少の訛り読みであり、美には美味の意味があることを考慮すると**「美味しい芋」**の意味になっています。なお、所在地としてのサツマを漢字で薩摩と書くのは当て字であり、サツマとは粲姿曼の多少の訛り読みであって「美しい（国）」の意味になっていると思われます。

ジャガイモについては、ナス科の多年生植物であり、漢字では馬鈴薯と書かれます。一音節読みで、佳はヂィアと読み「よい、美しい」、崗はガンと読み「とてもよい、素晴らしい、美しい」の意味です。つまり、ジャガとは、佳崗の多少の訛り読みであり「よい、美しい」の意味ですが、食べ物の場合は「よい」や「美しい」とは「美味しい」ということです。したがって、ジャガイモとは、佳崗薯であり、直訳すると**「美味しい薯」**の意味になっており、これが、このイモ名の語源と思われます。

　ジャガイモという名称は、後述するように明治時代中期頃につくられたようであり、語源に示したような意味のある名称としてつくられたと思われます。結局のところ、ヤマイモ、サトイモ、サツマイモ、ジャガイモは、すべてほぼ同じ意味になっているのです。

　角川外来語辞典（荒川惣兵衛著・角川書店・昭和四二年初版）には、「**ジャガタラいも【Jacatra 十芋】**《ジャカルタの旧称 Jacatra から》馬鈴薯。日本には慶長3年（1598）にジャバ島の港ジャガトラからオランダの商船によって長崎に伝来した。略してジャガいもともいう」と書かれており、これが日本へのジャガイモの伝来時期およびジャガイモという名称由来の通説となっています。例えば、牧野新日本植物図鑑にも「1550年頃、スペイン人によってヨーロッパに輸入され、日本には1598年、オランダ船がインドネシアのジャカトラ（今のバタビア）からもってきたのでジャガタライモの名がある」と書いてあります。しかしながら、歴史上、オランダ人は一六〇〇年（慶長五年）に初めて豊後に漂着したとされているので、その年以前にオランダ商船が来航した筈はありません。オランダ人は、一六〇九年に平戸商館を設立し、本格的に日本との貿易を始めたので、オランダ人が持込んだというのならば、この頃以降ではないかと思われます。

　このイモは、いつ頃から「ジヤガタライモ」と呼ばれたのか分かりませんが、江戸時代の臺筵小牘《てつえんしょうとく》（小野蘭山著・一八〇八）という本では、馬鈴薯をジヤガタライモと読んであります。このイモの栽培を奨励する二物考（高野長英著・一八三六）という本では、馬鈴薯をジヤガタライモと読んであり、その説明文では「土俗之ヲ咬吧芋《ジャガタライモ》ト称ス。是レ即チ和蘭ニ所謂アールドアップルナリ」と書かれています。土俗というのは、民間ではという意味と思われます。

ジャガイモという名称について、角川外来語辞典には、その「**ジャがいも**（まま）」の項で「ジャガタラいもの略。蘿藦（ジャがいも）貝原好古『和爾雅』1688」と書いてあるので、そんな筈はないと思い調べてみると、案の定、和爾雅では「蘿藦」に「ガヾイモ」および「ジガイモ」と二重に振仮名してあります。つまり、蘿藦はガガイモやジガイモであってジャガイモではないのであり、ジャガイモという名称は、まだ江戸時代にはなかったのです。明治時代に至っても、明治四十一年（一九〇八）の神奈川県農事試験場の「瓜哇薯ノ栽培」という報告書は「ジャガタライモノサイバイ」と読まれています。つまり、このイモは、伝来以来明治時代に至るまで、ずっとジャガタライモ（ジャガタライモ）と呼ばれてきたようです。

ジャガイモの名称が、文献上、最初に現れるのは、明治二十六年（一八九三）に刊行された蔬菜栽培法《そさいさいばいほう》（福羽逸人著）においてと思われます。この本では、「爪哇薯　一名　馬鈴薯」とあり、馬鈴薯の左側にジヤガイモと振仮名してあります。ジヤガイモ（ジャガイモ）という名称は、或いは、この本の著者によってつくられたと思われ、ジヤガタライモからタラを省いた略称の体裁にはなっていますが、実際は語源に示したような意味のある名称になり得ることを承知のうえでつくられたと思われます。

現在、ジャガイモは漢字では「馬鈴薯」と書かれますが、馬鈴薯とはいかなる意味かを調べてみると、一音節読みで馬鈴薯はマリンシュと読み、ほぼ同じ読みの曼令薯に通じていると思われます。曼はマンと読み「美しい」の意味があります。鈴はリンと読み、同じ読みの令に通じており「よい、良好な、美しい」の意味があります。食べ物について「よい」や「美しい」ということは「美味しい」ということです。つまり、馬鈴薯は曼令薯であり直訳すると**「美味しい薯《いも》」**の意味になります。このことから考えても、ジャガイモの語源は、上述した佳崗薯（＝美味しい薯）であるらしいことが強く推測されます。

日本語において、ジャガイモを漢字で馬鈴薯と書くことについて、植物一日一題（牧野富太郎著）には、要約すると次のように書いてあります。「①徳川時代に小野蘭山という本草学者がいて、ジャガイモを馬鈴薯といいはじめて以来である。②そもそも中国人は、ジャガイモのことを荷蘭薯或いは洋芋などといった。③馬鈴薯は漢籍の『松渓県志』という書物にでている中国の福建省の一地方に産する一植物の名で、中国人にさえも得体の知れないオブスキュア（正体不明）な植物である。④ジャガタライモは元来外国産、すなわち南アメリカのアンデス地方の原産のもので、今から四三三年前の西暦一五六五年に初めて欧州に入り、その後に欧州から東洋に持ち来たされ、ついに日本におけると同様に中国にも入りこんだものである。この事実からしてもジャガイモは中国産の馬鈴薯ではありえない」。

このこと自体は、ここに書いてあるとおりと思われます。なぜならば、松渓県志（一七〇〇年刊）には「馬鈴薯は、葉は樹に付いている、根茎を掘出すとその大きさは大小さまざまでほぼ鈴玉のようであり黒くて丸い、味は苦くて甘い。（原文は、馬鈴薯　葉依樹　掘取之　形大小　略如鈴子　色黒而円　味苦甘）」と説明されているからです。牧野富太郎博士は、中国産の馬鈴薯の説明における「葉依樹」とは「蔓草」のことを指すと解し、かつ、ジャガイモの果実は黒くはなく、その味は苦くも甘くもない、したがって、ジャガイモは馬鈴薯ではあり得ないので、馬鈴薯をジャガイモと呼ぶことは躊躇なく早速に廃すべく、したがって馬鈴薯の名は即刻放逐すべきものだと力説しています。しかしながら、現在では、芝那でも馬鈴薯は曼令薯（＝美味しい薯）に通じる適当な名称として使用されています。

按ずるところ、小野蘭山は、漢語の「馬鈴薯」はそもそもがオブスキュア（正体不明）な植物であることに加えて、上述したようにその音声上の意味が「美味しい薯」になり得ることを考慮して、日本語のジャガイモに引き当てるべき適当な漢字名として採用したに過ぎないのではないかと想像されます。馬鈴薯は、本書で主張する「曼令薯」のことと解釈し得る限り、そもそもの漢語で指す植物がどのようなものであれ、日本語における当て字としての馬鈴薯は適当な漢字名称と思われます。もし、馬鈴薯という漢語がなければ、ジャガイモは日本語の当て字で、例えば、「者賀芋《じゃがいも》」のように書かれたと思われます。

話は少し飛びますが、そもそもの漢語には存在していない日本語には、加須底羅《かすてら》、天麩羅《てんぷら》、金平糖《こんぺいとう》などがあり、これらはすべて日本語としてつくられた日本語と思われます。

カステラについていいますと、カステラという名称の菓子は、日本で最も嗜好されているものの一つといえます。この名称は、純然たる日本語としてつくられたのに、ヨーロッパ系の外国語であると流布されている可能性が高いのです。

広辞苑（第四版）には「**カステラ**【**Castilla**】（もとカスティリアで製出したからという。オランダ人が長崎に伝えた）」と書いてありましたが、広辞苑（第六版）を見ると、「**カステラ**【**Castilla**】（もとカスティリアで製出したからという。室町末期、ポルトガル人が長崎に伝えた）」と修正してあります。しかしながら、オランダ人にせよポルトガル人にせよ、自国産のものならともかく、当時、貿易戦争における競争相手であったスペイン王国のカスティリア地方で産出していた菓子を伝えるなどということが、果してあり得たものなのかどうか疑問があります。更に、カスティリアはそもそもは王国名ですが、単なる菓子名に過ぎないものに国名を付けるというのも可笑しな話なのです。

また、現在での有無はどうか分かりませんが、当時、スペインのカスティリア地方に、カステラのような菓子があったのかという問題もあります。つまり、カステラという名称はスペインのカスティリアという地名からきたという説そのものが怪しいのです。

巷《ちまた》の本によれば、織田信長が、キリスト教宣教師、つまり、バテレンからこの菓子を贈呈されたときに、なんという菓子かと聞いたところ、菓子箱の表紙に書かれていた城郭に対する質問とかん違いして「カースル」と答えたことから、この菓子が「カステラ」になったというのですが、質問した信長も返答した宣教師もそんなに間抜けであったとは思われず、この説もまた架空の作り話である可能性が極めて高いように思われます。この菓子の主産地は長崎であることから、その製法は外国から伝えられたとしても、その名称は日本人が付けたのです。

一音節読みで、甘はカンと読み、食べて「美味しい」ことをいい、酥はスと読み「ふっくらとして柔らかい」ことをいいます。また、甜はティエンと読み「美味しい」こと、爛はランと読み、煮たり熱したりして「柔らかい」ことをいいます。

したがって、甘酥はカンスと読めて「美味しくて、ふっくらとして柔らかい」の意味、甜爛はティエンランと読めて「美味しくて、柔らかい」の意味になり、ほぼ同じ意味で、この菓子の特徴にぴったりの字句となっています。つまり、カステラの名称は、これらの字を繋げた甘酥甜爛（カン・ス・ティエン・ラン）の多少の訛り読みであり、簡潔に訳すると**「美味しくて、ふっくらとした、柔らかい（菓子）」**の意味になっており、これがこの菓子名の語源と思われます。

テンプラについていいますと、現在では漢語でも天麩羅と書かれますが、殆んど確実に日本から芝那に輸出されたと思われる名称です。なぜならば、大言海には、江戸時代の「山東京伝」という戯作者が江戸の食堂経営者のためにつくってやった名称であると書かれているからです。大言海には、山東京伝の弟の岩瀬京山著の「蜘蛛の糸巻」という本に、次のようなことが記載されていると書いてあります。「先生、名ヲツケテ賜ハレト云ケルニ、亡兄（京伝）少シ考へ天麩羅ト書キテ見セケレバ、利介、不審ノ顔ニテ、てんぷらトハ如何ナル謂レニヤト云フ、亡兄ウチ笑ミツツ、足下ハ今、天竺浪人ナリ、フラリト江戸へ来テ売始メル物故、てんぷら也、てんハ天竺ノ天、即チ揚グル也、ぷらニ麩羅ノ二字ヲ用ヰタルハ、小麦ノ粉ノウス物ヲカクルト云フ義ナリト云云」。

京伝は、てんは「揚ぐる」、ぷらは「小麦の粉のうす物をかける」の意味といっていることから、テンプラは**「うすい小麦粉をかけて揚げる（料理）」**といっているのです。てんは「揚ぐる」の意などと、少し誤魔化して説明してはいても、日本語としてのテンプラの語源を明確に示して命名しています。漢字で天麩羅と書きますが、天と麩は当て字です。羅の字には、繊維の維の字が含まれているからと思われますが、薄衣《うすぎぬ》の意味があります。このことから、テンプラに使用する、水で溶いた小麦粉のことを「衣《ころも》」というのです。

さて、テンプラの語源の話をしますと、一音節読みで、添はティエン、付はプ、羅はラと読みます。つまり、テンプラとは、**添付羅**の多少の訛り読みであり、添付の目的語が羅（＝薄衣）であることから、直訳すると

「添付した薄衣の（料理）」、つまり、表現を変えると**「薄衣を付けた（料理）」**の意味であり、これがこの言葉の語源です。天と麩は当て字ですが、麩は小麦から麦粉をとった後の「皮糟《かわかす》」のこととされ、麦の字が含まれているので当て字としては適当なものになっています。したがって、テンプラという言葉は、現代の大辞典に書いてあるようなスペイン語、イタリア語、ポルトガル語等のいずれに由来するものでもないのです。にもかかわらず、大辞典には、テンプラの語源およびその料理につき、次のように書いてあります。

・大言海：「**テンプラ**（名）天麩羅（西班牙語、及、伊太利語、**Tempora**、天主教ニテ、金曜日ノ祭ノ名。（耶蘇、天上ノ日）此日、潔斎ニシテ、獣鳥肉ヲ食ハズ、魚肉鶏卵ハ食フ、因リテ此日ノ魚料理ノ名ニヨリタルモノカト云フ」。

・広辞苑：「**テンプラ**〔**temporas** ポルトガル・天麩羅〕斎日の意。**Tempero**（調味料）の意からともいう。魚介類や野菜などに小麦粉を水でといたころもを着けて油で揚げた料理」。

・広辞林：「**テンプラ**【天麩羅】ポルトガル **tempero**（野菜などを煮ること）。イタリア **tempora**（昇天祭、この日は肉食をしないからとも）。魚介などの肉に小麦粉のころもをつけ、油で揚げたもの」。

・大辞林：「**テンプラ**【天麩羅】（ポルトガル **tempero**）魚・貝・肉・野菜などに、小麦粉を水でといたころもをつけて油で揚げた料理」。

・大辞泉：「**テンプラ**　魚・貝・野菜などに、小麦粉を卵・水で溶いた衣をつけ、植物油で揚げた日本料理。語源は、ポルトガル語 **tempero**、**temporas** または、スペイン語の **templo** からなどの諸説がある。『天麩羅』とも書く」。

大辞典における、このような説明を読んだだけで、これらの語源説は、すべて、インチキ、デタラメらしいことがお分かりと思います。なぜならば、「てんぷら」の語源とされるのは、スペイン語、イタリア語、ポルトガル語のいずれかもはっきりせず、また語源とされる言葉の意味さえも食い違ったりして不明確だからです。それにも増して、「てんぷら」という日本料理とキリスト教の「金曜日ノ祭ノ名」や「斎日」や「昇天祭」となんの関係があるのかも分からないうえに、このような薄衣付の油上げ料理が、果たしてこれらの国に存在したのかどうかさえも検証されていないのです。

およそ、キリスト教禁止令が厳守され、鎖国が厳格に実施されていた江戸時代において、長崎の平戸で貿易していた国のオランダ語ならともかく、日本にたびたび来航したとも思えない国のスペイン語やイタリア語を、日本人が知ることができ、語源として採用することなどがあり得たのか疑問です。また、ポルトガル船は江戸時代初期の一六三九年（家光時代）に来航禁止になっており、国交もない国のポルトガル語が語源になるとは到底思えないのです。上述したように、大言海によれば、「蜘蛛の糸巻」という本には京伝が語源を明確にして命名したとちゃんと書いてあるのに、日本の学者や大辞典編集者たちはその語源を理解できないで、外国語由来などと怪しげな主張を国民に対して平気でしているのです。

23 イラクサ

イラクサ科の多年草で関東以西の山地の日陰に集まって自生しています。丈は1m程度、先が尖った心臓形の鋸葉が対生しています。茎、葉、共に刺があり、触って傷つくと痛いうえに、その弱毒で水泡ができることがあります。大言海によれば、平安時代の字鏡に「苛、小草なり、伊良」、和名抄に「苛、小草で刺が生えている、伊良」と書いてあります。一音節読みで、痍はイと読み、名詞では「傷」、動詞では「傷付く、傷付ける」、形容詞では「傷付いた」の意味です。刺はラと読み「刺《とげ》」のことです。つまり、イラクサとは、痍刺草であり直訳すると**「傷付く刺のある草」**の意味になり、これがこの草名の語源です。

24 イワタバコ

この草について、「おいしい山菜図鑑」（千趣会）という本には、次のように書かれています。

「イワタバコ科をなしている多年草で、湿り気が多く、あまり日の当たらない岩場のがけなどにはえる。葉は一〜二枚、根株から直接出るので茎はない。（中略）。平らな所にははえず、岩はだの側面につくので、葉は下の方へ、だらりとたれ下がる。夏の初めごろ、根元から太さ三ミリ前後の花の咲く茎を一〜二本立て、一〇センチぐらいの高さで三〜五本に枝分かれし、それに大きさ一・五センチほどの、星形で、ふっくらと肉の厚い五弁花を一個ずつつけ、下向きに咲く。色は白っぽく、中心が濃い紫色で、花弁のはしにゆくにつれて色が薄くなり、なかなかエレガントである。イワタバコは、北海道と東北地方を除いて、ほぼ全国に分布し、人びとは昔から山菜として利用していたらしい。それはイワチシャとかイワナなどという名前からも推察できる。（中略）。昔から、ごく普通の食用草として利用されてきた野草だから、場所によっては驚くほどたくさんはえている。ただ、はえる場所がほとんど土のない岩はだに限られているので、旺盛な繁殖力を持つとはいえない。そのうえ、イワタバコは、大きい葉の割には根がとても貧弱で、葉を摘もうとして引っぱると、根こそぎスッポリととれてくる。こんな採り方をすると、どんなにたくさんはえている所でも、やがては絶滅してしまうから、摘む時は必ずハサミなどで、葉だけをていねいに切り採って、根はそのまま残すのが、自然保護にかなった摘み採りのマナーである。（中略）。イワタバコは、花が美しく、観賞用にも向いているので、鉢植えなどにしてもよい」。イワタバコの名称は、草木名初見リスト（磯野直秀作）によれば、江戸時代の草木弄葩抄（一七三五）という本にでています。

さて、語源の話に移りますと、イワは岩のことであるとして、一音節読みで、誕はタンと読み「誕生する、生まれる」の意味ですが、植物などの場合は「生える」の意味になります。巴はバと読み「張り付く」の意味があります。胢はコと読み、「よい、良好な」の意味ですが、敷衍して、花のときは「美しい」、食べ物のときは「美味しい」の意味になります。つまり、イワタバコの美しい花が咲くことと、食べて美味しいことの二つの特徴を考慮すると、この草名でのコは「美しい」と「美味しい」の双方の意味を兼ね備えた詈のことと思われます。したがって、イワタバコとは、岩誕巴詈の多少の訛り読みであり、**「岩に生えて張り付いている、美しい花の咲く美味しい（草）」**の意味になり、これがこの草名の語源です。大辞典には、例えば、広辞苑（第六版）には「葉は小判形で軟らかくタバコの葉に似る」と書いてあり、イワタバコのタバコは煙草のことであるかのような書き方になっています。しかしながら、この草名におけるタバコは、喫煙草であるタバコと「葉が似る」などという、さしたる特徴とも思えない単純なことから付けられたものではないと思われます。

25　ウイキョウ

セリ科の多年草です。生育場所によって丈は1～2m程度、各茎は上部の一個所から30個程度の小茎が別れでて、夏に、それぞれの小茎の頂上に黄色の小花が咲くので、まるで黄色の花火が開いたように見えます。種子には香りがあり香料の材料とされます。漢字では、日漢共に茴香と書き、日本語ではウイキョウと読み、漢語ではホェイシャンと読みます。大言海によれば、室町時代中期の下学集に「茴香」とでています。

一音節読みで、嫵はウ、昳はイ、瑰はキ、優はヨウと読み、いずれも「美しい」の意味です。したがって、ウイキョウとは、嫵昳瑰優の多少の訛り読みであり、直訳すると「美しい」ですが、花を指すときは「美しい（花）」、草を指すときは**「美しい花の咲く（草）」**の意味になり、これがこの草名の語源と思われます。ただ、この意味だけでは、この草のもう一つの特徴である「香り」のことが含まれていません。日本語では、香の字は、将棋の駒の一種の香車におけるようにキョウとも読むので、ウイキョウは嫵昳香として直訳すると「美しい香りの（草）」の意味になりますが、美には「よい」の意味も含まれているので、少し意訳すると**「よい香りの（草）」**の意味になり、これもこの草名の語源で掛詞になっていると思われます。掛詞をまとめると「美しい花の咲く、よい香りの（草）」になります。

なお、香の字は、漢語の一音節読みではシャンと読みますが、日本語の音読では香車はキョウシャ、香水はコウスイ、香りはカオリと読みます。なぜ、漢語ではシャンとだけ読むのに、日本語の音読で、キョウやコウやカオと読むのでしょうか。

一音節読みで、瑰はキと読み「美しい」の意味、馥郁《ふくいく》という熟語で使われる郁はユともヨとも聴きなせるように読み「香り」の意味、霧はウと読み形容詞では「濃い」の意味があります。つまり、瑰郁霧はキヨウと読むことができ、直訳すると「美しい香りの濃い」ですが、「美しい」には「よい」の意味も含まれるので、表現の順序を変えると「よい濃い香り」の意味になり、日本語ではその多少の訛り読みを「香」の読みに転用して、例えば、香車をキョウシャと読むものと推測されます。

また、香をコウと読むことについては、漢語における香櫞《シャン・ユェン》という香りのある木は別称で枸櫞《コウ・ユェン》ともいうことから、香に枸の読みを転用して、例えば、香水をコウスイと読むものと推測されます。

また、「香り」を「かおり」と読むことについては、香雨、香気という熟語は、「よい雨」や「よい香り」のこととされており、香には「よい」の意味があるようなのです。気には香りの意味があります。一音節読みで感はカンと読み「感じる」の意味、娥はオ、麗はリと読み共に「美しい」の意味があります。つまり、感娥麗はカオリと読めて直訳では「感じるのが美しい」の意味なのですが、「美しい」には「よい」の意味もあるとして表現の順序を逆にすると「よく感じる」の意味になり、その読みを転用して香をカオと読み、「香り」を「かおり」と読むものと推測されます。

26 ウド

ウコギ科の多年草で、丈は2～3m程度にまで達するので、とても大きい草といえます。土中にある、或いは、土中から出たての若芽は、柔らかくて香りがあり食べてもかなり美味しい草です。①生のまま味噌や醤油をつけて、②茹でてごま和えにして、③汁の具として、④肉などと煮付けて、或いは⑤てんぷらなどにして食べられています。

漢字では、独活と書きます。大言海によれば、平安時代の字鏡に「独活、宇度、又云、乃太良」、本草和名と和名抄に「独活、宇止、一名、都知多良」と書いてあります。

一音節読みで、吴はウ、斗はドウと読み、共に「大きい」の意味があります。つまり、ウドとは、吴斗の多少の訛り読みであり、直訳すると**「大きい（草）」**の意味になっており、これがこの草名の語源の一つです。また、嫵はウ、都はドと読み、形容詞で使うときは共に「美しい」の意味があります。つまり、ウドとは、嫵都であり直訳では「美しい」ですが、美には美味の意味があることを考慮すると**「美味しい（草）」**の意味になっており、これもこの草名の語源で掛詞になっています。掛詞をまとめると「大きい美味しい（草）」になります。

「独活の大木」という言葉は、よく知られた文句であり、「図体は大きいが役に立たない」の意味で人間に対しても使われています。独活は木ではないので、「独活の大木」とは、独活の茎のような柔弱な幹をもった大木のことで、「たとえ幹は大きくても草茎のように柔弱では、木材としては役に立たない」の意味ではないかと思われます。

27 ウバタマ・ヌバタマ

ウバタマはヌバタマともいい、草名やその実のこととされています。万葉集の歌において、主として黒や夜などに懸かる枕詞として使われており、例えば、次のような歌があります。

・居明かして君をば待たむ奴婆珠《ぬばたま》の
我が黒髪に霜は降るとも（万葉８９）

・あかねさす日は照らせれど烏玉《うばたま》の
夜渡る月の隠《かく》らく惜しも（万葉１６９）

万葉集の歌で、ウバタマ或いはヌバタマと読まれている万葉仮名は、烏玉（または烏珠）が二五首、奴婆多麻（または奴波多麻、奴婆多末）が十九首、夜干玉が十三首、野干玉が十一首、黒玉が九首、奴婆玉（または奴婆珠）が三首、合計八〇首があります。ということは、これらの万葉歌での烏・奴婆（奴波）・夜干・野干・黒はすべて同じ意味だということです。なお、八〇首の内、夜に懸かるものが五〇首、黒に懸かるものが二〇首、夢に懸かるものが五首、その他五首になっています。

さて、先ず、夜干と野干とは何者かを調べてみます。一音節読みで、野はイエと読み、同じ読みの「夜」に通じています。また、干はカンと読み、同じ読みの「旰」に通じていて「晩」の意味があります。つまり、野干と夜干とは共に夜旰の意味を通じて「夜晩」のことになるので、敷衍《ふえん》して「黒、黒い」の意味と見做されていると思われます。玉や珠の字があるということは、この草名はその実の形状を心象して作られたらしいことを示唆しています。

出雲国風土記に、その出雲郡の条で「凡そ諸山野に所在する草木」として挙げられている十八種の草木の中に「夜干」が含まれています。振仮名がないのでなんと読まれたかは分かりませんが、ウバかヌバ、或いはウバタマかヌバタマと読まれたのは確かだと思われます。なぜならば、万葉集で、夜干玉はウバタマかヌバタマと読まれたとされているからです。

次に、日本語のウバタマとヌバタマにおけるウバとヌバとはいかなる意味なのか、つまり、いかなる語源なのかを調べてみます。ウバについては、一音節読みで、烏はウと読み、形容詞で使うときは「黒い」の意味です。烏の字は、鳥の字と異なることはご承知のとおりであり、黒色の鳥の名称としても使われています。吧はバと読み特には意味のない語気助詞と思われます。そうしますと、ウバは烏吧であり「黒い」の意味になります。ヌバについては、濃はそもそもの一音節読みではノンと読むのですが、ご承知のように万葉仮名ではヌと読まれています。したがって、濃烏吧はヌウバと読めることになりますが、一気読みするとヌバと読め、直訳すると「濃厚に黒い」、つまり、「まっ黒い」の意味になります。

他方、一音節読みで大はタと読み副詞で使うときは「とても、非常に、著しく」などの意味、曼はマンと読み「美しい」の意味、満はマンと読み「円い」の意味があります。つまり、タマは、大曼と大満の掛詞であって、直訳では「とても美しい、とても丸い」の意味になります。結局のところ、ウバタマ（烏吧・大曼満）とヌバタマ（濃烏吧・大曼満）とは、ほぼ同じ「黒くて、とても美しい丸い」の意味になりますが、それは草の実のことと思われるので、実を指すときは**「黒くて、とても美しい丸い（実）」**、草を指すときは**「黒くて、とても美しい丸い実のなる（草）」**の意味になり、これがウバタマとヌバタマという草名の語源と思われます。

さて、芝那に射干《シェカン》という草があり、日本名はカラスオウギ、江戸時代からはヒオウギと呼ばれますが、漢語辞典には次のように書いてあります。「**射干**　多年生草本植物、葉は剣形で互生し、花は黄褐色で紅色の斑点がある。果実は蒴果で種子は黒色である。根茎は薬用とし、解熱や解毒作用がある」。

平安時代の和名抄には「本草云、射干、一名、烏扇、加良須安布木」と書いてあります。つまり、漢語の射干《シェカン》は、日本語ではカラスオウギ（烏扇）と呼ばれていたのです。上述したように、カラスオウギは江戸時代からはヒオウギとも呼ばれるようになります。

ところが、意外なことに、大言海には、「**ぬばたま**（名）〔射干玉〕からすあふぎ（烏扇）ノ果実。円クシテ黒シ。ウバタマ。ひあふぎノ条ヲ見ヨ」と書いてあり、「ひあふぎ」の条をみると「古名カラスアフギ、烏扇、射干」とあります。この辞典では、万葉歌に詠われているウバタマやヌバタマに射干や射干玉のような漢字名称は存在しないにもかかわらず、**「射干玉」**という新造語をつくってウバタマやヌバタマと読んであります。なぜ、ウバタマやヌバタマに関して、関係があるとも思われない多年草の射干が持出されているかというと、ウバタマやヌバタマを射干という草に結び付けるためと思われます。つまり、大言海がつくった新造語の**「射干玉」**をウバタマやヌバタマと読むことによって、ウバタマやヌバタマを射干に結び付け、射干を通じてカラスオウギに結び付け、更にはカラスオウギの後世の名称であるヒオウギに結び付けて、ウバタマやヌバタマをヒオウギという草名やその実のこととするためと思われます。つまり、大言海は、ウバタマやヌバタマを射干という草に結び付けてしまったのです。今ではウバタマやムバタマのカラスオウギ説、つまり、ヒオウギ説は通説となっています。

大言海が、このような主張をするについては、なにか根拠があるかも知れないと思って調べてみたところ、江戸時代の重訂本草綱目啓蒙で「射干」の幾多の羅列された別称の中に「夜干（本事方）」と書いてあります。しかしながら、よく考えてみると、夜干は日本語ですから、漢籍の本事方の中で漢語の射干の別称が日本語の夜干とされるのも可笑しな話なのです。本事方という本は漢籍の漢方書ですが、調べた限りでは、射干の記載はなく、いわば当然に夜干の記載もありません。本事方は植物本ではなく漢方書ですから、概して植物相互間の別称関係などには関心のない本です。したがって、重訂本草綱目啓蒙の記述には疑問符が付きそうなのです。

野草散歩（邊見金三郎著・朝日新聞社）という本には、次のように書いてあります。「万葉集にはヌバタマというものを詠んだ歌が七、八十首もあるが、そのすべては『黒い』とか『暗い』ということの前詞としているだけで、ヌバタマとは何のことであるかをハッキリ詠んでいるのは一つもない。それにも拘わらず、すべての学者はこれをヒオウギときめてしまっているのは、われわれにはちょっと分からないことである。そういう学者たちのいうところでは、ヒオウギの実は黒い、故にヌバタマとはヒオウギのことである、というのだが、黒い実のなる草木はほかにもいくつもある」。

つまり、野草散歩には、ヌバタマやウバタマがヒオウギであるというのは学者が勝手にいっていることであって、たとえ黒い実のなる草木のことであるとしても、そのような草木は他にもいくつもあると書いてあるのです。ただ、ウバタマやヌバタマを射干（カラスオウギ・ヒオウギ）に結び付けるのは、論理的には筋が通りにくいとしても、実際上は座りのよいものになっているように感じられます。なお、このことについては、シャガやヒオウギ欄をもご参照ください。

28　ウマノアシガタ

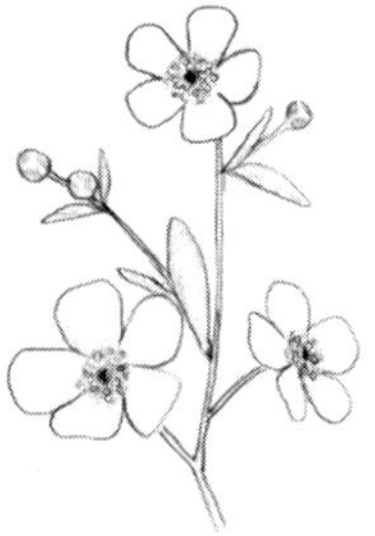

ウマノアシガタ科の多年草で、この科はキンポウゲ（金鳳花）科ともいい、毒草が多いことで知られています。ウマノアシガタは山野に生え、丈は50㎝程度で、葉は手のひら状で三〜五裂しています。春から夏にかけて長い花茎の先に黄色い五弁花が咲きます。複数の大辞典を参照すると、ウマノアシガタは一律にキンポウゲの別称とするものと、ウマノアシガタのうち花が多弁である種、つまり、八重咲きの種だけをキンポウゲとするものとの二通りの説明に分かれています。いずれにせよ、ウマノアシガタはキンポウゲの別称とされています。

　漢字では「馬の足形」と書かれますが、馬は奇蹄目の動物であり蹄は一つしかないので、この草のどこにも馬の足形と似たところはないことから、単なる当て字に過ぎないことが分かります。

　一音節読みで、武はウと読み「猛々しい、荒々しい」、蛮はマンと読み「野蛮な、凶悪な」の意味があります。つまり、この草名におけるウマとは武蛮であり直訳すると「猛々しい野蛮な」の意味になっています。盎はアンと読み「とても、非常に、著しく」、巇はシと読み「危険な」、尬はガと読み「処理困難な、始末に負えない、困った」、怛はタと読み「恐ろしい」の意味があります。つまり、アシガタとは盎巇尬怛であり「とても、危険で、処理困難な、恐ろしい」の意味になっています。したがって、ウマノアシガタとは、武蛮ノ盎巇尬怛の多少の訛り読みであり直訳すると**「猛々しくて野蛮な、とても危険で処理の難しい恐ろしい（草）」**の意味になっており、これがこの草名の語源です。大胆に意訳すると「毒があって危険な草」という意味です。このような意味になるのも、ウマノアシガタはもちろんそうですが、この科にはトリカブト、センニンソウ、フクジュソウ、キツネノボタン、タガラシなどの有毒植物が多いからです。

　また、上述したように、この草は、別称でキンポウゲともいい、漢字で金鳳花と書きます。草木名初見リスト（磯野直秀作）によれば、キンポウゲの名称は室町時代中期の山科家礼記の一四八六年の条にでており、ウマノアシガタは江戸時代前期の本草綱目品目にでているとされています。憶測するところ、毒草であるにもかかわらず、漢字の金鳳花は立派過ぎる名称であり、キンポウゲという読みの意味も必ずしもはっきり分からないので、江戸時代に至ってウマノアシガタという毒草の意味を明確に含んだ名称がつくられたと思われます。

29　ウリ

ウリ科の野菜で、漢字では瓜《うり》と書き、英語ではメロン（melon）といいます。瓜の字は爪《つめ》の字と間違えやすいことから、**「ウリにツメあり、ツメにツメなし」**と覚えるものとされています。

一音節読みで、嫵はウ、麗はリと読み、共に「美しい」の意味です。美には美味の意味があることは、本書で、なんども繰返し述べているとおりです。したがって、ウリとは、嫵麗であり、その果実を指すときは**「美味しい（果実）」**、野菜を指すときは**「美味しい果実のなる（草）」**の意味になり、これがこの草名の語源です。

万葉集に、次のような長歌が詠まれています。

・宇利食《は》めば　子ども思ほゆ　久利食めば　まして偲ばゆ・・・（万葉８０２）

このことから、ウリ（宇利）の名称は、クリ（久利）の名称と共に、すでにこの頃まではできていたのです。そして、ウリとクリの「リ」は「麗」であり、共に同じ意味になっています。

日本古典文学大系「萬葉集二」（岩波書店）の万葉８０２の解説には「ウリは朝鮮語 oi→ori（瓜）と同源」と書いてあります。しかしながら、朝鮮語とされる ori はオリ、oi はオイと読むと思われることから、ori と oi のいずれもウリの読みにはならないようであり、それにも増して、日本の音読語ならまだしも、訓読語が朝鮮語と同源とは到底思われません。なぜならば、言語・国語学者は丁寧に説明していませんが、他所でも述べてきたように、**日本語は日本人自身がつく**

るとするのが、日本国の基本方針だったと思われるのであり、そのことが「日本語は孤立語である」とされることの、ほんとうの意味と思われるからです。

世界を見渡しても、例えば、ヨーロッパだけに限っても、英語、ドイツ語、フランス語、イタリア語、スペイン語、オランダ語、ロシア語等々は、そもそもの素材はアルファベット（alphabet）と呼ばれる文字を基本としたギリシア語やラテン語であって、同じ系統の文字からつくられたものであることから、各国の言語は非常に似てはいても、それぞれにずいぶんと相異しています。このように、自国語は、自国民が自身でつくるとするのが文明国の原則であり、そのような意味では、日本は古くから極めて優れた文明国であったといえます。

30　エグ（ヱグ）

万葉集の歌に、ヱグという草について、恵具や佪具と書かれて、次のような二歌が詠まれています。

・君がため山田の沢に恵具採《つ》むと
雪消《ゆきげ》の水に裳の裾濡れぬ（万葉1839）
・あしひきの山沢佪具を採みに行かむ
日だにも逢はせ母は責むとも（万葉2760）

沢とは草の生えた湿地のことをいいます。

大言海によれば、萬葉集古義に「恵具ハ芹ノ類ナリ」とあり、平安時代末期の詞花集（十・雑・下）には「賤《しづ》ノ女《め》ガ　ゑぐ摘ム沢ノ薄氷　イツマデ経ベキ我身ナルラン」という歌が詠まれています。

早速、語源の話をしますと、一音節読みで、艶はイェンと読み「美しい」、穀はグと読み形容詞では「よい、良好な、美しい」などの意味があります。つまり、ヱグとは艶穀であり、食物について「美しい」とか「よい」というのは美味しいのことなのを踏まえて直訳すると**「美味しい（草）」**の意味になり、これがこの草名の語源と思われます。

上述の万葉歌におけるヱグは、具体的な草としては、昔からいろいろと挙げられた中でセリ説とクロクワイ説が有力になったようですが、セリについては万葉集に別途に詠われているのでセリではあり得ないだろうということで、クロクワイ説が有力になり現在では通説とされています。その理由としては、一つには、クロクワイは、池沢中に生え若芽を摘んで食べることもあるからというのですが、そもそもクワイというのは根茎を食べる草であって、たとえその若芽を食べ得るとしても、それは歌に詠まれるほどに美味とは思われず、したがって、さほど食べられたとは思われないという難点があります。二つには、越後頸城郡吉田という地域ではクロクワイの一種の小さい根茎にヱグの名があるというのですが、クロクワイそのものではないこと、三つには、ヱグは美味しい草の意味に過ぎないことであり、その小さい根茎を食べるにしても根茎を「採む」というのでは話が少々ずれているという難点があります。なぜならば、「採」の字は「手の指先でつみ取る」の意味なので、若芽や若葉というのならともかく、掘って採集しなければならない根茎は対象にはなり得ないからです。漢字に精通していたと思われる古代人が、字義を誤ることがあったとは思われません。日本古典文学大系「萬葉集三」（岩波書店）における万葉１８３９についての頭注では「ゑぐ―カヤツリグサ科の多年生草本。食用になる地下の黒い皮の塊茎がクワイに似ていてクロクワイと呼ばれる」と書いてありますが、この説明にも上述と同じく対象を間違えているのではないかとの疑問があります。

　ならば、なんなのかと問われると、これがなかなか手に負えない難問なのです。語源の意味が単なる「美味しい（草）」なので、若菜一般を指すと見做せばよいとも思われますが、敢えて草を特性せよということであれば、本書では次のような意見になります。

　平安時代頃になると、正月に十二種若菜や七種菜の行事が行われるようになったことが分かっています。十二種若菜は、ワカナ・アザミ・チシャ・セリ・ワラビ・ナズナ・アオイ・シバ・ヨモギ・タデ・モヅク・マツの十二種の外にハコベラ（ハコベ）が入ることもあります。七種菜は、セリ・ナズナ・ゴギョウ・ハコベラ・ホトケノザ・スズナ・スズシロの七種の外にタビラコが入ることもあります。また、当時食べられていた草として、平安時代の字鏡にはミズナ、枕草子にはミミナグサもでています。これらの草には、奈良時代当時においても、早春に最も食べられていた草も含まれると思われることから、少々乱暴とはいえそうですが、これらの草に絞って、上述の万葉歌の内容に合致しそうな①山沢の野草であること、②雪消の頃の草であること、③若苗や若葉を採む草であること、④食べて美味しい草であること、更に⑤万葉集に詠われておらず重複しないこと、などの条件に照らすと**「ミズナ」**が最もよく該当する草のように思われます。ミズナについて、大言海に「冬春ノ頃、多ク出ヅ」、大辞泉に「山中の湿地に生える」と説明してあります。現在では、ミズナはアブラナ科の湿地に群生する草で京菜やウワバミソウ（＝とても美味しい草の意）とも呼ばれる草であるとされています。そうすると、万葉集の歌の「山沢」に生える草や「芹ノ類」の草に合致することになりそうです。ミミナグサも冬春の頃の草ですが、岩波文庫の枕草子一三一段の「七日の日の若菜」に「聞かぬ顔なるは」とあるので、さほど摘まれなかった草ではないかと思われます。

なお、話は変わりますが、漢語の拼音字母（ピンインツーモ）での「穀」の発音記号は**gu**であっても、原則として、漢語では濁音読みはなく清音で読みます。それは、清音読みの方が綺麗に聞こえるからとされています。発音記号が**gu**と**ku**との違いは、前者は普通の強さで読み、後者は強く読むということです。このことは、日中辞書や日漢辞書に書いてある辞書もあります。本書では、「穀」のような濁音記号の字は清音と濁音の双方で読んでいます。

31　エノコログサ

イネ科の一年草で、晩夏から秋になると茎頂に長い円柱形のふさふさの穂がでて、それがその重みで茎が撓《たわ》んでいる草として知られています。著者の故郷では、その茎付の穂を海魚のシャコの穴に突込

んで、異物と思って前肢で押出してきたところを、さっと瞬時に捕まえる素人漁法があります。

平安時代の和名抄に「狗尾草《ヱヌノコクサ》、恵奴乃古久散」と書いてあります。大言海によれば、名義抄に「狗尾草、エノコグサ」と書いてあります。漢字名称の狗尾草は漢語からきた名称で「犬の尾に似た草」の意味と思われます。

一音節読みで、延はイェンと読み「延びる」、努はヌと読み「突き出る」、撓はナオと読み「撓《たわ》む」柯はコと読み植物の「茎」のことをいいます。つまり、エヌノコ草とは、延努撓柯（イェン・ヌ・ナオ・コ）草の多少の訛り読みであり直訳すると**「延び出て撓んでいる茎の草」**の意味になり、これがそもそものこの草名の語源と思われます。エノコグサは、延撓柯（イェン・ナオ・コ）草になり**「延びて撓んでいる茎の草」**になります。

江戸時代の重修本草綱目啓蒙には「狗尾草、ヱヌノコグサ、ゑのころぐさ、トウトウグサ、云々、一名、猫狗草」などといろいろに書かれています。エヌノコグサやエノコグサが、エノコログサと呼ばれるようになったのは江戸時代後期頃からのようですが、エノコロの口は特には意味のない語気助詞の了のことと思われ、そうすると延撓柯《エノコ》と延撓柯了《エノコロ》とは同じ意味になります。そのように呼ばれるようになったのは、エノコよりエノコロの方がよい音感になるからと思われます。

32　エビネ

ラン科エビネ属の多年草です。頭に修飾語のついたキエビネ、ニオイエビネ、ナツエビネその他があります。園芸種が多く、種によって春夏秋冬にそれぞれ花の咲くものがあり、花の色は変異が大きいのですが、普通には、萼片と側花弁は褐色、唇弁は淡紫紅色の美しい総状花が咲きます。草木名初見リスト（磯野直秀作）によれば、エビネの名称は室町時代中期の山科家礼記の一四九一年の条にでています。

一音節読みで、艶はイェン、貝はビ、捻はニィエンと読み、いずれも「美しい」の意味です。つまり、エビネとは艶賁捻の多少の訛り読みであり、直訳すると「美しい」ですが、花を指すときは**「美しい（花）」**、草を指すときは**「美しい花の咲く（草）」**の意味になっており、これがこの草名の語源です。

なお、美人におけるように、一音節読みでメイと読む美の字を、日本語でビと読むのは賁の読みを転用したものです。

広辞苑（第六版）には、「根茎は節多く、エビの背に似る」と書いてありますが、正直いって、その根茎はエビに似ているとは全然思われないのであり、見方は人それぞれであるとしても、通常の感覚ではエビに見立てることは極めて困難と思われます。なぜならば、この草は美しい花が咲くからであり、そのことを抜きにしてこの草名が付けられたとは思われないからです。例え、その名称の中にネの読みがあることから、そのネを根茎のことと見做しても、根茎は地中にあって普段は見えもしないのに、それが海魚のエビに似ているからという語源説ならば納得しにくいと思われます。

33　オオバコ

オオバコ科の多年草です。複葉が根元から生えます。これを根生葉《こんせいば》といいます。この草の葉は、濃緑の卵形で、比較的厚くて幅が広く、内部には数本の糸状筋が縦に入っています。ごくありふれた草で、人、牛馬、荷車、自転車等が通る狭い農道などによく生えていて、踏まれても敷かれても簡単には枯れたりしない強靱な生命力のある草です。見た目では美味しそうではありませんが、古い時代から人間にも食べられてきた草で、現在でも素朴な野菜料理として、若葉をゴマ和えや油上げなどで食べられており、利尿・咳止め・腎臓疾患などの薬効があるとされています。この草は、殆んどの草食動物が食べますが、なぜかウサギが好んで食べます。ウサギにとっては、美味である以外に薬効などのなんらかの効能があるのかも知れません。各草から数本の直立した糸状筋入の花茎が生えるので、今ではどうなのか知りませんが、昔の子供たちは、それを採って絡み合わせて引きあい、その強さを競って遊んだものです。花茎の先には白色の小花が穂状に密集して咲きます。漢字では漢語から導入した「車前草」、または、日本語として後世につくられた「大葉子」と書きます。

大言海によれば、平安時代の字鏡、本草和名、和名抄には、いずれも「車前子、於保波古」と書いてあります。そうしますと、オオバコは、そもそもはオホバコ（於保波古）なので、オオはオホとして語源を考えることになります。

オホバコの特徴には、先ずは古くから食べられてきたということがあります。一音節読みで、娀はオ、候はホウと読み共に「美しい」の意味、棒はバン、咢はコと読み、共に「よい、良好な」の意味があります。つまり、オホバコとは、娀候棒咢であり直訳すると「美しい、よい（草）」ですが、食べ物について「美しい」とか「よい」というのは「美味しい」ということなので**「美味しい（草）」**の意味になり、一義的には、これがこの草名の語源です。

その他に、この草の特徴には、①葉が厚くて幅広である、②葉や茎の内部が、糸状筋入りで、強靱で生命力があるなどがあります。大葉子と書かれることからすると、語源においてもその葉の特徴に注目してあるものと推測されます。一音節読みで、噩はオと読み形容詞では「肥った」、弘はホンと読み「大きい」の意味があります。つまり、オホとは、噩弘の多少の訛り読みであり「肥って大きい」ですが、肥ったとは葉が厚いことと思われるので「厚くて大きい」の意味になります。葉の字は、一音節読みではイエと読むのですが、訓読では「ハ」や「バ」と読みます。これはハンと読み「多数の、たくさんの」の意味である繁の読みを転用したものと思われます。一般的には、草木の葉は、とてもたくさんあるのでこのような転用ができるのです。

磆の字は、一音節読みでコンと読み、その字体からも推測できるように、形容詞では「強い、強靱な」の意味があります。以上から、オオバコ、つまり、オホバコとは、噩弘葉磆の多少の訛り読みであり直訳すると**「厚くて大きい葉のある、強靱な（草）」**の意味であり、これもこの草名の語源で掛詞と思われます。「厚くて大きい」や「強靱な」というのは、同じ地域に生える普通の草と比較した場合のものです。掛詞をまとめると、「美味しい、厚くて大きい葉のある強靱な（草）」になります。

34　オギ

イネ科の多年草で、岸辺や原野の湿地に叢生《そうせい》しています。根茎が地中を這い、その節々から茎が立上がります。ススキに似ていますが、葉はより長く幅広く、秋にだす花穂もより大形で銀白色をしています。大言海によれば、平安時代の字鏡に「荻、乎支」、和名抄に「荻、乎木」と書いてあります。万葉集には三首（500・2134・3446）が詠まれています。

・神風の　伊勢の浜荻折り伏せて
　旅宿《たびね》やすらむ　荒き浜辺に（万葉500）

「私の夫は、伊勢の浜辺に生えている荻を折り伏せて、今頃、荒涼たる浜辺で旅寝をされていることだろう」と、夫への優しい思いやりを込めた歌とされています。

一音節読みで、娥はオ、瑰はギと読み、共に「美しい」の意味があります。つまり、オギとは、娥瑰であり直訳すると**「美しい（草）」**の意味になり、これがこの草名の語源と思われます。このような意味になるのは、古代には、オギが一般旅人の寝床の敷草として重宝されていたことも一因と推測されます。

35　オキナグサ

キンポウゲ科の多年草です。日当たりのよい山野に生え、丈は30cm程度、全体に白毛があります。春に、暗赤紫色の六弁花が下向きに咲き、白い長毛の付いた実がなり風で散布されます。漢方では根を白頭翁といい薬用にします。この草は、**「白毛の状態が人間の年寄り男性、つまり、翁に似ている」**としてオキナグサといいます。

大言海によれば、平安時代の本草和名と和名抄に「白頭公、於岐奈久佐、一云、奈加久佐。根ニ近キ處ニ白茸アリ、人ノ白頭ニ似ル」と書いてあります。オキナとは、どういう意味かといいますと、一音節読みで、翁はウォンと読み「男性老人」のことをいいます。虧はキと読み「欠けている」の意味ですが、そもそもは「精力が減退している、精力が衰えている」の意味があります。男はナンと読みます。つまり、オキナのキナとは、虧男の多少の訛り読みであり、「精力が衰えている男」の意味になっています。したがって、オキナとは、翁虧男であり直訳すると**「男性老人で、精力が衰えている男」**の意味になり、これがこの言葉の語源です。日本語では、オキナを翁という漢字の読みにしてあり、これを訓読といいます。訓の字には「解釈する、説明する」の意味があることから、**「訓読」**とは**「解釈読み」**、或いは、**「説明読み」**のことをいいます。

36　オケラ

キク科の多年草で、山野の草地や雑木林に自生する野草です。丈は50㎝程度にまで成長し、葉は楕円形でギザギザがあり、白毛に覆われた若芽のうちは食用になります。秋になると白色の小花が集まった頭状花が咲きます。たまに薄紫色の小花の場合もあります。

一音節読みで娥はオと読み「美しい」、良はケンと読み「素朴な」、苒はランと読み「柔弱な、たおやかな」の意味があります。つまり、オケラとは、娥良苒であり、直訳すると**「美しい、素朴で、たおやかな（草）」**の意味になっており、これがこの草名の語源です。

「おいしい山菜図鑑」（千趣会）には「アザミの花を小さくしたような、まるでめだたない淡く白い花を開く」と書いてあります。茎や根は乾燥させて白朮《びゃくじゅつ》という漢方薬にします。日本古典文学大系「萬葉集三（巻第十四）」の東歌の項には、「宇家良」と書き「うけら」と読む歌が三首詠まれています。

・恋しけは袖も振らむを武蔵野の
うけらが花の色に出《づ》なゆめ（万葉３３７６）

・わが背子を何《あ》どかも言はむ武蔵野の
うけらが花の時無きものを（万葉３３７９）

・あぜか潟潮干のゆたに思へらば
うけらが花の色に出めやも（万葉３５０３）

さらに、「おいしい山菜図鑑」には、次のように書いてあります。

「万葉集では四首（まま）ともうけらという名でよんでいるが、和名類聚抄、和名本草（まま）、字鏡などの本ではをけらと書いてある。研究家の間ではどちらが正しいかで、いろいろ論議の対象になったらしい。（中略）。今日では一般にうけらを原名とし、をけらは後世に訛ってできた名だというのが、通説になっている」。

大言海によれば、平安時代の本草和名に「朮、白朮、乎介良」、和名抄（和名類聚抄）に「朮、乎介良」と書いてあります。万葉歌は、本草和名や和名抄などの著作よりもはるか以前に詠まれたと思われるので、ウケラが古い名称であることは確かと思われます。ただし、オケラというようになったのは「訛った」からではないので、どちらが正しいかという議論は適当ではありません。

一音節読みで、嫵はウ、娥はオと読み、共に「美しい」という同じ意味の字です。したがって、意味上はどちらで呼んでも構わないのであり、平安時代になってから、ウケラ（宇家良）よりもオケラ（乎介良）の方が、例えば、音感などの点からより好ましいとされるようになったからではないかと思われます。

37　オシロイバナ

オシロイバナ科の多年草で、丈は1m程度、卵形の葉は対生し枝先に喇叭形の花が咲きます。花は夏から秋にかけてかなり長期間咲き、夕方に開いて翌朝に萎みます。花の色は、赤、白、黄、絞りなどがあります。絞りとは雑色のことです。種子は黒色球形で、昔はその中の白い粉状の胚乳を化粧用の「おしろい（白粉）」として使用しました。

先ず、「オシロイ」という言葉については、一音節読みで、垩はオと読み白土のことですが形容詞では「白い」の意味で使われます。晳はシと読み「白い」の意味です。柔はロウ、昳はイと読み、共に「美しい」の意味があります。つまり、オシロイとは垩晳柔昳の多少の訛り読みであり直訳すると**「白い美しい（もの）」**という意味になり、これが化粧用品としてのオシロイの語源と思われます。
草木名初見リスト（磯野直秀作）によれば、オシロイバナという名称は、江戸時代の花譜（一六九八）という本にでています。

上述したように、この草の花色は白の外に赤や黄や絞りなどもあり、かつ、化粧用の「おしろい（白粉）」は黒色球形の種子から採るので、オシロイバナにおけるバナは花のことだけではない、つまり、オシロイバナは「白い花」のことだけではないように思われます。扮はバンと読み「扮装する、装う、化粧する」、娜はナと読み「美しい」の意味があります。つまり、バナとは扮娜であり「美しく化粧する」の意味のようなのです。そうだとしますと、オシロイバナは「垩皙柔映・扮娜」であり直訳すると「白い美しいもので、美しく化粧する（草）」になりますが、「白い美しいもの」をオシロイに置換えて簡潔にいうと**「そのオシロイで美しく化粧する（草）」**の意味になり、これがこの草名の語源と思われます。表現を逆にしていうと「美しく化粧するオシロイの採れる（草）」になります。

38　オダマキ

キンポウゲ科の多年草です。丈は20～30㎝程度で、初夏に美しい紫色の五弁花が下向きに咲きます。園芸種には白色の花もあります。キンポウゲ科の草ですから毒草の部類に入ります。草木名初見リスト（磯野直秀作）によれば、オダマキは、江戸時代中期の花壇地錦抄（一六九五）という本にでていることから、この頃につくられた名称と思われます。

一音節読みで、額はオと読み「額《ひたい》、額部」の意味ですが、頭を含めて頭に近い部分、つまり「頭額部」のこと、更には「頭部」のことをも指す場合があります。耷はダと読み「垂れる」の意味であり、曼はマン、瑰はキと読み共に「美しい」の意味があります。つまり、オダマキとは、額耷曼瑰の多少の訛り読みであり、直訳すると「頭を垂れた美しい」ですが、それは花のことと思われるので、花を指すときは「頭を垂れた美しい（花）」、草を指すときは**「頭を垂れた美しい花の咲く（草）」**の意味になり、これがこの草名の語源と思われます。

ただ、この草は毒草の一種であることを考慮する必要があります。一音節読みで、噩はオ、怛はダン、蛮はマン、鬼はキと読み、いずれも「恐ろしい」の意味があります。つまり、オダマキは、噩怛蛮鬼の多少の訛り読みであり直訳すると**「恐ろしい（草）」**の意味であり、これもこの草名の語源で掛詞と思われます。毒草の場合はこのような意味にもなるのです。まとめると「頭を垂れた美しい花の咲く、恐ろしい（草）」になります。

39　オトギリソウ

オトギリソウ科の多年草です。山野に生え、丈は50cm程度で、葉は対生してその基部は茎を巻いた形になっています。夏に、茎上に黄色の五弁花が咲くのですが、極めて特徴的なのは、花は日中だけ、しかも一日だけしか咲かないということ、つまり、花の寿命は一日だけの「一日花」だということです。草木名初見リスト（磯野直秀作）によれば、オトギリソウの名称は日葡辞書（一六〇三）にでています。

早速、語源の話に移りますと、一音節読みで、俄はオ、登はトンと読み共に「すぐに、直ちに」の意味があります。帰はギ、離はリと読み、共に「死ぬ」の意味があります。死ぬということは、草木の場合は「枯れる、萎《しぼ》む」の意味になります。つまり、オトギリソウとは、俄登帰離草の多少の訛り読みであり、直訳すると「すぐに枯れる草」ですが、それは花のことなので実態に即して少し意訳すると**「すぐに花が枯れる草」**の意味になり、これがこの草名の語源です。

漢字では弟切草と書かれますが、江戸時代の和漢三才図会という本には、次のようなことが書かれています。「伝えによれば、花山院（九八四〜九八六）の御代に、晴頼という鷹飼いがおり、業に精通していること神のごとくであった。彼は鷹が傷をすると草をもんで患処につける。するとたちまち傷が癒える。人がその草の名を教えてくれと乞うても、秘して言わなかった。ところが家弟が密かにこの草の名を外部の人に漏らした。晴頼は大へん忿って弟を刃傷《じんしょう》に及んだ。これ以来、鷹の良薬の草が知られ、これを弟切草という」。これ江戸時代末期の倭訓栞（和訓栞）にもほぼ同じようなことが書いてあります。現代の広辞苑（第六版）にも「その薬効をもらした弟を切り殺した鷹匠の伝説がある」と、刃傷が切り殺すにまで一歩踏み込んで書かれています。しかしながら、このような出典も明らかでなく、ほんとうとも思えない作り話があるということは、はっきりいって、その殆んどが語源を外らすためのものと見做して差支えありません。学者というのは、昔から、言葉のほんとうの語源は庶民には教えたくなかったようなのです。なお、この草が鷹の傷に卓越した効き目があると書いてある薬草本を探しているのですが、今のところ見付けてはいません。

40　オドリコソウ

この草は、シソ科の多年生の草です。山野に生え、丈は40㎝程度、茎は四角形、葉は対生し胸形で細かいぎざぎざがあります。初夏に、葉腋毎に淡紅紫色または白色の唇形花が輪形になって咲きます。

一音節読みで、娥はオ、都はド、麗はリ、咢はコと読み、いずれも「美しい」の意味があります。咢はコと読み「よい、良好な」の意味ですが、花を指すときは「美しい」の意味にもなります。つまり、オドリコソウとは、娥都麗咢草であり直訳では「美しい草」ですが、美しいのは花のことと思われるので、少し意訳すると**「美しい花の咲く草」**の意味になり、これがこの草名の語源と思われます。

草木名初見リスト（磯野直秀作）によれば、江戸時代前期の毛吹草（一六四五）という本に「おどりばな」という名称がでており、現在のオドリコソウのこととされています。つまり、ここでのおどりは「踊り」とは関係なく、娥都麗花（＝美しい花）のことです。ということは、この草の語源を「踊り子《コ》」にするために、近年になってから、わざわざ「コ」の字が追加されたものと思われますが、そのほんとうの意味は、「子《こ》」ではなくて「咢《こ》」と見做すべきものです。江戸時代後期の本草綱目啓蒙には「笠ヲ戴キ尺八ヲ吹《フク》形ノ如シ。

故ニコモソウ花ノ名アリ」と書いてあり、コモソウとは虚無僧のことで踊り子とは異なる見立てになっています。

大辞典、例えば広辞苑（第六版）には「【踊り子草】花の形を笠をかぶった踊り子に見立てての名」と説明されていますが、この花の形について虚無僧花の名もあるとされることから、笠をかぶった踊り子に見立てるのは必ずしも客観的なものではなく、かなり個人的なものかも知れません。

オドリコソウの語源の話は以上で終わりなのですが、草の漢字名称に**「続断」**というのがあり、漢籍の本草綱目には続断について「折った筋骨を接続する、それでこの名がある」とあり、現代の漢語辞典の続断の項には「多年生草本植物、葉は対生し、花は白色或いは紫色。根は赤黄色で細くて長く、薬にし、よく骨折を治す、故に続断という」と書いてあります。

平安時代の和名抄の草類の欄に「続断、波美、於仁乃夜加良」と書いてあります。江戸時代の和漢三才図会（一七一二）には「続断。和名は波美。また於仁乃夜加良ともいう」とあり、続いて、続断についての漢籍の本草綱目の記述を紹介してあります。要約すると「茎は四角であり、葉は対生し、四月に紅白の花が咲く。折った筋骨を接続する、それでこういう名がある」とあります。また、和漢三才図会には「続断はマツムシソウ科のナベナ」とも書いてあります。つまり、この本では、続断はナベナのことと書いてあります。ナベナはマツムシソウ科の越年草で、茎は1m以上に達し、全体に刺状の剛毛が生えています。夏から秋にかけて紅紫色の頭状花が咲きます。同時代の本草綱目啓蒙（一八〇三）の続断の欄には「ハミ（和名鈔）、オニノヤガラ（同上）、ヲドリコサウ、ヲドリサウ、ヲドリバナ、コモソウバナ、コモソウグサ」などとオニノヤガラとオドリコソウとを一緒に書いてあり、続いて「茎ハ方形、両葉ハ相対シ、春二三月ニ至レバ高サ一二尺、葉間ニ花ヲ開ク。節ゴトニ簇《ムラガ》リテ生ズ。長サ七八分、笠ヲ戴キ尺八ヲ吹形ノ如シ。故ニコモソウ花ノ名アリ。淡紫色ナリ。又白色花モアリ」と書いてあって、現在のオドリコサウの説明になっています。本草綱目啓蒙によって、続断はオニノヤガラに加えてシソ科のオドリコソウのことにもなったのです。しかしながら、和漢三才図と本草綱目啓蒙の両書共に、自身の説としては、ナベナもオドリコソウも漢籍や漢語辞典にあるような、続断の特徴である「折った筋骨を接続する」とか「骨折を治す」とかの記載はありません。

　昭和初期の大言海のはみの欄には、「**続断**（一）かみのや（赤箭）ノ一名。和名抄・草類『続断、波美、於仁乃夜加良』（二）をどりこさう（続断）ノ条ヲ見ヨ」とあります。その条を見ると「**をどりこさう**（名）続断　又、ハミ、オニノヤガラ」とあり、どうどう巡りの記述になっています。しかしながら、これらの記述は、和漢三才図会から始まったかん違いと思われるものであって、それを本草綱目啓蒙や大言海が引継いだものになっているようです。つまり、続断とナベナやオドリコソウとはなんの関係もないようなのです。現代の日本国語大辞典（小学館・全二〇巻）のオドリコソウの欄には**「続断は誤用」**と書いてあり、牧野新日本植物図鑑のおどりこそうの欄には**「続断を用いるのは誤りである」**と書いてあります。つまり、現在では、続断とオドリコソウとは関係がないとされているようです。ただ、両書共に、ナベナとの関係についてはなにも書いてありません。現在では、オニノヤガラはラン科の多年草とされ、山野の林中に生える茎丈が１ｍ程度に直立する腐生植物とされて、漢字入りでは「鬼の矢柄」とだけ書かれています。つまり、このオニノヤガラは、漢字で続断と書かれてハミやオニノヤガラと呼ばれた古代の草とは異なるらしい草になっています。

　結局のところ、漢籍にある続断や和名抄にある古代の続断とされるハミやオニノヤガラは、現在のどの草なのか分からなくなっており、現在のオニノヤガラとされる草とはほぼ確実に異なる草となっているようです。現在のオニノヤガラにはヌスビトノアシ（盗人ノ足）という新別称までつくられています。

41　オミナエシ

　オミナエシ科の多年草で山野に群がって自生します。秋の七草の一つで、茎頂に、傘状をなして多数の黄色い小花が咲きます。万葉集には十四首が詠まれているとされ、例えば、次のような歌があります。

・手に取れば袖さへ匂ふ女郎花《をみなへし》
この白露に散らまく惜しも（万葉２１１５）

万葉集の原歌では、漢字で女郎花と書かれたものはなく、娘子部四、姫部志、佳人部為、美人部師、乎美奈敝之などと書かれ、その名称の中に姫、佳人、美人などの字が含まれていることからすると、この草名の意味は殆んど自明ともいえます。平安時代の和名抄には「女郎花、乎美那閉之」とでています。

一音節読みで、娥はオ、靡はミ、娜はナ、艶はイェン、飾はシと読み、いずれも「美しい」の意味があります。つまり、オミナエシとは、娥靡娜艶飾の多少の訛り読みであり直訳すると「美しい」の意味ですが、美しいのは花のことと思われるので、花を指すときは「美しい（花）」、草を指すときは**「美しい花の咲く（草）」**の意味になり、これがこの草名の語源です。

オミナエシのオミナは女のことではないかという人がいますが、女の意味自体が娥靡娜からでたものであり「美しい（人）」の意味になっているのです。オミナエシは、秋に、群がって生え、その花は黄色であることを覚えておくために、本書で次のような歌を詠みました。

・秋の野に群がり生えるおみなえし
黄色き花の美しく咲く　　不知人

42　オモダカ

オモダカ科の多年草です。池沢や水田などの湿地帯に自生し、葉茎とは別途に、花茎がでて三弁の白い花が咲きます。大言海によれば、平安時代の本草和名に「澤蕮、奈末為、一名、於毛多加」とあります。オモダカは「面高」とも受取れるので、清少納言の枕草子六六段で「おもだかは、名のをかしきなり。心あがりしたらんと思ふに」という冗談話が披露されています。翻訳すると「おもだかは名称が面白い。なぜならば、得意顔という意味に受取れるからである」。

清少納言は「名称が面白い」といってるだけで草の

形状についてはなにも触れていません。にもかかわらず、大言海では「面高ノ義、葉面ノ紋脈、隆起す」と説明され、広辞苑（第六版）では「葉面に隆起した模様があるからいう」、牧野新日本植物図鑑では「面高の意味で、人面状の葉身が高く葉柄上にある所からいう」と説明されています。しかしながら、葉面上に目立った隆起はなく、葉身は人面状とは到底思われないことから、本書では、敢えて、ほんとうと思われる異説を披露したいと思います。

一音節読みで、噩はオと読み「恐ろしい」の意味があります。矛はマオ、戈はカと読み、共に「ほこ」、つまり、「両刃の槍状武器」のことをいいます。鏜はタンと読み、これまた「両刃の付いた槍状武器」のことです。昆虫のカマキリは、漢字で螳螂と書きますが、螳を分解した堂虫における堂は鏜のことなので、螳螂は、漢字字義の直訳では「両刃の付いた槍状武器をもった虫」の意味になっています。

結局のところ、オモダカとは、噩矛螳戈の多少の訛り読みであり、直訳すると「恐ろしい両刃の槍状の（草）」ですが、実態に即して少し意訳すると**「恐ろしい両刃の槍状の葉身の（草）」**の意味になり、これがこの草名の語源と思われます。最近の大辞典や植物図鑑等では、オモダカの葉身は、「両刃の槍」ではなく弓矢の「矢尻（鏃）」の形状に似ていると書いてあります。

43　オモト

ユリ科の常緑多年草で、漢字では「万年青」と書かれます。オモトには園芸種がたくさんありますが、一般的には、太い根茎が地上にはみ出していて、そこから厚くて光沢のある複葉が順次に上方まで重なって付いています。夏に、根に近い葉間から短い花茎がでて黄白色の穂状花が咲き、その後にまっ赤な球形の実が集合してなります。園芸種が多いということは、美しいとか魅力ある草と見做されているということです。疥癬《かいせん》という、皮膚の痒くなる病気に利くとされています。漢字の万年青は、漢語から導入されたもので、いつも青々としている、つまり、枯れにくい草という意味と思われます。草木名初見リスト（磯野直秀作）によれば、平安時代の康頼本草にでていることから、日本語としてのオモトの名称は、この頃につくられたと思われます。

さて、語源の話に移りますと、一音節読みで、娥はオ、茂はマオと読み共に「美しい」の意味です。都はトと読み、形容詞で使うときは「美しい」の意味があります。万葉仮名では、茂はモと読んであります。つまり、オモトとは、娥茂都の多少の訛り読みであり直訳すると**「美しい（草）」**の意味になっており、これがこの草名の語源と思われます。

なぜ、この草名がこのような意味になっているかというと、漢字で万年青と書かれることと関係があるのです。上述したように、万年青（ワン・ニィエン・チン）という漢字名称は漢語から導入されたものですが、この漢字は漢語式の当て字なのです。万はワンと読み同じ読みの婉、年はニィエンと読み同じ読みの捻、青はチンと読みほぼ読み同じ読みの靚に通じていて、婉・捻・靚は、いずれも「美しい」の意味があります。したがって、万年青とは婉捻靚のことであり**「美しい（草）」**の意味になっているのです。

大言海には「沖縄ニテうむとト云フ」と書いてあります。一音節読みで、嫵はウ、穆はム、都はトと読み、形容詞ではいずれも「美しい」の意味があります。つまり、「うむと」は、嫵穆都であり「美しい（草）」の意味になっています。

なお、青の字は、漢語の一音節読みではチンと読みますが、日本語の訓読ではアオと読みます。一音節読みで、盎はアンと読み「とても、非常に、著しく」の意味、上述したように娥はオと読み「美しい」の意味です。つまり、アオ（青）とは盎娥であり「とても美しい」の意味になっています。したがって、色彩としてのアオ（青）という音声言葉は、そもそもが「美しい（色）」という意味でつくられたものです。このことは、靚の字はチンと読み「美しい」の意味ですが、分解すると青見になることからも推測できます。

44　カキツバタ

カキツバタは、アヤメ科の多年草で、湖沼などの水辺の湿地に生えます。丈は70㎝程度にまで成長し、葉は剣形《つるぎがた》で茎先に美しい紫色の花が咲きます。花弁の根元に一条の白色の縦筋目、つまり、縦斑《まだら》があります。

万葉集には、垣津旗三首、垣津幡二首、垣幡一首、加吉都播多一首の合計七首が詠まれており、例えば、次のような歌があります。

・吾のみや　かく恋すらむ垣津旗
丹《に》つらふ妹は　いかにかあるらむ（万葉1986）

大言海によれば、平安時代の本草和名と和名抄に「馬藺、加岐都波太」と書いてあります。

一音節読みで、可はカと読み「よい、良好な」の意味ですが、敷衍して「美しい」の意味もあります。瑰はキと読み「美しい」の意味です。紫はツと読み「紫、紫色の」、斑はバンと読み「斑の、斑入りの」、耷はタと読み「垂れる」の意味になります。つまり、カキツバタとは、可瑰紫斑耷の多少の訛り読みであり、直訳すると「美しい、紫色の、斑のある、垂れる」ですが、花を指すときは、「美しい、紫色の、斑のある、垂れる（花）」、草を指すときは**「美しい、紫色の、斑のある、垂れる花の咲く（草）」**の意味になり、これがこの草名の語源です。ご承知のように、カキツバタの花びらは美しくて下垂れしています。

枕草子八八段には、「なにもなにも、むらさきなるものはめでたくこそあれ。むらさきの花の中には、かきつばたぞすこしにくき」と書かれています。

アヤメ科には、似たような美しい花の咲くハナショウブやアヤメ（別称でハナアヤメともいう）がありますが、両草は万葉時代からカキツバタに包含されていたものが、ハナショウブは室町時代初頃に、アヤメは室町時代末頃に、名称がつくられて別草として識別されるようになったと推測されます。なぜならば、長い期間、美しい花の咲く草に名称がなかったこと自体が極めて不自然だからです。草木名初見リストによれば、ハナショウブは室町時代初期の拾玉集（一三四六）に、アヤメは室町時代末期の「お湯殿の上の日記」の一五二八年の条にでています。なお、カキツバタ、ハナショウブ、アヤメの見分け方については、アヤメ欄をご参照ください。

45　カキドオシ・ツボクサ

シソ科の蔓性の多年草です。路傍や寺院等の手入れのない敷石の間にも普通に生えており、丈は15㎝程度、茎は四角形、葉は円形で対生し、花は唇形の紫色で葉間の茎上に春から夏まで咲き続けます。強い香りのある極めて繁殖力の強い草です。葉は冬を経ても枯れず、大辞泉（小学館）という辞典には、「花が終わると茎は地に伏して蔓となり非常な勢いで伸びる」と書いてあります。

大言海によれば、平安時代の本草和名と和名抄に「積雪草、連銭草、都保久佐」という記載があります。カキドオシの名称は、草木名初見リストによれば、室町時代後期の文明本節用集にでています。江戸時代の和漢三才図会では、積雪草を「かきどおし」と読んであり、更に「葉は円く銭に似ていて光潔。すこし葉に尖りがある。葉は一つずつ生える。それでいまこれを連銭草という」と説明されています。これらの諸本の記述を繋ぎ合わせると、カキドオシは、漢字では古くから積雪草や連銭草と書き、和名はツボクサ（都保久佐）といったと書いてあります。

さて、先ず、ツボクサについては、一音節読みで、都はツ、ヅとも、ト、ドとも聴きなせるように読み副詞では程度が著しいことを表現するときに「とても、非常に、著しく」などの意味で使われます。勃はボと読み「盛んな、旺盛な」の意味です。つまり、ツボクサとは、都勃草であり直訳では**「とても旺盛な草」**の意味と思われます。

次に、カキドオシについては、亢はカンと読み副詞で使うときの都と同じ意味であり、瑰はキと読み「美しい」の意味があるので、カキは亢瑰であり直訳では「とても美しい」の意味になりますが、美しいのは花のことと思われるので**「とても美しい花の咲く（草）」**になります。都については上述しましたが、赫はホと読み副詞では「旺盛に、盛んに」の意味があります。

伸はシェンと読みますが、日本語音読ではシンと読み「伸びる」の意味です。つまり、ドホシは都赫伸であり**「とても旺盛に伸びる（草）」**の意味になります。したがって、カキドオシとは、亢瑰・都赫伸（カンキ・ドホシン）の多少の訛り読みであり、美しいのは花のこととして直訳すると**「とても美しい花の咲く、とても旺盛に伸びる（草）」**の意味になり、これがこの草名の語源と思われます。

カキドオシの意味については、大言海に「蔓ノ、垣ヲとほす意ナルカ」と疑問符付で書いてあるのを孫引きして、広辞苑（第六版）には「茎は四角、垣根などの狭い隙間に入り込むのでこの名がある」と断定して説明されています。この辞典は大言海での疑問符付の叙述を孫引きして断定して述べるのを一つの特徴とする辞典です。しかしながら、この草の生えているところに、そんなに都合よく垣根がある筈もなく、また、必ずしも垣根などの狭い隙間に入り込むとは思えないので、この広辞苑説は俗説と思われます。

46 カタクリ

ユリ科の多年草です。早春に、厚い長楕円形の二枚の葉をだし、その間から茎が長く一本伸びて、その尖端に下向きに垂れた、美しい紅紫色の花が一輪だけ咲きます。若葉は食用になり、白色多肉の根茎からはカタクリ粉がとれます。この粉は、いろんな用途がありますが、そのままお湯で溶かして砂糖などで味付をして、消化のよい健康食にすることもできます。カタクリという名称は、草木名初見リスト（磯野直秀作）によれば、江戸時代前期の諸国産物帳（一七三五～一七三八）にでているとされるのでこの頃につくられたと思われます。また、江戸時代に幕府へのカタクリ粉の献納も始まったとされているので、この頃にはその根茎からまとまった量で生産できるようになっていたようです。粉を採るのは、さほど難しくはないようであり、大言海には「根ヲ砕キテ磨リ潰シ、袋ニテ漉《コ》シ、水飛シテ

乾スヲ、片栗粉ト云フ」と書いてあります。

さて、語源の話に移りますと、カタクリは、花のことを指すカタと、食粉のことを指すクリとからできているようです。先ず、一音節読みの清音読みで、崗はカンと読み「とてもよい、素晴らしい、美しい」などの意味があります。糖はタンと読み、紫がかった赤色のこと、つまり、「紫紅色」や「紅紫色」の意味があります。したがって、カタとは、崗糖であり「美しい紅紫色」の意味になり、これは花のことを指していると思われます。

次に、酷はクと読み「とても、非常に、著しく」、麗はリと読み「美しい」の意味があります。食べ物に関して「美しい」というのは、美には美味の意味があることから、「美味しい」ということです。つまり、クリとは酷麗であり「とても美味しい」の意味になり、これは根茎からとれる食粉のことを指していると思われます。

結局のところ、カタクリとは、崗糖酷麗の多少の訛り読みであり、直訳すると「美しい紅紫色の、とても美味しい（草）」ですが、少し言葉を補足して意訳すると**「美しい紅紫色の花の咲く、とても美味しい粉の採れる（草）」**の意味になり、これが江戸時代につくられたカタクリの語源と思われます。

万葉集に大伴家持が越中守として赴任していたときに詠んだとされる次のような歌があります。

堅香子草花を攀《よ》じ折る

歌一首

・もののふの八十乙女《やそをとめ》らが汲《く》みまがふ

寺井の於《うへ》の堅香子之《の》花（万葉４１４３）

この歌は、乙女たちが水汲みにきている寺の泉水《せんすい》のほとりに、美しい堅香子の花が咲き乱れている美しい情景を詠んだものとされています。堅香子を家持がなんと読んだのかは分かりませんが、たぶん「カタカシ」と読んだと思われます。なぜならば、万葉仮名では子の字はシと読むとされているからです。堅香子という名称は、万葉集の歌には一度だけ詠まれているということを勘案すると、越中地方に存在した方言というよりも、家持自身がつくった名称かも知れません。家持は、この時期に「ツママ」という木名もつくっているようなのです。

堅香子がカタカシと読まれたために、平安時代になると可笑しなことが起ってきます。江戸時代後期の古今要覧稿によれば、古今六帖（編纂者不詳・一〇世紀末）では、「草」ではなく「木」の項に次のように書かれています。

・武士《もののふ》の八十をとめらがふみとよむ
寺井の上の堅かしの花（大伴宿禰家持）

また、鎌倉時代前期の新撰六帖（一二四三）は、いずれも藤原氏の五人が詠者ですが、ここでも「草」ではなく「木」の項に各人一首づつ五首の歌が詠まれており、すべて「堅かし」とあるので「堅樫」ともとられそうなものになっています。二首を挙げると次のような歌があります。

・妹かくむ寺井の上の堅かしの
花咲ほとに春そなりぬる（衣笠内大臣家良公）

・誰か見む身をおく山に年ふとも
世に逢ことの堅かしの花（前藤大納言為家）

しかしながら、万葉4143の題詞には「草花」とあるので、よほど迂闊な人でないかぎり、カタカシとは読んでも「樫の木」のこととは解釈しなかったと思われます。にもかかわらず、木とされていることは、古今六帖と藤原氏の詠者による新撰六帖の歌は、憶測するならば、平安時代以降には政治的に凋落していたとしても古くからの名門である大伴氏に対するなんらかの思惑があってのことと考えられます。

このような風潮に対して、鎌倉時代の仙覚という万葉学者は、まじめな性格であったと思われ、その著書である通称「仙覚抄」（一二六九）に次のように書いています。「此歌の落句、古点にはかたかしのはなと点ぜり。是をかたかこの花と点ずべし。かしと点ずれば、樫の木にまがひぬべし。端作の詞に、堅香子草花とかけり。草と聞えたり。又かたかこをばゐのしりといふ。春花咲く草也。その花の色はむらさきなり」（傍点は著者)。

「端作の詞」というのは、「題詞」の意味で、ここでは「堅香子草花を攀じ折る歌一首」のことを指します。仙覚は、堅香子はカタカシと読むと「樫の木」と間違えるからカタカコと読んだ方がよいといっているのです。また、仙覚が、「花の色はむらさきなり」と断定しているのは、カタカシにおけるタとは赯《タン》(=紅紫色)のことと判断したからと思われます。

「草木夜ばなし・今や昔」(足田輝一著・草思社)という本には「かつてはカタカシと読み、カシのような樹の類と解釈されていたが、鎌倉時代に仙覚という古典学者が、これをカタカゴと読み、紫色の花の咲く草であると指摘した。これより、堅香子はカタクリの花であるとみられるようになった」と書かれています。

しかしながら、仙覚が堅香子はカタカコと読むべきであるとしたことによって、直ちに堅香子がカタクリのことになったのではありません。鎌倉時代にはまだカタクリという名称はなかったのです。江戸時代になるとカタクリという名称の草が登場しますが、これは万葉集に詠われたカタカコ(堅香子)を対象としてつくられた名称とされて、カタカコはカタクリのことである、つまり、カタクリの古称はカタカコである、とされることになったのです。

江戸時代の大和本草(一七〇九)には「カタコ」の欄に「万葉十九、攀折堅香子草花歌云云　古抄ニ云香子ハ猪舌トモ云　春紫色ノ花サク　今按是カタコナルカ　新選六帖ニモカタカコノ歌アリ」と書いてありますが、カタクリという名称はありません。この頃には、まだカタクリの名称はなかったようです。上述したように、カタクリの名称は諸国産物帳(一七三五〜一七三八)に初出するとされています。

賀茂真淵(一六九七〜一七六九)の著書である萬葉考には「攀折堅香子草花歌　今云かたくりなるべし此花はすみれ草に似ても色なるが見るかひ有《ある》花なればとりてめづべし越の国にてはかたかごといふ」とあり、物類称呼(一七七五)の堅香子の欄に「かたかご古名也　今かたくりと云」とあり、本草綱目啓蒙(一八〇三)の車前葉山慈姑の条に「奥州南部及和州宇陀ヨリ此粉ヲ貢献ス。カタクリト云」とあり、この三書でカタクリの名称が挙げられています。堅香子は、鎌倉時代に仙覚がカタカコと読むべきであるとした後で、カタカゴ、カゴ、カタコ、カタコユリ、カタユリその他のいろいろの名称でも呼ばれたようですが、最終的には江戸時代にカタクリという名称がつくられてから、その古称とされるようになって現在に至っているのです。

堅香子（カタカシもしくはカタカコ・カタカゴ）について、後世の江戸時代になってから、新たにカタクリという名称がつくられた理由は、カタクリが美味しい粉の採れる草であることを語源上も明確に示すためには、カシもしくはカコやカゴよりもクリの方が分かり易いと判断されたためと思われます。現在、カタクリには、多くの方言があるとされていますが、カタカゴ系の方言は鎌倉時代に仙覚が堅香子をカタカコと読むべきであるとした後で、カタクリ系の方言は江戸時代にカタクリの名称ができた後でつくられた可能性が高いと見做すべきものです。

なお、仙覚のいう**ヰノシリ**というのは、たぶん自分自身でつくった名称と思われますが、英之紫麗のことであり、直訳すると**「花の紫色が美しい（草）」**の意味になっています。一音節読みで英はキンと読み「花」の意味があります。一音節読みで紫はツと読むのですが万葉仮名ではシと読み「紫色」の意味、麗はリと読み「美麗な、美しい」の意味があります。

最近、話題となっているのは、「植物の名前の話」（前川文夫著・八坂書房・平成六年発行）という本に**「カタカゴの正体」**という欄があり、そこではかいつまんでいうと次のように書いてあります。「①万葉集に詠まれたカタカゴ（堅香子）は、今のカタクリではなくてコバイモである、②カタクリという名称は、江戸時代につくられたのではなくて、古代（縄文時代から弥生時代をへて古墳時代）から存在した、③そのカタクリ（元カタクリ）とカタカゴ（堅香子）とは同じ草であり、実体はコバイモであった、④コバイモの地上部分をカタカゴ、地下部分をカタクリと称した、⑤コバイモは乱獲されて激減したので、カタクリの名称はコバイモから今のカタクリに移行した」などと書いてあるのですが、そのようなことはありそうもない、やや荒唐無稽な俗説のように思われます。

漢語から導入した「貝母」という草名があり、平安時代の字鏡では「波万久利」、本草和名や和名抄では

「波波久利《ははくり》」と読んであります。したがって、振仮名するとすれば貝母《ハハクリ》になります。時代が下って江戸時代の大和本草、和漢三才図会、本草綱目啓蒙にも貝母の草名がでています。和漢三才図会には「貝母《ばいも》　和名は波波久里。中略。貝母は小さいものが佳《よ》いとされる」、本草綱目啓蒙には「貝母　ハ、クリ　ハ、グサ　ハルユリ　アミガサユリ。中略。根は巻丹（オニユリ）或ハ百合根ノ如シ。野人取テ食用トス」と書いてあります。貝母にはいくつかの類種があり、コバイモの名称は江戸時代に初出することから、江戸時代になると「佳《よ》い」とされる小形の貝母をコバイモ（小貝母）と称するようになったようです。つまり、貝母は、小貝母を含めて、平安時代頃から江戸時代に至るまで一貫してハハクリと呼ばれて食べられていたのです。つまり、コバイモはハハクリでありカタクリではないのです。

他方、堅香子は、鎌倉時代に仙覚がカタカコと読むべきであるとした後から、カタカゴ、カゴ、カタコ、カタコユリ、カタユリなどとも呼ばれた後に、最終的には江戸時代にカタクリの名称がつくられてそれが定着したものです。上述したように、江戸時代の学者がそのようにいっています。カタクリはハハクリの名称を参考にしてつくられた名称と思われます。草が激減したとしても、極端には絶滅したとしても、その草名が他の草名に移行するなどということは通常ではあり得ないことです。したがって、結局のところ、コバイモは古代から一貫して小形のハハクリなのであって、カタクリは堅香子に対して江戸時代にその名称がつくられたのです。現在でも両者は異なる草になっています。

47　カタバミ

カタバミ科の多年草です。とても小さな草で、比較的に日当たりのよい庭や道端などに自生しています。多くの茎に分かれて地面に張り付いて這っており、丈の低い芝生に混ざって生えたりもしています。各葉柄の先に胸形の3枚の葉が付き、その葉は夜になると閉じます。春から秋にかけて黄色い五弁の小花が咲き、果実は円柱形で熟すると弾けて種子を飛ばします。熟した種子の付いた草に触るとぴんぴんと種子が弾け飛ぶので、面白くて子供の頃にこの草で少し遊んだものです。種子や茎葉を口に含んで嚙むと酸味があり食べることもでき、漢字では酢漿草と書かれます。

大言海によると、平安時代の本草和名と和名抄に「酢漿草、加多波美」と書いてあるので、かなり古い時代から存在する名称です。枕草子六六段には「かたばみ、綾の紋にてあるも、ことよりはをかし」と書かれています。

一音節読みで、亢はカンと読み「とても、非常に、著しく」の意味、短はタンと読み「背が低い」の意味、巴はバと読み「くっ付く、密着する、張り付く」の意味があります。面はミィエンと読み「表面」の意味です。つまり、カタバミとは、亢短巴面の多少の訛り読みであり、直訳すると「とても低く表面に張り付いている(草)」になるのですが、ここでの表面とは地面のことと思われるので、少し意訳すると**「とても低く地面に張り付いている(草)」**の意味になり、これがこの草名の語源と思われます。

48 カビ

キノコにならない菌類の集まりとされています。適度の湿気と温度があると、食物、布や紙、その他のいろんな物に生えて繁殖します。食物の場合、干柿、干芋、餅、麴などの表面に生えるものは特にはなんともないようですが、カビが生えているときはその食物が傷んでいる場合が多くなっています。漢字では「黴」と書きます。黴の字は、黒+微からできているので「黒色の微小なもの」と見做されていたようです。また、黒の字が含まれていることから、主として「黒いもの」とされているようですが、白色のもの、褐色のもの、青色のものなどもあります。一音節読みで、尬はカと読み「処理困難な、始末に負えない、困った」の意味、鄙はビと読み「小さい、微小な」の意味があります。つまり、カビとは尬鄙であり直訳すると**「困った微小な(もの)」**の意味になり、これがこの言葉の語源と思われます。カビという言葉がつくられたときには、一般的にはそのようなものとされていたのです。大言海には「極メテ微小ナル菌ナリト云フ」と書いてあります。

49　カブ・スズナ

アブラナ科の越年草です。カブはカブラやカブラナともいいます。春に黄色の十字形の総状花が咲き、その果実は地下根が肥大したもので、大根に非常に似ており、それを丸くした形をしています。果実は、秋に収穫され、普通は白色ですが、黄色、赤色、紫色などもあります。ある種は、京都名産の千枚漬の素材となることで有名です。

大言海によれば、平安時代の和名抄に「蕪菁、蔓菁、加布良」、康頼本草に「蕪菁、加布良菜」と書いてあり、同時代の宇津保物語に「漬けたるかぶら」とでています。カブは、鎌倉時代になるとスズナとも呼ばれており、春の七草（春の七種とも）の一つに挙げられています。

さて、語源の話に移りますと、一音節読みで、可はカと読み「よい、良好な」の意味ですが、食べ物に関するときは「美味しい」の意味で使われます。哺はブ、孌はランと読み、共に「美しい」の意味があります。つまり、カブは可哺、カブラは可哺孌の多少の訛り読みであり、直訳すると、共に「よい美しい（野菜）」ですが、美には美味の意味があることを考慮すると、**「美味しい（野菜）」**の意味になっており、これがこの草名の語源です。

また、淑はス、姿はズと読み共に「美しい」の意味なので、スズナは、淑姿菜であり、「美しい菜」、つまり、**「美味しい菜」**の意味になり、これがスズナという草名の語源です。したがって、カブ、カブラとスズナとは、表現が違うだけで同じ意味になっています。

50　カボチャ・ボウブラ

ウリ科の野菜で、トマト、ナス、キュウリなどと比較すると大形の果実であり、現在の私たちの食生活においても重要な食材の一つに数えられています。漢字では南瓜と書かれますが、唐茄子とも書かれます。古くから、この野菜はアジア各国でも数種類のものが広く栽培されているので、シナ（芝那）では南瓜の他に、黄瓜、蕃瓜、番瓜、北瓜、胡瓜などと書かれて、すべてほぼ同種の果実と見做されています。この野菜とその果実は、日本語では、当初は「ボウブラ」や「ボブラ」と呼ばれており、少し後に「カボチャ」とも呼ばれるようになったようです。江戸時代後期の本草綱目啓蒙によれば、前者は江戸名称、後者は京都名称とされています。本書では、これらの名称は、すべて日本語としてつくられた日本語と見做していますので、その語源をご紹介します。

先ず、ボウブラやボブラの語源ですが、一音節読みで、匏はボウと読み「丸々と肥った、ふくよかな、ふっくらとした」の意味があります。峬はブ、孌はランと読み共に「美しい」の意味なので、美には美味の意味があることから「美味しい」の意味があることになります。つまり、ボウブラやボブラとは、匏峬孌《ボウ・ブ・ラン》の多少の訛り読みであり、直訳すると、果実を指すときは**「丸々と肥った美味しい（果実）」**の意味、野菜全体を指すときは**「丸々と肥った美味しい果実のなる（野菜）」**の意味になり、これがボウブラやボブラという名称の語源です。

次に、カボチャの語源についていいますと、一音節読みで、甘はカンと読み食べて「美味しい」の意味、上述したように匏はボウと読みます。茄はチアと読み、「果実」のことをも指しますが、その全体の「野菜」のことをも指します。例えば、漢字では、ナスは茄子、トマトは番茄と書きます。上述したようにカボチャは唐茄子とも書き、やはり、茄の字が使われています。つまり、カボチャは、甘匏茄（カン・ボウ・チア）の多少の訛り読みであり、直訳すると、果実を指すときは**「美味しい丸々と肥った果実」**の意味、野菜全体を指すときは**「美味しい丸々と肥った果実のなる（野菜）」**の意味になり、これがカボチャという名称の語源です。したがって、ボウブラやボブラとカボチャとは、表現が異なるだけで同じ意味になっています。

また、カボチャについては、糠はカンと読み「中味がない、空っぽ」の意味です。つまり、カボチャは糠匏茄（カン・ボウ・チア）でもあり直訳すると、果実を指すときは「空っぽの丸々と肥った果実」の意味ですが、主語を入れて少し意訳すると、果実を指すときは**「中が空っぽの丸々と肥った果実」**、野菜全体を指すときは**「中が空っぽの丸々と肥った果実のなる（野**

菜)」の意味であり、これもカボチャという名称の語源で掛詞になっています。掛詞をまとめると、果実を指すときは「美味しい丸々と肥った、中が空っぽの果実」、野菜全体を指すときは**「美味しい丸々と肥った、中が空っぽの果実のなる(野菜)」**になります。

ということは、ボウブラやボブラとカボチャは、いずれも純然たる日本語であって、後述するようなポルトガル語由来やカンボジア国名からの由来ではないということです。これらの日本語名称は、江戸時代頃の学者によってつくられたと思われますが、いつ頃つくられたのかということを、食物についての叙述のある江戸時代の四大博物誌から追ってみますと、次のようになっています。

(一)本朝食鑑(人見必大著・一六九七年)。

南瓜についての記載がないのみならず、ボウブラやボブラ、カボチャのいずれについても記載はありません。

(二)大和本草(貝原益軒著・一七〇九年)。

「**南瓜**《ホウブラ》。本邦ニ来ル事、慶長・元和年中ナルベシ。西瓜ヨリ早ク来ル。京都ニハ延宝・天和年中ニ初テ種ヲウフ。其前ハ之無シ」。

補注しますと、この野菜は中国を経由して日本に伝来したと思われることから、漢字で南瓜と書かれるのは納得できるとしても、なぜ、日本語では南瓜をホウブラと読んだのか、ホウブラとはいかなる意味とされていたのかという質問についての説明はありません。また、どこの国の、誰が、何時《いつ》、何処《どこ》にホウブラをもたらしたかは書かれておらず、カボチャについてはなにも触れられていません。なお、慶長年間は一五九六〜一六一四年、元和年間は一六一五〜一六二三年、延宝年間は一六七三〜一六八〇年、天和年間は一六八一〜一六八三年に該当します。江戸時代は一六〇三年(慶長八年)から始まるとされており、この少し後頃からは紅毛人のオランダだけが長崎の出島で日本との交易を認められていました。西洋人の来航について経年で示すと次のようになります。

一五四三年　ポルトガル人種子島漂着
一五四九年　スペイン人鹿児島来航
一六〇〇年　オランダ人豊後漂着
一六〇九年　オランダ人平戸商館設立

一六一三年　イギリス人平戸商館設立
一六二三年　イギリス人平戸商館閉鎖
一六二四年　スペイン人来航禁止
一六三九年　ポルトガル人来航禁止
一六四一年　オランダ人出島に商館移転

（三）和漢三才図会（寺島良安著・一七一二年）。

「**南瓜**《ぼうぶら》。俗に保宇不良《ぼうぶら》という。本草綱目に次のようにいう。この種は南蛮から出たものである。それで南瓜《なんが》という。いまは各処にある」。「南京瓜《なんきん》。**柬埔寨瓜**《カボチャ》、唐茄子《とうなす》。南京瓜は本草綱目の南瓜《なんが》の項に述べている陰瓜のことである。すなわち南瓜の属で浙江に産する。浙江は南京に隣接したところである。それで南京から種を得て長崎ではじめて種《う》えた。あるいは**甘埔寨瓜**《かんぼちゃ》ともいうが、もとは南蛮の種なのでそういうのである」。

　補注しますと、ここに書いてあることはかなり滅茶苦茶といえます。なぜならば、当時の南蛮というのはポルトガルやスペインのことであり、南瓜は主として芝那の南方地域に育つからそのようにいうのであって南蛮とは関係ないからです。また、南蛮種ならば「洋瓜」とでもいわなければならないのであり、南蛮国でない柬埔寨瓜や甘埔寨瓜である筈がないからです。南瓜は芝那から種を得て、漢語では「なんぐわ」と読んだと思われるのに、なぜ、日本語では「ぼうぶら」と読んだのかという質問についてはこれまた説明はありません。つまり、漢語では、柬埔寨瓜はジェン・ブ・サイ・グヮ、甘埔寨瓜はカン・ブ・サイ・グヮと読んだと思われるのに、なぜ、日本語では「カボチヤ」と読んだのかという質問もあります。なお、この本で**初めてカボチャの名称が紹介**されています。

　上述したように、当時、南蛮とはポルトガルやスペインのことを指しましたが、南蛮と独立国家であったカンボジアとがいかなる関係にあったかは分かりません。当時、ポルトガルの拠点はマラッカとマカオであり日本や芝那との交易の際にも、インドシナ半島のカンボジアには殆んど寄港しなかったとされているし、他方スペインの拠点はフィリピンのルソン島であり、インドシナ半島のカンボジアには近づかなかったらしいことから、日本にはどの国の、誰が、何時、何処に持込んできたのか分からず、カンボジアから伝来したからカボチャであることを証明すべき確かな書物などはなにも存在しないのです。つまり、和漢三才図会での「甘埔寨瓜《かんぼちゃ》ともいうが、もとは南蛮の種なのでそういうのである」との叙述には証拠がないのです。国名としてのカンボジアは南蛮ではありません。

（四）本草綱目啓蒙（小野蘭山述・一八〇三年）。

「**南瓜**。ボウブラ、ボブラ。京師ニテハ誤テ、カボチヤト呼。瓜形円扁ニシテ堅《タテ》ニヒダアリ。初ハ深緑色、熟スレバ黄赤色。一名、カボチヤ」と書いてあります。

以上四つの江戸時代の代表的博物誌の記述から分かることは、芝那の明代の本草綱目（一五九六年）や三才図会（一六〇七年）に南瓜の記載があり、日本語でも南瓜と書かれることから判断して、和漢三才図会がいうように、日本へは芝那から伝来したものであって、日本語ではボウブラと名付けられ、発音上は短縮したボブラとも呼ばれたということです。和漢三才図会が書かれた頃には京都でカボチヤの名称もつくられていたので、和漢三才図会ではボウブラやボブラとは別種と見做しての説明になっています。和漢三才図会から九一年後に書かれた本草綱目啓蒙に、京都（京師）では「誤ってカボチヤと呼ぶ」とあるのは、京都でつくられたカボチヤという名称がだんだんと普及してきたので、江戸の学者である小野蘭山はその名称が気に入らなくて、「誤って」という表現をしたと思われます。江戸でボウブラやボブラ、京都でカボチヤと呼んだこと自体が、両名称共に日本語としてつくられたものであることを強く示唆しています。当時から、江戸と京都ではなにかにつけて対抗していたのです。

これら四つの江戸時代の博物誌の記述で特に注目すべきことは、最も関心の深いことと思われるにもかかわらず、ボウブラやボブラは後述するような「ポルトガル語のアボボラ（abobora）の転」であるとは書かれておらず、また、カボチヤは「南蛮の種」と書かれているだけであって「カンボジア国から渡来したから」とは書かれていないことです。ということは、推測するところ、これらの博物誌の著者たちは、自分たちでつくった名称であることから、当然に、これらの名称の語源を知っていたのではないかと疑われます。

（五）江戸時代後期の艸木《そうもく》六部耕種法（佐藤信淵《のぶひろ》著・一八三二年刊）という本があり、その第一七巻には、次のように書いてあります。「南瓜は最初東印度亜《インデン》・

東披塞国《カンパチヤ》に生じたる物也、故に又カンボチヤとも名く、此物の日本に渡たるは、西瓜の渡りたるより百年程以前、天文年中（一五三二〜一五五四）西洋人始めて豊後の国に来船し、国主大友宗麟（一五三〇〜一五八七）に種々の物を献じ、大友の許しを得て其後毎年来れり、其時代に蛮人等此の南瓜のみならず、数種作物の種子を持ち来れりと云ふ。此物は菓子には成らざれども、諸魚・諸鳥、及び豕・豚等の肉と共に煮て食らふときは無類の美味なりと、漢土人甚だ此物を賞す、故に西国にては此を作る者多し、然れども京都近辺にては、寛文年中より植ると云ふ」。

補注しますと、先ず、西洋人が日本に来たのは一五四三年に種子島に漂着したポルトガル人が始めてとされており、「天文年中（一五三二〜一五五四）、西洋人始めて豊後の国に来船し」という記録も「毎年来たれり」という記録もありません。次に、この本に書かれている天文年中以降に大友氏に数種作物の種子を献じたとの出典文書はどこにあり、正確にはなんと書かれているのかという質問があります。上述したように、大和本草では南瓜の渡来年度について「慶長・元和年中（一五九六〜一六二三年）ナルベシ」と推定で書いてあり、年代がはるかに異なっています。また、根拠となるべき文書もなさそうなのに「東披塞国《カンパチヤ》に生じたる物也、故に又カンボチヤとも名く」ということがどうして分かったのかという質問もあります。この本は、江戸時代後期の本であり、この野菜が伝来したのではないかとされる西暦一五五〇年前後の頃から約二八〇年も経過し、本草綱目啓蒙が書かれた時期からは約三〇年も経過した時期（一八三二年）に書かれています。つまり、推測ではありますが、先行する大和本草、和漢三才図会、本草綱目啓蒙等に、カボチヤという名称の由来が明確には書かれていないので、この人が推測で案出した名称由来説とも考えられます。にもかかわらず、この説は、現在のカボチャという名称由来の主流となっており、特に注目すべきことは、和漢三才図会の「甘埔寨瓜《かんぼちや》ともいうが、南蛮の種なのでそういうのである」の記述を引継いで、この本で初めて**「カボチヤの東披塞国《カンパチヤ》由来説」**が明確に書かれていることです。

昭和時代初期頃から現在に至る大辞典では、その説明が以下のようになっていきます。

（1）大言海（大槻文彦著・初版昭和九年）。

「**ボウブラ【南瓜】**〔葡萄牙《ポルトガル》語、Abobora ノ略転、葡人ノ、柬埔寨《カンボチャ》ヨリ、永祿年中（一五五八〜一五六九）に持チ来レリト云フ故、一ニかぼちゃトモ云フ、其条ヲモ見ヨ〕。（中略）。京ニテハ誤リテかぼちゃト云フ」。「**カボチャ【南瓜】**〔初メ、Cambodia（柬埔寨）ヨリ来ル、葡萄牙人ノ寄航地ナリキ、此瓜、内地ニテハ、永祿ノ頃植ヱ始メ、天正（一五七三〜一五九一）ノ頃ヨリ食ヒ始メタリト云フ〕（一）ぼうぶらノ一種。其瓜、形、長ク、頸アリテ、壺ノ形ノ如キモノ。（東京ノ称）京都ニ、タウナスビ。長崎ニテ、ボウブラ。（二）人ヲ罵リ呼ブ語。頭ヲ、かぼちゃノ形ト云フナルベシ。かぼちゃ野郎」。

補注しますと、大言海で初めて、江戸時代にはまったくなかった**「ボウブラの Abobora 説」**が唱えられており、Abobora はポルトガル語とされています。しかしながら、上述したように、ポルトガル人（葡人）はカンボジアには殆んど近づかなかったとされているので、その点でこの説にはやや疑問もあります。

（2）広辞苑（新村出編・岩波書店）。

その第四版（平成三年第一刷）には、「**ぼうぶら【南瓜】**（abobora ポルトガルの転）秋田県・北陸・中国・四国・九州地方で、ニホンカボチャの称」、「**カボチャ【南瓜】**（一六世紀頃カンボジアから伝来したからいう）ウリ科の一年生果菜。蔓性で雌雄異花。夏、黄色の花をつけ、その後結実。原産地はアメリカ大陸。世界各地で栽培される重要な野菜。（中略）。**カボチャやろう【南瓜野郎】**容貌のみにくい男をののしっていう語」。

補注しますと、「ボウブラの Abobora 説」は大言海から引継いだものであり、「一六世紀頃**カンボジアから伝来したからいう**」との説は「艸木六部耕種法」から引継いだものと思われます。これらの説が以降の他の大辞典でも付和雷同されて世間一般に流布されて定着していきます。なお、広辞苑の第五版（平成一〇年第一刷）と第六版（平成二三年第一刷）には、カボチャについてだけは第四版とまったく同じ記載がありますが、ボウブラやボブラについての記載は削除されています。

（3）日本国語大辞典（小学館・昭和四八年初版発行

・全二〇巻）。

「**カボチャ**（ポルトガル Cambodia から）ニホンカボチャはいちばん古く天正年間中国を経て九州に渡来し、その後日本各地に広まり、重要な野菜となった。本種ははじめカンボジア原産と考えられていたので、この名があるという」。なお、この辞典にはボウブラやボブラについての記載はありません。

以上の諸本で、ボウブラやカボチャの渡来年度が記載されているものをまとめますと、次のようになります。

・大和本草
　慶長・元和年中（一五九六〜一六二三）
・艸木《そうもく》六部耕種法
　天文年中（一五三二〜一五五四）
・大言海
　永禄年中（一五五八〜一五六九）
・日本国語大辞典
　天正年間（一五七三〜一五九一）

結局のところ、諸本における、これらの説は、どこに根拠があり、どれが真実なのか分からないのです。以上のように、江戸時代の博物誌等を五つ、現代の大辞典を三つ、合計八つの博物誌等や辞典の記載を紹介しましたが、渡来の経路や年代等については、殆んどすべてが相異していて、なにがほんとうなのか全然分からない状況になっています。ということは、それぞれの記載には、さほどの根拠がなく、憶測だけで書かれた、かなりいい加減なものだともいえます。

現代の大辞典の記述の特徴は、ボウブラやカボチャの名称は日本語としてつくられた言葉ではなくて、ボウブラやボブラはポルトガル語のアボボラ（abobora）の読みから、カボチャはカンボジア国からの伝来だからとされていることです。しかしながら、音声上もポルトガル語のアボボラがボウブラやボブラに転訛するとは思われないのであり、カボチャは漢字では南瓜と書かれることからすると、カンボジア国から伝来したのではなくて和漢三才図会や日本国語大辞典がいうように芝那から伝来したと思われるのです。しかも、最も問題なのは、ボウブラはポルトガル語のアボボラから、カボチャはカンボジア国からきたことの出典となるべき、信頼に足る古文書なり、なんなりのちゃんとした証拠が、上述した江戸時代の博物誌等の記載以外には、どこにも存在しないということです。したがって、万々が一、ボウブラがアボボラから、カボチャがカンボジア国名から発想された名称であるとしても、**「改めて日本語としてつくられた名称である」**ことは、本書のいうような日本語としての確かな意味のある語源が考え得ることからしても殆んど疑いないと思われます。要するに、ボウブラやカボチャの名称は、ポルトガル語やカンボジア国とは関係なく江戸時代の学者によりつくられたものであり、現在の由来説は、江戸時代の博物誌等の記述を類推することによって、明治時代以降において仕立て上げられた作り話らしいということです。

このことは、「南瓜《かぼちゃ》野郎」という文句のほんとうの意味さえも曲解して説明されていることから判断できます。日本国語大辞典（小学館）によれば、西洋道中膝栗毛には「ぶらさげてもふりまわしても南瓜野郎に此智恵がでるものか」、春雨文庫には「寅吉のような南瓜野郎があればこそ、此方人《こちと》ら銭儲《ぜにまうけ》のてつづきも附《つく》といふもの」と書かれています。これらの文章からすると、南瓜野郎とは、「頭の中味が空っぽ野郎」のこと、つまり、「脳味噌のない奴」、さらにいうと「馬鹿な奴」の意味であることは簡単に推測できます。これらの江戸時代本の作者は、カボチャのカとは糠《カン》のことで「空っぽ」の意味であることを、ちゃんと理解していたということです。

なお、**「バカ」**という言葉は、当て字で馬鹿と書かれますが、糠の字を使った**「棒糠《ばんかん》」**や**「板糠《ばんかん》」**の多少の訛り読みのことです。棒はバンと読み副詞で使うときは「とても、非常に、著しく、まったく」などの意味、板はバンと読み形容詞や副詞で使うときは「あほ、ばか、まぬけ」の意味ですから、直訳すると棒糠は「まったくの空っぽ」、板糠は「あほで空っぽ」の意味になるので、脳味噌について**「空っぽ」**という意味なのです。つまり、バカの語源は棒糠や板糠ということです。（拙著獣名源・シカ欄を参照）。

大言海には、「かぼちゃ野郎」について「頭ヲ、かぼちゃノ形ト見下ゲテ云フナルベシ」と推定で書かれており、広辞苑（第六版）には、「容貌のみにくい男をののしっていう」と確定して書かれています。しかしながら、カボチャは少しも「みにくく」はないので、そのような解釈ではただ悪口をいうだけのなんの諧謔《かいぎゃく》もない文句、つまり、味も素っ気もない文句になってしまうのです。カボチャ頭やカボチャ野郎というときは、一種の言葉遊びともいうべきもので「頭の形」や「容貌」のことではなくて、カボチャの中味の状態に引っかけて「頭の中味が空っぽ野郎」のこと、つまり、「脳味噌のない奴」の意味なのです。現在ではピーマン野郎というようです。ということは、現代の大辞典編集学者よりも江戸時代の一般文人の方がその意味をよく分かっていたということです。「頭の形」や「容貌のみにくい男」の意味という解釈は、カボチャという名称の語源が分かっていないか、或いは、分かっていないふりをして案出された空想的な解釈であり、大言海や広辞苑だけでなく、そのような解釈をしているすべての大辞典はほんとうの意味の解釈を誤って国民に伝えているといえます。このようなことになるのも、そもそも、ボウブラやカボチャという名称を、ポルトガル語のアボボラの転訛だとかカンボジア国から伝来したからだとか、ほんとうとも思えないことを流布し続けていることとその流れは同じなのです。

51　ガマ

ガマ科の多年草です。池沼河川の岸辺などの湿地帯に叢生し、多くは水中から茎をだします。茎の丈は1～2m程度、根生の葉は厚みがあって細長く、茎よりも高く伸びます。漢字では蒲と書きますが、浦は「水辺」の意味なので、蒲は「水辺の草」の意味になっています。夏に、雌雄同株なので、茎の上部に黄色い雄花、下部に緑茶色の雌花がつき、雌花部は後に蠟燭《ろうそくじょう》状の褐色の円柱形になり「ガマの穂」と呼ばれています。その花粉は蒲黄《がまのはな》といい、負傷時の止血薬とされます。葉は莚《むしろ》の材料としても使われます。

大言海によれば、平安時代の本草和名に「蒲黄、加末乃波奈」、和名抄に「蒲、加末」と書いてあります。つまり、ガマは古い時代につくられた名称です。

さて、語源の話に移りますと、一音節読みで、咢はゴともガとも聞きなせるように読み「よい、良好な」の意味ですが敷衍して「美しい」の意味でも使われます。曼はマンと読み「美しい」の意味です。つまり、咢曼は、直訳すると「美しい」ですが、美には「素晴らしい」の意味も内含されています。したがって、ガマとは咢曼の多少の訛り読みであり、**「素晴らしい(草)」**の意味になっており、これがこの草名の語源と思われます。

蒲の字は、地名では愛知県の蒲郡《がまごおり》や東京の蒲田《かまた》、料理では蒲鉾《かまぼこ》や蒲焼《かばやき》のように「がま」の外に「かま」や「かば」とも読まれますが、なぜ、このように読めるのでしょうか。咢と曼については上述しましたが、一音節読みで、可はコともカとも聞きなせるように読み、棒はバンと読み、共に「よい、良好な」の意味ですが敷衍して「美しい」や「素晴らしい」の意味もあります。つまり、咢と可、および、曼と棒とは、すべて同じ意味になり得るので、蒲は、咢曼《がま》、可曼《かま》、可棒《かば》のいずれで読んでも同じ意味だということです。このような説明ができることからも、ガマの語源は、咢曼であるらしいことが裏付けられます。

しかしながら、それでも、なぜ、ガマが「素晴らしい草」なのかという疑問は禁じ得ません。按ずるところ、一つには、現実に、止血薬や莚の材料になるなど有用であることが挙げられます。二つには、古事記における大穴牟遅神《おおあなむちのみこと》（大国主神の別称）の「稲羽の素菟《しろうさぎ》」の下りで、ワニに皮膚を剝取られたウサギが、大国主神の助言を受けて、蒲黄《がまのはな》を敷き散らした上を寝転がることによって、皮膚が元通りに回復したというめでたい話があることも影響しているかも知れません。

52　カマツカ

古くから名称のある草で、平安時代の枕草子六七段の「草の花は」に、「かまつかの花らうたげなり。名もうたてあなる。雁の来る花とぞ書きたる」とでています。翻訳すると、「カマツカの花は可愛い。名称は鎌柄の意味にもなるのでよくない。漢字では雁来花と書く」。著者の清少納言は、他例から判断しても、単に、みた目がそうだからではなくて、その名称の意味を踏まえて「らうたげ＝可愛い」といったと思われることから、カマツカという名称にはそのような意味が含まれていると推測されます。一音節読みで、亢はカンと読み「とても、非常に、著しく」などの意味があり、曼はマン、姿はツ、共に「美しい」の意味があります。可はカと読み「よい、良好な」の意味ですが、敷衍して「美しい」の意味でも使われます。つまり、カマツカは。**亢曼姿可**の多少の訛り読みであり、直訳すると「とても美しい」ですが、小さいものの場合は「とても可愛らしい」と訳されます。また、可愛らしいのは花のことと思われるので、花を指すときは**「とても可愛らしい（花）」**、草を指すときは**「とても可愛らしい花の咲く（草）」**の意味になり、これがこの草名の語源と思われます。

　カマツカについて、大言海には「**かまづか**（一）雁来紅《ハゲイトウ》ノ古名ナルベシ。（二）鴨頭草《ツキクサ》・鴨跖草《ツユクサ》の異名」とあり、広辞苑（第六版）には「**かまつか**　㋐ウシコロシ。㋑ツユクサ。㋒ハゲイトウ」と書いてあります。そうしますと、枕草子のカマツカは、いったいどのような草木なのか、草なのか木なのかさえも分からないことになります。

　ツユクサ科のツユクサの古名とされるツキクサは草であり万葉歌に詠われています。バラ科のウシコロシは木であり、ヒユ科のハゲイトウは草ですが、この順で江戸時代中期につくられた名称とされています。しかしながら、なぜ、カマツカが、このような科属の異なる複数草木の別称になるのか疑問は尽きません。

　枕草子に「カマツカは雁来花と書く」とあることから、先ずは漢字で雁来紅と書くハゲイトウが候補に挙げられますが、ハゲイトウはヒユ科の一年草であり、花ではなく大きめの葉が華やかで美しいので枕草子の「花らうたげなり」の記述と合致しないように思われます。ツキクサは、漢字では鴨頭草と書くとされていますが、枕草子六六段の「草は」に「つき草、うつろいやすなるこそうたてあれ」とでているので、上述した六七段の「かまつかの花らうたげなり」と重複記載になることからみて対象外と思われます。ウシコロシは草ではなくて木なのでこれまた問題外といえそうです。結局のところ、このカマツカは、上述の大辞典に挙げられたいずれの草木でもなく、なにか別の草であるように思われます。

53 カヤ・カルカヤ・チガヤ・ツバナ

古事記上巻の鵜葺草葺不合命《うがやふきあへずのみこと》の下りに「葺草ヲ訓ミテ加夜ト云フ」と書いてあり、大言海によれば、和名抄に「萱、加夜」と書いてあります。現在では、葺、萱、茅は、いずれもカヤと読み同じ草を指すとされています。現在の大辞典をみると、当時のカヤとは、ススキ、チガヤ、スゲ、アシなどの屋根を葺く材料として使われた草を指すと説明してあります。万葉集の歌の中には「草」を「かや」と読んだものがあります。

・わが背子は仮廬《かりほ》作らす草《かや》無くは
　小松が下の草《かや》を刈らさね（万葉１１）

万葉仮名においては、すでに架はカ、屋はヤと読まれていることから、この草を用途上からみたときは、カヤは架屋であり**「屋根を架ける（草）」**の意味になり、これがこの草名の語源と思われます。普通には、このような草材を使って屋根を架けることを「屋根を葺《ふ》く」といいます。

また、利点上からみたときは、一音節読みで、康はカンと読み「健やかに、安らかに」、養はヤンと読み「保養する、養生する」の意味があります。つまり、カヤは康養の多少の訛り読みであり、屋根に葺いて雨露を凌ぐと共に、床に敷いて**「安らかに保養する（草）」**の意味であり掛詞であったかも知れません。まとめると「屋根を架けて、安らかに保養する（草）」になります。

カルカヤという草があります。万葉集に次のような歌が詠まれています。

・み吉野の蜻蛉《あきづ》の小野に刈る草《かや》の
　思ひ乱れて寝る夜しそ多き（万葉３０６５）

枕草子六七段の「草の花は」の段に「をみなへし。桔梗。あさがほ。刈萱。菊。壺すみれ。龍膽」とでており、当初は「カヤを刈る」、つまり**「刈る萱」**の意味であったものが、そのうちにカヤの一種としての草名になったと思われます。このような例は、カリガネという鳥名においてもみられ、当初は雁の鳴き声であった「雁が声《ね》」がそのうちにカリガネという鳥名の一種になっています。このようなことは、似たような種の多いものについて、識別のためにみられる現象です。

チガヤという草があります。この草は漢字では茅草と書かれるのですが、この草名に使われる「茅」という字はなんと読むのかという問題があります。万葉集に次のような歌があり、茅は「ち」と読んであります。

・天にあるや神楽良《ささら》の小野に茅草《ちがや》刈り
　草《かや》刈りばかに鶉《うずら》を立つも（万葉３８８７）

大言海によれば、平安時代の本草和名に「茅根、知乃禰」、和名抄に「茅、智」、天治字鏡に「茅、知」と書いてあります。ここでは、茅は「ち」と読んであります。

また、万葉集に次のような歌があり、茅は「つ」と読んであります。

・茅花《つばな》抜く浅茅が原のつぼすみれ
　いま盛りなりわが恋ふらくは（万葉１４４９）

枕草子六六段の「草は」には「茅花もをかし」とあり、岩波文庫の枕草子では茅花《つばな》と振仮名してあります。ここでは、茅は「つ」と読まれています。

つまり、茅の字は、漢語の一音節読みではマオと読むのですが、当時、日本語では、チともツとも読まれたのです。茅草はチガヤとのみ読み、茅花はチバナともツバナとも読んだとされています。なぜ、そういうことになるかというと、ちゃんとした理由があるらしいのです。幼小の頃、故郷の子供たちに誘われて、中州になった球磨川の河原に野草としていっぱい生えていたチガヤの白い柔らかい綿状花を競って食べたものですが、さしたる味もなく、さほど美味しいとも思われないのに、なぜ食べるのだろうと子供心に不思議に思ったことを記憶しています。

一音節読みで、吃（喫）はチと読み「食べる」、姿はツと読み「美しい」の意味があります。チバナと読んだときは吃花のことであり**「食べる花」**の意味、ツバナと読んだときは姿花のことであり**「美しい花」**の意味と思われます。つまり、チ（知・智）と読むのは、「食べる」の意味をだすため、ツと読むのは「美しい」の意味をだすためと思われます。次のような歌があります。

・浅茅原《あさぢはら》　曲曲《つばらつばら》にもの思《も》へば
　故《ふ》りにし郷《さと》し思ほゆるかも（万葉３３３）

この歌における曲とは、委曲のことで「詳しく、つぶさに、細かに」などの意味です。浅茅という言葉においては、茅は濁音読みとなり浅茅はアサヂと読みます。浅茅における浅《アサ》は当て字であり、ほんとうは一音節読みの盎蒼《アンツァン》のことで「とても青い」の意味と思われます。したがって、浅茅原とは、広辞苑（第六版）のいうような「チガヤのまばらに生えた野原」のことではなくて、この歌やこの言葉のできた趣旨上から判断しても「とても青々とチガヤの茂った野原」のことをいうものと思われます。このことについては、アサツキ欄もご参照ください。

54　カラスウリ

ウリ科の蔓性の多年草で、山野で樹木や石垣などの他物にからみ付きながら自生しています。夏に白い花が咲き、実は、大きさも形も鶏卵状で秋にはまっ赤に熟します。現在では、実は食べませんが、塊根から採取した澱粉は天瓜粉《てんかふん》の代用とされており、アセモ（汗疹）や赤ん坊の尻ただれの予防粉として使用されます。

大言海によれば、平安時代の本草和名と和名抄に「栝樓、加良須宇利」と書いてあるので、古代から存在した草名です。

「植物名の由来」（中村浩著・東書選書）には、この草について次のように書かれています。「カラスウリは、よく知られたウリ科の蔓植物であるが、その語源についてははっきりしていない。大槻文彦博士の『大言海』には〝ウリ熟すればカラス好みて食へば名とす〟とあるが、カラスは決してこの実を食べたりはしない。カラスウリの赤い実は、冬がきてもいつまでも蔓からぶらさがっているが、これはカラスその他の鳥が、この実を見向きもしないことを裏書きしている。牧野博士の『牧野新日本植物図鑑』には、その語源として、〝カラスウリ、樹上に永く果実が赤く残るのをカラスが残したのであろうと見立てたか〟とある。しかし、この説明では、特にカラスと関連づけるには無理がある。カラスウリを特徴づけるものは、晩秋のころ、きわだって目立つ朱赤色の実であるが、このウリが鳥類のカラス（烏）という名をもつには多くの矛盾がある。カラスは元来〝黒い〟という意に用いられる」。「植物名の由来」における以上の指摘は、極めて適切なものと思われます。

さて、本書での語源の話に移りますと、ご承知のように、火や太陽は、必ずしも赤色ではありませんが、「赤々と火が燃えている」とか「まっ赤に燃える太陽」のような表現からすると、火や太陽の光は「明かり」・「赤り」であり、赤色と認識されていたと推測されます。

一音節読みで、盎はアンと読み「とても、非常に、著しく」などの意味です。釭はカンと読み「灯火《ともしび》」のことなので、釭もまた赤色と見做されていたと思われます。古い時代には、現在のような電灯はなかったので、明かりをもたらすものといえば、太陽、月、星、火くらいだったのですが、中でも最も身近にあったのが「釭＝灯火」だったので、釭の読みが「赤色、赤い」の意味として使われたと思われます。つまり、一音節読みで赤はチと読むのですが、日本語の訓読でアカと読むのは盎釭（＝とても赤い）の読みを転用したものと思われます。卵はランと読み「卵」、似はスと読み「似た、似ている」の意味です。つまり、カラスは釭卵似で「赤い卵に似た」の意味です。したがって、カラスウリとは、釭卵似瓜の多少の訛り読みであり、直訳すると、実を指すときは「赤い卵に似た瓜《うり》」の意味、草を指すときは**「赤い卵に似た瓜のなる（草）」**の意味であって、これがこの草名の語源と思われます。現代では食べることはないと思われますが、ウリ（瓜）とあるからには、古代には何らかの形で食べられたのかも知れません。どの部分が食べ得たのか分かりませんが、日本食物史（櫻井秀・足立勇共著・雄山閣）の平安時代の章においては、「蔬菜の類で食用に供されたと覚しきもの」とされる草に栝樓《からすうり》が含まれています。

55　カラムシ

イラクサ科の多年草です。丈が1・5m程度で野原に生え、葉は卵形で裏面が白くなっています。茎は木質でその皮から繊維をとり織物にします。つまり、この草は靭皮植物《じんぴしょくぶつ》の一種です。日本書紀の持統天皇七年三月の条に「桑・紵《からむし》・梨・栗・蕪菁《あおな》等の草を勧め殖ゑしむ」とでています。大言海によれば、平安時代の和名抄に「苧、麻属、白クシテ細キモノナリ、加良无之」と書いてあります。

一音節読みで、可はカともコとも聴きなせるように読み、良はリィアンと読み、共に「よい、良好な」の意味です。无はウと読み無の簡体字で、ここでは嫵に通じており「美しい」の意味になります。之はチと読み、ここでは同じ読みの織に通じており「織物」の意味です。すでに万葉仮名では、可はカ、良はラ、無はム、之はシと読まれています。これらのことから、カラムシとは、可良嫵織の多少の訛り読みであり、直訳すると**「良好な美しい織物になる（草）」**の意味になり、これがこの草名の語源と思われます。

56　カリヤス

イネ科の多年草です。主に関東から関西にわたる中央日本の山野に叢生《そうせい》して自生し、同じ属のススキに非常に似ていますが、丈はやや低く1m程度です。漢字では「青茅」と書かれます。古くは黄色をだす染料植物として栽培されたこともあったようです。

平安時代の和名抄の染色具の項に「黄草、刈安草」と書いてあります。黄草とされているのは、この草が黄色の染料として使われたからです。大言海では「刈り易き草ノ義、刈リ採ルニ、力ヲ用ヰルコト少ナキ意ト云フ」と推量・推定の形で説明されていますが、正直いって、平安時代人がそのような幼稚な理由から草名を付けたとは到底考えられません。そもそもの名称は青茅と書かれているのであり、漢字の世界においては青には「美しい」の意味があるとされているので、青茅は「青い茅《かや》」に加えて「美しい茅《かや》」の意味にもなっているのです。刈安は単にその音声を利用するためだけの単なる当て字と思われるにもかかわらず、現在でも、大言海におけるような「刈り易き草ノ義」のような俗説が流布され続けています。

一音節読みで、可はカと読み「よい、良好な」の意味ですが、敷衍して「美しい」の意味でも使われます。麗はリと読み「美しい」の意味があります。漾はヤンと読み「揺れる」の意味、絲はスと読み「糸、糸状のもの」の意味があります。つまり、カリヤスとは、可麗漾絲の多少の訛り読みであり、直訳すると**「美しく揺れる糸状の（草）」**の意味になり、これがこの草名の語源と思われます。

この草は、イネ科ススキ属であり、ススキと見分けにくい程によく似ており、ススキのようにそれぞれの茎が糸状で単立して叢生し、風に揺れている姿が美しいと見做しての名称と思われます。

57　カンゾウ

カンゾウと称する草には二種類があり、漢字では、日漢で共に「萱草」と「甘草」とに書き分けられています。

先ず、萱草は、ユリ科の多年草でノカンゾウ、ヤブカンゾウ、ヒメカンゾウなどがあります。ニッコウキスゲやユウスゲもこの仲間とされています。いずれもその若葉や花はとても美味しく食べられる草で、夏季に、朝開き夕に萎む、黄赤色の美しい一日花が咲きます。

一音節読みで萱はシュアンと読み、同じ読みの諼に通じており、諼の字には「忘却」の意味があるので、萱草は万葉集では「わすれぐさ」と読まれて四首の歌が詠まれています。その一首は大伴旅人の次のような歌です。

・萱草《わすれぐさ》　わが紐《ひも》に付く香具山の
　故《ふ》りにし里を忘れむがため（万葉３３４）

大言海によれば、和名抄に「萱草、和須礼久佐。俗に環藻の如く云ふ」と書いてあります。また、枕草子一六一段に「前栽に萱草といふ草を、ませ結ひていとおほく植ゑたりける。花のきはやかにふさなりて咲きたる、むべむべしき所の前栽にはいとよし」の記述があります。ここでの萱草は、岩波文庫の枕草子では「くわんざう」と振仮名してあります。古語辞典によれば、「むべむべし」とは「格式ばった、もっともらしい」

の意味とされています。

さて、萱草《かんぞう》の語源の話に移りますと、日本語の萱草における萱は当て字になっています。なぜならば、日本語においては、萱はカヤという草のことであり、この草とはなんの関係もないからです。一音節読みで、崗尖《カンチィエン》という熟語における崗はカンと読み「とてもよい、素晴らしい、美しい」などの意味があります。草はツァオと読みます。つまり、カンゾウとは、崗草の多少の濁音訛り読みであり、直訳では「美しい草」ですが、美しいのは花のことと思われるので、少し意訳すると**「美しい花の咲く草」**の意味になっています。また、食べ物に関する場合、「とてもよい」とか「美しい」というのは「美味しい」ということなので**「美味しい（草）」**の意味にもなります。まとめると「美しい花の咲く、美味しい草」になり、これがこの草名の語源です。

次に、甘草については、大言海によれば室町時代の下学集に「甘艸」とでています。艸は、草の古字です。この草は、マメ科の多年草で、その根茎からは甘味料が採れます。上述したように、一音節読みで、甘はカン、草はツァオと読むので、カンゾウは甘草の多少の濁音訛り読みであり、直訳すると**「甘味のある草」**の意味になっており、これがこの草名の語源です。

草名に、発音上、一名二種があるというのは、いかにも紛らわしいことです。萱草は、漢和辞典ではすべてケンゾウと読んであるのに、現在の一般大辞典ではすべてカンゾウと読んであります。萱をカンと読むようになったのは、近年になってからのことと思われますが、そのために、発音上は萱草と甘草の区別がつきにくくなり、萱草はカヤ・カンゾウ、甘草はアマ・カンゾウとでも区別せざるを得ないことになっています。

58　ガンピ

ガンピという名称の植物には、草と木とがありますが、草のガンピはナデシコ科の多年草です。漢字では日漢で共に「岩菲」と書きます。丈は50㎝程度、葉は長楕円形で対生します。初夏に、ナデシコ科の草にふさわしい、あざやかで可憐な美しい赤黄色の五弁花が咲きます。漢字では、漢語でも岩菲と書くことから、この草の原産地は芝那で、日本には観賞用として輸入されたのではないかとされていますが、はっきりしたことは分からないようです。漢語の一音節読みで、岩菲はイェンフェイと読み漢語式の当て字になっています。岩はイェンと読み、同じ読みの妍、嫣、艶などに通じていて、いずれも「美しい」の意味があります。菲はフェイと読み、本来は、草が香るの意味ですが、一般的に「美しい」の意味でも使われます。つまり、岩菲はイェンフェイと読み、同じ読みの妍菲のことであり直訳すると「美しい」ですが、美しいのは花のことと思われるので、花を指すときは「美しい（花）」、草を指すときは**「美しい花の咲く（草）」**の意味になっています。草のガンピという日本語名称は、草木名初見リスト（磯野直秀作）によれば、室町時代中期の蔭涼軒日録にでています。

さて、日本語としての草のガンピの語源の話に移りますと、一音節読みで、岧はガンと読み「とてもよい、素晴らしい、美しい」などの意味、娉はピンと読み「美しい」の意味があります。美しい女性のことをベッピンといいますが、別娉のことであり「特別に美しい（女性）」のことです。つまり、ガンピとは、岧娉の多少の訛り読みであり、花を指すときは「美しい（花）」、草を指すときは**「美しい花の咲く（草）」**の意味になり、これがこの草名の語源です。漢語ではイェンフェイ、日本語ではガンピと呼びますが、その意味は同じになっています。

59　カンラン

この野菜名は、比較的新しい言葉なので、本書の対象にはならないのですが、著者にとっては幼い頃からの馴染みのものなので取上げてみました。この名称を聴くと、私などは、直ちに、いわゆる「キャベツ」という野菜のことが心象されます。なぜならば、私の故郷は熊本県八代地方ですが、幼い頃からずっと、キャベツのことをカンランと呼んできたからです。キャベツとしてのカンランは、漢字で甘藍と書かれますが、そもそもの字義上からは**「甘鬮」**であって、直訳すると**「美味しい丸い（野菜）」**の意味になっており、これがこの野菜の語源と思われます。一音節読みで、甘はカンと読み食べて「美味しい」、【䜌】はランと読み「丸い、円い」の意味であり、団【䜌】《だんらん》という熟語があります。

日本語では、団【䜌】は団欒と書かれますが、欒はその読みを利用するための単なる当て字であり、漢語と同じにしたくないという意図から使われているものです。欒は、そもそもは木名です。キャベツは、丸い形の野菜なので、タマナ（玉菜）ともいわれますが、他の同音の言葉と識別しにくいので、さほど使われないものになっています。角川外来語辞典によれば、「キャベツは、ラテン語のcaput（＝頭。丸くて頭のような の義）、英語のcabbageからでており、明治初年（西暦一八六八年）に日本に渡来した」と書いてあります。

大辞典によれば、例えば、広辞苑（第六版）には「**かんらん**【甘藍】①葉牡丹《はぼたん》の別称。②キャベツ」と書いてあります。しかしながら、この甘藍は、そもそもはキャベツとしてのカンランのことであって、上述したように、その意味からすると甘【䜌】のことです。甘という字は、食べて「美味しい」という意味です。ハボタン（葉牡丹）は、キャベツを鑑賞用に改良したものとされており、食べるものではないので、甘（＝美味）というのは可笑しいのであり、また、少しは青色や紫色の葉が混ざっているとしても、藍色（＝青色）の葉だけではないからです。したがって、ハボタンを指す場合の甘藍は純然たる当て字ともいうべきものになっていることから、甘藍の第一義をキャベツ、第二義をハボタンとすべきものと思われます。

甘藍という漢字言葉について、植物一日一題（牧野富太郎著・ちくま学芸文庫）という本には「キャベツ、すなわちタマナを甘藍《カンラン》だというのは無学な行為で、科学的の頭をもっている人なら、こんな間違ったことはしたくても出来ない。（中略）。古い学者、技師連などは古い書物に書いてある間違いの影響を受けてその誤りを引き継ぎ、今日でもなお甘藍をキャベツ、すなわちタマナと思っているのはまことにオメデタイ知識の持主であって、憐れ至極な古頭の人々である」と書いてあります。

ここで、牧野博士は、キャベツをカンランと呼んではいけないといっているのか、漢字で甘藍と書いてはいけないといっているのか判然《はっきり》しないのですが、いずれにしても、そもそも甘藍とはキャベツ、すなわちタマナのことなのであり、ハボタンを甘藍と書くことこそ当て字に過ぎないのです。ハボタンを甘藍と書きカンランと呼ぶのが正当だというのならば、そのときの甘藍の字義とカンランという音声言葉の字義は何なのかを明確に説明しないことには、科学的でも学問的でもないといえます。さすれば、どうすればよいかというと、「甘藍は美味しい丸い野菜の意味なので、そもそもはキャベツという野菜のことを指すのであるが、現在ではキャベツを鑑賞用に改良したハボタンのことだけを指すことが多くなっている」とでも説明すべきと思われます。

キャベツはヨーロッパ系の外来語であり、カンランを漢字で書くときの甘藍の意味上の本字は甘圞であり純然たる日本語なので、個人的にはこちらの言葉を使い続けたいとしても、日本人の英語かぶれのせいで最近では通じにくい言葉になっています。

60　キキョウ

キキョウ科の多年草で山野に自生し、生育場所にもよりますが、丈は60㎝程度、秋に美しい可憐な紫色の花が咲きます。この草は、漢字では桔梗と書きます。万葉集に、秋の七種《ななくさ》について詠まれた、次のような歌があります。

・秋の野に　咲きたる花を指《および》折り
　かき数ふれば七種《ななくさ》の花（万葉１５３７）

・萩の花　尾花　葛花《くずばな》　瞿麦《なでしこ》の花
　女郎花《をみなへし》　また　藤袴《ふぢばかま》　朝貌《あさがほ》の花（万葉１５３８）

万葉集の多くの歌の中には、桔梗の字もキキョウの読みも一切でてこないことから、この頃には桔梗という漢字名は存在しなかったのです。平安時代に入ってからシナ（芝那）から輸入された桔梗という漢字名が、万葉歌の朝貌と同じ草と見做されて、平安時代の桔梗はアサガホと読まれました。日本古典文学大系「萬葉集二」（岩波書店）では、万葉1538の補注において「字鏡に桔梗を阿佐加保としている」と書いてあります。大言海によれば、平安時代の字鏡には「桔梗、阿佐加保、又、岡止止支」と書いてあります。

つまり、奈良時代の万葉歌において朝貌（原歌では朝皃や朝皀）と書かれて「あさがほ」と呼ばれた草に対して、平安時代に至ってから桔梗の字が当てられて阿佐加保《あさがほ》と読まれたということです。このような事情から、万葉集での「秋の七種」の歌における朝貌は、さかのぼって桔梗のことと見做されて、秋の七種の中に桔梗が含まれることになっているのです。しかしながら、万葉歌の朝貌に有力候補として桔梗が当てられるとしても、厳密には、万葉歌の朝貌自体は、過去における、或いは、現在におけるどんな草に相当するかは今もって不明といえます。なぜならば、そのことを明確に示す万葉時代の文献が存在しないからであり、また、万葉歌での朝貌の花の色が分からないからでもあります。アサガオとキキョウの関係については、アサガオ欄をご参照ください。

さて、キキョウの語源の話に移りますと、一音節読みで、貴はキと読み「貴い、高貴な」、瑰はキと読み「美しい」、優はヨウと読み「優雅な、優美な、美しい」の意味があります。つまり、キキョウとは、貴瑰優の多少の訛り読みであり、直訳すると「高貴で優雅な美しい」ですが、美しいのは花のことと思われるので、花を指すときは「高貴で優雅な美しい（花）」、草を指すときは**「高貴で優雅な美しい花の咲く（草）」**の意味であり、これがこの草名の語源と思われます。「貴い」というのは、この花の色が紫色だからであり、古来、日本でもシナ（芝那）でも紫色は最も高貴な色とされてきたからです。聖徳太子の定めた官位十二階における最高の冠の色は紫色であり、日本の平安京の正殿は紫宸殿《ししんでん》といい、シナ（芝那）の清朝の本殿は禁紫城《きんしじょう》といいます。

61　キク

キク科の多年草でその種類は極めて多く、秋の代表的な草であり、漢字では「菊」と書きます。生育場所で分別すると、現在では野菊と園芸菊とに大別され、野菊は小形の可憐な花の咲くものが多く、園芸菊は草体が大形のものか、花が大形で豪華な花の咲くものが多くなっています。

早速、語源の話に移りますと、一音節読みで、瑰はキと読み「美しい」の意味、穀はクと読み「よい、良好な」の意味ですが花などを指すときは敷衍して「美しい」の意味があります。つまり、キクとは、瑰穀であり、直訳すると「美しい」ですが、美しいのは花のことと思われるので、花を指すときは**「美しい（花）」**、草を指すときは**「美しい花の咲く（草）」**の意味になり、これがこの草名の語源と思われます。

平安末期から鎌倉時代初期にかけての院政時代の後鳥羽上皇を始めてとして、以降の天皇が菊を愛でられ、ついには天皇家の紋章となったのは、一音節読みで貴はキと読み「貴い」の意味があるからとも思われます。そうしますと、後世では、キクは貴穀と瑰穀との掛詞であり、意味上は貴瑰穀になり、**「貴い美しい（花）」**や**「貴い美しい花の咲く（草）」**の意味になり、これがこの草名の語源になったと思われます。

菊《キク》という名称については、日本書紀（七二〇）の神代上（第五段）における泉平坂《よもつひらさか》でのイザナギとイザナミの口論の下りに「菊理媛神」という女神がでており、岩波文庫の日本書紀の注釈では、ここでの菊の字は広韻の半切から推定して**「クク」**または**「ココ」**と読むのではないか、したがって、菊理媛はククリヒメ或いはココロヒメと読むのではないかとされていますが、漢語での半切推定説にはやや無理があるように思われ、必ずしも賛成できませません。なぜならば、半切でどうのこうのという以前に、ククもココも二音節語になるからです。

大言海によれば、奈良時代中期の日本人が詠んだ漢詩集である懐風藻（七五一年成立）には漢字で菊と書いて六首がでていますが、振仮名がないのでなんと読まれたかは分かりません。平安時代の字鏡に「菊花、辛與毛支《カラヨモキ》」、本草和名に「菊花、加波良於波岐」、和名抄（九三四頃）に「菊、加波良與毛木、一云、加波良於波岐、俗云本音之重日、精草也」と書いてあります。つまり、平安時代には、菊は、カハラヨモギやカハラオハギと呼ばれたようです。カハラとは、一音節読みしたときの嵌酣欒《カンハンラン》のことで、この三字はいずれの字も美しいの意味なので**「美しいヨモギ」**や**「美しいオハギ」**の意味になっています。ここでのカハラは草名の接頭修飾語であり、草木名に限らず「美しい」の字義を利用するために「鳥名」やその他でも広く使われている言葉です。「川原」のことではありません。なお、ヨモギの語源についてはヨモギ欄、オハギの語源についてはハギ欄をご参照ください。

菊については、上述したように、和名抄に「菊、俗云本音之重日、精草也」と書いてありますが、「本音」とはなんのことか分からないので、なんと書いてあるのか分からないのです。江戸時代の和訓栞（谷川士清著）には、和名抄にいう本音を漢音と解釈して「漢音のまま通名とす」と書いてありますが、通名とはキクという音声名称のことだとすれば、漢語漢字についての常識として、そのようなことはあり得ないことです。なぜならば、ご承知のとおり、漢語には古くから一字一音の原則があって、菊の漢語読みは現在の北方音ではチュですが他のいずれの音としても一音節読みなのに対して、キクという読みは「キ」と「ク」の二音節読みになっているからです。江戸時代の東雅（新井白石著）には「倭名鈔には、当時の音によりてキクといふをもて、本音といひしなり」と説明してありますが、これまたなんと書いてあるのか分からないといえます。そもそも「当時の音」とは「当時の読み方」のことなので、東雅には「菊は、当時の読み方ではキクと読んだから本音といったのである」と説明してあることになり、なんのことやら分からないのです。言語の話をするときの「音声」という言葉においては、音は「読み方」、声は「声調」の意味であることは、言語・国語学の基本常識ともいうべきものです。本書では、和名抄（倭名鈔）の記述を読み下すと「菊は、俗に、本音では、之は日を重ねて云ふ、美しい花なり」或いは「俗に云ふ本音は、之は重ねた日なり、美しい花なり」と書いてあるのではないかと推測しています。ということは、漢語の一音節読みで日はリと読むので、日本人にとってはほぼ同じ読みとなる麗に通じているとして、当時の一部の人たちの間では、菊をリリ（麗麗）と訓読し**「美しい（花）」**や**「美しい花の咲く（草）」**の意味とされたのかも知れません。

和名抄より五〇年程度後世の医心方（九八四頃）という本には**「菊、和名支久」**と書いてあり、この支久はキクと読むべきものと思われます。したがって、菊の日本語訓読においては、岩波文庫の日本書紀の注記を信ずるならば奈良時代にはククやココ、平安時代初期から中期頃にはカワラヨモギやカハラオハギの外にリリ（麗麗）やキク（瑰穀）と呼ぶ人たちもいて、菊をなんと呼ぶかについては時期や人によっていろいろであり、まだ必ずしも一定していなかったのが、そのうちに一般的にはキクの呼称が定着して使われるようになり現在に至っているものと思われます。大言海によれば、和名抄や医心方に先立つ類聚国史（八九二頃）という本に、平安時代最初の天皇である桓武天皇（在位七八一～八〇六）が七九七年の大御歌の宴で詠んだとされる次のような歌が挙げられていますが、振仮名がないのでこの菊の字は二音節語のクク、ココ、リリ、キクのいずれで読まれたのかは分かりません。

・この頃の　しぐれの雨に菊の花
　散りぞしぬべく　あたらその香を

古今集（九〇五年編撰）には、「きく」や菊の字を使った歌が十一首詠まれており、例えば、次のようなものがあります。

・秋のきく　にほふ限りはかざしてむ
　花よりさきと　知らぬ我が身を（秋歌下）

・心あてに　折らばや折らむ初霜の
　置きまどはせる　白菊の花（秋歌下）

・秋をおきて時こそありけれ菊の花
　うつろふからに色のまされば（秋歌下）

これらの歌の中で「きく」と平仮名でも書かれていることから、古今集の時代には、菊はキクと読むことが定着しつつあったと思われます。ただ、菊の字には、日本語音読がありません。したがって、古くから、キクという読みは、菊の漢音、つまり、漢語の字音であるなどという誤解がされています。なぜ日本語音読がつくられなかったのか、その理由は分かりませんが、音声上つくり難《にく》かったか、キクという訓読だけで十分とされたからと思われます。結局のところ、肝腎なことは、菊は漢語から導入された漢字ですが、キクという読みは訓読であり純然たる日本語だということです。その語源は上述したとおりです。

外来語（楳垣実著・講談社文庫）という本には、「蟬《セミ》だとか、菊《キク》、蘭《ラン》、雁《ガン》、象《ゾウ》だとかは、中華音の変化だと考えられている」と書いてあります。しかしながら、そのようなことは極めて考えにくいことであり、すべて日本語としての訓読言葉です。なぜならば、漢語では、蟬はチャン、菊はチュ、蘭はラン、雁はイェン、象はシャンと一音節で読むので、その音読が変化して日本語の訓読言葉であるセミ、キク、ゾウなどの二音節語になるとは到底考えられないことであり、ラン、ガンは更めて日本語としてつくられた意味のある訓読言葉と思われるからです。特に、日本語の訓読言葉には明確な意味が含まれており、動物名であるセミ、ガン、ゾウの意味については、それぞれ拙著の蟲名源、鳥名源、獣名源で説明してあります。なお、ある高名な言語・国語学者の著書の中に、菊《キク》に加えて、毒《どく》、竹《たけ》、銭《ぜに》などもそうであると書いてあるのには、ただ啞然とするばかりです。

62 ギシギシ

タデ科の多年草です。小川の土手、田んぼの畦や道端の溝傍などの湿り気のあるところに、普通に生え、長大な根があり、また、粘液のある巻葉になっているので、抜取ろうとしても滑って簡単にはできません。古くから食べられてきた草ですが、巻葉に極めてぬるぬるの粘液があるので、地方によってはオカジュンサイ、酢っぱいのでウマノスカンポとも呼ばれています。ジュンサイやスカンポと呼ばれること自体が、食べて美味しい草と見做されていたことが窺われます。

ギシギシは、漢字では羊蹄と二字で書かれますが、なぜ、このような字が使われているのかは分かりません。すでに万葉集（１８５７・３７８８）で詠われていて、この二字を「し」と読んであります。大言海によれば、平安時代の字鏡に「羊蹄、志乃禰」、本草和名に「羊蹄、之乃禰」、和名抄に「羊蹄菜、之布久佐、又云、之」と書いてあり、ここでのシノネ（志乃禰・之乃禰）、シブクサ（之布久佐）、シ（之）は、いずれも現在のギシギシのことを指すとされています。ここでの「シ」というのは、なんのことか分かりませんが、たぶん、当時の人たちにとっては、一音だけで十分に意味の通じる言葉だったと思われます。古代においては、草名は極めて少なく、関心のある草といえば、先ずは食べられるものだったことは疑いなく、次には薬草となるもの、布の染料となるもの、観賞用としての美しい花の咲くものなどだったと思われます。

一音節読みで、之はシと読みますが、旨もシと読み形容詞では「うまい、美味しい」、名詞では「うまい食べ物、美味しい食物」の意味があります。つまり、之はその音読を利用するための単なる当て字であり、旨のことではないかと推測されます。また、食はシと読み「食べる」、穠はノン、捻はネン、峬はブと読み、いずれも「美しい」の意味があります。美には美味の意味があることを考慮すると、シノネは食穠捻、シブクサは食峬草で、共に「食べて美味しい草」の意味になっているようです。

現在のギシギシの名称は、草木名初見リスト（磯野直秀作）によれば、鎌倉時代中期の名語記という本にでています。すでにシ、シノネ、シブクサなどの名称があるのに、なぜ、更にギシギシという名称がつくられたのかは分かりません。一音節読みで、瑰はギと読み「美しい」、食はシと読み「食べる」の意味です。つまり、ギシは瑰食であり、その重ね式表現がギシギシで、美には美味の意味があることを考慮して直訳すると**「美味しく食べられる（草）」**の意味になり、これがこの草名の語源と思われます。「おいしい山菜図鑑」（千趣会）には「巻き葉が一番おいしいが、袋を破って伸びて出た葉でもよい。早春から夏の初めまで、絶えず新しい葉を出すから、利用できる間も長い」と書いてあります。

63 キスゲ

ユリ科の多年草で、山地の草原に生えます。キスゲといえば、特にはニッコウキスゲ（日光キスゲ）が有名です。ニッコウキスゲは、丈は1m程度で、美しい黄色の花が咲きます。ニッコウキスゲの名称は、草木名初見リスト（磯野直秀作）によれば、江戸時代中期の花壇地錦抄（一六九五）という本にでています。キスゲの花は夕方に開いて翌朝には萎むので、別称でユウスゲ（夕スゲ）ともいうとされています。キスゲは、漢字では黄菅と書かれますが、菅はまったく別の草なので、その音読を利用するための当て字です。

さて、語源の話に移りますと、一音節読みで「葵」はキと読み、黄色い花の咲くヒマワリのことですが、日本語では、葵には「黄色、黄色い」の意味があると見做されて、一音節読みでホォアンと読む「黄」の訓読に転用されています。葵は「あおい」とも読み、その一種であるトモエアオイ（巴葵）は、江戸時代の徳川家の家紋に使われており、その色は黄色になっています。淑はスと読み「美しい」の意味です。日本語の草名では、花や華はゲと読まれることがあります。例えば、キンポウゲは金鳳花、レンゲは蓮華、マンジュシャゲは曼珠沙華と書かれます。つまり、キスゲとは、葵淑華であり、花を指すときは「黄色い美しい花」ですが、草を指すときは**「黄色い美しい花の咲く（草）」**の意味になり、これがこの草名の語源です。ユウスゲは夕淑華であり**「夕方から美しい花の咲く（草）」**の意味になっています。

64 キビ

イネ科の一年草で、茎の先に多数の花穂を付け、種子は扁玉形の小さな褐色粒が集まったもので、実ると房状に垂れます。漢字では黍《きび》と書きます。

童話の「桃太郎噺」にでてくる黍団子の原料となり、この団子は今でも岡山県の名物として有名です。万葉集では、キミ（寸三）と呼ばれて一首だけが詠まれています。

・梨棗《なつめ》寸三に粟つぎ延《は》ふ田葛《くず》の
後も逢はむと葵花《あふひ》咲く（万葉３８３４）

「言葉の今昔」（新村出著）には、次のように記述されています。「アワ、キビなどのキビという言葉は黄味である、という語源説もまたその一つであるが、アワ（粟）のごときものは、ちょっと日本語に分析できない。分析的に語源を解剖することができないのである」。

一音節読みで、瑰はキ、賁はビと読み、共に「美しい」の意味です。つまり、キビとは瑰賁であり、直訳すると「美しい」ですが、美には美味の意味があることを考慮すると、実を指すときは「美味しい（実）」、草を指すときは**「美味しい実のなる（草）」**の意味になり、これがこの草名の語源です。

万葉集ではキミ（寸三）と呼ばれていますが、靡はミと読み「美しい」の意味なので、キビ（瑰賁）とキミ（瑰靡）とは同じ意味になることから、どちらで呼んでも同じということです。

なお、砂糖キビのような使い方があるところからすると、「キビは黄味である」との語源説は成り立ちにくいように思われます。なぜならば、砂糖キビのキビも瑰賁であり「砂糖のある美味しい(草)」の意味になっているからです。広辞苑（第六版）には、「**きび**〔黍・稷〕キミ（黍）の転」と書いてありますが、キビやキミとはどんな意味かということが問われているのですから、このような書き方では、ぜんぜん用を足していない殆んど無用な説明といえます。なお、黍はキミとは読まず、キビはキミの転とは思われません。アワについては、その欄をご参照ください。

65 ギボウシ

ユリ科の多年草です。オオバギボウシ、スジギボウシ、コバギボウシ、ミズギボウシ、ナンカイギボウシ、イワギボウシなどがあり、当然のことながら、おおよその特徴としては似たような草です。その代表的な草である種ギボウシは、葉は根元に10葉程度が叢生《そうせい》し、葉柄《ようへい》は30㎝程度、葉身は10㎝程度で楕円形をしています。夏に、根元から1m程度の花茎をだし、総状花序をなして横向きに淡紫色や白色の美しい花が咲き、朝に開いて夕べに萎《しぼ》みます。見方によっては、珍しい草の一種といえないこともありません。なお、叢生とは群生と同じ意味です。

平安時代後期（十二世紀頃）の著作とされる堤中納言物語の「はなだの女御」の項に、「蓮《はちす》、龍胆《りんだう》、紫苑《しをん》、ききやう、露草《つゆくさ》、なでしこ、刈萱《かるかや》、菊、花すすき、朝顔、秋萩、女郎花《をみなへし》、われもかう、山菅《やますげ》、芭蕉葉、尾花」などと並んで「ぎぼうし」と平仮名で書かれているので、すでにこの頃にはつくられていた草名です。

一音節読みで瑰はギと読み、そもそもは「美しい、珍しい、美しくて珍しい」などの意味がありますが、この草の場合は「珍しい」の意味が適当と思われます。宝はボウと読み、漢和辞典で確認していただくとお分かりのように、形容詞で使うときは、「美しい」の意味があります。この草名におけるシは、いろいろ考えられますが、子と考えた方が最もよいようです。子はシとも読み、古くから特には意味のない語気助詞として使われ、ご承知のように万葉仮名ではシと読まれています。つまり、ギボウシとは、瑰宝子であり、直訳すると「珍しい美しいもの」ですが、美しいのは花のことと思われるので、花を指すときは「珍しい美しい花」、草を指すときは**「珍しい美しい花の咲く（草）」**の意味になり、これがこの草名の語源と思われます。

現在では、草のギボウシは、漢字では擬宝珠と書かれます。大言海によれば、擬宝珠という漢字言葉は、室町時代後期（十六世紀中頃）の運歩色葉集という字典に見られることから、そもそもは平安時代につくられた草のギボウシとは関係なかったものを、読みが似ていることから、たぶん、室町時代頃の学者が当て字として結び付けてしまったものと推測されます。したがって、そもそもは、草名のギボウシは擬宝珠とは関係がなく、いわれているような「その転」や「その音韻変化」ではなかったのです。なぜならば、もしそうであれば、ギボウシという草名より先に、或いは同時に、擬宝珠の漢字名が存在していなければならないからです。

したがって、広辞苑に「**ぎぼうし【擬宝珠】**（ギボウシュの転）」と書いてあるのは疑わしいといえます。

上述したように、平安時代の堤中納言物語ではすでに平仮名で「ぎぼうし」と書かれているのであり、擬宝珠という漢字言葉は室町時代頃につくられたものであることから、この草を擬宝珠と書くのは後世になされた単なる当て字と思われるのであって、その読みであるギボウシュが遡ってギボウシになる筈がないからです。また、擬宝珠とは、建物や橋などの勾欄《こうらん》や欄干《らんかん》における宝飾形の頭柱飾のことであり、草のギボウシと似たところはまったくなく、音読が似ている以外にはなんの関係もないといえるからです。

大辞典や語源本の中には、葱宝珠と書いてギボウシとも読むとして、草種としての擬宝珠と葱宝珠は同じ草であるか、両者の間に何らかの関係があるかのように書いてあるものがあります。しかしながら、そもそも葱はネギ科のネギのことであり、葱宝珠は「ネギの花」のことであって、本欄のユリ科のギボウシ（擬宝珠）とはなんの関係もありません。したがって、現在では葱はネギとも読むとされているので、紛れが生じないようにするには、ネギの花のことである葱宝珠は、ネギボウシとだけ読んだ方がよいと思われます。

66 キュウリ

ウリ科の蔓性《つる》一年草で、重要な栽培野菜の一種です。栽培に当っては、2m程度の支棒を立てて蔓を這わせます。夏に黄色い花が咲き、その全身に少し「いが」の付いた細長い青色の果実がなり、その中には平たい小粒の種がいっぱい入っています。果実は、熟するにつれて種子が堅くなるので、現在では青いうちに食べるのが普通です。完熟する頃には果実の表面は淡く黄色になってきますが、まっ黄色といえるまでにはなりません。

漢語では胡瓜と書き、正倉院文書には「黄瓜」と書いてあるとされ、平安時代の和名抄には「胡瓜、木宇利」と書いてあります。古代には、キウリといったようで、単純には「黄色い瓜」の意味であったかも知れません。ただ、詮索するならば、一音節読みで、胡はフと読み膚に通じており、瑰はキと読み、膚と瑰は形容詞では共に「美しい」の意味があるので、美には美味の意味があることを考慮すると、胡瓜は膚瓜、黄瓜は瑰瓜であり、共に「美味しい瓜」の意味であったと思われます。このことは、現在では、キュウリと呼ばれることからも推測されます。

キュウリは、キユとウリから成り立っていると思われます。一音節読みで、瑰はキ、玉はユと読み、形容詞では共に「美しい」の意味があります。つまり、キュウリとは、瑰玉瓜（キ・ユ・ウリ）の多少の訛り読みであり直訳すると「美しい瓜」ですが、美には美味の意味があるので**「美味しい瓜」**の意味になっており、これがこの言葉の語源と思われます。また、久は、漢語の一音節読みでチュウと読むのですが日本語では訛ってキュウと読み、時間的に「長い」の意味です。しかしながら、長久などの熟語があることから寸法的に「長い」の意味でも使われて、キュウリは久瓜（キュウ・ウリ）であり**「長い瓜」**の意味にもなっているのかも知れません。そうしますと、キュウリは瑰玉瓜と久瓜の掛詞になり「美味しい長い瓜」になります。ウリ（瓜）の語源についてはその欄をご参照ください。

なお、キュウリのキは黄というのならば、その場合のキユは葵玉になるので、キュウリは葵玉瓜であり**「黄色い美味しい瓜」**の意味になるのですが、キュウリは青い内に食べるのが美味しいのであって黄色になるまで成熟してしまうと、さほど美味しくないという難点があります。一音節読みで、黄はホォアンと読み、葵はキと読み共に「黄色い」の意味です。つまり、日本語で黄をキと読むのは、葵の読みを転用した訓読言葉ということです。したがって、漢和辞典を見て頂くとお分かりのように、黄の読みは片仮名の「キ」欄ではなくて平仮名の「き」欄にあるのです。

67　キンポウゲ

キンポウゲは、キンポウゲ科の多年草であり別称でウマノアシガタともいい、春から夏にかけて黄色い五弁花の咲く毒草として知られています。茎と葉柄には細毛が生えています。この草は、漢語では毛茛（モウゲン）といいます。茛はゲンと読み「堅い、固い、堅固な」の意味がありますが、敷衍して「厳しい」の意味があるので、毛茛は「毛の生えた厳しい草」の意味になっています。厳しいというのは、毒草であることを示していると思われます。草木名初見リスト（磯野直秀作）によれば、キンポウゲという草名は室町時代中期の山科家礼記という本の一四八六年の条にでています。

キンポウゲが、日本語の漢字で金鳳花と書かれるのは、**「黄色の美しい花が咲く」**ことに因んだ当て字と思われます。なぜならば、その漢字名の字義にふさわしいほどに美しい花の咲く草というよりも、どちらかといえばキンポウゲという読みの中にウマノアシガタに似たような意味が含まれていると思われるからです。ウマノアシガタとは、簡潔にいうと「毒があって危険な草」の意味です。

一音節読みで、謹はキンと読み「気を付ける、用心する」、暴はパオと読み「凶暴な、猛々しい、荒々しい」、上述したように艮はゲンと読み「厳しい」の意味があります。つまり、キンポウゲとは、謹暴艮の多少の訛り読みであり、直訳すると**「用心すべき猛々しい厳しい（草）」**の意味になり、これがこの草名の語源と思われます。それというのも、キンポウゲは毒草だからです。まとめると「黄色の美しい花が咲く、用心すべき猛々しい厳しい（草）」になります。

68 クサノオウ

ケシ科の越年草で、かなりの毒草として知られています。丈は40㎝程度、春に、鮮やかで美しい黄色の四弁花が咲きます。茎を切ると濁った錆色の有毒液汁がでます。草木名初見リストによれば、安土桃山時代末期の日葡辞書に「草ノ王」とでているとされますが、草と王とは単なる当て字です。

一音節読みで、酷はクと読み副詞では「とても、非常に、著しく」などの意味があり、粲はツァン、穠はノン、娥はオ、嫵はウと読み、いずれも「美しい」の意味があります。つまり、クサノオウは、酷粲穠娥嫵の多少の訛り読みであり、直訳では「とても美しい」ですが、美しいのは花のことと思われるので、花を指すときは「とても美しい（花）」、草を指すときは**「とても美しい花の咲く（草）」**の意味になり、これがこの草名の語源と思われます。

また、この草の本質は、美しい花が咲くというよりも猛毒のある草と見做されていることです。酷はク、残はツァンと読み、共に「残酷な」の意味があり、ひっくり返すと酷残になります。噩はオ、悪はウと読み共に「恐ろしい」の意味があります。つまり、クサノオウとは、酷残乃噩悪の多少の訛り読みであり、直訳すると**「残酷で恐ろしい（草）」**の意味になり、これがこの草名の本質的語源で掛詞になっていると思われます。まとめると、「とても美しい花の咲く、残酷で恐ろしい（草）」になります。毒草というのは、例え、美しい花が咲いても、このような意味をも含まれるのは仕方のないことです。なお、クサノオウは、チョウセンアサガオ、トリカブト、ハシリドコロ、トウダイグサ、タケニグサ、ノウルシなどと共に七大毒草と称する人もいます。

69 クズ

マメ科の蔓《つる》性の多年草で日本全国の山野に自生します。繁殖力の極めて強い強靭な向日性の雑草で、強い日射の当る原野や土手などではもちろん、痩地や荒地でもよく繁殖します。そのツルは、樹木によじのぼり、地上を延《は》い伸びて繁殖し、いったん生じたらたちまち一面の繁茂となります。根は深く潜り、種子と茎からでるヒゲ根との双方で繁殖するので、その根絶駆除はなかなか困難を極めます。

漢字では葛と書かれます。仮名では、古来クズと書かれますが、語源上はクヅと書くべきものと思われるので、語源のところではクヅと書くことにします。秋になると、長い花穂に赤紫色の蝶形の花が下から上に順次に咲いていきます。古く奈良・平安時代から、その茎は網材や布材、塊根は薬剤として利用されてきたようです。現在では、塊根からとれる葛粉《くずこ》が、美味しい葛餅《くずもち》の原料となることで知られています。

さて、この草の語源の話に移りますと、この草が秋の七種の一種とされていることが考慮されているかも知れません。一音節読みで、穀はクと読み「よい、良好な、美しい」などの意味、姿はヅと読み「美しい」の意味があります。つまり、クヅとは**穀姿**であり直訳すると「美しい」の意味ですが、その趣旨は、花を指すときは「美しい（花）」、草を指すときは**「美しい花の咲く（草）」**の意味になります。また、一音節読みで、酷はクと読み「とても、非常に、著しく」などの意味があり、酷暑、酷似、酷評などの熟語で使われています。滋はヅと読み「繁殖する、繁茂する」の意味があります。つまり、クヅとは酷滋であり**「著しく繁茂する（草）」**の意味であり、これがこの植物名の本質的語源で、掛詞と思われます。まとめると、**「美しい花の咲く、著しく繁茂する（草）」**になります。

なお、美には「美味しい」の意味も含まれているので、「美味しい粉のとれる（草）」の意味にもなり得るのですが、まだこの頃にはクズ粉は抽出できなかったのではないかとされているので、その名称がつくられた当時のクズは、後述する万葉集や日本書紀にあるように衣や網などの繊維としての利用であり、薬草としても利用されたとしても葛粉としての利用は未だなかったようなのです。したがって、当時では「美味しい粉のとれる（草）」の意味はまだなかったと思われます。

出雲国風土記（七三三年成立）には、域内の九郡の「凡そ緒山野に所在する草木」が羅列されていますが、その内の五郡の草木の中に「葛根」が挙げられています。ということは、それは薬草として大いに利用されたらしいことを示しています。現在では、葛根《かっこん》と称する漢方薬として利用されています。

万葉集で秋の七種《ななくさ》の一種として詠われていることはご承知のとおりで、全部で二一首が詠まれていますが、そのうち十七首は「葛」、四首は「久受」と書かれており、例えば次のような歌があります。

・萩の花　尾花　葛花《くずばな》　瞿麦《なでしこ》の花
　女郎花　また　藤袴　朝貌《あさがほ》の花（万葉１５３８）

・ま葛《くず》原　なびく秋風吹くごとに
　阿太《あだ》の大野の萩の花散る（万葉２０９６）

・大崎の荒磯《ありそ》の渡り　延《は》ふ久受の
行方《ゆくへ》も無くや恋ひ渡りなむ（万葉３０７２）

全部で二一首のうち、「延ふ」が「延ふ葛」のように前に付いたものが七首、「葛延ふ」のように後に付いたものが三首あり、この草がツル性植物であることに特に注目されています。また、「葛引く」が二首、「葛の引かば」を加えると三首に「引く」の表現があることから布材として採取されたことが窺われます。更に、「葛原」の表現が二首、「葛葉」の表現が二首あることから、この植物が原野に繁茂しており、その裏が白く見えるという特徴のある葉が注目されていたことも窺われます。万葉集に詠われていることから、クズという名称は奈良時代にはできていたことになります。

ところが、なぜか、日本書紀（七二〇）の神武天皇紀の土蜘蛛征伐の下りに「皇軍、葛《かづら》の網を結《す》きて、掩襲《おそ》ひ殺しつ。因りて改めて其の邑《むら》を号《なづ》けて葛城《かづらき》と曰《い》ふ」とあり、岩波文庫の日本書紀では葛はクズではなくカヅラ、葛城はクズキではなくカヅラキと振仮名してあります。しかしながら、カヅラとは、植物名ではなく「特段に延《は》い伸びる性質のある茎枝」のことを指す言葉であり、同時代につくられたツヅラや後世につくられたツルと同じ意味の言葉です。葛はツル性植物であることから、全称ではクズカヅラなのですが略称ではカヅラとも読まれたのです。ただ、このことは漢字の読み方が混乱するという禍根を後世に残しています。カヅラについては、その欄をご参照ください。

大言海によれば、平安時代の字鏡（九〇〇頃）に「葛、加豆良」、和名抄（九三四頃）に「葛、久須加豆良」、名義抄（十一世紀頃）に「葛、クズカヅラ」および「絺、クズヌノ」と書いてあります。

葛の字は、万葉集ではクズと読まれたのに、日本書紀や平安時代の字鏡でカヅラと読んであるのは、この草の特徴を「繁茂」から「延い伸びる」という視点に変更しようと試みたためと想像されます。しかしながら、そもそもカヅラは植物名ではないことと、一種の草にクズとカヅラの二名があるのは拙《まず》いということからか、和名抄や名義抄では全称でクズカヅラと読まれています。つまり、カヅラは植物名としてではなく、その一部で「特段に延《は》い伸びる性質のある茎枝」を指す言葉としてつくられた言葉なので、クズにカヅラをくっ付けてクズがツル性植物であることを明確に示すためにクズカヅラという名称にされたのです。したがって、クズカヅラとは、カヅラという特段に延《は》い伸びる部分を持った植物という意味の名称になります。その他にもツタカヅラ、サネカヅラ、フジカヅラ、スイカヅラ、テイカカヅラ、ヒカゲノカヅラその他のカヅラがありますが、これらの名称におけるカヅラはツル性植物であることを明確に示すための後置修飾語的なものだったのです。繰返しますと、葛はクズというのが本来の名称であって、平安時代にはツル性植物であることを明確に示すためにカヅラが付加されてクズカヅラの名称も使われたということです。漢語辞典では、葛の字について「一種の蔓《つる》性植物の名称である」と書いてあります。

しかしながら、平安時代に、葛がクズカヅラと読まれたことによって、後世の日本語にとって困ったことが生じています。それは、葛はクズという一種の植物名ですが、カヅラは「特段に延《は》い伸びる性質のある茎枝」のことを指すに過ぎないにもかかわらず、上述した字鏡におけるように、平安時代になると、葛の字がクズを省略してカヅラとだけ読まれるようになって、ツル性植物のことを指す蘿《かづら》（和字では縵）や蔓と同じ意味にもされて混乱が生じるようになったことです。つまり、葛の字はクズともカヅラとも読まれるようになり、カヅラには葛と蘿（縵）と蔓の字が当てられるようになったのです。したがって、葛の字は、植物名なのか、特段に延《は》い伸びる性質のある茎枝のことなのか分からなくなってしまったのです。説明を変えるならば、双方の意味を指すことになり、時と場合によって読み方を使い分けなければならなくなっています。更に複雑なことには、蔓の字がカヅラともツルとも読まれることです。蔓の字を、カヅラともツルとも読むのは、両称が同じ意味だからですが、ツルは遥かに後世の鎌倉時代後期の夫木和歌抄に初出するのでその頃にできた名称と考えられています。カヅラとツルの字義については、その欄をご参照ください。

そこで、本欄での主題である、クズとは一体いかなる意味かの問題については、江戸時代の東雅（新井白石著）には「クズの義不詳、凡そ蔓性の物をカツラといひ、ツヽラといふ如きも又不詳」とあるかと思うと「クズといふは、細屑の義にて、其根を粉となして噉《くら》ふに依りて、此名ありしと見えたり」とも書かれています。大言海には、クズとは葛粉の産地名の国栖であり、「国栖葛ナルベキカト云フ、イカガ」と提案されています。しかしながら、万葉集で詠われた二一首のクズに関する歌の中に、クズ粉やクズを食べることに触れられた歌はありません。

「草木夜ばなし・今や昔」（足田輝一著）によれば、谷崎潤一郎著の吉野葛《よしのくず》という本は、谷崎が友人と二人で、その友人の亡母の故郷を捜し訪ねるというのが大筋の作品ですが、吉野川の沿岸付近にある葛と国栖の両地名について「葛も国栖も吉野の名物である葛粉《くずこ》の製造地と云ふ訳ではない」と書いてあるとされています。また、「草木夜ばなし・今や昔」自体には、その著者の綿密な調査によって、奈良・平安時代頃には、クズはその茎が繊維として、塊根が薬として利用されたことはあっても、塊根から葛粉を抽出精製するのは簡単ではなく、それができるようになるのは室町時代以降だったのではないかと書いてあります。ということは、すでに奈良時代にはできていたクズの名称は、クズ粉のことからもそのことで有名になった地名の国栖に由来するものでもないらしいのです。大言海によれば、夫木和歌抄に「コレモコノ　所ナラヒト　門毎ニ　くすテフぬのヲ掛川ノ里」という歌があります。掛川は静岡県にある地名で、古くからクズが布材として利用されていたことで知られています。また、クズという名称が作られた頃には、まだクズ粉はなかったうえに、クズという植物は日本全国のいたる所に生え、その生育地はなにも国栖の所在する吉野地域に限ったことではないことからも、地名の国栖に由来するものではないらしいことになります。常識的な感覚では、地名から植物名を付けるなどということはありにくいことであり、地名がついたものは植物名というよりも商標名と考えるべきものです。

70　クララ

マメ科の多年草です。山野に自生し、丈は80㎝程度にまで成長し、夏に淡黄色の総状花が咲きます。その根は非常に苦《にが》く、漢方で健胃生薬とし、その葉、茎の液汁からは蔬菜につく害虫用の殺虫剤をつくったようです。大言海によれば、平安時代の本草和名と和名抄に「苦参、一名、地槐、葉ハ槐樹ニ似ル、久良良、一名、末比利久佐」と書いてあります。

一音節読みで、苦はクと読み「苦い」、辣はラと読み「辛辣である、辛い、ひどい」、了はラと読み単なる語気助詞です。つまり、クララは、**苦辣了**であり、直訳すると「苦さが辛辣である（草）」、少し意訳していうと**「とても苦い（草）」**の意味になり、これがこの草名の語源と思われます。

71　クレナイ

万葉集で、クレナイという言葉を詠み込んだ歌は二八首あり、その内で「紅」と書かれたものが二二首、万葉仮名で「久礼奈為」と書かれたものが六首あります。他に「呉藍」と書かれたものが一首だけあります。

例えば、次のような歌があります。

・いふ言の恐《かしこ》き国そ紅の
　色にな出でそ思ひ死ぬとも（万葉６８３）

・松浦川　川の瀬早み久礼奈為の
　裳の裾濡れて鮎か釣るらむ（万葉８６１）

・呉藍の八塩の衣《ころも》朝な朝な
　馴れはすれどもいやめづらしも（万葉２６２３）

万葉２６２３における「呉藍の八塩の衣」というのは、「呉藍《くれのあい》という名称の染色草で幾度も染めた布」の意味であり、呉藍は、歌意からみたところでは草花名のことなので、クレナイではなくてクレノアイと読むべきものです。にもかかわらず、日本古典文学大系「萬葉集三」（岩波書店・一九六〇年初版）では、原歌での「呉藍の八塩の衣」を「紅《くれなゐ》の八塩の衣」と書き変えてあり、呉藍をクレナイと読ませてあります。つまり、「呉藍」という草花名を、「紅」という色彩名であると誤解してあるようなのです。このような誤解が原因となって、「クレナイはクレノアイの約である」などという更なる誤解が生まれ、現在のすべての国語辞典ではそのような誤解された記述がなされています。しかしながら、後述するように、さすがに平安時代の本草和名や和名抄の著者たちは草花名であることをちゃんと分かっていて、紅藍花、紅藍、呉藍や紅花をクレノアイ（久礼乃阿為・久礼乃阿井）と読んであります。

　これらの万葉歌におけるすべてのクレナイ（紅、久礼奈為）は、歌に詠み込まれているのをみる限りにおいては、草花の名称というよりも、色彩の「紅」のことのような印象を受けます。万葉の植物について造詣の深い「萬葉の花」（松田修著・芸艸堂・昭和四一年第四刷版）には「万葉にはこの花の姿を写している歌はない」と書いてあります。つまり、紅や久礼奈為は「草花のことではない」と書いてあるようなのです。平安時代の古今集（九〇五）には、クレナイを詠み込んだ歌が六首ありますが、そのうち、五首が「紅」、一首が「クレナヰ」と書いてあり、すべてが**色彩の紅**のことを指しているようです。

　クレナイの語源のことに言及しますと、紅の字は、漢語の一音節読みでホンやコンと読み、日本語では音読でコウ、訓読でベニと読むのに、なぜ、クレナイとも読むのか、或いは、読めるのかという大問題があります。

　先ず、クレナについては、漢語の一音節読みで、酷はクと読み「とても、非常に、著しく」などの意味であり、稔はレン、娜はナと読み、共に「美しい」の意味です。つまり、クレナは**酷稔娜**であり**「とても美しい」**の意味になっています。次に、漢語辞典には「火は赤であり、赤とは火の色、即ち紅色である」と書いてあり、火の字が四個からできた「燚」はイと読み、形容詞では「紅《あか》い、赤い」、名詞では「紅色、赤色」の意味があるとされていることから、クレナイのイとは「燚」であり「紅い、赤い」の意味になります。したがって、クレナイとは**酷稔娜燚**であり**「とても美しい紅い（色）」**の意味になり、これがクレナイという言葉の語源です。この読みが紅の訓読の一つになって、形容詞や名詞として使われています。結局のところ、肝心なことはクレナイとは色彩名だということです。

クレナイの語源については以上で終わりなのですが、日本の大辞典においては、クレナイはクレノアイの約であり、したがって、クレナイは紅花のことであると書いてあります。しかしながら、これは誤りであること、或いは、誤りであるらしいことについて以下に叙述します。

大言海によれば、平安時代の本草和名（九一八頃）に「紅藍花、久礼乃阿為」、和名抄（九三四頃）の染色具の項に「紅藍、呉藍、久礼乃阿井。本朝式ニ云フ、紅花、俗ニハ之ヲ用フ」と書いてあります。染色具の項にあるということは、クレノアイが染色草としての草花であることを明確に示しています。つまり、紅藍花、紅藍、呉藍、紅花は、すべて草花のことなのです。

これらの平安時代の古書では、次のような四つのことを明確にしてあると思われます。一つは、クレノアイ（久礼乃阿為・久礼乃阿井）は、クレナイとは異なる言葉であること。二つは、紅藍や呉藍の読みとしての久礼乃阿為や久礼乃阿井のように、中間に乃が挟み込んであることから、藍の字はアイ（阿為・阿井）と読むべきであること。三つは、紅藍花や紅花とあることから、クレノアイとは、紅《あか》い花の咲く草名としての紅花《ベニノハナ》であることなどです。更に、最も重要なことですが、四つは、紅藍花、紅藍、呉藍、紅花はいずれもクレノアイと読んであることから、これらの名称の中においてアイと読むときの藍は「当て字」なのであり、すでに万葉時代から紅藍《クレノアイ》や呉藍《クレノアイ》の読みにおけるようにアイと読まれていたのであって、クレノアイという草名としての言葉の中では色彩としての「紅色」の意味らしいということです。そこで、紅藍や呉藍において、藍をアイと読むときの語源はなにかというと、一音節読みで、盎はアンと読み「とても、非常に、著しく」の意味、上述したように、焱はイと読み「紅い」の意味があります。つまり、アイとは盎焱であり「とても紅い（色）」の意味になっています。また、後述するように、クレノアイとは「とても美しい紅い花の咲く（草）」の意味になっています。

なぜ、万葉時代から藍の字がアイと読まれて、アイという音声言葉の当て字とされたのかについて憶測してみると、音声は異なっても日本語のアオ（青）、ミドリ（緑）、ムラサキ（紫）などの語源は、いずれも

「美しい（色）」の意味からできたと思われることから、このことと関係しているのではないかと思われます。

青は、漢語の一音節読みではチンと読み、日本語では音読でセイやショウ、訓読でアオと読みます。上述したように盎はアンと読み「とても、非常に、著しく」などの意味、娥はオと読み「美しい」の意味です。つまり、アオとは**盎娥**であり**「とても美しい（色）」**の意味になり、これが青をアオと読むときの語源です。したがって、色彩を指すときの青の字義は直訳すると「とても美しい（色）」の意味になっています。このことについては、拙著「獣名源」の「ウマ・ムマ②」欄をもご参照ください。

藍はランと読み、本来は、晴天の空の色である青、英語でいうところのブルー（blue）のこととされていて、漢語では青と藍とは同義語となっています。昳はイと読み「美しい」の意味です。つまり、アイとは盎昳であり**「とても美しい（色）」**の意味になり、アオの盎娥と同じ意味になっています。青と藍とは同義語であることから、日本語では発音上の訓読を区別して、青はアオ（盎娥）、藍はアイ（盎昳）と読むことにしたと思われます。つまり、青をアオと読むのに準じて、同じ意味として藍をアイと読むことにしたのです。つまり、日本語訓読のアオやアイの語源のそもそもの意味としては「とても美しい」になっているのです。

したがって、大言海に藍色をアヰイロと読んで「青ノ、極メテ濃キモノ」と説明してあるのは必ずしも適当ではないのであり、漢字の藍色は、青色の意味で使うときは、訓読でアオイロ、音読でランショクと読んだ方がよいと思われます。なぜならば、藍はアイと読むときは盎燚（＝とても赤い）の意味にもなり得るし、実際にもそのようになっているからです。現実問題として、藍をアイと読むときは、そもそもの「青い」の意味の外に、クレノアイや後述するアイという草名におけるような特別な場合には「盎燚（＝とても紅い）」の意味の当て字として使われていることを理解しておく必要があるということです。

草花名であるクレノアイ（久礼乃阿為・久礼乃阿井）の語源については、上述したことから明らかなように、クレは酷稔（＝とても美しい）、アイは盎燚（＝とても紅い）のことなので、クレノアイは意味上は酷稔乃盎焱であり、直訳では「とても美しい（乃）とても紅い」ですが、簡潔にいうと**「とても美しい紅い」**の意味になります。そうしますと、草花名としてのクレノアイは、花を指すときは**「とても美しい紅い（花）」**、草を指ときは**「とても美しい紅い花の咲く（草）」**の意味になり、これがクレノアイという草名の語源と思われます。

クレナイとクレノアイの字義は、直訳では同じになりますが、その違いは色彩名であるか草花名であるかということです。したがって、江戸時代の和漢三才図会において「**紅花**《べにのはな》　紅藍花《こうらんか》　俗に久礼奈伊《くれない》と云ふ。呉藍《くれのあい》の略なりと言ふ」の説明を継承したと思われる、大言海の「**クレなゐ**（紅）　呉《クレ》ノ藍《アヰ》ノ約」、および、広辞苑（第六版）の「**くれない**〔紅〕　クレノアイ（呉藍の約」とあるのは、たぶん、誤りであろうということになります。

古くからアイ（旧かな使いではアヰ）という青色の染料の採れた草があります。大言海には「**あゐ**（名）藍　蓼《タデ》科ノ草ノ名。又、蓼藍《タデアヰ》。高サ一二尺、茎ニ紅色ヲ帯ブ、枝多シ、葉ハ互生シ、形楕円ニシテ、深緑ナリ、夏、枝梢毎ニ、穂ヲナシテ、細花ヲ開ク、蓼ノ花ニ似テ桃色ナリ、花衰ヘテ、子《ミ》ヲ結ブ、薬用トス、葉ヲ、藍色ノ染料トス。陸田ニ栽培ス」と説明してあり、別途に平安時代の字鏡に「藍、染草、阿井」、本草和名に「藍実、阿為乃美、蓼藍」、和名抄に「藍、染草也、蓼藍、多天阿井」と書いてあることが紹介されています。この草には桃色の花、つまり、紅色の花が咲きます。この草名としての「あゐ（藍）」は、字鏡、本草和名や和名抄などの古典においてはクレノアイのアイと同じく万葉仮名で阿為や阿井と書いてあることと、別称が紅い花の咲く「蓼藍」とされていることから判断すると、盎焱（＝とても紅い）の意味になっているものと思われます。一般的に、蓼には赤い花が咲きます。つまり、この草名におけるアイは盎焱であり**「とても紅い花の咲く（草）」**の意味になり、これがこの草名の語源と思われます。ただ、この草からは青色の染料がとれるので紛らわしいことになっています。

結局のところ、そもそも藍の字は青色のことなので、音読でランと読む藍の字を、訓読でアイと読むときには、基本的には藍色《あいいろ》（＝青色）のように、やはり「青い」の意味ですが、草名としてのクレノアイ（紅藍・呉藍）や草名としてのアイ（藍）におけるような特別の場合は、盎燚（＝とても紅い）の意味で当て字として使われる場合があるということを理解しておかなければならないということです。

また、クレノアイを呉藍と書くときの藍は、この字がアイと読まれることを利用しての当て字になっていることは上述してきたとおりですが、呉をクレと読むことについても、まったく同じことがいえます。つまり、呉は単なる当て字だということです。漢語の一音節読みで、呉はウと読み同じ読みの嫵に通じており、嫵には「美しい」の意味があります。また、上述したように、クレは酷稔（＝とても美しい）のことなので、日本語では呉の字を「とても美しい」の意味でクレ（酷稔）と読むことにしたのです。したがって、「呉のはじかみ」や「呉竹」その他一般的に「呉の～」と使われている呉は、紀元三世紀頃に存在した古代芝那の国名のことではなくて、酷稔のことであり「とても美しい」の意味です。美には「美味しい」や「よい、良好な」の意味があることから、「呉のはじかみ」は「とても美味しいはじかみ」、「呉竹」は「とても良好な竹」の意味になっています。なお、はじかみとは現在の山《さん》椒《しょう》、くれのはじかみとは現在の生姜《しょうが》の古称とされています。

さて、忌憚《きたん》なくいうならば、現代の大辞典には、極めて問題となることが書いてあります。つまり、クレナイやクレノアイにおけるクレとは、古代芝那に存在した国名の呉のこととされて、クレノアイは「呉《くれ》の藍《あい》」のことであり、その短縮語がクレナイであるから、「呉の藍とは、呉からきた紅色染料のこと」というかの如き馬鹿げた説明が、今でも流布され続けていることです。芝那の呉（三世紀頃）は、日本の奈良時代（六世紀～八世紀）や平安時代（八世紀末～一二世紀末）には存在しないのであり、存在しない国から渡来する筈がないのです。万一、そもそもは外来種であるかも知れないとしても呉国からきたという証拠はなにもありません。また、芝那から来ようがどこから来ようが、そもそもの藍の字義は青のことであり藍色とは青色のことであって、呉国の藍だけが紅や赤であったり、呉国から日本に着いた途端に、藍が紅や赤に変色したりすることなどあり得ないことです。つまり、上述してきたように、呉藍《クレノアイ》という言葉においては、呉も藍も当て字であり、酷稔乃盎燚の意味であって直訳では「とても美しいとても紅い（花）」の意味なのです。

このような誤解が生じるのは、江戸時代の東雅（新井白石著）に「呉藍、クレノアヰ。本朝式ニハ紅花ノ字ヲ用ユ。此ニ呉藍トイフハ、其始、呉ヨリ来リシガ故也、即今、俗ニハ、べにのはなトイフナリ」などと書かれているからであり、このような誤り解釈が現在にまで継承されているからです。

結局のところ、江戸時代の和漢三才図会や東雅における、クレナイやクレノアイにおける呉を、芝那の国名と見做しての「呉の藍の約」というような説明は極めて怪しい俗説といえるのであり、その説を継承した大言海の「呉ノ藍ノ約」との説明についても同じことがいえます。現代の広辞苑（第六版）では、「**くれない【紅】**（クレノアイ（呉藍）の約）①ベニバナの別称。②紅色」などと可笑しな説明だらけになっています。なにが可笑しいかというと、この辞典では、(i) クレナイはクレノアイの約と説明されていること、(ii)クレナイはベニバナの別称とされていること、(iii) 呉とはなにかが説明されておらず、古代芝那の呉国のこととされているらしいこと (iv) 呉藍における藍《アイ》とは何のことかが説明されていないのに、「くれない＝紅＝呉藍＝紅色」とされていることなどです。

上述したように、万葉集の歌から判断する限りでは、クレナイは色彩名であり、草花名であるクレノアイやベニバナ（紅花）のこととは到底解釈できそうにないのです。にもかかわらず、いつの間にか、大辞典の説明を通じてクレナイはクレノアイ（呉藍）の約のことになり、現在では、クレナイは草名としてのベニバナ（紅花）のこととされています。しかしながら、それは誤りであり、古来、**「クレナイは色彩としての紅色のことであり、クレノアイは草花名としての紅花《ベニバナ》のことである」**と理解すべきものです。

また、大辞典では、ベニバナの旧名であるクレノアイは、古く万葉時代以来、末採花《すゑつむはな》とも呼ばれたとされています。それは、万葉集と古今集に次のような歌が一首づつ詠まれていることなどが根拠とされています。

・外のみに　見つつ恋せむ紅《くれなゐ》の
　末採花《すゑつむはな》の色に出でずとも（万葉1993）

・人しれず　思へば苦し　紅の
　すゑつむ花の色に出でなむ（古今・恋歌一）

しかしながら、歌意の流れから単純に判断するところでは、これらの歌での「紅」もまた色彩名としてのクレナイであり、草名としてのクレノアイ、つまり、ベニバナのことではなさそうなことから、末採花は紅い花の咲く草ではあってもベニバナであるとの確かな根拠にはなり得ないように思われます。ただ、理由は分かりませんが、江戸時代の大和本草に「倭語ニ末摘花ト云ハ紅花ナリ」と書いてあります。和漢三才図会には紅花の記載はありますが末摘花との関係についてまったく触れられておらず、本草綱目啓蒙には「紅花」は草名とは見做されていないのかその記載すらありません。

スヱツムハナについては、昭和時代初期の大言海には「**すゑつむはな**（名）末摘花〔花、末ヨリ咲キソムルヲ、摘ミ取ル意〕と書いてあり、広辞苑（第六版）では「**すえつむはな**【末摘花】（茎の末に咲く黄色の頭花を摘み取って染料の紅をつくるからいう）ベニバナの異称」と説明されています。

ただ、ベニバナはトゲだらけの草であり、花は一つの茎の先端に一輪だけ咲く、つまり、殆んどの草花と同じように茎の先に咲くのであって実際の花摘みでは花の末の方から順次摘み取ることにはならないので、そのことがこの草の特徴とはいえそうにないことから、この辞典の説明は必ずしも納得のいくものではありません。結局のところ、末採花や末摘花は当て字に過ぎないらしいのであり、他に適当な草種候補もなさそうなことから、ベニバナのこととされているに過ぎないのではないかと疑われます。つまり、スヱツムハナがベニバナであるかどうかは分からないということです。

スヱツムハナの語源については、一音節読みで淑はス、艶はエン、姿はツ、穆はムと読み、いずれも「美しい」の意味があるので、「すゑつむはな」とは、淑艶姿穆花の多少の訛り読みであり、花を指すときは「**美**

しい花」、草を指すときは**「美しい花の咲く（草）」**の意味であり、これがこの草名の語源と思われます。そうしますと、上述の歌における「紅の末採花」とは、「紅色の美しい花」、或いは、「紅色の美しい花の咲く（草）」の意味になります。現在の幾多の大辞典におけるクレナイとクレノアイについての説明は次のようになっています。

【くれない】①紅色のこと。②紅花《べにばな》、末摘花のこと。
【くれのあい】紅花のこと。
【あい】濃い青色のこと。

ただ、本書では、「くれない」とは色彩としての「紅色」の意味だけであり、「紅花」や「末摘花」の意味はないと思っています。また、「紅花」が「末摘花」であると断定できる確かな証拠が欲しいとも思っています。

72　クワイ

オモダカ科の多年草です。葉は、剪形《はさみ》とも矢尻形とも見做され得る形をしています。現在では、この水草は栽培もされています。泥中の茎は四方に枝茎をだし、その下先に一本の棒状芽のある直径3～4㎝程度の丸い塊茎ができます。十一月から二月頃にわたって、その塊茎は青果店で野菜として販売され、油揚げなどの料理にして食べられています。

平安時代の本草和名に「烏芋、久呂久和為」、和名抄に「烏芋、久和井」と書いてあります。漢字では、日漢で慈姑と書かれ、日本語ではクワイ、漢語ではツクと読みます。漢語の別称では、この水草の葉が剪刀《はさみ》の形のようであるとして剪刀草とも呼ばれています。問題は、なぜ、日本語でこの水草をクワイと呼ぶのかということです。この水草の葉は、上述のように漢語ではハサミ（剪刀）に似ているとされますが、日本語ではオモダカ科の草であることから矢尻、矛《ほこ》、槍などの形に似ていると見做されています。

さて、語源の話をしますと、一音節読みで快はクヮイと読み「鋭い、鋭利な」などの意味があることから、クワイとは快であり、直訳すると**「鋭利な（草）」**ですが、少し意訳すると**「鋭利にみえる葉のある（草）」**の意味になり、これがこの草名の語源と思われます。

一音節読みで、塊はクアイと読むので、少し意訳して、この草の塊状の「根茎」の意味であるかも知れません。また、穀はクと読み「よい、良好な」、艾はアイと読み「美しい」の意味があります。クワイとは、穀艾の多少の訛り読みだとすれば、食べ物について「よい」とか「美しい」というのは「美味しい」ということなので、「美味しい（草）」の意味になります。そうしますと、クワイとは、塊と穀艾との掛詞であり**「根茎が美味しい（草）」**の意味になり、これもこの草名の語源と思われます。快と塊と穀艾の三つの掛詞をまとめると、「鋭利にみえる葉のある、塊茎が美味しい（草）」の意味になります。

73　ケイトウ

ヒユ科の一年草です。ケイトウという草名は鶏頭の日本語読みからでたものです。鶏は訓読でケイ、頭は音読でトウと読むので、訓読と音読の合わせ読みで、鶏頭はケイトウと読めることになり、通常は、鶏《にわとり》の頭のことですが、ケイトウという名称に関する場合には、特には鶏冠《とさか》のことを指すものと思われます。鶏の頭部には赤色の鶏冠があり、その形と色がこの草の花に似ているとして付けられたらしいことから、花を指すときは「ニワトリの鶏冠に似た（花）」、草を指すときは**「ニワトリの鶏冠に似た花の咲く（草）」**の意味になり、鶏頭の読みがこの草名の語源と思われます。

漢字では、日漢で共に鶏頭と書きますが、漢語ではチトウ、日本語ではケイトウと読みます。日本語でケイトウと読むのを「鶏頭の漢音」と説明してある国語学者の本がありますが、鶏は漢音ではチと読むのであって、ケイと読むのは日本語の訓読です。一音節読みで、啃はケンと読み「齧る、齧って食べる、食べる」、食はイと読み「食べる」の意味です。つまり、鶏の字をケイと読むのは、啃食の多少の訛り読みであり直訳すると**「食べる（鳥）」**の意味になっています。また、鶏は訓読で「カケ」とも読みますが、甘はカンと読み食べて「美味しい」の意味ですから、カケとは甘啃の多少の訛り読みのことであり直訳すると**「美味しく食べる（鳥）」**の意味になります。このことは、ニワトりは食べるための鳥と見做されていたことを示しています。大言海によれば、安土桃山時代の運歩色葉集（天文）や易林節用集（慶長）に「鶏頭花、ケイトウゲ」と書いてあることから、ケイトウはこの頃につくられた草名と思われます。

74　ケシ・ヒナゲシ

ケシ科の二年草です。丈は1m程度、葉は緑白色で茎を抱くような形になっています。茎頂に白、紅、紫などの鮮やかで美しい単花が咲きます。その後、卵球形の液果がなり、そこに切りを入れて果液を取出して乾燥すると阿片《あへん》ができます。それを精製したものがモルヒネ（morfine）です。阿片は、吸引すると人間の身体をぼろぼろに蝕《むしば》む怖ろしい麻薬であり、日本ではその栽培が厳格に禁止されています。

ケシは、漢語では罌粟《インス》といいます。罌とは、口が小さく腹の大きい陶磁器のことを指します。ケシの液果の形が罌に似ており、かつ、ケシの液果の中には粟粒《あわつぶ》のような小さな種子がたくさんあることから、容器と見做しての採用と思われます。

日本語では、漢字で芥子と書きますが、そもそもは芥とは「からし（辛子）」のことです。大言海によれば、江戸時代の倭訓栞《わくんのしおり》（和訓栞）には「けしトハ罌粟ヲ云フ、芥子ノ音ヲ謬称セシナルベシ」と書かれていますが、謬称ではなくて、芥子は当て字であり、ケシと読むのは当て読みということです。ケシの名称は、草木名初見リスト（磯野直秀作）によれば、源氏物語にでています。

さて、語源の話に移りますと、一音節読みで、根はケンと読み「根本的に、徹底的に」の意味ですが「とても、非常に、著しく」などの意味でも使われます。飾はシと読み、飾ったように、或いは、飾って「美しい」の意味です。つまり、ケシとは根飾であり直訳すると「とても美しい」ですが、花を指すときは「とても美しい（花）」草を指すときは**「とても美しい花の**

咲く（草）」の意味になり、これがこの草名の語源です。

しかしながら、ケシという名称の目指すほんとうの意味はそのようなものとは思われません。一音節読みで、蝕はシと読み「蝕《むしば》む、侵蝕する、損壊する」の意味です。つまり、ケシとは、根蝕の多少の訛り読みであり、直訳すると**「徹底的に蝕む（草）」**の意味になっており、これがこの草名がほんとうに目指す語源と思われます。このような意味になるのは、この草から人間を蝕む阿片が採れるからです。掛詞をまとめると「とても美しい花の咲く、徹底的に蝕む（草）」になります。

なお、**ヒナゲシ**というケシ科の越年草があり、草木名初見リストによれば、江戸時代初期の毛吹草（一六四五年刊）という本にでています。この草は、麻薬の採れるケシと同科ですが麻薬は採れませんので、その栽培はケシのように法律で禁止されてはいません。丈は、ケシが１ｍ程度なのに対して、ヒナゲシはその半分の50㎝程度です。夏に、茎頂に大きな四弁花が一個だけ咲きます。花の色は、赤、紅、白などであり、とても美しい花なので観賞用として栽培されます。漢字では、雛芥子と書かれます。雛の字は、音読ではチュと読みますが、訓読ではヒナと読みます。鄙は、一音節読みの濁音読みでビ、清音読みでヒと読み「小さい」の意味、団はナンと読み「子ども」の意味があります。つまり、雛をヒナと読むのは鄙団の多少の訛り読みを転用したものであり、直訳では「小さい子ども」の意味です。平安時代の和名抄の羽族類の項に「雛、比奈」と書いてあるように、雛は、そもそもは「鳥のひよ子」のことを指します。なぜならば、雛の旁《つくり》である隹は、「ふるとり」といわれる部首で、鳥を意味しているからです。

ただし、ヒナゲシにおけるヒナの場合はナの意味が異なると思われます。一音節読みで、娜はナと読み「美しい」の意味があります。つまり、ヒナとは鄙娜の清音読みであり直訳では「小さい美しい」の意味になります。小さいものの場合は「美しい」というよりも「可愛らしい」といいます。したがって、ヒナゲシは、鄙娜芥子であり**「小さい可愛らしいケシ」**、全称では鄙娜根飾になり**「小さい可愛らしい、とても美しい花の咲く（草）」**の意味になり、これがこの草名の語源と思われます。「小さい」というのは麻薬の採れるケシと比較してのことです、この草は、漢名では虞美人草《ぐびじんそう》、または、美人草といいます。なお、**ヒナギク**（ヒナ菊）におけるヒナも、まったく同じ意味です。

75　ケマンソウ

ケシ科の多年草です。丈は50㎝程度、晩春に、心臓形の美しい淡紅色の花が総状花序になって垂れて咲きます。他に修飾語のついたキケマンやムラサキケマンなどがありますがいずれも毒草です。草木名初見リストによれば、室町時代中期の尺素往来という本にでています。

一音節読みで、根はケンと読みそもそもは「根本的に、徹底的に」の意味ですが、「とても、非常に、著しく」の意味でも使われます。曼はマンと読み「美しい」の意味があります。また、蛮はマンと読みそもそもは「野蛮な、粗暴な」の意味ですが「恐ろしい、凶悪な」の意味でも使われます。この草名におけるマンは、曼と蛮との掛詞になっています。したがって、ケマンソウは、根曼草と根蛮草との掛詞であり、意味上は根曼蛮草になっており、直訳すると**「とても美しい花の咲く、恐ろしい草」**の意味になり、これがこの草名の語源と思われます。ケシ科の草の多くがそうであるように、花はとても美しいのですが、毒草なのでこのような意味になります。

76　ゲンノショウコ

フウロソウ科の多年草で、山野に自生しています。夏に、白色や紅紫色の花が咲き、茎や葉は乾燥させて薬草とし、下痢止めや健胃薬になるとされています。

一音節読みで、肯はケンと読み副詞で使うときは「ちょうど、ぴったり、確かに」の意味、効はシァオと読み「効果のある」の意味、疴はコと読み「病気」の意味です。つまり、効疴は「病気に効果のある」の意味になります。したがって、ゲンノショウコとは、肯之効疴の多少の濁音訛り読みであり、直訳すると**「確かに病気に効果のある（草）」**の意味になり、これがこの草名の語源です。

　大言海によれば、江戸時代の俚言集覧に「げんの志ゃうこ」、本草啓蒙（まま）に「験の證拠」と書いてあることから、この時代につくられた草名と思われます。験と證拠とは単なる当て字と見做すべきものです。

　この草の名称の語源は、「現の証拠」の読みからでたものとの説が流布されています。例えば、広辞苑（第六版）には「現の証拠・験の証拠。服用後、直ちに薬効が現れるの意」と説明されています。しかしながら、これらの漢字は単なる当て字であり、その字義を解釈すべきではないのです。なぜならば、「現の証拠」は「現実の証拠」、「験の証拠」は「経験上の証拠」の意味と思われますが、「現」や「験」が「直ちに」の意味に、「証拠」が「薬効が現れる」の意味になるとは到底思われないからです。広辞苑（第六版）には、その別称を「タチマチグサ」というとありますが、古書にはないようであり、字義上ではなく空想で「直ちに薬効が現れる」と解釈したことからつくられた俗解名称と思われます。

77　コウホネ

　スイレン科の多年草で、池沼に自生し、夏に、花茎が水上にでて、とても美しい黄色の五弁花が一輪だけ咲きます。大言海には、次のように書いてあります。「かうほね（名）骨蓬（古言、川骨《カハホネ》ノ音便）古名、かはほね。草ノ名。池水ニ生ジ、一根ヨリ叢生《ソウセイ》ス。葉ハ、芋ニ似テ、狭ク長ク厚クシテ、面ハ深緑ニ、背ハ淡シ、夏秋ノ間、茎ヲ出シテ、五弁ノ花ヲ開ク、梅花ニ似テ、大キサ一寸許、黄ニシテ、光ル、根粗《フト》ク長ク、節多シ、人骨ノ状ヲ成ス。萍蓬草」。

　コウホネは、漢語で萍蓬草といいますが、萍はピンと読み、同じ読みの娉に通じていて「美しい」の意味なので花のことを指しており、蓬はポンと読み、同じ読みの芃に通じていて「茂る、繁茂する」の意味なので、根より叢生する葉茎のことと思われます。したがって、萍蓬草とは、娉芃草のことであり「美しい花の咲く、葉茎が叢生する草」の意味になります。

　大言海によれば、平安時代の本草和名に「骨蓬、加波保禰」、和名抄に「骨蓬、加波保禰、根は腐骨の如し」

と書いてあります。このような記述からすると、現在は、コウホネと呼びますが、古くはカワホネと呼ばれたようです。一音節読みで、可はカと読み「よい、良好な」の意味ですが敷衍して「美しい」の意味もあります。婉はワン、候はホウ、捻はネンと読み、形容詞で使うときは、いずれも「美しい」の意味があります。したがって、カワホネとは、可婉候捻の多少の訛り読みであり、直訳すると「美しい」ですが、花を指すときは「美しい（花）」、草を指すときは**「美しい花の咲く（草）」**の意味になり、これがこの草名の語源と思われます。

なお、哿はコと読み「よい、良好な」の意味ですが敷衍して「美しい」の意味もあります。嫵はウと読み「美しい」の意味です。したがって、可を哿、婉を嫵と入れ替えると、コウホネは哿嫵候捻になり同じ意味になることから、カワホネとコウホネのどちらで読んでも同じということです。

78　コケ

蘚苔類や地衣類の植物をいい、多くは陸上に生育しますが、水中に生育する種もあります。陸上では地面、岩石、瓦礫、壁塀、朽木、樹木などに、水中では岸壁や水底の岩石、瓦礫その他のものに固着しています。平安時代の和名抄には、「苔、古介」と書いてあります。「萬葉の花」（松田修著・芸艸堂）によれば、万葉集では、コケに関する歌は十一首が詠まれています。コケには蘿、薜、苔の三字が使われており、蘿が九首、薜と苔が各一首の歌にでています。

・妹が名は　千代に流れむ姫島の
子松が末《うれ》に　蘿生《む》すまでに（万葉２２８）

・いつの間も　神さびけるか香山《かぐやま》の
鉾杉《ほこすぎ》の本に　薜生すまでに（万葉２５９）

・敷栲《しきたへ》の枕に人は言問ふや
その枕には　苔生しにたり（万葉２５１６）

ただ、蘿のそもそもの字義はツル性植物である蔓草のことであり、なぜ、万葉228などではコケにこの字が使われたのかは分かりませんが、平安時代の和名抄に「松蘿、萬豆乃古介、一云、佐流乎加世」とあるので、蘿は萬豆という修飾語を伴ってコケと読まれたときなどは、サルオガセなどの地衣類をも指したと思われます。ということは、特別な場合には、古代のコケには蘚苔類の外に地衣類も含まれることがあったようです。

さて、語源の話に移りますと、一音節読みで、硱はコンと読み「しっかりと、固着した」の意味、根はケンと読み動詞では「根付く」の意味があります。つまり、コケとは硱根であり直訳すると、地面、岩石、壁塀、瓦礫、朽木、樹木その他のものに**「しっかりと根付いた（植物）」**の意味になり、これがコケという植物名の語源と思われます。

大言海には、コケについて次のように書いてあります。「倭訓栞ニ、木毛《コケ》ノ義ナルベシトアリ、古クハ、木ノこけヲ云ヒシガ多ケレバ、木ナルガ元ニテ、他ニモ言ヒ及ボシ、スベテ、毛ノ如ク生エツキタルモノノ総名トナレルナラムト云フ、物類称呼（安永）ニ、美濃、尾張、北国ニテハ、きのこヲこけト云フトアリ」。この倭訓栞の木毛説が、現在では通説の如くになっています。

しかしながら、コケは確かに朽木や樹木にも生えますが、主に地面、岩石、瓦礫、壁塀の上に生える丈の短い植物であり、毛にはいろいろの種類があるとしても、頭髪におけるようにどんどん伸びるという特徴の外に色彩や形状や性質をみてもコケには似ていないことや、江戸時代の物類称呼に美濃、尾張、北国では「きのこ」を「こけ」ということから「け」は「毛」ではなく上述した「根《ケン》」のことと思われます。つまり、蘚苔類や地衣類を指すコケの語源は木毛ではないらしいということです。

大言海によれば、上述したように和名抄に「苔、古介」の外に「松蘿、萬豆乃古介、一伝、佐流乎加世」と書いてあります。松蘿における松は「萬豆」と読んでありますが、樹木の松は万葉仮名では伝統的に「麻都」と書くので、松蘿での松は当て字となっているのです。ならば、なんのことかということですが、一音節読みで、曼はマンと読み、動詞では「長くなる、長く伸びる」、形容詞では「長い」の意味があります。滋はツと読み「繁茂する」の意味があります。つまり、萬豆とは曼滋のことであり「長く伸びて繁茂する」の意味なのです。したがって、萬豆乃古介とは、同じ読みの曼滋之苔のことであり**「長く伸びて繁茂する苔《こけ》」**の意味になっています。松蘿、つまり、萬豆乃古介とはそのようなコケですが、具体的には地衣類のサルオガセのこととされています。なぜならば、上述したように、和名抄に「松蘿、萬豆乃古介、一云、佐流乎加世」と書いてあるからです。江戸時代の大和本草には「今本邦ニ松蘿ヲヒカゲノカヅラト訓ズ未ダ是非ヲ知ラズ。(中略)。松蘿ハ松上ニ蔓延シ枝ヲ生ズ」と書いてあります。大和本草は、日本書紀で蘿がヒカゲノカズラとされていることに必ずしも納得できなかったようであり、更には、松蘿における松を樹木の松のことと解釈しています。

岩波文庫の古事記における八俣大蛇《やまたのをろち》の条では「その身に蘿《こけ》と檜榲《ひすぎ》と生《お》ひ」と振仮名してあります。対する岩波文庫の日本書紀における八俣大蛇の条では「松柏、背上に生《お》ひて、八丘八谷に蔓延《はひわた》れり」とあり、日本書紀では、蘿に相当する植物が欠落しています。松柏は繁茂はしても蔓延することはありません。また、日本書紀の天石窟戸《あめのいはやど》の天の裸踊りの条では「蘿、此《これ》をば比舸礙《ひかげ》と云ふ」と書いてあります。ここで、「蘿をヒカゲと云ふ」のヒカゲとは、全称でのヒカゲカヅラ（ヒカゲノカヅラとも）のことです。ヒカゲとだけあるのは、後日に、ツル性植物であることを明確にするために、カヅラが付け加えられた言葉だからです。古事記においての蘿にはコケと振仮名してありますが、日本書紀と整合させるためにはヒカゲと振仮名する方がよいと思われます。なぜならば、そもそもは蘿はツル性植物を指す字であり、ヒカゲはツル性植物のヒカゲカヅラのことだからです。そうすると、八俣大蛇の身体にはコケというよりもツル性植物であるヒカゲが蔓延して生えていたことになります。蘚苔類としてのコケは、宮内省頓阿本の原本には、日本の国歌である「君が代」の元歌とされる歌の中に、次のように詠み込まれています。

わがきみは　千世にやちよにさゞれいしの
いはほとなりて　こけのむすまで（古今・賀）

79 コショウ

コショウ科の蔓性の常緑多年草です。夏に、緑色の小花が咲きます。実は、丸く、エンドウの実大の液果で、熟すると赤くなります。香辛料として市販されているものには、黒コショウと白コショウとがあり、前者は未熟実を、後者は成熟実の皮を除去して、乾燥させて粉末状にしたものです。草木名初見リスト（磯野直秀作）によれば、コショウの名称は正倉院文書にでています。

漢字では胡椒と書き、漢語ではフチャオ、日本語ではコショウと読みますが、日本語においては、その読みの中に意味が含まれています。一音節読みで、苛はカともコとも聞きなせるように読み、削はシャオと読み、共に「苛酷な、厳しい、激しい、辛辣な、辛い」などの意味があります。つまり、コショウとは、苛削の多少の訛り読みであり、直訳すると「辛い」の意味ですが、実を指すときは**「辛い（実）」**、草を指すときは**「辛い実のなる（草）」**の意味になり、これがこの草名の語源です。

80 ゴボウ

キク科の越年草です。漢字では牛蒡と書きます。大言海によれば、平安時代の康頼本草に「悪実、支太支須、ゴバウ」と書いてあります。

早速、語源の話に移りますと、一音節読みで、躬はゴンと読み「体、身体」、棒はバンと読み「棒、棒状物」、捂はウと読み「没入している、陥入している」の意味があります。つまり、ゴボウとは、躬棒捂の多少の訛り読みであり、直訳すると「身体が棒状で没入している（草）」、身体を根茎と見做して少し意訳すると**「根茎が棒状で土に没入している（草）」**の意味になり、これがこの草名の語源と思われます。

また、哿はゴ、棒はバンと読み、形容詞では共に「よい、良好な」などの意味です。嫵はウと読み「美しい」の意味です。つまり、ゴボウとは、哿棒嫵の多少の訛り読みですが、食物に関して「よい」とか「美しい」というのは「美味しい」ということですから、そのことを考慮して直訳すると**「美味しい（草）」**の意味になっており、これもこの草名の語源で掛詞になっています。

掛詞をまとめると「根茎が棒状で土に没入している、美味しい（草）」の意味になります。

　この草に関しては、よく使われる**「ゴボウヌキ（牛蒡抜き）」**という文句があるので、そのほんとうの意味についての余談をします。大辞典によれば、この文句には、次の四つの意味があるとされています。

・第一は、土中から「野菜のゴボウを引抜く」こと。
・第二は、他社や他業に従事している「人材を引抜いて採用する」こと。
・第三は、例えば、争議などで、座り込みをしている人たちを排除するために「一人づつ引抜く」こと。
・第四は徒歩競技や水泳競技その他の競技等で「多人数を一挙に、或いは、一括して抜く」こと。

　ゴボウについて、第一は野菜そのもののこと、第二～第三は人間を牛蒡《ごぼう》と見做してのものになっています。しかしながら、第一の「野菜のゴボウを引抜く」の意味であることは論外として、第二の「人材を引抜く」の意味や第三の「一人づつ引抜く」の意味であれば、そのままいえばいいのであって、なにもわざわざゴボウを入れてゴボウヌキという言葉をつくる必要はないのであり、また、ゴボウでなくてもダイコン抜きでもニンジン抜きでも構わないのです。この文句は、特に、第四の「多人数を一挙に一括して抜く」の意味としてつくられたものであって始めて、常套句としての存在意義があるのです。

　一音節読みで、共はゴン、包はバオと読むのですが、漢語では**「共包」**は熟語にもなっており「合わせて、一挙に、一括して」などの意味です。つまり、ゴボウヌキとは、「共包抜き」の多少の訛り読みであり、直訳すると**「一挙に一括して抜く」**の意味であり、これがこの文句のほんとうの語源です。したがって、この文句についての語源上の字義からは、上述の第一の意味は論外として、本来は第二と第三の意味はまったくありません。つまり、牛蒡は、単なる当て字に過ぎないということです。

　大言海には、次のように書かれています。「ごばうぬき（名）【牛蒡抜】（畑ノ牛蒡ヲ採ルニ、土ヲ掘ラズ、茎ヲ握ミテ、根コジニ引抜ク、大根ハ、重ク、胡羅蔔（ニンジン）ハ、チギルニ因リテ掘取ル）他ニ従事シテアル人材ナドヲ、傍ヨリ、諾否ヲ言ハセズ、引キテ、採用スルナドニ云フ語」。しかしながら、ゴボウを野菜の牛蒡と見做す限りにおいては、「他に従事している人材を引抜いて採用すること」のような解釈に結び付けるのには少々無理があり、この言葉をつくった真の意味が忘却された結果としての、やや論理が飛躍し過ぎた空想的解釈に陥っているように思われます。

81 ゴマ

ゴマ科の一年草です。蒴果《さくか》の中に多数の小粒種子を含み、その種子が成熟してから、蒴果を乾燥させて種子を取出します。蒴果とは、莢《さや》の中に生じた実のことをいいます。その種子は微《かす》かなよい香りがあり、栄養分の豊富な食材として重宝されています。

大言海によれば、平安時代の和名抄に「胡麻、五萬《ゴマ》、もと大宛《だいえん》に出づ、故を以って之を名づく」、また和名抄には「訛《ナマ》リテ于古末《ウゴマ》ト云フ」とも書いてあります。宇津保物語に「うごまハ、油ニシボリテ売ルニ、多クノ銭出デ、云々」と書いてあります。

一音節読みで、哿はゴと読み、可を加えるとなっていることから分かるように「よい、良好な」の意味があります。食べ物に関する場合、よいとは「美味しい」の意味になります。曼はマンと読み「美しい」の意味がありますが、美には美味の意味があるので、これまた「美味しい」の意味があることになります。つまり、ゴマとは哿曼の多少の訛り読みであり、直訳すると「美味しい」ですが、種子を指すときは**「美味しい（種子）」**、草を指すときは**「美味しい種子のなる（草）」**の意味になり、これがこの草名の語源です。

ウゴマともいうのは、三音節の名称にするために、ウと読み「美しい」の意味、つまりは「美味しい」の意味の嫵を付加したもので、いうならば、必ずしも必要のないともいえるものです。漢語では芝麻といいますが、芝はチと読み形容詞では「美しい」の意味があります。麻はマと読みますが、同じ読みの媽のことで、これまた「美しい」の意味があります。つまり、漢語の芝麻とは、同じ読みの芝嫣のことであり、「美味しい（種子）」や「美味しい種子のなる（草）」の意味になっています。

大言海によれば、上述したように、平安時代の和名抄に「もと大宛《だいえん》に出づ、故を以って之を名づく」と書いてあります。しかしながら、「故を以って」といわれても、ゴマの名称と中央アジアの国名であった大宛とがいかなる関係にあるのかは不明なのですが、大には「とても、非常に、著しく」の意味があり、宛はエンと読み、同じ読みの艶に通じていて「美しい」の意味があります。つまり、大宛は大艶に通じていて、美には美味の意味があるので**「とても美味しい」**の意味だということです。和名抄の著者は、ここでは音声を通じて少し遊んでいるのではないかと思われます。

また、和名抄（倭名抄とも）の注釈書である江戸時代の箋注倭名抄（一八二七年成立）には「胡麻は本草経に載っている。恐らくは、もと大宛に出づるに非ず。蓋し、胡言の烏なり。其の色黒なるを以って是の名有り」と書かれていますが、普通ではゴマは白ゴマであって必ずしも黒ゴマではないので、この記述も書いてあることをそのまま受入れることには無理があります。

さらに、大言海の自説としては、次のように書いてあります。「**ごま**（名）うごま卜云フハ、烏胡麻《ウゴマ》ナルカ、重言トナレド、胡麻ノ語原ハ、知ラレズ、又、忘レラレタルナリ、淡海《アフミ》の海《ミ》、雁音《カリガネ》の聲ノ類カ」。この辞典では、淡海の海や雁音の聲の意味も「知ラレズ」、つまり、「分からない」と書いてあります。ウゴマの意味については、上述したとおりです。

余談になりますが、**「淡海の海」**については、万葉266に「淡海の海　夕波千鳥　汝《な》が鳴けば情《こころ》もしのに古思《いにしへ》ほゆ」という有名な歌があります。大言海には、「**あふみのみ**（名）近江海〔近江の海ノ略。あふみハ、淡海ノ約ナレバ、重言トナレド、語原ハ忘レラレテ、云フナリ」近海国ノ湖。即チ、今ノ琵琶湖」と書かれています。一音節読みで、盎はアンと読み「とても、非常に、著しく」の意味、膚はフ、靡はミと読み、共に「美しい」の意味があります。つまり、アフミは盎膚靡の多少の訛り読みであり「とても美しい」の意味なので、「アフミの海とは、「盎膚靡の海」になり、**「とても美しい海」**の意味になっています。近海をアフミと読むのもまた盎膚靡のことなので、近江国は「とても美しい国」の意味です。雁音《カリガネ》については、拙著の鳥名源をご参照ください。

82 コマツナ

アブラナ科の草菜の一種で、その葉は、汁物、浸し物、漬物用などの美味しい食材として使われています。

広辞苑（第六版）には「東京都江戸川区小松川付近から多く産出したからいう」と、大言海説をそのまま引継いで書かれていますが、これはまったく可笑しい。なぜならば、コマツナは他所からも採れるからであり、また、コマツガワとコマツとでは音声が著しく相異しているのみならず、もしそうであればコマツガワナというべきであり、地名としての小松川が小松である筈もないので全然意味をなさないからです。地名の「小松」といえば、通常は、石川県小松市の小松を心象します。一般的に、物名に地名を使う場合は、本来は全称でなければ意味がないのです。野菜でいえば、野沢菜というのがありますが、これは草菜の名称というよりも商標名であり、長野県にある「野沢」という地名の全称になっています。ある本には、江戸幕府の第八代将軍であった徳川吉宗が、この野菜を食べて美味だったので、以後、コマツナと呼ぶようにいったことからという話が書いてありますが、将軍がそんな阿呆なことをいわないのであって、これは作り話と思われます。すでに平安時代の勅撰和歌集に次のような歌が詠まれています。

・君のみや　野辺に小松を引きにゆく
我もかたみに　つまんわかなを（後撰集　春上）

・人はみな　野べの小松をひきにゆく
けさのわかなは雪やつむらん（後拾遺集　春上）

これらの歌における「小松のわかな」が、後世の小松菜になったのであり、小松というのは地名のことではなくて単なる当て字だったのです。平安時代頃から云々された十二種若菜の中に「松」とでてくるのも、松の木のどこかを食べたからではなく、小松の小を省略したものと思われます。鎌倉時代の師光年中行事や年中行事秘抄という本には、十二種若菜の一つに「松」が挙げられていることについて、白河上皇が「松ヲ相具シテ進上スルハ僻事ナリ」、つまり、「間違っている」といったのは、木の松のどの部分かを相具したからと思われます。すでにこの頃から、十二種若菜における松の意味が誤解されていたのかも知れません。松とは菘のことなのです。江戸時代の大和本草の菘《ナ》の欄には、要約すると「京都ノ水菜、ハタケ菜、天王寺菜、テシエ菜、イナカノ京菜、白菜ナト云物ハ皆菘ナリ。菘ハイヅクニモ多キ菜ナリ。菘ニ品多シ。下総ノ葛西菘ハ江戸ニ多シ」と書いてあります。

　一音節読みで、罟はコと読み「よい、良好な」などの意味ですが敷衍して「美しい」の意味もあります。曼はマン、姿はツと読み、これまた共に「美しい」の意味があります。つまり、コマツナは、罟曼姿菜であり直訳すると「美しい菜」の意味ですが、美には美味の意味があることを考慮すると**「美味しい野菜」**の意味になり、これがこの草名のほんとうの語源と思われます。

83　コンニャク

　サトイモ科の多年草です。茎の丈は1m程度で直立し先端に複葉がつきます。その地上茎にはたくさんの斑点模様があります。根茎は直径10㎝強程度の大きさになりコンニャクイモやコンニャク玉と通称します。野生では水はけのよい山間の傾斜地に生えますが、現在では畑栽培もされており、その根茎から抽出してつくった食材は、コンニャクという名称で呼ばれ、現在では群馬県が主産地とされています。蒟蒻という漢字は、芝那の古い文献に菜の一種として登場し、それが日本に導入されたものです。現代漢語では、蒟蒻はチュ・ルオと読みますが、この読みは古代漢語における読みとさほど変わっていないと思われます。

　大言海によれば、平安時代の本草和名と和名抄に「蒟蒻、古爾也久」、康頼本草に「蒟蒻、コンニャク」と書いてあります。

　そうしますと、現在のコンニャクという言葉は、平安時代に日本語としてつくられた当時は「コニヤク」とも呼ばれていたのであり、それが、発音便もどきに変化して現代のような呼称になったもののようです。

コンニャクが、当時、どのように食べられ、味覚においてどの程度のものと見做されていたかは分かりませんが、ともかくも食べられていたことだけは確かのようです。日本食物史（櫻井秀・足立勇共著・雄山閣）でも平安時代の蔬菜の一種として挙げられています。

一音節読みで、蒟はコ、旄はニ、雅はヤ、穀はクと読み、蒟と穀には「よい、良好な」、旄と雅には「美しい」の意味があります。食べ物において「よい」や「美しい」ということは「美味しい」ということです。つまり、コニヤクとは、蒟旄雅穀であり、直訳すると**「美味しい（草）」**ですが、少し言葉を補足して意訳すると**「美味しい食材の採れる（草）」**の意味になり、これがこの草名の語源と思われます。

コンニャクは、平安時代当時以降、どのように味付けして食べられ、どの程度の味覚の草と見做されており、はたして「美味しい」のような意味として納得できそうなものだったのかという問題もない訳ではありませんが、現代に至るまで延々と食べられ続けているということは、やはり、美味しい食材ということではないかと思われます。また、一般的には、食べられる植物については、良い名称が付けられるということを考慮すれば納得もいくといえます。

84 ササゲ

マメ科の一年草です。種類は多く、蔓性《つる》と無蔓性とがあります。種によっていろいろですが、一般的には、花は蝶形で紫色や紅色の花が咲きます。実を内包した莢《さや》は、とても長く伸び、種によって長さは異なりますが、20～90㎝程度になって垂れ下がります。莢はインゲンマメのそれのように若い内は柔らかいものと、ダイズのそれのように最初から堅いものとがあり、前者の若い莢は中の豆と共に煮付けなどにして食べます。豆は、腎臓形で、白、黒、赤、紫、褐色など様々で斑点が入ったものもあります。アズキと同じように赤飯に使い、また他豆と同じように煮豆や甘納豆、或いは、すり潰して餡《あん》や汁物などの素材にします。現在、漢字では豇豆や大角豆と書かれます。

大言海によれば、日本書紀の継体紀の元年二月の条に「荳角皇女《ささげのひめみこ》ヲ生メリ、荳角、此ヲバ娑佐礙ト云フ」、和名抄に「大角豆、佐佐介」と書いてあります。日本食物史（雄山閣）によれば、正倉院文書には「佐佐気」と書かれていることから、ササゲという言葉は奈良・平安時代にはできており、この豆はこの頃から食べられてきたようです。広辞苑（第六版）のささげの欄には「アフリカ中部の原産。九世紀頃に渡来」と書かれていますが、日本書紀は西暦七二〇年に成立とされているので、年代がぜんぜん合わないことになり、この広辞苑の記述には疑問があります。

さて、語源の話に移りますと、一音節読みで、降はシャンと読み「降下する、下がる、垂れる」の意味、亘はゲンと読み「伸びる、長く伸びる、延伸する」などの意味があります。つまり、ササゲとは、降降亘の多少の訛り読みであり直訳すると**「垂れて長く伸びた（もの）」**になりますが、「垂れて長く伸びた（もの）」とは具体的には花後にできる莢のことなので、少し意訳すると莢を指すときは「垂れて長く伸びた（莢）」、草を指すときは**「垂れて長く伸びた莢のなる（草）」**の意味になり、これがこの草名の語源です。

莢の形が似ており美味しく食べる草に、マメ科のインゲンマメがありインゲンササゲともいうので、ここでのササゲも同じ意味です。なお、引の字はインと読み、上述した亘と同じ意味があり、インゲンとは同じ意味の漢字を重ねた引亘のことです。したがって、**インゲン豆**とは引亘豆のことであり直訳では「長く伸びた豆」ですが、少し意訳すると**「長く伸びた莢のなる豆」**の意味になっています。

大辞典などでは、江戸時代に黄檗宗《おうばくしゅう》という仏教宗派を日本に伝えた隠元《いんげん》という僧侶が持込んだからとの、日本語の語源説に横行している例によっての逸らし説明がされています。インゲンマメは古くから日本に存在するのであり、隠元は仏教宗派の一つを持込んだのであって豆などとは関係ないのです。

また、草木名初見リストによれば、江戸時代中期の書言字考節用集（一七一七）に、草ではなくて木である**キササゲ**（木ササゲ）という名称がでています。この木は、マメ科の草であるササゲと同じように、実を内包して「垂れて長く伸びた莢のなる木」ということでキササゲというのですが、万葉集にも詠まれているアヅサ弓の材料とされたアヅサ（梓）やヒサギ（楸）という木も、それぞれキササゲ類の一種です。このことについては、木のアヅサ欄やヒサギ欄をご参照ください。

85 サボテン

サボテン科の多肉植物です。メキシコが主産地で、野生ではアメリカ南部の砂漠地帯にも生育しています。有用植物（東北大学名誉教授・菅洋著・法政大学出版局）によれば、種類は多く、メキシコでは栽培もされており、観賞用の外に、果物が採れるもの、食菜とするもの、家畜の飼料とするものなど用途もいろいろですが、洗剤としては過去に使われたことはなく現在でも使われないようです。メキシコでは、洗剤としてはサボテンではなく竜舌蘭の一種が使われたと書いてあります、サボテンの茎は、棒状、掌状、丸状などがあり、肉質の茎に葉とされる鋭い棘《とげ》がたくさん叢生《そうせい》しているのが際立った特徴です。

漢語では覇王樹や仙人掌と書くのですが、これは漢語における当て字です。この両名称は日本語としても導入されています。先ず、**覇王樹**については、一音節読みで、覇はパと読み、同じ読みの怕に通じていて「恐ろしい」、王はワンと読み、同じ読みの枉に通じていて「曲がった、不正な、邪《よこし》まな、邪悪な」などの意味があります。つまり、漢語での覇王樹の意味するところは怕枉樹であり、直訳すると**「恐ろしい、邪悪な樹」**の意味になっています。

次に、**仙人掌**については、仙はシィエンと読み、同じ読みの険に通じていて、険は「危険」の意味です。人はレンと読み、同じ読みの「刃」に通じていて、刃には「刃《やいば》、刀、切るもの。刺すもの」などの意味があります。掌はチャンと読み、同じ読みの仗に通じており「矛、剣、戟などの武器の総称」の意味があります。したがって、漢語の仙人掌の意味するところは、険刃仗であり、直訳すると**「危険な、刺す、剣のある（植物）」**の意味ですが、剣とは刺のことと思われるので、剣を刺と意訳すると「危険な刺す刺《とげ》のある（植物）」

の意味になります。

さて、日本語の**サボテン**に目を向けますと、一音節読みで、残はツァンと読み「残忍、残虐、残酷」、暴はバオと読み「暴虐、凶暴」、闐はティエンと読み「満ちている、一杯である、たくさんある」の意味があります。つまり、サボテンとは、残暴闐の多少の訛り読みであり、直訳すると**「残忍と凶暴に、満ちている（植物）」**の意味になり、これがこの植物名の語源と思われます。残忍と凶暴というのは荒々しい刺のことを指すと思われるので、意訳すると**「荒々しい刺に満ちている（植物）」**の意味になります。覇王樹や仙人掌の意味も含めて、このような意味になるのは、サボテンにはたくさんの鋭い刺が生えていて、人が触ると傷付く惧れがあるからと思われます。

サボテンは、ヨーロッパ人が海洋を渡って東洋に来航するようになった十六世紀頃に、日本や芝那にも伝来したようであり、江戸時代に至って、大和本草（貝原益軒著・一七〇九）では覇王樹を「タウナス、イロヘロ」と読んであり、和漢三才図会（寺島良安著・一七一二）では覇王樹を「とうなす、いろへろ、さんぽて、ささらさつぽう」と読んであり、本草綱目啓蒙（小野蘭山口述・一八〇三）では覇王樹や仙人掌を「サンボテイ、サボテン、サンボテ、イロヘロ、サチヲサッポウ、トウナツ、トウナス、ニヨロリ」などと読んであります。これらの言葉の意味はなんのことか分かりませんが、日本語として、この植物をなんと呼ぶかについて、その理由付けも含めていろいろと呼称案が模索されていたことが窺われます。

トウナス・トウナツとイロヘロについては、貝原益軒著の花譜という本に「覇王樹《いろへろ》　草中の奇物也」と書いてあるので、おおよその意味は予想できます。トウナス・トウナツについては、一音節読みで、唐はタンと読み「荒唐無稽の、奇怪な、奇妙な」、武はウと読み「猛々しい、荒々しい」、難はナンと読み「難しい、難物の」、糸はスと読み「糸、糸状物」、刺はツと読み「刺《とげ》」のことです。つまり、トウナスは、唐武難糸の多少の訛り読みであり、直訳すると**「奇怪な、猛々しい、難しい、糸状物のある（植物）」**の意味、トウナツは、唐武難刺の多少の訛り読みであり、直訳すると**「奇怪な、猛々しい、難しい、刺のある（植物）」**の意味と思われます。糸状物とは刺のことです。したがって、トウナスとトウナツとはほぼ同じ意味になっています。

イロヘロについては、一音節読みで、異はイ、変はピエン、了はラ行音でラともロとも聴きなせるように読む字であり特には意味のない語気助詞です。したがって、イロヘロは、異了変了の多少の訛り読みであり、直訳すると**「異様な変わった（植物）」**の意味と思われます。

覇王樹について、大和本草には「油ノケカレヲヨクトル」、和漢三才図会には「研末にして汚れた帛《きぬ》をこれで揉めば油垢はよくとれる」と書いてあります。本草綱目啓蒙には、その「石鹼　シヤボン」の項において、「サボテント云草ハ、秘伝花鏡ノ仙人掌ナリ。コレモタタミニ油ノツキタル時、此物ヲ横ニ切テ磨スレバ、油ヲスイトルニ依テ、シヤボント云ヲ、転ジテ俗ニサボテント云」と書いてあります。しかしながら、覇王樹や仙人掌（草）という漢字名称は、日本語として独自に考案したのならともかく、芝那から導入しているのですから、単純に考えてもシヤボンなどの意味にはなり得ないのは明らかです。

これらの説明から察するところ、江戸時代における呼称案は、当時、ヨーロッパ語から伝来していたシャボンという類似した発音の言葉となんらかの形で結び付ける案がだされ、だんだんと有力になったと思われます。その後、江戸時代の学者たちによる凡そ一〇〇年程度の検討期間を経て徐々に煮詰められたようであり、「油垢はよくとれる」という理由付けをして、遂には石鹼の意味のヨーロッパ語であるシヤボンと結び付けて説明することに落着いたようです。最終的にサボテンの名称を決定した学者は、上述の本草綱目啓蒙の記述の中にサボテンの記述があることから判断すると、小野蘭山のように思われます。この頃の学者たちは、自分たちでつくった名称ですから、当然に、ほんとうの語源を知っていたと思われますが、一般庶民向けには、このシャボン説を作り上げて流布したのです。というのも、本草綱目啓蒙における「シヤボント云ヲ、転ジテ俗ニサボテント云」とは、翻訳すると、この植物は「ほんとうはシヤボンというのであるが、転じて俗にはサボテンという」と書いてあるからです。そうしますと、この草名の意味は、「シヤボン」、つまり、「石鹼」の意味になり、誰の目からみてもこの植物の特徴を捉えたものとはぜんぜん思われず、いかにも可笑しいことから、この説は語源を外らすための込み入ったこじ付け説明のように推測されます。なぜならば、サボテンは、いろいろとその特徴を調べたら油汚れが落ち易いことはあるかも知れませんが、日本には観賞植物として輸入されたに過ぎないのであって、石鹼をつくるための輸入であったり、石鹼代わりに使用されたとは考えにくいからです。サボテンというとメキシコですが、本欄の冒頭で上述したように有用植物という本には、当地でのいろいろな用途について紹介してありますが、さすがに石鹼に使われるとは書かれていません。

大言海に「**サボてん**（名）覇王樹・仙人掌草〔又、さんぼていト云へバ、石鹼体《サボンテイ》ノ転ニテモアルカ」と疑問表現で書いてあるのは、江戸時代の諸書の説明から判断して、この言葉の発音上の意味内容を推測したものと思われます。広辞苑（第六版）には、「**サボてん【**仙人掌**】**石鹼の意のポルトガル語sabaoと『手』との合成語の転」と確定的に書いてあり、広辞苑説ともいうべきものになっています。しかしながら、サボテンは、ポルトガル語においても、普通にはヨーロッパ語における共通語源のカクト（cacto）といいます。**sabao**について、現代ポルトガル語辞典（白水社）には、「sabao ①石けん②叱責、とがめ」と書いてあります。**cacto**はラテン語系、**sabao**はサバンと読みロマンス語系の言葉とされています。広辞苑では、仙人掌における「掌」が漢語式の当て字であり、「仗」の意味であることを理解できずに、「手」の意味と解釈してあるようですが、断定してあるのはどうかと思われます。

結局のところ、①ポルトガル語の**sabao**と日本語の手とを合成すると「サバン手《て》」の発音になるとしても果してサボテンにまで転じ得るのかどうか、②「サバン手」を「サボテン」と読むのは転読ではなくて誤読ではないか、③漢語の仙人掌における掌は当て字に過ぎないと思われるのに、そのことが分からずに、「手」の意味に解釈するのは可笑しいのではないか、④なぜ、「石鹼」と「手」とを合成すると植物名になるのか、⑤日本語の一般通則として、サボテンのような言葉がポルトガル語と日本語とを合成してまでもつくるべき言葉なのか、⑥覇王樹や仙人掌との意味上の整合性はどうなるのか等々の多くの疑問があり、ポルトガル語の **sabao** 由来説は、江戸時代から唱えられている説の敷衍ではありますが、特に広辞苑の「シャボンと手との合成語」説は、荒唐無稽に過ぎる語源説であり極め付けの俗説のように思われます。

86　サルオガセ

サルオガセ科の地衣類の植物で、大気の清浄な地域の樹皮上に着生します。枝分かれして白緑色の総糸状になり、日本には約40種があるとされ、種によって異なりますが長さ1～3ｍ程度で垂れ下がります。大言海によれば、平安時代の和名抄の苔類に「松蘿、一名、女蘿、和名、萬豆乃古介、一云、佐流乎加世」と書いてあります。**マツノコケ**については、一音節読みで、曼はマンと読み、動詞では「長くなる、長く伸びる」、形容詞では「長い」の意味があります。滋はツと読み「繁茂する」の意味があります。したがって、萬豆乃古介とは、ほぼ同じ読みの曼滋之苔のことであり**「長く伸びて繁茂する苔《こけ》」**の意味になっています。

大言海では、佐流乎加世は「さるをかせ」と清音で読んであるので、先ずは、清音での語源を探すことになりますが、この植物名の語源についてはなかなか難しいようで、今までに納得のいく説明がなされたことはありません。しかしながら、大言海にマツノコケやサガリゴケと書いてあることが一つの示唆になると思われます。

一音節読みで、降はシァンと読み「降下する、下がる、垂れる」、落はルオと読み「落下する、おちる、下がる」の意味があります。つまり、サルとは、降落の多少の訛り読みであり「垂れ下がる」の意味になります。また、娥はオと読み「美しい」の意味です。崗はガンと読み「とてもよい、素晴らしい、美しい」の意味があります。蘚はシィエンと読み蘚苔、つまり、コケの意味です。したがって、**サルオガセ**とは降落娥崗蘚の多少の訛り読みであり、直訳すると**「垂れ下がる美しい蘚苔《こけ》」**の意味になり、これがこの草名の語源と思われます。サルオガセは地衣類であり蘚苔類ではありませんが、語源上はこのようになっています。マツノコケのようにマツノという修飾語を付けてコケに地衣類を含めてあるようです。現代の大辞典などでは、猿麻桛と書いてありますがこれは単なる当て字です。

87　シオデ

ユリ科の蔓性の多年草です。山野に自生しており、その茎状の若芽は、その形状や美味しさなどが似ていることから、現在では「野生のアスパラガス」と称されて賞味されています。

平安時代の本草和名に「楊蕨菜、之保天。飛廉、シホテ」と書いてあるのは、この草のこととされています。

一音節読みで、食はシと読み「食べる」の意味があります。娍はオ、腆はティエンと読み、共に「美しい」の意味があります。つまり、シオデとは、食娍腆の多少の訛り読みであり、美には美味の意味があることを考慮して直訳すると**「食べて美味しい（草）」**の意味になり、これがこの草名の語源と思われます。

シオデの名称について、「植物名の由来」（中村浩著・東書選書）には、次のように書いてあります。「さて、シオデの名の由来であるが、『牧野新日本植物図鑑』には、〝シオデは北海道のアイヌの方言シュウオンテによるものである〟と記されている。そこで、わたしはアイヌ語辞典をしらべてみたが、ついにこのような言葉は見出すことができなかった。もし、このようなアイヌ語があるとしても、こうした方言が一般化するにはかなり無理があるように思える。わたしは、シオデという名は純然たる日本語であると考えた。大言海には、〝シホデ、細蔓の物に絡むこと鞖（シホデ）の如くとて名とす〟とでている。（中略）。しかし、わたくしは、シオデを馬具の鞖《しほで》とする解釈は、納得できない。（中略）。シオデの漢名としては〝牛尾菜〟という字が慣例として用いられている。シオデは、その若草の形が牛の尻尾に似ているからであろう。わたしは、日本人も山菜として摘むシオデの若草の姿を見て、牛の尻尾を連想したものと思う。そしてこれを〝牛の尻尾のようなもの〟と思い、〝牛尾デ〟とよんだのだと思う。このウシオデのウが消滅してシオデになったものと考える」。

この説は、傾聴すべき卓見と思われます。ただ、本書としては、アイヌ語説は論外としても、馬具には似ていないこと、ウシオデのウが消滅する理由が分からないことなどに違和感があることから、どの説も納得しかねるところがあります。

秋田県に秀子節《ひでこぶし》という民謡があり、シオデのことを歌ったものとされています。秀は「秀《すぐ》れている」、子《こ》は「可《こ》」のことなので、ヒデコとは秀可であり「秀れて可《よ》い」の意味です。食べる物について「秀れて可い」ということは「とても美味しい」ということです。したがって、秀子節とは秀可節であり**「とても美味しい草の歌」**の意味になっているのです。つまり、ヒデコ(秀子=秀可）というのは、シオデ（食娥腆=食べて美味しい草）の意味上の別称なのです。

88　ジゴクノカマノフタ・キランソウ

シソ科の多年草で、普通には**キランソウ**と呼ばれています。河川の土手や道端などに生え、茎はよく分岐して上方には立上がらずに地を這い、葉は長楕円形で根元のものは放射状に広がります。茎や葉には細毛が生えています。春、葉腋に数個づつ濃い藍紫色の唇形の小花が咲きます。

キランソウの名称は、草木名初見リスト（磯野直秀作）によれば、室町時代後期の文明本節用集にでています。

一音節読みで、瑰はキと読み「美しい」の意味、藍はランと読み「青い」の意味があります。つまり、**キランソウ**とは、瑰藍草であり直訳すると、花を指すときは「美しい青い（花）」、草を指すときは**「美しい青い花の咲く草」**の意味になり、これがこの草名の語源です。やや紫がかっているといえないこともありませんが、藍と紫とは色彩が似ていることから、語源上はこのような意味になっています。

キランソウは、ご存知のように、別称で**「ジゴクノカマノフタ」**というとされ、漢字では「地獄の釜の蓋」と書かれることから、なぜ、このような冗談とも酔狂ともいえそうな奇異な別称なのかについて衆目を集めています。このような名称は、江戸時代のいかなる博物誌にも記載がありません。しかしながら、この別称が現代の大辞典や著名な植物本などにも正式に採用されているということは、この名称は有力な植物学者が付けた別称だということです。なぜならば、一般庶民が付けた奇妙な名称が、正式に採用されて書物に記載されることなどは殆んどあり得ないからです。原色牧野植物大図鑑には「別名ジゴクノカマノフタは春の彼岸の頃に花が咲くからいう。種小名は横臥《おうが》したという意味」と書いてあります。このように、命名の理由が断言されていることから推測すると、ひょっとすると、この名称は牧野富太郎博士が付けたものかも知れません。しかしながら、この理由には若干の難があるのです。なぜならば、その花が春の彼岸の頃に咲くことを「地獄の釜の蓋が開く」と説明してあるのですが、地獄の蓋が開くのは一月十六日と七月十六日の年二回だけとされており、春彼岸（三月二十一日頃を中日とした七日間）の頃、つまり、春分の頃には開かないからです。野草散歩（邊見金三郎著・朝日新聞社）という本には、「**ジゴクノカマノフタ**という恐ろしそうな名はキランソウについている。花はジュウニヒトエによく似ていて濃い藍紫色。全体の大きさはスミレほどに過ぎない無邪気な草なのに、なんでこんなムゴイ名がつけられたのか」と書いてあります。

この草名について、語源が明らかにされず、われわれ庶民にとって意味不明のことがいつまでも続くのは好ましいこととは思われないので、僭越ながら、学者によって民間語源説とも俗解語源説とも揶揄される本書の語源説を以下に披露しておきます。この草名を漢字で「地獄の釜の蓋」と書いたときのその漢字は、その発音を利用するためだけの単なる当て字であって、漢字そのものの字義とはなんの関係もないと見做すべきものであり、そもそも「地獄の釜の蓋」という文句自体が、なんのことなのかよく分からないといえるからです。

一音節読みで、齏はジと読み「小さい」、躬はゴンと読み「体、身体」の意味です。骨はクと読み、本来は「骨、骨格」の意味ですが、漢和辞典をみて頂くとお分かりのように、敷衍して「体、身体」の意味もあります。つまり、ジゴク（地獄）とは、齏躬骨の多少の訛り読みであり、直訳すると「小さい身体と骨格」なのですが、簡潔にいうと「小さい身体」の意味になります。

可はカと読み「よい、良好な」の意味ですが敷衍して「美しい」の意味もあります。曼はマンと読み、「美しい」の意味です。つまり、カマ（釜）とは、可曼の多少の訛り読みであり「美しい」の意味です。敷と布とは、共にフと読み、動詞で使うときは同じ意味で「広がる」の意味があります。坦はタンと読み「平坦な、平たい」の意味です。つまり、フタ（蓋）とは敷坦であり、「広がるのが平坦である」や「平たく広がる」の意味になり、この草の茎や葉が地に伏して放射状に這っている状態を指していると思われます。

以上から、ジゴクノカマノフタとは、**「齏躬骨ノ可曼ノ敷坦」**の多少の訛り読みであり、直訳すると「小さい身体の、美しい、平たく広がる（草）」ですが、美しいとは花のことと思われるので、少し意訳すると**「小さい身体の、美しい花の咲く、平たく広がる（草）」**の意味になり、これが、ジゴクノカマノフタという草名の語源と思われます。結局のところ、この恐ろしげな草名の中味は、その特徴を当て字で長々と説明したに過ぎないものです。上述の原色牧野植物大図鑑に「種小名は横臥したという意味」と書かれているのは、この草名の一部であるフタについて、その語源を吐露したものといえます。つまり、種小名とは、ジゴクノカマノフタにおける「フタ」のことであり、「横臥したの意味」とあるのは、表現は違っても、本書における「敷坦《フタン》＝平たく広がる」の意味と書いてあるのです。

89　シソ

シソ科の一年草です。日本では主としてアカシソ（赤紫蘇）が知られていますが、アオシソ（青紫蘇）、チリメンシソ（縮緬紫蘇）などもあり、いずれも独特の香りがあります。アカシソは梅干を始めとして漬物の着色に使い、アオシソの葉は一枚のまま、或いは、刻んで、魚の刺身その他料理の調味菜として使われます。漢字で紫蘇と書かれるのは、アカシソの葉が赤味を帯びた紫色をしているからですが、なかば当て字に近いことに変わりはないと思われます。この草名においては、蘇の字が重要な役目を果しているようです。蘇は、動詞で使うときは「蘇《よみがえ》る、甦る、生き返る、再生する」の意味があります。

大言海によれば、本草書では「紫蘇、一名、赤蘇」と書いてあり、解釈すると「紫蘇は赤蘇ともいう」と書いてあります。これは紫色が蘇って赤色になるということ、つまり、シソの葉は紫色をしているのに、例えば、梅干に漬けると赤い色素がでて、梅干が赤く染まるので、そのことを指しているようです。

一音節読みで、絶はシと読み「赤い、赤色の」の意味です。蘇はソと読みます。つまり、シソとは、絶蘇であり直訳すると**「赤色が蘇る（草）」**の意味になり、これがこの草名の語源と思われます。

シソの葉自体は、梅干に漬けても必ずしも赤色にはなりませんが、そこに含まれていた色素が浸み出て、草葉での紫色から梅干での赤色に蘇ったという解釈ではないかと推測されます。なお、大辞典には、チソともいうと書かれていますが、一音節読みで赤はチと読むので赤蘇はチソと読むことになり、絶蘇と同じ意味になるので、どちらで呼んでも構わないということです。シソの名称は、草木名初見リストによれば、室町時代中期の尺素往来という本にでています。

90　シダ・ウラジロ

シダ類の植物は極めて多いのですが、特には、その種類の一種であるウラジロを指す場合が多いようです。ウラジロは全称ではウラジロシダといいます。ウラジロの名称は、その葉の裏側が白いことから付けられたとされています。シダ類の見た目での特徴は、一般的には、たくさんの枝が垂れ下がっており、更に各枝から多くの柄と葉が左右にでていることです。

枝の字は、漢語の一音節読みでチと読みますが、日本語ではシと読みます。大はダと読み、漢和辞典を引いて頂くとお分かりのように「多い」の意味があります。本来、多は「トウ」と読むのですが、「タ」と読むのは「大」の読みを転用したものです。また、耷はダと読み「垂れ下がる」の意味です。つまり、シダのダは、大と耷との掛詞になっていると思われます。そうしますと、シダとは枝大と枝耷の多少の訛り読みであり、直訳すると「枝の多い、枝の垂れた（草）」の意味になりますが、重複語を省略して表現を変えて簡潔にいうと**「垂れ枝の多い（草）」**になり、これがこの草名の語源と思われます。ここでの枝には、葉柄のことも含まれているようです。

この草の名称において最も肝心なのは「多い」という意味であり、そのことが「めでたい」こととされています。また、シダの一種であるウラジロは「裏が白い」、つまり「底意がない」、「企みがない」などが「清廉潔白である」ことに繋がり、そのことがまた「良い」ことであるとして、正月の鏡餅の飾りや門飾りなどにも使われます。万葉集の歌に一首だけ、シダクサ（子太草）の名称で詠まれているシダは、シダ類の一種であるノキシノブのことではないかとされています。

・わが屋戸の　軒の子太草　生《は》へたれど
　恋忘草《こひわすれぐさ》　まだ生《は》ゆ見えず（万葉２４７５）

なお、日本古典文学大系「萬葉集三」（岩波書店）においては、本書の「生《は》へたれど」は「生《お》ひたれど」と読んであり、原歌の「見未生」の読みとしての本書の「まだ生《は》ゆ見えず」は「見れど生《お》ひなく」と読んであります。しかしながら、本書では、生の字は万葉時代から「生《は》ゆ」とも読まれたことや、歌意が明確に分かるように、敢えてそのように読んでいるということです。

91　シノブ

シノブ科の多年生のシダ植物で、岩や木に着生しています。全称ではシノブグサといいます。根茎は密に鱗片で覆われ、夏に、それを丸めて玉状にしたものを「シノブ玉」と称して軒下などに吊して鑑賞します。

この草は、土壌からの水分補給がなくても、どうにか生きていけるとされる植物で、たぶん、保水性が高いか、或いは、空気中に存在する水分を吸収する力があるものと思われます。

大言海によれば、平安時代の本草和名と和名抄に「垣布、之乃布久佐」と書いてあります。また、能因本の枕草子六七段の「草は」に「しのぶ草、いとあはれなり。屋の端、さしいでたる物の端などに、あながちに生ひいでたるさま、いとをかし」と書かれています。ここでの「あながちに」は「強引に、むりやりに」などの意味です。

一音節読みで、湿はシと読み「湿気」、能はノンと読み「可能である、できる」、補はブと読み「補充する、補給する」の意味があります。つまり、シノブグサとは、湿能補草であり、直訳すると「湿気を補給できる草」ですが、その真意は**「水分を自給できる草」**の意味になり、これがこの草名の語源と思われます。

万葉集948の長歌には「しのふ草（之努布草）はらへてましを　往く水に・・・」と詠われており、その意味について、日本古典文学大系「萬葉集二」（岩波書店）の頭注では「しのぶ草―不詳」と書いてあります。ということは、平安時代につくられたシノブ草という草名における「シノブ」のほんとうの意味が、現代の平成時代の本書において初めて明らかにされたらしいということです。

92　シバ

イネ科の多年草です。漢字では芝と書かれます。茎は堅く、地上を横に這い、節毎にひげ根を下ろして地面に密着します。初夏に、長さ10～20㎝程度の茎を直立し、茎頂に3～5㎝程度の花穂をつけます。そもそもは原野に生えている草ですが、庭園、公園、競技場などに広い範囲で植えられ、その植えられた場所を芝生《しばふ》といいます。その用途に従って美観を保つなどの理由から、しょっちゅう剪定されるので、草丈は高くはなりません。コウライシバ、イトシバ、ギョウギシバなどの種類があります。なお、シバには、童話で「お爺さんは山にしば刈りに、お婆さんは川に洗濯に」というときのシバがあり、これは灌木雑木のことを指すとされ、漢字では「柴」と書かれます。「萬葉の花」（松田修著・芸艸堂）によれば、万葉集には芝、柴、志婆、之婆などと書かれて、「シバ」の名称のでている歌は九首が詠まれているとされます。

一音節読みで、芝はチと読み「美しい」の意味、棒はバンと読み、形容詞で使うときは「堅い、強い、堅強な」の意味があります。つまり、シバとは、芝棒の多少の訛り読みであり、直訳すると**「美しい堅強な（草）」**の意味になっており、これがこの草名の語源と思われます。

シナという呼称についての余談をしますと、日本では隣国の中国のことを、少し前まではシナと呼び、漢字では「支那」と書いていたのです。平安時代頃から大東亜戦争（太平洋戦争とも）で敗北後の昭和二十一年頃まで、日本では、世界各国での呼称に準じて、中国のことをシナといい、漢字では支那と書いてきました。しかしながら、シナという呼称と支那という文字は、大東亜戦争における戦勝国の一つになった蔣介石の中華民國が非常に嫌がり、使用しないで欲しいとの申入れがあったとして、それ以降は支那の文字の使用は止めて、今では略称で「中国」と書き「ちゅうごく」と呼ぶようになっています。この申入れで注目すべきことは、シナという呼称ではなくて、支那という文字の使用を嫌っての申入れだったかも知れないということです。なぜ嫌ったかというと、その字義に問題があったと憶測されます。支の字は支葉、支脈、支流、支所等の熟語にも使われているもので、ご承知のとおり、その字義は必ずしも良好といえるものではありません。漢字はそもそもはシナ人がつくったものなので、当然のことながら、シナ人はその字義をとても大切にするのです。

太古において、シナは日本のことを「倭」と呼んでいましたが、倭の字義は「小人《こびと》」の意味なので、日本側が嫌がり、すでに平安時代には「日本」に変更し、当時からシナ側もこの国号を受入れていました。日本側が、いつ頃から、中国のことをシナと呼び、「支那」の漢字を当てるようになったかというと、すでに平安時代初期の弘法大師空海の詩文集である性霊集に「支那」が使われています。なぜ、空海が支那の字を使ったのかは分かりませんが、以降の鎌倉時代、室町時代を通じて江戸時代に至るまで、幾多の文書で使われています。

大言海によれば、室町時代の下学集《かがくしゅう》（一四四四頃）に「支那、唐土也」、同時代の運歩色葉集（一五四八頃）に「支那」、江戸時代の合類節用集に「支那」、同時代の和訓栞に「志な『支那ハ、天竺ニヨリ、漢土ヲ指ノ語ナリ』」と書いてあります。日本人が最初にシナに支那の漢字を当てたのであれば、もしものこととして、過去に倭の字を使われたことに対する返礼の意味合いもあったかも知れませんが、それは太古のことであり、現代に至ってからは、やはり、シナに対する配慮が少々足りなかった感がしないでもありません。しかしながら、現代の日本人の著書には、「支那」の文字は孫文も魯迅も使っていたし、清朝時代の進歩的シナ人も自国の呼称として使っていたと書いたものがあります。孫文や魯迅は日本に一時亡命したり留学して日本人に世話になっていたし、その他の進歩的シナ人たちも、ヨーロッパ式近代化に先んじて成功していた日本人が普通に使っていたから自分たちも使ったに過ぎず、単純に当て字としての使用だったと思われます。

ヨーロッパ語に多いチャイナ（china）の呼称、或いはシナやシーナなどという呼称は、中国大陸での最初の統一王朝であった「秦」の読みに由来するとされることからも、よい意味の言葉の筈なのです。一音節読みで、芝はチ、娜はナと読み、共に「美しい」、敷衍して「素晴らしい」の意味もあるので、シナとは**「芝娜」**であり、直訳すると**「美しい（国）」**、或いは**「素晴らしい（国）」**の意味になっています。したがって、中華民国からの申入れがあったときに、敗戦で国内が混乱していたとしても、あわてず冷静に、漢字では支那の代わりに芝娜または**「芝那」**にすることを回答、或いは提案すればどうだったかと思われます。このことにつき、政府から言語・国語学界に諮問があったのかどうかは分かりませんが、日本の言語・国語学界にシナに配慮する姿勢と知恵、或いは意見があればよかったのかも知れません。以上のようなことから、今後においても、日本人は臆することなく、中国のことを、国際標準に準じた呼称であるシナと呼んでもよいと思われますが、もし漢字で書く場合は「芝那」と書いた方がよい、というよりもそのように書くべきだと思われます。したがって、本書では、現在の中国を指してシナというときは、漢字では芝那と書くことにしています。漢字の芝那は、文書上において実際に国名として使われたことがあるとされる至那や脂那などではなくても、極めて適当なものと思われます。上述したように、和訓栞には「志な」と書かれていますが、漢字だけで書くと「志那」であったかも知れません。なお、支、至、脂、志は、いずれも同じ読みの芝（＝美しい）に通じている字です。

93　シメジ（シメヂ）

担子菌類ハラタケ目キシメジ科のキノコの総称とされています。この科に属するホンシメジは、生きた木だけに生え、シメジの中でも特段に美味しく、なかなか口にできない稀少種とされています。その傘は灰褐色で、茎は白色で膨らんでいます。その味の良さを褒めて**「匂いマツタケ、味シメジ」**というときのシメジはホンシメジのことです。最近では、ホンシメジも人工栽培に成功しているようです。なお、青物店などに普通にでていて、さほど高価でなく、さほど美味でもないシメジはホンシメジではありません。

大言海によれば、平安時代後期の類聚雑要抄に「熱汁、志女治」、室町時代の林逸節用集と江戸時代初期の類聚往来とに「卜治、シメヂ」、常盤媼物語に「志め志だけ」と書いてあります。ということは、平安時代から、すでに存在していた名称だということです。

現代の大辞典をみると、漢字で「湿地」や「占地」と書かれていますが、なんのことか一向に分からないので、このような場合は単にその音読を利用するためだけの単なる当て字と見做すべきものです。それにしても、現代に至って漢字で二種類に書かれるのは、適当ではないと思われます。例えば、広辞苑（第六版）をみると「**しめじ**【湿地・占地】多数塊状をなし、茎部で癒着して一株となって生ずることが多いのでこの名がある」と、これまた意味不明の説明がされています。

さて、語源の話に移りますと、上述した「匂いマツタケ、味シメジ」というのは、そのシメジの味がよいことはそのとおりであるとして、その名称の中にも味がよいとの意味が含まれていることからつくられた文句ではないかと推測されます。一音節読みで、皙はシと読み「白い、白色の」の意味、美はメイ、芝はヂと読み、共に「美しい」の意味があります。つまり、シメヂとは皙美芝の多少の訛り読みであり、美には美味の意味があることを考慮すると**「白色の美味しい(茸)」**の意味になり、これがこの植物名の語源と思われます。

94　シモツケ

草とされるものと木とされるものとがあり、共にバラ科の草木とされています。現在では、前者はシモツケソウ、後者はシモツケ、或いは、キシモツケ（木シモツケ）というとされています。共に、繁茂して美しい花が咲きます。

平安時代の枕草子六四段の「草の花は」に、をかしき花、つまり、美しい花として「しもつけの花」が挙げられています。平安時代には、現在のように草と木のシモツケは、区別されていたかどうかは分かりません。江戸時代の和漢三才図会には、「繡線菊《しもつけ》　俗に之毛豆介という△思うに、繡線菊は高さ一、二尺。葉は葡萄の葉に似ているが小さく、五月に砕けたような細かい花を開く。状は胡蘿蔔《にんじん》に似ていて、淡赤色で愛らしい。また、白花のものもある。一種、樹に繡線菊というのがある。樹の葉は粉団花《てまり》に似ていて、枝の頂上に花を開く。状は繡線菊に似ているので、俗に木繡線菊という（まだ本名はなんというのかわからない）」と書いてあります。

現在では、下野国で最初に見つかったから、或いは、そこにたくさん生えていたからシモツケというとされていますが、語源がなかなか分からないので、憶測で流布されている俗説と思われます。なぜならば、平安時代人はそのようなことから草名を付けたとは思われないからであり、キシモツケについてではありますが和漢三才図会には「本名はなんというのかわからない」と書かれているからです。

それでは、その語源はどうなのかと問われると、これがなかなか難しいのです。ただ、漢字で繡線菊と書かれることから暗示を得られるかも知れません。繍とは刺繍、線とは糸のことです。刺繍のことなので線が使われていますが、同じ読みの鮮のことであり「鮮やか」の意味です。菊は美しい花の咲く草のことですから、繍線菊は直訳すると「まるで刺繍のような鮮やかな美しい花の咲く草」の意味の漢字言葉と思われます。

この草には、そもそもは赤い花が咲きます。一音節読みで、絶はシと読み「赤い」の意味、茂はマオ、姿はツと読み、共に「美しい」の意味があります。華の字は、蓮華や曼珠沙華における華のようにゲと読み花のことです。つまり、シモツケとは、絶茂姿華の多少の清音訛り読みであり、直訳すると花を指すときは「赤色の美しい花」、草を指すときは**「赤色の美しい花の咲く（草）」**の意味になり、これがこの草名の語源と思われます。

白い花もあるということであれば、晳はシと読み「白い」の意味なので絶との掛詞と考えると、意味上は絶晳茂姿華になり「赤色と白色の美しい花の咲く（草）」になります。

95　シャガ

アヤメ科の常緑多年草で、山野の大木の下などの日陰に群生します。木の葉は剣形で、春に、美しい白色の花が咲きます。アヤメ科の草ですから、花弁の根元には数条の黄色筋目、その周りに紫色の斑点があり、美しい一日花で、次々に新しい花が咲いていきます。漢字では漢語由来の名称で胡蝶花と書きます。したがって、胡蝶花は、音読ではコチョウカと読んでも構いませんが、和名の訓読ではシャガと読むべきものなので、振仮名するとすれば胡蝶花《しゃが》と書くことになります。当て字では、普通、著莪と書かれています。

さて、シャガの語源の話に移りますと、一音節読みで「殺」の字はシャと読み、他動詞では「殺す」の意味ですが、自動詞では「死ぬ」の意味があり、植物に関するときは「枯れる」、花に関するときは「萎《しぼ》む」、凋《しぼ》む」の意味になります。剛はガンと読み副詞では「直ぐに、直ちに」の意味があります。つまり、シャガとは、**殺剛**の多少の訛り読みであり直訳すると「萎むのが直ぐである（草）」になりますが、萎むのは花なので、それを主語にしていうと**「花が直ぐに凋む（草）」**の意味になり、これがこの草名の語源です。つまり、シャガは一日花だということです。

また、賞はシャンと読み「賞玩する、鑑賞する」の意味、崗はガンと読み「とてもよい、素晴らしい、美しい」などの意味があります。つまり、シャガとは、**賞崗**の多少の訛り読みであり直訳すると「賞玩すべき美しい」ですが、花を指すときは「賞玩すべき美しい（花）」、草を指すときは**「賞玩すべき美しい花の咲く（草）」**の意味になり、これもこの草名の語源で掛詞になっています。掛詞の殺剛と賞崗をまとめると**「直ぐに萎む、賞玩すべき美しい花の咲く（草）」**になります。

シャガという草名は、草木名初見リスト（磯野直秀作）によれば山科家礼記の一四九一年の条にでていることから、室町時代につくられたと思われます。

語源については以上のとおりですが、現在では、本欄の主題であるシャガは漢字で「射干」とも書かれて、その草名はその読みからきたものなどという、とんでもない誤謬説が流布され続けています。上述した語源にあるように、シャガの草名は掛詞としての**「殺剛」**と**「賞崗」**の読みからでたもので、射干とは全然関係ないのです。したがって、本欄のシャガを「射干」と書くことが大きな誤りであることについて以下に余談をします。

射干は、漢語ではシェカン、日本語音読ではシャカンと読むと思われますが、どのような草と見做されていたかについて調べてみると、先ず、平安時代の本草和名に「射干、一名烏扇、和名加良須阿布岐」、和名抄に「本草云、射干、一名、烏扇、加良須安布木」と書いてあります。つまり、射干は烏扇とも書き、和名ではカラスアフギ（加良須阿布岐・加良須安布木）と読む、或いは、呼ぶとされています。江戸時代の本草綱目啓蒙によれば、シナ明代の本草綱目では、射干は烏扇ともいうとされています。ということは、射干と烏扇という漢字名称は共に漢語からきたもので、カラスオウギは烏扇の日本語読みになっています。つまり、射干は日本語ではカラスオウギとだけ読むべきなのです。ところが、江戸時代になってから可笑しなことになってくるのです。大和本草（貝原益軒著）には、本欄のシャガについて「**胡蝶花**《シャガ》　射干　鳶尾《イチハツ》ノ類ナリ、陰地ニモ能ク繁生ス、二三月花ヲ開キ繁《シゲリ》ヤスシ」と誤ったことが書かれています。どこが誤っているかというと、胡蝶花《シャガ》の漢字名称として射干が挙げられていることです。シャガは射干の読みからでたものではなく、シャガと射干とは全然関係ないのです。カラスオウギについては「**射干**　和名カラスアフギ、漢名モマタ烏扇ト云。本草ニ曰フ、射干ノ葉ハ鳥翅ノ如シ、秋ニ紅花ヲ生ズ」と正しいことが書かれています。ただ、大和本草では、シャガ（胡蝶花）とカラスオウギ（射干＝烏扇）という異なる二つの草について「射干」という同じ漢字名称を使っているという大きな誤りがあります。同時代の和漢三才図会では、射干にシャガと振仮名してあり、更には「この二物（射干と烏扇）は、茎、葉、花の形状はそれぞれ別である」、つまり、射干と烏扇とは別草であると書いてあり、これまた誤解したことが書いてあります。射干と烏扇とは同じ草です。和漢三才図会の射干と烏扇についてのその他の記述は、胡蝶花のこととごちゃ混ぜの支離滅裂ともいえそうなものになっています。

江戸時代後期の本草綱目啓蒙には、「射干　ヒアフギ　カラスアフギ」の欄で「又、別ニ射干アリ、相似テ花白トイフ。コレハ胡蝶草ニシテ、シヤガノコトナリ」とあります。つまり、射干はカラスアフギの外に別草のシヤガという草をも指すということを正当化するための辻褄合わせのようなことが書いてあります。

なぜ、このような誤解説が唱えられたかというと、大和本草、和漢三才図会や本草綱目啓蒙の著者たちは、シャガという名称のほんとうの語源が分からなかったので、シャガの語源を異なる草であるカラスオウギの漢字名称の射干の音読に由来するものと定義付けようとしたからであることは明白です。結局のところ、これら江戸時代の博物誌の誤った記述に起因して、現代にまで及ぶとんでもない誤解が始まっているのです。しかしながら、これらの誤解を正し得ない現代の学者にも問題があるといわざるを得ません。

現代の大辞典である大言海には「**志ゃが**（名）胡蝶花〔射干《シャカン》（ひあふぎ）ニ似タレバ、其字ヲ音読シテ、名トシタルナリト云フ」」と伝聞推定で書いてありますが、この記述は、上述した江戸時代の書物での誤解に加えて、現在におけるシャガ（胡蝶花）とカラスオウギ（射干）についての誤解を確定的なものにしてしまったのです。シャガ（胡蝶花）とカラスオウギ（射干＝ヒオウギ）の両草は、現在では同じアヤメ科の草とされていますが、白い花と赤い花が咲き、葉の全体的な姿形は異なっていて、「月とすっぽん」ほどとまではいえませんがかなり異なっています。また、たとえ似ているとしても、他草の漢字名称を採用してその音読を自草の名称とすることは、極言すれば、狂気の沙汰といわざるを得ません。

広辞苑（第六版）には「**しゃが**【射干・著莪】アヤメ科の常緑多年草。花は白色で紫斑があり、中心は黄色。漢名、胡蝶花」と、これまた無茶苦茶なことが書いてあります。なにがそうかというと、①射干は正しくはシャガとは読めないこと、②射干の漢名が胡蝶花ということは、射干は日本名称であって日本でつくられた漢字名称の如くに書いてあること、③カラスオウギの漢名は射干でありシャガの漢名は胡蝶花なのに、「射干の漢名は胡蝶花」と書いてあって、射干と胡蝶花は同じ草である、つまりカラスオウギとシャガとが同じ草の如くに書いてあることなどです。カラスオウギ（射干）と本欄の主題のシャガ（胡蝶花）とが、同じ草とすることは大きな誤りであり、したがって、本欄でのシャガを射干と書くことはとんでもない誤りになります。

シャガは射干の読みからきたものとの誤解は、上述したように、そもそもは江戸時代の学者たちがシャガの語源を理解できていなかったらしいことから生じたものですが、現代学者も含めた多くの人に誤解が生じています。例えば、語源辞典（植物編）（吉田金彦編著）には、次のように書いてあります。「**しゃが**　射干・者我。漢名は胡蝶花。語源はヒオウギの漢名『射干』から、というのが通説である」。通説ということは、驚いたことに多くの植物学者にも認められていることになりますが、牧野新日本植物図鑑（北隆館）をみるとこれまた驚いたことに、本欄のシャガについて「日本名ヒオウギの漢名、射干からとったもの。〔漢名〕一般に胡蝶花を使うが誤り」とあります。しかしながら、この植物図鑑の記述は、シャガの名称をヒオウギの漢名である射干からとったものだとか、シャガに胡蝶花を使うのが誤りなどという、これまた滅茶苦茶な説明になっています。

滅茶苦茶である主な理由は、一つは、シャガは和名としてつくられた訓読名称であること、二つは、シャガはカラスオウギの漢字名である射干の音読からとったものではないこと、三つは、カラスオウギの漢字名である射干の音読が、異なる草である本欄でのシャガの名称語源になるなどとは正常な常識では考えられないこと、四つは、シャガに胡蝶花を使うのが誤りとされるにもかかわらず、正しいとする漢名が示されていないこと、五つは、シャガという草名は、本書の語源説で述べた殺剛と賞崗からきたものと思われることなどです。

射干は、振仮名するとすれば射干《からすおうぎ》や射干《ひおうぎ》と書くべきものです。また、音読するとすれば、シェカンやシャカンと読むべきものです。射干は本欄の主題である胡蝶花《しゃが》とは全然関係のない異なった草なのであり、たとえ音読で射干はシェカンやシャカンと読み得るとしても、シェカンやシャカンとシャガとでは音声も異なっており、本欄でのシャガを当て字で「射干」と書くべきではありません。なぜ、こういうことになるかというと、そもそもは江戸時代の学者がシャガの語源を分かっていなかったらしいことから生じた誤解に起因するとしても、現在に至っては、このような誤りは放置せずに学者が正しておくべきことなのですが、大辞典や植物図鑑などでの記述から察するところ、残念ながら現在の学者もまたぜんぜん分かっていないように思われます。結局のところ、本欄のシャガを射干と書くのは適当でないというよりも完全な誤りであり、本欄のシャガの漢字名に射干は絶対に使用すべきではありません。つまり**「シャガと射干とはなんの関係もない」**ということです。

なお、射干は古くは烏扇《からすおうぎ》と読まれてきたのに、江戸時代からは檜扇《ひおうぎ》とも読まれるようになっています。したがって、混乱を避けるためには、射干は和名の音読では字音どおりに清音でシャカンと読んだ方がよいのであり、和名の訓読ではカラスオウギやヒオウギと読むべきものです。結局のところ、「シャガ＝胡蝶花《しゃが》＝胡蝶花《こちょうか》」であり、「カラスオウギ＝射干《からすおうぎ》＝烏扇《からすおうぎ》＝

檜扇《ひおうぎ》」であるということです。このような混乱が起きるのは、日本語の基本的特徴の一つが「当て字言語」であることにも原因があります。

96　シャクヤク

シャクヤクは、ボタン科の多年草で、芝那の原産とされています。丈は50㎝程度で、晩春から初夏にかけて、紅色や白色の大形の艶やかで美しい花が咲きます。日本では「立てばシャクヤク、座ればボタン、歩く姿はユリの花」という人口に膾炙《かいしゃ》した文句で、その美しさが讃えられています。

漢語では芍葯と書き、その一音節読みでは、芍はシャオ、葯はヤオと読みます。芍は同じ読みの韶に通じていて「美しい」の意味、葯は同じ読みの妖に通じていて「妖艶、艶《あで》やか、美しい」などの意味です。つまり、この草を芍葯と書くのは漢語式の当て字であり、芍葯は韶妖に通じており、花を指すときは「美しい艶やかな（花）」、草を指すときは**「美しい艶やかな花の咲く（草）」**の意味になっています。

日本語の漢字では芍薬と書きますが、草木名初見リストによれば、この名称は、平安時代初期の文華秀麗集(八一八)にでているとされます、日本語では、芍はシャク、薬はヤクと読むので、シャクヤクは芍薬の日本語読みとなることから、その日本語読みがそのまま名称とされ、単純にはこれがこの草名の語源ともいえます。

しかしながら、更に探求してみますと、シャクヤクは、シャクとヤクとの二つの音声上の意味からできているようです。一音節読みで、煞はシャ、酷はクと読み、共に「とても、非常に、著しく」などの意味であり、シャクとは煞酷のことです。雅はヤと読み「雅やかな、優雅な、美しい」などの意味、穀はクと読み「よい、良好な」の意味ですが敷衍して「美しい」の意味があり、ヤクとは雅穀のことで「優雅で美しい」の意味です。したがって、シャクヤクとは、煞酷と雅穀を重ねた煞酷雅穀であり、直訳すると「とても優雅で美しい」ですが、美しいのは花のことと思われることから、花を指すときは「とても優雅で美しい（花）」、草を指すときは**「とても優雅で美しい花の咲く（草）」**

の意味であり、これがこの草名の語源と思われます。この語源の意味は、漢語の芍薬、つまり、韶妖とほぼ同じ意味になっています。

97　シュンギク

キク科の一年草または越年草です。いろんな料理に使われますが、特には、澄まし汁や、すき焼用の野菜として重宝されています。

一音節読みで、薫はシュンと読み、本来は一種の香草の名称ですが、抽象語としては「香り、香気」の意味で使われます。シュンギクは菊科の草ですから、このキクとは一次的には菊のことのようです。したがって、単純にはシュンギクは薫菊であり直訳すると**「香りのある菊科の草」**の意味になっており、これがこの草名の語源と思われます。

この草は食べるものなのでキクという音読の意味まで解釈しますと、一音節読みで、瑰はキと読み「美しい」、穀はクと読み「よい、良好な」の意味ですが「美しい」の意味でも使われます。したがって、シュンギクとは薫瑰穀であり直訳すると「香りのある美しい」ですが、美には美味の意味があるので、この草の場合は**「香りのある美味しい（草）」**の意味になっているものと思われます。シュンギクという名称は、草木名初見リスト（磯野直秀作）によれば、江戸時代の訓蒙図彙という本にでています。

98　ジュンサイ・ヌナハ

スイレン科の多年生水草です。河池湖沼に生え、漢字では蓴菜や純菜と書き、漢語の一音節読みでは共にチュンツァイと読みます。葉は、水上に浮かび、その表面は緑色で光沢があり、裏面は紫色をしています。水面下の芽と若葉の裏面部分は透明の粘液物で覆われていて、そのことがこの水草をぬめりのある美味しい食材にしています。春から夏にかけて、芽や若葉を採取して食用にします。

一音節読みで、俊はジュンと読み「味がよい」、つまり、「美味しい」の意味があります。菜はツァイと読み、狭義では食べる草のことを指します。つまり、ジュンサイとは、蒓菜の読みですが、その中味は俊菜の多少の訛り読みであり、直訳すると**「美味しい水菜」**の意味になっており、これがこの草名の語源と思われます。

古くは**ヌナハ**といったようで、古くから美味しい食材として食べられていたのです。大言海によれば、平安時代の字鏡と本草和名に「蓴、奴奈波」、和名抄に「蓴、沼奈波」と書いてあります。万葉集には、次のような歌が詠まれています。

・わが情《こころ》　ゆたにたゆたに　浮蓴《うきぬなは》
　辺《へ》にも奥《おき》にも寄りかつましじ（万葉１３５２）

この歌の意味について、日本古典文学大系「萬葉集二」（岩波書店）には次のように書いてあります。「私の気持は浮いた蓴《ぬなは》のようにゆらゆらとしてきまらないので、この恋を進めるとも進めないとも決めかねます」。

一音節読みで、糯はヌオと読み「粘る、粘りのある」の意味です。娜はナ、酣はハンと読み、共に「美しい」の意味ですが、美には美味の意味があることから「美味しい」の意味があることになります。つまり、ヌナハとは、糯娜酣の多少の訛り読みであり、直訳すると**「粘りのある美味しい（水草）」**の意味になり、これがヌナハという草名の語源です。

99　ショウガ

ショウガ科の多年草です。その根茎がいろんな料理の香辛料として多用されていることはご承知のとおりです。漢字では生姜と書き、漢語ではション・チィアンと読み、日本語ではショウガと読みます。日本語の読みにはこの草名の意味が含まれています。

大言海によれば、江戸時代初期の本と思われる饅頭屋本節用集に**「生姜《シャウガ》」**とでています。一音節読みで、削はシャオと読み、形容詞で使うときは「苛酷な、厳しい、激しい、きつい、辛辣な、辛い」などの意味があり、甘はガンと読み「美味しい」の意味があります。つまり、ショウガは、削甘の多少の訛り読みであり直訳すると**「辛い美味しい（草）」**ですが、実態に即して言葉を補足すると**「辛い美味しい根茎のとれる（草）」**の意味になり、これがこの草名の語源と思われます。ショウガは、他の食材の味を引立てるとてもよい薬味なので、このような意味になっていると推測されます。

100　ショウブ・アヤメグサ

サトイモ科の多年草で、河池湖沼の周辺などの水辺や湿地帯に叢生《そうせい》します。葉丈は70～90㎝程度、初夏に、花茎がでて花とはいえそうにない蒲《がま》の穂に似た淡黄色の肉穂花序《にくすいかじょ》を単生します。葉は剣状で香りがあるので古くからショウブ湯などに使われ、また根茎と共に香料の材料にもされてきました。根茎は苦くて健胃剤その他の薬用にされています。

漢字では、漢語由来の言葉で菖蒲と書き、漢語の一音節読みではチャンプと読みます。漢語辞典には、菖蒲について次のように書かれています。「多年生の草本植物、水辺に生え、地下に淡紅色の根茎がある、葉は剣状で肉穂花序がつく。根茎は香料にし、外に健胃剤とし、歯痛や歯茎出血を治す」。菖蒲は、昌浦のそれぞれの字に草冠を付けたものになっています。菖を分解すると「草冠＋昌」になりますが、昌には「よい、素晴らしい」の意味があるので、「素晴らしい草」の意味になっています。蒲を分解すると「草冠＋浦」になりますが、浦には「水辺」の意味があるので、「水辺の草」の意味になっています。したがって、菖蒲の漢字字義は、直訳すると**「素晴らしい水辺の草」**の意味になります。「素晴らしい」というのは、その香りが愛《め》でられていろいろに利用されたのみならず健胃剤などの薬用にもなる、つまり、有用な草であることを指すと思われます。ショウブは、英語では、スウィート・フラッグ（**sweet flag**）といいますが、英語の達者な人はご承知のように、**sweet**には「香りのある」、**flag**には「菖蒲」の意味があるので、直訳すると「香りのある菖蒲」の意味です。

さて、ショウブという音声名称について、日本語の語源の話をしますと、一音節読みで、修はショウと読み「よい、優れている、素晴らしい」の意味があるとされます。上述したように浦はプと読み「水辺」の意味があるので、**ショウブ**は、修浦の多少の濁音訛り読みであり、**「素晴らしい水辺の（草）」**の意味になり、これがこの草名の語源です。この語源の意味は、漢語における菖蒲の字義と同じものになっています。

ショウブという音声名称の語源については、以上のとおりなのですが、漢字の菖蒲は、最も古い時代の日本語では**アヤメグサ**と読まれていたのです。その語源に触れておきますと、そのアヤメは、アヤメ科のアヤメと同じ盎雅美ではあっても、美には「美しい」の外に「よい、良好な、素晴らしい」などの意味もあるので、**アヤメグサ**の場合は**「とても素晴らしい草」**の意味であり、これがこの草名の語源だったと思われます。なぜならば、この草は美しい花の咲く草ではなく、当時、その香りが愛でられており、薬草としても重用されていた草だからです。「萬葉の花」（松田修著・芸艸堂）という本によれば、万葉集ではアヤメグサの歌が十二首詠まれています。そこでは、昌蒲、菖蒲、菖蒲草、安夜売具左、安夜女具佐などの五通りに書かれていますが、これらの漢字名称は日本古典文学大系「萬葉集」（岩波書店）では、すべてアヤメグサと読んであります。

例えば、次のような歌があります。

・霍公鳥《ほととぎす》いとふ時なし　昌蒲
かづらにせむ日　こゆ鳴き渡れ（万葉１９５５）

・霍公鳥待てど来鳴かず　菖蒲草
玉にぬく日をいまだ遠みか（万葉１４９０）

・霍公鳥　いとふ時なし　安夜売具左
鬘《かづら》にせむ日　此《こ》ゆ鳴き渡れ（万葉４０３５）

大言海によれば、平安時代の本草和名に「昌蒲、阿也女久佐」、和名抄に「昌蒲、阿夜女久佐」と書いてあることから、万葉時代から平安時代にかけての当時、昌蒲（菖蒲）はアヤメグサと読まれていたことは明らかです。ただ、万葉１４９０に一度だけでてくる菖蒲草がアヤメグサと読まれたことが、草をグサと読み、菖蒲をアヤメと読んでもよいのではないかとの誤解を後世に与えることになったのです。

菖蒲は、平安時代中期の枕草子（一〇〇一頃）には、その香りが愛《め》でられて何回もでてきますが、岩波文庫の枕草子（池田亀鑑校訂）では、例えば、その三九段に「菖蒲《さうぶ》・蓬《よもぎ》などのかをりあひたる、いみじうをかし」、二二〇段に「五月の菖蒲《さうぶ》の秋冬過ぐるまであるが、・・・そのをりの香の残りて」と振仮名されているように、菖蒲は「さうぶ」と読まれています。ということは、奈良時代にアヤメグサと読まれていた菖蒲は、平安時代になるとショウブ（さうぶ）とも読まれるようになったということ、つまり、ショウブという名称が新しくつくられたということです。岩波文庫の枕草子では、その二二一段の記述について、「・・・菖蒲《さうぶ》葺きわたし、よろづの人ども菖蒲《さうぶ》鬘して、菖蒲《あやめ》の蔵人、かたちよきかぎり・・・」のように振仮名されていて、枕草子の中でたったの一例だけが菖蒲を「あやめ」と読んであります。そこで、なぜ、この菖蒲だけを「あやめ」と読むのかという素朴な疑問がでてくるのですが、その八九段に「あやめの蔵人」と仮名書きになっているので、この記述と整合させるための振仮名と思われます。つまり、平安時代に「菖蒲の蔵人」は全称では「あやめぐさの蔵人」と読むべきところを、よくあることとして「あやめの蔵人」と略称もされていたと思われ、菖蒲が「さうぶ（ショウブ）」と読まれるように変わっても、官名としていい慣れた略称をそう簡単にころころと変えられなかったのか、しばらくは略称のままの使用が続いたと推測されます。しかしながら、このたったの一事が後世に問題を引起す原因になっています。それは、菖蒲はアヤメとも読むのではないかという誤解が生れたことです。大言海の「あやめぐさ」欄には「**あやめぐさ**（名）菖蒲。あやめトノミ云フハ、下略ナリ」と書いてあります。つまり、平安時代の枕草子の当時には、まだ全称としてのアヤメという固有の草名はなかったのです。草木名初見リスト（磯野直秀作）によれば、アヤメ科のアヤメという名称は、室町時代の「お湯殿の上の日記」の一五二八年の条にでています。その別称のハナアヤメも同じ頃につくられたと思われます。

更に、この問題を複雑にしたのは、歌に詠み込まれる際に、アヤメグサをアヤメと三音節語に下略、つまり、略称して使われる場合があったことです。最も古い万葉集の歌においては菖蒲は「あやめぐさ」とだけ読まれたのですが、平安時代になってからの歌においては、五七五七七の音節数の関係から「あやめ」と下略、つまり、略称して使用されることがあったために、菖蒲はアヤメと読んでもよいのではないかという誤解が生じ、これまた後世に混乱を引起す結果をもたらしています。具体的には、例えば、平安時代末期（一一九〇頃）の山家集（西行法師の家集）にアヤメグサの歌が数首詠まれていますが、その内の幾つかにおいてアヤメと略称されており、次のような歌があります。

・空晴れて　沼のみかさを　おとさずば
　あやめも葺《ふ》かぬ　五月なるべし

・あやめ葺く　軒ににほへる橘に
　ほととぎす鳴く　さみだれの空

これらの歌における「あやめ」が、「あやめぐさ」の略称であることは、歌中に「沼」「葺く」「五月」などの言葉が使われていることから判断できます。それにも増して、上述したように、そもそもこの頃にはまだ、アヤメ科のアヤメを指す、全称としてのアヤメという草名はなかったのです。山家集の数首の中に「櫻散る　やどにかさなるあやめをば　花あやめとや　いふべかるらん」という歌が詠まれており、この「あやめ」や「花あやめ」を、アヤメ科のアヤメやその別称としてのハナアヤメのことと誤解している人たちがいますが、この歌の歌意は「櫻の花びらが、アヤメグサの葉にくっ付いて重なっているので、ハナアヤメとでもいうべきものになっている」というだけのことであり、草名を紹介した歌と見做すべきではありません。西行法師は、この草をアヤメグサ、サウブ、アヤメの三通りに呼んでおり、はてはカツミのことにまで言及してその薀蓄《うんちく》を披露しています。江戸時代の重訂本草綱目啓蒙に「古歌ニアヤメト読ハ、皆セウブナリ」とあるのは、上述したようにアヤメ科のアヤメの名称は十六世紀前半頃につくられたので、その時期より前の和歌や書籍にでてくるアヤメはすべてサトイモ科のアヤメグサの下略、つまり、略称であることの注意書きともいうべきものになっています。

この混乱に更なる拍車をかけたのは、江戸時代の大和本草で「古歌ニアヤメトヨメルハ菖蒲ナリ」「菖蒲和名アヤメ、古歌ニヨメリ」と書いてあることです。つまり、「下略ナリ」という注釈なしに、菖蒲をアヤメと読んでしまったことです。更には、ハナショウブの漢字書きとされる花菖蒲について「**花菖蒲**《ハナアヤメ》　五六月ニ花開ク葉モ花モカキツバタニ似タリ紫色ナリ」と滅茶苦茶なことが書いてあります。ハナショウブはハナアヤメではないので、花菖蒲をハナアヤメと読むべきではありません。アヤメの別称であるハナアヤメは、漢字では花文目か花綾目、或いは花綾女とでも書くべきものです。つまり、大和本草の著者は、菖蒲はアヤメと読んでもよいと確信していたようなのです。これらの記述によって、菖蒲はアヤメと読み、アヤメは菖蒲と書けるのだという誤解が決定的になったのではないかと推測されます。

　現在の大辞典では、菖蒲鬘、菖蒲兜、菖蒲刀、菖蒲湯などにおける菖蒲は「しょうぶ」とも「あやめ」とも両方に読まれていますが、「しょうぶ」と読むべきであって「あやめ」と読むのはどうかと思われます。なぜならば、上述したように、菖蒲は「あやめぐさ」の下略、つまり、略称として以外には「あやめ」と読まれたことはなかったからです。したがって、例えば、菖蒲鬘は「あやめぐさのかづら」、或いは、「しょうぶかづら」と読むべきものであって、誤解の生じ易い「あやめかづら」と読むべきではないのです。

　大言海自身には「**志ャうぶ**　菖蒲　古名アヤメ、アヤメグサ」と書いてあります。敢えていうならば、この記述はこれまた誤りともいうべきものです。どこが誤りかというと、古名アヤメと書いてあることです。繰返し何度もいうように、菖蒲は、奈良時代の万葉集、および、平安時代の本草和名や和名抄ではアヤメグサと読まれ、平安時代の枕草子ではショウブ（さうぶ）と読まれていて、アヤメとは読まれなかったからです。ただ、枕草子（岩波文庫）の解説における二二一段でのたった一例だけは「菖蒲《あやめ》の蔵人」と振仮名されていますが、ここでのアヤメはアヤメグサの略称としてのアヤメであって、全称としての固有名詞のアヤメではなかったのです。枕草子の原文では振仮名されていない筈であり、振仮名どおりに読まれたのかどうかかも分からないのです。また、和歌においても、音節数の関係から便宜上アヤメと呼ばれたのであって、このような略称を全称としての正式名称とすることは正当なことではないと思われます。つまり、**志ゃうぶ**（菖蒲）は「古名アヤメ」というべきではありません。更に、大言海には「**あやめぐさ**（名）菖蒲。あやめトノミ云フハ下略ナリ。(一)又、あやめ。サウブ。シャウブ。(二)今、あやめト云フハ、はなあやめノ上略ナリ」と書いてありますが、このような説明の仕方では、読者に混乱と誤解を与えてしまう可能性があります。大言海の前文説明は極めて適切ですが、(一)の説明では、「菖蒲は、アヤメグサやショウブと呼ぶのであるが、特に和歌においては、アヤメグサを下略してアヤメと呼ばれることもあった」のように説明すべきものです。(二)の説明では、アヤメ科のアヤメとその別称のハナアヤメの説明ですが、両名称は、菖蒲、つまり、アヤメグサやショウブとはなんの関係もないので、混乱を避けるためには、この欄では説明しない方がよいといえます。

現代の広辞苑（第六版）には「**しょうぶ**【菖蒲】古くは『あやめ』と呼んだ」と書いてありますが、「あやめぐさ」の下略としてならともかく、古くから菖蒲を全称としての草名として、つまり、正式名称として「あやめ」と呼んだことはなく、誤解を与え易いという意味で、この説明は誤りともいうべきものです。

以上に縷々《るる》述べてきたショウブとアヤメのことを、簡潔に説明すると次のようになります。「**ショウブ**【菖蒲】サトイモ科（ショウブ科とも）の草。奈良時代（万葉時代）からの古名はアヤメグサ。平安時代になると、特に和歌に詠み込まれるときにアヤメと略称されることがあった。平安時代以降はショウブともいう」、「**アヤメ**【綾目・綾女】アヤメ科の草。室町時代末期頃にできた名称。美しい花が咲くので別称ではハナアヤメともいう。アヤメグサの略称としてのアヤメとは異なる草である」。なお、綾目や綾女は本書でつくった当て字です。アヤメ科というのは「美しい花の咲く科」という意味であって、美しい花の咲かないものはアヤメ科というべきではありません。この科にはカキツバタとハナショウブ（花菖蒲）という草も含まれ、草木名初見リスト（磯野直秀作）によれば、ハナショウブは拾玉集（一三四六）にでているとされることから、その頃につくられた草名と推測されます。各草名の作成時期について繰返しますと、奈良時代（万葉時代）にアヤメグサとカキツバタ、平安時代中期頃にショウブ、室町時代初期頃にハナショウブ、室町時代末期頃にアヤメとハナアヤメがつくられたようです。

　また、ややこしいことではありますが、古書を詳細に確認したところでは、**①サトイモ科のアヤメグサ＝ショウブ、②アヤメ科のアヤメ＝ハナアヤメ、③アヤメ科のハナショウブ、④アヤメ科のカキツバタ**という類似した四種類の草があり、似たような名称の三種類の草（①②③）と、似たような姿形の三種類の草（②③④）があるということです。名称の頭に「ハナ」が付いているのは、その花が美しいことを表わすためです。

　結局のところ、どの時代においても、漢字の菖蒲は全称ではアヤメグサやショウブと呼ばれた草であって、アヤメグサやショウブは漢字では菖蒲と書かれる草だということです。したがって、正式には**「菖蒲をアヤメと読むべきではなく、アヤメを菖蒲と書くべきではない」**ということです。にもかかわらず、そのようになってしまっているのは、江戸時代以降のやや誤解の混った錯綜した学者説の累積によるものです。

　江戸時代の俳人である松尾芭蕉が偉いのは、このことに限らず、このような細かいことにまで極めて造詣が深かったことであり、「奥の細道」紀行の途中の仙台で、餞別《せんべつ》としてショウブ（菖蒲）の草鞋《わらじ》を送られたときに、たいへんに喜んで「あやめぐさ足に結ばんわらじの緒」という一句を詠んでいます。

　更にくどくいいますと、ショウブは、サトイモ科の草で漢字では菖蒲と書きますが、奈良時代（万葉時代）の呼称はアヤメグサであり平安時代になってからショウブ（さうぶ）と呼ばれるようになったこと、平安時代になるとアヤメグサは役所名や特に和歌においてアヤメと略称されることがあったこと、室町時代初期頃にアヤメ科のハナショウブの草名がつくられたこと、更に室町時代末期頃にアヤメ科のアヤメとその別称のハナアヤメの草名がつくられたことなどにより、現代において、草種とショウブとアヤメの含まれた草名との相互関係に混乱を招く結果をもたらしています。加えて、漢字名の菖蒲、白菖（白菖蒲）、石菖（石菖蒲）、泥菖蒲、水菖蒲、渓蓀、蘭蓀などとの相互関係についても、江戸時代の大和本草、和漢三才図会、本草綱目啓蒙などでの記述以降から現代の牧野新日本植物図鑑などでの記述に至るまで、誤解や誤りも含めてその見解がまちまちであり、現在においても明確に定着した見解は存在しないように思われます。

本書では、石菖（石菖蒲）、白菖（白菖蒲）、泥菖蒲、水菖蒲などは菖の字が使われている限りすべて菖蒲なのであり、渓蓀や蘭蓀なども含めてその特徴や生育地などで細分化された名称に過ぎないのであって、種名としてのショウブ（菖蒲）をこれらのどれか一つに同定することは適当でないと考えています。ひっくるめてこれらの草の総名を菖蒲と見做すべきなのです。つまり、現代の植物学的にいえば、綱・目・科・属・種という分類段階において、ショウブ（菖蒲）はショウブ(菖蒲)属に所属する草全体を指すことになります。しかしながら、このように理解すると困ることの一つに、室町時代初期頃につくられたアヤメ科のハナショウブが漢字では花菖蒲とも書かれてきたことです。本草綱目啓蒙には、アヤメ科のハナショウブについて「漢名詳ナラズ」と書いてありますが、大言海や日中辞典によれば、ハナショウブの漢名は玉蟬花といいます。ショウブはサトイモ目サトイモ科（ショウブ科とも）ショウブ属の草ですが、ハナショウブはキジカクシ目アヤメ科アヤメ属の草とされておりショウブ（菖蒲）ではないので、花菖蒲ではなく玉蟬花をハナショウブと訓読し、玉蟬花《はなしょうぶ》と振仮名すべきだと思われます。

なお、この問題については、特に江戸時代の大和本草、和漢三才図会、本草綱目啓蒙に書かれていることは、まともには信じにくいものになっています。なぜならば、いずれの本でも、漢字での菖蒲、白菖、白菖蒲、石菖、石菖蒲やその他泥菖蒲、水菖蒲、渓蓀、蘭蓀などの名称も含めて、サトイモ科とアヤメ科の草とをごちゃ混ぜにするなど、真実と誤解の入り混じった、しかも相互に矛盾した記述がなされているからです。

特に注意して頂きたいことは、渓蓀や蘭蓀における「蓀」は「荃」ともいい香草のことなので、両草は菖蒲《しょうぶ》の一種であって、「香り」とは関係のないアヤメ科のアヤメやその別称であるハナアヤメではあり得ないということです。このことについては、江戸時代の博物誌はすべて間違っています。現代の植物本の殆んどについても例外ではありません。また、白菖は、菖蒲の一種なので、アヤメ科のアヤメと読むべきではなく或いは呼ぶべきではありません。白菖は、渓蓀や蘭蓀ではあるかも知れませんが、アヤメ科のアヤメやその別称であるハナアヤメではあり得ないということです。最後に、アヤメグサ、つまり、ショウブとアヤメとを、その特徴で識別するために、次のような形式にして歌を詠んでみました。

・五月雨に香りを愛でる菖蒲《あやめぐさ》
花を愛でるは綾女《あやめ》とぞいう　　不知人

101　ススキ・オバナ

イネ科の多年草で、山野に叢生《そうせい》します。秋に、茎の上端に房状に灰白色の花穂《かすい》がつき、その重みで頭を垂らします。今のススキは、昔は、秋の七草の一つである尾花《おばな》といったとされています。そもそもハナとは「美しい」の意味ですから、その名称に花の字が使われていることからすると、一般の花とはその様相は異なっていても、美しい花の咲く草と見做されていたということです。一音節読みで、娥はオと読み「美しい」の意味なので、**オバナ**とは俄花であり直訳すると、花を指すときは「美しい花」、草を指すときは**「美しい花の咲く（草）」**の意味になり、これがオバナという草名の語源と思われます。

現在では、この草はススキといいます。一音節読みで、素はスと読み「白い」、簌はスと読み「垂れる」、瑰はキと読み「美しい」の意味があります。つまり、**ススキ**とは素簌瑰であり、直訳すると「白い、垂れる、美しい（草）」ですが、垂れるのは穂のことと思われるので、目的語を入れて少し意訳すると**「白い穂を垂れる美しい（草）」**の意味になり、これがこの草名の語源と思われます。「萬葉の花」（松田修著・芸艸堂）によれば、万葉集ではススキとある歌は十七首が詠まれており、例えば、次のような歌があります。

・吾妹子《もこ》に相坂山のはだ為酢寸《すすき》穂には咲き出でず恋
ひ渡るかも（万葉２２８３）

・妹等《いもら》がりわが通く路《みち》の細竹《しの》為酢寸われし通はば靡《なび》
け細竹原《しのはら》（万葉1121）

平安時代の和名抄には「薄、波奈須須岐」と書いてあります。また、カヤで葺《ふ》いた屋根を茅葺屋根といいますが、ススキはカヤ（茅）の一種とされており、通常はオバナとススキとカヤとは同じ草を指すとされています。

102　スズラン

ユリ科の多年草で、野生のものは本州以北の高山や北海道の草原に生えています。白色の可憐で美しい花が、花茎に釣鐘状に連なって下向きに咲きます。漢字では鈴蘭と書かれます。草木名初見リスト（磯野直秀作）によれば、スズランという草名は、江戸時代後期の草木錦葉集（一八二九）にでています。

一音節読みで、素はスと読みご承知のとおり「白い」の意味があります。組はズと読み「組になった、一連の」、孌はランと読み「美しい」の意味です。つまり、スズランとは、素組孌であり、直訳すると「白い一連の美しい」ですが、美しいというのは花のことと思われるので、花を指すときは「白い一連の美しい（花）」、草を指すときは**「白い一連の美しい花の咲く（草）」**の意味になり、これがこの草名の語源です。「一連の」というのは、この草の花は茎に連なって咲くからです。この草は、その別称を君影草というとされており、著者の最も好きな花が咲くので、次の歌を詠みました。

・若き日に　初恋匂う鈴蘭を
送りし君は今はいずこに　　不知人

103　スミレ

スミレ科の多年草です。丈は10㎝程度の小さな草で、春に、その葉柄の頂きに紫色の一輪の花が咲きます。日本語では漢字で菫と書きますが、漢語では紫花地丁（ツ・ホァ・タ・ティン）や紫羅蘭（ツ・ルォ・ラン）といいます。日本語では、菫汁や菫菜ともいっていたようであり、汁や菜とあるからには古くは食べられていた草と思われます。大言海によれば、本草和名に「菫汁、須美礼」、和名抄の野菜類の項に「菫菜、須美礼」と書いてあります。

一音節読みで、素はスと読み「素朴な、可憐な」の意味です。靡はミ、麗はリ、妍はイェンと読みいずれも「美しい」の意味があります。麗妍の一気読みを一字にしたものは稔であり、稔はレンと読み、やはり「美しい」の意味です。つまり、スミレとは、素靡稔の多少の訛り読みであり、直訳すると「素朴で美しい」の意味ですが、美しいのは花のことと思われるので、花を指すときは「素朴で美しい（花）」、草を指すときは**「素朴で美しい花の咲く（草）」**の意味になり、これがこの草名の語源です。「萬葉の花」（松田修著・芸艸堂）によれば、万葉集には、スミレ（須美礼）が二首、ツボスミレ（都保須美礼）が二首詠まれており、次のような山部赤人の歌があります。

・春の野にすみれ採《つ》みにと来しわれそ
　野をなつかしみ一夜宿《ね》にける（万葉１４２４）

104 セッコク

ラン科の常緑多年草で、暖地の岩や老木に着生します。丈は20㎝程度、茎には多数の節があり、その節毎に肉厚の葉が互生します。夏に、茎節から二本づつの花柄をだし、その頂に芳香のある白色や淡紅色の鮮やかで美しい花が咲くので、鑑賞用としても栽培されます。茎は、漢方薬で強壮・鎮痛・健胃剤にします。漢字では、石斛と書かれます。古くは、スクナヒコノクスネといったようであり、大言海によれば、平安時代の和名抄に「石斛、須久奈比古乃久須禰、一云、以波久須利」と書いてあります。草木名初見リスト（磯野直秀作）によれば、セッコクの名称は室町時代の蔭涼軒日録にでています。

一音節読みで、鮮はシィエンと読み「鮮やかな、鮮明な」、姿はツと読み「美しい」、哿はコ、穀はクと読み共に「よい、良好な」などの意味ですが敷衍して「美しい」の意味でも使われます。つまり、セッコクとは、鮮の下に美しいの意味の字を三つ重ねた鮮姿哿穀の多少の訛り読みであり、直訳すると「鮮やかな美しい」

ですが、それは花のことと思われるので、花を指すときは「鮮やかな美しい（花）」、草を指すときは**「鮮やかな美しい花の咲く（草）」**の意味になり、これがこの草名の語源と思われます。ラン科の草には、いずれも美しい花が咲くのです。

なお、草ではありませんが、モッコクという呼称の、美しい花の咲くツバキ科の木があり、その語源は似たようなものになっています。この木については、その欄をご参照ください。

105　セリ

セリ科の多年草です。食べられる草である「春の七草」でまっ先に挙げられています。多くは、小川の堤防や水田の畦道《あぜみち》の近くなどの湿地に自生します。夏に白い花が咲き、特有の香りがあり、若い茎と葉は食材にします。漢字で芹と書きますが、水辺に生えるので水芹とも書きます。芹を分解すると、「草冠十斤」になります。一音節読みで、芹や斤はチンと読み、同じ読みの清に通じており清には「美しい」の意味もあります。したがって、芹とは「美しい草」の意味ですが、美には美味の意味があるので「美味しい草」の意味になっています。セリの名称は、すでに奈良時代にはできていたようで、万葉集には二首が詠まれています。

・あかねさす昼は田賜《た》びてぬばたまの
　夜の暇《いとま》に摘める芹子《せり》これ（万葉４４５５）

・丈夫《ますらを》と思へるものを太刀《たち》佩《は》きて
　かにはの田居に世理《せり》そ摘みける（万葉４４５６）

このような歌があることからも、古代にはセリは盛んに食べられていたことが窺われます。大言海によれば、日本書紀の天智紀十二月の条の童謡に「制利の下」とでています。また、平安時代の和名抄に「芹、勢利」、天治字鏡に「芹、世利」と書いてあります。

さて、日本語の語源の話に移りますと、一音節読みで、摂はセと読み「摂食する、食べる」の意味、麗はリと読み「美しい」の意味があります。つまり、セリは摂麗であり、美には美味の意味があることを考慮して直訳すると**「食べて美味しい（草）」**の意味になり、これがこの草名の語源と思われます。なお、セリという名称について、江戸時代の本に、次のようないくつかの語源説が唱えられていますが、本書としては、このような語源説には賛成できません。

・日本釈名（貝原益軒著・一六九九）：「せりとはせまり也。その生ずること、一所にしげくせまり合うものなり」。

・東雅（新井白石著・一七一九）：「芹、セリ、義不詳」。

・和訓栞（谷川士清著・一七七七〜）：「この草一所にせり合ひて生ずるをもって名とする也」。

106　センノウ

ナデシコ科の多年草です。日本には、センノウの名の付いた草に、マツモトセンノウ、オグラセンノウ、エゾセンノウ、フシグロセンノウ、エンゼルセンノウの五種があるとされ、すべての種において、主として赤色の鮮やかで美しい花が咲きます。

一音節読みで、絶はシと読み「赤色の、赤い」の意味があり、艶はイェン、穠はノン、嫵はウと読みいずれも「美しい」の意味があります。つまり、センノウとは、絶艶穠嫵の多少の訛り読みであり、直訳すると「赤い美しい」ですが、美しいのは花のことと思われるので、花をさすときは**「赤い美しい（花）」**、草を指すときは**「赤い美しい花の咲く（草）」**の意味になり、これがこの草名の語源と思われます。現在では、白い花もあるということであれば、皙はシと読み「白い」の意味なので、皙艶穠嫵になり、「白い美しい花の咲く（草）」になりますが、シは絶と皙との掛詞と考えると、センノウは意味上は絶皙艶穠嫵になり「赤色と白色の美しい花の咲く（草）」になります。草木名初見リストによれば、室町時代の愚管記にでているとされています。大言海には「**せんおうげ**（名）仙翁花　始メテ、山城国、嵯峨ノ仙翁寺（今、廃寺トナリ、地名ニ残ル）ヨリ出デタル名ナリ」とありますが、たぶん、これは作り話と思われます。なぜならば、そんなことから、草名が付けられたとは思われないからです。

107 センブリ

リンドウ科の越年草で、山野の日当たりのよい場所に好んで生えます。茎、葉、根のいずれの個所もとても苦い草で、ゲンノショウコ、ドクダミと共に、古くから三大民間薬草として知られています。草木名初見リスト（磯野直秀作）によれば、センブリの名称は江戸時代の本草綱目品目（貝原益軒著）という本にでています。同時代の和漢三才図会には、「当薬《せんぶり》　とうやく、正字未詳、俗に世牟不利という」と書いてあります。現在の大辞典では、当て字と思われる漢字で「千振」と書かれています。

広辞苑（第六版）には、その語源について「千度振り出してもなお苦いの意」と書いてあります。茶を煎じる場合は「入れる」とか「立てる」とかいうのですが、薬草を煎じる場合はいつ頃から「振り出す」というようになったかは不明です。「センドフリダス」から「ド」と「ダス」とを削除し、かつ、「フ」を「ブ」に変えたものがセンブリという名称であるなどとは、作り話染みていて、とてもほんとうのこととは思われません。実際には、同じセンブリで煎じるのは数回だけなのであり、千度などとはとんでもないことで、試みに数十回程度も振り出せば殆んど苦味がなくなり、したがって効能もなくなると思われます。したがって、「千度振出す」のことは、後日につくられた作り話であり、極めて疑がわしい説、つまり、信じられそうもない俗説なのですが、大辞典などによって広く流布されている語源説です。

一音節読みで、鮮はシィエンと読み「鮮明に、明らかに」、払はフと読み「払拭する、払い退ける」、痢はリと読み「病気」の意味があります。つまり、センブリとは、鮮払痢の多少の濁音訛り読みであり、直訳すると**「明らかに、病気を、払い退ける（草）」**の意味になり、これがこの草名のほんとうの語源です。分かり易くいうと「明らかに病気を払い退ける効能のある(草)」ということです。別称では、イシャダオシ(医者倒し)ということからも、この語源が正しいことを示しています。

108 ゼンマイ

ゼンマイ科の多年生のシダ植物です。若芽は、葉柄と共に綿毛に覆われた丸い渦巻状になり、開いた葉になる前に摘み採って食用とします。草木名初見リストによれば、室町時代中期の温故知新書に「ゼンマイ」とでており、大言海によれば、江戸時代初期の本と思われる饅頭屋本節用集に「前麻伊」、本朝食鑑に「狗脊、俗に世牟麻伊と称す」とでています。

一音節読みで、尖はジエンと読み「先端、頂き」の意味があります。満はマンと読み「円い」の意味としても使われ満月のことを円月ともいいます。儀はイと読み「姿、形、姿形」の意味であり、日本古典文学大系「萬葉集」(岩波書店)の歌の中では、儀を「すがた」、光儀を「ひかるすがた」と読んであります。つまり、ゼンマイとは、尖満儀の多少の濁音訛り読みであり、直訳すると**「先端が丸い姿の(草)」**の意味になっており、これがこの草名の語源です。

また、芝はヂ、艶はイェン、曼はマン、昳はイと読み、いずれも「美しい」の意味があります。つまり、ゼンマイは、芝艶曼昳(ヂ・イェン・マン・イ)の多少の訛り読みであり、美には美味の意味があることから**「美味しい(草)」**の意味になり、これもこの草名の語源で掛詞になっています。まとめていうと「先端が丸い姿の、美味しい(草)」になります。

109 ソバ

タデ科の一年草で、丈は50㎝程度、茎は赤色を帯び、葉は長い葉柄の先について三角心臓形をしています。ソバは漢字では蕎麦と書きます。春と秋に小さいたくさんの白い花が咲きます。ということは、実の収穫も二度できるということであり、上手に育てると年間三度でも収穫できるようです。たくさんの黒色の実がなり、その殻の中には三稜のある細形の種子が内包されています。その種子を取出し粉末にしたのが蕎麦粉です。そのまま熱湯をかけてかき混ぜて塩や醤油などで味付けし、具としてはカツオ節や浅草ノリなどをかけても美味しく食べられます。現在では、麺食材の原料として使われ、ソバ料理は極めて広く普及しています。日本でのソバ食の歴史は古く、少なくとも平安時代にはかなり食べられていたようです。

大言海によれば、平安時代の本草和名に「蕎麦、曾波牟岐」、和名抄に「蕎麦、曾波牟岐、一云、久呂無木」、名義抄に「蕎麦、ソバムギ」と書いてあることから判断して、本来の全称はソバムギやクロムギだったようです。ということは、ソバはその効用上ムギに類する穀物と見做されていたのであり、それを呼称するときに、ムギと識別するためにクロやソバの接頭語を付けて呼ばれたと思われます。この場合のソバとは「種子が三稜である」ことから、クロとは「実が黒色である」ことからのものと推測されます。そのうちに、クロムギよりソバムギの呼称の方が優勢になり、ソバというだけで食材であることが識別できるようになって、ムギを省略して呼ばれるようになったと思われます。

上述したように、ソバは漢字では蕎麦と書きますが、一音節読みで、蕎はチャオと読み、同じ読みの嬌に通じています。嬌には「美しい」の意味があるので、美には美味の意味があることから、蕎は「美味しい草」、蕎麦は「美味しい麦」の意味になっています。

大言海によれば、平安時代の和名抄に「柧稜、四方木ナリ、曾波乃木」、名義抄に「稜、ソバ、カド」と書いてあり、大言海自身は「**そば**（名）稜　削リテ方ニシテアル材。木材ニ角附クルヲ、そばヲ取ルト云フ」と説明してあります。これらのことから、一義的には、ソバとはソバムギの略称の「稜《そば》」であり、直訳すると「角のある（麦）」の意味ですが、実態に即して意訳すると**「角のある種子のとれる（麦）」**の意味と思われます。

ただ、食べてどうなのかという視点からも考えられていると思われます。一音節読みで、総はソンと読み、副詞では程度が著しいことを表現するときに「とても、非常に、著しく」などの意味で使われます。棒はバンと読み形容詞で使うときは「よい、良好な」の意味があります。食材について「よい、良好な」というのは「美味しい」ということです。したがって、ソバとは、総棒であり直訳すると、実を指すときは「とても美味しい（種子）」、草を指すときは**「とても美味しい種子のとれる（草）」**の意味になっており、これがこの草名の語源と思われます。まとめていうと「角のある、とても美味しい種子のとれる（草）」になります。もちろん、ソバ粉やソバ料理を指すときは「とても美味しい（粉）」や「とても美味しい（料理）」の意味になります。

110　ダイコン・スズシロ

ダイコンは、アブラナ科の越年草です。日本語漢字では大根と書きますが、漢語漢字では蘿卜《ルオボ》と書きます。古くは、オホネやスズシロといい、春の七草の一つに挙げられているスズシロは今のダイコンのこととされています。

大言海によれば、日本書紀の仁徳天皇三〇年十一月条の長歌に「山背女の　木鍬持ち　打ちし於朋泥《おほね》」、釈紀に「於朋泥、大根也」、和名抄に「葍、蘿蔔、於保禰、俗ニ大根ノ二字ヲ用フ」と書いてあります。また、どの節用集か分かりませんが「蘿蔔、スズシロ」と書いてあります。これらの記述からすると、オホネは大根《おほね》のことのようです。スズシロについては、一音節読みで、淑はス、姿はズと読み、共に「美しい」の意味があります、食はシ、茹はルともロとも聴きなせるように読み、共に「食べる」の意味があります。つまり、スズシロとは、淑姿食茹であり、美には美味の意味があることを考慮して直訳すると**「美味しく食べられる（野菜）」**の意味になり、これがスズシロという名称の語源と思われます。

大言海によれば、永正五年（西暦一五〇八年）の狂歌合において「正月ハ　牛蒡《ゴボウ》バカリノ　尾ヲフリテ

イナムトセシオ　クルル大根」という歌が詠まれています。一五〇八年は室町時代末期ですが、この歌での大根はオホネ、スズシロ、ダイコンのいずれで読まれたのかは分かりません。ダイコンという呼称は、いつ頃から使わるようになったのか分かりませんが、日本語では、大はダイ、根はコンと読むので、単純には大根の読みに過ぎないということになります。

　根の字は、漢語の一音節読みでは、清音読みでケン、濁音読みでゲンと読むのに対して、日本語音読ではコンと読みます。要は、なぜ、コンと読むことになったのかということです。阬は、漢語の一音節読みでコンと読み「生き埋めになっている、埋まって生きている」の意味があり、秦の始皇帝が行ったとされる焚書阬儒《ふんしょこうじゅ》（書を焼き、人を穴埋めするの意）という言葉でも使われています。つまり、根をコンと読むのは、阬の読みを転用したものであり「埋まって生きている(もの)」の意味です。したがって、大根をダイコンと読むときは大阬のことであり、直訳すると**「大きな埋まって生きている（野菜）」**の意味になり、これがこの草名の語源と思われます。なぜ、ダイコンが、このような意味でつくられたかというと、ダイコンの根茎はその漢字書きの意味のとおり、ニンジン、ゴボウ、タマネギ、イモなどの他のいずれの地下根茎などよりも大きいからと思われます。以上のことから、この草菜は、オホネ→スズシロ→ダイコンと呼称が変遷しています。

111 タガラシ

　キンポウゲ科の越年草です。小川の溝や岸辺などの湿地に生え、丈は50㎝程度、対生する葉には深い切れ込みがあります。春にそれぞれの茎先に黄色の五弁小花が咲きます。花の真ん中に花床（花托とも）が盛り上がったものとされる坊主頭状の集合果があるので、花が咲いているときには他の草と識別し易い草になっています。茎や葉にも辛みがあり有毒なので、馬、牛、羊、兎などの動物は絶対に食べません。当然のことながら、人間も食べることはなく、茎葉の液汁が皮膚につくと炎症を起こします。

　一音節読みで、怛はタンと読み「恐ろしい」、尬はガと読み「始末に負えない、面倒である、困った」、辣はラと読み「辛辣な、辛い」、螫はシと読み名詞では「毒害」の意味があります。つまり、タガラシとは、怛尬辣螫の多少の訛り読みであり、直訳すると**「恐ろしい、始末に負えない、辛みのある、毒害のある（草）」**の意味になり、これがこの草名の語源と思われます。別称でタゼリ（田芹）といいますが、ここでのタは田んぼのタ(田)というよりもタン(怛)のことであり「恐ろしいセリ」の意味になっていると思われます。たぶん、近世になってからつくられた草名と思われますが、今のところいつ頃かは分かりません。

112 タケニグサ

　ケシ科の多年草です。他草の少ない荒地や河原、林縁などの草地に好んで生えています。葉は、深裂して菊葉状ですがはるかに大きく、茎は多くの他草と同じように中空であり、まっ直ぐに伸びだしてその丈は2m程度以上にまで達することがあります。茎には葉は付きません。茎を折ると黄色の乳液がでますが、ケシ科の草らしく口にしてはならない危険な猛毒があるとされています。ただし、外用薬としては皮膚病などに使われ、うじ虫殺しにも使ったとされます。

　茎からでた葉の付かないそれぞれの枝に、白色の萼《がく》に包まれた蕾《つぼみ》状の多数の小花が円錐花序をなして咲き、開花すると萼は落下してメシベと多数の糸状オシベが露出します。受粉するとメシベの下部が膨らんだあと、多数の小さい蒴果ができ、それが含まれた大豆莢《さや》状の細長くて薄い茶褐色の多数の莢が垂れ下がります。

　草木名初見リスト（磯野直秀作）によれば、タケニグサの名称は、江戸時代前期の用薬須知（松岡玄達著・一七三一）という本にでています。漢字では、竹煮草や竹似草などと書かれて、植物本などでいろいろと講釈されていますが、語源ということになると、共に当て字と作り話と見做すべきものです。

　さて、語源の話に移りますと、一音節読みで、啖はタン、齦はケンと読み共に「食べる、口にする」の意味です。獰はニンと読み「残忍な、凶悪な、恐ろしい」などの意味があります。つまり、タケニグサとは、啖齦獰草の多少の訛り読みであり、直訳すると**「口にすると恐ろしい草」**の意味になり、これがこの草名の語源と思われます。この草は毒草なのです。

江戸時代後期の重訂本草綱目啓蒙に挙げられた多数の別称の中に、「チャンパギク」と「ササヤキグサ」の名称が含まれています。

チャンパギクにおけるチャンパとは、この草の特徴を表現した言葉です。しかしながら、チャンパといえば一つのことしか頭に浮かばない学者により、東南アジアに存在した占城《チャンパ》国のことと唱えられたことにより、その国に由来した草であるかの如きとんでもない俗説が生まれ、殆んどの大辞典や植物本で流布され続けています。チャンパギクにおけるチャンパの占城《チャンパ》説は誤りです。そもそもこの草が、チャンパ国から渡来したという証拠は微塵もありません。されば、チャンパとはいかなることかというと、一音節読みで、猖はチャンと読み「激烈な、猛烈な、激しい、凶暴な」などの意味があり、猖獗《しょうけつ》という熟語があります。怕はパと読み「恐い、恐ろしい」の意味があります。つまり、草名としてのチャンパギクとは、猖怕菊であり直訳すると**「猛烈に恐ろしい菊」**の意味です。この草には、蕾状の白色花がたくさん咲きますが、ケシ科の草であることから、キクは菊のこととは思われないので、更に追求すると、鬼はキと読み形容詞では「恐ろしい」の意味があり、酷はクと読み「残酷な」の意味があります。つまり、ここでのキクとは鬼酷と思われ「恐ろしい残酷な」の意味です。そうしますと、チャンパギクとは、猖怕鬼酷であり直訳すると**「猛烈に恐ろしい、恐ろしい残酷な」**になりますが、重複部分を省略すると**「猛烈に恐ろしい残酷な（草）」**の意味になり、これがこの草名のほんとうの語源と思われ、毒草にふさわしい意味になっています。

ササヤキグサというのは、表面的には、枯れた莢が風に吹かれて触れ合い、サラサラと聴きなせるような微かな音がでるのを、人が囁く《ささやく》声に見立てたものとされており、或いはそうかも知れません。しかしながら、一音節読みで、残はツァンと読み「残酷な」、殃はヤンと読み「災難にあう、災いする」、上述したように鬼はキと読み「恐ろしい」の意味があります。つまり、ササヤキ草とは、残残殃鬼草の多少の訛り読みであり、直訳すると**「残酷な、災いのある、恐ろしい草」**という、毒草にふさわしい意味にもなるのです。

柳田国男の野草雑記という本では「この草が笹に似てやや焼けたような色を帯びていることから来ている」、つまり、「笹焼き」から来ていると主張されており、枯れた状態ならば、或いは似ているかも知れません。しかしながら、笹が焼けたような色とはどういう色と状態を指すのか分かりませんが、普通は焼けたものは「黒焦げ」というのであってそのようなものがお互いに似ているとは思われません。

道端植物園（大場秀章著・平凡社・二〇〇二年刊）という本には、「江戸時代弘化四年（一八四七）に出版された小野蘭山（一七二一〜一八一〇）の重訂本草綱目啓蒙にはチャンバギクの名があるが、この名はメコン河下流にあったチャンパン（占城）に由来するから、このころすでにタケニクサを外来種とみた人がいたのだ」という穿ったことが書かれています。しかしながら、小野蘭山はチャンパは占城のことであるとは云っていないし、チャンパという音声名称の意味についてもなにも述べていません。

113 タデ

タデ科タデ属の一年草です。漢字では蓼と書きます。種類はいろいろあり、草原、田んぼの畔道、河畔などで、他の雑草に混じって生えています。夏から秋にかけて、普通では、枝先に花弁のない紅色の小花を穂状に付け、その重みで頭を垂れています。特有の香りを放ち、茎、葉には辛味があり、馬、牛、山羊、兎などの草食動物が見向きもせず食べることもしない草です。

漢語に「蓼虫不知苦（タデ虫は苦《にが》きを知らず）」という文句があり、「蓼は苦いが、それを食べている虫は苦いとは思っていない」の意味で、日本語では「蓼食う虫も好き好き」と訳されています。したがって、この文句には、動物が滅多に食べない草という意味も含まれていると思われます。広義では、すべての動物は虫ですから、裸虫とされている人間は、ヤナギタデという種のタデを香辛料や刺身のツマなどにして食べているので、タデ食う虫に該当していることになりますが、人間以外にこの草を食う虫がいるのかどうかは分かりません。万葉集の次の歌に詠まれている穂蓼《ほたで》とは、人間が食べるヤナギタデのことと見做されています。

・わが屋戸《やど》の　穂蓼古幹《ほたでふるから》　採《つ》み生《おほ》し
　実になるまでに君をし待たむ（万葉2759）

大言海によれば、平安時代の字鏡に「蓼、太氐」、本草和名に「蓼実、多天」、和名抄に「蓼、多天」と書いてあります。さて、語源の話に移りますと、一音節読みで、怛はタと読み「恐れる、恐れられる」、阽はディエンと読み「危険である、危ない」の意味があります。つまり、タデとは、怛阽の多少の訛り読みであり**「恐れられる危険な（草）」**の意味になり、これがこの草名の語源と思われます。なにが恐れられ、なにが危険かは分かりませんが、人間以外の動物が食べないということは、草食動物にとっては、なにかまずいことがあるようです。

また、耷はタ、低はディと読み、動詞で使うときは、共に「垂れる」の意味があります。つまり、タデとは、耷低の多少の訛り読みであり、直訳すると「垂れる（草）」、主語を入れて少し意訳すると**「穂が垂れる（草）」**の意味になり、これもこの草名の語源で掛詞かも知れません。まとめていうと「恐れられる危険な、穂が垂れる（草）」になります。

114　タビラコ

キク科の越年生の草です。主に、田んぼの畦《あぜ》、川や堤防の土手、河川敷などに生え、丈は15㎝程度、特に若葉は根生で地面に放射状に広がります。春に、草の中心部から花茎が数本でてその頂上に黄色い花が咲きます。若葉は食用にし、春の七草《ななくさ》（春の七種とも）の一種とされています。タンポポにもよく似た草です。タビラコの草名は、後述するように室町時代中期頃につくられて、鎌倉時代頃からの「春の七草」である「せり、なずな、ごぎよう、はこべら、ほとけのざ、すゞな、すゞしろ」における「はこべら」に代替して「セリ、ナズナ、ゴギョウ、タビラコ、ホトケノザ、スゞナ、スゞシロ」の一つとして挙げられているものです。ご承知のように、春の七草はすべて、食べられる、或いは、食べられていた草ですから、タビラコもそのような草だったということです。ハコベラ（ハコベ）とタビラコとが入れ替わったのは、タビラコの方が美味しい草だったからと思われます。

さて、タビラコという名称の語源の話をしますと、一音節読みで、讜はタン、炳はビン、孌はラン、咢はコと読み、いずれも「美しい」の意味があります。つまり、タビラコとは、讜炳孌咢の多少の訛り読みであり、当然に「美しい」の意味ですが、美しいのは花のことと思われるので**「美しい花の咲く（草）」**の意味になっています。また、啖はタンと読み「食べる」の意味があり、タビラコとは啖炳孌咢でもあり、美には美味の意味があることを考慮すると**「食べて美味しい（草）」**の意味になり、これもこの草名の語源で掛詞になっていると思われます。このような意味にもなるのは、春の七草の一つとして、七草粥や七草の吸物などで賞味されてきたからです。まとめていうと、タビラコとは**「美しい花の咲く、食べて美味しい（草）」**の意味になります。タビラコは、漢字では田平子と書かれます。

タビラコの語源のことは以上で終わりなのですが、「ホトケノザはタビラコである」との説が大辞典や植物本で広く流布されているので、そのことについて以下に叙述します。春の七草について、現在ではセリはそのままセリ、ナズナは別称でペンペン草、ゴギョウはハハコグサ、ハコベラはハコベ、タビラコはそのままタビラコ、スズナはカブ、スズシロはダイコンのこととされています。ただ、ホトケノザについては、江戸時代頃になるとどんな草か分からなくなり、当時の博物学者たちにああだこうだと云々されて、その中には「ホトケノザはタビラコである」との説、つまり、江戸時代中期の博物誌である大和本草（貝原益軒著・一七〇九）の本編に「黄瓜菜《タビラコ》　本邦人日（＝正月七日のこと）七種ノ菜ノ内　仏ノ座是《コレ》ナリ」とあり、その付録巻〔44〕に「一説ニ　仏ノ座ハ田平子《タビラコ》也　其葉　蓮華ニ似テ仏ノ座ノ如シ」とあって、この説の真偽のほどが現在にまで尾を引いて云々されています。しかしながら、この説は再検証してみる必要がありそうです。なぜならば、上述したように両草は春の七草の中で併記されているからであり、室町時代頃の学者や教養人たちが、名称が異なるとはいっても同じ草を併記するほど愚かなことはしなかったと思われるからです。にもかかわらず、現在では、現代の植物学の大家である牧野富太郎博士（一八六二〜一九五七）が、大和本草説を継承して提唱した「ホトケノザはタビラコである」との説が一般的に認知されて通説となっており、殆んどの大辞典や植物本ではそのように書いてあります。この学問分野においても、師承の世界というか親分絶対のヤクザ界にも酷似したところがあるようです。碁石についての親分・子分間の会話の話があります。親分が白石を示して「俺は、この石は黒だと思うが白という変な奴がいる、お前はどう思うか。はい、親分のおっしゃるとおり、この石はまっ黒です」。

ご承知のとおり、ホトケノザには、キク科のものとシソ科のものとの二種類がありますが、ここで話題にしているのはキク科のホトケノザです。このホトケノザとタビラコとが同じ草ということになると、春の七草といいながら実際には六草になってしまうことから、そのようなことはあり得ないことです。牧野説においても、両草が同じ草である理由としては、植物学九十年（牧野富太郎著・宝文館・昭和三十一年発行）という本に「その苗が田面に平たく蓮華状の円座を成している状を形容してこれをホトケノザ（仏ノ座）と昔はいったものと見える。また苗の状から田平子《たびらこ》、すなわち田面に平たく小苗を成しているのでそこでタビラコという名が出来たといえる」と書いてあります。

つまり、ホトケノザの語源は「仏ノ座」、タビラコの語源は「田平小」と書いてあります。この本では、だからホトケノザはタビラコであるとは直接には書いてありませんが、同じ草の姿形を二通りの名称にして表現しただけのことであり、したがって、両草は同じ草との認識のようです。ただ、蓮華座とは葉ではなくて花の座であることと、そもそも普通には苗というのは幼葉の頃の草木のことをいうので、「田面に平たく小苗を成す」というのはどういう状態を指すのか分かりませんが、小苗はまだ田面に平たくならないという不都合があります。また、タビラコは、田んぼの中には生えにくいので、畦《あぜ》とか土手ならともかく「田面に平たく」というのもどうかと思われます。田んぼの中は、よく手入れされるので雑草は極めて生えにくいのです。したがって、ホトケノザの「蓮華座」語源説とタビラコの「田平小」語源説にはやや疑問があります。ここで注意すべきことは、植物学九十年に書かれているホトケノザとタビラコの名称に関する語源説は、大和本草の記述を引継いだものであり、とても上手に説明されてはいますが、推定で述べられているだけであって、そうかも知れないしそうでないかも知れず、ほんとうのところは、これらの草名を実際につくった人たちに聴いてみなければ分からないということです。江戸時代後期の学者である小野蘭山の大和本草批正という本の七種菜の項には「[仏ノ座] 一ニ　ホトケノツヾレト云　カキドヲシニ似テ葉ノ茎ナシ　本草従前ノ元宝草ナリ　此ヲ田平子トスルハ非ナリ　タビラコハ鶏腸草ナリ」と書いてあります。

　牧野博士のその後の著書になると、タビラコについては、牧野新日本植物図鑑（北隆館・昭和三六年初版発行）の**タビラコ**欄に「春の七草の一つであるホトケノザは本種である。田平子は田の面にロゼットの葉がひらたくはりついている形を述べた名」とあり、原色牧野植物大図鑑（北隆館・昭和五七年初版発行）の**ヤブタビラコ**欄に「タビラコとは、葉が田の面にロゼット状にはえる様子をいったものである。食用になる」とあり、改訂原色牧野植物大図鑑（北隆館・平成八年初版発行）の**コオニタビラコ**欄に「タビラコとは、葉が田の面にロゼット状にはえる様子をいったもの。食用になる」とあり、タビラコについては子苗と葉との相異はありますが、上述の植物学九十年におけるとほぼ同じ説明になっています。他方、ホトケノザについては、牧野説ではキク科のホトケノザはタビラコと同じ草とされているので、重複を避けて、上述の三つの牧野植物図鑑のいずれにもその記載はありません。

　他方、牧野新日本植物図鑑のシソ科のホトケノザ欄に「春の七草のホトケノザはキク科のタビラコのことであってこの植物ではない」とあり、原色牧野植物大図鑑ではシソ科のホトケノザ欄に「春の七草のホトケノザはキク科のタビラコ。和名は花部の葉を蓮華座に見立てた」とあり、改訂原色牧野植物大図鑑ではシソ科のホトケノザ欄に「和名は花部の葉を蓮華座に見立てたものだが、春の七草のホトケノザはキク科のタビラコのこと」と説明してあります。ここの説明で注意すべきことは、花部の葉を蓮華座に見立ててあるのは、シソ科のホトケノザだということです。そうしますと、三つの牧野図鑑には、植物学九十年でのキク科のホトケノザについての「その苗が田面に平たく蓮華状の円座を成している状を形容してこれをホトケノザ（仏ノ座）と昔はいったものと見える」という説明と似たような説明がどこにも見当たりません。つまり、これらの三つの牧野植物図鑑の説明では、キク科のホトケノザについては、「タビラコのこと」としか書いてないのです。なぜ、このように簡単な説明になるかというと、そもそもの字義上からは、蓮華座というのは「蓮の花の台座」のことなので、「雑草の葉の集まり」に過ぎないものを蓮華座に見立てることは難しいとの判断があったからと推測されます。

　したがって、タビラコ欄ではなくてシソ科のホトケノザ欄において、わざわざキク科のホトケノザの説明を加えて、シソ科とキク科との説明を組合せて極めて紛らわしいものにしてあるのではないかと疑われます。「和名は花部の葉を蓮華座に見立てたもの」という必ずしも明確には草種の指定のない表現は、シソ科のホトケノザの説明であって、ここで話題にしているキク科のホトケノザの説明ではありません。にもかかわらず、シソ科のホトケノザ欄でキク科のホトケノザにも言及するという説明の仕方になっているので、多くの人にキク科のホトケノザについての説明とかん違いされ易くなっています。また、重視すべきことは、たとえシソ科のホトケノザであるにしても、「花部の葉を蓮華座に見立てた」という点にあります。上述したように、蓮華座における華とは花のことなので、たとえ花部の葉であっても葉を蓮華座に見立てるのは難しいといえるのであり、ホトケノザの名称のほんとうの由来がそのようなものであること自体が可笑しいのです。つまり、「ホトケノザという名称の由来は他にある」と思われます。その語源については、ホトケノザ欄をご参照ください。

　結局のところ、漢字で書いた「仏の座」と「田平子」は単なる当て字に過ぎないらしいのであって、蓮華座や田平子がその名称の由来であるとは必ずしも思われないのであり、加えて、①春の七草においてホトケノザとタビラコとが併記されていること、②両草が同じ草とすると、春の七草は六草になってしまうこと、③室町時代の学者或いは教養人たちが、春の七草に同じ草を併記するほど愚かなことをしたとは思われないことなどから判断して、その草名がつくられた当時においては「ホトケノザとタビラコとは異なる草」と認識されていたのは確実と見做すべきものです。つまり、「**ホトケノザはタビラコではない**」、逆にしていうと「タビラコはホトケノザではない」ということです。

ここから以下に叙述することは、関心のない方は読む必要はありませんが、ここで話題にしているキク科のホトケノザとタビラコの草名はいつ頃にできたもので両草の関係はどうなっているのか、および、これらの草に関連して春の七草とはいつ頃からいわれるようになったのか、また、似たような草であるタンポポとの関係はどうなのかなどを調べてみます。

大言海によれば、平安時代の本草和名（九二〇頃）に「蒲公草、布知奈、多奈」、和名抄（九三四頃）に「蒲公草、不知奈、太奈」と書いてあります。ご承知のように、タンポポは漢語から導入された漢字では蒲公英と書くとされています。しかしながら、本草和名や倭名抄では蒲公草と書いてあります。

以降の記述は憶測ですが、なぜ、蒲公草かというと、この名称によって蒲公英に似た広い範囲の草、つまり、この草の仲間はかなり多いので、同類の草のすべてを蒲公草という名称で包含しようとしたからと思われます。蒲公草は、和名ではフヂナ（布知奈・不知奈）やタナ（多奈・太奈）と呼ばれて、当時は細別されずに広義での同類の草の集団を指したと思われます。なぜ、和名では一草二名になっているかというと、フヂナと呼びたい人たちとタナと呼びたい人たちの双方がいたからです。時代が下ると、フヂナとタナの名称を引継いで、一つはホトケノザ（仏座）、一つはタビラコ（田平子）の名称がつくられたと思われます。後述するように、時期的にはホトケノザは鎌倉時代、タビラコはそれから一七〇年程度後世の室町時代中期頃だったようです。つまり、漢字で蒲公草と書かれ、和名でフヂナやタナと呼ばれた草は、後世になると異なる草にされて、先ずは**ホトケノザ**、次に**タビラコ**の二つの名称に継承されたのです。

和漢朗詠集は、一説によれば平安時代中期の一〇一三年頃に藤原公任によって編纂された歌集とされますが、その中に「若菜」の題があり「七種菜」のことが書いてあります。しかしながら、具体的な草名は挙げられていません。ということは、平安時代からの十二若菜のこともあり、未だ草種を確定するまでには煮詰まっていなかったのかも知れません。同志社女子大学生活科学（Vol.45）の「季節を祝う食べ物」（森田潤司作）を参考にすれば、その後の文献においては、七種菜は次のような書物にでてきます。

①師光年中行事（一二五九〜一二七〇・鎌倉時代中期）
　薺、繁蔞《はこべら》、芹、菁、御形、
　須須代《すずしろ》、仏座
　　（注）「薺」は「なずな」のこと。
　　（注）「菁」は「すゞな」のこと。
②拾芥抄《しゅうかいしょう》（鎌倉時代中期）
　薺《なずな》、繁縷《はこべら》、芹《せり》、菁、
　御形、須須之呂《すずしろ》、仏座
③年中行事秘抄（一二九三〜一二九八・鎌倉時代後期）
　薺、繁蔞、芹、菁、御形、須須代、仏座
④梵灯庵袖下集（梵灯著・生没は一三四九〜一四一七年・室町時代前期）
　せりなずな　ごぎょうはこべら　仏のざ
　すずなすずしろ　是は七種《ななくさ》
⑤河海抄《かかいしょう》（四辻善成著・一三六〇年代・室町時代前期）
　薺、繁縷、芹、菁、御形、須々代《すずしろ》、仏座
⑥公事根源《くじこんげん》（一条兼良著・一四二二頃・室町時代中期）
　薺、はこべら、芹、菁、御形、すゞしろ、仏の座
⑦壒嚢鈔《あいのうしょう》（行誉撰・一四四六・室町時代中期）
　或歌ニハ、
　セリ　ナスナ　五行　タヒラク　仏ノ座　アシナ　ミミナシ　是ヤ七種
　芹　五行　ナツナ　ハコヘラ　仏ノ座
　スゝナ　ミゝナシ　是ヤ七クサ
　又或日記ニハ、
　薺（ナツナ）繁蔞《ハコベラ》　五行　スゝシロ　仏ノ座
　田ビラコ　是等也ト云
　（注）タヒラクはタビラコのこと。
　（注）ミミナシはミミナグサのこと。
⑧運歩色葉集《うんぽいろはしゅう》（一五四八・室町時代後期）
　芹、薺、五行、田平子、仏の座、

須須子、蕙《スヽシロ》

⑨連歌至宝抄《しほうしょう》（一五八五・安土桃山時代）

せり、なずな、ごぎょう、たびらこ、ほとけのざ、すずな、すずしろ、これぞ七草

⑩七草草紙《ななくさぞうし》（室町時代？〜安土桃山時代？）。

この草紙は、御伽草子の一話として納められているもので、次のような記述があります。

「正月六日の酉の時より初めて、この草をうつべし。酉《とり》の時には**芹**といふ草をうつべし。戌《いぬ》の時には**薺**といふ草をうち、亥《い》の時には**御形**といふ草、子《ね》の時には**たびらこ**といふ草、丑《うし》の時には**仏の座**といふ草、寅《とら》の時には**すゞな**といふ草、卯《う》の時には**すゞしろ**といふ草をうちて、辰《たつ》の時には七色の草を合はせて・・・」。

鎌倉時代以降のこれらの書籍において、蒲公草、つまり、和名のフヂナやタナの名称がでてこないということは、これらの名称は他の名称に引継がれたと推測され、先ずは鎌倉時代にホトケノザという草名がつくられたと思われます。したがって、当初の頃の春の七草にはホトケノザが挙げられていたのです。そのことは、上述した①師光年中行事（鎌倉時代中期）から⑥公事根源（室町時代中期）までの約一八〇年間において、ホトケノザだけが七草菜として挙げられているからです。

しかしながら、蒲公草、つまり、フヂナ・タナの仲間の草は多く、似たような草であるといっても、よく見ると異なるところがあるので、室町時代中期頃になるとホトケノザとは異なる草としてタビラコという名称がつくられたのです。そのことは、⑦壒囊鈔より以降の⑧運歩色葉集、⑨連歌至宝抄、⑩七草草紙などでの春の七草にホトケノザとタビラコとが併記されるようになっていることから推測できます。

平安時代から行われてきたとされる十二種若菜や春の七草菜の行事の話をするときに、見落としてならないことは、平安時代からその存在が認知され、古くから食べられてきたと思われる蒲公草、つまり、和名のフヂナやタナの名称が挙げられていないということです。ということは、この草が無視されるとは到底思われないことから、別称で挙げられているのであり、それこそが新名称となって現れたホトケノザとタビラコ

だったと思われます。

しかしながら、この時期までにまったく話題に挙げられていない重要な草があります。それは漢字では蒲公英と書く現在のタンポポという草です。そもそもタンポポは、どこにでも生えている草で、古くから食べられてきたと思われるのに十二若菜や春の七草菜に含まれていないこと自体が極めて不可解なのです。ということは、当時タンポポという草名は未だ無かったからと思われます。ちなみに、タンポポの名称は、草木名初見リスト（磯野直秀作）や日本国語大辞典（小学館・二〇巻・初版刊行一九七二〜一九七六）によれば、室町時代中期の文明本節用集（一四七四頃）において、蒲公草に対して**「タンホホ」**の呼称がでています。この頃になって初めて、蒲公草、つまり、和名フヂナ・タナに包含されていた蒲公英に対して、タンポポという和名が付けられたと思われ、壒嚢鈔でのタビラコの名称に遅れること三〇年程度になっています。

タビラコについては類似種が多いので、江戸時代になってから、更に分類されてオニタビラコ、コオニタビラコ、ヤブタビラコ、ミヅタビラコなどの名称が追加されています。江戸時代後期の博物学者である小野蘭山（一七二九〜一八一〇）の大和本草批正にタビラコとオニタビラコ、蘭山の弟子の飯沼慾斎著の草木図説（一八五六）にタビラコ、オニタビラコ、コオニタビラコ、ヤブタビラコ、ミヅタビラコの五つの名称がでており、大和本草批正には「タビラコはオニタビラコなり」、草木図説には「コオニタビラコは単にタビラコともいう」と書いてあります。タビラコについて、両学者の説はオニタビラコとコオニタビラコとに分かれて異なっています。牧野新日本植物図鑑のタビラコ欄には、コオニタビラコについて「小鬼田平子はオニタビラコに似た小型を示すが、無駄な名である」と書いてあります。なぜ、コオニタビラコが「無駄な名」かというと、牧野説では草木図説におけると同じようにタビラコはコオニタビラコと同じ草とされているからです。現在では、牧野説が通説となりホトケノザとタビラコとコオニタビラコとは同じ草と見做されています。また、草木図説においてタビラコの別称とされているカワラケナは、漢字で「土器菜《かわらけな》」と書いてありますが、これは当て字です。一音節読みで崗・婉・孌はカン・ワン・ランと読みいずれも「美しい」の意味、齦はケンと読み「食べる」の意味があります。したがって、カワラケナとは、嵓婉孌齦菜であり、美には美味の意味があることを考慮して直訳すると「美味しく食べられる野菜」の意味になっているものと思われます。

室町時代中期になると、蒲公草の仲間の草に対するホトケノザとタビラコという名称に続いて漢語由来の漢字で蒲公英と書く草に対してもタンポポという名称が付けられたと推測されます。なぜ、この名称がつくられたかというと、蒲公草を更に分別する必要が生じたからと思われます。漢字名としては漢語から来た由緒ある草名である蒲公英が使われ、その漢字の意味に合致した名称としてタンポポという名称になったのかも知れません。ホトケノザ、タビラコ、タンポポの三種の草は、平安時代頃の蒲公草の和名であるフヂナやタナに包含されていたという意味では同じ仲間の草だったのです。このように理解して始めて、なぜ、フヂナやタナの名称が鎌倉時代以降の「春の七草」に登場せず、鎌倉時代から室町時代に至ってホトケノザとタビラコの名称が現われ、さらに室町時代中期に至ってタンポポの名称が登場するのかがすんなりと理解できるのではないかと考えられます。

フヂナ・タナの名称を引継いでホトケノザ、タビラコ、タンポポの草名がつくられた当時、これら三種の草はお互いに異なる草と見做されていたと思われます。しかしながら、江戸時代以来それぞれの実際の草種が現在のような草に同定されてくると、これら三種の草の相互関係はどうなっているのかという問題が生じてきたのです。「春の七草」に併記されているという歴史的な事実から、ホトケノザがタビラコでないことは殆んど確定的といえます。タビラコとタンポポについては、日本国語大辞典（小学館）によれば、タビラコはタンポポであるという説もあり、岐阜県賀茂郡黒川と大分県速見郡には「タビラコをタンポポという」との記事や論文があると書いてあります。しかしながら、現在では両草はお互いに異なる草が同定されています。つまり、タビラコとタンポポとは異なる草にされています。問題は、江戸時代以降、大和本草などの説によりホトケノザとタビラコとは同じ草と見做されてきたことです。したがって、そうではないということになると、ホトケノザに該当する草がなくなり、ホトケノザとはいったいどんな草なのかということになります。現在では、殆んどすべての草に名称が付けられているので、ホトケノザに振向けるべき名称のない余った草は存在しないのです。上述の日本国語大辞典によれば、ホトケノザはオオバコであるという説もあります。江戸時代の古今沿革考（一七三〇）という本には「車前草、ほとけの座、おほばこ」と書いてあり、オオバコの絵まで描かれていますが、なぜそうなのかの理由は書かれていません。現実問題としては、ホトケノザは、以前はフヂナ・タナに包含されていたという意味において、共に同じ仲間であったタンポポであるということになれば、この問題は旨く解決することになるのですが、残念なことに、過去にそのように書かれた書籍が存在しないという困難があります。

　現在の通説とされているホトケノザとタビラコとが同じ草というのは、さかのぼれば、両草に未だ固有の名称がなく共に蒲公草という草、つまり和名のフヂナ・タナに包含されていたという意味で同じ草だったということであって、ホトケノザとタビラコが二名二草に分類された後においては、類似してはいても異なる草と見做すべきものです。江戸時代の博物誌である大和本草の本編に「黄瓜菜《タビラコ》、本邦人日（＝正月七日のこと）七草ノ菜ノ内、仏座是《コレ》ナリ」とあり、この説を引継いで牧野新日本植物図鑑のタビラコ欄に「春の七草の一つであるホトケノザは本種である」と書いてあることについても同じ趣旨に解釈すべきものです。

「春の七草」は、室町時代中期の壒嚢鈔《あいのうしょう》において、初めて五七調の或歌として披露されていますが、後述する本書説のようにホトケノザがタンポポということになると五音節語が四音節語になってしまい、和歌での五七五七七の三十一音節が崩れてしまって具合の悪いことになります。しかしながら、上述の草木図説によれば、幸いなことに四音節語のタビラコに五音節語のカワラケナという別称がつくられています。この時代にもなお、草木名でさえも歌に詠み込まれることは極めて貴重な意味を持っていたのです。鎌倉時代中期の師光年中行事以降に春の七草とされてきた「セリ、ナズナ、ゴギョウ、ハコベラ、ホトケノザ、スズナ、スズシロ」は関係ないとして、室町時代中期の壒嚢鈔以降に春の七草とされてきた「セリ、ナズナ、ゴギョウ、タビラコ、ホトケノザ、スズナ、スズシロ」において、五音節語のホトケノザは四音節語のタンポポであることを前提にして、四音節語のタビラコをその別称である五音節語のカワラケナに置き替えると、五七調で三十一音節の歌形式を維持し得ることになります。そこで、僭越ながら本書において、草名の順序を少し入れ替えて**「せり　なずな　ごぎょう　たんぽぽ　かわらけな　すずな　すずしろ　これぞ七草」**という、ホトケノザことタンポポと、タビラコことカワラケナ入りの新しい五七調の歌形式にしてみました。

　歴史的には以上のとおりなのですが、現状ではどのようになっているかというと、牧野富太郎博士説が通説の如くになっています。牧野説では、①ホトケノザには、キク科のホトケノザとシソ科のホトケノザの二種類がある、②ホトケノザとはキク科のものを呼び、シソ科のものは三階草と呼んだ方がよい、③キク科のホトケノザとタビラコとは同じ草であり、タビラコとコオニタビラコもまた同じ草である、したがって、キク科のホトケノザとタビラコとコオニタビラコの三者は同じ草である、というものです。しかしながら、上述してきたように、草名がつくられた当時からキク科のホトケノザとタビラコとを同じ草と見做すべきではありません。そもそも、春の七草にホトケノザとタビラコとが並記されていることに注意を払わずにホトケノザとタビラコとを同じ草としたのは江戸時代の大和本草であり、タビラコをコオニタビラと同じ草としたのは草木図説であり、現代においてこれらの説を引継いだ牧野説にしても、コオニタビラコがタビラコと同じ草とされる以上、ホトケノザはタビラコであるということになり、春の七草に併記されるという矛盾が消える訳ではありません。大和本草は、春の七草にホトケノザとタビラコとが並記されていることから、両草は同じ草ではあり得ないことに気付いて、ホトケノザはタビラコではなくタンポポであるとすればよかったのです。なぜならば、ホトケノザの特徴は、その葉が放射状（ロゼット状）になることであり、かつ、春の七草として食べられてきた草とするならば、それはタンポポが最も適当な草だからです。

　タンポポという草名は、そもそもはホトケノザやタビラコとは異なる草としてつくられたと思われますが、もし、どちらかの草の別称と見做すのであれば、どちらの草であるか分からないので、タビラコとキク科のホトケノザのどちらに同定してもよかったのです。しかしながら、タビラコが現在のようなタンポポとは異なる草に同定されてしまった以上、タビラコはタンポポではあり得ないことになります。他方、ホトケノザはタビラコではあり得ないとすると、ホトケノザには具体的な草は存在しないことになるので、タンポポと同定することには特に支障はありません。したがって、現在に至ってはホトケノザはタンポポであると見做してもよいことになります。ただ、名称の音声上はタナ↓タビラコ↓タンポポと変遷したとする方が理解し易いようですが、草の姿形上や食べてどうかという点からすると、タナ↓ホトケノザ↓タンポポと変遷したとする方がぴったりのように思われます。

最後に、キク科のホトケノザおよびタビラコとタンポポについての本書の見解を繰返していいますと、大和本草や牧野説の「ホトケノザはタビラコである」との通説とは異なりますが、以上に縷々《るる》述べてきたような理由から帰着した結果として**「ホトケノザはタンポポである」**ということにならざるを得ないということです。更に、本書としての見解を追加してまとめると、**「①仏座と田平子とは共に当て字である、②両草の語源の意味は共に〝美しい花の咲く美味しい草〟である、③ホトケノザとタビラコとは異なる草である、④ホトケノザはタビラコではなくタンポポである」**ということになります。

115 タマネギ

ユリ科の多年草で、茎と葉は中空の管状であり、地下に浅く潜って丸形に肥大した鱗茎部分を食用にします。細い複数の根は鱗茎の下部からでています。鱗茎とは、外側部から中心部に至るまで、鱗片が重なり合ったもので、これといった中心核ともいうべきものが最後まで現われません。したがって、経験の浅い猿にタマネギを与えると、最後まで剥いても実がでてこないので怒りだすと聞いたことがあります。

江戸時代の博物誌にもタマネギの名称はでてこないようであり、昭和初期の辞典である大言海によれば「近年、舶来セル西洋種ナリ」と書いてあるので、明治時代以降に輸入された野菜と思われます。ということは、タマネギという名称は、かなり最近につくられた名称だということになり、漢字では玉葱と書きます。

現在の日本人は英語かぶれで、英語を使えば教養人になったとでも思っているのか、言語能力の及ぶ限り、なんでもかんでもカタカナ英語で表現しようと躍起になっているようにみえます。そのうちに、タマネギはオニオン（**onion**）とだけ呼ばれるようになるのかも知れませんが、日本人が日本語を捨て去ることは好ましいこととは思われません。なぜ、こういうことになるかというと、アメリカ・イギリス人の思う壺にはまり込んで、日本語から漢字を削減し或いは追放し、できるだけ日本語をカタカナ英語に置換して或いは英語を直接に導入してカタカナ日本語として使い、そのカタカナ日本語の定着を待つべきでありそれが時代の流れであると主張するような、言語・国語学者が幅を利かせているからです。英語がいかに難しい言語であるかが分かっていないのです。僭越ながら、著者からいわせて貰えば、このような言語・国語学者は、日本文化の根源である日本語の身元について全然分かっていないのではないかと疑われます。

例えば、**オノマトペ**というヨーロッパ語があり、英語ではonomatopoeia、フランス語ではonomatopée、ドイツ語ではonomatopöieといい「自然の音声に擬してつくられた語」、つまり、擬音語、擬声語ともいうべきものを指すとされています。音と声とは、そもそもは異なる意味なのですが、同じ意味でも広く使われています。

しかしながら、日本の言語・国語学者の中には、オノマトペを「擬音語・擬態語」と翻訳している人たちがいます。そもそも言葉というものは、その殆んどすべてが擬態語なのです。擬音語や擬声語は、自然の音声を単純に字音で表現したものに過ぎませんが、擬態語は意味のある言葉としてつくられたもので、その性質は全然違うものであり、同一に扱うべきものではありません。したがって、オノマトペを「擬音語・擬態語」と翻訳するのは疑問であり、その「オノマトペ辞典」なるものに擬音語と擬態語を一緒に挙げて、あたかも同じ性格の言葉であるかのごとくに論ずべきものではないのです。なぜならば、擬音語や擬声語には字義上の意味はなく、擬態語には字義上の意味があるからです。ならば、その辞典に擬態語として挙げられているものは、いかなる意味でいかなる語源かと問われれば、その殆んど全部についてその語源を説明することはさほど困難なことではありません。

さて、本論であるタマネギの語源の話に移りますと、その名称は、タマとネギから成り立っていると思われます。一音節読みで、大はタと読み、副詞では程度が著しいことを表現するときに使われ「とても、非常に、著しく」などの意味です。満はマンと読み「円い」の意味でも使われ、満月のことを円月ともいいます。また、曼はマンと読み「美しい」の意味です。つまり、タマは、大満と大曼との掛詞であり、意味上は大満曼になり直訳すると「とても円い、とても美しい」の意味ですが、美には美味の意味があるので、簡潔にいうと「とても丸くて美味しい」になります。したがって、タマネギは、意味上は、大満曼葱になるので**「とても丸くて美味しい葱」**の意味になっており、これがこの野菜名の語源と思われます。なお、ネギ（葱）の語源については、その欄をご参照ください。

116 タンポポ

キク科の多年草で、春の代表的な草の一種であることはご承知のとおりです。この草は、今でも食べますが、古くから食べられる野草とされてきました。根生葉は地面近くに放射状に広がり、根元から花茎をだして、その先端に黄色の美しい花が咲きます。白い花が咲く種はシロタンポポといいます。花が咲いたあと、半円形の頭頂にたくさんの細長くて小さい種子がなり、各種子の先端には多数の白い細い冠毛《かんもう》が生えています。冠毛付き種子の集まりは白色の半円形になっていて、その一つ一つの種子は、風に吹かれるとその風に乗って飛び散ることで広範囲に播《ま》かれます。したがって、多くの皆さんが、子供の頃、タンポポの冠毛種子ができると、その花茎を千切って、フーッと息を吹きかけて種子を飛ばして遊んだなつかしい経験をお持ちのことと思います。

さて、タンポポの語源の話に移りますと、一音節読みで、唐はタンと読み「広い、広大な」の意味、播はポと読み「種《たね》を播く、種を撒布する」の意味があります。つまり、ポポは播の重ね式表現である播播のことです。したがって、タンポポとは、唐播播であり直訳すると**「広く種を播く（草）」**の意味になり、これがこの草名の語源です。

また、讜はタンと読み「美しい」の意味、峬はプともポとも聴きなせるように読みこれまた「美しい」の意味があります。つまり、タンポポは、讜峬峬の多少の訛り読みであり、「美しい」の意味ですが、美しいのは花のことと思われることから、花を指すときは**「美しい（花）」**、草を指すときは**「美しい花の咲く（草）」**の意味になり、これもこの草名の語源と思われます。

更に、啖はタンと読み「食べる」の意味があり、健啖という熟語があることはご承知のとおりです。上述したように峬は「美しい」の意味でしたが、美には美味のあることから、「美味しい」の意味もあることになります。つまり、タンポポとは、啖峬峬であり、**「食べて美味しい（草）」**の意味になり、これもこの草名の語源と思われます。以上三つの語源をまとめていうと、**タンポポとは「広く種を播く、美しい花の咲く、食べて美味しい（草）」**になります。

重ね式表現は、伝統的には畳語《じょうご》といいます。日本国語大辞典（小学館・全二〇巻）には、タタンポ、タンポ、タンポ、タンポコ等に混じってチャンポコ（岐阜・愛知）やチャンポポ（秋田）と少し変わった方言も挙げられています。これらの名称におけるタやタンは唐、ポは播、コは子であると思われます。また敞はチャンと読み「広い、広大な」の意味があるので、敞播子や敞播播は唐播播と同じ意味になっているのです。

漢字では、漢語から導入した名称で蒲公英と書かれるのですが、大言海によれば、平安時代の本草和名に「蒲公草、布知奈、多奈」、和名抄には「蒲公草、不知奈、太奈」と書いてあります。つまり、平安時代には、蒲公草はフヂナ（布知奈・不知奈）やタナ（多奈・太奈）と読まれていたのです。江戸時代の東雅（新井白石著）に「今俗にタンホヽといふもの、蒲公草すなはち是なり」と書かれており、この本では蒲公英と蒲公草とは同じ草でタンポポのことと見做されているようです。

先ず、フヂナについては、一音節読みで、膚はフ、芝はヂと読み、形容詞で使うときは共に「美しい」の意味があります。つまり、フヂナは膚芝菜であり直訳すると「美しい菜」ですが、美しいのは花のことと思われるので「美しい花の咲く菜」の意味になります。また、美には美味の意味があることを考慮すると「美味しい菜」の意味にもなります。したがって、フヂナ（膚芝菜）とは**「美しい花の咲く、美味しい菜」**の意味になります。

次に、タナについても同じ意味と思われます。一音節読みで、讜はタンと読み「美しい」の意味があります。つまり、タナは讜菜であり膚芝菜と同じ意味で**「美しい花の咲く菜」**の意味になります。また、啖はタンと読み「食べる」の意味があり、この場合、タナは啖菜であり**「食べる菜」**の意味になり掛詞になっています。讜菜と啖菜とをまとめると**「美しい花の咲く、食べる菜」**の意味になっています。このように、フヂナとタナとは、ほぼ同じ意味になっています。

タンポポという名称は、平安時代や鎌倉時代の古典本にはみられず、草木名初見リスト（磯野直秀作）や日本国語大辞典（小学館）によれば、室町時代中期の文明本節用集（一四七四頃）に「蒲公草、タンホホ」とでているとされるので、この頃につくられたと思われます。日葡辞書（一六〇三）には「**Tanpopo** タンポポ（蒲公英）」とでています。タンポポは、現在では、日漢で共に蒲公英と書きますが、漢語ではプコンインと読むので、どういう意味なのかを調べてみます。一音節読みで蒲はプともポとも聴きなせるように読み、同じ読みの播に通じています。公はコンと読み同じ読みの餱に通じていて「豊富な、たくさんの」の意味があります。英はインと読み同じ読みの纓に通じています。纓は、頭飾のことを指し、英語でいうところのリボン（ribbon）のことです。つまり、蒲公英とは、同じ読みの播餱纓《プコンイン》に通じており、直訳すると「播くたくさんの頭飾のある（草）」ですが、順序を変えていうと**「たくさんの頭飾を播く（草）」**の意味になっています。ここでの頭飾とは、冠毛種子をそのように見立てたものと思われます。

江戸時代の和漢三才図会には、タンポポは漢字では蒲公英の他に、黄花地丁や金簪草ともいうと書いてあります。黄や金という字が使われているということは、基本的には、この草の花は黄色と見做されていたようです。

黄花地丁については、一音節読みで地はタと読み、同じ読みの的のことで「～の」の意味です。丁はティンと読み、同じ読みの頂に通じています。頂は「いただき」と読み「頂上」のこと、場合によっては「頭」のことをも指します。したがって、黄花地丁は、黄花的頂のことであり、直訳すると「黄色い花のある頂の（草）」ですが、少し意訳して表現を変えると**「頂に黄色い花の咲く（草）」**の意味になっています。

金簪草については、訓読では簪は「かんざし」と読み、ご承知のように頭髪を結わえる装飾具のことをいいます。したがって、金簪草は、直訳すると**「金色の簪のある草」**の意味になっています。金色の簪とは、黄色の花をそのように見立てたものです。また、和漢三才図会によれば、芝那の農政全書という本には蒲公英の別称は孛孛丁菜《ポポティンツァイ》と書いてあります。一音節読みで、孛はポと読み同じ読みの播のことです。したがって、孛孛丁菜は播播頂菜のことであって、ここでの菜とは草菜のことですから、直訳すると**「播くものが頂にある草菜」**の意味になっています。以上のことから、黄花地丁、金簪草や孛孛丁菜の意味はほぼ同じであり、タンポポという日本語名称をつくる際の参考になったものと推測されます。

最近では、タンポポの茎を折り取って両端に割りを入れて水に浸すと鼓形になるとのことから、別称をツヅミグサ（鼓草）というとの説が流布されていますが、賛成できる説ではありません。なぜならば、正直いってその茎は鼓形にはならないからです。また、たとえ、鼓形と見做すとしても、両側に張られた蓋もないので、そもそもこの草を叩くことはできません。したがって、タンともポンとも音がでる筈もなく、この草を鼓草と見做すことは不可能だからです。大鼓に関連した多くの方言があるのは、タンやポンを大鼓の音と見做してツヅミグサ（鼓草）などという説が唱えられた後からつくられたものです。

民俗学の柳田国男は「多くの野の草が稚児を名付け親にして居たことを知って、初めてタンポポといふ言葉の起こりが察せられる。命名の動機はまさしくあの音の写生にあった」というのですが、言語についての基礎知識の乏しい稚児に言葉をつくれる筈はないのであって、このことに関しては、柳田国男民俗学は根本的に間違っていると思われます。ツヅミグサという音声語の意味は、ほんとうは次のようなものと推測されます。

タンポポは、どの地域でも、昔は春季の貴重な食料野菜であったと思われ、クジナやツヅミグサとも呼ばれていたのです。一音節読みで、酷はクと読み、副詞で使うときは「とても、非常に、著しく」などの意味、即はジと読み「食べる」の意味があります。つまり、クジナとは酷即菜であり**「とても食べる菜」**の意味になります。また、姿はツ、組はヅ、靡はミと読み、形容詞で使うときはいずれも「美しい」の意味があるので、ツヅミグサとは、美の意味の字が三つ重なった姿組靡草であり、美には美味の意味があることを考慮すると**「美味しい草」**の意味になっています。

また、東雅には「或人の説に、此菜一名を白鼓草ともいへばタンホゝの名あり、タンホゝとは、鼓声をまなびいふなりといふ。如何にやあるべき」と疑問視して書かれています。漢語では白鼓丁《パイクティン》ともいうのは、同じ読みの白箍丁のことであって、箍は「輪状」、丁は「頂」のことですから、直訳すると**「白い輪状の頂《いただき》のある（草）」**の意味であり、花茎上に花後にできる白色半円形の冠毛種子の集まりを指したものと思われます。つまり、白鼓丁は漢語式の当て字なのです。最後に、タンポポの主語源を覚えやすいように、次のような歌を詠んでみました。

・唐播播《タンポポ》は　きれいな花の咲いたあと
　冠毛種《かんもうたね》を広く播く草　　不知人

117 チシャ

キク科の一年草、または、越年草で、古くから美味しい野菜として食べられてきました。チシャは、漢字では萵苣と書かれます。

大言海によれば、チシャはチサの訛り読みであり、平安時代の字鏡に「苣、知佐。萵、知左」、本草和名に「白苣、知佐」、和名抄に「苣、知散」と書いてあります。萵苣は、漢語から導入したもので、漢語の一音節読みでウォチュと読みますが、日本語では新たにチシャという訓読言葉をつくってその読みに当ててあるのです。日本人が、漢字を素材として日本語としてつくった言葉は訓読言葉とでもいうべきもので、ある漢字をその訓読言葉で読むことを簡潔にして訓読といいます。

さて、語源の話に移りますと、麻雀の愛好家はご承知のことと思いますが、一音節読みで喫はチと読み「食べる」の意味です。喫は繁体字であり、簡体字では吃と書きます。また、香はシャンと読み「美味しい」の意味があります。つまり、チシャとは、喫香の多少の訛り読みであり、直訳すると**「食べて美味しい（野菜）」**の意味になり、これがこの草名の語源です。

なお、この日本古来のチシャは、巻いて球形にはなりませんが、明治時代になってから輸入されたヨーロッパ種は巻いて球形になります。日本語では**「玉チシャ」**というのですが、英語では**「レタス（lettuce）」**というので、英語かぶれの日本人は、そのままの発音でカタカナ日本語として使われています。

118 チョウセンアサガオ

ナス科の一年草です。普通種では、秋に朝顔に似たラッパ形のやや大きめの美しい白い花が咲きますが、園芸種では、黄色、淡紅色、淡紫色などの花もあり、熱帯に属する南アジアが原産地とされています。草には毒草といわれるものが多々ありますが、その横綱格として真っ先にチョウセンアサガオを挙げる人が多いと思います。なぜならば、特にその種子や根には猛毒があり、他草と比較したときに、この草の葉、茎、根などを誤って食べて中毒症状を起こす事例が多いからであり、ときには死に至ることもあるからです。三大毒草として**チョウセンアサガオ**、**ハシリドコロ**、**トリカブト**を挙げる人もいます。チョウセンアサガオは、江戸時代の医学者である華岡青洲が、その妻に世界初の全身麻酔手術を施したときに、麻酔薬を精製した草として有名です。草木名初見リスト（磯野直秀作）によれば、この名称は室町時代の温故知新書（一四八四）にでているとされ、大言海には、「（江戸時代ノ）貞享中、朝鮮ヨリ渡ルト云フ」と伝聞形式で書いてあります。

さて、語源の話に移りますと、漢字では朝鮮朝顔と書かれますが、朝鮮は当て字であって、大言海の記述にもかかわらず、朝鮮から或いは朝鮮を経由して渡来したからではないと思われます。なぜならば、そのことは必ずしも明らかでないからです。アサガオと呼ぶのは、その花が一般のアサガホの花に非常によく似ているからとされています。

一音節読みで、臭はチョウと読み形容詞では「臭い」ですがその意味の外に、副詞では良くない意味での「とても、非常に、著しく」などの意味があります、険はシィエンと読み「危険な、危ない」の意味です。つまり、この草名におけるチョウセンは、臭険《チョウシィエン》の多少の訛り読みであり「とても危険な」の意味です。したがって、チョウセンアサガオとは、臭険アサガオであり直訳すると**「とても危険なアサガオ」**の意味になっており、これがこの草名の語源です。この草名におけるチョウセンは朝鮮ではありません。アサガオの語源についてはその欄をご参照ください。

119　ツクシ・スギナ

トクサ目のシダ植物です。ツクシはスギナの一部であり、両者は地下茎で繋がっています。スギナは胞子茎と栄養茎とからなるのですが、普通には、胞子茎をツクシと呼び、栄養茎をスギナと呼んでいます。春になると、先ずツクシが地上に姿を現し、後にスギナがでてきます。

大言海によれば、平安時代末の字類抄に「土筆、ツクツクシ」、安土桃山時代末の易林節用集（慶長）に「天花菜、ツクヅクシ」と書いてあります。また、平安時代末の名義抄に「蕒草、スギナ」と書いてあり、室町時代の蔵玉集に「片山ノ賤《シヅ》ガコモリニ　生ヒニケリすぎなマジリノつくつくしカナ」と詠まれています。

さて、ツクシの語源の話に移りますと、姿の字は、一音節読みの清音読みでツと読み、名詞では「姿《すがた》」の意味です。髡はクンと読み「僧尼」のこと、形はシンと読み「姿、形、姿形」の意味です。つまり、ツクシとは、姿髡形の多少の訛り読みであり、直訳すると「姿が僧尼の形の（草）」ですが、ツクシと僧尼が似ている所は頭部と思われるので、少し意訳すると**「姿が僧尼の頭形の（草）」**の意味になっており、これがこの草名の語源と思われます。ここでの僧尼の形、つまり、僧尼の頭形というのは、いわゆる坊主頭のことを指しています。

また、都はツと読み、形容詞では「美しい」の意味であり、美には「美味しい」の意味があることはご承知のとおりです。穀はクと読み、形容詞で使うときは「よい、良好な」の意味ですが、食べ物に関するときは「美味しい」の意味になります。食はシと読みます。つまり、ツクシとは、都穀食であり、直訳すると**「美味しく食べられる（草）」**の意味になり、これもこの草名の語源で掛詞になっています。掛詞をまとめると、ツクシとは**「姿が僧尼の頭形をした、美味しく食べられる（草）」**になります。

スギナは、漢字で「杉菜」と書かれて、通説では、樹木の杉に似ていることから付けられた名称と流布されています。スギナが樹木の杉に似ているかどうかは、個人的な見方の相違はあっても、厳密には似ているとは思われず、杉は単なる当て字と思われます。菜とは食べる植物のことを指すことから、菜という限り、杉菜における杉は木のことではなくて、食べることに関係した意味ではないかと推測されます。日本の草の場合、毒草でもない限り、食べようと思えば大抵のものは料理法を工夫して食べられることから、スギナは果して食べて美味しい草なのかどうかという問題はありますが、食べる人もいるようです。「おいしい山菜図鑑」（千趣会）には、次のように書かれています。「ツクシは、どの地方でも食べるが、スギナとなると食べない所が多い。スギナは草全体に、ガラス質の膜をかぶっているから、食べてはいけない、という学説もあるそうだが、北陸の金沢あたりでは平気で食用にしているし、別段の支障はない」。

一音節読みで、食はシの他にスとも読み「食べる」の意味です。鬼はギと読み、形容詞で使うときは「劣った、劣悪な」の意味もあります。つまり、スギナとは、食鬼菜であり、直訳すると**「食べて劣る菜」**の意味になり、これがスギナの語源かも知れません。「劣る」というのは食べようと思えば食べられるが、ツクシと比較したときの味のことと思われます。

120 ツユクサ

ツユクサ科の一年草です。漢字では露草と書かれます。道端や田畑のあぜ道などに自生しており、丈は平均で30㎝程度、葉は長楕円形で互生し、その基部は鞘状になって茎を取巻いています。五月頃から生え始め、特にその茎は食材ともされていたようです。夏に、二つ折りの苞に包まれた青い花が咲きます。花びらは三枚で、一枚は小さく二枚は大きくなっています。

大言海によれば、平安時代の本草和名と和名抄には、共に「鴨頭草、都岐久佐」と書いてありますが、この鴨頭草《ツキクサ》はツユクサの古名とされています。古代には、その花汁は青色の摺染《すりぞめ》染料としても使われたようであり、また、その花は次々に続いて咲く一日花で、万葉2291では「朝咲き夕は消ぬる」とあります。万葉集には、九首が詠まれており例えば次のような歌があります。

・月草の移ろひやすく思へかも
わが思ふ人の言《こと》も告げ来ぬ（万葉583）

・月草に衣そ染むる君がため
綵色《しみ》の衣を摺《す》らむと思ひて（万葉集1255）

・鴨頭草《つきくさ》に衣《ころも》色どり摺《す》らめども
移ろふ色といふが苦しさ（万葉集1339）

・朝《あした》咲き夕《ゆふべ》は消《け》ぬる鴨頭草の
消ぬべき恋もわれはするかも（万葉2291）

さて、語源の話に移りますと、一音節読みで、姿はツ、瑰はキと読み、共に「美しい」の意味です。つまり、ツキ草は姿瑰草で直訳では「美しい草」ですが、美しいとは花のことと思われるので**「美しい花の咲く草」**の意味になっており、これがこの草名の語源です。

美には「美しい」の外に「美味しい」や「素晴らしい」の意味もあるので、食材に関するときは「美味しい」、染料に関するときは「素晴らしい」の意味にも解釈できます。したがって、この草は食材にもされたようであることから**「美味しい草」**、青色染料とされたことから**「素晴らしい草」**の意味も直訳での「美しい草」の中に含まれていると思われます。なお、月をツキと読むのも、この衛星が姿瑰（=美しい）だからであり、したがって、ツキクサは月草とも書かれるのです。

また、一音節読みで、卒はツと読み「急速に、直ぐに」の意味があります。帰はキと読み「死ぬ」の意味がありますが、植物に関するときは「枯れる」、花に関するときは「萎《しぼ》む、凋《しぼ》む」の意味になります。つまり、ツキクサとは、卒帰草の多少の訛り読みであり直訳すると「直ぐに凋む（草）」になりますが、凋むのは花なので、それを主語にしていうと**「花が直ぐに凋む（草）」**の意味になり、これもこの草名の語源で掛詞になっています。つまり、ツキクサは一日花だということです。掛詞をまとめていうと**「美しい花が咲き、その花が直ぐに凋む草」**の意味になります。

平安時代の源氏物語の横笛の巻に「露草してことさらに色取りたらん心地して」と書かれていることから、ツキクサがツユクサの古名であるならば、すでに平安時代において名称が変更されていたか、或いは、両名称は平行して使われていたことになります。なお、一音節読みで玉はユと読み「美しい」の意味なので、この草名が美しい草の意味ならば、ツキクサ（姿瑰草）とツユクサ（姿玉草）とは同じ意味になることから、どちらで呼んでも構わないということです。露草における露は、その音読を利用するためだけの単なる当て字ですが、露そのものが姿玉であり「美しい（水玉）」の意味になっています。

121　ツリガネニンジン・トトキ

ツリガネニンジンは、キキョウ科の多年草です。山地に自生し丈は80㎝程度、秋に、下向きの、つまり、釣鐘形の可憐な淡紫色の花が咲きます。根は太く、ニンジンの形をしているので、ツリガネニンジンと称するとされています。したがって、この草の語源は、単純には釣鐘人参の読みであり**「釣鐘形の花の咲く、人**

参のような（草）」の意味になります。ツリガネニンジンの名称は、草木名初見リストによれば、日葡辞書（一六〇三）にでています。

「おいしい山菜図鑑」（千趣会）には、次のように書かれています。「採りたての若葉をさっとゆでて、おひたしに。クセのない素朴な風味にファンも多い。すまし汁の実に入れたり、鶏肉と煮てもよい。好みでゴマあえ、白あえなどにしてもよい」。

一音節読みで、姿はツ、麗はリ、嵓はガン、捻はネンと読み、形容詞で使うときは、いずれも「美しい」の意味があります。美しいのは花のことと思われますが、小さいもののときは「可愛い、可憐な」などの意味になります。つまり、ツリガネニンジンとは、姿麗嵓捻ニンジンの多少の訛り読みであり、**「可憐な花の咲くニンジン」**の意味になり、これがこの草名の語源です。また、美には美味の意味があることを考慮すると**「美味しいニンジン」**の意味にもなっており、これもこの草名の語源で掛詞になります。したがって、まとめていうと**「釣鐘形の可憐な花の咲く、美味しいニンジン」**になります。ニンジンについては、その欄をご参照ください。

この草は、別称でトトキニンジン、略称でトトキというとされ、「山で旨いはオケラにトトキ、里で旨いはウリナスビ」の文句があるほどに美味しいとされています。ただ、トトキというのは、個別の草名というよりも、美味しい草の別称として使われる言葉です。その一例を挙げると、平安時代の本草和名に「千歳蘽汁、阿末都良、一名、止止岐」と書いてあります。アマズラは美味しい草なのでトトキ（止止岐）なのです。

一音節読みで、痛はトンと読み程度が著しいことを表現するときに使われ、「とても、非常に、著しく」などの意味であり、痛快、痛切、痛感などの熟語があります。都はト、瑰はキと読み、形容詞で使うときは共に「美しい」の意味があります。つまり、トトキとは、痛都瑰の多少の訛り読みであり、美には美味の意味があるので、**「とても美味しい（草）」**の意味になっており、これがトトキという草木名の語源と思われます。なお、同じ科のキキョウは、藍紫色の美しい花の咲く草ですが、その根茎が美味しい草でもあるので、別称で「オカトトキ」とも呼ばれていることはご承知のとおりです。

122 ツリフネソウ

ツリフネソウ科の一年草です。山野の水辺に自生し、草全体が多汁で柔弱そうな草質をしています。例えば、日本国語大辞典（小学館）には「茎は多汁質で柔らかい」と書いてあります。丈は60㎝程度にまで成長し、茎や葉柄は艶があって赤味を帯びており、葉は互生し楕円形をしています。秋に、葉腋から紅紫色の花が数個垂れ下がって咲き、花びらは左右対称で距《きょ》がありま す。この草名は、草木名初見リスト（磯野直秀作）によれば、江戸時代の諸禽万益集という本にでています。

さて、語源の話に移りますと、一音節読みで、姿はツ、麗はリと読み、共に「美しい」の意味があります。婦はフ、嫩はネンと読み、形容詞で使うときは共に「柔弱な、柔美な、柔らかい」などの意味があります。つまり、ツリフネソウとは、姿麗婦嫩草の多少の訛り読みであり、直訳すると「美しい柔弱な草」の意味ですが、美しいのは花のことと思われるので、この草の実態に即して少し意訳すると**「美しい花の咲く、柔弱そうな草」**の意味になり、これがこの草名の語源と思われます。

漢字で釣船草と書かれますが、これは、その音読を利用するためだけの単なる当て字と思われます。「船に似る」などと説明してある大辞典、例えば、広辞苑（第六版）には「筒形の花冠の後端は距となり、先が反曲して巻き、船に似る」、或いは、語源本の中には「花の形が帆掛け船を釣り下げたような形をしているから」と説明しているものがありますが、この草の花は、船に似ているとは思われないので、この説明には疑問があります。

123 ツワブキ

キク科の多年草です。暖地の海岸近くに自生し、その姿形や茎の出方はほぼフキ（蕗）に似ていますが、フキが春の草なのに対して、ツワブキは晩秋に花茎が50㎝程度立ち上がり黄色の美しい頭状花が咲くので、現在では主に観賞用として植えられます。葉や茎は食用になりますが、民間療法で、火傷・打撲・腫物・湿疹などへの薬用としても使われます。

　草木名初見リスト（磯野直秀作）によれば、出雲国風土記（七三三年成立）に「都波」とでているのは、ツワブキのこととされています。

　一音節読みで、姿はツ、婉はワンと読み、共に「美しい」の意味があります。つまり、ツワブキとは、姿婉蕗の多少の訛り読みであり、美しいのは花のことと思われるので、**「美しい花の咲く蕗」**の意味になり、また、美には美味の意味があるので**「美味しい蕗」**の意味にもなり、これらがツワブキという草名の語源と思われます。したがって、まとめていうと「美しい花の咲く、美味しい蕗」になります。フキ（蕗）もキク科の草ですが、それについてはその欄をご参照ください。

124　テッセン

　キンポウゲ科の蔓性の多年草です。種類が多く、とても美しい花が咲くので、**「蔓性草の女王」**と称され、鑑賞用として栽培されています。草木名初見リスト（磯野直秀作）によれば、室町時代後期の文明本節用集（一五〇〇頃）にでています。大言海によれば、江戸時代の近代世事談という本に「鉄線花、寛文年中、中華ヨリ渡ル、紫白ノ二種アリ、四月、花開ク、又、紫白相マジルモアリ、蔓草也」と書いてあります。寛文（一六六一～一六七三）は、江戸幕府の四代将軍である徳川家綱の治世の年号です。「中華ヨリ渡ル」と書かれているように、原産地は芝那とされています。

　さて、語源の話に移りますと、一音節読みで、腆はテイエン、姿はツと読み、共に「美しい」の意味があります。鮮はシィエンと読み「鮮《あざ》やか」の意味ですが、そもそも「あざやか」という言葉の意味は、語源上は「とても美しい」の意味があるので「鮮やかで美しい」の意味にもなります。つまり、テッセンとは、「美しい」という意味の字が三つ重なった腆姿鮮の多少の訛り読みであり、直訳すると「美しい（草）」ですが、花を指すときは「美しい（花）」、草を指すときは**「美しい花の咲く（草）」**の意味になり、これがこの草名の語源です。

牧野新日本植物図鑑には「漢名の鉄線蓮の鉄線にもとずいたものである。すなわちつるが強くはりがねのようであるからである」とあり、また広辞苑（第四版～第六版）には「茎は針金のように強い」などとほんとうとも思われないことが書かれているからか、このような俗説が平気でまかり通っています。しかしながら、この説明は極めて可笑しいといえます。なぜならば、常識で考えても分かるように、①草の茎や蔓が針金のように強いことなどあり得ないことであり、②女王といわれるほどに美しい花の咲くこの草の名称が、味も素っ気もない針金のようなことから付けられる筈もないことは誰が考えても明白だからです。

　漢語における、この草名の「鉄線」はその音読を利用するための単なる当て字に過ぎないのです。一音節読みで、鉄はティエと読み同じ読みの貼に通じていて「張り付く、粘り付く」の意味があります。線はシィエンと読み同じ読みの鮮に通じており「鮮やかで美しい」の意味があります。つまり、漢語における鉄線とは貼鮮の多少の訛り読みであり、直訳すると「張り付く、鮮やかな美しい（草）」ですが、少し意訳すると**「他物に張り付く、鮮やかな美しい花の咲く（草）」**の意味になっており、これが漢名の鉄線の意味と思われます。張り付くというのは、この草は蔓草なので他物に絡み付くということです。

125　テングサ・トコロテングサ

　テングサ科の紅藻類の海草です。テングサは、全称ではトコロテングサといいます。大言海によれば、平安時代の和名抄の海藻類の項に「大凝菜、古留毛波、ココロブト、俗ニ心太ノ二字ヲ用フ、古古呂布止ト云フ」と書いてあります。大言海自身には、「**ところてんぐさ**（名）心太草。古名、ココロブト。コルモハ。テングサ。海草。海中ノ沙石ニ着キテ生ズ、高サ三四寸、枝多ク、甚ダ細ソクシテ乱糸ノ如シ、紅、白、黄、紫、碧等ノ数種アリ。採リテ乾シテ、ところてんトス。略シテ、てんぐさ」と説明してあります。また、草木名初見リスト（磯野直秀作）によれば、トコロテングサの名称は、江戸時代中期の書言字考節用集にでており、現在のテングサの名称は江戸時代の諸国産物帳にでています。つまり、その名称は、平安時代から江戸時代にわたってココロブト↓トコロテングサ↓テングサ(略称)と変遷しているようです。ご承知のように、この草はトコロテンのみならず、カンテンの原料ともなります。

さて、語源の話に移りますと、一音節読みで、哿はコと読み「よい、良好な」の意味ですが敷衍して「美しい」の意味もあります。柔はロウ、峬はブ、都はト、腆はティエンと読み、形容詞ではいずれも「美しい」の意味があります。ココロブトは哿哿柔峬都、トコロテングサは都哿柔腆草、テングサは腆草になり、音節数は異なっても直訳するといずれも「美しい草」になりますが、美には美味の意味があるので、少し意訳するといずれも**「美味しい海草」**の意味であり、これがこれらの言葉の語源です。

126 テンナンショウ

サトイモ科テンナンショウ属の多年草です。頭にアオ、シマ、ミツバ、ツルギ、ウラシマ、ミミガタその他の修飾語の付いた三〇種程度が知られています。その液果は、一見、トウモロコシの実のように集合して付いており、成熟するにつれて、上方の各個体から順次に緑色から美しい赤色に変わっていきます。有毒植物であり、特に根茎の毒は強く、美味しそうにみえる液果にも毒があるので、それを誤って口にして中毒症状を起こす人がたまにいるようです。大言海によれば、平安時代の康頼本草に「天南星、味苦辛にして毒有り」と書いてあります。

さて、語源の話に移りますと、一音節読みで、顚はテンと読み「てっぺん、頂上」、赧はナンと読みそもそもは「赤面している、赤らんでいる」の意味ですが「赤い、赤色の」の意味でも使われます。嘵はシャオと読み「恐い、恐るべき」の意味があります。つまり、テンナンショウとは、顛痸嘵の多少の訛り読みであり、直訳すると「てっぺんが、赤色の、恐るべき（草）」ですが、実態に即して少し言葉を補足していうと**「てっぺんの液果が赤色の恐るべき（草）」**の意味になり、これがこの草名の語源です。恐るべきというのは有毒植物だからであり、この草の根茎の場合はそうですが、液果の場合は誤って食べると口内に炎症を起す程度のもののようです。

127　トウガラシ

ナス科の一年草です。漢字では唐辛子や番椒と書き、いずれもトウガラシと読みます。その実は、細長く熟すると皮は赤くなり、種子と共に強い辛味があり、山椒《サンショウ》、胡椒《コショウ》と共に三大辛子とされています。

江戸時代の本朝食鑑（一六九七）の〔集解〕の欄には、要約すると次のように書かれています。「番椒は、叢生《そうせい》し、四月に小さい白い花が開き、子《み》が結《な》る。子は、生のうちは青く、熟すと紅《あか》くなる。その色は深《たいへん》滑らかで光沢があり、愛《め》でるにたる。味は甚だ辣《から》く、気も甚だ烈《はげ》しい。青い時でも、香辣で、食べられる。紅いのは、採って乾して使う。年を越してもまた佳《よ》い。筆の頭・胡頽《ぐみ》に似たものが最も辣さが烈しい」。その〔発明〕の欄には、「番椒の辛熱・峻烈さは、山椒・胡椒の類よりも甚だしい」と書いてあります。

草木名初見リスト（磯野直秀作）によれば、トウガラシの名称は江戸時代の新刊多識編（林羅山著・一六三一）という本にでています。一音節読みで、痛はトン、亢はガンと読み、副詞で使うときは共に程度が著しいことを表現するときに「とても、非常に、著しく」などの意味で使われます。辣はラと読み「辣《から》い、辛い」の意味、奭はシと読み「赤い」の意味があります。つまり、トウガラシとは、痛亢辣奭（トン・ガン・ラ・シ）の多少の訛り読みであり、直訳すると、実を指すときは「とても辣い赤い（実）」、野菜を指すときは**「とても辣い赤い実のなる（野菜）」**の意味になっており、これがこの草名の語源です。

128　トウガン

ウリ科の蔓性の一年草です。夏に、黄色い花が咲き、果実はかなり大きくて胴周り20㎝程度、長さ30～40㎝程度の長楕円形をしており秋に収穫します。一般的には、煮しめにしたり、味噌汁や澄まし汁の具にして食べます。大言海によれば、平安時代の本草和名と和名抄に「冬瓜、加毛宇利」と書いてあります。また、江戸時代の物類称呼に「冬瓜、カモウリ、とうぐは。畿内及中国北海道、或ハ上総ニテ、かもうりト云フ、東国ニテ、とうぐはト云フ。東国ニテ、とうぐはヲとうがんトハネテ呼ビ、云云」と書いてあります。

一音節読みで、斗はトウと読み「大きい」の意味があり、嫐はウと読み「美しい」の意味、甘はガンと読みそもそもの字義に「美味しい」の意味があります。つまり、トウガンとは、斗嫐甘であり、美には美味の意味があることを踏まえると、果実を指すときは**「大きい美味しい（果実）」**、草を指すときは**「大きい美味しい果実のなる（野菜）」**の意味になり、これがこの草名の語源と思われます。トウガンは、トマト、ナスビ、ウリなどの果実に比べると大きいのです。

なお、カモウリや「とうぐは」については、可はカ、懋はマオと読み、共に「よい、良好な」の意味ですが、食べ物に関するときは「美味しい」の意味で使われます。つまり、カモウリは可懋瓜の多少の訛り読みであり「美味しい瓜」の意味になっています。また、瓜は音読でグヮァと読むので、「とうぐは」は「斗嫐瓜」であり、「大きい美味しい瓜」の意味になっています。

129　トウダイグサ

トウダイグサ科の植物は、世界中に約三百属以上で、約五千種以上があるとされて一大植物群を形成し、その大多数は有毒植物として知られています。日本には、二十種程度が生育しているとされます。

トウダイグサは、二年草で、道端、堤防、荒地などに生え、丈は20㎝程度、葉は卵形で互生し、上部に付く葉は先端茎から五本でた茎上に輪状に付いています。春に黄緑色の花らしくない花が咲きます。茎を傷付けると白い乳液がでてきますが、有毒なので、皮膚に付くだけでかぶれるなどの危険があります。

さて、語源の話に移りますと、一音節読みで、恫はトンと読み「恐れる、恐れさせる」の意味です。漢語辞典によれば、悪はウと読み動詞で使うときは「恐れる、恐れさせる」の意味があると書いてあります。殆はダイと読み「危ない、危険な」の意味です。つまり、トウダイグサとは、恫悪殆草の多少の訛り読みであり**「恐るべき危険な草」**の意味になっており、これがこの草名の語源です。

トウダイグサの名称は、草木名初見リストによれば、安土桃山時代の易林本節用集（易林節用集とも）（一五九七）にでています。江戸時代の和漢三才図会に「沢漆《とうだいぐさ》　この草の形状は燭台に似ていて、俗に燈台草と云ふ」と書いてあります。現代の大辞典の中には、例えば、広辞苑（第六版）には、「小さな黄緑色の花序を数個つけ、そのありさまが昔の燭台（灯台）に似る」と書いてあります。しかしながら、この草は、海の灯台や、昔の室内照明具の燭台のどこにも似ているとは思われず、ほんとうとも思えない俗説になっていますす。つまり、この草名での燈台という漢字は単なる当て字と見做すべきものです。

130　トウモロコシ

トウモロコシが伝来する以前に、日本にはモロコシキビ、略称でモロコシ、別称でコーリャンというイネ科の一年生作物が、芝那から伝来したとされています。漢字では、モロコシは蜀黍、コーリャンは高粱と書かれます。

草木名初見リスト（磯野直秀作）によれば、モロコシの名称は、室町時代の「お湯殿の上の日記」という本の西暦一四七七年の条にでているとされます。したがって、この頃に伝来したものと思われますが、日本食物史（櫻井秀・足立勇共著・雄山閣）という本で挙げられている室町時代の穀物食材の中に、ただ一度だけ「蜀黍《もろこし》の粉を調合した粉薬」という記述がでています。この本では、蜀黍に「もろこし」の振仮名が付けられていますが、室町時代当時、そのように読まれたのかどうかは分かりません。現在の日本では、モロコシという穀物は殆んど栽培されていないようです。

漢語の蜀黍における蜀は、一音節読みでシュと読み、同じ読みの「淑」に通じていて「美しい」の意味ですが、美には美味の意味があるので、蜀黍《シュシュ》は「美味しい黍《きび》」の意味になっています。つまり、蜀は漢語式の当て字だということです。

さて、日本語のモロコシとはいかなる意味かというと、一音節読みで、茂はマオ、柔はロウ、咢はコ、飾はシと読み、形容詞ではいずれも「美しい」の意味があります。つまり、食物を指す場合のモロコシは、茂柔咢飾の多少の訛り読みであり、美には美味の意味があるので、実を指すときは「美味しい（穀物）」、植物を指すときは**「美味しい穀物の実る（植物）」**の意味であり、これがモロコシという名称の語源と思われます。また、芝那の国土のことを唐土と書き、モロコシと読むのは、同じ懋柔咢飾の読みであり**「美しい（国）」**の意味になっています。古代の日本人には、唐土はそのような国と見做されていたのです。

トウモロコシは、イネ科の一年生作物で、通説では、原産地は中南米とされ、日本にはヨーロッパを経由して南蛮人が持込んできたことにより伝来したとされています。トウモロコシという名称は、上述の草木名初見リストによれば、安土桃山時代末期の羅葡《ラホ》日辞典（一五九五）にでています。漢語では、トウモロコシは玉蜀黍と書きますが、玉には形容詞では「美しい」の意味があり、美には美味の意味があるので「美味しい蜀黍《もろこし》」の意味になっています。また、トウモロコシは美味なので玉米ともいいます。

日本語としてのトウモロコシの語源の話に移りますと、トウモロコシの漢名である玉蜀黍や玉米における玉の字義からみても、トウモロコシのトウは国名としての唐ではなく、その音読を利用するための単なる当て字と思われます。一音節読みで、都はト、嫵はウと読み、共に「美しい」の意味なので、トウは都嫵であり「美しい」の意味になりますが、美には美味の意味があるので、トウモロコシは都嫵モロコシであり直訳すると**「美味しいモロコシ」**の意味になり、これがこの植物名の語源です。トウモロコシは、モロコシより美味しいものという意味の名称になっているのです。

トウ・モロコシに上述したモロコシの意味を入れると、都嫵・茂柔卾飾であり、直訳すると「美味しい・美味しい（穀物）」になるのですが、意訳して簡潔にいうと、実を指すときは**「とても美味しい（穀物）」**、植物を指すときは**「とても美味しい穀物の実る（植物）」**の意味になり、これがこの植物名の語源です。

　トウモロコシについて、語源辞典（植物編）（吉田金彦編著・東京堂出版）には、次のように書いてあります。「中南米の原産でコロンブスによってヨーロッパにもたらされ、日本にはポルトガル人が伝えた。トウモロコシのトウは『唐』で支那を指し、トウ（唐）などモロモロ（諸々）のコシ（越）の国からやって来たもの、すなわち『外国からのもの』という意味。モロコシ（キビ）は緒越《しょえつ》の語を訓読したもので（大言海）、モロコシキビのモロコシは、一六世紀にトウモロコシが日本に伝えられたとき、最もよく似ているのがモロコシであったので、『唐（舶来）のモロコシ』の意味でトウモロコシと呼んだ。モロコシにあてる漢字が『唐黍』か『蜀黍』であるため、単純に重ねると『唐・唐黍』『唐・蜀黍』となってしまう。そこで『唐唐』『唐蜀』という重複を避け、『玉蜀黍』の用字にした」。

　しかしながら、ここに書かれている説明は理解しにくく、いくつかの疑問があります。

　第一に、日本には、中南米の原産のものをポルトガル人が伝えたとされるのに、なぜ、トウモロコシのトウは唐のことで芝那のことを指すのかということです。この頃の日本には、既にヨーロッパ世界の南蛮人が直接渡来していたので、その舶来品であれば、南蛮品とはいっても唐品とはいわなかったと思われます。

　第二に、緒越は日本語の訓読でモロコシとは読めても、そもそも緒越とはなんのことを指すのか意味不明だということです。なぜならば、芝那の歴史上、「越」という小国が、紀元前の太古にただ一度だけ存在したことはあっても、諸越などという国は存在したことはなかったからです。また、秦、漢、隋、唐、宋、元、明などの国々は、個別に「越」とも、まとめて「諸越」ともいったことはなく、正しい言葉使いとしては、ヨーロッパ世界の諸外国を諸越というとは思われません。

　第三に、芝那の古代に存在した越の地域は、十五～十六世紀頃は明の領土だったのですが、南方の米作地帯であり、北方の穀物である黍を栽培したのかどうか疑わしいという問題もあります。

第四に、トウモロコシはポルトガル人が伝えたとされているのに、「トウ（唐）などモロモロ（諸々）のコシ（越）の国からやって来た」というのでは話が矛盾しています。つまり、ポルトガルという国は一国しかないのに、モロモロの国である複数国からやって来たというのでは話が可笑しくなるのです。また、唐ははるか昔の芝那の国名であり、トウモロコシが日本に渡来した頃には存在しておらず、ヨーロッパの国々は南蛮とか紅毛とかいったのです。

第五に、トウモロコシに「最もよく似ているのがモロコシ（蜀黍）であった」と書いてありますが、芝那での蜀黍の別称は高粱（コウリャン）でありトウモロコシには全然似ていません。つまり、芝那では、似ているかどうかの問題ではなくて、蜀黍よりも美味しい穀物という意味で玉蜀黍と呼ばれたのです。

第六に、「『唐・唐黍』『唐・蜀黍』となるので『唐唐』『唐蜀』という重複を避け、『玉蜀黍』にした」とあって、玉蜀黍という名称はあたかも日本でつくられたかの如くに書いてありますが、蜀黍と玉蜀黍はそもそもから漢語に存在する名称です。つまり、漢語で、蜀黍よりも美味しい穀物として、玉（＝美味しい）の修飾語を付加してつくられたものが玉蜀黍です。

第七に、唐黍は、日本でつくられた漢字名称ですが、一般的に、このような場合における「唐」というのは当て字であって、芝那のことでも唐王朝のことでもなくて、すべて形容詞としての「都嫵」のことであり上述したように「美しい」という意味、引いては食物の場合には「美味しい」の意味と理解すべきものです。

131 トクサ

トクサ科の常緑多年生のシダです。茎は枝分かれせず直立し、丈は1～1・5m程度、葉は小さくて節に輪生するのでそれとは殆んど気付かれません。現在では、都会の建物周りなどにも装飾植物として植えられて林立しているのが見られます。漢字では「木賊」として書かれますが、賊の字は動詞では「傷付ける、傷害する」の意味があるので、木賊は直訳では「木を傷付ける（草）」の意味になっています。この草は、珪酸を多量に含むので、古くから主として木材を磨くのに使われたようです。珪酸は、ガラスの主成分であることはご承知のとおりです。

大言海によれば、平安時代の和名抄に「木賊、度久散」、天治字鏡に「借木、木ヲ磨ク具ナリ、木賊、己須利《キスリ》」とあり、栄花物語に「イタジキヲミレバ、とくさ、ムクノハナドシテ、四五百人、テゴトニナミヰテ、ミガキノゴフ」とでています。砥の字は、一音節読みでティと読みますが、万葉仮名においてはトと読まれており「磨く」の意味があります。つまり、トクサとは、**砥草**であり直訳では**「磨き草」**の意味になっており、これがこの草名の語源です。なにを磨いたかというと、天治字鏡にあるように先ずは木であり、具体的には栄花物語にあるように板敷の板を始め、木製の調度品などだったと思われます。

132 ドクダミ

ドクダミ科の多年草です。この草は非常に生命力の強い草であり、漢字では、日本語で蕺草、漢語で蕺菜と書きます。一音節読みで、蕺はジ、蕺菜はジツァイと読み、漢語辞典によれば、「多年生草本植物、茎に節があり、葉は互生し心臓形をしている。茎と葉は魚腥気、つまり、魚のような油ぎった臭気がある。草の全部が薬になる。魚腥草ともいう」と説明してあります。菜というからには、薬草としてであるにせよ一般食材としてであるにせよ、食べられていた草であったことを示しています。日本でも、古く平安時代から一般食材としても食べられてきたようであり、日本食物史（櫻井秀・足立勇共著・雄山閣）によれば、平安時代に食べられていた蔬菜の中に「蕺《しぶき》」が含まれています。日本語では、古くは蕺は「しぶき」と読まれたようです。大言海の前身である言海によれば、平安時代の本草和名に「蕺、之布岐」、和名抄に「蕺、之布木」、蜻蛉日記の石山詣の条に「後ノ方《シリヘ》ナル池ニ、志ぶきト云フモノ、生ヒタルト云ヘバ、取リテモテコト云ヘバ持テ来タリテケル」とあります。一音節読みで、食はシと読み「食べる」の意味、餔はブ、瑰はキと読み、共に「美しい」の意味があります。つまり、**シブキ**とは、食餔瑰であり、美には美味の意味があることを考慮して直訳すると**「食べて美味しい（草）」**の意味になっています。現代の野草散歩（邊見金三郎著・朝日新聞社）という本に、「葉だけ一枚一枚とってもいい。うすめのコロモをつけてテンプラにするとモチモチした感じで、これがあの臭いドクダミかと思うほどうまい。揚げたりゆでたりすると、臭みはあとかたもなく消えてしまう」と書いてあります。

蕺《しぶき》の字は、分解すると、草冠《くさかんむり》十戢から成り立っていますが、一音節読みで戢はジと読み「①止める②抑《おさ》える」の意味があるので、「止める草」や「抑える草」の意味になっています。この草が主として薬草と見做されていることから推測すると**「病気を止める草」**や**「病気を抑える草」**の意味の字と思われます。ドクダミの生菜は臭気があるだけでなく、特に、その茎や葉は口にすると非常に苦い味がします。江戸時代の大和本草には「戢菜、どくだみと云ふ。また、十薬と云ふ。甚だ臭あしし」と書かれています。現在の薬草専門書ではその効能については様々に書いてありますが、上述の野草散歩には、ドクダミは胎毒、瘡毒、腫瘍などに利くと書いてあります。

ドクダミの名称は、草木名初見リスト（磯野直秀作）によれば、江戸時代中期の和爾雅（一六九四）という本にでています。

さて、語源の話に移りますと、この草名の語源についての最大の問題は、ドクダミにおける「ドク」とは「毒」のことと見做すべきかどうかということです。本書では、ドクを毒のことと見做した場合と、そうでない場合との二通りの語源説を提示しますが、どちらがほんとうであるかは、江戸時代に名称を付けた人に聞かないことには分からないのです。

先ず、ドクは毒のことと見做した場合、一音節読みで打はダ、泯はミンと読み、共に「除去する、排除する」の意味があります。つまり、ドクダミとは、毒打泯の多少の訛り読みであり、直訳すると**「毒を除去する（草）」**の意味になっており、これがこの草名の語源となります。

次に、ドクを毒以外の意味と見做した場合、一音節読みでは「都」はトともドとも聴きなせるように読み、程度が著しいことを表現するときに使われ、通常は「とても、非常に、著しく」などの意味です。苦はクと読み「苦《にが》い」の意味です。癉や疸はダンと読み「病気」の意味であり、よく知られている病気に黄疸があります。上述したように、泯はミンと読み「除去する、排除する」の意味があります。つまり、ドクダミとは、都苦癉泯の多少の訛り読みであり、直訳すると**「非常に苦く、病気を除去する（草）」**の意味になっており、これがこの言葉の語源と思われます。ドクダミの葉は苦いのです。語源としては、毒と病気のどちらを除去すると見做した方がよいのかということになります。

大言海には「毒痛《ドクイタミ》ノ意カト云フ」と書いてあります。広辞苑（第六版）（新村出編）には「**どくだみ【蕺草】**毒を矯《た》める・止める、の意。江戸時代中頃からの名称」と書いてあります。この辞典では、矯と止とが同義であるかのごとくに併記してありますが、両字は意味が異なり「矯める」には「止める」の意味はないので一体そのどちらなのかという疑問があります。また、音声上は、ドクダメやドクドメが、なぜドクダミになるのかという疑問もあります。更に、矯はそもそもは「曲がっている物をまっ直ぐにする」の意味であり、矯正という熟語があることからも分かるように「正しくなおす」の意味があります。そうしますと、「毒を矯める」とは「毒を正しくなおす」になって意味不明であり、普通には、「解毒する」「毒を制する」「毒を除去する」などとは言っても「毒を矯める」とか「毒を止める」とはいわないのではないかと思われます。

「言葉の今昔」（新村出著・河出新書）という本の「毒だみ」欄には、次のように書かれています。「新井白石の東雅の野菜の部には、その語源をドクダミというのは、毒をダミ（矯）する意味らしいということが書いてある。ダミとは矯正するとか、あるいは止めるという意味であるが、これは語源的にいうと、トメル、タメル、ツムなどと根本において同じである。つまり、意味のうちには反対の意味のものが同じ語源から出ている場合がおうおうあるので、トメルとタメルとは反対であるが、水をトメル、タメルにはそこに共通の意味があるので、水の流れを支えトメルのと、タメ込んでおくのとは根本において同じである。トメルのが前提であって、タメルのがその結果である。毒をタクワエル意味のタメルではなく、毒をハビコラヌように止める、毒を解消するという意味に解釈すべきである。(中略)。そこで今のドクダメというのは、毒を草によって治す、阻止するという意味に外ならぬことは明瞭である」。

しかしながら、ここに書かれていることは、忌憚なくいって、滅茶苦茶なものといえます。そもそも矯の字をダミと読み得るのかという根本的な疑問が存在します。また、万が一ダミと読み得るとしても矯には「止める」の意味はないという不都合もあります。また、語源的にはトメル、タメル、ツムが根本において同じ筈はありません。

「反対の意味のものが同じ語源から出ている場合がおうおうある」というのもどうかと思われます。「水の流れを支えトメルのと、タメ込んでおくのとは根本において同じである」とも書いてありますが、貯水池の話ではないので、トメル(止める)とタメル(貯める)が根本において同じであることなどあり得ないことです。また、いつの間にか「矯める」の話が「止める」や「貯める」の話にすり替わるのも論理的に可笑しいといえます。更に、上述したように、なぜ、音声上異なるドクダメがドクダミになるのかも分からないうえに、矯が「止める」になったり「貯める」になったりで、いわばご都合主義の詭弁のように思われます。なぜならば、矯と止と貯とは意味がぜんぜん違う字であって、誰の目からみても「根本において同じである」とはいえそうにないからです。正直いって、この本での説明は、漢字の字義が自在に曲解され過ぎているといえます。

133 トコロ・オニドコロ

トコロは、ヤマノイモ科の多年草です。ツル性植物なので、「トコロ+カヅラ」を略してトコロヅラとも呼ばれます。ヅラは、トコロがツル性植物であることを明確に示すための言葉であり、カヅラの前身形の言葉で、万葉集の歌でも「都良」や「豆良」と書かれて詠まれています。

出雲国風土記には、その域内の九郡の「凡そ諸山野に所在する草木」が羅列されていますが、その内の四郡で「萆薢」という草名が挙げられています。ただ、振仮名がないのでなんと読まれたかは分かりません。ここに挙げられているということは、萆薢は盛んに利用されていた草と思われます。古代の当時には、薬草ともされたかは分かりませんが、その根茎が食材にされていたと推測されます。

同時代の万葉1133には、「皇祖神《すめがみ》の神の宮人冬薯蕷葛《ところつら》いや常《とこ》しくにわれかへり見む」という歌が詠まれています。古事記の倭建命の薨去《こうきょ》の条に「なづきの田の稲幹《いながら》に稲幹に匍《は》ひ廻《もとほ》ろふ登許呂豆良《ところづら》」（歌番三五）と詠われています。

大言海によれば、平安時代の字鏡に「薢、止己呂」、本草和名に「薢、止古呂」、天治字鏡に「芼、止己呂」、和名抄に「薢、度古侶。俗には芼の字を用ふ。漢語抄では野老の二字を用ふ。味苦くして少し甘し、無毒、焼き蒸して粮に充てる」と書いてあります。つまり、トコロは、漢字では薢、芼や野老などと書かれ、苦味はあっても美味しいとして焼いたり蒸したりして食べられていたようです。平安時代の更科日記に「山ノ方ヨリ、ワヅカニ、ところナド掘リ持テ来ルモオカシ」と書かれています。日本国語大辞典（小学館）によれば、拾遺和歌集の雑春の段に「女どもの野辺に侍りけるを見て何わざするぞと問ひければところほるなりと応へければ」と書かれています。このように、この草の根茎をわざわざ「掘る」ということは食べるためであったと思われ、当時としてはそれなりに美味しい草だったのです。したがって、この草名の語源もそのようなものになると思われます。

一音節読みで、都はトと読み副詞では「とても、非常に、著しく」の意味があります。嵜はコと読み「よい、良好な」の意味ですが、食べ物に関するときは敷衍して、「美味しい」の意味で使われます。溶はロンと読み、主として固体物が転化して液状物になること、つまり「とろける」ことをいいます。したがって、トコロとは都嵜溶の多少の訛り読みであり、直訳すると「とても、美味しい、とろける（もの）」の意味になりますが、この草はヤマイモ類ですから、それは根茎のことになります。したがって、根茎を指すときは「とても美味しいとろける（根茎）」、草を指すときは**「とても美味しいとろける根茎のある(草)」**の意味になり、これがこの草名の語源と思われます。

それほど美味ではないようですが、語源上はこのようになっています。トコロはヤマイモ科の類なので、よく煮たり、細かく切ったり、擦り下ろしたりすると、とろけるような状態になるのです。ただ、古代において、実際にはどのようにして食べられたかは分かりませんが、上述したように和名抄には「焼き蒸して」と書いてあります。

また、トコロに関連してオニドコロという草名が、本草和名に「萆薢、於爾止古呂」と書いてあることから、平安時代にはつくられています。つまり、平安時代になると食べにくい種類があることが分かって、オニドコロと呼ぶことにし、漢字ではトコロは薢、オニドコロは萆薢と書き分けるようにしたと思われます。そもそも、卑は「卑しい、低劣な」の意味なので、萆は「卑しい草、低劣な草」の意味になっています。この草名では、萆をオニと読んでいることになります。一般的に、植物名の接頭語としてオニという言葉が付いたときは、①普通のものよりもどこかが「大きい種類」のとき、②同種類では食べるものが「食べられない種類」のとき、③刺や毒などがあって「危険な種類」のときなどに使われます。オニドコロの場合は、②の場合に相当し、トコロの仲間であってお互いに似てはいるが、その根茎が食べられないということと思われます。

江戸時代の大和本草には「共に、漢字では萆薢と書く。オニドコロは木トコロとも云い、トコロに似ているが葉も根も大きく堅くて、食うべきではない。トコロはよく煮て流水に一夜浸せば苦味はまったくなくなるので、煮て、或いは、飯の中に混ぜて食うと、美味しく、民食の助けになる」と書いてあり、同時代の本草綱目啓蒙にはトコロについて「ムシ煮テ食ヘバ、オニドコロヨリ柔ニシテ、味甘ク微ク蘞《エグ》シ」、オニドコロについては「ソノ根トコロニ似テ小クカタク、味苦ク食フベカラズ」と書いてあります。

大言海には、トコロについて「（やまのいもニ）根モ相似タリ、蒸セバ黄色トナリ、味甘ク、少シ蘞《エグ》シ」、オニドコロについては「根ハ、ところニ似テ小サク、苦クシテ食フベカラズ」と本草綱目啓蒙とほぼ同じことが書いてあります。このように、江戸時代からはオニドコロは「食うべきではない」とか「食フベカラズ」とされています。

広辞苑（第六版）には「通常トコロとよぶのはオニドコロである」と書いてあり、牧野新日本植物図鑑にも「ところ（おにところ）」と書いてあり、トコロとオニドコロとは同じ草とされています。

以上のいろんな本の記述から判断して、古代には、出雲国風土記にあるように、食べられるトコロも漢字では萆薢と書かれたとしても、平安時代からは、トコロは薢、オニドコロは萆薢と書き分けられていることから、両者は異なる草と見做されてきたようです。したがって、現代では、漢字で書くときは、トコロは薢、オニドコロは萆薢と書き分けた方がよいのかも知れません。オニドコロとは、直訳では「恐ろしいトコロ」の意味と思われるので、食べられるトコロを否定した**「食べられないトコロ」**の意味になっているものと思われます。しかしながら、現在では、広辞苑などでトコロとオニドコロとが同じ草とされていることから推察して、オニドコロはどんな草なのか分からなくなっているようです。

134　トリカブト

キンポウゲ科の多年草です。この科はウマノアシガタ科ともいわれます。トリカブトは、古くから猛毒のある毒草として知られており、秋に、紫色のとても美しい花が咲きます。この草の毒は、魚類のフグ毒と同じく中和できない極めて怖ろしいもののようです。漢字では、漢語で烏頭《ウトウ》と書かれます。日本語では烏冠や烏兜などと書かれますが、これは当て字と思われます。なぜならば、このようなものは、歴史的には烏帽子《えぼうし》と呼ばれてきたものであり、それを舞楽用に変形したものが烏冠や烏兜と思われるからです。大言海には「**とりかぶと**（烏冠・烏兜）舞楽ノ時ニ伶人ノ用ヰル冠。形、烏ノ翼ヲ収メタルガ如シ」と書いてあります。

この草の花弁は、烏冠や烏兜に似ているとはいっても、花弁の形をよく観察していない人が、そういわれればそうかも知れないと思う程度のものです。したがって、鳥形のかぶと、つまり、鳥冠や鳥兜に似ているからとの語源説は、通説ではあっても俗説と思われます。単純に考えても、この草の特徴は、とても美しい花が咲くことと猛毒があることですから、そのことが名称の中にまったく表示されない舞楽用の鳥冠や鳥兜のようなことから、ほんとうの名称が付けられる筈もないことは常識ともいえます。

一音節読みで、痛はトン読み「とても、非常に、著しく」などの意味です。麗はリ、崗はカン、膚はフ、都はトと読み、形容詞で使うときは、いずれも「美しい」の意味があります。つまり、トリカブトとは、痛麗崗膚都の多少の訛り読みであり、直訳すると「とても美しい」ですが、美しいのは花のことと思われるので、花を指すときは「とても美しい（花）」、草を指すときは**「とても美しい花の咲く（草）」**の意味であり、これがこの草名の語源と思われます。

また、厲はリと読み、副詞で使うときは、程度が過酷で著しいことを表現するときに使われ、「ひどい、猛烈な、激烈な」などの意味があります。尬はカと読み「処理困難な、始末に負えない、困った」、怖はブと読み「怖ろしい」、毒はトと読みます。つまり、トリカブトとは、痛厲尬怖毒の多少の訛り読みであり、直訳すると**「とても激烈で、処理困難な、怖ろしい毒のある（草）」**の意味になり、これがこの草名のほんとうの語源です。処理困難というのは、毒を中和できないということではないかと思われます。掛詞をまとめると「とても美しい花の咲く、激烈で処理困難な怖ろしい毒のある（草）」になります。この草の名称は、草木名初見リスト（磯野直秀作）によれば、江戸時代初期の訓蒙図彙（一六六六）にでています。広辞苑（第六版）には、書言字考（節用集）（一七一七）にでていると書いてあります。

トリカブトは、別称で付子、烏頭、天雄ともいうとされていますが、それはその読みの中に意味が含まれているからであり、くどいようですが、説明しますと次のようなことです。付子はほぼ同じ読みの怖子に通じていて**「怖い草」**の意味です。付を付属物のことと理解して「側根を付子という」のようなかん違いした解釈も生まれています。烏はウと読み同じ読みの悪に通じていて「悪辣な、恐ろしい」、頭はトウと読み、ほぼ同じくトゥと読む毒のことと思われます。つまり、烏頭は悪毒であり直訳すると**「恐ろしい毒（草）」**の意味になっています。天はティエンと読み同じ読みの殄に通じていて「殄滅《てんめつ》する、皆殺しにする」、雄はションと読み同じ読みの恟に通じていて「恐るべき」の意味です。つまり、天雄は殄恟であり**「殄滅する恐るべき（草）」**の意味になっているのです。この草に猛毒があることからこのような意味の名称が生まれるのですが、結局のところ、漢語にも当て字は多いということです。

135　ナギ

ミズアオイ科の一年草です。ナギは、現在ではミズアオイといいます。茎は短くて柔らかく葉は広くて、夏に、紫色の六弁花が咲きます。古代にはその茎と葉を食用にしたとされています。現在でも水田に生《は》え、ヒエと共にイネの生長を妨げる害草とされて駆除されていますが、毎年駆除しても翌年にはまた生えてくるなかなか生命力のあるしぶとい草です。大言海によれば平安時代の本草和名に「蔛菜、一名、水葱、奈岐」、和名抄に「水葱、奈木」と書いてあります。万葉集に次のような歌が詠まれています。

・醤酢《ひしほす》に蒜《ひる》つきかてて鯛ねがふ
　吾にな見せそ水葱《なぎ》の羹《あつもの》（万葉３８２９）

この歌意からすると、当時は、ナギの羹、つまり、ナギの吸物はかなり美味しいものと見做されていたことか推測されます。この歌での鯛は大宜《タイ》のことで、「鯛ねがふ」とは「大変に美味しいものを食べたがっている」の意味です。

一音節読みで、娜はナ、瑰はギと読み、共に「美しい」の意味があります。つまり、ナギとは、娜瑰であり、美には美味の意味があることを考慮して直訳すると**「美味しい（草）」**の意味になり、これがこの草名の語源と思われます。古代に、食べてどの程度に美味しかったかは分かりませんが、語源上はこのような意味になっています。今では、イネの害草とされるナギもヒエも、古代には食用にされたということは、人間といえどもその頃には、庶民はこの程度のものしか食っていなかったということです。

136　ナス・ナスビ

ナス科の多年草ですが、その果実は一年で収穫されることから栽培種は一年草の如くになっています。いろんな種類があり、普通には、果実は先の尖った長円筒形で濃紫色をしています。果実の咢《がく》部分に近いところは白色染みており、その咢には細かいイガイガがあります。栽培が極めて容易で、食用として美味であり重要な野菜の一種です。大言海によれば、平安時代の本草和名と和名抄に「茄子、奈須比」、江戸時代の重修本草綱目啓蒙に「茄、ナスビ、ナス」と書いてあるところからすると、古くはナスビといい、江戸時代頃にはナスともいうようになったようです。

一音節読みで、娜はナ、淑はス、貢はビと読み、いずれも「美しい」の意味があります。つまり、ナスビは娜淑貢、ナスは娜淑の多少の訛り読みであり、美には美味の意味があることを踏まえて直訳すると**「美味しい（野菜）」**の意味になり、これがこの草名の語源です。

なお、余談ですが、「一富士、二鷹、三茄子《なすび》」という文句があり、これらを初夢で見ると縁起がよいとされています。なぜ、ナスビが縁起がよいのか俄《にわか》には分かりませんが、隠れた意味があり、次のようなことです。ご承知のように、ナスビはキュウリやトマトと並んで、最も身近にある生食のできる三大野菜の一つで、極めて枯れにくいので、比較的簡単に栽培できてその果実を収穫できる野菜です。一音節読みで、難はナンと読み「〜しにくい」、死はスと読み「死ぬ」の意味ですが植物の場合は「枯れる」の意味になります。斃はビと読み、死と同じ意味で、死斃という熟語は死亡と同じ意味です。したがって、ナスビとは難死斃、ナスとは難死のことであり、共に「死ににくい、なかなか死なない」、つまり「長寿である」という極めて縁起のよいことになっているのです。

137 ナズナ（ナヅナ）

アブラナ科の越年草で、漢字では薺と書かれます。ナズナは、小さな白い花が総状に咲き、若葉は食用にでき、春の七草（七種とも）の一つに数えられています。大言海によれば、平安時代の字鏡に「薺、奈豆奈」、本草和名に「薺、奈都奈」、和名抄に「薺、奈都那」と書かれているので、すでにこの頃にはできていた名称です。春の七草は、そのすべての種が食材にできるのですが、ナズナは、その一種に含まれていることから、よい意味であることが推測されます。

一音節読みで、娜はナ、姿はヅと読み、共に「美しい」の意味があります。つまり、ナヅナとは、娜姿菜であり直訳すると「美しい菜」ですが、美には美味の意味があるので**「美味しい野菜」**の意味であり、これがこの草名の語源です。

現在、ナズナを食べることはあまりないと思われることから、美味しい草といえるかどうかには疑問をもつ人がいるかも知れませんが、命名された当時はそのように見做されていたということです。鎌倉時代に春の七草に挙げられる以前においても、日本食物史（雄山閣）という本には、平安時代の食菜の一つとして挙げられています。

ナズナは、草原、荒野、田畑、路傍など場所を選ばず至るところに生える草なので、雑草の代表格と見做されてペンペン草とも呼ばれています。この名称について、広辞苑（第六版）には「莢《さや》の形が三味線の撥《ばち》に似ているからいう」と説明されています。しかしながら、確かに、莢の形が幾分はそうであるとしても、この語源説には疑問がない訳ではありません。なぜならば、ペンペン草という言葉の使われ方と合致しないからです。「ぺんぺん草が生える」という文句があり、家屋敷や田畑が荒れ果てている状態のことを指します。また、例えば、「ぺんぺん草のような県民性」とは、どこにでも旺盛にはびこる粗野で骨太で逞しい県民性のことをいいます。一音節読みで、濆はペンと読み「水が噴出する」の意味です。つまり、ペンペン草とは濆濆草のことであり、少し意訳すると、まさに水が噴出するように**「勢いよく至るところに生える雑草」**の意味で付けられていると思われます。

138　ナデシコ・セキチク・トコナツ

　ナデシコ科の多年草で、山野に自生し、丈は50㎝程度、秋に淡紅色の美しい花が咲き、秋の七草の一つとされています。「萬葉の花」（松田修著・芸艸堂）によれば、この草は、すでに万葉集に瞿麦、石竹、奈泥之故《なでしこ》などと書かれて二六首が詠まれています。日本古典文学大系「萬葉集」（岩波書店）の歌では、瞿麦と石竹は共に「なでしこ」と読んであり、万葉時代には両者は同じ草と見做されていたようです。

　瞿麦と石竹は、そもそもは漢語ですが、牧野植物一家言によれば、芝那の宋代の日華本草という本に「瞿麦ハ又石竹ト云フ」と書いてあります。万葉時代頃には漢名と共に草種自体も輸入されていたと思われます。平安時代の枕草子六七段には、「草の花は、なでしこ、からのはさらなり、大和のもいとめでたし」とあることから、当時は、日本原産の「大和なでしこ」と芝那から輸入した「唐《から》なでしこ」とは区別して認識されていたようです。現在では、園芸種もあるので明確に区別できるのかどうか分かりませんが、一応、漢字で撫子と書くときは大和ナデシコ、瞿麦や石竹と書くときには唐ナデシコを指すことになっているようです。したがって、単に仮名でナデシコや「なでしこ」と書かれたときは、大和ナデシコと唐ナデシコとの区別はできないことになります。なお、石竹は、日本語の字音読みでは**セキチク**と読まれて唐ナデシコの別称とされています。

　ナデシコは、英語ではpink（ピンク）ということから、この草のそもそもの花の色は、桃色、紅色、赤色など赤色系統の花と見做されていたことが推測されます。オランダナデシコは英語ではカーネーション（carnation）といい、基本色は赤系統になっています。漢語でも、この花の代表的な色彩である紅の字を加えて「紅瞿麦」とも書かれます。このように、この植物の基本的な特徴は、桃色、紅色、赤色などの赤色系統の花の咲く草なのであり、この特徴はすでに万葉時代において認識されていて、「なでしこ」の名称がつくられていると思われます。大言海によれば、平安時代の字鏡に「瞿麦、奈氏之古」、本草和名に「瞿麦、奈天之古」、和名抄に「瞿麦、奈天之古、一云、止古奈豆」と書いてあります。

さて、語源の話に移りますと、一音節読みで、娜はナ、腆はティエンと読み、共に「美しい」の意味です。絶はシ、紅は異読でコンとも読み、共に「赤い、紅《あか》い」の意味です。つまり、「なでしこ」の「シコ」は絶紅であり「赤い、紅い」の意味です。したがって、ナデシコとは、娜腆絶紅の多少の濁音訛り読みであり直訳すると、花を指すときは「美しい赤い（花）」、草を指すきは**「美しい赤い花の咲く（草）」**の意味になり、これがこの草名の語源です。

また、一音節読みで、赧はナンと読み、はにかんで顔が「赤面している、赤らんでいる」ことをいいます。つまり、ナデシコとは、赧腆絶紅の多少の濁音訛り読みであり直訳では「赤面している、美しい、赤い」の意味になるのですが、はにかんで赤面していることをその意を汲んで、大胆に簡潔に「かれんな」と翻訳すると、花を指すときは「かれんな美しい赤い（花）」、草を指すときは**「かれんな美しい赤い花の咲く（草）」**の意味になり、これもこの草名の語源になり得ます。

以上二つの語源説は、娜《ナ》と赧《ナン》の違いがあるだけであり、どちらの語源かは、平安時代に名称をつくった人に聞いてみないことには分からないのですが、今となっては各人の好みといえます。

更に、和名抄には、ナデシコは**トコナツ**（止古奈豆）といったとも書いてあります。一音節読みで、都はトと読み副詞では「とても、非常に、著しく」などの意味です。上述したように紅はコンとも読みます。娜はナ、姿はツと読み、形容詞では共に「美しい」の意味があります。つまり、トコナツは都紅娜姿であり、花を指すときは**「とても紅《あか》い美しい（花）」**、草を指すときは**「とても紅い美しい花の咲く（草）」**の意味になっています。トコナツがこのような意味になることは、大鏡裏書という本に「染殿太后ノ少《ワカ》キ時、容姿艶麗、美麗ヲ取リテノミ瞿麦《ナデシコ》御ト号《ナツ》ク。後ニ瞿麦《ナデシコ》ヲ改メテ常夏《トコナツ》ト称ス」とあることからも推測できます。

139　ナメコ

担子菌類ハラタケ目モエギダケ科のキノコです。野生では、ブナやナラなどの切株や枯木に群生します。食用になり美味なので、最近では人工栽培が行われるようになり、屋外での原木栽培と室内での菌床栽培の二通りの栽培法があります。このキノコの頭部は傘状になりますが、傘までの丈は、種によって2～10㎝とさまざまで、表面は湿ってくると粘液に覆われてきます。ナメコは、昭和初期の大言海（昭和九年初版発行）にも記載されていないので、かなり新しい名称のように思われます。

一音節読みで、納はナと読み「湿っている」、面はメンと読み「表面」、罟はコと読み「よい、良好な」の意味ですが、食べ物のときは「美味しい」の意味で使われます。つまり、ナメコとは、納面罟の多少の訛り読みであり、直訳すると**「湿った表面の美味しい（茸）」**の意味になっており、これがこのキノコ名の語源と思われます。湿ったというのは、表面に粘腋がでてくるからです。

語源は「滑《なめ》っ子」からという説があるようですが、それは「納面罟」の読みからでたものです。そもそも、一音節読みでクとかホアと読む「滑」の字を、訓読で「滑《なめ》らか」と読むのは「納面」の読みを転用したものであり、転用ができるのは水分があると物体の表面はそのような状態になるからです。「滑」は、分解すると「水骨」になり、骨とはクルクル（骨碌骨碌）という言葉での骨であり「回わる、転がる」の意味があるので、「水分があって転がる」という意味の字なのです。また、一音節読みで、速はスと読み「速い」、奔はベンと読み「速く行く、速く進む」の意味、児はルと読み単なる語気助詞なので、速奔児《スベンル》（＝「速く進む」）の読みを転用して「滑《すべ》る」と読みます。

140　ニラ

ユリ科の多年草で、特有の臭いがあると共に、葉や茎を食用にするときに生で食べると刺激性のある味がします。大言海によれば、平安時代後期の名義抄に「韮、ニラ、コミラ、薤、ミラ、ニラ」と書いてあります。

大言海自身には、次のように説明されています。「**にら**（名）韭・韮〔みらノ転〕菜ノ名。葉ハ、小葉ノ麦門冬《バクモンドウ》ニ似テ、広ク厚ク、色浅シ。一根ニ長ク叢生《ソウセイ》シ、臭気多シ。幾度モ刈取リテ、復タ生ズ。夏、数茎ヲ生ズ、高サ一尺許リ、梢ニ小枝、数十ヲ出シ、上ニ三分許リノ六弁白花ヲ開ク、のびる（野蒜）ノ花ノ如シ、実円ク、内ニ小黒子アリ。名義抄、韮、ニラ、コミラ」。

一音節読みで、膩はニと読み「生臭い」の意味、辣はラと読み名詞では「刺激的な味」の意味があります。つまり、ニラとは、膩辣であり直訳すると**「生臭い刺激的な味のする（草）」**の意味になっており、これがこの草名の語源です。なお、古名のミラについては、一音節読みで、弥はミと読み「いやさかに、とても、非常に」の意味があるので、ミラは、弥辣であり「とても刺激的な味のする（草）」の意味になり、ニラとほぼ同じ意味になっています。

141 ニンジン

セリ科の越年草です。この野菜の語源についての話は、後段で述べることにして、先ずは余談から始めたいと思います。人という言葉についていうと、人の字は漢語ではレンと読みますが、同じ読みの稔に通じており、稔には「美しい」の意味があります。美には「素晴らしい」の意味もありますから、漢語で人の字をレンと読むのは稔の読みに通じたもので**「素晴らしい（動物）」**の意味になっていると思われます。他方、日本語では、人の字はニンと音読しますが、一音節読みで佞はニンと読み「賢い」の意味があるので、この読みを人の読みに転用して**「賢い（動物）」**の意味になっていると思われます。

「人間」という二字熟語は、漢語では「人間社会、人類社会」の意味ですが、日本語では動物の一種としての「人」のことを指します。間の字は、漢語ではチィエンと読みます。日本語の普通音読ではカンやケン、訓読でアイダと読むのに、人間という二字熟語においてだけはゲンと読みます。なぜ、ゲンと読むかというと、一音節読みで根はゲンと読み「根本的に、徹底的に」などの意味があるからです。つまり、人間をニンゲンと読むのは「佞根」のことであり、直訳すると「賢いのが根本的である」、いい方を逆にすると**「根本的に賢い（動物）」**の意味であり、これが、人間をニンゲンと読むときの、この言葉の語源と思われます。

　さて、野菜としてのニンジンの話に移りますと、大言海によれば、室町時代の下学集という本に「人参、ニンジン」と書いてあります。漢語では、一般のニンジンは、胡蘿卜（フ・ルオ・ポ）、朝鮮ニンジンは人参（レン・シェン）といい、両者では漢字も読みも区別されています。朝鮮人参において、人の字があるのは、特に、その根茎の下部が股状に割れていることから、人間の姿態に似ていると見做されているからとされています。参はツァンやシェンと読むのですが、人参という名称において使ってあるのは、同じくシェンと読む身に通じているからのようです。つまり、漢語においての人参の意味は人身に通じており**「人身に似ている（野菜）」**の意味と思われます。大言海には**「にんじん**（名）人参〔根ニ頭、足手、面目アリテ人ノ如キヲ最上トシテ名アリ〕」と書いてありますが、これはむしろ朝鮮人参についての説明と思われます。

　日本語では、一般ニンジンは人参、朝鮮ニンジンは朝鮮人参と書き、特に区別されておらず共にニンジン（人参）といいます。そこで、日本語における野菜としてのニンジンの意味を考えてみますと、一音節読みで、捻はニィエン、靚はジンと読み、共に「美しい」の意味があるので、ニンジンは、人参と書かれても、その意味の中味は捻靚の多少の訛り読みであり、直訳では「美しい（野菜）」ですが、美には美味の意味があることを考慮すると**「美味しい（野菜）」**の意味であり、これがこの草名の語源と思われます。

　日本語の音読では、人はニン、身はシンと読むので、ニンジンは人身の濁音読みであり、**「人身に似ている（野菜）」**とも思われます。掛詞をまとめていうと「美味しい、人身に似ている（野菜）」になりますが、そうすると、大言海にあるように、ニンジンという名称はそもそもは朝鮮人参を対象としてできたものかも知れません。

142 ニンニク

ユリ科の多年草で、独特の強い臭いがあることで知られており、いろいろな料理の香辛菜として重用されています。大言海によれば、平安時代の康頼本草に「蒜、味辛くして温く、小毒有り、己比留、日本、仁仁久」、同時代の字類抄に「忍辱、ニンニク」、安土桃山時代の易林節用集に「蒜《ニンニク》、葱蓐」と書いてあります。

味のことについていいますと、ご承知のとおり、五味とは、甜《テン》・塩《エン》・酸《サン》・苦《ク》・辣《ラ》のこととされています。

また、五辛とは、日本では、葱（ネギ）、韮（ニラ）、蒜（ニンニク）、姜（ショウガ）、薤（ラッキョウ）のこととされています。漢語辞典には「辛は辣なり」と書かれていて、辛と辣とは同じ意味とされていることから、辛辣《しんらつ》という熟語ができています。

ニンニク（蒜）は五辛の一つですが、その味は五味のうちどれかということになると、「苦《にが》い」に相当するのではないかと思われます。そこで、ニンニクの語源を探求してみると、一音節読みで、拧はニンと読み「濃厚な、強烈な、とても」などの意味、膩はニと読み「生臭い」、苦はクと読み「苦い」の意味があります。つまり、ニンニクとは、拧膩苦であり直訳すると**「とても生臭い苦い（野菜）」**の意味になり、これがこの草名の語源と思われます。

143 ネギ

ユリ科の多年草で、主要な食草の一種です。葉は中空の管状で、葉や茎には粘性があります。茎の下部は、土に埋もれて生育するので白色になっています。根は、複数でており、極めて小さくて細い糸状をしています。

平安時代の和名抄には「葱、記」と書かれています。葱の字は、漢語の一音節読みではソンと読み、日本語においては音読でソウ、訓読でネギと読むのですが、古代においてキやギと読んだのは、一音節読みでキやギと読む「瑰」のことであり、瑰は「美しい」、つまり、「美味しい」の意味があるからと思われます。

この草の全称としての名称は、江戸時代初期の日葡辞書に「ネギ」とでています。一音節読みで、粘はネンと読み「粘る、粘りのある」の意味です。上述したように瑰はキと読み「美しい」の意味があります。つまり、ネギとは、粘瑰の多少の訛り読みであり、直訳すると「粘りのある美しい」ですが、美には美味の意味があることを考慮すると**「粘りのある美味しい（野菜）」**の意味になり、これがこの草名の語源です。

大言海には、ネギについて「本名、葱《キ》。根ヲ賞スルニ因リテ、根葱（ネギ）ト云フ」と説明されています。しかしながら、この説明は可笑しいといえます。なぜならば、食用とする部分は茎や葉であって、地中茎の下部から複数でている根は、極めて小さい細いもので食べられるようなものでは全然ないからです。したがって、ネギの語源は、根とはなんの関係もないことは確かです。

144　ノビル

ユリ科の多年草です。山野に普通に集合して生えていて、夏になると小さい白い花が咲きます。他の多くのユリ科の草と同じように、その根茎は食べることができ、古くからその若葉と共に食べられてきました。古事記の応神天皇の髪長比売《ひめ》の下りに「いざ子ども怒毘流摘みに　比流摘みに」と書かれており、日本書紀の同じ髪長媛の下りに「怒に比蘆摘みに　比蘆摘みに」と書かれています。現代では、「怒毘流」や「怒に比蘆」は、共に「野蒜《のびる》」とされています。ということは、そもそもは、単に野に生えている蒜という意味が、ノビルという固有の草名になったに過ぎないものと思われます。

一音節読みで、賁はビと読み「美しい」の意味です。漢和辞典をみて頂くとお分かりのように、茹はルと読み名詞では「菜、野菜」の意味があり、特にはノビルのように玉根や根茎を食べるものを指します。つまり、ノビルとは、野賁茹であり、直訳すると「野に生える美しい菜」ですが、美には美味の意味があることを考慮すると**「野に生える美味しい菜」**の意味になり、これがこの草名の語源と思われます。

145　ハギ

マメ科ハギ属の多年草で、「秋の七種《ななくさ》」の一つです。山野に自生し、ノハギ、ヤマハギ、ミヤギノハギ、マルバハギなど種類は多く、ハギ科の中には、落葉灌木とされているキハギ（木ハギ）類もあります。

ハギは、万葉集の秋の七種の歌の中で、真っ先に挙げられていることから、秋を代表する草と考えられていたようです。この草が、当時の人たちに愛《め》でられたのは、その草花が華やかで美しいのは勿論のことですが、奈良地域一帯にたくさん生えていたからとも考えられます。

万葉集でハギを詠んだ歌は、「萬葉の花」（松田修著・芸艸堂）によれば一三八首、語源辞典（植物編）（吉田金彦編著・東京堂出版）によれば一四一首とされていますが、ほんとうは一四二首のようであり、草木類の中では最も多くなっています。万葉仮名では、芽（苐）、芽子（苐子）、波疑、波義などと書かれて、いずれもハギと読まれています。その中の数首を次にご紹介します。

・芽《はぎ》の花　尾花　葛花《くずばな》　瞿麦《なでしこ》の花
女郎花《をみなえし》　また　藤袴　朝貌《あさがほ》の花（万葉１５３８）

・吾妹児《わぎもこ》に恋ひつつあらずは秋芽《あきはぎ》の
咲きて散りぬる花にあらましを（万葉１２０）

・高円《たかまと》の野辺の秋芽子《あきはぎ》いたづらに
咲きか散るらむ見る人無《な》しに（万葉２３１）

・秋風は冷《すず》しくなりぬ馬並《な》めて
いざ野に行かな芽子の花見に（万葉２１０３）

・秋波疑ににほへるわが裳《も》濡れぬとも
君が御船の綱し取りてば（万葉３６５６）

・朝霧のたなびく田居《たゐ》に鳴く雁を
留《とど》み得むかもわが屋戸《やど》の波義（万葉４２２４）

万葉集では、ハギは、芽子と書かれた歌が一一六首、芽が十三首、波疑が十二首、波義が一首、合計一四二首となっています。

　しかしながら、なぜ、「芽」の字が多用されているのかという素朴な疑問が生じるのですが、察するところ、どうもハギが美しい草と見做されていたことと関係があるようなのです。芽を分解すると、草冠《くさかんむり》＋牙になりますが、この字における牙は雅のことであり「優雅な、美しい」の意味と思われます。そうしますと、万葉集のハギの歌での「芽子」や「芽」とは、雅草のことであり直訳すると**「美しい草」**の意味になっていることになります。

　芽は、漢語の音読ではヤと読みますが、日本語ではメと読みます。これは、一音節読みでメイと読む美の読みを転用したもので「美しい」の意味らしいのです。ということは、日本語では、芽は**「美しいもの」**と考えられていた節があります。つまり、芽は「美しいもの」の意味なので、美しい草木であるハギを表現するに適当な漢字として使われたと推測されます。以上のようなことから、万葉集においては、芽の字が多用されてハギと音読されたもののようです。

　さて、ハギという名称の語源の話に移りますと、この草が、なぜハギと呼ばれたのかということです。この読みもまた、萩が美しい草と見做されていたことと関係があるようです。一音節読みで、酣はハン、瑰はギと読み共に「美しい」の意味があります。つまり、**「ハギ」**とは、酣瑰の多少の訛り読みであり、直訳すると、花を指すときは「美しい（花）」、草を指すときは**「美しい花の咲く（草）」**の意味になり、これがこの草名の語源と思われます。そうしますと、万葉時代での芽の字義とハギという呼称語源の意味とがぴったりと合致することになります。

　平安時代になると、和名抄に「萩、波木」と書いてあることから、万葉集にはなかった「萩」の字が登場してきます。萩は、分解すると秋草になるのは、日本では秋を代表する草と見做してあるからと思われます。また、秋の字は、分解すると「火の木」になることから、草木が「黄葉」や「紅葉」したときの風景を心象できるものになっています。なお、萩という漢字をつくった芝那では、萩は日本の草と異なって、秋に黄色い花の咲くヨモギのこととされています。

なお、萩に因んで面白い語源説が流布されています。女房言葉で、「ぼた餅」のことを「萩の花」と呼んだとされ、それは両者が似ているからであり、それが現在の食物としての「おはぎ」の呼称の起こりであるというものです。広辞苑（第六版）には、次のように書いてあります。△「**はぎのはな**【萩の花・芽子の花】萩の餅の異称」。△「**はぎのもち**【萩の餅】煮た小豆を粒のまま散らしかけたのが、萩の花の咲きみだれるさまに似るのでいう。また牡丹に似るから牡丹餅ともいう。おはぎ。はぎのはな」。△「**ぼたもち**【牡丹餅】（赤小豆餡をまぶしたところが牡丹の花に似るからいう）『はぎのもち』に同じ」。

　しかしながら、この説明は極めて怪しいといえます。なぜならば、第一に、当然のことながら、「萩の花」や「牡丹の花」が、「おはぎ」や「ぼたもち」に似ている筈もないからです。第二に、宮廷などで仕えた当時の女房というのは、上流階級の教養人でもあったので、形が似ているからというような幼稚なことからその名称を付けたら笑われるだけのことなので、そんなことをした筈はないのであって、ほんとうは「ハギ」の意味をしっかりと踏まえたうえでそのように呼んだと見做すべきものです。

　上述したようにハギとは**酣瑰**のことであり、この両字には「美しい」の意味があります。娥はオと読み「美しい」の意味です。つまり、ハギは「酣瑰」、オハギは娥酣瑰であり、当然に「美しい」の意味ですが、美には美味の意味があるので「美味しい（もの）」の意味にもなります。

　また、宝はボウ、讜はタンと読み、共に「美しい」の意味があります。つまり、ボタとは**宝讜**であり、当然に「美味しい（もの）」の意味にもなります。

　結局のところ、ハギは酣瑰、ボタは宝讜であることを踏まえて、「美味しい餅」の意味で、「萩の餅」や「ぼた餅」と呼んだのです。広辞苑にあるような語源説は、多くがそうなのですが、作り話としての誤魔化し説明ともいえるものです。

　さて、萩のこととは少し外れた余談をします。秋の字は、日本語ではアキと読みますが、この音声言葉は、いかなる意味かということが江戸時代から詮索されてきました。つまり、なぜ秋をアキと読むのかという語源が詮索されてきたのですが、今だに明確な説明に成功できている語源説はありません。秋に限らず、春をハル、夏をナツ、冬をフユと読むことについても同じことがいえます。

江戸時代の貝原益軒は、その著書である日本釈名の中で、「秋　明かなるなり。秋天は清明なり。或は緋《アケ》なりと云ふ、草木あかきなり。春　晴（ハル）なり。冬は陰気多く、春天ははれ多し。夏　あつなり、あとなと通ず、夏はあつし。冬　ひゆなり、ひゆは寒《ヒユル》なり、ひふ相通」と書いていています。「あとなと通ず」や「ひふ相通」というのは、「あ」は「な」、「ひ」は「ふ」と置き換えてもよいということですが、おおよそいい線であるとはいえ、語源に遡《さかのぼ》るのではなくて、でき上がった言葉からでき上がった言葉を相通ということで類推している点に限界があるように思われます。

そこで、**「春・夏・秋・冬」**についての本書の唱導する語源説を以下にご紹介します。

春については、太陽暦上では、立春、つまり、春になるのは二月四日頃とされますから、およそ二～四月の三か月間が春になります。春がくると、草木も一斉に芽をふき、山野が緑に覆われて美しい季節になります。

一音節読みで、酣はハンと読み形容詞では上述したように「美しい」の意味があります。緑はリュと読み「緑の、緑色の」の意味です。つまり、ハルとは、酣緑の多少の訛り読みであり直訳すると**「美しい緑色の（季節）」**の意味になり、これがこの音声言葉の語源と思われます。

夏については、太陽暦上では、立夏が五月六日頃とされますから、およそ五～七月の三か月間になります。この季節になると、気温も一段と上がり暑くなります。

一音節読みで、暖はヌアンと読み「暖かい、熱い」の意味です。毒はツやトと聞きなせるように読み、これまた「熱い」の意味があります。つまり、ナツとは、暖毒（ヌアン・ツ）の多少の訛り読みであり、直訳すると「熱い（季節）」、気温の程度をいうときは熱の代わりに暑を使うので**「暑い（季節）」**の意味になり、これがこの音声言葉の語源と思われます。

なお、暖と熱とはやや意味が異なるのですが、漢語では、日本でいうところの魔法瓶のことを暖瓶《ヌアンピン》や熱瓶《ロピン》ということから、暖と熱との区別をさほど厳格に適用しない場合もあるようです。毒の字にはそもそもの字義において「強烈に熱い、熱さが酷烈である」の意味があり、漢語では毒日頭《ツリトウ》という言葉は「強烈な熱い太陽」、毒花花《ツホアホア》という言葉は「陽光の熱さが強烈である」の意味とされています。

秋については、太陽暦上では、立秋が八月八日頃とされますから、およそ八〜十月の三か月間になります。秋期は穀物が実り、辺りは黄葉や紅葉に包まれた美しい季節になります。

一音節読みで、艾はアイと読み「美しい」の意味、葵はキと読みヒマワリ（向日葵）のことですが、その黄色い花を心象して「黄色い」の意味でも使われます。つまり、アキとは、艾葵の多少の訛り読みであり直訳すると**「美しい黄色の（季節）」**の意味になり、これがこの音声言葉の語源と思われます。

ご存知のように、万葉7の歌では、原歌での「金野乃」を「秋の野の」と翻訳して読んであります。また、漢語では、金という字を形容詞で使うときは、その第一義は色彩としての「金色の」の意味ですが、第二義は「秋である、秋季の」の意味であり、「金素」という熟語は「秋天」、「金商」という熟語は「秋季」の意味とされています。このことからも、秋は金色、つまり黄色の季節と考えられていたことが分かります。

冬については、太陽暦上では立冬が十一月七日頃とされますから、およそ十一〜一月頃の三か月間になります。北風が吹き、雪や霰《あられ》が降り、寒くて冷え込むので、四季の中では、もっとも陰鬱な気分になる季節といえます。

一音節読みで、冬はドンと読むのですが、この読みそのものが、まったく同じ読みの凍に通じているのです。つまり、冬は凍る季節なのです。

冱はフと読み「寒い、冷たい、寒冷である」の意味です。鬱はユと読み「薄暗い、陰気な、陰鬱な」の意味があります。つまり、フユとは冱鬱であり、直訳すると**「寒冷で陰鬱な（季節）」**の意味になり、これがこの音声言葉の語源と思われます。

幽には鬱と同じ意味があり、一音節読みでヨウと読むのですが日本語ではユウと読むのは、鬱の読みを転用してあるか、多少の訛り読みと思われます。つまり、フユは冱幽のこととしてもよいのです。漢語辞典には、沍冥《フミン》という熟語があり「陰鬱で寒冷である（＝陰晦寒冷）」の意味とされています。また、平安時代末期の字類抄には「幽天《ゆうてん》とは冬天《とうてん》」のことと書かれていることからも、この語源が正しいらしいことを推察できると思います。

　結局のところ、本書では、春、夏、秋、冬の訓読としての音声言葉の語源は、**ハルは酣緑、ナツは暖毒、アキは艾葵、フユは沍鬱**のこととしています。

146　ハコベ

　ナデシコ科の越年草です。どこにでも生える草で、道端《みちばた》や川岸の土手などに密集して自生しているのが見られます。茎の中には維管束という白い堅い筋が通っています。茎は多数に分岐し、その葉は対生していて、よく繁った草になります。春から夏にかけて茎の付け根に五弁花の小さな白い花が咲きますが一弁が深く切れていて二弁に見えるので一〇弁花に見えます。「春の七草」の一種なので、昔は食用とされていたのです。葉は柔らかいので、現在では、飼鳥のメジロ、ブンチョウ、ジュウシマツなどの小鳥の餌ともされているようです。

　大言海によれば、平安時代の字鏡に「蔜、繁縷、波久辺良」、本草和名に「蘩蔞、一名、鶏腸、波久倍良」、和名抄に「蘩蔞、鶏腸草、八久倍良」、平安時代後期の名義抄に「蘩蔞、ハコベラ、ハクベラ」、安土桃山時代から江戸時代にかけての易林節用集（慶長）に「蘩菜、蘩蔞、ハコベ」と書いてあります。蘩は「繁った草」、蔞は「水辺の草」、菜は「食べる草」の意味ですから、ハコベはそのような草と見做されていたのです。

　この草は、文献からすると、古い時代にはハクベラやハコベラと呼ばれたようであり、その名称はハクベラ→ハコベラ→ハコベと変遷しています。一音節読みで、繁はハンと読み「繁る、繁茂する」の意味です。万葉仮名では句はクと読まれていますが、夠の字には句の字が含まれているのでクとも読まれたと思われます。しかしながら、そもそも夠はコウと読む字なので後ではそのように読まれるようになったのです。夠は「多い、たくさんの」という意味の字です。坌はベンと読み「集合する、集まっている」の意味があります。變はランと読み「美しい」の意味ですが、美には美味の意味もあるので、食べ物に関するときは「美味しい」の意味になります。

ハクベラとハコベラは、繁夠坌變の多少の訛り読みであり直訳すると「繁った、多くの、集まっている、美味しい（草）」ですが、難しい言葉を使って簡潔にいうと**「繁茂して叢生《そうせい》する美味しい（草）」**の意味であり、これがこの草名の語源だったと思われます。この草は、鎌倉時代にはハコベラと呼ばれて「春の七草」の一つだったのですが、室町時代の中頃にタビラコと入れ替えられてラが外れたハコベと呼ばれるようになります。なぜかというと、タビラコの方が美味だったからと推測されます。結局のところ、ハコベは、繁夠坌であり**「繁茂して叢生する（草）」**の意味になっており、これがハコベという草名の語源と思われます。

147　ハシリドコロ

ナス科の多年草で、本州、四国、九州の山地に生えています。丈は50㎝程度で、葉は長楕円形、春に釣鐘形の紅紫色の花が咲きます。猛毒のある草、つまり、毒草であり、草全体のどの部位にも毒があるとされています。

一音節読みで、悍はハンと読み「狂暴な、凶悪な」、螫はシと読み名詞で使うときは「毒」、懍はリンと読み「恐ろしい」の意味があります。つまり、ハシリとは、悍螫懍の多少の訛り読みであり、直訳すると**「凶悪な、毒のある、恐ろしい（草）」**の意味になっています。また、恫はドン、恐はコン、楞はロンと読み、この三字はいずれも**「恐ろしい」**の意味があります。したがって、字義上からすると、ハシリドコロにおけるトコロ（恫恐楞）は、蛇足ともいえるものになっています。結局のところ、ハシリドコロとは、悍螫懍・恫恐楞の多少の訛り読みであり、恐ろしいという語が重なるので「とても」という副詞に訳しますと**「凶悪な、毒のある、とても恐ろしい（草）」**の意味になり、これがこの草名の語源です。

大言海によれば、本草和名と和名抄に「莨菪、於保美流久佐」と書いてあり、大言海自身には「**おほみるくさ**（名）莨菪　毒草、はしりどころノ古名」と書いてあります。

一音節読みで、莨菪は、ランタンと読みますが、同じ読みの狼怛に通じており「狂暴な恐ろしい草」の意味になっています。おほみるくさについては、噩はオ、赫はホと読み共に「恐ろしい」の意味があります。靡はミと読み「消す、抹消する」、戮はルと読み「殺す」の意味があるのです。つまり、おほみるくさとは、噩赫靡戮草のことで直訳すると**「恐ろしい抹消し殺す草」**の意味と思われます。

更に、大言海には「誤リテ根ヲ食ヘバ、其気、腹中ニアル間ハ、狂気奔走スレバ名アリ」と書かれていますが、これは江戸時代の物類称呼（一七七五）という本の記述をほぼ丸ごと転記したものです。しかしながら、実際に、ハシリドコロを誤って食べると、身体に吐気、めまい、痙攣、麻痺、瞳孔拡大などを引起すので、そのような状態の身体では狂気奔走することなどはできそうにありません。広辞苑（第六版）には「**はしりどころ**【走野老】全体が有毒で、食べると錯乱状態になるのが名の由来という」と伝聞形式で書いてありますが、錯乱状態になるのではなくて上述のような症状がでるのです。

植物本の中には、物類称呼や大言海の説明を真に受けて、広辞苑と同様に、ハシリは「走り」のこと、ドコロは「ヤマイモ科の野老《トコロ》」のことであり、ハシリドコロとは「走野老」のことであって、食べると狂気奔走する症状のでるトコロのことと説明してあるのが見受けられます。しかしながら、そのようなトコロという草は存在しません。この狂気奔走説では、ハシリドコロのハシリは「走り」のこととされますが、それが「狂気奔走する」の意味になるというのも可笑しな話です。そもそも興奮剤ならともかく、この世の中には苦しむもがく毒草はあっても狂気奔走する毒草などは存在しないのです。また、このナス科のハシリドコロは、食用ともなるヤマノイモ科のトコロとは似たところはないといえるのであり、そもそも食べられもしないものはトコロではないのです。なぜならば、ヤマノイモ科のトコロとは「美味しい(草)」という意味の入った名称だからであり、発音は同じでも意味が異なるのです。そもそも、猛毒のある草が、食べることのできるトコロである筈がないのです。

ハシリドコロという草名は江戸時代につくられたと思われますが、一般的に、江戸時代の博物誌においては、本気なのか故意なのか分かりませんが、空想的、作り話的な説明が多いのであり、物類称呼という本もまた、注意して読んだ方がよい本の一つです。

148　ハス・レンコン

ハスは古くはハチスといったようであり、漢字では蓮と書かれて、万葉集には四歌が詠まれており次のような歌があります。

・ひさかたの雨も降らぬか蓮葉に
渟《たま》れる水の玉に似たる見む（万葉３８３７）

古事記（七一二）の雄略天皇の条には「日下江《くさかえ》の入江の波知須　花はちす　身の盛り人　羨《とも》しきろかも」（歌番九五）という歌が詠まれています。また、大言海によれば、本草和名に「藕実、波知須乃美」、和名抄に「蓮子、波知須乃美」と書いてあります。

ハスは、スイレン科の多年草で池沼などに植えられており、その根茎であるレンコンを採るために水田などでも栽培されています。水中から葉茎と花茎とが顔をだし、後者には、その茎毎にやや大形の白色や薄紅色の多数の花びらのある美しい一輪の花が咲きます。花後にできた「蜂の巣」にそっくりの花託の多数の穴のそれぞれの中に、「蜂の子」ならぬドングリ状の実が入っており食べられますが、若実よりも成熟して堅くなってからの方が味がよいように思われます。したがって、その語源は、**「蜂巣」**の読みからきたものとするのが通説になっています。実態に即して言葉を補足していうと**「蜂巣のような花托に実のなる（草）」**の意味になります。ただ、その花は、蓮華座ともいわれる美しい花が咲き、その根茎からは、美味しいレンコンが採れるので、単にそれだけの意味ではないと思われます。

その花についていうと、一音節読みで、酣はハン、綺はチと、淑はスと読みいずれも「美しい」の意味があります。つまり、ハスは酣淑、ハチスは酣綺淑であり共に「美しい」の意味になりますが、美しいのは花のことと思われるので**「美しい花の咲く（草）」**になり、これがこの草名の語源と思われます。また、美には美味の意味があるので直訳すると「美味しい草」ですが、後述するレンコンのことを考慮に入れて少し意訳すると**「美味しいレンコンのある（草）」**の意味にもなります。三つの掛詞を順序良くまとめると、**「ハチス（蜂巣）のような花托に実のなる、美しい花の咲く、美味しいレンコンのある（草）」**になります。

レンコンとは、ハスの茎で地下に埋まって肥大している部分をいい、美味しい食材になります。各個体は根茎が繋がっているので漢字では蓮根と書かれます。根をコンと日本語音読すると、蓮根はレンコンと読めることになり、**「連結している根茎」**の意味になり、単純にはこれがレンコンという名称の語源です。また、稔はレンと読み「美しい」の意味があります。食物の場合、美には美味の意味があるので、レンコンは稔根でもあり直訳すると**「美味しい根茎」**の意味になり、これが語源で掛詞になっていると思われます。まとめていうと、レンコンとは「連結している、美味しい根茎」の意味になります。

なお、根の字は、漢語ではケンと読むのに、日本語ではなぜコンと読むのかについては、「草木の部位名の語源」の根欄やダイコン欄をご参照ください。

149 ハッカ

シソ科の多年草で、漢字では、日漢で薄荷と書きます。山野に自生し、丈は50㎝程度、茎は四角形、葉は長楕円形の鋸葉で対生します。その特徴の一つは、夏から秋にかけて、各葉腋に淡紅紫色の小花が茎を輪状に取巻いて群がり咲くことです。したがって、花が咲いているときの草は独特の姿形を呈します。薄荷油が採れ、茎、葉ともに香りがあるので香料の原料になり、薬剤の原料にもなるので昔から栽培もされています。

草木名初見リスト（磯野直秀作）によれば、室町時代中期の撮壌集《さつじょうしゅう》（一四五四）という本にでています。

漢字で薄荷と書くことは上述しましたが、一音節読みで、薄はポと読み同じ読みの馞に通じており「強い香りのある」の意味、荷はホと読み同じ読みの盉に通じており「風味を付ける」の意味があります。つまり、薄荷《ポホ》は漢語式の当て字であり、馞盉《ポホ》のことであって、直訳すると「強い香りのある風味を付ける（草）」の意味になっています。

さて、日本語のハッカの語源の話に移りますと、漢語とは別の視点からその特徴を捉えてあるようです。一音節読みで、葩はパと読み「花」の意味ですが、漢和辞典には清音でハとも読むと書かれています。簇はツと読み「集まる、群がる」の意味があります、刊はカンと読み「開く」の意味がありますが、花に関するときは「咲く」の意味になります。つまり、ハッカとは、葩簇刊の多少の訛り読みであり、直訳すると**「花が群がり咲く（草）」**の意味になり、これがこの草名の語源と思われます。

また、罕はハンと読み「珍しい」、姿はツと読み名詞では「姿、形、姿形」の意味、躿はカンと読み「体、身体」の意味です。つまり、ハッカとは、罕姿躿の多少の訛り読みであり、直訳すると「珍しい姿の体をした（草）」ですが、表現を変えて簡潔にいうと**「珍しい姿形の（草）」**になり、これもこの草名の語源で掛詞と思われます。まとめていうと「花が群がり咲く、珍しい姿形の（草）」になります。この草の珍しい姿形は原色植物図鑑などでご確認ください。

150　ハハコグサ・ゴギョウ

ハハコグサは、キク科の越年草とされています。大言海によれば、平安時代の文徳実録（八七九年刊）の八五〇年の条に「田野に草あり、俗名は母子草。二月に生え始め、茎葉は白くて脆《やわ》し。三月三日が属《く》る度に、婦女は之を採り、蒸し搗《つ》いて餻《もち》にし、伝えて歳事となす」と書いてあります。また、平安時代の本草和名に「菴蘆子、比岐與毛岐、波波古。馬先蒿、波波古久佐」、和名抄に「菴蘆子、波波古」と書いてあることから、ハハコグサという草名は平安時代につくられ、この草は、当時はヒキヨモギとも呼ばれていたことが分かり、餅などに入れて使われたことが窺われます。大言海の説明では「古ヘハ、此葉ニテ母子餅ヲ製セリ、故ニ餅よもぎノ名モアリ」と書いてあります。

　さて、問題は、ここでの「ハハコ」とはいかなる意味かということですが、「蒸し搗いて餻にする」や「此葉ニテ母子餅ヲ製セリ」ということから、その名称字義は殆んど自明ともいえます。一音節読みで、酣はハンと読み「美しい」、咼はコと読み「よい、良好な」の意味があります。食べ物について「美しい」や「よい」というのは「美味しい」ということです。つまり、ハハコとは酣酣咼の多少の訛り読みと思われ、ハハコグサとは酣酣咼草であり直訳すると「美しい草」ですが、美には美味の意味があるので、**「美味しい草」**の意味になり、これがこの草名の語源と思われます。

　上述の文徳実録の書かれた頃には、すでにこの草名は存在しており「俗名は母子草」とあることから分かるように、漢字で母子草と書くのは当て字だということです。大言海によれば、「はうこぐさ」ともいったようですが、嫵はウと読み酣と同じ「美しい」の意味なので、酣嫵咼草になり、酣酣咼草と同じ意味になります。

　次の問題は、現在、この草が**ゴギョウ**や**オギョウ**とも称されていることです。「季節を祝う食べ物」（同志社女子大学・森田潤司作）によれば、次のような書籍があることが紹介されています。

①師光年中行事（一二五九～一二七〇・鎌倉時代中期）
　薺、繁蔞《はこべら》、芹、菁、御形、須須代《すずしろ》、仏座
（注）「薺」は「なずな」のこと。
（注）「菁」は「すゞな」のこと。
②拾芥抄《しゅうかいしょう》（鎌倉時代中期）
　薺《なずな》、繁縷《はこべら》、芹《せり》、菁、御形、須須之呂《すずしろ》、仏座
③年中行事秘抄（一二九三～一二九八・鎌倉時代後期）
　薺、繁蔞、芹、菁、御形、須須代、仏座

　このことから、オギョウやゴギョウという草名は鎌倉時代頃にはつくられていたことが分かります。大言海によれば、江戸時代の本草綱目啓蒙に「鼠麴草、ははこ草、母子草ト書ク、今ハ、ほうこぐさト云フ、おぎょう、御形ト書ク、後世誤リ唱ヘテ、ごぎゃうトス。古書ニハ皆、おぎゃうト云ヘリ」、同時代の和爾雅には「鼠麹草《ゴギヤウサウ》、和名、母子艸《ハハコグサ》」と書いてあります。このことから、オギョウやゴギョウはハハコグサの別称として新たにつくられた草名と思われるので、その名称字義はハハコグサと同じと推測されます。

一音節読みで、娥はオ、瑰はギ、優はヨウと読み、いずれも「美しい」の意味があります。つまり、オギョウとは、娥瑰優の多少の訛り読みであり、美には美味の意味があることを考慮すると、**「美味しい（草）」**の意味になり、これがオギョウという草名の語源と思われます。つまり、ハハコとオギョウとはまったく同じ意味の草名になっています。上述したように、本草綱目啓蒙には「後世誤リ唱ヘテ、ごぎゃうトス」と書かれていますが、䪺は濁音読みでゴと読み「よい、良好な」の意味であり敷衍して「美しい」の意味があるので、娥が䪺《ご》に入れ替わっているだけで同じ意味になり、どちらで呼んでも構わないということです。

本書では、ハハコグサやオギョウ・ゴギョウの意味と、その語源はなにかということが主目的なので、両草がいかなる草であるかについては上述した文徳実録の記載以外には詳しくは記述しませんが、オギョウ或いはゴギョウは、「春の七草」の一つとされて古くから食べられていることに、その草名の意味が内在しているのです。

151　ハマユウ

ヒガンバナ科の常緑多年草で、丈は70㎝程度、暖地の海岸の砂地に自生します。夏に、花茎の先端に花びらの集まった美しい白い花が咲きます。漢字では浜木綿と書かれて、万葉集では次のような歌が一首だけ詠まれています。

・み熊野の浦の濱木綿《はまゆふ》　百重《ももへ》なす
　心は思へど直《ただ》に逢はぬかも（万葉４９６）

また、平安時代の栄花物語に「袖口衣《そでぐちきぬ》の重なりたるほど　浦のはまゆふにやあらむ・・・」の記述があると、

ます。大言海によれば、平安時代の和名抄に「木綿、由布」と書いてあります。

さて、語源の話に移りますと、旧かな使いではハマユフと書かれていました。ハマユフのハマは海岸や河岸の浜のことであるとして、一音節読みで、玉はユ、膚はフと読み、形容詞で使うときは共に「美しい」の意味があります。つまり、ユフとは玉膚であり直訳では「美しい」の意味になっています。したがって、ハマユフとは、浜玉膚の多少の訛り読みであり直訳すると、花を指すときは**「浜辺の美しい（花）」**、草を指すときは**「浜辺で美しい花の咲く（草）」**の意味になり、これがこの草名の語源です。また、現代かな使いではどうなのかというと、幸いなことに、嫵はウと読み形容詞では「美しい」の意味ですから、ハマユウは浜玉嫵であり、ハマユフと同じ意味になります。

濱は浜の旧体字ですが、なぜこの草が濱木綿と書かれたのかについて、日本古典文学大系「萬葉集一」（岩波書店）の頭注では次のように書いてあります。「浜木綿―ハマオモト。葉が繁り合い重なって成長するので百重ナスという。花が白いので、楮《こうぞ》の繊維の白い木綿になぞらえて浜木綿といったと書いてあります」。つまり、ここでは木の繊維を木綿といったと書いてあります。万葉時代には、未だ「綿《わた》の木」は渡来していなかったので、それから採集した植物性綿というものは存在しておらず、この頃の綿というのは蚕からの屑繭《くずまゆ》や繭糸屑《まゆいとくず》を集めた動物性のものだったとされています。したがって、この頃の綿は動物性の柔らかくて暖かいものだったのです。それと対比して、木から採れた布素材としての糸を木綿と書きユフ（＝美しいもの）といったのです。木綿がユフ（玉膚）と呼ばれたのは、当時においては、木綿はそのようなものと見做されていたからと思われます。結局のところ、万葉時代の植物繊維の木綿というのは、楮《こうぞ》などの木の皮を細かく割いてつくった糸のことで、楮の糸で織った布を栲《たえ》といい白色だったので、染色していないものを白栲《しろたえ》といいました。万葉集に次のような歌が詠まれています。

・春過ぎて夏来《きた》るらし白栲の
衣乾したり天《あま》の香具山（万葉28）

なお、**浜**とは、水際で水が満ちたり引いたりする地面のことをいいます。一音節読みで、旱はハンと読み「干《ひ》上がる」、満はマンと読み「満ちる」の意味があります。つまり、ハマとは、旱満の多少の訛り読みであり、直訳すると**「干上がったり満ちたりする（地面）」**の意味になり、これがこの言葉の語源です。

152　ハンゲショウ

ドクダミ科の多年草です。漢字では半夏生と書かれます。ドクダミは臭いのですが、この草もその全体に独特の「臭み」があります。

一音節読みで、酣はハンと読み、副詞で使うときは程度が著しいことを表現するときに「とても、非常に、著しく」などの意味で使われます。亘はケンと読み「すべて、全体」、臭や殠はショウと読み「臭い」の意味です。つまり、ハンゲショウとは、酣亘殠の多少の濁音訛り読みであり直訳すると**「とても全体が臭い（草）」**の意味になり、これがこの草名の語源です。

また、茎に付く複葉のうち、その上部の2～3枚について、その各葉の全部または下部が白変し、しかも面白いことに、葉の表側だけが白変して下垂するので、その葉はまるで白い花びらのように見えます。したがって、この草名は葉の半分が化粧するという意味と理解しても理にかなっていることになります。漢語の一音節読みでは、半はパン、化はホア、粧はチャンと読むのですが、日本語音読では半はハン、化はケやゲ、粧はショウと読みます。つまり、ハンゲショウとは、日本語音読の半化粧であり、直訳すると「半分を化粧する（草）」、実態に即して少し意訳すると**「一部の葉の半分を白く化粧する（草）」**の意味になり、これもこの草名の語源で掛詞と思われます。掛詞をまとめると、**「とても全体が臭い、一部の葉の半分を白く化粧する（草）」**になります。

平安時代の本草和名と和名抄には「三白草、加多之《かたし》呂久佐《ろくさ》」と書いてあり、ハンゲショウのこととされています。三白草というのは、葉の3枚程度が白くなるからであり、片白草（加多之呂久佐）というのは葉の表側だけが白くなるからです。

大言海には「**かた志ろぐさ**（名）|片白草| 夏ノ半夏生《ハンゲシヤウ》ノ頃ニ、梢ノ三葉ノミ、表面、白ク変ジテ、背ハ然ラズ、故ニ片白《カタシロ》、三白《ミツジロ》、又、半夏草《ハゲシヤウクサ》ノ名アリ」と説明されています。つまり、この草は、平安時代にはカタシログサと呼ばれており、後世に至ってハンゲショウという名称でも呼ばれるようになったようです。ハンゲショウという名称は、草木名初見リスト（磯野直秀作）によれば、江戸時代の花壇地錦抄という本にでています。

大辞典には、半夏生とは、夏至《げし》から十一日目に当る日であり、太陽暦では七月二日頃と書いてあります。ということは、半夏生は単なる暦上の名称に過ぎず、草名とはなんの関係もないということです。なぜならば、この草は、半夏の頃、つまり七月二日頃だけに生えている草でもなく、その頃だけ葉の表面が白くなるわけでも、その頃だけに咲いている花でもないからです。花びらのない花らしくない穂状花が七月から八月頃に咲きます。つまり、この草を漢字で半夏生と書くのは、その音読を利用するためだけの単なる当て字に過ぎないということです。一部の植物本では「半夏の頃に葉が白くなるから半夏生という」のような語源説が流布されていますが、上述したように、そもそも漢字の半夏生は夏至から十一日目に当る暦日のことであって草名とはなんの関係もなく、ハンゲショウという音声こそがこの草名にとって必要であるというに過ぎないのです。いうならば、半夏生のような持って廻った当て字にせずに、名は体を表わすがごとく、意味も明確で名実共に適当と思われる「半化粧」にした方が遥かによかったと思われます。

153 ハンゴンソウ

キク科の多年草です。日本では本州中部以北から北海道に自生し、地域によって異なりますが、七月～九月頃になると芽をだして２ｍ程度の丈にまで生長し、茎の上部に10個程度の美しい黄色の頭花をつけます。各頭花には、数個の芯花と10枚程度の花びらがついています。

この草について、「植物名の由来」（中村浩著・東書選書）には、次のように書かれています。「ハンゴンソウの名は、〝反魂草〟に由来するものといわれる。反魂とは死者の魂をよび返すという意であり、返魂とも書く。むかし、漢の武帝が、李婦人の他界したのを嘆き悲しみ、〝反魂香〟を焚かれたところ、愛しい李夫人の面影が煙の中にあらわれたというのである。この反魂香とは、想像上の香であるが、煙が直上し、その煙の中に死者の面影を見ることができるといい伝えられている。（中略）。さてハンゴンソウであるが、これには二種ある。古く中国でハンゴンソウ（反魂草）とよばれていたものは、タバコ（煙草）のことであった。（中略）。タバコが反魂草といわれたのは、その煙を吸うと陶然となり、摩訶不思議な力で恍惚の境に誘い、立ちのぼる煙の中に死者の魂をよび戻す力があり、反魂香に匹敵するものとして、反魂草の名が与えられたものである。煙草の別名ハンゴンソウ（反魂草）はナス科であるが、この植物をハンゴンソウとよぶことはすでになくなり、日本ではキク科に属する全く別な植物のことをハンゴンソウとよんでいる。しかし、その意味はやはり反魂草であろう」。この本には、漢語由来のそもそものハンゴンソウは**「ナス科のタバコ（煙草）である」**、そして、**「そもそものハンゴンソウと現在のハンゴンソウとは異なる」**と書いてあります。ということは、ハンゴンソウの意味はタバコという草に因んで付けられていることが推測されます。

漢語の一音節読みで、反魂草はファン・ホン・ツァオと読みますが、これは漢語式の当て字であり、ほぼ同じ読みの芳紅草のことです。芳はファンと読み「よい、良好な」の意味がありますが、花などを指すときは敷衍して「美しい」の意味でも使われます。紅はホンと読み「紅色」の意味、草はツァオと読みます。つまり、芳紅草は**「美しい紅色の花の咲く草」**の意味になっています。

日本語において、古く煙草のことであるハンゴンソウの語源の話をしますと、一音節読みで、酣はハンと読み形容詞では「美しい」の意味があり、紅はゴンとも読み「紅色」の意味です。つまり、ハンゴンソウとは酣紅草であり、**「美しい紅色の花の咲く草」**の意味になっており、これがこの草名の語源と思われます。

この草については、漢語の意味と日本語の意味とが完全に一致しています。ご存知のように、タバコという草は、葉を採集しないでそのまま放っておくと、夏に、美しい紅色の花がたくさん咲くのです。

大言海には、「**はんごんさう**（名）返魂草　タバコ。煙草。『本朝ニテたばこノ名目、慶長日記ニ載スルノ始メナルベシ。（中略）。一名淡芭孤、又、淡婆姑、一名返魂草、一名煙花、一名煙草、一名想思草、一名淡肉果、云々、返魂煙ト云フ』」と書いてあります。慶長日記に初めて載っているということは、安土桃山時代末期から江戸時代初期に及ぶ慶長年間（一五九六～一六一四）につくられた名称と思われます。

現在、ハンゴンソウと称されているキク科の草は、黄色の花が咲くので、そのゴンは金色のことであり、ハンゴンソウは酣金草であり**「美しい金色の花の咲く草」**の意味に解釈されていると思われます。金の字は、黄金《おうごん》のようにゴンとも読むので、その読みがハンゴンソウのゴンと見做されているのです。

154 ピーマン

ナス目ナス科トウガラシ属にトウガラシという野菜があり、トウガラシではあっても辛くない種を甘トウガラシといい現在ではピーマンともいいます。その緑色の皮果の中は、果内の根元にある胎座に小さい平たい多数の種が付いている程度で、殆んど空っぽになっています。最近の栽培種では、赤ピーマン、黄ピーマン、橙ピーマンなども出廻っています。問題は、このピーマンという名称は、本来の日本語なのか外来語なのかということです。

そこで、語源の話に移りますと、一音節読みで、皮はピーと読みます。曼はマンと読み「美しい」の意味があります。つまり、ピーマンは、**「皮曼」**であり直訳すると「皮の美しい（野菜）」の意味になります。ご承知のとおり、美には美味の意味があるので「皮の美味しい（野菜）」になるのですが、更に意訳すると**「皮果の美味しい（野菜）」**の意味になり、これが日本語としてのこの草名の語源と思われます。したがって、ピーマンは純然たる日本語らしいということです。

フランス語にpimentという言葉があり、「フランス語は書いてないように読む」との冗談どおり「ピマン」と読み、仏和辞典（白水社）によればトウガラシのことと翻訳されています。このフランス語のピマンは、英語ではピメントウ（pimento）、スペイン語ではピミィエント（pimiento）、ポルトガル語ではピメンタオ（pimentão）といいます。通説では、このフランス語のピマンが、日本で使われているピーマンという言葉の語源とされています。しかしながら、この語源説には疑問があります。なぜならば、日本の幾多の野菜関係本をみても、ピーマンは明治時代にアメリカ種が輸入されたとされているのに、日本語名称はフランス語からきたというのも可笑しな話なのであり、加えてフランス語ではピーマンでなくピマンと読むことから、ピーマンのフランス語由来説は、後日につくられた後付語源説と思われます。角川外来語辞典（荒川惣兵衛著・初版発行一九六七年）には、「ピーマンは、明治の初年アメリカから渡来した」と書いてあります。ということは、英語のピメントウがピーマンになったということになりますが、音声が違い過ぎるような感じを受けます。

推測ではありますが、日本語で皮曼の意味でその名称をつくったところ、たまたまフランス語にピマンという言葉があったので後付けでフランス語由来ということにされたのではないかと思われます。或いは、フランス語にピマンという言葉があることを踏まえて、改めて日本語としての意味付けのできる言葉、つまり「皮曼《ピーマン》」の意味でつくられた名称かも知れません。万々が一、そうでなくても、日本人としてはそのように理解し、漢字では当て字にしたいのならば、例えば**「皮万」**とでも書くべきものです。どうしてこのようなことになるかというと、有力な日本の言語・国語学者の中に、なにかにつけて、できるだけヨーロッパからの外国語由来の言葉にしたがる人たちがいるからです。

155　ヒエ

イネ科の一年草で、やや粟《あわ》に似た実がなり、古代には穀草の一種としてその実は食べられていたのです。

漢字では稗と書かれますが、この字に卑の字が使われているということは、この草から採れる穀物はそもそもから粗末なものと見做されていたことが窺われます。陸に生えるものと水田に生えるものとがあります。強性な草で、稲に混じって生えると、稲が圧倒されてしまい、枯れてしまうかその実りが極めて悪くなるので、現在では害草として駆除されていますが、完全に駆除することはなかなかに難しい草です。

この草名は、日本書紀の神代第五段の天照大神が天熊人に食料源の調達を命じた条に「乃ち、粟稗麦豆を以ては陸田種子とす。稲を以ては水田種子とす」とでています。万葉集では二歌（2476・2999）が詠まれており、その一つは次のようなものです。

・打つ田には稗は数多《あまた》にありといへど
　擇《え》らえし我そ夜を一人寝る（万葉2476）

この歌は「耕田には、稗はたくさん生えているが、択び捨てられた私は夜一人で寝ている」の意味とされています。

一音節読みで、卑はピと読み「劣った、粗末な」の意味、艶はイェンと読み「美しい」の意味があります。つまり、ヒエとは、卑艶の多少の清音訛り読みであり、美には美味の意味があることを考慮すると「劣った美味しさの（草）」、表現を逆にすると**「美味しさの劣った（草）」**の意味になり、これがこの草名の語源と思われます。食物としては粗末なものだったので、このような意味の名称になったようです。

156　ヒオウギ・カラスオウギ

アヤメ科の多年草で、山野に自生し、剣形の互生した葉は扇形に広がります。夏に、黄赤色で紅色斑点の散らばった美しい六弁花が咲き、秋になると、熟してまっ黒い実がなります。漢字では共に漢語に由来する「射干」または「烏扇」と書きます。したがって、射干はカラスオウギまたはヒオウギと読むべきものです。カラスオウギは烏扇を日本語読みしたものになっています。平安時代の本草和名には「射干、一名烏扇、和名加良須阿布岐」、和名抄に「本草云、射干、一名、烏扇、加良須安布木」と書いてあります。この射干は、平安時代からカラスアフギ（加良須阿布岐・加良須安布木）と読まれていましたが、江戸時代以降はヒアフギ（ヒオウギ）とも読まれるようになります。カラスアフギにおけるカラスとは、鳥の一種である烏のことであり、ここでは「黒い」の意味で使われています。なぜならば、カラスアフギの実は、光沢のある真っ黒い色をしているからです。カラスアフギは、実際はカラスオウギのように読まれたと思われます。

最近の通説では、黒や夜等にかかる枕詞として有名な**「うばたま・ぬばたま」**は、この草のまっ黒い実からきたものとされるようになっていますが、この通説は大言海の説明に始まるものと思われます。大言海においては、大言海自身が造語したと思われる漢字言葉で「射干玉」と書いて「ぬばたま」と読み「からすあ《オ》ふ《ウ》ぎ（烏扇）ノ果実」と説明されています。この射干玉は「うばたま・ぬばたま」という言葉を射干《からすおうぎ》に結びつけようとの意図をもってつくられた造語と思われ、このことによって、この草のまっ黒い実はウバタマ・ヌバタマであるとされています。このことについては、ウバタマ・ヌバタマ欄をご参照ください。

さて、語源の話に移りますと、一音節読みで娥はオ、膚はフ、嫵はウ、瑰はギと読み、いずれも「美しい」の意味があります。つまり、烏の字は形容詞では「黒い」の意味なので、カラスアフギは烏・盎膚瑰（＝黒い・とても美しい）、カラスオウギは烏娥嫵瑰であり直訳すると「黒い美しい」ですが、少し意訳すると**「黒い実のなる、美しい花の咲く（草）」**の意味になっており、これがカラスオウギという草名の語源と思われます。この草の生え揃った葉の姿が扇の形に似ているので、この草名はそのことから発想されたとも考えられ、したがって、カラスオウギにおけるオウギとは扇のことでもあります。このことは、扇は、あおいで風を送るためもありますが、美しい装飾具とも見做されていたことを示しています。

カラスオウギは、江戸時代にヒオウギという呼称に変えられています。大言海によれば、江戸時代の重修本草綱目啓蒙に「毒草　射干、ヒアフギ」と書いてあることから、ヒオウギの名称は江戸時代につくられたもので、平安時代からのカラスオウギをヒオウギに呼称変更されたということです。なぜ、変更されたかというと、一音節読みで黒はヘイと読み「黒い」の意味なので、ヒオウギは黒《ヘイ》オウギの多少の訛り読みと見做すことができ、烏《カラス》オウギと同じ意味になるからと思われます。

ヒオウギの名称字義を更に詳しくみると、一音節読みで緋はフェイと読み「赤い」の意味があるのに加えて、上述したように黒はヘイと読み「黒い」の意味があるので、ヒオウギにおけるヒは、緋と黒との多少の訛り読みであって、掛詞になっていると見做すことができます。一音節読みで、嫵はウと読み「美しい」の意味があります。つまり、**ヒオウギ**は、意味上は、緋黒・娥嫵瑰であり直訳すると「赤と黒の美しい（草）」ですが、表現を変えて少し意訳すると**「美しい赤い花が咲き、美しい黒い実のなる（草）」**の意味になり、これがヒオウギという草名の語源と思われます。したがって、カラスオウギよりもヒオウギの方が、花が先で実が後という意味上の順序もよく、この草の特徴をより詳しく表現した名称になることから、名称変更されたとも思われます。ヒオウギは、大辞典では語源を分からないようにするためなのか「檜扇」と書かれていますが、この草と檜《ひのき》とはなんの関係もないので、語源を明らかにするならば、正しくは「緋扇」と書くべきものです。

なお、シャガという草があり、漢字では胡蝶花と書き、当て字では著莪と書かれるのですが、カラスオウギやヒオウギの漢字名である射干はシャカンと読み得るので、江戸時代の学者がシャガという草名は射干の字音読みからきたものであるとの誤った説を述べて以来、その説を踏襲して今に至っても正されることなく、現在の大辞典などでも「シャガ」という草名を漢字で書くときに射干が当てられています。例えば、広辞苑（第六版）には「**しゃが**【射干・著莪】」と書いてあります。しかしながら、ある草の名称が、異なる草の漢字名の字音読みからくるなどという馬鹿げたことは、正常な常識では考えられないことです。したがって、シャガの漢字名には胡蝶花を当てるべきであり、正しくは「**しゃが**【胡蝶花・著莪】」と書くべきものです。このことについては、シャガ欄をもご参照ください。

157　ヒガンバナ・マンジュシャゲ

ヒガンバナ科の多年草です。漢字では彼岸花や石蒜と書かれます。その花は、秋彼岸を中心として一か月程度の期間咲きます。したがって、単純には**「彼岸の頃に咲く花」**の意味と思われます。通常は葉の付いていない五〜六本の花茎が集まって立ち上がり、それぞれの先端に、まっ赤な花が咲きます。現在では、たまに、同系の他草との雑種ではないかとされているものや栽培種のものには、白花の咲くものがあります。なお、ご承知のように、彼岸には、春彼岸（三月二十一日頃の一週間）と秋彼岸（九月二十三日頃の一週間）とがあります。ヒガンバナの名称は、江戸時代の和漢三才図会（一七一二）に「俗云、死人花、又云、彼岸花、曼珠沙華」とでています。

また、この草は**「マンジュシャゲ」**とも呼ばれて、漢字では「曼珠沙華」と書かれますが、日本でつくられた漢字名であり、珠と沙とはその音読を利用するためだけの単なる当て字と思われます。曼珠沙華という名称は、草木名初見リスト（磯野直秀作）によれば、室町時代中期の温故知新書（一四八四）にでています。

一音節読みで、曼はマンと読み「美しい」、朱はジュと読み「赤い、赤色の」、煽はシャンと読み「燃えるような、華やかな」の意味があります。華は、蓮華《れんげ》や金鳳華《きんぽうげ》などにおけるように、ゲとも読み花のことです。つまり、曼珠沙華とは、曼朱煽華の多少の訛り読みの意味であって、直訳すると花を指すときは「美しい、赤い、燃えるような花」、草を指すときは**「美しい、赤い、燃えるような花の咲く（草）」**の意味になり、これがマンジュシャゲという草名の語源です。

大辞典には、マンジュシャゲは、仏教語で天上に咲く架空の白い花の意味であるマンジュサカ(manjusaka) からでた名称であると説明されていますが、マンジュシャゲとマンジュサカとでは音声が異なり、赤い花と白い花であることも異なっています。つまり、マンジュサカは、マンジュシャゲという草名をつくる際の参考にされたことはあったかも知れませんが、両者にはそれ以上の関係はないと思われます。

また、この草が、**「シビトバナ（死人花）」**とも呼ばれるのは、墓地でよく見られる草であることもありますが、草全体が一か月程度の期間咲いた後、まるで腐ったような状態で完全に枯れ果てるというその枯れ方に特徴があるからです。また、字義上においても、その音声語の中に死に関する意味が含まれているからでもあります。一音節読みで、蕃はマンと読み「野蛮に、残虐に」、誅はジュと読み「誅殺する、殺す」、殺はシャと読み「殺す」、隔はゲと読み「死ぬ」の意味があるので、マンジュシャゲは蕃誅殺隔でもあり直訳すると「残虐に誅殺されて死ぬ」の意味にも解釈し得るので、全体的にみて死に関係した字で構成されていると見做し得るからと思われます。漢語から伝来した名称で石蒜とも書きますが、これは漢語式当て字です。漢語の一音節読みで、石はシと読み、同じ読みの奭に通じていて「赤い」、蒜はシュアンと読み、同じ読みの狻に通じていて「恐い、怖ろしい」の意味があります。つまり、石蒜は奭狻であり直訳では「赤い恐い」ですが、実態に即して少し意訳すると**「赤い花の咲く、怖ろしい（草）」**の意味になっています。怖ろしいというのは、特に根茎に強い毒があるからであり、にもかかわらず、救荒植物ともされてきた草ですが、水にさらしての毒抜きが足りないものを食べると毒当りで瀕死の危険に陥ることもあるのです。

この草の名称は、平安時代の字鏡、本草和名、和名抄などに記載がなく、上述したように、室町時代中期にマンジュシャゲ、江戸時代中期にヒガンバナとして現われることから、それ以前の古い時代には日本には存在しなかった外来種ではないかと考えられています。最近では、奈良時代に、万葉集の歌にただ一度だけ詠われている**「イチシ」**という名称で呼ばれた植物ではないかとの説がありますが、そのことについてはイチシ欄をご参照ください。

158　ヒシ

ヒシ科の一年生水草で、漢字では菱と書かれます。ヒシにも数種ありますが、そのうち、種《しゅ》ヒシの実は、やや立体的で二本の刺《とげ》があり、いうならば角《つの》のある野牛の頭顔部のような形をしています。種ヒシとは、修飾語の付かないヒシだけで種名となる名称のことをいいます。ヒシの種類にはオニビシ、小形のヒメビシなどもあり、こちらの刺は共に四本になっており、その実の形は菱形とはいえそうなものではなく、その葉の形も菱形ではありません。ということは、この水草名における菱は単なる当て字に過ぎないということです。万葉集には、次の二つの歌が詠まれており、鎌倉時代の夫木和歌抄《ふぼくわかしょう》にも詠まれています。

・君がため　浮沼《うきぬ》の池の菱採ると
　わが染めし袖　濡れにけるかも（万葉1249）

・豊国の企玖《きく》の池なる菱の末《うれ》を
　採むとや妹が御袖濡れけむ（万葉3876）

・船ばたを　たたくもさびし宵の間に
　ひし取る船や江に帰るらん（夫木和歌抄9）

大言海によれば、平安時代の字鏡に「菱、比志」、本草和名に「菱実、比之」、和名抄に「菱、比之」、と書いてあり、江戸時代の重修本草綱目啓蒙には、「この根を水田に植えて培養したものを家菱とし、野生のものを野菱とす」と書いてあります。

ヒシについてのこのような歌や記述があることからすると、ヒシは、古い時代から食材としてかなり食べられてきたことが窺われ、救荒《きゅうこう》植物とされていたとの記述もあります。救荒植物とは、主要作物の凶作などで飢饉となったときに、食用とする野生植物のことをいいます。ヒシは、著者が子供の頃は、殆んどの池・湖・沼にたくさん生えていたので、夏にそこで泳いで遊んでいるときに、その実を採って食べたものです。特に変わった味ではなく、サツマイモを生でかじったときの味と似ていたような気がします。

さて、語源の話に移りますと、比志や比之の比は、一音節読みの清音読みでヒ、濁音読みでビと読みますが、同じ読みの「匕」に通じています。「匕」は、数字の七のことではなくて、「矢じり」の意味があり、匕首《あいくち》という言葉に使われている字で、匕首とはとても小さい短い剣、つまり、小短剣のことです。矢じりとは、矢の先端の堅い鋭利な部分のことを指し、材料は、古い時代には堅木、石、動物の骨や角、次に金属の銅製になり、後世では鉄製になっています。実の字は一音節読みでシと読み、植物の「実《み》」の意味です。つまり、ヒシとは匕実であり、直訳すると「矢じりの実」なのですが、実態に即して少し意訳すると、その実を指すときは「矢じり形の刺《とげ》のある実」、草を指すときは**「矢じり形の刺のある実のなる（水草）」**の意味になり、これがこの草名の語源と思われます。

輔弼《ほひつ》という熟語があり、一音節読みで、弼は匕と同じくヒやビと読み「助ける、補助する」の意味があります。食はシと読み名詞では「食物」の意味で使われます。つまり、ヒシとは弼食であり、直訳すると「補助食物」になりますが、言葉を補足して少し意訳すると**「補助食物となる実のなる（水草）」**の意味になっており、これもこの草名の語源で掛詞になっていると思われます。この語源は、ヒシが救荒植物とされたことと合致しています。掛詞をまとめると**「矢じり形の刺のある、補助食物となる実のなる（水草）」**の意味になります。

・池の面《も》に　白い花咲く菱見れば
　子供の頃の思い出浮かぶ　　不知人

159　ヒユ

ヒユ科の一年草です。丈は1m程度で、茎は細長く伸び、葉は肉厚楕円形で互生し、緑白色の小花が咲き、黒色の種子がなります。茎と葉は、古くから普通の蔬菜として食べられてきました。その証拠に、平安時代の和名抄に「莧、比由、味甘、寒無毒」と書いてあります。

さて、語源の話に移りますと、一音節読みで、徽はフイと読み「よい、良好な」の意味があります。玉はユと読み「美しい」の意味があります。つまり、ヒユとは、**徽玉**の多少の訛り読みであり、直訳では「よい美しい」ですが、食べ物について「よい」とか「美しい」というのは「美味しい」ということであることを考慮すると**「美味しい（草）」**の意味になり、これがこの草名の語源と思われます。

160　ヒョウタン

ウリ科の蔓性の一年草です。巻きひげで他の物体に絡みながら成長します。葉は心臓形で、夏に白い花が咲きます。果実は垂れ下がってなり、上下が膨らんで中間がくびれた形をしていますが、膨らみは上方が小さく下方が大きくなっています。熟すと果皮が堅くなるので、果実の中味を除去して乾燥させて、水、酒その他の液体を入れる器とします。漢字では瓢箪と書かれますが、瓢は瓜を切開いてつくった柄杓《ひしゃく》のこと、箪はタンと読み竹編の小箱のことなので、瓢箪は当て字ということになります。大言海によれば、安土桃山時代の易林節用集に「瓢箪、へうたん」と書いてあることから、この頃につくられた名称のようです。

さて、語源の話に移りますと、一音節読みで、肥はフェイと読み「肥っている」の意味、つまり「大きい」の意味があり、幺はヤオと読み「小さい」の意味があります。罎はタンと読み「壺《つぼ》、甕《かめ》、壜《びん》」などの液体容器のことをいいます。つまり、ヒョウタンとは、肥幺罎（フェイ・ヤオ・タン）の多少の訛り読みを一気に読んだものであり、直訳すると「大小のある壺」になります。実態に合わせて少し意訳すると「大きい所と小さい所のある壺形の（実）」、さらに意訳すると、実だけを指すときは「上下が膨らんで中間がくびれた壺形の（実）」、草を指すときは**「上下が膨らんで中間がくびれた壺形の実のなる（草）」**の意味になり、これがこの草名の語源と思われます。

また、瓢箪鯰《ひょうたんなまず》という言葉があり、「あの人は瓢箪鯰だ」というときは「捉えどころのない人だ」という意味であり、瓢箪も鯰もぬるぬると滑ってなかなか捉えられないということからできた言葉です。一音節読みで、飛はフェイと読み副詞では「とても、非常に、著しく」などの意味、油はヨウと読み形容詞では「油っこい、ぬるぬるした」の意味です。上述したように、罎はタンと読みます。つまり、ヒョウタンは、飛油罎の多少の訛り読みであり直訳すると「とても油っこい壺」、表現を変えると**「とてもぬるぬるする壺」**の意味になっており、これが乾燥したヒョウタンの実、つまり、上述の文句におけるヒョウタンの語源になっていると思われます。したがって、この草を指すときは**「とてもぬるぬるする壺形の実のなる（草）」**の意味になり、これもこの草名の語源で掛詞になっていると思われます。掛詞をまとめると、ヒョウタンとは「上下が膨らんで中間がくびれた、とてもぬるぬるする壺形の実のなる（草）」の意味になります。

161　ヒヨドリジョウゴ

　ナス科のツル性の多年草です。夏から秋にかけて白色の五弁花が咲き、花後に直径が1㎝程度の丸い液果がなり、晩秋から冬にかけて赤く熟し、冬の枯野の中で美しく映えているのが見られます。全草に毒がありますが、特に液果には強い毒があるとされています。草木名初見リスト（磯野直秀作）によれば、鎌倉時代中期の名語記という本に「ひえとり上戸」とでていることから、この頃につくられた名称と思われます。江戸時代の大和本草では、漢語から導入された「白英」をホロシやヒヨドリジヤウゴと読んであり、同時代の和漢三才図会では「白英」を「ほそし」や「ひよどりじやうご」と読んで「子《み》が赤く熟するとき、鵯《ひよどり》が喜んでこれを啄《ついば》む。それで俗に鵯上戸《ひよどりじやうご》という」と書いてあります。この記事を引継いでと思われますが、昭和初期の大言海には「古名はホロシ。鵯上戸ノ義、其鳥、好ミテ此実ヲ食ヘバ云フ」と書いてあり、更に現代の改訂原色牧野植物大図鑑には「和名　鵯上戸は鵯が熟果を好んで食べることに基づく。有毒植物」と書いてあります。

　しかしながら、この草名は鎌倉時代中期につくられたものであり、記録もないのにそのような意味でつくられたことが、なぜ、江戸時代以降になってから分かったのかという疑問があります。現実に、ヒヨドリがこの草の実を食うのが目撃されたという報告はなく、ヒヨドリが多くいるところでも、冬になってもその殆んどの実が残存している場合が多いことから、もし食べるとしても上戸（＝病み付き）というほどには食べないのではないかとみられています。ということは、上戸は当て字であり、この語源説は怪しいということです。野草大百科（北隆館・平成四年刊）には「ニワトリなどがこれを食べると中毒死する」と書いてあります。

さて、本書説の語源の話をしますと、菲はフェイ、艶はエン、優はヨウ、都はド、麗はリと読み、いずれも「美しい」の意味があり、赳はジョウと読み「猛々しい、荒々しい」の意味、恐はゴン読み「恐い、恐ろしい」の意味があります。つまり、「ひえとり上戸」は菲艶都麗・赳恐、ヒヨドリジョウゴは菲優都麗・赳恐の多少の訛り読みであり、直訳すると共に「美しい、猛々しい恐ろしい（草）」になりますが、少し意訳すると**「美しい花が咲き実がなる、猛々しい恐ろしい（草）」**の意味になり、これがこの草名の語源と思われます。簡潔に意訳すると**「美しい花の咲く恐ろしい毒草」**という意味です。この草は花も実も美しいのですが、草全体に強い毒があるので恐ろしいのです。

漢語から導入された白英（パイイン）は、同じ読みの百鷹に通じており「とても凶暴な（草）」の意味になっているのはこの草に毒があるからです。この草は、上述したように、古名では「ホロシ」というとされていますが、この名称の中にもその語源が隠されていると推測されます。同じナス科にマルバノホロシという毒草があり、ホロシの語源については、その欄をご参照ください。

162 フウロソウ

フウロソウ科の多年草です。世界中に種類は多く、日本では、夏に、淡紅色や淡紫色、或いはその雑色系統の美しい五弁花が咲きます。大言海によれば、江戸時代の重修本草綱目啓蒙にこの草についての説明がでています。

「植物名の由来」（中村浩著・東書選書）には次のように書かれています。「牧野新日本植物図鑑のフウロソウの項には、〝風露草は語源不明、漢名ではない〟

とでている。俳句の歳時記などには、〝風露とは涼風と露で、季節感にあふれたさわやかな名前である〟などと書かれているが、このような説明はもとよりとるにたらぬ俗説である。フウロソウに〝風露草〟の字を宛てたのは江戸時代のことで、浅草花川戸の植木屋某がこの草にこのような漢名を与えて栽培品を売っていたと記録にあるが、この人は風流人であったのであろう」。「植物名の由来」にも疑問符が付けられているように、この草の特徴が風や露といかなる関係にあるのか不明なので、風露は単なる当て字に過ぎないと思われます。

一音節読みで、膚はフ、嫵はウ、柔はロウと読み、いずれも「美しい」の意味があります。つまり、フウロソウとは、膚嫵柔草の多少の訛り読みであり、直訳では「美しい草」ですが、美しいのは花のことと思われるので、少し意訳すると**「美しい花の咲く草」**の意味になり、これがこの草名の語源と思われます。概して、フウロソウ科の草は美しい花が咲くのです。

163 フキ

フキは、キク科の多年草で、日本各地の野原や自然状態の庭などにもあちこちに自生しますが、最近では栽培もされています。

大言海によれば、平安時代の和名抄には「蕗、和名布布木、その茎は、煮て食うことができる」、名義抄には「蕗、フキ」と書いてあります。

一般的に、草の茎《くき》には、花茎と根元から立上がった葉茎とがはっきりと別れているものがあり、フキもそのような草の一種です。フキは、冬の終わり頃から春の初め頃にかけて根元から花茎が生じ、13㎝程度に長ずると先端に黄白色の頭状花が咲きます。花茎のでた後に、同じように根元から、別途に葉茎が生じ、丈は50㎝程度になり各先端に大きい肉質の腎臓形の葉が付きます。フキは花茎も葉茎も食材とします。花茎の幼芽は「蕗の薹《とう》」といい、美味しい食材として知られています。薹は茎という意味の字なので、蕗の薹とは直訳では**「蕗の茎」**の意味になりますが、蕗の薹という常套句においては、専らその花茎の方の茎を指しそれを賞味することから生まれた文句です。更に細かくいうと、頭の読みと同じく薹をトウと読むからかは分かりませんが、「蕗の薹」は「花茎の先端の花芽」の部分をいうとされています。芽とは、茎、葉、花の組織が未発達の幼時のものをいうので、茎芽、葉芽、花芽の区別があり、花芽のことを蕾《つぼみ》といい、莟《つぼみ》とも書きます。したがって、「蕗の薹」とは**「蕗の花茎の蕾」**ということです。なお、現代漢語では蕗は甘草のことであり、日本語のフキは款冬と書かれています。款冬とは「冷い冬の草」という意味なので、日本語では「苳」とも書かれます。

さて、語源の話に移りますと、一音節読みで、膚はフ、瑰はキと読み共に「美しい」の意味があります。つまり、フキとは膚瑰であり、直訳すると「美しい」ですが、美には美味の意味があることを考慮すると**「美味しい（草）」**の意味になり、これがこの草名の語源です。

また、この草は冬の終わりから早春にかけての、まだ寒い頃が旬の草とも考えられているようです。一音節読みで、冱はフと読み「寒い、冷たい、寒冷の」の意味です。つまり、フキは冱瑰であり**「寒冷期の美味しい（草）」**の意味になり、これもこの草名の語源で掛詞と思われます。まとめて簡潔にいうと、**「美味しい寒冷期の（草）」**になります。

したがって、「蕗《フキ》ノ薹《トウ》」とは、直訳では「美味しい寒冷期の草の茎」の意味になっていますが、その実際は「美味しい寒冷期の花茎の蕾」の意味になっています。

なお、草名とは関係のないことですが、薹は一音節読みではタイと読みます。薹を分解すると草冠＋臺になりますが、臺の簡体字は台であり、漢語ではタイと読み、古代の日本国の名称の一つであったとされる邪馬臺（邪馬台）という言葉でお馴染みの字です。

日本語の国名は、音読では「ワ↓ヤマト↓ニホン↓ニッポン」と変遷したのですが、ヤマトを漢字で書いた最も古いものが邪馬臺（邪馬台）です。したがって、日本語では邪馬臺（邪馬台）はヤマトと読むべきものです。しかしながら、日本の歴史書などでは執拗に「ヤマタイ」と読んであります。それには理由があるのです。ヤマトは、漢字では大和と書かれ、また山門、山跡、山戸、山都などとも書くことができ、これらは実際に存在する地名です。したがって、魏志倭人伝にでてくる国名としてのヤマトであることを明確に識別するために、一音節読みで台はタイと読むことを利用して、わざわざヤマタイと読んであるということです。したがって、通常では邪馬台はヤマタイと読んでも、正しくはヤマトと読むべきであることを認識しておかなければなりません。

164　フクジュソウ

キンポウゲ科の多年草で、野草として自生し、丈は10～20㎝程度にまで成長します。春に葉に先立って、やや大き目の美しい多弁の黄色い花が各株毎に一個だけ咲きます。キンポウゲ科の草には多かれ少なかれ毒があり、フクジュソウにもかなりの毒があります。

漢語では側金盞花《ソ・チン・チャン・ホア》といい、日本語の漢字では「福寿草」と書かれます。この草名は草木名初見リスト（磯野直秀作）によれば、江戸時代前期の毛吹草（一六四五）という本にでており、和漢三才図会（一七一二）には別称とされる**「元日草」**の名称がでています。

一音節読みで、膚はフ、穀はク、俊はジュンと読み、いずれも「美しい」の意味があります。つまり、フクジュソウは、膚穀俊草の多少の訛り読みであり、直訳すると「美しい草」ですが、美しいのは花のことと思われるので、少し意訳すると**「美しい花の咲く草」**の意味になっており、これがこの草名の語源です。また、一音節読みで、怖はフ、酷はク、惧はジュと読み、いずれも「怖ろしい」の意味があります。つまり、フクジュソウは、怖酷惧草でもあり直訳すると**「怖ろしい草」**の意味になっており、これもこの草名の語源で掛詞になっています。このような意味になるのは、この草が毒草だからです。掛詞をまとめると「美しい花の咲く、怖ろしい草」になります。

165　フジバカマ（フヂバカマ）

キク科の多年草で、秋の七種の一つです。河畔や池沼の岸辺に自生し、複数の茎先に淡紫色の頭状花が咲き、草全体からよい香りがします。万葉集では、フジバカマについて詠まれている歌は「秋の七種の歌」（万葉１５３８）の一首だけであり、理由は分かりませんが、さほど好まれた草ではなかったようです。古今集には、数首が詠まれており次のような歌があります。

・なに人か　きてぬぎかけしふぢばかま
くる秋ごとに　野べをにほはす（古今秋上）

大言海によれば、平安時代の本草和名と和名抄に「蘭草、布知波加末」と書いてあります。一音節読みで、膚はフ、芝はヂ、棒はバン、可はカ、曼はマンと読み、いずれも「美しい」の意味があります。棒と可はそもそもは「よい、良好な」の意味ですが、花などを指すときは共に「美しい」の意味で使われます。

つまり、フヂバカマとは、膚芝棒可曼の多少の訛り読みであり「美しい」の意味です。したがって、花を指すときは**「美しい（花）」**、草を指すときは**「美しい花の咲く（草）」**の意味になり、これがこの草名の語源と思われます。漢字では藤袴と書かれますが、藤は同じ紫色の花の咲く蔓植物のフジと少しは関係があるとしても、袴はその音読を利用するためだけの単なる当て字になっています。

166　ヘチマ

ウリ科の蔓《つる》性の一年草です。巻きひげで棒状物などに巻き付くので、栽培では竹竿などを組んで架け棚をつくって這わせます。夏に黄色の花が咲き、秋に長さ50～60㎝程度の円筒形の果実が何本も茎から垂れ下がります。漢字では糸瓜と書かれます。食べようと思えば食べられますが、よほど上手に料理しないと美味しくないので、現在では普通は食べません。ただし、大言海によれば、江戸時代初期の倭爾雅（和爾雅）（一六九四）という本には「絲瓜、ヘチマ」とあり、農業全書（一六九七）には「絲瓜、ワカキ時ハ料理ニシテ食ス、同漬物ニシテ極メテヨキ物ナリ」と書いてあります。果実は、ならしたまま、或いは、ちぎって放っておくと果肉部分は腐ったあと乾燥してなくなるので、果皮を取り除くと糸状繊維だけから密に構成された網状の円筒物だけが残り、以前は絶好の入浴タワシとして愛用されていました。

さて、語源の話に移りますと、この草名の語源は難しくて、今もって一向に分からないとされています。大言海によれば、江戸時代の物類称呼（一七七五）という本には、次のように書いてあります。「絲瓜、ヘチマ、信濃ニテ、トウリト云、トウリハ絲瓜《イトウリ》ノ上略ナルベシ、或人曰、へちまトイフ名ハ、トウリヨリ出タリ、其故ハ、トウリノ『と』ノ字ハ、イロハノ『へ』ノ字ト『ち』ノ字ノ間ナレバ、『へちノ間』トイフ意ニテ、『へちま』ト名ヅクルトゾ」。しかしながら、大言海は、この説は牽強附会《けんきょうふかい》だろうと述べています。推測するところでは、いろいろと考えてみても分からなかったので、その揚げ句の果てに、このような奇妙奇天烈な語源説がでてきたのではないかと思われます。にもかかわらず、他にこれといった語源説はないので、今でも学者でさえもこの説を紹介したりしています。

そこで、史上初めての本書説のほんとうの語源説を披露しますと、一音節読みで、黒はヘイと読み「黒いもの」の意味ですが、ここでは「汚れ」の意味になります。浄はチンと読み「拭《ふ》いて清潔にする、拭《ぬぐ》って清潔にする」の意味、蔓はマンと読み「蔓草《つるくさ》」のことです。つまり、ヘチマとは**黒浄蔓**の多少の訛り読みであり、直訳すると**「汚れを、拭いて清潔にする、蔓草」**の意味になり、これがこの草名の語源です。この語源は、一昔前までは、ヘチマが絶好の入浴タワシとして広く愛用されていたことと深く関係しています。

167　ベニバナ

キク科の一年草で、丈は50㎝程度、夏に紅黄色の頭状花が咲きます。現在では漢字で紅花と書かれています。草木名初見リスト（磯野直秀作）によれば、ベニバナという音声名称は、平安時代中期頃の小右記という本の九九九年の条にでているとされるので、この頃にできたと思われます。

　万葉集に、「クレノアイ」と読まれたと思われる「呉藍」という言葉の入った歌が一首だけ詠まれています。

・呉藍の八塩の衣《ころも》朝な朝な
　馴れはすれどもいやめづらしも（万葉２６２３）

「八塩の衣」というのは、何回も染めた衣装のこととされるので、「呉藍の八塩の衣」というのは「呉藍《くれのあい》という染色草で何回も染めた衣装」のことを指すと思われます。また、万葉４１５６での「紅の八塩に染めて」、万葉２６２４での「紅の深染《こぞめ》の衣」のように「紅」と書かれた歌もあります。このことから、単純に解釈されて、クレナイはクレノアイを略したものとの誤解説が生まれたのです。これらの歌をよく読んで頂くと分かることですが、呉藍は草名であり紅は色彩名なのです。

　大言海によれば、平安時代の本草和名に「紅藍花、久礼乃阿為」、和名抄の染色具の項に「紅藍、呉藍、久礼乃阿井。本朝式ニ云フ、紅花、俗ニハ之ヲ用フ」と書いてあります。染色具における具とは道具のことなので、染色具とは染料のことになりますが、草を染料として使うときは染色草ということになります。

　そうしますと、上述した万葉集の歌での呉藍と紅とでは意味が異なるのではないかと思われます。つまり、万葉２６２３の呉藍やこれらの平安時代の古書の記述からすると、呉藍、紅藍、紅藍花、紅花等はすべてクレノアイ（久礼乃阿為・久礼乃阿井）と読まれて染色用の草名のことであり、紅は色彩名のことだったのです。紅花は、奈良時代から平安時代の中期頃までは、クレノアイと呼ばれた染色用の草名だったのであり、平安時代中期頃からベニバナとも呼ばれるようになり、それが現代まで続いているということです。

　ただ、日本古典文学大系「萬葉集三」（岩波書店）では、万葉２６２３における呉藍を紅に変更して次のように書いてあります。

・紅の八塩の衣《ころも》朝な朝な
　馴れはすれどもいやめづらしも（万葉２６２３）

万葉集には、クレナイという言葉が歌に詠み込まれており、「紅」と書かれた歌が二二首、「久礼奈伊」と書かれた歌が六首、合計二八首ありますが、これらはすべて色彩名のことであって草名ではないことは、それぞれの歌の歌意に照らして明らかであり、草名としては呉藍と書いてクレノアイと読まれたと思われる上述の一首だけとなっています。万葉集では、すでに色彩名としてのクレナイと草名としてのクレノアイとは明確に区別されていたと思われます。したがって、草名である古代のクレノアイや現代のベニバナは、色彩名であるクレナイとは、直接的にはなんの関係もないと見做すべきものです。大言海によれば、江戸時代の東雅（新井白石著）には、「呉藍、クレノアヰ。本朝式ニハ紅花ノ字ヲ用ユ。此ニ呉藍トイフハ、其始、呉ヨリ来リシガ故也、即今、俗ニハ、べにのはなトイフナリ」とあります。つまり、呉藍《クレノアヰ》は草花のことであり、今では紅花《ベニノハナ》というと書いてあります。ただ、「其始、呉ヨリ来リシガ故也」というのは、誤まりと思われます。

現代の大辞典や植物本に、クレナイはクレノアイの略称であり、クレナイはベニバナのことであると書いてあるのはどちらも明らかに誤解と見做すべきものです。どうしてこのような誤解が生じているかというと、江戸時代の和漢三才図会（寺島良安著）に「紅花、ベニノハナ。俗ニ久礼奈伊《クレナイ》ト云フ、呉藍《クレノアイ》ノ略言ナリ」という誤った説明がされており、それが現代にまで尾を引いているということです。つまり、現代の学者には、江戸時代の学者の誤解を正せるほどの学者は存在しないということです。

さて、語源の話に移りますと、ベニバナは漢字では紅花と書かれますが、バナは花のことであるとして、一音節読みでホンと読む「紅」の字を、日本語ではなぜ「ベニ」と読むのか、ベニとはいかなる意味であり、その語源はなにかということになると、これがなかなか難しいのです。

大言海によれば、平安時代の和名抄の容飾具の項に「䞓粉、閉邇《ヘニ》、䞓、赤なり。粉を染めて赤くして、もって頬に着けるなり」、名義抄に「䞓、ヘニ、䞓粉、ヘニ」、栄花物語に「歯黒メ黒ラカニ着ケテ、へに赤ウ化粧セサセテ」、源氏物語の常夏に「べにト云フモノ、イト赤ラカニカイツケテ」とあります。また、室町時代の下学集に「經粉、ベニ、マタ臙脂ト云フナリ」と書いてあります。

つまり、これらの古典では、經粉や臙脂をベニと読んでありますが、なぜ、ベニと読めるのかが問題なのです。これらの古典の記述からすると、ベニとは紅色の化粧粉、つまり、主として顔に塗る化粧品としての紅色の化粧粉だったようであり、それは臙脂という言葉から窺われるように思われます。臙を分解すると燕月になりますが、一音節読みで燕はイェンと読み、同じ読みの艶や嫣に通じていて「美しい」の意味があり、月は脂のことで脂はチと読み脂肪のことです。したがって、臙は一字だけで「美しい脂《あぶら》」の意味になっているのですが、判別し易いように脂という字を加えて二字語の臙脂にしたのです。ご承知のように、頰紅や口紅のような化粧品は脂が含まれていないと肌に付着しにくいのです。日漢辞典には膩粉《ニフェン》という言葉があり、主に顔に塗る脂肪性の粉化粧品のことを指すと説明されています。

漢語辞典によれば、上述したように、臙は二字語にした臙脂と同じ意味であり、頰や唇など顔に塗る「化粧用の紅色顔料」のことと書いてあります。臙脂はイエン・チと読みます。脂は脂肪のことですが、膩はニと読みこれまた「脂、脂肪」のことなので、臙脂と臙膩とは同じ意味になります。

一音節読みで、賁はビと読み「美しい」の意味があります。つまり、ベニとは賁・臙膩（ビ・イェンニ）の多少の訛り読みであり直訳では**「美しい、化粧用の紅色顔料」**の意味になり、これが日本語における「ベニ」という音声言葉のそもそもの語源だったと思われます。上述したように、平安時代の九九九年頃には紅花はベニバナと読まれるようになるなど、万葉集ではクレナイと読まれた紅の字はベニと読まれるようになっています。そのうちに、化粧用顔料の意味を外して、ベニを「美しい紅色」のこととしても使われるようになったと思われます。したがって、**ベニバナ**とは、賁臙膩花、つまり紅花であり、花を指すときは**「美しい紅色の花」**、草を指すときは**「美しい紅色の花の咲く（草）」**の意味になり、これがこの草名の語源と思われます。

大言海によれば、江戸時代の女重宝記（元禄）という本に、「紅ナドモ、頬サキ、口ビル、爪サキニ塗ルコト、薄薄トアルベシ、濃ク赤キハ賤シ」と書いてあることから、江戸時代に至ってもなお、紅《べに》だけで紅色顔料、つまり、紅色化粧品のことを指していたことが窺われます。

168 ホウレンソウ

ナデシコ目アカザ科の草です。ビタミンC、ビタミンA、カルシュウム、鉄分その他の栄養素が豊富に含まれる野菜として知られ賞味されています。一音節読みで、侯はホウ、稔はレンと読み「美しい」の意味があります。草はツァオと読みますが、その日本語読みがソウです。つまり、ホウレンソウとは侯稔草であり、美には美味の意味があることを考慮して直訳すると**「美味しい草」**の意味になり、これがこの草名の語源です。

　大言海の「ハウレンさう（菠薐草）」の欄には、唐代の嘉話録と唐会要という二種類の書物に、次のように書かれているとされます。嘉話録には「波稜種は西国より出る、僧ありてその実をもちくると云う、本は頗陵国の種なり、訛り語りて波稜とのみなす」。唐会要には「太宗の時、尼波羅国より波稜菜を献ず」。

　現在の芝那では、ホウレン草のことを菠菜《ポツァイ》といいます。日本語では、そもそもの由来を考慮して波稜菜《ポロンツァイ》の漢字名と発音を参考にして、菠薐草の漢字名とホウレンソウの呼称がつくられていると思われます。つまり、菠薐草をホウレンソウと読むのは**「当て読み」**ということです。当て読みというのは、著者の造語ですが**「本来の字音読みを無視し、ほんとうの意味どおりの読みで、ある漢字を読むこと」**と定義しています。この草の場合、菠薐草はその字音どおりにポロンツァオと読むのではなく、その本当の意味は侯稔草なのでホウレンツァオ、少し訛ってホウレンソウと読むということです。

　広辞苑（第六版）には、「菠薐（ほうれん）は唐音。もとネパールの地名」と書いてありますが、これは空想的解釈ではないかと疑われます。なぜならば、いかなる漢和辞典にも唐音で菠をホウ、薐をレンと読むとは書いてないからです。また、そもそも上述の芝那の二冊の古書のどこにも菠薐という漢字名はなく、熟語としての漢名に初めて登場するからです。更には、上述の芝那の二冊の古書のどこにも頗陵国や尼波羅国はネパールの地名とは書かれておらず、大言海には「原産ハ波斯《ペルシャ》国ナリトゾ」と書いてあります。

169　ホタルブクロ

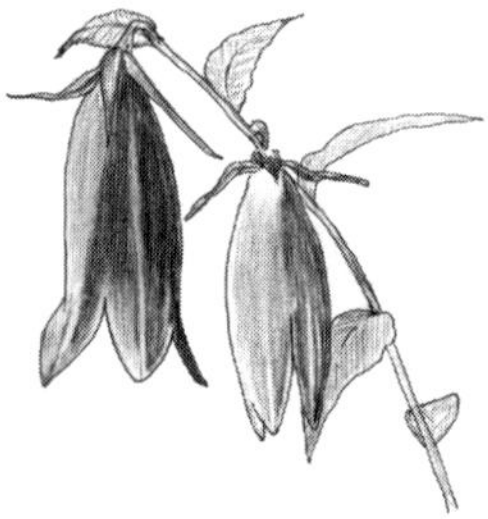

キキョウ科の多年草です。山野で普通に見られる草で、丈は50cm程度、白色または紅紫色の美しい釣鐘状の花が下向きに咲きます。

早速、語源の話に移りますと、一音節読みで、侯はホウと読み「美しい」の意味があります。耷はタと読み「下に垂れる」、了はルとも聴きなせるように読み、特には意味のない語気助詞です。つまり、ホタルとは、侯耷了であり「美しく下に垂れる」の意味になっています。他方、この草の花の形状から見て、ブクロは袋の濁音読みに間違いないと思われます。したがって、ホタルブクロとは、侯耷了袋の多少の訛り読みであり直訳すると「美しく垂れた袋」ですが、それは花のことと思われるので、花を指すときは**「美しく垂れた袋状の（花）」**、草を指すときは**「美しく垂れた袋状の花の咲く（草）」**の意味になり、これがこの草名の語源と思われます。

花の形が、垂れた袋状、つまり、釣鐘状になっている草は、一般的に、ツリガネソウといいますが、ホタルブクロはツリガネニンジン、クサボタン、ナルコユリなどと共にその部類に含まれます。なお、この草は、漢字では蛍袋と書かれますが、これは当て字であって、昆虫の蛍とは何の関係もありません。草木名初見リスト（磯野直秀作）によれば、江戸時代中期の絵本福寿草（一七五五）という本にでてくることから、この頃にできた草名と思われます。

「植物名の由来」（中村浩著・東書選書）には、次のように書いてあります。「このホタルブクロの名は、今日まで昆虫のホタル（蛍）と関連のある名であるとされてきた。『牧野新日本植物図鑑』の項には、〝小供がこの花でほたるを包むので起った〟とある。『野の花』には〝子どもがこの鐘形の花にホタルを入れて遊ぶことからついた名である〟とでている。『山の花1』には、〝子供たちはきっと、この花に蛍を包んで、喜々として家路を急いでいるところであろう。ホタルブクロとはこんな所からついた名である〟とでている。本田正次博士の『花ものがたり』(海南書房)には〝田舎の子供がホタルを捕えて、この花の中に入れて持ち帰るので、この名がついたのだと、いかにも穿ったかのように説明する場合が多いが、少々穿ちすぎている感がしないでもない。しかし、花のフィクションとして聞くのは上々であろう〟とでている。(中略)。宇都宮貞子さんの『草木ノート』および『草木おぼえ書』(読売新聞社)には、信州の植物方言や植物をめぐる農村生活の実態が詳細に語られているが、ホタルブクロの項には、子供がこの花にホタルを入れて遊ぶという叙述は全くない。(中略)。わたしは、子供がホタルブクロの花にホタルを入れて遊ぶというのはフィクションであり空想にすぎないもので実際に則したものではないと思う」。「植物名の由来」の叙述のとおりであって、こんな小さい花嚢の中にホタルを入れようと思う子供などいないのであり、もし入れたら直ぐに窒息死してしまうと思われます。

なお、昆虫のホタルの語源は、「火垂る」と流布されていますが正確にはそうではないと思われます。なぜならば、ホタルのだす光は放つものであり垂れるものではないからです。昆虫のホタルの語源は、**「火蛍児」**であり、火には「光る」、蛍には「体」の意味があるとされるので、**「光る体の虫」**の意味と思われます。詳しくは、拙著の蟲名源《むしめいげん》をご参照ください。

170 ホトケノザ

ホトケノザという名称の草がありますが、この草の話をするときに注意すべきことは、ご承知のとおり、キク科のものとシソ科のものとの二種類があることです。その一つは文献上は鎌倉時代中期頃から名称のあるキク科の草であり、他の一つは江戸時代にその名称がつくられたと思われるシソ科の草です。そもそも、ホトケノザとは、「春の七草」の一つとして、食べる草としてキク科の草に対してつくられた名称です。

そこで、先ず、キク科のホトケノザのことから話を進めますと、この草は春の七草の一つとしてその名称がつくられ食べられてきました。植物学九十年（牧野富太郎著・昭和三十一年発行）という本に「その苗が田面に平たく蓮華状の円座を成している状を形容してこれをホトケノザ（仏ノ座）と昔はいったものと見える」と書いてあります。つまり、ホトケノザの語源は**「仏の座」**であると書いてあり、これが通説となっています。しかしながら、これは皮相的な語源説と思われます。なぜならば、苗というのは「種子などから発芽して間もない植物」のことですが、この草の苗は、ぜんぜん蓮華状の円座を形成するまでには成長していないからです。百歩譲って、苗を若草のことと見做しても、その葉が放射状（ロゼット状）になっているのであってその花ではありません。仏の座というからには、仏様のお座りになる蓮華座のことになりますが、蓮華座は花の座であって草の座ではないのです。つまり、ホトケノザという草は、ぜんぜん蓮華座には似ていないのであり、したがって、蓮華座のことから付けられた名称ではないと思われます。ただ、この草名をつくる際に、なにかそれらしい理屈の付く言葉が選択されたことは十分に考えられます。現代人と異なり、当時の学者や教養人たちは漢字に精通していたので、少し思案すればこの程度のことは朝飯前だったのです。

キク科のホトケノザの語源については、通説とは異なり、本書では「蓮華座」のことからその名称が付けられたとは思っていません。それでは、なにから付けられたのかということで、早速、語源の話をしますと、一音節読みで、侯はホウ、都はト、瑰はキ、穠はノン、臧はザと読み、いずれも「美しい」の意味があります。つまり、ホトケノザとは侯都瑰穠臧（ホウ・ト・キ・ノン・ザ）の多少の訛り読みであり、直訳すると「美しい（草）」ですが、美しいのは花のことと思われるので、花を指すときは**「美しい（花）」**、草を指すときは**「美しい花の咲く（草）」**の意味になりこれがこの言葉の語源と思われます。また、美には美味の意味があることから**「美味しい（草）」**の意味にもなります。

このような意味になるのは、キク科のホトケノザには美しいと見做せる黄色の花が咲き、春の七草の一つに含まれて古くから食べられてきたことと深く関係しています。結局のところ、**「美しい花の咲く、美味しい(草)」**というのが、この草名の語源と思われます。

ホトケノザという名称は、万が一、「蓮華座」から心象されたものであったとしても、ほんとうは上述のような語源の意味からつくられたのです。そのことは、ホトケノザの名称は平安時代の蒲公草、つまり、和名のフヂナやタナの名称を引継いだものの一つと思われることからも推測されます。フヂナやタナの語源については、タンポポ欄をご参照ください。

そもそもホトケノザという名称は、キク科の草としてつくられたにもかかわらず、特に江戸時代において、その現実的な草種を同定できなかったということは、今に至るまで大きな禍根を残しています。どういうことかというと、ホトケノザは主体性のない草になっており、タビラコであるとか、コオニタビラコであるとか、或いは、オオバコ(車前草)であるなどと、他の草に同定される始末であり、情けないことに挙句の果ては、語源も分からない、春の七草の意味も分からない現代の学者によって、標準和名としての地位はシソ科のホトケノザが占めることにされています。

次に、春の七草でないシソ科のホトケノザについては、理屈をいうと、この草をホトケノザのような名称にすることには問題があった筈なのです。なぜならば、そもそもホトケノザとは、春の七草の一つとして食べられる草として付けられた名称だからです。シソ科のホトケノザは、食べられるような草ではありません。

このホトケノザはシソ科オドリコソウ属の草なので、その姿形はオドリコソウに似ており、茎の上部に三層程度の葉をつけますが、その葉は半円形で対生するので二枚合わせてほぼ円形になり、その葉腋に上向きの薄紅色の花が咲きます。原色牧野植物大図鑑や改訂原色牧野植物大図鑑には「花部の葉を蓮華座に見立てたもの」と書いてあります。つまり、シソ科のホトケノザの語源も**「仏の座」**であると書いてあるのですが、これも可笑しい。なぜならば、「花部の」という修飾語はついていても、キク科のホトケノザの場合と同じように、葉の座は花の座である蓮華座にはなり得ないからです。

なぜ、ホトケノザが、キク科のものとシソ科のものとの一名二草になったかというと、ホトケノザは食べられる草であることに留意せずに、キク科のホトケノザが漢字では「仏の座（仏座）」と書かれており、江戸時代になってから、その名称の意味が単純に蓮華座のことと解釈されたために、そのような意味ならば大和本草等においてその別称をタビラコとされるキク科のホトケノザよりも、漢語から導入した宝蓋草という草の方が、実際には蓮華座と見做せるかどうかはともかく、見た目の比較からするとはるかにふさわしいということから、シソ科の草にもホトケノザの名称が付けられたからと思われます。シソ科のホトケノザの名称は、そのような意味で、江戸時代に付けられたことから推測して、草の姿形を比較してという見地からの「仏の座」の意味で付けられたと理解してよいと思われます。しかしながら、そもそもホトケノザは食べられる草でなければならないのであり、食味からしてシソ科のホトケノザとされる草は食べられるような草ではないので、語源の意味からしてもホトケノザと称すべき草ではないのです。

一名二草になったことで、草のことにさほど詳しくない人たちにはやや混乱が生じるようになったことは否めません。そこで、一名二草では紛らわしいとして、混乱を避けるために、牧野富太郎博士が、「三蓋草」という新しい草名を提唱したのです。野草大百科（北隆館・平成四年初版発行）のシソ科のホトケノザ（宝蓋草）の欄には「春の七草でいうほとけのざがあるので、サンガイガサ（まま）とよぶことを牧野富太郎博士は提唱した」と書いてあります。牧野博士の著書などでは三蓋草は「さんがいぐさ」と読んであります。

一般的には、一草に二名あるよりも、一名に二草ある方がはるかに複雑になり混乱し易いといえます。このシソ科のホトケノザは、漢名由来の名称では宝蓋草とされています。現在では、シソ科のホトケノザは、漢字では宝蓋草や三蓋草と書き、宝蓋草はホウガイソウやホトケノザ、三蓋草はサンガイグサと読まれています。

なお、江戸時代の大和本草（貝原益軒著）の付録巻〔44〕には、このシソ科のホトケノザについて「仏ノ

座　賤民飯ニ加ヘ食フ　是《コレ》古ニ用ヒシ七種ノ菜ナルベシ」と推定で書いてあり、更に挿絵入りの付録巻で「臘月ヨリ生ス　食フベシ　正月人日七種ノ一ナリ」と書いてありますが、これらの記述は完全に誤りであると断言してもよいと思われ、大和本草に見られる、かん違いの記述の一つです。なぜならば、上述したように、シソ科のホトケノザは食べられるような草ではないからです。大和本草の記述には、キク科のホトケノザおよびタビラコとシソ科のホトケノザの三者を同じ草と見做そうと努力したことにより生じたと思われる混乱が見られます。しかしながら、このような説明があるということは、ホトケノザは食べられる草であり、その名称には「美味しい（草）」の意味があると理解されており、そのことが大和本草の著者の念頭にあったからではないかと推測されます。

171　ホホヅキ

ナス科の多年草で、丈は１ｍ程度にまで成長します。初夏の頃から黄白色の花が咲き、その後、袋状の萼《がく》に包まれた球形の液果《えきか》がなります。萼とは、花の最も外側の根元にあり、通常の花では緑色をしていて、花が蕾のときは内部を包んで保護する部分です。液果とは、液汁の多い果実のことをいいます。この草の特徴は、液果が大きな袋状の萼にすっぽり包まれていることと、熟した液果と袋状の萼とが共に美しい赤色になることです。液果内には多数の種子があり、昔は女児たちがその種子を抜き去って中味のない袋状にし、口に含んで舌を使って押し鳴らして遊んだものです。この草名は、どういう学問上の理由があるのか、現在の大辞典ではホオズキと書かれていますが、歴史的にも語源上からもホホヅキと書くべきものです。大言海の**「ほほづき」**欄によれば、平安時代の本草和名に「酸漿、保保都岐」、和名抄に「酸漿、保保豆木」と書いてあるので、すでにこの頃にはつくられていた古くからの名称です。漢名が酸漿であることからすると、日本語名称の「ほほづき」は液果のことからつくられていると推測されます。

「植物名の由来」（中村浩著・東書選書）には、次のように書かれています。「ホオズキは古来人々に親しまれてきた植物であるが、その語源ははっきりしていない。(中略)。さてホオズキの名の由来についてであるが、『牧野新日本植物図鑑』には〃この植物の茎に方言でホオとよばれるカメムシの類がよくつくのでホオズキの名がある〃と記されている。たしかにホオズキには、時にカメムシ類のような虫が付着していることがあるが、それほど一般的なこととは思えない。この説明はあまりに強引で納得し難い。大槻文彦博士の『大言海』には『ホホヅキは頬突の義』とでているが、なぜ頬突なのかの説明はない」。

さて、本書での語源説を披露するに際しては、古代にこの草名がつくられた頃の呼称であるホホヅキ（保保都岐・保保豆木）として、その語源を尋ねることになります。先ず、ホホヅキは、上述したように漢字では、酸漿と書きます。後述するように、古事記には「ここに赤加賀智と謂《い》へるは、今の酸醤なり」とでてきます。酸漿と酸醤とは、音読も同じですが意味も同じであり、それを赤カガチと読むとされることから、ホホヅキのホホの少なくとも一つは「赤」の意味であることは殆んど間違いないと思われます。

一音節読みで、赫はホと読み形容詞では「赤い」の意味があります。包の字は、漢語の一音節読みではパオと読みますが、日本語の音読では少し訛ってホウと読み、動詞では「包む、袋で包む」、名詞では「包み、袋」の意味です。籽はヅと読み「種子」のことです。そうしますと、包籽はホウヅと読み「包まれた種子」の意味になります。瑰はギと読み、そもそもは「美しい、珍しい、美しい珍しい」の意味がありますが、ここでは「珍しい」の意味とするのが適当です。したがって、ホホヅキとは、**赫包籽瑰（ホ・ホウ・ヅ・キ）**の多少の訛り読みであり直訳すると**「赤い、袋に包まれた、種子のなる、珍しい（草）」**になり、これがこの草名の語源と思われます。ここでの種子とは、小さな種子のいっぱい詰まった液果全体を指すことになります。

ホホヅキは、古称では、アカカガチと呼ばれています。古事記の須佐之男命の大蛇《おろち》退治の下りには、次のような記述があります。「その目は赤加賀智の如くして、身一つに八頭八尾あり。またその身に蘿《こけ》と檜榲《ひすぎ》と生ひ、その長は谿《たに》八谷　峡《を》八尾に渡りて、その腹を見れば、悉に常に血爛《ちただ》れつとまをしき。ここに赤加賀智と謂《い》へるは、今の酸醤なり」。

ここでは、今の酸醤《ほほづき》は、昔は赤加賀智《あかかがち》といったと書いてあります。この**アカカガチ**がいかなる意味であるかは、今もって分からないとされています。そこで、本書説を披露しますと、アカは「赤」のことであるとして、一音節読みで、亢はカンと読み「とても、非常に、著しく」、光はグァンと読み動詞では「光る」の意味があります。つまり、亢光はカングァンと読み「とても光る、耀《かがや》く」の意味になります。瑾はチンと読み「玉」のことです。したがって、アカカガチとは、赤亢光瑾（アカ・カン・グァン・チン）の多少の訛り読みであり、直訳すると**「赤く耀く玉」**の意味になっており、これがこの言葉の語源です。そうすると、アカカガチの意味は、ホホヅキの液果にも大蛇の眼球にも適合するように思われます。日本語としての漢字では、「赤耀玉」と書いて、アカカガチと読んでよいかも知れません。

この草は、上述したように、古来、「ほほづき」と呼ばれていたものが、最近の大辞典では「ほおずき」と書かれています。それは、大言海（昭和九年初版発行）の後に刊行された最初の大辞典である広辞苑（昭和三〇年初版発行）以降のことのようであり、その第六版には「**ほおずき【酸漿・鬼灯】**（語源は『頬付』か）」と書いてあります。なぜこうなるかというと、語源が理解されていないからです。また、「頬付か」とあるのも大言海に「頬突の義」とあるのと同じく説明がないので、なぜ、「頬付」なのかは不明です。「頬」の字は、古来、つまり、大言海以前のすべての文書で「ほほ」と読まれてきたのに、広辞苑では「ほお」と読まれていることについても、なぜ、「ほほ」が「ほお」になるのか、語源上はどのように理解すればよいのかについての説明はありません。にもかかわらず、情けないことに、広辞苑以降の大辞典は、すべてそれに「右へ倣《なら》え」しています。

172 ホンダワラ・ナノリソ

ヒバマタ目ホンダワラ科の海藻です。根・茎・幹の区別があって一般の繁茂した草木状で、全体が褐色をしており食用となります。草木名初見リスト（磯野直秀作）によれば、ホンダワラは室町時代後期の文明本節用集に「ほだわら」とでているので、この頃にはつくられていた名称と思われます。大言海には、「**ほんだはら**(名) ほだは《ワ》ら(穂俵)の音便。浮世鏡(貞享)『ほんだはら　神馬藻』。」と書いてあります。年号としての貞享（一六八四〜一六八七年）は江戸時代中期に相当します。ホンダワラは、漢字では穂俵と書かれていますが、穂俵はそれ自体が通常語としては存在しない言葉であることから単なる当て字といえます。

一音節読みで、紅はホンと読み「紅い、赤い」、啖はタンと読み「食べる」の意味です。婉はワン、孌はランと読み共に「美しい」の意味があるので、美には美味の意味があることから「美味しい」の意味があることになります。つまり、ホダワラやホンダワラとは、紅啖婉孌の多少の濁音訛り読みであり、直訳すると「**赤い食べて美味しい（海藻）**」の意味になり、これがこの海藻名の語源と思われます。この藻は実際は褐色なのですが、緑色と対比したときに赤色系統の色ということで、赤色という意味の字を使ってあるものと思われます。

上述した江戸時代の浮世鏡（貞享）に記述されている神馬藻は、日本語ではシンメモと読むと思われますが、この漢字は見た途端に、同じ読みの食美藻《シ・メイ・モ》（＝食べて美味しい藻）を連想させるものです。なぜならば、一音節読みで、食はシ、美はメイと読み、美には美味の意味があるので、食美藻は「食べて美味しい藻」になるからです。また、馬尾藻とも書かれますが、これまた同じ読みの曼味藻《マン・ウェイ・モ》（＝美味しい味の藻）を連想させます。なぜならば、馬尾はマウェイ、曼味はマンウェイと読み、ほぼ同じ読みであることから、馬尾は曼味に通じていると見做すことができるからです。曼には「美しい」つまり「美味しい」の意味があるので、曼味藻は「美味しい味の藻」の意味になります。

ホンダワラは、古代には「ナノリソ」と呼ばれていたとされ、日本書紀の允恭天皇の十一年三月の条に「この歌、他人にな聞かせそとのたまふ。故、時人《ときのひと》、浜藻《はまも》を号《なづ》けて、奈能利曾毛と謂《い》へり」の記事があります。ただ、この「名のるな（奈能利曾）」という記述は、掛詞としての意味であって、海藻名としてのナノリソのほんとうの意味ではありません。万葉集では十三首の歌が詠まれており、例えば、次のような歌があります。

・みさごゐる　磯廻《いそみ》に生ふる　名乗藻《なのりそ》の
　名は告《の》らしてよ　親は知るとも（万葉３６２）

一音節読みで、赧はナンと読みそもそもは顔が「赤面している、赤らんでいる」の意味ですが、「赤い、赤色の」の意味でも使われます。穠はノン、麗はリと読み、いずれも「美しい」の意味があります。藻はソウと読みます。つまり、**ナノリソ**とは、赧穠麗藻の多少の訛り読みであり直訳すると「赤い美しい藻」の意味ですが、美には美味の意味があることを考慮すると**「赤い美味しい藻」**の意味になっており、これが海藻としてのナノリソのほんとうの語源です。

173　マツタケ・シイタケ

両者は共に担子菌類に属するキノコで、日本では代表的な食用キノコとして賞味されています。平安時代中期の拾遺和歌集に次のような歌が詠まれており、「まづたけ」はマツタケのこととされています。

・あし曳の山した水にぬれにけり
　その火まづたけ衣あぶらん（第七物名）
・いとへども　つらきかたみを見る時は
　まづたけからぬ　ねこそなかるれ（第七物名）

大言海によれば、室町時代後期の林逸節用集に「松茸、マツダケ。椎茸、シヒタケ」、とでています。また、草木名初見リストによれば、室町時代中期の東寺百合文書に「シイタケ」とでています。

さて、語源の話に移りますと、先ず、マツタケの場合、秋に、共生関係にあるのではないかとされるアカマツ林で、その木の根が這っている所に生えます。マツは松のことであるとして、タケとは一体なんのことかが問題となります。一音節読みで、誕はタンと読み「誕生する、生まれる、生える」の意味、根はケンと読み「根《ね》」のことです。つまり、タケとは誕根であり、直訳すると「生えるのが根である」、逆にしていうと「根に生える」の意味になります。したがって、マツタケは、松誕根の多少の訛り読みであり直訳すると「松の根に生える（茸）」、表現を変えると**「松の根の所に生える（茸）」**になり、これがこの植物名の語源と思われます。

また、この植物が、とても美味しい食材であることからすると、そのことを示す意味もあると推測されます。一音節読みで、曼はマン、姿はツと読み、共に「美しい」の意味があるので、美には美味の意味があることからすると「美味しい」の意味があることになります。啖はタン、哏はケンと読み、共に「食べる」の意味があります。つまり、マツタケとは、曼姿啖哏の多少の訛り読みであり、直訳すると「美味しく食べられる（茸）」、表現を逆にすると**「食べて美味しい（茸）」**の意味になり、これもこの植物の語源で掛詞と思われます。掛詞をまとめると「松の根の所に生える、食べて美味しい（茸）」になります。

次に、シイタケの場合、江戸時代に書かれた本朝食鑑によれば、漢籍の本草綱目には「椎茸《しいたけ》は、椎子樹上および老木の根の上に生える。榎茸《えのきだけ》は榎の樹および老根・枯株に生える」と書いてあります。このような記述からすると、シイタケは木の幹や木の根に生えると考えられていたことから、マツタケのマツ（松）がシイ（椎）に替わっただけのことと思われます。つまり、シイタケは椎誕根であり、直訳すると「椎の根に生える（茸）」ですが、表現を変えると、**「椎の根の所に生える（茸）」**と見做されていたと思われます。

また、一音節読みで、飾はシと読み「飾ったように美しい、飾って美しい」の意味で、晱はイと読み「美しい」の意味です。つまり、シイは飾晱であり「美しい」の意味なので「美味しい」の意味があることになります。したがって、シイタケは飾晱啖哏であり直訳すると「美味しく食べられる（茸）」、表現を変えると**「食べて美味しい（茸）」**の意味になり掛詞になっていると思われます。まとめていうと、「椎の根の所に生える、食べて美味しい（茸）」になります。結局のところ、マツタケとシイタケとは、表現が異なるだけで、同じ意味だということです。

174 マツムシソウ

マツムシソウ科の多年草です。山地の草原に生え、丈は50㎝程度、秋に、淡紫色で丸い形の美しい花が咲きます。「植物名の由来」（中村浩著・東書選書）には、この草について、次のように書いてあります。「マツムシソウ科の植物は、全世界でも約九属百六十種を数える。わが国の山地の乾いた草原にごくふつうに見られるマツムシソウは、美しい高原の花で古くから人々に親しまれている。マツムシソウは、漢字で松虫草と書くが、もとより漢名ではない。『山の花1』（山と渓谷社）では、解説者丸山尚敏氏によるとつぎのように記されている。〝マツムシソウはマツムシ、俗名チンチロリンという秋の鳴き虫がよく棲んでいて毎年秋の季節になると鳴いているような場所に生え、しかも鳴き始めるころから花を開くので、遂にこんな名がついてしまったのである〟と。また、佐竹義輔氏編「野の花」（講談社）によると、〝マツムシが鳴く頃に花が咲くのでこの名があるという〟とでている。『牧野新日本植物図鑑』のマツムシソウの項には〝マツムシソウは松虫草であろうが詳細は不明〟となっている。さて、わたしはこのマツムシソウを昆虫のマツムシ（松虫）と関連づけることにかねて疑問をもっていたので、その名の由来について独自の考察を行うことにした。（中略）。マツムシソウの花は、頭状花で周辺に大きなくちびる状の花冠をつける花がならび、内部にはたくさんの四裂した小さな花冠をもつ花が盛り上がってつく。花後はいちじるしくふくれ上がって坊主頭のようになり、まるで針差しの針坊主のように見え、すこぶる目立つ特異の形となる。この坊主は、その形がまさに六部（社寺を参拝して廻る巡礼者）のもつマツムシ（巡礼の持つ鉦《かね》）にそっくりであり、仏具のマツムシ鉦《しょう》に実によく似ている。一見すればマツムシソウの名がこの六部の持つ小形の仏具マツムシに由来する名であることはすぐに納得されよう」。

さて、語源の話に移りますと、この草についての本書の語源説は次のようになります。昆虫のマツムシを松虫と書くときの「松」は当て字であって、虫名としてのマツムシは「美しく鳴く虫」の意味になっています（拙著蟲名源《むしめいげん》参照）。同じように、草名のマツムシソウを松虫草と書くときの「松虫」は、上述の「植物名の由来」にあるように昆虫の松虫とはなんの関係もない当て字であって、草名としてのマツムシという音声には相応の意味があると推測されます。一音節読みで、満はマンと読み本来は「満ちている、欠けたところがない」の意味ですが、「丸い、円《まる》い」の意味でも使われ、満月のことを円月ともいいます。姿はツと読み名詞では「姿、形、姿形」の意味があります。穆はム、飾はシと読み、形容詞で使うときは共に「美しい」の意味があります。つまり、マツムシソウとは、満姿穆飾草の多少の訛り読みであり、直訳すると「丸い姿の美しい」ですが、美しいのは花のことと思われるので、花を指すときは**「丸い姿の美しい花の咲く草」**になり、草を指すときは**「丸い姿の美しい（花）」**、これがこの草名の語源と思われます。この草名がつくられたと思われる江戸時代の和漢三才図会には、マツムシソウについて「玉毬花《まつむしそう》、俗に松虫草という」と書いてあることからも、この語源説が正しいらしいことが推測できます。なぜならば、玉も毬も丸くて美しいものだからです。毬は、マリと読み、そもそもは毛でつくった球のことで遊戯具の蹴鞠《けまり》のことです。

175 マメ

マメ科の植物で、その種類はダイズやアズキなどを始めとして多岐にわたります。大言海によれば、平安時代の本草和名に「大豆、於保末女」、和名抄に「大豆、萬米」と書いてあるので、古くは主として大豆をオホマメやマメといったようです。

一音節読みで、満はマンと読み、本来は「満ちている」の意味ですが「円い、丸い」の意味でも使われ、満月のことを円月ともいいます。美はメイと読み「美しい」の意味です。つまり、マメとは、満美の多少の訛り読みであり、直訳では「丸くて美しい」の意味ですが、美には美味の意味があることを考慮すると、実を指すときは**「丸くて美味しい（実）」**、植物を指すときは**「丸くて美味しい実のなる（野菜）」**の意味になり、これがマメという草名の語源です。

広辞苑の編者である新村出著の「言葉の今昔」という本には、マメの語源について次のように書いてあります。「豆については、徳川時代の語学者は、丸いからあるいは丸味を帯びているから、マメはマルミという語の contract（省約）されたものである、という解釈が一般に行われている。これは大体当っていると思う。新井白石にしても、貝原益軒にしても、元禄、享保時分の言語学者は、そういうふうに解釈しているし、それ以後は、より適当な語源説は出ていない」。

176　マルバノホロシ

ナス科のツル性多年草です。淡紫色や淡桃色、たまに白色の五弁花が咲き、その後に直径1㎝程度の緑色球形の液果がなり、秋になると食欲をそそるような美しいまっ赤な色に熟します。しかしながら、この草は毒草なのです。日本語では当て字で「丸葉桯」と書かれています。植物学でいう丸めの葉形には、丸形、卵形、楕円形、心形などがあるとされますが、この草の葉はごく一般的な植物葉である楕円形でその先が尖っており、特に丸葉《まるば》というほどのことはないと思われます。ということは、丸葉は単なる当て字であるかも知れません。

昭和初期の辞典である大言海によれば、平安時代の字鏡に「白英、保呂志草、又、豆具彌乃伊比禰」、本草和名に「白英、保呂之、一名都久美乃以比禰」、和名抄に「白英、保曾之、一云、豆久美乃伊比禰」と書いてあります。大言海には、保曾之について、「曾ハ魯ノ誤リ、一本、呂ニ作ル」と注釈がありますが、誤りではなくて、呂と魯とは当て字であり、後述するように同じ意味で使われています。

江戸時代前期の大和本草（一七〇九）では「白英《ホロシ》俗ニヒヨドリジヤウゴ」とあり、和漢三才図会（一七一二）では白英を「ひよどりじやうご。ほそし」と二通りに読んであり、更に「白英　和名は保曾之《ほそし》。また豆久美乃伊比禰という。いまは鵯上戸という」と書いてあります。江戸時代後期の重修本草綱目啓蒙には「白英　マルバノホロシ。マルバノヒヨドリジャウゴ。ホロシト訓ズルハ非ナリ。ホロシハ蜀羊泉《ヒヨドリジヤウゴ》ナリ。コノ草ハ刻欠ナキモノナリ。故ニ、マルバノホロシトイフ」と書いてあります。「刻欠ナキモノ」というのは「のこぎり葉でない」ということです。

　つまり、白英は、大和本草と和漢三才図会ではヒヨドリジョウゴのことであり、重修本草綱目啓蒙ではマルバノホロシのことであると書いてあるのですが、後述するようにホロシやホソシとは毒草の意味ですから、両草は共にホロシやホソシなのです。これらの書には、ヒヨドリジョウゴとマルバノホロシが毒草であるとは一言も書かれていません。ということは、これらの書はホロシの意味が分かっていなかったので上述のような話になってしまうのではないかと疑われます。大言海自身には「**まるばのほろし**(名)白英　古名、ホロシ。ツグミノイヒネ。実も蜀羊泉《ヒヨドリジヤウゴ》ニ似テ有毒植物ナリ。マルバノヒヨドリジャウゴ」と書いてあります。

　さて、語源の話に移りますと、差し当たりマルバのことはさておいて、ホロシとはいかなる意味かが問題となるのですが、その意味は今でも不明とされていて、改訂原色牧野植物大図鑑では「和名は葉に切れ込みがないノホロシの意。有毒植物」と書いてあります。つまり、マルバは丸葉のことと書いてありますが、ホロシがいかなる意味かについては言及されていません。

　本書説のホロシの語源を披露しますと、一音節読みで、嚇はホと読み本来は自動詞では「恐れる、恐がる」他動詞では「おどかす、恐がらせる」の意味ですが、形容詞的に用いて「恐ろしい、恐い」の意味があると書いてある漢和辞典もあります。稜はロと読みそもそもは「厳しい」の意味ですが敷衍して「恐ろしい」の意味でも使われます。螫はシと読み動詞では虫や獣などの動物が「刺す、咬む」などの意味ですが、名詞では「毒」の意味があります、つまり、**ホロシ**は嚇稜螫であり直訳すると「恐ろしい毒」ですが、草を指すときは**「恐ろしい毒のある（草）」**の意味になり、これが古代においてホロシという草名がつくられた際の語源と思われます。

　また、上述したように、大言海には「保曾之の曾《そ》は魯の誤り」と注釈されていますが、和漢三才図会にも「ほそし」とあるように、誤りではなくて、悰はソンと読み嚇と同じ意味なので、**ホソシ**（保曾之）は嚇悰・螫のことでありほぼ同じく「恐ろしい毒のある（草）」の意味になっているのです。

次に、マルバとはいかなる意味かを探求してみます。マルバノホロシの葉形は、特に丸葉というほどの形ではないと上述しましたが、一音節読みで、曼はマンと読み「美しい」、柔はロウと読み「柔美《じゅうび》である」、棒はバンと読み形容詞では「よい、良好な」の意味ですが、敷衍して「美しい」の意味でも使われます。つまり、曼柔棒（マン・ロウ・バン）をやや強引に訛り読みするとマルバになり直訳すると「美しい」の意味ですが、この草の実態に即して言葉を補足して少し意訳すると**「美しい花が咲き実のなる」**になります。この草の実も、まっ赤に熟して美しいのです。したがって、マルバノホロシとは曼柔棒ノ嚇稜螫であり**「美しい花が咲き実のなる、恐ろしい毒のある（草）」**の意味になり、これがこの草名の語源と思われます。

本書において、マルバをやや強引に曼柔棒と解釈したのは、この草名においてのマルバはヒヨドリジョウゴにおけるヒヨドリ（＝美しい）と殆んど同じ意味でつくられた名称ではないかと推測したからです。結局のところ、簡潔にいうと、マルバノホロシとは、**「美しい恐ろしい毒草」**という意味になります。ホロシの付く草には、外に葉に切れ込みのない、ヤマホロシとトウ京の高尾で発見されたというタカオホロシとがあるので、本書ではこれら二草はマルバノホロシという名称ができた当時には未だ発見されていなかったのではないかと見做しています。

ヒヨドリジョウゴとマルバノホロシという草名は、いつ頃につくられたのかということですが、ヒヨドリジョウゴについてはその欄で記述したように、草木名初見リスト（磯野直秀作）によれば、鎌倉時代中期の名語記という本に「ひえとり上戸」とでているのがヒヨドリジョウゴのこととされているので、この頃につくられた草名と思われます。また、マルバノホロシという草名は、いつ頃つくられたか分かりませんが、文書上は江戸時代後期の重修本草綱目啓蒙におけるものが初見のようです。つまり、古く平安時代には、共に白英であり毒草としてのホロシやホソシであったものが、後世になってから区別されるようになり、ヒヨドリジョウゴとマルバノホロシという草名がつくられたと推測されます。ちなみに、マルバノホロシとヒヨドリジョウゴとは、ほぼ同じ意味の草名になっています。

177　ミズナ（ミヅナ）

この草の種類についての学説が異なるのか、大辞典にはイラクサ科の多年草と書いてあったり、アブラナ科の一～二年草と書いてあったりします。ただし、いずれの辞典でも、漢字では水菜と書かれ、京菜ともいうとされています。京菜は、野生では山中の湿地に生えるとされます。現在では、ミズナは普通に栽培されており、早春にミズナと称する野菜が青物売場にでてくるので、特に主婦にはお馴染みのものです。「茎が柔らかく水分が多いのでこの名がある」とされていますが、この頃にでてくる他の野菜と比較してもそのようには思われません。この草の名称は、草木名初見リスト（磯野直秀作）によれば、平安時代の字鏡（新撰字鏡）にでており、古代から食べられてきた野菜のようです。旧仮名使いではミヅナと書きました。

さて、語源のことに移りますと、現在では漢字で水菜と書かれ、一般的な説明のように「茎に水分が多いのでこの名がある」とすると、**「水分の多い野菜」**の意味になり、語源のことはここで終ってしまいます。しかしながら、上述したように、料理してみても食べてみても水分は他の野菜と変わりはないような気がします。一音節読みで、靡はミ、姿がヅと読み、共に「美しい」の意味があります。菜はナと読み「野菜」のことです。つまり、ミヅナは、**靡姿菜**であり直訳すると「美しい菜」ですが、美には美味の意味があることを考慮すると**「美味しい菜」**の意味になり、これがこの草名の語源と思われます。語源上はミズナではなくてミヅナになっています。

草名がつくられた古代においては、「茎に水分が多い」ということよりも食べられる、つまり、食べて美味しいことの方に関心があったのではないかと推測されます。

江戸時代の和漢三才図会には、別称でウワバミソウといい、「ウワバミの居そうな所に生えるからいう」

と説明されています。しかしながら、ご承知のようにウワバミとは大蛇のことですが、野生でミズナの生えるような餌の少ないところには棲息しません。よく食べられる草なのに、ウワバミの居そうな所に生える草といわれると食う気もしなくなるのであり、したがって、これはほんとうのことではなく、浅薄な外《そ》らし説明ではないかと思われます。一音節読みで、嫵はウ、婉はワン、棒はバン、靡はミと読み、いずれも「美しい」の意味があります。つまり、ウワバミソウとは、嫵婉棒靡草ですが、美には美味の意味があるので**「美味しい草」**の意味になり、これがこの草の別称のほんとうの語源と思われます。このような意味の別称があることからも、ミヅナとは、「美味しい」という意味から付けられた草名であることが推測されます。

178　ミミナグサ

ナデシコ科の越年草です。冬春の頃から原野や路傍などに生え、丈は20㎝程度、茎は根元から分かれて暗紫色、葉は卵形で、茎葉には細毛があります。若葉は古くから食菜とされてきました。漢字では耳菜草と書かれます。

早速、語源の話をしますと、一音節読みで、靡はミと読み「美しい」の意味があります。菜はナと読み「食材にする野菜」のことです。つまり、ミミナグサとは靡靡菜草であり、美には美味の意味があることを考慮して直訳すると**「美味しい菜となる草」**の意味になり、これがこの草名の語源と思われます。若菜料理に使われる草なので、美味しい草と見做されていたのです。

広辞苑（第六版）には「葉の形がネズミの耳に似るからいう」と書いてあります。牧野新日本植物図鑑には、「葉形がネズミの耳に似ており、若い苗は食用となるので名ずけられた」とあります。若い苗が食用となるので「名ずけられた」とあることから、ミミナ草のナは菜であることは確かのようです。ただ、問題はなぜミミがネズミの耳になるのかということですが、日漢の辞典によれば、この草は、漢語では「巻耳」や「苓耳」というので、和名でのミミナグサのミミは、耳のことと解釈されたと思われます。しかしながら、そうはいっても、その葉の形は、正直いって、ネズミのみならず他のいかなる動物の耳にも似たところはありません。

つまり、漢語での巻耳や苓耳は、漢語式の当て字なのです。一音節読みで、巻はチュエンと読み同じ読みの娟に通じていて「美しい」の意味、苓はリンと読み同じ読みの令に通じていて「よい、良好な」の意味、耳はエルとオルの中間の読みで、同じ読みの餌に通じていて、そもそもの餌には名詞では「食べ物」の意味があります。したがって、巻耳は娟餌、苓耳は令餌のことであり、食べ物に関して「美しい（＝娟）」や「よい（＝令）」というのは「美味しい」のことなので、娟餌と令餌とは共に**「美味しい食べ物（となる草）」**の意味になるのです。何度もいうように、漢語にも当て字は多いということです。

岩波文庫の枕草子一三一段の「七日の日の若菜」に、正月七日の若菜料理の材料として、見知らない草を子供がもってきたので「なんという草なの」と聞いたら、すぐには答えられず、あれこれ見合わせた後で「耳無草といいます」との返事があったので、「道理で、この草は私の質問が聞えなかった顔をしているのね」という清少納言らしい機知に富んだ冗談話が書いてあります。

179 ミョウガ

ショウガ科の多年草です。山野に自生しますが、栽培もされています。地下茎が伸びて繁殖し、地上茎は1m程度にまで成長します。夏になると、茎の根元に苞《ほう》が二列になって生え、苞に包まれた蕾《つぼみ》や芽、および若茎は食用にします。苞とは「蕾や芽を包んで保護する小さな葉」のことで包葉ともいいます。この草は、独特の香りがあるので、素麵や饂飩《うどん》などの汁料理その他の料理の薬味としての添加素材として多用されます。

一音節読みで、妙はミィアオ、媄はウと読み共に「美しい」の意味、甘はガンと読みそもそもの字義に「美味しい」の意味があります。つまり、ミョウガとは、妙媄甘の多少の訛り読みであり、美には美味の意味があることを考慮すると**「美味しい（野菜）」**の意味になり、これがこの草名の語源と思われます。

平安時代の和名抄には「和名、米加」と書かれていますが、米加《メカ》は美可《メイカ》のことであって、美と可には共に美味しいの意味があるので、「美味しい（野菜）」の意味になっています。可の字を使った「可口」は「美味しい」という意味の熟語です。なお、日本語では当て字で茗荷《みょうが》、漢語では蘘荷《ランホ》と書きます。

180 ムギ

イネ科の一年草です。この科の中で、その実を食材とするものは、大別して大麦と小麦とがあります。日本では、双方ともに稲の後作《あとさく》として栽培します。

大麦の実は、近年では、通常、米の増量材として米と一緒に炊いて食べられていたのですが、平たい実の中央に茶色の芯が通っているので、その分だけ舌触りや歯触りが悪くなり、美味しさが減少します。大麦入りの米飯は麦飯《むぎめし》と通称し、最近では健康食として食べられています。また、最近では、米も豊富にあり増量材の必要もなくなったので大麦の栽培は極めて少なくなっているようです。小麦の実は、粉末にして、特にパン、饂飩《うどん》、ラーメン等の原料として大量に使われていることはご承知のとおりです。

大言海によれば、平安時代の本草和名に「大麦、布止牟岐。小麦、古牟岐」、和名抄に「麦、牟岐、今按ずるに大小麦の総名なり。大麦、布土無岐。小麦、古牟岐」、名義抄に「麦、ムキ。大麦、フトムキ。小麦、コムキ、マムキ」と書いてあります。このことから、古くは、大麦はフトムギ、小麦はコムギと読まれていたのです。

一音節読みで、穆はムと読み「よい、素晴らしい」、瑰はギと読み「美しい」の意味があります。つまり、ムギとは穆瑰であり、直訳では「よい、美しい」ですが、食べ物について「よい」や「美しい」とは美味の意味であることを考慮すると、実を指すときは「美味しい（穀物）」、植物を指すときは**「美味しい穀物のなる（草）」**の意味になり、これがムギという言葉の語源です。

181　ムグラ

ムグラは、漢語から導入された漢字で「葎」と書かれます。万葉集には、ムグラ（牟具良）が二首（万葉759・万葉4270）、ヤエムグラ（八重六倉）が二首（万葉2824・万葉2825）の計四首が詠まれています。例えば、次のような歌があります。

・牟具良はふ　賤《いや》しき屋戸《やど》も大君の
　座《ま》さむと知らば玉敷かましを（万葉4270）

・玉敷ける家も何せむ八重六倉
　おほへる小屋も妹とし居らば（万葉2825）

日本古典文学大系「萬葉集」（岩波書店）では、原歌での牟具良や六倉はすべて「葎」と書替えてあります。大言海によれば、平安時代の字鏡に「蔽蔓、牟久良」、本草和名に「葎草、毛久良」、名義抄に「葎、ムグラ」、康頼本草に「葎草、加奈無久良」と書いてあります。

宇津保物語には「イデ入リツクロフ人ナキ所ナレバ、ヨモギむぐらサヘ生ヒコリテ」とでており、「ツクロフ人ナキ」とは「手入れする人がいない」という意味です。万葉歌や宇津保物語から察するところ、古代には代表的な雑草とされて家屋敷が「荒れ果てている」ことを表現するときに使われた草のようです。

漢語辞典には、ムグラについて「**葎草**　一年生或いは多年生の草本植物、蔓茎（つるくき）であり、短い刺が密生し、葉は対生して掌状に分裂している、花は淡緑色、果穂は球形で、果実は健胃剤などの薬とする」と書いてあります。つまり、漢語では、葎草は個別の草名であって、この草の特徴は、ツル性でありトゲ草であるとされています。現在、実際にヤエムグラやカナムグラとされる草もそのような草であり、葉裏や葉縁にさえも細かい刺状物があります。一年生或いは多年生の草本植物とされていることは、ムグラは個別の草名ではあるが種類があるとされているようです。

さて、以上のことを踏まえて、語源の話をしますと、一音節読みで、武の字はそもそもはウと読むのですが万葉仮名ではムと読まれているように、日本語では古くからムとも読み「猛々しい、荒々しい」の意味です。

固はグと読み「固い」、刺はラと読み「刺《とげ》」の意味があります。つまり、ムグラとは武固刺であり、直訳すると**「荒々しい、固い、刺のある（草）」**の意味になり、これがこの草名の語源と思われます。

ムグラが「刺のある草」であることは、「うぐら」や「もぐら」ともいうとされることから明らかです。日本国語大辞典（小学館・二〇巻）には「**むぐら**〔葎〕単独で広い範囲に生い茂って草むらを作る草の類。いずれも茎や枝に刺がある。ヤエムグラ、カナムグラなど。うぐら。もぐら」と書いてあります。上述した武の字は、そもそもはムと読むよりもウと読み、モは猛《モン》のことで、武と猛は同じ意味なので、ウグラは武固刺、モグラは猛固刺になり、双方共にムグラ（武固刺）と同じ意味の名称になっています。

現在では、その名称の一部にムグラが含まれる草はたくさんありますが、語源上からは、刺のないバラはバラとはいえないのと同じように、刺のないムグラはムグラとはいえません。そこで、日本の各種ムグラの実態について調べてみると、程度の差はあっても、殆んどの種のムグラの茎や枝に、種によっては葉にまでも細かい刺や刺状物がかなりの程度で密生しています。そもそも、トゲのある植物の名称において「ラ」の読みが含まれているときは、それは一音節読みしたときの「刺《ラ》＝とげ」のことではないかと考えてみることは、学者でなくても、日本語を少し深く学んだ人にとっては極めて初歩的知識であり常識ともいえるものです。

広辞苑（第六版・岩波書店）のムグラの項には「**むぐら**〔葎〕八重葎（やえむぐら）など、荒れ地や野原に繁る雑草の総称。うぐら。もぐら」と書いてあります。しかしながら、ムグラは固有の草名ですから、「雑草の総称」のような意味である筈がなく、少なくとも「ムグラ類の雑草の総称」と書くべきと思われます。しかも「刺」のことに触れられていないのは問題であり、語源上からも刺のことは必ず記載した方がよいと思われます。ムグラについてのその他辞典の記載は次のようになっています。

・広辞林（三省堂）：「**むぐら**〔葎〕ヤエムグラの異称」。

・日本語大辞典（講談社）：「**むぐら**〔葎〕クワ科のカナムグラ、アカネ科のヤエムグラなどの総称。モグラ」。
・大辞林（三省堂）：「**むぐら**〔葎〕野原や荒れた庭などに繁茂する雑草の総称。ヤエムグラ・カナムグラなど。うぐら。もぐら」。
・大辞泉（小学館）：「**むぐら**〔葎〕広い範囲にわたって生い茂る雑草。また、その茂み。カナムグラ・ヤエムグラなど。もぐら」。
・新明解国語辞典（三省堂）：「ヤエムグラなどの、繁茂してやぶを作るつる草の総称」。

これらの大辞典においては、「刺」に触れられたものはありません。したがって、そんなことはあり得ないと思いながらも、最近の日本語大辞典編集学者の中には、ひょっとすると、ムグラという名称の意味を理解できていない人が、かなりいるのではないかと疑われます。

182 ムラサキ

ムラサキ科の多年草です。丈は60㎝程度にまで成長し、夏に葉腋《ようえき》から出た小枝の先端に白い小花が咲きますが、かなり地味な草といっても過言ではありません。古代には、叢生《そうせい》していたかは分かりませんが、山野に自生しており、褐色をした根から紫色染料の採れる貴重な草とされて、当時から栽培もされていたようです。現在では、自生のものは極めて稀のようであり、絶滅危惧種に指定されて、各地で栽培が試みられていますが、多年草といっても四年程度が最長寿命の草であり、かなり育成の難しい草とされています。

野草散歩（邊見金三郎著・朝日新聞社）という本には、ムラサキについて、次のように書いてあります。「六月中旬から茎頂に五弁の白い花が咲きはじめ、次第に枝を出して花を咲かせながら伸びて行く。花の大きさは七、八ミリ、甚だ見栄えのしない草であるが、根は鉛筆の軸ほどにもなるゴボウ状で、通常五、六センチある。そしてその根は濃い帯紫褐色を呈している。その根の乾したもの―紫根―を水にうるかして擣《つ》き、それを漉《こ》した液汁に布を浸して乾かしたものを灰水に浸して発色し、更にそれを酢で処理して美しい色を得る」。

さて、ムラサキという言葉はいかなる意味かをみますと、一音節読みで、穆はム、孌はラン、粲はツァン、瑰はキと読み、いずれも「美しい」の意味があります。つまり、ムラサキとは穆孌粲瑰の多少の訛り読みであり、直訳すると「美しい」の意味です。したがって、色彩を指すときは**「美しい（色）」**の意味、草を指すときは**「美しい（草）」**の意味になり、これがこの草名の語源と思われます。美しい草の意味になるのは、この草の姿や花のことというよりも、この草の根から、美しい紫色を発色する染料が採れるからであり、その中味は「美しい染料の採れる（草）」になります。

万葉集には、この草に関連する歌が詠まれていますが、「紫」が六首、「紫草」が二首、「紫（野）」が一首、「牟良佐伎」が一首、合計一〇首になっており、これらの歌の中に「牟良佐伎」と書いた歌があることから、紫や紫草はムラサキと読まれたのです。また、大言海によれば、平安時代の本草和名に「紫草、无良佐岐」、和名抄に「紫草、無良散岐」、と書いてあります。

ムラサキは、飛鳥時代の大海皇子《おほあまのおうじ》（後の天武天皇）と額田王《ぬかたのおほきみ》との間で交わされた、次のような有名な歌に詠まれている草であることはご承知のとおりです。

・茜草《あかね》さす紫野行き標野《しめの》行き
　野守は見ずや君が袖《そで》振る（万葉２０）

・紫草《むらさき》のにほへる妹を憎くあらば
　人妻ゆゑにわれ恋ひめやも（万葉２１）

この二つの歌の歌意は、日本古典文学大系「萬葉集一」（岩波書店）には、次のように説明してあります。「紫草の生えている野、御料地の野をあちらにゆきこちらにゆき・・・まあ、野守が見はしないでしょうか、あなたは、そんなに袖などをお振りになって」。「紫草のように美しいあなたが憎いのなら、すでにあなたは人妻だのに、何で私が恋などしようか」。

本書では、通説に準拠した解釈では、その歌意は、次のようなものと考えています。

「赤く美しく日が射す朝に、御料地へ狩に行きながら、私に手をお振りになったら、野守に見られはしないかと心配です」。

「紫草の匂うような貴女《あなた》が憎いのならば、すでに貴女は人妻なのだから、私が恋するなどある筈もありません」。

ここで問題となるのは、万葉21の「紫草のにほえる妹」とは、いかなる意味なのかということです。通説では、この歌での紫草はムラサキという草名のことと解釈されています。他方、「にほへる」とは「匂へる」であり、どの古語辞典をみても、そもそもの意味は、「美しく映える、美しく照り映える、美しく光り輝く」などの意味とされています。そうしますと、「紫草のにほえる妹」とは、「紫草の匂うような貴女《あなた》」であり、更に訳すると「紫草のように美しく光り輝く貴女《あなた》」と解釈されていることになります。しかしながら、ムラサキ（紫草）という草は地味で甚だ見栄えのしない草なので、「紫草のように美しく光り輝く」といわれても実態に合わないので、褒められる方は少しも嬉しくないと思われることから、この歌におけるムラサキ（紫草）は草名ではなくて、ムラサキという音声を引出すための単なる当て字であり、ニオウについても同じことがいえると思われます。

そこで、この歌におけるムラサキとニオウとの語源を考えてみます。ムラサキについては、上述したように、穆孌粲瑰であり「美しい」の意味になっています。ニオウについては、一音節読みで、旎はニ、侯はホウ、嫵はウと読み、いずれも「美しい」の意味があります。つまり、ニオウとは旎侯嫵のことで「美しい」の意味になっています。そうしますと、「紫草のにほへる妹」は直訳すると「美しい、美しい貴女」の意味になるのですが、美しいを一つにして副詞を使っていうと**「とても美しい貴女」**になります。

結局のところ、この歌は、「紫草《むらさき》」を草名とし、かつ、「にほへる」は良い香りの意味での「匂へる」であるとの体裁にはなっていますが、その真意は、「紫草」は穆孌粲瑰、「匂う」は旎侯嫵であり、共に「美しい」の意味と理解されていたと思われます。そうしますと、万葉21の歌意は「とても美しい貴女が憎いのならば、すでに貴女は人妻なのだから、私が恋するなどある筈もありません」のようになります。

ムラサキという草は、上述してきたように、その花は小さいうえに色彩も白色であり地味で甚だ見栄えのしない草なので「匂う（＝美しく光り輝く）」などとは到底思えないことから、この万葉歌での「紫草」は草名であるとしても、ムラサキという草のことと解釈することに疑問を懐いて、同じ時期に紫色の美しい花が叢生して咲くカキツバタのことであり、ムラサキとはその草の花が「群れ咲く」の転訛ではないかとの説（語源辞典〔植物編〕・吉田金彦編著のはしがき参照）もあります。このような説がでるのは、ムラサキ（紫草）という草が、その根からは美しい紫色の染料が採れるとしても、その外見上からは、果して「匂う（＝美しく光り輝く）草」と見做せるのかどうかということから生じたものです。しかしながら、この万葉歌における「紫草」が、草のことではなくてその発音上の言葉の意味、つまり、穆變粲瑰（＝美しい）の意味であり、「にほへる」の「にほう」も旎侯嫵（＝美しい）の意味ということであれば、そのような疑問は生じないことになります。

なお、ムラサキ（紫）に限らず、青系統の色彩を意味するアオ（青）やミドリ（緑）も、表現が異なるだけで、語源上からみた言葉の意味はいずれも「美しい」の意味になっているのです。したがって、「白馬をアオウマ（青馬）」と読んでも、「緑の黒髪」や「緑児」などといっても、直訳ではいずれも「美しい馬」、「美しい黒髪」や「美しい稚児」の意味になるので、少しも可笑しくはないということです。

183 メナモミ・オナモミ

メナモミは、キク科メナモミ属の一年草です。花後になる種子の周囲に、ヒトデの足のように長く伸びでる総苞片には粘液をだす腺毛が生えており、種子付の総苞片を人間その他の動物等に付着させ、また、オナモミは同じキク科のオナモミ属の一年草で、いがいが刺のある実を、人間その他の動物等に付着させて、共にあちこちの場所に運搬して貰い、その繁殖をはかっています。

大言海によれば、ナモミという草について、平安時代の字鏡に「枲耳実、奈毛彌」、本草和名と和名抄に「葈耳、奈毛美」と書いてあります。また、草木名初見リスト（磯野直秀作）によれば、メナモミは鎌倉時代末期の作とされる徒然草にでており、オナモミはそれから二八〇年程度後世になる江戸時代前期の新刊多識編という本にでています。このことから、平安時代にナモミという草があり、これが鎌倉時代末期頃にメナモミと呼ばれるようになり、江戸時代に至って付着性があるという点で似ている同科の草にオナモミという名称が付けられたと推測されます。

先ず、ナモミについては、一音節読みで、拿はナと読み「捕まえる」の意味があり、拿捕《だほ》という熟語があります。謀はモと読み「謀る、企む、計画する」、泌はミと読み「分泌する、分泌物」の意味があります。つまり、ナモミは拿謀泌であり、直訳すると**「捕まえることを、企んで、分泌物をだす（草）」**の意味になり、これがそもそものナモミという草名の語源と思われます。捕まえる対象は、種子を運んでくれる人間その他の動物等になります。それがメナモミになったのは、メンと読み「捕捉する、捕まえる、捉まえる」の意味のある捫の字を追加して、四音節語の捫拿謀泌にして、読むときの音調を良くし、名称の意味を安定させたものと思われます。次に、オナモミについては、偶はオウと読み「たまたま、機会があって、機をみて」の意味があり、実の字は命の読みを転用してミと読みます。つまり、オナモミとは偶拿謀実の多少の訛り読みであり、直訳すると**「機をみて、捕まえることを、企んでいる実のなる（草）」**の意味になり、これがオナモミの語源と思われます。

メナモミは粘液という分泌物で、オナモミはイガイガの実で相手を捕まえるので、モミという音声は同じでもその意味は異なっています。捕まえる対象は、種子を運搬してくれる人間その他の動物になります。

184　メハジキ

シソ科の越年草で、原野などに生えて丈は1m程度、茎は四角形で白い細毛が生えています。夏から秋にかけて、茎上に間隔をおいて対生した葉腋に淡赤紫色の小花が輪生するため、草形は数段の小形花壇状を呈します。

　大言海によれば、平安時代の字鏡に「茺蔚、女波自支、又云、益母」、本草和名に「茺蔚子、一名、益母、女波之岐」、和名抄の草類に「茺蔚、女波之木」と書いてあり、女波自支、女波之岐、女波之木は、すべてメハジキと読むとされています。メハジキは、別称で益母《やくも》というとも書いてあり、それは、この草が漢方薬として、産後の母親の造血を始めとした、滋養養生に役立ち、その体力回復に効果があるとされているからです。

　一音節読みで、娩はミィエンと読み「分娩する、出産する」の意味です。凡はハンと読み「平凡に、通常に、普通に」、治はジと読み「治る、治癒する」、帰はキと読み「もとに戻る、回復する」の意味があります。つまり、メハジキとは、娩凡治帰の多少の訛り読みであり、**「分娩で普通にまで治癒し回復する（のに益する草）」**の意味になり、これがこの草名の語源と思われます。つまり、子供を生んで母となった女性に益する草という意味になっているのです。

　大言海によれば、江戸時代の広益地錦抄という本に「『眼目カユクムツカシキニ、葉ヲハリテヨシ、アキラカニシテ、スズシム』ナドトアルニ因ルカ」と疑問調で書いてあり、このことを踏まえてか、大言海には「目弾ノ義、小児、採リテ、眶《マブタ》ニ張リテ戯ル」とあります。しかしながら、「目弾ノ義」とはいっても目弾とはいかなることをいうのか、なぜこの草の葉をマブタに張ることが目弾なのかなどの疑問があります。広辞苑（第六版）には大言海説を引継いで「子供が、この茎を短く切って、上下まぶたのつっかい棒にする遊びからという」と伝聞推定で書いてあります。広辞苑の説明でも、なぜ上下まぶたのつっかい棒にすることが「目弾《めはじ》き」なのかという疑問があります。そもそも、「弾く」が、「張る」ことや「つっかい棒にする」などの意味になり得るのかという疑問があるのです。たしかに、大言海や広辞苑にあるような俗説に影響されて、子供たちが上下まぶたのつっかい棒にして遊んでいたことはありますが、痛いだけで面白くもなんともないうえに、今では目玉を傷付ける可能性のある危険なこととされています。この草名が平安時代につくられたときには益母とされているのであり、江戸時代の広益地錦抄に「葉ヲハリテヨシ」とあるのは、葉のことですから「張りて良し」ではなくて「貼りて良し」のことなのです。

つまり、メハジキの字義は益母の意味と連動しているのであり、大言海や広辞苑にあることは、その語源や意味が分からなくなったことから誤解された、極めて空想的語源説に過ぎないものです。

185 モ・マリモ

モは漢字では藻と書きます。大言海には「水中ニ生ズル植物ノ総称」とあり、淡水産と海水産とがあって種類は多いと説明してあります。平安時代の和名抄に「藻、毛、一云、毛波、一本、水中菜ナリ」、名義抄に「藻、モ、モハ」と書いてあります。一音節読みで、没はモと読みそもそもは「水没している、水中にある」の意味です。茂はマオと読み「茂る、繁茂する」の意味ですが、すでに万葉仮名においてはモと読まれています。つまり、藻をモと読むのは没と茂との掛詞からでたものであり、意味上は没茂であって、直訳すると**「水没して繁茂している（水草）」**の意味になり、これがこの水草名の語源と思われます。モハ（毛波）というのは、茂と同じ意味の繁を使って二音節語の「没繁《モハン》」にした言葉で、没茂と同じ意味になります。

モシオグサ科の淡水藻でマリモという名称の水草があります。球形で美しい緑色をしており、大きさは、成長の度合いや種によって異なり直径3～10㎝程度です。昼間は水中を湖面近くまで浮遊し、夜は湖底に沈みます。特に、北海道の阿寒湖に生息するものは有名で特別天然記念物に指定されていることはご承知のとおりです。あまり知られていないようですが、青森県の左京沼にヒメマリモ、山梨県の河口湖や山中湖にフジマリモが生息しています。

一音節読みで、満はマンと読み、本来は「満ちている、欠けたところがない」の意味ですが、「丸い、円い」の意味でも使われ、満月のことを円月ともいいます。麗はリと読み「綺麗な、美しい」の意味です。藻はモと読みます。つまり、マリモとは、満麗藻の多少の訛り読みであり、**「丸い美しい藻」**の意味になっており、これがこの水草名の語源と思われます。

なお、マリモの名称は、川上瀧彌という名前の札幌農学校（現北海道大学農学部）にいた植物学者が、一八九七年（明治三〇年）に阿寒湖の尻駒別湾で発見し、翌年にマリモ（毬藻）と命名したとされています。つまり、マリ（毬）とは「丸い美しいもの」の意味です。

186　モウセンゴケ

モウセンゴケ科の多年生の小さな食虫植物です。主として山間の湿地に自生し、葉は、杓子《しゃくし》形で、数枚が根元から四方に展開して生えます。葉身の上面と葉縁にある腺毛から粘液を分泌して、その粘液で昆虫などの小さな虫を捕食します。したがって、捕食される虫からすればとても恐ろしい植物といえます。草木名初見リスト（磯野直秀作）によれば、江戸時代後期の昌章草木集（一八一八～一八三三）という本の一八二九年の条にでています。この草は、漢字では、毛氈苔と書かれますが、布としての毛氈には殆んど似ておらず、かつ、苔でもないので、この漢字は単なる当て字と思われます。

一音節読みで、猛はモンと読み「猛烈に、とても、非常に」、険はシィエンと読み「危険な」、恐はゴンと読み「恐ろしい」の意味であり、毛は訓読でケと読みます。つまり、モウセンゴケとは、猛険恐毛の多少の訛り読みであり、ケを腺毛と意訳して全体を直訳すると**「とても、危険で、恐ろしい、腺毛のある（草）」**の意味になり、これがこの草名の語源です。

なお、毛の字は、音読ではモウと読むのに、訓読ではケと読みますが、なぜ、そのように読むのかは、現在でも分かっておらず、したがって、そのことについての納得できる説明がなされた書物は存在しないようなので、ここで本書説を披露しておきます。毛とは、動物のみならず植物を含めて、生物の体表や体内に生える糸状物を指すのですが、狭義では、哺乳動物の皮膚に生えるものを指す場合が多いようです。人間の場合は、頭髪を始めとして、鼻毛、腋毛、胸毛、脛毛、耳毛、陰毛などが主なものですが、その他の体毛もあります。特に動物の毛は、生命体が生きている間中、正確には命はなくなっても肉細胞が生きている間中、常に伸び続けるという特徴を持っています。一音節読みで、亘はケンと読み、動詞で使うときは「延伸する、伸びる、伸び続ける」の意味があります。つまり、ケ(毛)とは、亘の多少の訛り読みであり**「伸び続ける(もの)」**の意味であって、これが毛をケと読むときの語源です。

「日本語の起源」(大野晋著・岩波新書)では、次のように書かれています。『毛《け》』という単語は、白髪《しらが》のカが古形と思われるが、それは鬣《たてがみ》の朝鮮語 **kalki** と同源らしく、オスマン-トルコ語の毛 **kil**、フィンランド語 **karva** などに類似の単語があるとすべきかと思われる」。

しかしながら、シラガが白髪《はくはつ》のことであるならば、そのガは、一音節読みでガと読む罟であって「美しい(毛)」の意味であるか、または、ガと読む桄であって「困った(毛)」の意味であるかのどちらかと思われます。或いは、その双方であるかも知れません。なぜならば、シラガを美しいものと見るか困ったものと見るかは、人それぞれに異なると思われるからです。つまるところ、ケという言葉は、シラガのカとはなんの関係もなく、また、純然たる日本語であって朝鮮語を始めとした外国語ともまったく関係ないと思われます。

現在の日本語としての人体語について、「日本語の起源」には、日本語としての殆んどすべての人体語は、古代において南方や北方のいずれかの外国から渡来した言葉ではないかといろいろと詮索されていますが、メ・ミミ・クチ・ハナその他80語程度の人体語はどこからきたものでもなく、すべて日本語としてつくられたものと思われます。なんとなれば、日本語としてのそのすべての語源説を提示することは、さほど難しいことではありません。

187 モヤシ

モヤシとは、そもそもは、米、麦、豆、落花生などの穀類の種子を発芽させたもので、発芽してから5〜7日程度経過したもののことをいいます。現在では、一般的には、大豆、緑豆、黒豆の種子を日光に晒《さら》さずに発芽させたもので、日光に晒されないので白色をしています。日光に晒すと緑色に変色してきます。野菜の一種として広く食べられているので、生鮮野菜を扱う八百屋や食料品店の野菜売場で普通に目にすることができます。モヤシという言葉は、古くからできていたようであり、大言海によれば、平安時代の本草和名に「大豆黄巻、未女《マメ》乃毛也之」、和名抄に「糵、與禰《ヨネ》乃毛夜之」と書いてあります。なお、與禰とは米の別称です。

一音節読みで、萌はモと読み「芽を出す」、芽はヤと読み「芽」の意味なので、モヤは萌芽であり、動詞では「芽をだす」、名詞では「萌芽《ほうが》、新芽」の意味です。細はシと読み「細い、細長い」、晢はシと読み「白い」の意味であり、モヤシのシは細と晢の掛詞になっています、つまり、モヤシとは、萌芽細と萌芽晢の掛詞であり、意味上は萌芽細晢になります。直訳すると**「萌芽《ほうが》で細い白い（菜）」**の意味になっており、これがモヤシの語源と思われます。ここでは、日光に当たらないため、緑色にならないことを「白い」と表現してあります。

188 ユキノシタ

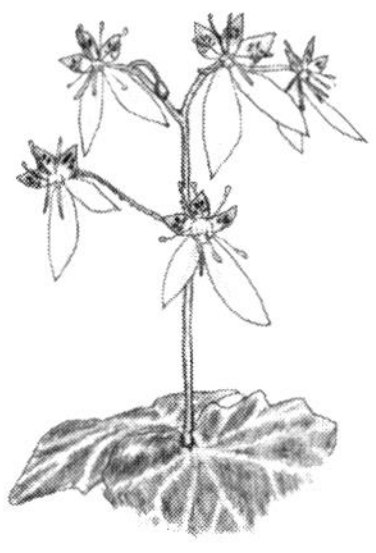

ユキノシタ科の多年草です。丈は30㎝程度で、草全体に毛があり、茎は地上を這いながら増えていきます。初夏に、花茎が伸びて多数の五弁の小花が、花茎上に花序になって咲きます。花弁はかなり変わっていて、五弁のうち三弁は小さくて上向きであり、二弁だけが大きくて下方に垂れ下がっています。上向きの三弁は白地に紅斑が入っており、垂れ下がった二弁は純白色をしています。

「おいしい山菜図鑑」（千趣会）という本には、この草について次のように書かれています。「ユキノシタは栽培植物だと思っている人も多いようだが、もともとは渓流の近くの湿った岩などに着生する低山草である。細いひものような匍匐枝を伸ばして繁殖するので、岩面一面、すき間もないくらい密生し、それがいっせいに花を咲かせるありさまは、まことに壮観である。ふつう、葉の大きさは五～六センチ、肉厚で水気が多く、古葉も新葉も食べられるから、一年じゅう利用できる。(中略)。また、ユキノシタは民間薬としても昔から広く用いられてきた。耳だれや子どもの百日ぜきには、この葉のしぼり汁を使い、はれもの、やけど、凍傷などには、この葉を火にあぶって貼り、ウルシかぶれには塩でもんだ葉を用いたりした」。

さて、語源の話に移りますと、一音節読みで、玉はユ、瑰はキ、穠はノンと読み、いずれも「美しい」の意味があります。繋はシと読み「下げる、下がる」、奃はタと読み「垂らす、垂れる」の意味があります。つまり、ユキノシタは、玉瑰穠繋奃の多少の訛り読みであり、直訳すると「美しく下に垂れる」ですが、それは花びらのことと思われるので、主語を入れて少し意訳すると、花を指すときは「花びらが美しく下に垂れる(花)」、草を指すときは**「花びらが美しく下に垂れる花の咲く(草)」**の意味になり、これがこの草名の語源と思われます。

また、この草の葉が食用とされることも考慮されています。美には「美味しい」の意味があることはご承知のとおりです。食はシ、啖はタンと読み、共に「食べる、食べられる」の意味なので、シタは食啖で当然に「食べる、食べられる」の意味です。したがって、ユキノシタとは、玉瑰穠食啖の多少の訛り読みであり、直訳すると**「美味しく食べられる(草)」**の意味になっており、これもこの草名の語源で掛詞になっています。掛詞をまとめると「花びらが美しく下に垂れる花の咲く、美味しく食べられる(草)」になります。草木名初見リスト(磯野直秀作)によれば、日葡辞書(一六〇三)にでているので、安土桃山時代頃につくられた名称と推測されます。

189 ユリ

ユリは、ユリ科の多年草で種類が多く、一般的には芳香の強い美しい大形の花が咲きます。ユリの根茎は、古く奈良時代から食べられてきたようであり、特にヤマユリのものは美味しいとされています。

万葉集では、由理が五首、由利が四首、百合が一首、由流が一首の計十一首が詠まれており、例えば、次のような歌があります。

・道の辺の草深由利の　花咲《ゑみ》に
咲《ゑ》みしがからに妻といふべしや（万葉１２５７）

・夏の野の繁みに咲ける姫由理の
知らえぬ恋は苦しきものそ（万葉１５００）

・路の辺の草深百合の後《ゆり》にとふ
妹が命を我《われ》知らめやも（万葉２４６７）

・筑波嶺《つくばね》のさ由流の花の夜床にも
愛《かな》しけ妹そ　昼も愛しけ（万葉４３６９）

平安時代の和名抄には「百合、由里」とあります。大言海には、「**ゆり**（名）百合　夏ノ半ニ、茎ノ梢ニ花ヲ開クコト一二箇、年久シキハ、数十箇ニ至ル、皆、開キテ傍ニ向フ。六弁、長サ四五寸許リ、鐘楼ニシテ、白キニ黄赤色ノ斑点ヲ有シ、紫ヲ帯ビテ美シ」と書いてあります。漢語辞典には「【百合】多年生の草本植物、鱗茎は球形で白色或いは薄紅色をしている。花は漏斗形で白色であり鑑賞用とする。鱗茎は食用とし、漢方薬とする」と書かれています。

日漢で百合と書かれるのは、この草の特徴を表現した漢字と思われます。つまり、百はパイと読み、同じ読みの「白」に通じており、合は「合わさっている」の意味であることから、現在ではいろいろな園芸種があるとしても、そもそものユリの花は白色であり花びらは合着した喇叭《らっぱ》形であったと思われます。

さて、この草名の語源の話に移りますと、一音節読みで、玉はユと読み形容詞で使うときは「美しい」の意味があります。麗はリと読み「綺麗な、美しい」の意味です。つまり、ユリとは、玉麗の多少の訛り読みであり、直訳すると「美しい」ですが、花を指すときは**「美しい（花）」**、草を指すときは**「美しい花の咲く（草）」**の意味になり、これがこの草名の語源です。その根茎についていえば、美には美味の意味があることから「美味しい（根茎）」或いは**「美味しい根茎のある（草）」**の意味になります。掛詞をまとめると、草を指すときは「美しい花の咲く、美味しい根茎のある

（草）」になります。

一音節読みで優はヨウと読むのですが、日本語音読でユウと読むのは、共に「美しい」の意味の玉《ユ》と嫵《ウ》とを重ねた玉嫵の読みを転用したものです。最後は、著者が若い頃に、美しい女生徒に憧れて詠んだ歌にします。

・青春の　校庭に咲く　まぶしくも
百合の花とも　君を見し頃　　不知人

190　ヨメナ・ウハギ

キク科の多年草で、田野に自生しています。比較的湿った所に生える野菊の一種です。丈は50㎝程度にまで成長し、春季の若葉は食用にもされています。初秋に淡紫色の頭上花が咲きます。

早速、語源の話をしますと、一音節読みで、優はヨウと読み「優美な、美しい」の意味があります。美はメイ、娜はナと読み共に「美しい」の意味です。つまり、ヨメナとは、美しいの意味の漢字が三つ重なった優美娜の多少の訛り読みであり、直訳すると「美しい（草）」ですが、美しいのは花のことと思われるので、花を指すときは「美しい（花）」、草を指すときは**「美しい花の咲く（草）」**の意味になり、これがこの草名の語源です。

美には「美味しい」の意味があるので、食べられる草の場合には、自動的に**「美味しい（草）」**の意味も兼ねた掛詞になっています。掛詞をまとめていうと草を指すときは「美しい花の咲く、美味しい（草）」になります。

漢字では嫁菜と書かれますが、嫁《よめ》自体が優美《ヨウメイ》のことであり「美しい（女）」の意味になっています。

「植物名の由来」（中村浩著・東書選書）に、次のような記述があります。「古語で、『ヨメ』のことを『鼠』と書き、ヨメと音読みするのである。これはおそらくネズミが夜、物を見ることができるので夜目といったことによるものであろう。夫木和歌抄《ふぼくわかしょう》に、『よめの子の　子鼠　いかがなりぬらん　あな美しとおもほゆるかな』というのがある」。上述のことから、嫁と鼠との関係は、おおよそはお分かりと思いますが、一音節読みで捻はネン、姿はズ、靡はミと読み、いずれも「美しい」の意味があるので、ネズミは捻姿靡であり「美しい」の意味になります。したがって、優美《ヨウメイ》と捻姿靡《ネンズミ》、つまり、嫁と鼠は同じ意味になるのです。

ヨメナは、古い時代には**ウハギ**（宇波疑・莵芽子）と呼ばれた草とされており、万葉集にはウハギについて、次の二つの歌が詠まれています。

・妻もあらば採みてたげまし佐美の山
　野の上の宇波疑過ぎにけらずや（万葉２２１）

・春日野に煙立つ見ゆ乙女らし
　春野の莵芽子採みて煮らしも（万葉１８７９）

草木名初見リスト（磯野直秀作）によれば、ヨメナの草名は、江戸時代前期の古今料理集（一六七〇頃）という本にでていることから、この頃にウハギはヨメナと称されるようになったと推測されます。古くは、春になるとウハギの若葉は盛んに摘まれて食用にされ「若菜摘み」といえば「ウハギ摘み」のことを指すほどだったようです。しかしながら、なぜ、万葉時代からのウハギが現在のヨメナに名称変更できたかというと、両者はまったく同じ意味だからです。一音節読みで、嫵はウ、酣はハン、瑰はギと読み、いずれも「美しい」の意味があります。したがって、ウハギは嫵酣瑰で「美しい（草）」の意味、敷衍して**「美味しい（草）」**の意味にもなり、ヨメナとまったく同じ意味になっています。ウハギはオハギともいったようですが、娥はオと読み「美しい」の意味なので、嫵が娥に入れ替わっただけで同じ意味になり、どちらで呼んでも構わないからです。

なお、普通には、糯米《うるち》飯を小豆餡《あずきあん》で包んだオハギも同じ娥酣瑰が語源であり「美しい（もの）」、つまり、**「美味しい（もの）」**の意味です。大辞典には、米飯のオハギにつき「もと女房詞で萩の餅のこと」などといった、よく分からない俗説が流布され続けています。日本の大辞典の説明というのはこの程度のものが多いのです。例えば、広辞苑（第六版）には、「**おはぎ**〔御萩〕はぎのもちの別称」、「**はぎのもち**〔萩の餅〕煮た小豆を粒のまま散らしかけたのが、萩の花の咲きみだれるさまに似るのでいう。また牡丹に似るから牡丹餅《ぼたもち》ともいう」と書かれていますが、オハギは萩の花にも牡丹にも似ているとは全然思われず、また、両草の花はまったく異なるので、いったいどちらに似ているのか不明であり、このようないいかげんな説明には疑問を禁じえません。

191　ヨモギ

キク科ヨモギ属の多年草です。山野に密生している草で特有の匂いがあります。その若葉は餅つきの際に、餅に入れてついて緑色の草餅をつくるので餅草ともいいます。「おいしい山菜図鑑」（千趣会）という本には、「ヨモギには、タンパク質、カルシウム、ビタミン類などが多く含まれているから、モチグサはただ香りや若緑の色を楽しむだけの食品ではない。春一番に、早ばやとヨモギを食卓にのせる習慣は、冬の間に不足した栄養を補うための、昔からの知恵といえるだろう」と書いてあります。

また、ヨモギには、さまざまの薬効があるとされており、成長葉は、健康治療法の一つとされる灸に用いる艾《もぐさ》の原料とされることで有名です。ヨモギは、漢字で書くときは、艾、蒿、または二字にして艾蒿などと書かれ、日本語では蓬と書かれます。そもそもの漢語では、蓬は艾、蒿、艾蒿などの意味ではないにもかかわらず、日本語ではヨモギが蓬と書かれるのは、和名抄に「蓬、與毛木」と書いてあるからです。大言海によれば、平安時代の本草和名に「艾葉、一名、醫草、與毛岐」、和名抄に「蓬、一名、蓽、艾也、與毛木」と書いてあります。漢語では、蓬の字は「枝、茎、葉の繁茂した草木」を指す数量詞としても使われています。万葉集では、その長歌の中で「余母疑」と書かれて一首だけが詠まれています。

・ほととぎす　来鳴く五月の菖蒲草《あやめぐさ》　余母疑かづらき
酒宴《さかみづき》　遊び慰《な》ぐれど・・・（万葉４１１６）

さて、語源の話に移りますと、一音節読みで、優はヨウと読み「豊かな、豊富な」の意味もあります。茂はマオと読み「繁茂する」、瑰はギと読み「美しい、珍しい、美しくて珍しい」などの意味があります。つまり、ヨモギとは、優茂瑰の多少の訛り読みであり、美には美味の意味があることを考慮して直訳すると**「豊かに、繁茂する、美味しい珍しい（草）」**の意味になり、これがこの草名の語源と思われます。「美味しい珍しい」の意味になるのは、食菜にしたり、餅草にしたり、薬草にしたり、艾《もぐさ》の原料にするなどいろんな用途にされるからです。

現在、一般的に行われている語源説では、よく燃えるから「善燃草」、よく萌えるから「善萌草」、あちこちに根茎葉を伸ばすから「四方草」などの説が披露されていますが、あながち的外れでもないといえます。ただ、強いて難点を挙げるならば、燃とはその語源上は炎を出して燃えるの意味なのにモグサは「燻《くす》ぶる」だけであること、萌とは「芽を出す」の意味であること、草はギとは読まないことなどがあります。

192 ヨロイグサ

セリ科シシウド属の多年草です。丈は2ｍ程度、茎は中空で、上部で枝分かれし、その表面には細毛が生えています。鋸葉で羽状複葉です。夏に白色小花の集まりが散形花序をなして咲きます。この草は、同科同属のシシウドに似ており、より大きいことから別称でオオシシウドとも呼ばれています。根を乾燥させたものは漢方生薬で白芷《びゃくし》といい、鎮痛、解熱、解毒その他多くの薬効があるとされています。平安時代の和名抄に「白芷、加佐毛知、一云、与呂比久佐」と書いてあります。白色小花は褒めるほどのものではないのに、すでにこの頃から名称があるということは、この草は古代から薬草として注目されていたと推測されます。

一音節読みで優はヨウと読み「優美である」、柔はロウと読み「柔美である」、昳はイと読み「美しい」の意味があります。つまり、ヨロイとは、「美しい」の意味の字が三つ重なった優柔昳なので、ヨロイグサは直訳すると**「美しい草」**の意味になり、これがこの草名の語源と思われます。美には「よい、良好な、素晴しい」などの意味も含まれているので**「よい草」**の意味に捉えてもよく、このような意味になるのは、たくさんの白い花が咲くというよりも、多くの薬効があるためと思われます。日本語では、漢字で鎧草と書かれますが、この鎧はその訓読音声を利用するための単なる当て字です。なんとなれば、この草のどこにも武具の鎧に似たところはないからです。

なお、武具としての鎧《よろい》については、尤はヨウと読み「とりわけ、なかんずく、特別に」、牢はロウと読み「堅牢な」、衣はイと読み「衣裳」の意味があります。つまり、鎧とは尤牢衣であり直訳すると「特別に堅牢な衣裳」の意味になっており、これが武具としての鎧の語源です。

193　ラッカセイ・ナンキンマメ

マメ科の一年草です。原産地は南米とされています。黄色の花が咲き、子房の柄は地下に進入して肥大し莢果《きょうか》になります。莢果とは莢《さや》に包まれた果実のことをいいます。漢字では、日漢で共に落花生と書きますが、最初はどちらの国でつくられた言葉であるかは分かりません。落花生は、漢語ではルゥオ・ホア・ションと読み、日本語では**「ラッカセイ」**と読みます。日本語では、当て字で南京豆と書き**「ナンキンマメ」**ともいいますが、芝那の南京からきたと誤解されてしまうので、美味しい豆の意味で「南錦豆」と書く程度の当て字でよかったのではないかと思われます。

さて、語源の話をしますと、先ず、**ラッカセイ**について、一音節読みで、孌はラン、姿はツと読み共に「美しい」の意味なので、美には美味の意味があることから「美味しい」の意味があることになります。可はカと読み「よい、良好な」の意味ですが、食べ物に関するときは「美味しい」の意味になります。可口は「美味しい」という意味の熟語です。摂はセ、食はイとも読み、共に「摂食する、食べる、食べられる」の意味です。つまり、ラッカセイとは孌姿可摂食の多少の訛り読みであり、美には美味の意味があることを踏まえて直訳すると、莢果を指すときは「美味しく食べられる（豆）」の意味ですが、表現を逆にすると**「食べて**

美味しい（豆）」の意味、草を指すときは**「食べて美味しい豆のなる（野菜）」**の意味になり、これがこの草名の語源と思われます。

次に、**ナンキンマメ**の語源ですが、一音節読みで、**嚢**はナンと読み、名詞では「包み、袋」、動詞では「包む、袋で包む」の意味です。錦はキンと読み「美しい」の意味がありますが、美には美味の意味があるので「美味しい」の意味があることになります。つまり、ナンキンマメとは、**嚢錦豆**であり直訳すると**「袋に包まれた美味しい豆」**の意味になっており、これがこの草名の語源と思われます。「袋に包まれた」というのは莢果ということです。英語ではピーナツといい **peanuts** と綴ります。

現代の俗説では、一部の学者の提唱で、シナを経由して日本に伝来したから南京豆というなどと流布されていますが、そうではなくて南京は単なる当て字です。南京は、シナの一都市に過ぎず、日本のことを東京や大阪といわないのと同じように、シナのことを南京とはいいません。また、南京がこの豆の原産地や主要産地ならともかく、そもそも南京豆が南京を経由してきたかどうかさえも疑問があります。なぜならば、このマメは南米産とされているからであり、もし南京を経由してきたとしても、ただそれだけのことで食用豆の名称となるなど普通ではあり得ないことです。

草木名初見リストによれば、ラッカセイは江戸時代の遠碧軒記（一六七五）に「落花生」、ナンキンマメは水谷本草（一八三〇～一八四四）に「落花生《なんきんまめ》」とでているとされています。大言海によれば、江戸時代の華夷通商考（西川如見著・元禄八年〔一六九五〕の二巻刊および宝永五年〔一七〇八〕の訂正増補版五巻刊）という本には「福建省土産・落花生」、近代世事談（菊岡沾涼著・明治元年刊）という本には「落花生は、日本には、江戸時代の元禄末に支那より渡ってきた」と書かれており、南京ではなく福建の土産とされています。また、言海（大言海の前身）（一八八九～一八九一年刊）には「ナンキンまめ」という名称が書かれています。ということは、ナンキンマメという名称は江戸時代中期以降につくられたと思われますが、ほんとうの語源は明らかにしないのが、古くからの日本の言語・国語学界のしきたりのようですから、今までにラッカセイやナンキンマメについて、ほんとうの語源に触れた書物は存在しないのです。

194 ラッキョウ

ユリ科ネギ属の多年草です。芝那原産であることから、漢字では、辣韮、辣韭、薤などといろいろに書かれます。畑で野菜として栽培され、初夏に収穫した地下鱗茎は、特有の臭いがあり、甘酢に漬けて食用とします。特にカレーライスの調味食材として重用されていることはご承知のとおりです。草木名初見リストによれば、江戸時代前期の貝原益軒著の花譜（一六九八）にでています。

一音節読みで、辣はラと読み、第一義では「辛い」の意味ですが、第二義では「刺激のある」の意味があります。姿はツ、瑰はキ、優はヨウと読み、いずれも「美しい」の意味があります。つまり、ラッキョウとは、辣姿瑰優の一気読みであり、美には美味の意味があることを踏まえて直訳すると**「刺激のある、美味しい（野菜）」**の意味になり、これがこの草名の語源と思われます。

195 リンドウ・ニガナ

リンドウ科の多年草で、丈は60㎝程度にまで成長し、秋に、紫色の美しい花が咲きます。花は茎の先端に上向きに咲き、筒状でその先が五裂して開いています。根は非常に苦く、漢方薬で健胃剤とされています。

源氏物語の夕霧の巻に「・・・枯れたる草の下より、りんだうの我ひとりのみ心長うはいでて・・・」と書かれています。岩波文庫の枕草子六七段の「草の花は」には「をみなえし。桔梗。あさがほ。かるかや。菊。龍膽」とでており、「りんだう」と振仮名してあります。大言海によれば、平安時代の本草和名に「苦菜、一名茶菜、爾加奈」、康頼本草に「龍膽、リンタウ、美加奈、爾加奈」と書いてあります。美加奈は、同じ読みの美可娜のことで三字はいずれも「美しい」の意味なので、リンドウは「美しい花の咲く（草）」と見做されていたと思われます。現在では、熊本県や長野県の県花ともされています。また、爾加奈はニガナと読み、苦菜のことであり、その根茎がとても苦く薬草として認識されていたことが窺われます。

さて、語源の話をしますと、康頼本草に美加奈とあるように美しい花の咲く草と見做されていたことは確かです。一音節読みで、令はリンと読み、「よい、良好な」の意味ですが、花などを指すときは「美しい」の意味でも使われます。都はド、嫵はウと読み、形容詞では共に「美しい」の意味があります。つまり、リンドウとは令都嫵の多少の訛り読みであり、花を指すときは**「美しい（花）」**、草を指すときは**「美しい花の咲く（草）」**の意味になり、これがこの草名の語源です。

また、一音節読みで、稜はリンと読み「きびしい、ひどい」、荼はトと読み「苦い、苦味」、物はウと読み「もの」の意味です。つまり、リンドウとは、稜荼物の多少の濁音訛り読みであり直訳すると**「ひどく苦いもののある（草）」**の意味になり、これもこの草名の語源で掛詞と思われます。「苦いもの」とは具体的には根茎のことを指すので、少し意訳すると「ひどく苦い根茎のある（草）」になり、掛詞をまとめると、**「美しい花の咲く、ひどく苦い根茎のある（草）」**になります。

漢字では繁体字で龍膽、簡体字で竜胆と書きます。語源辞典〔植物編〕（吉田金彦編著・東京堂出版）には、「語源は漢名『龍膽』。漢語の音読みを転訛させた」と書いてありますが、この説は疑わしい。なぜならば、古来、龍は漢語読みではロン、日本語読みではリュウやリョウと読み、膽は日漢共にタンと読むので、龍膽は漢語読みではロンタン、日本語読みではリュウタンやリョウタンと読むことになりますが、これらがリンドウに転訛したというのは、あまりに転訛の程度が大き過ぎるからです。つまり、リンドウの名称は、ロンタン、リュウタンやリョウタンから転訛したのではなく、日本語として新たにつくられたものと思われます。日本語では漢名は導入しても、その読みはそのままでは導入しないという一応の原則もあります。結局のところ、リンドウは、龍膽の読みの転訛ではなくて、そもそもから日本語としてつくられた名称であることに間違いないと思われます。

196　レンゲソウ

マメ科の二年草で、春に、休耕田や田んぼの畦道《あぜみち》などに生え、休耕田のものは上に立ちますが、畦道のものは地面に這って生えます。どちらもびっしりと密生して生え、少し紫色の混ざった赤紅色の花が咲き、菜の花と共に、春の田園風景を美しく彩《いろど》ります。漢字では蓮華草と書きます。

一音節読みで、麗はリ、妍はイェンと読み共に「美しい」の意味です。麗妍は一気に読むとレンになりますが、この二字の意味を一字に縮めたものが稔であり、レンと読み、当然に「美しい」の意味になります。蓮華草における蓮は当て字です。華はホアと読むのですが、日本語ではキンポウゲやマンジュシャゲにおけるようにゲとも読み花のことです。したがって、レンゲソウとは稔華草であり、直訳すると「美しい華の草」ですが、華は花のことなので少し意訳すると**「美しい花の咲く草」**の意味になり、これがこの草名の語源です。

草木名初見リスト（磯野直秀作）によれば、江戸時代初期の本草名物附録という本に「れんげばな」の名称ででています。

197　ワカメ

コンブ科の海藻で、外海の浅瀬の岩上などに生え食用となります。葉には、粘性があり、長さ1m程度に達するものもあって、多くの切れ込みが入っています。アサクサノリと同じように養殖もされます。

一音節読みで、婉はワン、美はメイと読み、共に「美しい」の意味ですが、美には美味の意味があるので、「美味しい」の意味があることになります。可はカと読み「よい、良好な」の意味ですが、食べ物に関するときは「美味しい」の意味があります。つまり、ワカメは、婉可美の多少の訛り読みであり直訳すると**「美味しい（海藻）」**の意味になっており、これがこの海草名の語源です。万葉集に二首の歌が詠まれており、万葉仮名で、ワカメは和可米や稚海藻と書かれています。

・比多潟の磯の和可米の立ち乱《みだ》え　吾をか待つなも
昨夜も今夜も（万葉３５６３）

・角島の迫門《せと》の稚海藻は人のむた荒かりしかど　吾
がむたは和海藻《にぎめ》（万葉３８７１）

198　ワサビ

アブラナ科の多年草です。清水の流れる渓流の砂礫《されき》地に自生し、最近では需要も増加し谷川の清水を利用して栽培も行われています。広くいろいろな料理に使われますが、よく知られたものでは、刺身、鮨、蕎麦、蒲鉾などを食べるときの香辛料とします。大言海によれば、平安時代の本草和名と和名抄には「山葵、和佐比」と書いてあります。

一音節読みで、萬はワンと読み、副詞では「とても、非常に、著しく」などの意味があります。惨はツァンと読み「厳しい、苛酷な、辛辣な」などの意味があるのですが、この草の名称の中では「辛い」の意味で使われているものと思われます。苾はビと読み「香りの、香りのある」の意味です。つまり、ワサビとは、萬惨苾の多少の訛り読みであり、直訳すると**「とても辛い香りのある（野菜）」**の意味になり、これがこの草名の語源と思われます。

199　ワラビ

シダの一種で、山野に自生しています。早春に地中の根茎からでた若芽の先端は、彎曲して拳《こぶし》状に巻いており、上手に料理すると味もよいことから、古来食用にされてきました。根茎からはでんぷん粉をとりワラビ餅などをつくります。大言海によれば、平安時代の字鏡に「蕨、薇、和良比」、本草和名に「蕨菜、和良比」、和名抄に「薇、蕨、和良比」と書いてあります。

さて、語源の話に移りますと、一音節読みで、彎はワンと読み「彎曲した」、孌はラン、贔はビと読み、共に「美しい」の意味があります。つまり、ワラビとは、彎變賁の多少の濁音訛り読みであり、直訳すると「彎曲した美しい（草）」ですが、美には美味の意味があることから、**「彎曲した美味しい（草）」**の意味になっており、これがこの草名の語源と思われます。万葉集には、次のような有名な歌が一首だけ詠まれています。

・石《いは》ばしる垂水《たるみ》の上のさ和良妣の
萌え出づる春になりにけるかも（万葉１４１８）

200　ワレモコウ

バラ科の多年草とされ、日本全国の山野に自生しています。丈は30㎝程度で、複葉は同形同大の小判形で鋸葉になっています。秋になると、花茎が１ｍ程度に伸びて途中から茎分れしてそれぞれの茎先に長さ２㎝程度の筒状紡錘形の花穂《かすい》が付き、花穂は密生した花弁のない多数の花で構成されています。各花は上部のものから順に咲き始め、赤色で香りがあります。漢字では、普通には「吾亦紅」や「吾木香」と書かれます。

さて、語源の話に移りますと、一音節読みで、萬はワンと読み「とても、非常に、著しく」などの意味、稔はレン、茂はマオと読み共に「美しい」の意味があります。日本語としての万葉仮名では、すでに茂はモと読まれています。紅は、その旁《つくり》が「工」であることから分かるように、コンとも読み「紅色の、赤色の」の意味、馥はフと読み「香る、香りのある」の意味です。つまり、ワレモコウとは、萬稔茂紅馥（ワン・レン・マオ・コン・フ）を一気に読んだもの、或いは、その多少の訛り読みであり、直訳すると「とても、美しい、赤色の、香りのある」ですが、これは花のことと思われるので、花を指すときは「とても美しい、赤色の、香りのある（花）」、草を指すときは**「とても美しい、赤色の、香りのある花の咲く（草）」**の意味になり、これがこの草名の語源と思われます。

ワレモコウは、その草名がつくられたと思われる平安時代当時は、香りのある草と見做されていたことは、源氏物語の「匂宮」（巻四二）に次のような記述があることからも明らかです。「老を忘るる菊に　おとろへゆく藤袴　ものげなきわれもかうなどは　いとすさまじき霜枯れのころほひまで　思し棄てずなど　わざとめきて　香にめずる思ひをなん立てて　好ましうおはしける」。現代文に訳しますと次のようになります。「（匂宮は）老を忘れさせてくれる菊、枯れおとろえてゆく藤袴、なんということもないわれもこうなどに対しては、すっかり見る影もなくなった霜枯れの頃まで、思い入れをされるなど、特別と思えるほどに、香りを愛する気持ちを大切にして、それを好ましいこととされていた」。つまり、菊、藤袴、われもこうなどは、香りがあるので、特に大切にされていたと書かれています。

平安時代後期の狭衣物語では、「武蔵野の霜枯に見しわれもかう秋しもおとる匂なりけり」という歌が詠まれており、また、堤中納言物語や栄花物語でも「われもかう」と、いずれも平仮名で書かれています。院政時代の作とされる増鏡では「吾亦紅」、鎌倉時代末期の徒然草（兼好法師著）百三九段の「家にありたき木は」には「吾木香」と漢字で書かれています。このような記述があることからも、そもそもワレモコウという草名は、「赤色」と「香り」に関係の深い名称と理解されていたことが、ほぼ確実に推測されます。

・秋の野に赤く咲く花　われもこう
　その香りこそわが名なりけり　　不知人

＊ 木名の語源

1　アケビ

アケビ科のツル性の落葉灌木です。灌木とは低木のことをいいます。春に、淡紫色の花が咲きます。秋になると、実は楕円形で8㎝程度の大きさに達し、熟すると紫色になり片側が割れて開きますが、その頃が一番の食べ頃とされています。中味は膠質状でその中に小さな種がたくさんあります。食べると、甘くて美味しく、厚い外皮果肉も食べられます。漢字では、日漢で共に「木通」と書きます。

　さて、語源の話に移りますと、一音節読みで、唵はアンと読み、歯医者に行ったときに「口をアーンしてください」といわれたときのアンで、「口を大きく開ける」の意味です。齦はケンと読み本来は「かじって食べる」の意味ですが、単に「食べる」の意味でも使われます。賁はビと読み「美しい」の意味です。つまり、アケビとは、唵齦賁の多少の訛り読みであり直訳すると「口を大きく開けた、食べて、美しい」ですが、ご承知のとおり、「美」には「美味しい」の意味があることを考慮すると、果実を指すときは「口を大きく開けた、食べて美味しい（果実）」の意味、木を指すときは**「口を大きく開けた、食べて美味しい果実のなる（木）」**の意味になり、これがこの木名の語源です。

　大言海（大槻文彦著・冨山房）によれば、平安時代の本草和名と和名抄に、共に「通草、阿介比加都良」と書いてあります。なぜ、通草なのかというと、漢和辞典をみて頂くとお分かりのように、通の字義の一つに「開く」の意味があるので、通草とは、草にはなっていますが、「果実が開く木」の意味と思われます。カヅラとは蔓《つる》のことなので、アケビカヅラ（阿介比加都良）とあることは、アケビはツル性植物であることを示しています。

2　アジサイ（アヂサイ）

ユキノシタ科の落葉灌木です。この木の種類は多く、漢字で紫陽花と書くのは、一般的に、この木に紫色の花が華やかに咲くからです。夏に、小花が集まった球状の淡青色の花が群がり咲き、その花は濃青色になり、さらに紫色から赤紫色へと順次に変化していきます。万葉集には、味狭藍や安治佐為と書かれて、次の二歌が詠まれています。

・言《こと》問《と》はぬ木すら味狭藍　諸茅等《もろちら》が　練《ねり》の村戸《むらと》に
あざむかえけり（万葉７７３）

・安治佐為の八重咲く如く　やつ代にを　いませわ
が背子《せこ》　見つつ偲《しの》はむ（万葉４４４８）

大言海によれば、平安時代の和名抄に「白氏文集律詩云、紫陽花、安豆佐為《アヅサヰ》」、名義抄に「紫陽花、アヅサヰ」と書いてあります。そうしますと、味狭藍や安治佐為はアヂサヰ、安豆佐為はアヅサヰと読んだと思われることから、奈良時代（万葉時代）と平安時代では、この木名の意味が若干異なって解釈されていたことが窺われます。

先ず、万葉歌における、アヂサイ（アヂサヰ）についていいますと、一音節読みで、盎はアンと読み、通常は、「とても、非常に、著しく」などの程度が著しいことを表現するときに使われます。集はヂと読み「集まる」、蒼はツァンと読み「青い、青色の」、昳はイと読み「美しい」の意味があります。つまり、アヂサイとは、盎集蒼昳の多少の訛り読みであり、直訳すると「著しく、集まった、青い、美しい」の意味になるのですが、それは花のことと思われるので、花を指すときは「著しく集まった青色の美しい（花）」、木を指すときは**「著しく集まった青色の美しい花の咲く（木）」**の意味になり、これがこの木名の語源と思われます。

次に、和名抄や名義抄におけるアヅサイ（アヅサヰ）については、一音節読みで紫はヅと読み「紫色」の意味です。つまり、アヅサイとは盎紫蒼昳であり、木を指すときは**「著しい紫色や青色の美しい花の咲く（木）」**の意味になっていると思われます。アヂサイとアヅサイでは、ヂ（集）とヅ（紫）の違いはありますが、ほぼ似たような意味であり、平安時代になると花色が青色だけというのでは少々不正確だということで、紫色にこだわったのではないかと推測されます。ただ、現在では、アジサイと呼んでいます。

3　アシビ

ツツジ科の常緑灌木で、関東以西の山野に自生しています。早春に、枝先に壺形の白い小花が総状に咲きます。馬がその葉を食べると脚が麻痺して歩けなくなるということから、漢字では馬酔木と書き、現在では日漢で使われていますが、奈良時代に日本でつくられた漢字名称と推測されます。なぜならば、馬酔木という言葉は、日漢辞典にはでていても漢語辞典にはでてこないからです。万葉集では、次のような有名な歌を始めとして一〇首の歌が詠まれています。

・磯の上に生《お》ふる馬酔木を手折らめど
　見すべき君がありと言はなくに（万葉166）

この歌は、大来皇女《おおくのひめみこ》の歌ですが、同皇女は、天武天皇の子息である大津皇子の同母姉であり、持統天皇により謀反の咎で処刑された弟を偲んで詠んだ歌とされています。

さて、語源の話に移りますと、一音節読みで、暗はアンと読み「知らない、気付かない」の意味があります。食はシと読み「食べる」、痺はビと読み「痺《しび》れる、麻痺する」の意味です。つまり、アシビとは、暗食痺の多少の訛り読みであり、直訳すると**「知らないで食べると痺れる（木）」**の意味になり、これがこの木名の語源です。知っていて食べても同じように痺れるのですが、語源上はそのようになっています。

この木が奈良に多いのは、鹿が食べないからとされています。馬はそもそもは外来種の動物なので、知らずに食べたのです。**アセビ**ともいいますが、そのときのセは、一音節読みでセと読む摂のことであり、摂には「摂食する、食べる」の意味があるので、食と摂とは同じ意味になることからどちらで呼んでも構わないということです。**アセボ**ともいうとされますが、剝はボと読み「傷害する、傷付く、害する」の意味がありますから、アセボは暗摂剝であり**「知らないで食べると傷付く（木）」**の意味になります。

4　アスナロ

この木は、檜《ひのき》の一種の常緑喬木で日本特産種とされています。すでに、平安時代において名称が付けられており、当初は「アスハヒの木」と呼ばれていたようで、例えば、ウメの木、マツの木、サクラの木と同じような名付け方だったと思われます。一音節読みで、盎はアンと読み、程度が著しいことを表現するときに「とても、非常に、著しく」などの意味で使われます。淑はス、酣はハン、菲はフェイと読み、いずれも「美しい」の意味があります。つまり、**アスハヒノキ**は盎淑酣菲之木の多少の訛り読みであり**「とても美しい木」**の意味になっています。

ところが、問題が起きたのは、当時、ヒノキ（檜）という名称の木もすでに存在したことです。そのために、冗談好きの人たちが、「アスハヒの木」を「アスはヒノ木」、つまり「明日は檜」と茶化して読んで、「明日は檜になろう」という意味からつくられたもので、ヒノキより劣った木であるとの作り話が仕立てられたと思われます。この冗談話は、平安時代から語られていたものらしく、枕草子四〇段には、次のような記述があります。「檜の木、またけぢかからぬものなれど、三葉四葉の殿づくりもをかし。五月に雨の聲をまねぶらんもあはれなり。（中略）。あすはひの木、この世にちかくもみえきこえず。（中略）。なにの心ありて、あすはひの木とつけけむ、あぢきなきかねごとなりや。たれにたのめたるにかとおもふに、きかまほしくをかし」。後段の部分を現代文に翻訳しますと、「どういう意味があってあすはひの木と名付けたのだろうか、明日は檜になるなどとは、当てにならない約束事なのに、誰に期待させているのかと思うと聞きたいほどに滑稽である」。そうしますと、アスナロは「明日は優れた檜になろう」の意味だというのですから、アスハヒノキ、つまり、アスナロよりもヒノキの方が上等でなければならないのですが、実際は両者を比較すると、なにかにつけてアスナロの方がヒノキよりも上等らしいのであり、このことについては、「植物名の由来」（中村浩著・東書選書）には「アスナロはヒノキとくらべてどうみてもひけをとらないばかりか、むしろより気品のある木ということができよう」と書かれています。

平安時代を過ぎてからの途中経過はどうだったのか分かりませんが、江戸時代の和漢三才図会には「檜の一種也。阿須檜といふ。檜に似れども木心枝《まき》に似たり。又の名を阿須奈呂といふ」と書かれています。アスナロという別称がいつ頃につくられたかは分かりませんが、江戸時代頃には、アスハヒノキはアスナロという名称になっていたようであり、それが今日に至っているのです。

さて、アスナロの語源の話に移りますと、盎淑のことは上述しましたが、一音節読みで、娜はナ、柔はロウと読み、共に「美しい」の意味があります。つまり、**アスナロ**とは、盎淑娜柔の多少の訛り読みであり、直訳すると**「とても美しい（木）」**の意味になっており、これがこの木名の語源です。したがって、アスハヒノキとアスナロとは、同じ意味の名称になっています。なお、和漢三才図会における阿須檜とは、盎淑檜のことであり、「とても美しい檜」の意味になります。

5　アヅサ

アヅサは、漢字では梓と書きます。梓は、すでに万葉時代には漢語から日本に導入されていた漢字であり、漢語ではツと読みますが、日本語ではアヅサと読むべきことは万葉集の歌においてそのように読まれていることから明らかです。「萬葉の花」（松田修著・芸艸堂）によれば、万葉集では梓弓《あづさゆみ》、安豆左由美、安都佐能由美などの名称で三三首が詠まれており、例えば、四首を挙げると次のような歌があります。

・御執《みと》らしの　梓弓の　金弭《かなはず》の音すなり・・・　（万葉3）

・梓弓　春山近く家居れば
続ぎて聞くらむ　鶯のこゑ（万葉１８２９）
・安豆左由美　末は寄り寝む現在《まさか》こそ
人目を多み汝を端に置けれ（万葉３４９０）
・置きて行かば　妹ばまかなし持ちて行く
安都佐能由美の弓束《ゆつか》にもがも（万葉３５６７）

大言海によれば、日本書紀の仁徳天皇即位前紀の長歌に「阿豆瑳」とでています。また、平安時代の本草和名に「梓、阿都佐乃岐」とあり、和名抄に「梓、木名、楸之属也、阿豆佐」と書いてあります。

漢語辞典によれば、梓《ツ》は学名ではカタルパ・オヴェイタ（**catalpa ovata**）といいます。**catalpa**とは日本語でいうキササゲのことであり、植物について使うときの**ovata**とは「葉が丸形である」の意味です。キササゲにおけるキとは木のことであり、草のササゲに対する木のササゲという意味で名付けられています。キササゲには枝先から10本程度の莢が長く垂れ下がります。草のササゲの欄で示したように、ササゲとは直訳では「垂れて長く伸びた（莢《さや》）」ですが、草を指すときは「垂れて長く伸びた莢のなる草」の意味なので、キササゲとは**「垂れて長く伸びた莢のなる木」**の意味になります。莢とは種子を包んだ殻のことをいい、莢に包まれた種子を蒴果《さくか》といいます。そもそも、日本語のキササゲとは、江戸時代に木の態様からつくられた木名です。シナでカタルパ（**catalpa**）とされる木、つまり、日本のキササゲとされる木には梓《ツ》や楸《チュウ》などがあり、日本にも古くから導入されて、日本語では梓はアヅサ、楸はヒサギと呼ばれて共に万葉集で詠われています。シナの梓や楸と、日本のアヅサ（梓）やヒサギ（楸）と呼ばれている木は、同じ漢字が使われていることから単純には同じ木と見做すべきだと思われます。なぜならば、異なる木と見做すべき確かな根拠はなんら存在しないからです。現在では、日本にはノウゼンカヅラ科キササゲ属の木には、キササゲとトウキササゲとがありますが、本書では、アヅサの別称はキササゲ、ヒサギの別称はトウキササゲと見做しています。

さて、日本語のアヅサの語源の話に移りますと、一音節読みで、盎はアンと読み程度が甚だしいことを表現するときに、通常は「とても、非常に、著しく」などの意味で使われます。組はヅと読み動詞では「集まる、集合する」の意味、降はシャンと読み「下がる、垂れる」の意味があります。つまり、**アヅサ**とは、**盎組降**の多少の訛り読みであり直訳すると「著しく集まって垂れる（木）」の意味になりますが、「垂れる」というのは、具体的には、雌性の花穂《かすい》の後に急激に伸びて一か所から10本程度が集まって垂れる莢を指しています。したがって、少し意訳すると**「著しく集まって垂れる莢のなる（木）」**になり、これがアヅサという木名の語源と思われます。したがって、「垂れる莢」に注目されている点でアヅサとキササゲとの字義はほぼ同じものになっています。つまり、アヅサはキササゲなのです。大言海によれば、江戸時代の倭訓栞（和訓栞）（後編）の梓欄には「（梓ハ）今云フ、木ささげナリ」、同時代の重修本草綱目啓蒙には「木理《モクメ》ノ白キハ梓ト為シ、赤キハ楸ト為スト云フ。ソノ白キハ梓ト為スト云フハ、即チ、きささげニシテ、倭名抄ノあづさ、是レナリ」とあります。

現代の漢語辞典によれば、シナの梓《ツ》は、ある漢語辞典では、その学名はカタルパ・オヴェイタ（**Catalpa ovata**）であり、「落葉喬木。丈は六～九米。葉は対生し巾広の卵形で先端が尖る。花は大きな円錐花序で頂生し黄白色、やや紫色の斑点がある。蒴果は長い糸状で種子は扁平。木材は建材や器具材にする」（傍点は著者）。また、別の漢語辞典では「落葉喬木、葉は対生しやや掌状の浅裂がある、円錐花序、花は黄白色、器具材に適する」（傍点は著者）と書いてあります。

他方、牧野新日本植物図鑑では、キササゲは木の態様というよりも一種の木名になっており、その学名はシナの梓と同じカタルパ・オヴェイタ（**Catalpa ovata**）とされて、次のように書いてあります。「のうぜんかずら科　支那中部、南部の原産で暖地の庭にうえられるが、しばしば河岸などに自生状でみられる落葉高木である。高さ6～9m、径60㎝となる。葉は対生し、長い柄をもち、広卵形または円形で先はとがり、しばしば浅く3裂し、掌状の脈をもち、質厚く軟毛がはえている。7月度、枝の先に大形の円すい花序をつけ、多数の大形の花を開く。花冠は漏斗状で先は5裂して唇形となり、白色で暗紫色の斑点がある。2本づつ長さの異なる4本の雄しべをもつ。10月頃、ささげに似た線状の細長いさく果が成熟し、長さ約30㎝ほどとなる。種子は扁平で大きく、両端に糸状の長い毛がはえる」（傍点は著者）。

漢語辞典と牧野新日本植物図鑑の記述からみると、シナの梓と日本のキササゲの学名は、共に同じカタルパ・オヴェイタ（**Catalpa ovata**）とされています。更に、シナの梓の特徴は日本のキササゲの特徴にそっくりなものになっています。特に注目すべきことは、漢語辞典には「蒴果は長い糸状」、牧野新日本植物図鑑には「線状の細長いさく果」と同じことが書いてあることと、両書共に枝の内皮に「臭みがある」とは書いてないことです。したがって、漢語辞典にある「梓」と牧野新日本植物図鑑にある「キササゲ」とは同じ木、つまり、**「シナの梓と日本のキササゲとは同じ木である」**と書いてあることになります。そうしますと、名称語源の意味に照らして、日本のアヅサはキササゲと見做すべきですから、結局のところ、シナの梓と日本の梓とは共にキササゲになり同じ木ということに帰着します。

草木名初見リスト（磯野直秀作）によれば、キササゲという日本語は江戸時代の書言字考節用集（一七一七）にでているとされるので、この頃につくられたと思われる名称で、そもそもは木の態様の特徴を表わした名称ですが、木名を指すとすると、キササゲと呼ばれる以前の木名はなんであったのかという問題がでてくるのであり、その代表的な木はアヅサ（梓）とヒサギ（楸）だったと思われます。つまり、日本のアヅサやヒサギの顕著な特徴はキササゲだということです。したがって、日本のアヅサに別称が存在するかどうかを詮索するに際しては、その別称とされる木、例えば、ヨグソミネバリやミヅメがキササゲであるかどうかを最も基本的な判断基準とすべきなのです。

現在、日本の通説では、シナの梓《ッ》と日本の梓《アヅサ》とは異なる木とされており、アヅサの別称はカバノキ科カバノキ属のヨグソミネバリやミヅメとされていますが、その根拠は極めて薄弱なものであり、誤った見解ではないかと思われます。このような見解が現われるに至ったのは、次のようなことのようです。

江戸時代になってから、キササゲという名称がつくられたのですが、その字義は詮索されず、単に草のササゲに似た「木のササゲ」という認識だけでつくられたようなのです。現代になると、アヅサとは、どのような木であるかが分からなくなり、現代の学者たちによって、ノウゼンカヅラ科のキササゲ、カバノキ科のヨグソミネバリ、カバノキ科のミヅメ、タカトウダイ科のアカメガシワなどの説が提唱されたのですが、植物学の権威の一人であった白井光太郎博士（一八六三～一九三二)が、正倉院にある梓弓の材を顕微鏡によって調査した結果として、カバノキ科のヨグソミネバリという木に似ているとして、「アズサはヨグソミネバリである」との説を唱え、現在ではこれが通説になっています。しかしながら、このことが、アヅサとその周辺の木種の同定にかなりの混乱を引き起しているのであり、この通説には疑問があり、たぶん、間違っていると思われます。アヅサは、ノウゼンカヅラ科のキササゲに同定すべきだったのです。また、ヨグソミネバリとミヅメの学名は共に**Betura grossa**とされ両木は同じ木と見做されています。通説のような誤解が生じるのは、現代の学者たちは、アヅサやキササゲという名称の意味が理解できていないからであり、例えば、植物学の権威の一人である牧野富太郎博士著の原色牧野植物大図鑑には、草のササゲの欄でササゲの意味について、江戸時代の大和本草説を引継いで「和名は捧げるという意味で豆果が上を向くものにつけた名であろう」などと推測で書かれていますが、「捧げ」であるべき理由が薄弱であり、これは明らかに誤解といえます。牧野富太郎博士著の植物記には、次のようなことが書いてあります。「梓《ツ》は、シナにのみ産する日本にはない落葉喬木で、日本のキササゲと同属近種の木であり、シナでは木王といって百木の長と貴び、この木より良い木はないと称えている。他方、日本のアズサは、シナにはない日本の特産種でありミズメともヨグソミネバリとも呼ばれる木である。したがって、日本のアズサを、漢字で梓と書くことは排除しなければならない」。しかしながら、ササゲは「捧げる」の意味であるとか、「日本のアズサを、漢字で梓と書くことは排除しなければならない」というような誤りと思われる認識は、アヅサとキササゲの名称字義が理解できていないことから生じたものであり「日本のアズサは、ミズメともヨグソミネバリとも呼ばれる木である」などとは誤解も甚だしいものといえ、アヅサという木の同定に誤りが生じる原因になっています。

概して、植物記の記述には大きな疑問があります。一つには、「日本のアズサは、ミズメともヨグソミネバリとも呼ばれる木である」と書いてあることです。ということは、日本のアヅサはキササゲであるにもかかわらず、そうではないと書いてあることにつながります。なぜならば、カバノキ科の木であるミヅメやヨグソミネバリはキササゲではないからです。カバノキ科の木にはキササゲは存在しないのです。二つには、すでに万葉集において、日本のアヅサは梓と書かれ、梓はアヅサと読まれているからであり、万葉時代人が誤っていることなど考えられないことだからです。したがって、「日本のアズサを、漢字で梓と書くことは排除しなければならない」などとは迷言ともいうべきものです。三つには、植物記には、シナの梓は「日本のキササゲと同属近種の木」と書かれていますが、上述したように漢語辞典の梓欄と牧野新日本植物図鑑のキササゲ欄には、梓とキササゲの学名は共にカタルパ・オヴェイタ（Catalpa ovata）と書かれています。つまり、シナの梓と日本のキササゲとは、同属近種の木ではなくて同じ木になっています。四つには、シナの梓は日本のキササゲであり、字義からみても日本のアヅサもまたキササゲですから、日本のアヅサは「ミズメともヨグソミネバリとも呼ばれる木である」と書いてあるのはとんでもない誤解ということになります。なぜならば、アヅサはカタルパ、つまり、キササゲであるのに対して、ミヅメとヨグソミネバリの両木は、雌性の花後に「線状の細長いさく果」はできないのでキササゲではないからです。なぜ、植物記のような説明になるかというと、日本のアヅサをキササゲではないミヅメやヨグソミネバリのことと見做すためには、シナの梓と日本のアヅサとを異なる木として切離す説明にならざるを得ないのです。植物記の説明は、白井光太郎博士の「アズサはヨグソミネバリである」との説を是認し支持した形になっています。しかしながら、繰返していうと、アヅサはミヅメでもヨグソミネバリでもありません。

上述したように、通説では牧野富太郎博士著の植物記におけるように、日本の梓《アヅサ》はヨグソミネバリともミヅメとも呼ばれる木とされていますが、ヨグソミネバリとミヅメとに共通する顕著な特徴は、「幹は直立して丈は20m程度に達し、幹径が極めて大きく60㎝程度にもなり、雄性の尾状花穂ができること、および、枝の内皮に臭みがあること」とされています。しかしながら、両木には雌性の花から急速に成長した「線状の細長いさく果」は存在しません。そうしますと、梓はシナではキササゲの一種とされているのに、日本ではヨグソミネバリやミヅメということになるとキササゲの一種ではなくなり、日漢で梓の木種が異なることになります。このことを正当化するために、上述の植物記には、日本の梓について「日本のアズサは、シナにはない日本の特産種である」と書いてあるのです。しかしながら、日本の梓は古代にシナから渡来したと思われるのであり、例え日本の特産種であるとしても、日本の梓《アヅサ》もまたシナの梓《ツ》と同じくキササゲと見做すべきだと思われます。つまり、シナの梓と日本の梓とは共にカタルパであり、キササゲであることに間違いないと思われます。したがって、日本の梓は、キササゲであってヨグソミネバリやミヅメではないということになります。また、日本の国語大辞典などに、アズサの項で「①キササゲ。②ヨグソミネバリ」と書いてあるのは誤りであり、アヅサはキササゲではあってもヨグソミネバリではありません。なぜならば、ヨグソミネバリはキササゲではないからです。

古来、弓の種類には、材料によって、梓弓の外にも真弓、槻《つき》弓、桑弓、櫨《はじ》弓、その他いろいろな材質の弓があるので、現在、正倉院に三張あるとされる梓弓の材料はほんとうにヨグソミネバリなのか、或いは、それら三張の梓弓のすべての材料がヨグソミネバリなのかという問題があります。したがって、科学的調査方法が進歩した現在においては、顕微鏡によるだけではなく、遺伝子検査などで確認してみる必要がありそうです。本書では、正倉院の梓弓が真正の梓からできているならば、ヨグソミネバリではあり得ないと思っています。逆に、ヨグソミネバリからできているならば、それは真正のアヅサでつくられた梓弓ではないことになります。

ヨグソミネバリとミヅメとが同じ木とされる理由、およびアヅサとの関係について、牧野新日本植物図鑑には、次のように書いてあります。「本種（ミズメ）はヨグソミネバリとほとんど同じで、両者の区別は非常にむずかしいから、山の人々のいうアズサは多分この二つを含んでいるのだろう。昔、弓を作るときにも混用したと思われる」。しかしながら、この言説には疑問があります。なぜならば、ヨグソミネバリやミヅメは、共に雄性の「尾状花穂」ができるので両者の区別は難しくて今では同じ木とされるほどですが、アヅサはキササゲなので、雌性の「垂れて長く伸びた莢」がなり、ヨグソミネバリやミヅメと見分けるのは簡単なことだからです。また、牧野新日本植物図鑑には、最も大切なことであるにもかかわらず、日本書紀や万葉集にでている梓《アヅサ》がヨグソミネバリやミヅメとされるに至った理由については特には言及がありません。ということは、上述した白井光太郎博士の顕微鏡調査で、そのことは決着済みという認識なのかも知れません。しかしながら、アヅサとヨグソミネバリやミヅメとの根本的な特徴の相異は、雌性の「線状の細長いさく果」と雄性の「尾状花穂」のどちらであるかということと、枝の内皮に「臭みがあるかないか」ということにあります。アヅサには雌性の「線状の細長いさく果」がなり、ヨグソミネバリやミヅメには雄性の「尾状花穂」ができます。また、アヅサにはキササゲと同じように枝の内皮に臭みはありませんが、ヨグソミネバリやミヅメには臭みがあります。つまり、アヅサとヨグソミネバリやミヅメとの区別はさほど「むずかしい」ことではありません。このようなことから、本書では、日本のアヅサはシナの梓と同じキササゲであり、ヨグソミネバリでもミヅメでもないと思っています。ヨグソミネバリやミヅメの語源については、ヨグソミネバリ欄をご参照ください。

結局のところ、**アヅサ、キササゲ、ヨグソミネバリ、ミヅメ、更にはヒサギも含めて、このような混乱が起きるのは、そもそも日本の植物学界の学者たちが、それぞれの木名の名称字義、つまり、その語源を分かっていないことから生じたものであり、そのことはこの木に限ったことではありません。**

なお、種名としてのキササゲが、カヅラでもないのにノウゼンカヅラ科とされることについては、言葉の意味上からは違和感のあるものになっています。なぜならば、カヅラとは、時代的に新しい言葉でいうとツル（蔓）のことなので、ツル性植物に使用すべき名称ですが、キササゲはツル性植物ではないからです。

なお、本書では、語源のことを考慮して、アズサとミズメをアヅサとミヅメと書いています。そもそも、日本語ではズとヅとは同音であるといっても、語源上は、スの濁音というのは極めて少ないのであり、多くがツの濁音のヅであって、なぜ、現代の国語学界においてズに統一されることになったのかについては疑問を禁じ得ません。

6　アリドオシ

アカネ科の常緑灌木で、山地に自生します。丈は50cm程度、枝別れが多く、葉は楕円形で各葉腋からは長い鋭い棘《とげ》がでているので、たくさんの棘のある木になっているのが特徴です。初夏に、白色の漏斗状の花が咲き、丸い実は熟すると赤くなります。数多くの木の中から、この木を取上げたのは、アリドオシ、漢字で蟻通や虎刺と書かれる名称に興味をもったからです。

現在の大阪府泉佐野市長滝に、古代から存在する蟻通明神というのがあります。明には、そもそもの漢字字義においては神という意味があるので、明神とは、直訳すると神神、つまり、大神《おおみかみ》の意味になっていて一段と貴い位の神を指すことになります。広辞苑（第六版）には、明神について「名神の転という」と書いてありますが、そもそもは名神とは「名高い神」の意味であって、明神と名神とは意味が異なります。ただ、名をミョウと読んで、当て字として明神の代わりに名神のように使われたことがあるらしいということです。

枕草子二四四段に、なぜ、蟻通明神というかについての説明が書かれています。それによれば、七曲がりに曲がりくねった穴の穿《うが》かれた玉に糸を通すのに、蟻を使うという妙案を考えだした男神を祭ってあるからというものです。これは当時に流布されていた作り話としての民間伝承であり、ほんとうはそうではないのです。なぜならば、蟻通明神の祭神は大名持命《おおなもちのみこと》とされていますが、大名持命というのは、古事記では大穴牟遅神《おおあなむちのみこと》、日本書紀では大己貴神《おおあなむちのみこと》と書かれている大国主命の別称であり、大国主命は出雲大社の主祭神であることはご承知のとおりです。

したがって、先ずは、よい意味の名称であることが考えられます。一音節読みで、盎はアンと読み「とても、非常に、著しく」などの意味です。麗はリ、都はド、娥はオと読みいずれも「美しい」の意味、熈はシと読み「光り輝く」の意味があります。つまり、**アリドオシ**とは、盎麗都娥熈の多少の訛り読みであり直訳すると「とても美しい光り輝く」の意味であり、アリドオシ明神とは直訳すると**「とても美しい光り輝く大神」**の意味になっています。美には「よい、素晴らしい」の意味もありますから「とても素晴らしい光り輝く大神」の意味ともいえます。

しかしながら、枕草子でも少し触れられていますが、紀貫之全歌集には、要約すると次のようなことが書かれています。「貫之が紀州から都に帰るときに、急に馬が死に至るほどの病気を患った。通りがかりの人たちが、『それは、ここにおられる神の仕業である。社もなく印もないけれども、とても妖しい不気味な神であられるので、お祈りをした方がよい』と忠告をしてくれた。そこで、神がおられそうもないけれども、山に向かって『なんというお名前の神様ですか』と尋ねたら、『蟻通の神と申す』とのお答えだった。お金もないことから、歌を詠んで奉納したら馬の病気が治った」。このように、蟻通明神は怖ろしい神様でもあるのです。そのことは、この木が漢字で虎刺と書かれることからも察せられます。

一音節読みで盎はアンと読むこととその意味については上述しましたが、慄はリ、恫はドン、噩はオ、伈はシンと読み、いずれも「怖い、怖ろしい」の意味があります。つまり、アリドオシとは、盎慄恫噩伈でもあるので、アリドオシ明神は**「とても怖ろしい大神」**の意味にもなっています。このように、アリドオシ明神は、美しい面と怖ろしい面との双方から解釈できる名称になっています。まとめると「とても美しい光り輝く、とても怖ろしい大神」になります。

アリドオシという名称の木についても、同じような解釈ができます。白色の花が咲き、赤い丸い実がなることから**「とても美しい光り輝く（木）」**の意味と、長い鋭い棘がたくさんあることから**「とても怖ろしい（木）」**の意味にもなり得るからです。つまり、アリドオシは**「とても美しい光り輝く、とても怖ろしい（木）」**の意味であり、これがこの木名の語源と思われます。

大言海によれば、江戸時代の和訓栞に「ありどほし『木ノ名ニ呼ブハ、花鏡ニ云フ虎刺也ト云ヘリ』」と書いてあります。虎刺の字義は直訳すると**「虎のように荒々しい刺《とげ》のある（木）」**の意味です。花鏡は、一四二四年に完成した世阿弥著の能楽書であることから、アリドオシという言葉は、この頃には木名としても使われるようになっていたようです。

7　アンズ

バラ科の落葉小喬木《きょうぼく》とされています。喬木とは高木のことをいいます。小喬木とは丈が3～5m程度のものを指すようです。アンズは、漢字では杏や杏子と書かれます。春に、葉に先行して梅の花にも似た淡紅色の花が咲きます。果実は、桃より小形ですが割れ目が入るところなどが似ており、甘くて美味しく、普通は桃などと同じように生で食べます。

一音節読みで、盎はアンと読み、程度が著しいことを表現し「とても、非常に、著しく」などの意味です。姿はヅと読み、形容詞で使うときは、「美しい」の意味があります。つまり、アンヅとは、盎姿であり直訳すると「とても美しい」の意味ですが、美には美味の意味があることを考慮すると、果実を指すときは「とても美味しい（果実）」、木を指すときは**「とても美味しい果実のなる（木）」**の意味になり、これがこの木名の語源と思われます。

日本語の大辞典には、杏は唐音でアンと読み、アンズは杏子の唐音読みと書いてあります。しかしながら、日本語では、原則として、漢字は導入してもその読みは導入せず、日本語読みに変更するという一応の原則になっています。現代漢語の音読では、杏はシンと読むことから、ほんとうに唐音でアンと読んだかについては疑問があります。つまり、杏をアンと読むのは日本語読みであるにもかかわらず、日本語の訓読で杏子をアンズと読んだので、音読であるとして唐音と見做すことにされたのではないかと疑われます。音読とは、漢語の音読であるとばかり思われているかも知れませんが、日本語音読というものもあるのです。例えば、絵をエ、花をカと読んだりするものです。これらは、ほんとうは訓読なのですが、日本語では音読とされているものです。訓読というのは、「解釈読み」或いは「説明読み」のことであって、基本的には漢語漢字そのものの音読とは直接には関係のない読み方です。

大言海によれば、平安時代の本草和名と和名抄に「杏子、加良毛毛」とあるので、この頃は、杏子はカラモモと読まれていたのです。また、江戸時代の合類節用集（元禄）に「杏《カラモモ》、杏子《アンズ》、杏仁《アンニン》」、大和本草（宝永）に「世俗ニ杏子、唐音ニ呼ンデ、あんず卜云ヒ、杏仁ヲ、あんにん卜云フ」と書いてあり、大言海自身には「**アンズ**（名）杏子《キョウシ》ノ宋音、禅僧ノ、杏子ニ読ミツケタル語ナルベシ」と推定で書いてあります。しかしながら、禅僧が杏子をアンズと読んだのは、唐音や宋音ではなくて、上述した盎姿の意味で、杏子をアンズと読んだと思われます。なぜならば、アンと読む漢字の中に「美しい」「美味しい」「よい、良好な」などの、この木の特徴を表現するに適当なものは存在しないので、杏子をアンと読むべき理由がないからです。現在の漢和辞典では、杏林《きょうりん》、杏花《きょうか》、杏園《きょうえん》、杏壇《きょうだん》、杏仁《きょうにん》などの熟語における杏は、すべて慣用音という読み方でキョウと読んであります。杏の字について、このような慣用音となるのは、一音節読みで、瑰はキ、優はヨウと読み、共に「美しい」の意味があるので、キョウとは瑰優の多少の訛り読みであり「美しい」の意味になり「美味しい」の意味にもなり得るからです。つまり、慣用音というのは、芝那音ではなくて日本生まれの日本音らしいということです。

8 アンソクコウ

エゴノキ科の常緑喬木で、香木類に分類されている木です。東南アジア原産とされ、丈は20m程度に達します。葉は楕円形で、夏に、香気のある白色の花が咲きます。樹皮から採った樹脂は、強い芳香を放ち香料や薬用に利用されます。漢語では安息香と書き「アン・シ・シャン」と読みますが、ここでの安息は漢語式の当て字と思われます。一音節読みで、安はアンと読み同じ読みの盍に通じていて「とても、非常に、著しく」などの意味です。息はシと読み同じ読みの翕に通じていて、盍と同じく「とても、非常に、著しく」の意味があります。つまり、安息香は盍翕香であり、直訳すると、木を指すときは**「著しい香りのある（木）」**の意味になっています。

　日本語では、漢語から安息香という言葉を導入し、日本語読みに変更してアンソクコウと読んでおり、その意味も引継いでいると推測されます。そこで、日本語としての語源を探求してみますと、先ず、盍については上述したとおりです。一音節読みで、総はソンと読み、そもそもは「すべて、すっかり、全部の」などの意味であり、酷はクと読み「とても、非常に、著しく」などの意味なので、盍、総、酷の三語はいずれも程度が著しいことを表わす字になっています。そうとしますと、アンソクコウは、盍総酷香（アン・ソン・ク・コウ）の多少の訛り読みであり直訳すると**「著しい香りのある（木）」**の意味になり、これがこの木名の語源と思われます。日本語で香をコウと読むのは、漢語における香櫞《シャン・ユエン》という香りのある木は別称で枸櫞《コウ・ユエン》ともいうことから、香に枸の読みを転用してあるものとも推測されます。

　芝那の本草綱目（十六世紀末）という本には「安息香は南海の波斯《ペルシャ》に生ず、樹中脂なり」と書かれています。そのことに目を付けて、大言海にはこの草名について「波斯《ペルシア》国ノ北方、裏海ノ南岸ナル安息国（Arsakes）ノ名ニ起ル」と書いてあり、ここでの裏海とはカスピ海のことを想定しているようです。つまり、本草綱目では波斯産と書いてあるに過ぎないのに、大言海には安息は安息国のことであり、そこで採れる香であるから安息香であると説明されており、これが現在の通説のようになっています。安息国というのは、紀元前三世紀から紀元三世紀までの約五世紀の期間、現在のイラン・イラク地域に存在したパルティア王国の初期王朝名であるアルサケスの中国語音訳とされています。

　広辞苑（第六版）には「安息香はスマトラ・ジャワ

原産。タイ・スマトラなどで栽培」と記述してあり、本草綱目や大言海の記述とは相異しています。つまり、アルサケス王朝の存在した波斯地域とジャワ・タイ・スマトラ等の国々とでは、地域が余りにも離れ過ぎています。

したがって、安息の安息国説はさほど当てにならないものといえそうです。つまり、安息香の安息国説は、日本でつくられた憶測に過ぎない俗説と思われます。

9　イチイ

イチイという名称の木が、いつの時代から認識されて存在するのかを調べてみると、古事記（七一二）の景行天皇条に「竊《ひそ》かに赤檮《いちひ》もちて、詐刀《こだち》に作り、御佩《みはかし》として、共に、肥河に沐《かはあみ》したまひき」と記述されています。木刀の材料にしたということは材質の硬い木と思われます。日本書紀（七二〇）の用明天皇条に、跡見赤檮《とみのいちひ》という人物が登場します。そこでは「赤檮《いちひ》は名なり。赤檮、此をば伊知毗と云ふ」と記述されています。万葉3885に「・・・あしひきの　この片山に　二つ立つ　伊智比が本に　梓弓　八つ手挟み・・・」という長歌があります。そこで問題は、古事記や日本書紀での赤檮（伊知毗）と万葉歌での伊智比とは同じ木なのかどうかということです。日本書紀での「伊知毗」と万葉歌での「伊智比」とは字も似ており読みも同じなので、確かなことは分かりませんが、伊知毗と伊智比とは同じ木を指しているように思われます。音声上は、毗や比は、イの読みに近く発音したと思われ、赤檮は、単純には「赤い木」の意味になっているようです。そもそもの漢語での檮の字義は必ずしも好ましいものではありませんが、分解すると壽木になり、壽は「長寿」や「ことほぐ」の意味ですから、とても良い意味の字に解釈し得ます。また、檮は音読ではトウと読み萄（ブドウの意）や桃（モモの意）と同じ読みになっているので美味しい果実を心象するものになります。要するに、イチイが漢字で赤檮と書かれていることは、「赤」の字と共に、音声上で果実を心象できるものであることにより、現在のイチイ科のイチイという木の実態に通じているように思われます。一音節読みで、赤はチと読むのですが、イチイという木名においては、「赤《チ》」というのは極めて大切な言葉なのです。

　現在のイチイという木は、イチイ綱・イチイ目・イチイ科・イチイ属のイチイという雌雄異株の常緑喬木とされています。北海道から九州まで日本各地に広く自生しており、丈は25ｍ程度にまで直立して成長し、樹皮は赤味を帯び、小枝には針葉が羽状に密生します。春、雄株の葉腋に淡黄色の花が咲き、雌株には緑色の花が咲きその後に実る丸い果実は仮種皮というようですが、果皮ともいうべきものに覆われた特異な形になり、秋に美しい赤色に熟します。その果皮は甘くて生で食べることができ、焼酎漬けにして果実酒につくられることもあります。幹の芯材は赤褐色で美しく、木目はまっ直で、その材質は緻密で堅く良好であり、建材、家具材、彫刻材、細工物などに用いられます。綱・目・科・属・種などの分類は、明治以降に西洋の分類法が導入されてから行われるようになったのであり、この木がなぜイチイと呼ばれるようになったのかは分かりませんが、そもそもの古代の伊知毗（赤檮）の漢字名称が「赤い木」の意味になっているらしいことを考慮して、その語源を推測すると、一音節読みで、逸はイと読み「並外れて、際立って、顕著に、著しく」などの意味があり、逸材、逸品などと使われる字です。赤はチと読み「赤い」、菲はフェイと読み「美しい」の意味があります。つまり、イチヒとは逸赤菲の多少の訛り読みであり、直訳すると、**「際立って赤い美しい（木）」**の意味になり、これがこの木名の語源と思われます。「赤い」というのは、赤味を帯びた樹皮と、赤色の果皮と、赤褐色の幹の芯材とを指していると推測されます。

　また、その赤い果皮が食べて美味しいことも、語源に関係しているかも知れません。食はイとも読み「食べる」の意味があります。上述したように赤はチと読みます。菲はフェイと読み「美しい」の意味があります。つまり、イチヒとは、**食赤菲**にもなり、直訳すると「食べる、赤い、美しい」ですが、美には美味の意味があるので、果実を指すときは「食べられる、赤い、美味しい（果実）」、木を指すときは**「食べられる、赤い、美味しい果実のなる（木）」**の意味になり、これもこの木名の語源で掛詞と思われます。掛詞をまとめると**「際立って赤い美しい、食べられる赤い美味しい果実のなる（木）」**の意味になっているようです。

　結局のところ、通説とは異なり、本書では古事記や日本書紀や万葉集にでてくるイチヒは、現在の双子葉植物綱・ブナ目・ブナ科・コナラ属のイチイガシの略称としてのイチイではなくて、イチイ綱・イチイ目・イチイ科・イチイ属のイチイであると思っています。通説では、このイチイ科のイチイは、文献上は過去との繋がりがなく、江戸時代になってから後述する一位説を伴って突然に出現する木ですが、この一位説はいかにも筋の通りにくいものであり、江戸時代になってから捏造されたでっち上げ説と思われます。

　イチイという名称の木について混乱が生じたのは、平安時代の和名抄（九三四頃）に「櫟子、以知比」と書いてあることです。つまり、櫟をクヌギとは読まずにイチヒ（以知比）と読んであります。平安時代の字鏡には「櫪、櫟、久奴木」と読んであるように、普通は櫟はクヌギと読まれるのであり、現在でもクヌギと読まれています。クヌギは、ブナ目ブナ科のドングリのなるブナ、ナラ、クリ、カシなどの仲間の木であり、英語でいうオーク（oak）という木の仲間の代表的な木です。なぜ、和名抄で櫟子を以知比と読んだかというと、憶測ではありますが、その著者である源順が古事記や日本書紀での「伊知毗」や万葉歌での「伊智比」を、櫟《くぬぎ》と同じブナ科の木と見做したからではないかと思われます。したがって、クヌギのことである櫟子を、敢《あ》えて以知比《イチヒ》と読んだのではないかと思われます。現代の日本古典文学大系「萬葉集四」（岩波書店）では、上述の万葉３８８５の原歌での「伊智比」は「櫟《いちひ》」と書替えて振仮名してあります。ということは、この現代の万葉集解説学者もまた、万葉集の伊智比と和名抄の櫟(以知比)とは同じ木と見做していることになります。

　遥かに時代の下った江戸時代になると、イチイとはいかなる木かということと、その名称の由来について詮索《せんさく》が行われています。大和本草では、鉤栗はイチイと読まれ、その鉤栗《イチイ》の項には「櫧《カシ》ノ類ニイチイト云木アリ　カシノ木ニ相似タリ」と書いてあり、同時代の和漢三才図会では、その鉤栗《いちい》の項に「和名抄に、櫟を以知比と訓《よ》んでいるが間違いである。櫟とは橡のことである。鉤栗とはつまり樫子《かし》の甜《あま》いものである」と書いてあります。両書共に、イチイはブナ目ブナ科の仲間のカシ類の木と見做しているようであり、そうすると平安時代の和名抄から江戸時代にわたっては、イチイはブナ目ブナ科のドングリのなるクヌギ、ブナ、ナラ、クリ、カシの仲間の木とされていることになります。橡は現代では、普通には、クヌギと読まれたりトチと読まれたりしています。

江戸時代の後半になると、イチイという名称語源はこの木から笏《しゃく》をつくったから「一位」の意であるとの説が有力に唱えられるようになったようです。しかしながら、この説では、現在のイチイ科のイチイと、ブナ科のイチイガシの略称としてのイチイとを必ずしも区別せずに話がされているようであり、このことがこれまた混乱に拍車をかけています。なぜならば、イチイガシの略称としてのイチイだけでなく、ブナ目ブナ科の木々からも笏がつくられたからです。笏はいろんな木からつくられたのです。また、この一位説には異論もあったようであり同時代の和訓栞（谷川士清著・三編九三巻）には次のように記述されています。「笏《しゃく》を飛騨の位山《くらいやま》の櫟《いちひ》にて造るといへり、よて、一位によせていへるは、椎《しい》を四位に寄せてよめるが如し、本義にあらず。一説に、位山の木は、笏の木ともいふ一位にて、いちひの櫟にはあらず、榧《かや》に似たり。よて、飛騨にていぬかやといふ。(中略)。笏は、五位以上は牙笏、六位以下は木笏と見えたり。今は、御即位などの大礼には牙笏を用ゐられ、平生は公卿も木笏を用ゐらる」。現在では、イヌガヤは、マツ綱マツ目イヌガヤ科イヌガヤ属の木とされています。

和訓栞では、先ず、笏は飛騨の位山のイチヒでつくることを理由として一位の読みからいちひの木名がでたとするのは、シイの木からも笏をつくるのでシイは四位の読みからでたというようなもので「本義にあらず」と書いてあります。次に、位山の笏の木といわれるいちひ（一位）は、櫟《いちひ》ではなく榧《かや》の一種であり飛騨では犬榧というと書いてあります。つまり、和訓栞には二つの注目すべきことが書いてあります。その一つは、イチヒの木名は位階の一位からでたものではないこと、その二つは、笏の木とされるイチヒは櫟ではなく、位山の所在する飛騨地方では犬榧ということです。

次に、どんな笏をどんな位階の人が用いたかについては、木笏は六位以下の人が用いるが、平生は公卿も用いると書いてあります。日本では、一位という位階は容易には授与されなかった最高位ですから、一位ともあろう人は御即位などの大礼では牙笏を持ち、木笏は平生でしか持たなかったと書いてあります。ご承知のとおり、位階は一位から九位まであり、笏の材料にはイチイだけでなくクヌギ、サカキ、シイ、カシ、ヒノキ、スギ、ビャクダンその他のいろんな木材が使われたことが明らかになっています。常識として、樹木そのものの特徴とはなんの関係もない位階のことから、しかも最高の一位の位階の人が例え木笏を持つことがあったとしても、すべての位階の人が笏を持つのであり、一位の笏のことだけから木名を付けるような筋のとおりにくい幼稚で愚かなことはしなかったと思われます。つまり、イチイという木は他木と同じように笏の材料にされただけであって、笏の材料にしたからイチイという木名がつけられたわけではないのです。また、イチイの一位説は古くから存在したものではなく、江戸時代の後期から唱えられ始めたらしいことからも疑問があります。

一位説について留意すべきことは、古事記・日本書紀や万葉集は奈良時代に書かれたり詠まれたりしたとしても、そもそもイチイという名称は、仁徳天皇よりはるか以前の、神代時代ともいえる古事記の景行天皇紀に「赤檮（伊智毗）」と初出するのであり、この時代には位階制度はまだ存在していなかったのです。したがって、歴史を鑑《かんが》みるならば、イチイの一位説などは問題にもならないのであり、論ずることさえ馬鹿馬鹿しいといえないことではありません。いや、一位説は、ブナ科のイチイガシの略称としてのイチイのことではなくて、イチイ科のイチイのことだとしても、通説では、このイチイ科のイチイという木名は過去との繋がりがなく江戸時代に突然に出現するのであり、この木がいつから認識されて存在するのか分からず、江戸時代に位階の一位説を伴ってつくられたとしても、武家社会の江戸時代において、公家社会の身分制度である位階のことから木名が付けられることは考えにくいことです。

現在の通説のように、古事記・日本書紀や万葉集での「いちひ（伊智毗・伊智比）」は、和名抄の櫟（以知比）から江戸時代の鉤栗《いちい》を経て、現在に至るまで一貫して、ブナ科のイチイガシの略称としてのイチイのことであるならば、それとは異なるイチイ科のイチイという名称は江戸時代に新たにつくられたことになります。

ところが、実際にはイチイ科のイチイという木名は、古くから連綿と存在していたと思われます。なぜならば、古事記・日本書紀や万葉集での「いちひ（伊智毗・伊智比）」は、そもそもはイチイ科のイチイのことだったと思われるからです。平安時代の和名抄以来、江戸時代になってもイチイといえば一貫してブナ科のイチイガシの略称としてのイチイであったので、江戸時代になってからも存在していた、イチイ科のイチイについて、なぜイチイという名称なのかが問題となり、和訓栞がいうように筋が通りにくくても、位階の一位説が捏造された、つまり、でっち上げられたと思われます。

現代になると江戸時代から引継いだと思われる説が唱えられます。言海（明治二二年初版発行）にはブナ科のイチイガシの略称としてのイチイについては言及がなく、イチイ科のイチイについて「**いちゐ**（名）〔一位〕（笏《シャク》ニ作ル料トシテ名アルガ故ニ、位《クラヰ》ノ一位ニ寄セテ名ヅクトゾ」と伝聞・推定の形での説が唱えられており、後身の大言海（昭和九年初版発行）に引継がれます。その後の広辞苑（昭和三〇年初版発行）の第六版（平成二二年初版発行）には、ブナ科のイチイガシの略称としてのイチイについては「**いちい**　イチヒ〔櫟・赤檮・石櫧〕『いちいがし』に同じ。万一六『二つ立つ―がもと』」とあり、イチイ科のイチイについては「**いちい【一位】**（笏の材料としたので、一位の位に因み「一位」とあてた）イチイ科の常緑高木」と説明されています。この広辞苑の記述からすると、古事記・日本書紀の赤檮（伊知毗）と万葉集の伊智比と和名抄の櫟（以知比）の三者は同じ木であり、しかも江戸時代の大和本草や和漢三才図会での鉤栗《イチイ》や櫧《カシ》も同じ木と見做されており、これらの木について現在ではイチイガシという新しい木名がつくられています。つまり、古代の赤檮（伊知毗）や伊智比や櫟（以知比）は、すべて現代のイチイガシの略称としてのイチイのことだと書いてあるのです。

本書では、古代の赤檮（伊知毗）や伊智比は「赤」ということを主たる接点として現在のイチイ科のイチイであり、和名抄の櫟（以知比）から江戸時代の大和本草や和漢三才図会での鉤栗《イチイ》は、ブナ科の木であることを接点として現在のイチイガシの略称としてのイチイのことと思っています。要するに、そもそもイチイの木名がつくられた当時の漢字名が「赤檮」と書かれ、イチヒと読まれていることからも、イチイは位階としての「一位」の意味ではないらしいことは殆んど明らかといえます。

また、江戸時代から行われてきた、イチイ科のイチイについての位階の「一位語源説」は江戸時代に創作されて明治時代以降に流布された作り話であると思っています。現代の大辞典では、例えば、広辞苑（第六版）では、イチイ科のイチイは古事記・日本書紀の赤檮（伊知毗）、万葉集の伊智比、和名抄の櫟（以知比）、大和本草や和漢三才図会での鉤栗《イチイ》のいずれとも異なる木であり、文献上は江戸時代に突然に現れた木で「**いちい**【一位】笏（しゃく）の材料としたので、一位の位に因み『一位』とあてた」のような、ほんとうとも思えない説明が流布され続けています。

現在では、イチイと呼ばれる木は、イチイ科のイチイとブナ科のイチイガシの略称としてのイチイとの二種類があるとされています。牧野新日本植物図鑑には、「イチイガシのカシはこの木がカシの類だからで、イチイの語原は不明である」と書いてあります。

ブナ科のイチイは、全称ではイチイガシ、略称でイチイと呼ぶとされ、双子葉植物綱・ブナ目・ブナ科・コナラ属の雌雄同株の常緑喬木とされています。「日本では関東南部以西の暖地に自生し、丈は30ｍ程度まで成長する大木である。幹は暗褐色で、葉は互生し先の尖った長楕円形でその裏には短毛が密生している。春、黄褐色の穂状雄花と、葉腋に三個づつの雌花が咲き、秋にドングリ堅果が実りアク抜きせずに生で食べられる。その材質は緻密で堅く、建材、船材、器具材などにする」などと説明されています。平安時代の和名抄以来、イチイ（櫟）とはブナ目ブナ科のドングリのなるカシの木の類とされてきたようなので、イチイガシという名称はそのことと関係があるのかも知れませんが、この木をイチイガシと命名した現代の学者に聴いてみないことには分かりません。

結論として、本書では、イチイ科イチイについての「一位語源説」は江戸時代に創作されて明治時代以降に流布された作り話であると推測しています。にもかかわらず、現代の大辞典によって、今だに「一位の位に因み」のような、ほんとうとも思えない説明が流布され続けております。

10 イチジク（イチヂク）

クワ科の落葉小喬木です。初夏に、花嚢の中にたくさんの白色小花が咲きますが、外からは見えないので、花が咲かないのに果実がなると見做されて、漢字では日漢で「無花果」と書かれます。熟した果実の果肉は紫がかった紅色であり、甘くて美味しいとしてかなりの愛好者がいます。植物一日一題（牧野富太郎著・ちくま学芸文庫）という本には、「このイチジクという意味は全く不明である」と書いてあります。

さて、日本語での語源ということになると、無花果の字義に似たようなものであることが推測されます。一音節読みで、佚はイと読み「逸失している、無い」の意味、蒨はチンと読み「開いた花、咲いた花」の意味です。つまり、イチヂクのイチは佚蒨であり「開いた花のない、花の咲かない」の意味になります。芝はヂと読み形容詞では「美しい」の意味、穀はクと読み形容詞では「よい、良好な」の意味です。食べ物について「美しい」や「よい」というのは「美味しい」のことなので、ヂクとは芝穀であり「美味しい」の意味になります。したがって、イチヂクとは、佚蒨芝穀の多少の訛り読みであり、直訳すると「咲いた花のない美味しい」ですが少し表現を変えていうと、果実を指すときは「花の咲かない美味しい（果実）」、木を指すときは**「花の咲かない、美味しい果実のなる（木）」**の意味になり、これがこの木名の語源です。花は、ほんとうは咲くのですが、見えないので、語源上は「花の咲かない木」と見做されています。

新村出全集（第三巻）の「外来語の話」欄には、次のように書いてあります。「今の無花果といふものは近代的のものであつて、日本原産のものは、天仙果、俗にイヌビハ（犬枇杷）といはれ、方言にも富んでゐる。（中略）。イチヂクは支那の言葉で映日果と言つてゐた。之は元来の支那語ではなくして、中世のペルシャ語の anjir といふ語音を意訳したものである。それはアメリカにゐた東洋学者の Laufer が考証した所であるが、それによつて台北帝大の安藤正次氏が、日本のイチヂクはこの映日果といふ支那の音訳語に基いて出来た語であろうと、古く論ぜられたことがある。（中略）。兎も角もペルシャ語から直接入つたのではないけれども、元は古いペルシャ語に遡るといふことであるから、この折に附け加へて述べておく」。

しかしながら、「中世ペルシア語 anjir の語音を意訳したもの」と「中世ペルシア語 anjir の音訳語」とは、意訳と音訳であり相反することになるので、一体どちらなのかという疑問があります。そもそも「語音を意訳したもの」などとは聴いたことがなく、なんのことだかさっぱり分かりません。また、映日果は、「中世ペルシア語 anjir の語音を意訳したもの」とありますが、いかなる意味であるかが書かれていません。

新村出全集での叙述を踏まえて、広辞苑（第六版）（新村出編）には「**イチジク**【無花果・映日果】中世ペルシア語 anjir の中国での音訳語『映日果（インジークォ）』がさらに転音したもの」と書いてあります。しかしながら、この説は極めて疑わしい。なぜならば、漢語の一音節読みで、映日果をインジークォと読んだとしても、この読みがイチジクにまで転音するとは到底思われないからです。したがって、新村出全集（第三巻）の「外来語の話」欄や広辞苑（第六版）に書いてあることは殆んど信じられそうもないことです。イチジクの名称には、上述したようなちゃんとした日本語としての語源が成立し得るのであり、ペルシャ語などを引っ張り出す必要などさらさらないのです。

さすれば、なぜ、無花果の漢語別称が映日果なのかというと、著者の知識によれば、映日果は漢語式の当て字と思われます。一音節読みで、映はインと読み同じ読みの隠に通じており「隠れる、隠れている」の意味があります。日はリと読み同じ読みの里に通じており、里には「中、内部」の意味があります。果は少し訛るとカと読めますが、同じ読みの花に通じています。つまり、映日果とは、隠里花であり直訳すると「隠れた内部に花のある（木）」の意味、表現を変えると**「内部に花が隠れている（木）」**の意味になっています。

草木名初見リスト（磯野直秀作）によれば、イチジクという名称は新刊多識編（一六三一）という本にでているとされることから、江戸時代前期頃につくられた名称と思われます。大言海によれば、江戸時代の大和本草（一七〇九）の無花果《イチヂク》の項に「寛永年中、西南洋ノ種ヲ得テ、長崎ニ植フ、今、諸国ニ之有リ、云云、実ハ、龍眼ノ大ニテ、殻ナシ、皆肉ナリ、味甘シ」と書いてあります。

11　イチョウ

イチョウは、幹が直立した、丈が30ｍにも達する姿のよい落葉喬木で、街路樹や大学の講内並木などとして植えられる場合が多く、秋になると、黄色い多数の木葉が舞い落ち、地上一面に散乱して、詩的な情景が出現します。

大言海によれば、イチョウという木は、室町時代の下学集《かがくしゅう》（一四四四）に「銀杏《イチヤウ》」と初見されることから、鎌倉時代後期から室町時代にかけての頃にシナ（芝那）から輸入されたのではないかと考えられています。漢語では、公孫樹《コンソンシュ》や銀杏《インシン》といい、この二つの漢字名を日本にも導入して日本語ではいずれもイチョウと読みます。また、特に、銀杏をギンナンと読むときはもっぱらその果実を指し、その意味も異なったものになっています。ここで、最初にいっておきたい肝腎なことは、イチョウとギンナンという音声語は、共に日本語としてつくられた日本語だということです。

先ず、日本語を離れて、漢語名称の公孫樹や銀杏の話をしますと、**公孫樹**については、その意味が一見では不明であることから漢語式の当て字であることが分かります。また、この樹は銀色でもなければ杏《あんず》でもないので銀杏と書くのもまた当て字であることが分かります。漢語にも当て字は多いのであり、ほんとうの意味は次のようなものです。一音節読みで、公はコンと読むのですが、同じ読みの恭に通じていて、恭には「大きい」の意味があります。孫はスンと読み同じ読みの循に通じていて、循には「よい、素晴らしい」の意味があります。したがって、公孫樹の意味は恭循樹であって**「大きい素晴らしい樹」**の意味になっています。

次に、**銀杏**については、一音節読みで、銀はインと読み同じ読みの殷に通じていて、殷には「大きい」の意味があります。杏はシンと読み同じ読みの悻に通じていて、悻には「がっしりと直立した」の意味があります。したがって、銀杏の意味は殷悻であり**「大きいがっしりと直立した（木）」**の意味になっています。

結局のところ、漢語における公孫樹と銀杏とは、表現が違うだけでほぼ同じ意味になっているといえます。

このような意味であることは、芝那の知識人たちは常識として理解していることです。ただ、漢籍には、「孫の代にならないとその実を食えないから」とか「実が白いから」などと、逸らし説明になっています。日本に限らず、学者というのは、対外的には必ずしもほんとうのことを記述するとは限らないのです。なぜならば、学者仲間の内緒事であって一般庶民にはほんとうのことを教えたくないからです。そのことは、草木名についていえば、学者によるほんとうと思われる語源説が殆んど存在しないらしいことからも窺われます。例えば、日本国語大辞典（講談社・二〇巻）には、多くの草木名について複数づつの語源説が紹介されていますが、納得できそうなものは殆んどないとされています。にもかかわらず、学者以外の人が唱える語源説を民間語源説とか俗解語源説とかイチャモンを付けて牽制し、一般人が語源説を唱えることや、その語源説が普及することを阻害しているのです。

新村出全集（第四巻）には、「鴨脚樹の和漢名」という項があり、次のように書かれています。「イテフは、支那に於いてはその葉の形によつて鴨脚と名づけられ、その果の色によつて銀杏と呼ばれた。その他後世の異名であるが、公孫樹ともいはれる。イテフの実は老木でなければ出来ないから、孫の代に実のるといふ意味でつけられたのである。字音として公孫樹といふ文字は佳《よ》い。日本では銀杏をギンナンと支那の近代音を音便でよんでゐる。イテフといふ語の方は、和名ではなささうだが、いかなる字音であるかといふことについて、古来学者が迷つている」。

　しかしながら、このような説は、支那の逸らし説明をそのまま無批判に受入れたものであり、ほんとうのこととは思われません。なぜならば、漢語における鴨脚、公孫樹、銀杏はいずれも当て字と思われるからであり、日本語のイチョウやギンナンの意味は漢字で書いたときのその漢字の字義にあるのではなく、その音読そのものの中にあると考えなければならないと思われるからです。また、芝那の近代音では銀杏はインシンと読むべきものであり、ギンナンは日本語であって、支那の近代音の音便でないことは明らかと思われるからです。にもかかわらず、このような俗説が日本中に流布され続けています。

　日本での二大語源辞典と称される大言海と広辞苑には、イチョウという名称の語源について、なんと書いてあるかというと、先ず、大言海にはその序文で次のように説明されています。

「銀杏《ギンナン》の成る『いちよう』といふ樹あり。この語の語原、幷《ならび》に仮名遣《かなづかい》は、難解のものとして、語学家の脳を悩ましむるものにて、種種の語原説あり。この語の最も古く物に見えたるは、一条禅閣（兼良公、文明十三年八十歳にて薨ず）の尺素往来に『銀杏《イチヤウ》』とある、是れなるべし。文安の下学集にも、『銀杏《イチヤウ》、異名鴨脚《アフキヤク》、葉形、如鴨脚《カモノアシ》』とあり、字音の語の如く思はるれど、如何なる文字か知られず。黒川春村大人の碩鼠漫筆《せきそまんぴつ》に『唐音、銀杏の転ならむ』などあれど、心服せられず。降《くだ》りて、元禄の合類節用集に至りて、『銀杏《イテフ》、鴨脚子《イテフ》』と見えたれど、是れも如何なる字音なるか解せられず、正徳の和漢三才図会に至りて、『銀杏《ギンナン》、鴨脚子《イチエフ》、俗云、一葉《イチエフ》』とあり。始めて、一葉の字音なること見えたり。然れども、一葉の何の義なるか、不審深かりき。賀茂真淵大人の冠辞考『ちちのみの』の条にも、『いてふ』と見ゆ。仮名遣は合類節用集か、三才図会かに拠《よ》られたるものならむか。語原は説かれてあらず。さて和訓栞《わくんのしおり》の後編の出でたるを見れば、『いてふ、一葉の義なり、各一葉づつ別れて叢生《そうせい》せり、因て名とす』と、始めて解釈あるを見たり。十分に了解せられざれど、外に拠るべき説もなければ、余が曩《さき》に作れる辞書『言海』には、姑《しば》らくこれに従ひて『いてふ』としておきたり。然れども、一葉づつ別るといふこと、衆木皆然り、別に語原あるべしと考へ居たりしこと、三十年來なりき」。この後も引続いて書かれているのですが、それを現代口語文にして要約すると、次のように書いてあります。

「室町時代以降の文献には、銀杏（イチヤウ）、銀杏（イテフ）、鴨脚子（イテフ）、鴨脚子（イチエフ）という言葉があり、それは一葉（イチエフ）の字音であることは分かったが、その意味はなんであるか解せなかった。しかしながら、支那から帰国した人の偶然の話から、鴨脚の字の支那音はヤチヤオと読むのであるが、宋音ではイチヤウと読むことが分かった。イチヤウの葉は鴨《かも》の脚の形に似ている。したがって、この樹名の語原は鴨脚の宋音であることが分かり、その仮名遣をイチヤウと定めることが出来た」。

しかしながら、この説には、次のようないくつかの疑問があります。

第一は、さしたる理由もないのに、なぜ、ヤチヤオがイチヤウに音便変化するのかということです。

第二は、芝那から帰国した人は、この樹木のことを芝那人が「ヤチヤオ」と呼んだといっているだけであって、大言海の著者は、いかなる経緯から鴨脚の宋音がイチヤウであると分ったのか不明であり、鴨脚の宋音がほんとうにイチヤウであるかどうかも不明です。

第三に、この木は、日本には室町時代の一四四四年頃に渡来したとされるのですが、この時期は芝那の明代に相当するのに、なぜ、鴨脚の読みが二王朝も前の、つまり、一七〇～四八〇年程度も前と思われる宋音なのかということです。ご承知のように、芝那の下記の三王朝は、宋（九六〇～一二七九）の三一九年間、元（一二七一～一三六八）の九七年間、明（一三六八～一六四四）の二七六年間とされています。

第四に、イチョウという名称は、室町時代の下学集《かがくしゅう》（一四四四）においては、鴨脚ではなく銀杏の読みとして「イチヤウ」と初見されることから、鴨脚《ヤチヤオ》の音便変化とする大言海の説とは矛盾するという不都合があります。

第五に、動植物に限らず日本語名称をつくるときには、漢語漢字を導入することはあってもその読みは採用せず、音読にせよ訓読にせよ別途に日本語としての読みにするという一応の原則があることです。

第六に、漢語ではこの木のことを鴨脚樹というとしても、日本語名称を付けるに当たり、情緒豊かな日本人が、秋を象徴するこの美しい木に対して、「鴨の脚」などというおよそ情緒があるとは思えない意味として名付けるとは到底思われないことです。芝那人についても同じことがいえると思います。つまり、芝那人が、鴨脚樹と書いてヤーチャオシュというとすれば、それは同じ読みの**雅喬樹**のことであって「美しい高い樹」、簡潔にいうと**「美しい喬木」**の意味なのです。一音節読みで、雅はヤと読み「優雅である、優美である、美しい」などの意味であり、喬はチャオと読み「高い」の意味です。肝心なことは、鴨脚と書くのは漢語式の当て字だということです。明代の漢籍の本草綱目には「銀杏の葉は鴨脚に似たり、因りて鴨脚と名づく（銀杏葉似鴨脚因名鴨脚）」と書いてあるとされますが、これは、鴨脚という当て字を使っての漢語式の逸らし説明と思われます。このような逸らし説明は漢語でも多いのであり、芝那の学者もほんとうのことは庶民に教えたくなかったのです。たとえ本草綱目その他の漢籍の説明がそのようになっていたとしても、芝那の然るべき教養人たちは鴨脚《ヤチャオ》が雅喬《ヤチャオ》の意味であることは百も承知しているのです。なぜならば、この国でも極めて良木とされている木の名称が、鴨脚の意味から付けられる筈もないからです。

次に、広辞苑（第六版）には、次のように書いてあります。「イテフの仮名を慣用するのは『一葉』に当てたからで、語源的には『鴨脚』の近世中国音ヤーチャオより転訛したもの。一説に、『銀杏』の唐音の転」。しかしながら、この説明では、イチョウは一葉なのか鴨脚なのか曖昧といえます。また、イチョウは、一葉とも鴨脚《ヤーチャオ》とも直接には関係ないのです。更に、近世中国音では銀杏はインシンと読むのであって、例えいかなる唐音であれ、それをいくら転訛して読んでもインシンがイチョウの読みになるとは思われません。つまり、この辞典の説明はなんと書いてあるのか意味不明だということです。

さて、この木の日本語名称の語源の話をしますと、先ず、**イチョウ**については、漢語で鴨脚《ヤチャオ》、つまり、雅喬《ヤチャオ》と呼ばれることと字義上で通じているのです。日本語のイチョウという名称は、あらためて日本語としてつくられたものですが、鴨脚の音読である雅喬の雅《ヤ》を、同じ意味の昳《イ》に置き換えた昳喬《イチャオ》になっているに過ぎないということです。一音節読みで、昳はイと読み「美しい」の意味があります。喬はチャオと読み「高い」の意味があり、高い樹木について使われ、喬木《きょうぼく》という熟語があります。喬は、木と高を組合せた字であり、喬木は高木の別表現です。つまり、イチョウとは、**昳喬**の多少の訛り読みであり、直訳すると「美しい高い木」、簡潔にいうと**「美しい喬木」**の意味になっており、これがこの木名の語源です。

　次に、**ギンナン**については、一音節読みで、瑰はギ、娜はナと読み、共に「美しい」の意味があります。つまり、ギンナンとは瑰娜の撥音便もどきの読みである瑰牟娜牟であり、直訳では**「美しい（木）」**の意味になり、これがこの木名の語源と思われます。ただ、ギンナンというときは、その実のことを指す場合が多いようであり、その場合には、美には美味の意味があるので、果実を指すときは、**「美味しい（果実）」**、木を指すときは**「美味しい果実のなる（木）」**の意味になり、これがこの名称の語源と思われます。

　ここから以下は余談ですが、与謝野晶子の次のような有名な歌があります。

・金色の小さき鳥《とり》の形して
　銀杏散るなり夕陽の丘に

　この女流歌人は、黄葉して舞い散る銀杏の葉を小鳥に見立てて詠んだと思われ、イチョウのチョウを鳥《ちょう》と見做しての掛詞にしてあるようです。

　なお、イチョウの名称をその葉の形状から付けたいのであれば、少々無理筋ではあるとしても次のようなことがいえます。イチョウのチョウは、この木の葉の大きさや平たい形状から、それに似た羽をもった蝶に見立てることができないことではありません。一音節読みで、昳はイと読み「美しい」の意味であることは上述しました。したがって、チョウを蝶と見做すと、イチョウとは、イ蝶、つまり、昳蝶であり、直訳すると「美しい蝶」の意味ですが、言葉を補充して意訳すると**「美しい蝶のような落葉のある（木）」**の意味にもなり得ます。このような解釈ができるとすれば、ヒラヒラと舞い落ちてくる黄色の病葉《わくらば》から、黄色い蝶の群れが舞い飛んでいる美しい情景を心象できることになります。さて、ずっと以前に、著者が、母校の大学構内のイチョウ並木を散策した際に、動物を小鳥から蝶に見替えて、与謝野晶子の歌をまねて詠んでいた一首があります。

・美しい黄色き蝶の飛ぶがごと
銀杏葉《いちょうは》舞い散る　学び舎《や》の径《みち》　不知人

なお、**「わくらば」**は、漢字では「病葉」と書かれていますが、病気の葉の意味ではなくて「枯葉《かれは》」のことです。漢和辞典をみて頂くとお分かりのように、そもそもの「病」の字には「枯れる」の意味があるのです。病は、漢語の一音節読みでピン、日本語の音読でビョウと読みますが、ワクラと読むのは訓読です。一音節読みで、亡はワン、枯はクと読み、共に、人について使うときは「死ぬ」、植物について使うときは「枯れる」の意味です。了はラと読み完了の意を表わす語気助詞です。したがって、「わくらば」とは、**亡枯了葉**の多少の訛り読みであり、枯れてしまった葉、つまり、枯葉のことですから、病葉は枯葉の別表現ということになります。

12　イボタノキ

モクセイ科の落葉灌木です。江戸時代の大和本草（貝原益軒著）の諸品図（中）の説明に「**イボタノ木**　小木ナリ、子《み》スミモチノ類、葉小、花小、其ノ木ハ牙杖ト為スベシ」と書いてあることから、この頃につくられた木名と思われます。

「植物名の由来」（中村浩著・東書選書）には、次のように書かれています。

「イボタノキの名の由来については、アイヌ語にもとづくという説がある。深山にはえるミヤマイボタはアイヌ語で〝エポタン〟というが、イボタはこのエポタンの転じたものという説である。『樹の花Ⅰ』(山と渓谷社)で、解説者の倉田悟氏はこの説をとっている。しかし、これは発音上の類似に過ぎないものであろう。『牧野新日本植物図鑑』のイボタノキの項には、〝イボタノキとは、樹皮に白いイボタロウ虫が寄生することによりいう〟と説明されている。しかし、これは逆であると思う。イボタロウムシが寄生するからイボタノキという名がつけられたのではなく、はじめにイボタノキという木があって、これに寄生する虫を後にイボタロウムシとよんだのであると思う。イボタとは、『疣取《いぼ》り』の略転であることはすでに大槻文彦博士が論じておられる。わたしもこの説が正しいと思う。イボトリノキがイボタノキに転じたものであろう。この木になぜイボタ、つまりイボトリという名がつけられたかというと、この木の枝や幹には白い粉を塗ったように灰白色の蠟がこびりついているが、この蠟が、疣取りに効果があるといわれてきたことによる。(中略)。イボタ蠟が注目されたのは、疣を取る卓効があるとされたことである。栗本瑞見の『千虫譜』(文化八年)には、〝虫白蠟は疣を取るに用ゆ、疣の根をかたく結び置き、この蠟の熱したるを一滴滴下すれば、疣目ぬけ去る〟と記されている。(中略)。このイボタ蠟をつくる昆虫は、イボタノキの樹皮の上に群がって寄生するイボタカイガラムシ(**Ericerus pela**)であることが知られている。この虫は古くはイボタロウムシあるいはイボクライとよばれたものである。雄虫は七月ごろ体表に蠟物質を分泌しはじめ、秋、羽化すると飛び去るが、樹の上に蠟を残す。この蠟がイボタ蠟すなわち虫白蠟である。さて、イボタノキの名の由来であるが、この木からとれる蠟物質が疣取りに有効であることからイボトリノキ、転じてイボタノキになったのだと思われる」。

ほんとうのことは、「植物名の由来」に書いてあるとおりだと思われます。イボタノキという名称において、語源を考えるときの最も重要な課題の一つは、イボは疣、キは木のことであるとして、タとは一体なんのことかということです。一音節読みで、打はタと読みいろいろな意味のある字ですが「除去する、取除く」の意味があります。つまり、イボタノキとは、疣打之木であり直訳すると**「疣を取除く木」**の意味になっており、これがこの木名の語源です。実態に即して少し意訳すると「疣を取除く蠟のある木」という意味です。なお、イボタロウムシは、疣打蠟虫で、「イボを取除く蠟をだす虫」の意味になっています。

13　ウコギ

ウコギ科の落葉灌木です。漢字では、日漢で共に「五加」と書きますが、これは当て字と思われます。五加は、漢語ではウチィアと読み、日本語ではゴカと読むべきなのでしょうがウコギと読むのは訓読です。この木の幹には鋭い刺があるので生垣としても植えられます。葉は、それぞれの茎の一か所から五本程度の葉茎がでて、一つの葉茎の先に五葉がついて掌状《てのひらじょう》になっています。それぞれの葉は鋸葉《のこぎりば》で、芽や若葉は食用にもできます。夏になると、花茎の先に黄緑色の多数の小花が散形状に咲き、秋に実は熟して黒くなります。根皮を乾燥したものは、漢方で五加皮《ごかひ》といって強壮薬とし、酒に入れて五加皮酒をつくり健康強壮剤として飲用されています。大言海によれば、平安時代の本草和名に「五茄、牟古岐」、和名抄に「五茄、無古木」と書いてあります。

さて、ウコギの語源の話に移りますと、武はウと読み「猛々しい、荒々しい」、恐はコン、鬼はギと読み、共に「恐い、恐ろしい」の意味があります。つまり、ウコギは、武恐鬼の多少の訛り読みであり、直訳すると**「猛々しく恐ろしい（木）」**の意味になり、これがこの木名の語源と思われます。なぜ、このような意味になるかというと、鋭い刺があり、それを利用して進入防止用の生垣などとしても植えられるからです。なお、ムコギともいうのは、「武」は本来の一音節読みではウと読むのですが、日本語の音読ではムとも読まれたようで、ご承知のように、万葉仮名ではムと読むとされています。したがって、ウコギと呼んでもムコギと呼んでも同じ意味であり、どちらで呼んでも構わないということです。

また、一音節読みで、嫵はウと読み「美しい」の意味です。咼はコと読み「よい、良好な」の意味ですが「美しい」の意味でも使われます。瑰はギと読み「美しい」

の意味です。つまり、ウコギは嫵哥瑰であり、直訳では「美しい（木）」ですが、美には美味の意味があるので、少し意訳すると**「美味しい（木）」**の意味になり、これもこの木名の語源で掛詞と思われます。このような意味にもなるのは、芽や若葉が食用にされていることと、五加皮が健康強壮剤や五加皮酒として利用されているからです。掛詞をまとめると、「猛々しく恐ろしい、美味しい（木）」になります。

14　ウツギ

ウツギという名称は、万葉集の歌にはまったくでてこないことから、平安時代に至ってからつくられた木名と思われます。その時代にどのような木と見做されていたかというと、大言海によれば、平安時代の本草和名に「楊櫨木、空疏、宇都岐」、和名抄に「溲疏、楊樝、宇豆木」、と書いてあります。両書における、空疏《くうそ》と溲疏《そうそ》、および、楊櫨木《ようろき》と楊樝《ようさ》との二通りづつの言葉は、字義からするとほぼ同じ意味と思われます。

空疏《くうそ》と溲疏《そうそ》という言葉については、疏《そ》と溲《そう》とは水液が流れるの意味があります。したがって、空疏と溲疏を合せて意訳すると「中空部を水液が流れる木」の意味になっているようです。

他方、楊櫨木と楊樝については、楊はヤナギ（柳）の一種のことですが、ここでは、揚木、つまり、中空部で「水を吸上げる木」の意味になっているようです。櫨を分解すると盧木になるので、盧木と樝とは同じ意味であり、樝《さ》はバラ科の小灌木で鋭い刺のある木のことです。したがって、楊櫨木と楊樝もまた同じ意味になり、中空部で「水を吸い上げる、鋭い刺のある木」の意味になります。ここで注目すべきことは、楊樝における樝は刺のある木を指すということです。これら四つの漢字木名の意味をまとめると「中空部を揚水が流れる、鋭い刺のある木」の意味になり、言葉を補充していうと、平安時代のウツギという木は**「幹や枝の中空部を揚水が流れる、鋭い刺のある木」**だったのです。

平安時代の枕草子二二二段には、「卯の花の垣根ちかうおぼえて、ほととぎすもかげにかくれぬべくぞ見ゆるかし。（中略）。うつぎ垣根といふものの、いとあらあらしくおどろおどろしげに、さし出でたる枝どものおほかるに・・・」と書かれています。枕草子における記述からすると、「卯の花」と「うつぎ」とは共に木名であり異なる木であると見做されていたのです。なぜならば、先ず、「卯の花の垣根」と「うつぎ垣根」のように同じ段で書き分けられているからです。次に、「いとあらあらしくおどろおどろしげに」というのは、一般的には、刺《とげ》のある木に使われる表現です。したがって、枕草子の記述は、当時のウツギが**「刺のある木」**であったことを示唆しています。

　平安時代の和名抄にでている「溲疏」を、江戸時代の和漢三才図会の「溲疏」欄においては、「チョウセンクコ」と読んであり、「クコと同じように樹に刺がある」と書いてあります。ここでのチョウセンは、いわゆる国名としての朝鮮ではなく単なる当て字であって、「とても危険な」の意味（草名のチョウセンアサガオ欄参照）であり、それは溲疏という木には刺があるからです。このようなことから、平安時代当時のウツギは刺のある木を指した可能性が極めて高いのです。ただ、はたしてそのような木が存在するのかということになると、現に、バラ科のコゴメウツギの若い幹枝には鋭い刺が生えています。また、このウツギの葉は鋸歯《きょし》になっていて、木の葉の縁周からは多数の小さな刺状物がでています。

　さて、以上のことを踏まえて、ここで、平安時代のウツギという木の語源を探ると、その幹や枝は中空なので、先ずはウツギとは**「空木」**のことになります。空の字は漢語の一音節読みでコン、日本語音読でクウと読みますが、空木や空蟬におけるように訓読でウツとも読むのは、「ない、空である」の意味の「無」を二字語にして名詞化したときの無子《ウツ》の読みを転用したものです。一音節読みで、無はウ、子はツと読みます。

　また、武はウと読み「猛々しい、荒々しい」の意味、刺はラの外にツとも読み「トゲ」のことです。つまり、当時のウツギは、武刺木であり、直訳すると**「荒々しい刺のある木」**の意味になり、これが当時のウツギの重要な語源の一つだったのです。また、いずれの種のウツギも美しい花が咲くことから、そのことも語源に含まれていると思われます。一音節読みで、嫵はウ、姿はツと読み、形容詞で使うときは共に「美しい」の意味があります。つまり、ウツギとは、嫵姿木であり直訳では「美しい木」ですが、それは花のことと思われるので少し意訳すると**「美しい花の咲く木」**の意味であり、これもウツギという木名の語源の一つだったと思われます。

　結局のところ、その木名がつくられた平安時代当時のウツギという木は、バラ科のコゴメウツギのような刺のあるウツギを指したのであり、「空木」と「武刺木」と「嫵姿木」の三つの掛詞であって**「幹枝が中空の、荒々しい刺のある、美しい花の咲く木」**の意味になり、これがウツギという木名の語源だったのです。注目すべきことは、その名称がつくられた古代におけるウツギは、空木であると同時に刺のある、かつ、美しい花の咲く木を指していたのです。

　ウノハナという、木名なのか花名なのか明確でない名称の木があり、幹や枝が中空で五月頃に美しい白い花が群がって咲きますが、刺はまったくありません。ウノハナは、空木と嫵姿木ではあっても武刺木ではなかったので、平安時代においては、空木と嫵姿木という意味でのウツギには含まれていても、個別具体的な木名という意味でのウツギという木ではなかったのです。つまり、ウノハナはウノハナ、ウツギはウツギであり、それぞれ別の木だったのです。したがって、ウノハナは「ウツギの別称である」とかウツギの花は「万葉の花である」というような穿ったいい方をするのは適当ではないというよりも明らかに誤りといえます。

　牧野新日本植物図鑑の「**うつぎ**（うのはな）」の項には「漢名で溲疏というが、これは正しくない」と一刀両断に切捨ててありますが、上述したように溲疏には刺があるので切捨てて関係のないことにしておかないと、ウツギはウノハナであるとする同図鑑のような説では、刺の有無が問題となって具合が悪いのです。また、奈良時代（万葉時代）にはウツギという木名は存在しなかったのであり、平安時代につくられた当時のウツギの定義からすると、刺のないウノハナは刺があるとされたウツギには該当しなかったのです。ウツギは、平安時代から室町時代にかけてはバラ科のコゴメウツギのようなトゲのある種類を指していたものが、江戸時代から現在に至っては古代のウツギの木の三条件であった空木と武刺木と嫵姿木のうち、特に空木であることが重視されるようになって、その範囲も広がり、科、属、種にわたって極めて多くの灌木がウツギという木に含まれるようになっています。つまり、今日では、特に空木という点が注目されて、広くトゲのない種類も含まれるように変化していると見做すべきものです。そうすると、本草和名、和名抄や枕草子の記述についても、すんなりと理解できることになります。

現在では、ウノハナはウツギであるとされています。しかしながら、古代のウツギを個別具体的な木種と見做す場合には、そのウツギはコゴメウツギのような刺のある木でなければならないので、古代にはウノハナはウツギの木に該当し得なかったのです。なぜならば、ウノハナには刺がないからです。つまり、ウノハナは、空木や嫵姿木ではあっても武刺木ではなかったことから**「幹枝が中空の、美しい花の咲く木」**だったのです。したがって、平安時代のウツギが刺のある木とされた以上、当時においては**「ウノハナはウツギではなかった」**ということになり、それぞれ別の木だったのです。その証拠の一つとして、平安時代にウノハナはウツギであるとか、ウツギはウノハナであるなどといった人はいないのであり、鎌倉時代や室町時代に至っても、そんなことをいった人は誰もいないのです。

現在では、一般に、ウノハナはウツギの木である、逆にいうと、ウノハナはウツギの木であるとされていますが、そのように見做されるようになったのは、江戸時代からであり、大和本草の付録巻に「（ウツギノ）花ヲ卯ノ花ト称ス」、和漢三才図会に「卯の花は、宇豆木の花の略したいい方である」と書かれるようになってから以来のことです。それらの記述を引継いで昭和時代初期の大言海には「うのはなは、空木《ウツギ》の花ノ略」と書いてあり、現代の大辞典、例えば広辞苑（第六版）には「**うのはな**【**卯の花**】①ウツギの花。また、ウツギの別称」などと書いてあります。しかしながら、そんなことがある筈がありません。なぜならば、ウノハナは一種しかない木であり、ウツギは数十種もある木だからです。

ウノハナはウツギであるというのは、個別具体的な木種としてではなく、一般的な特徴としての空木、つまり、幹枝が中空の木であると定義したときに、確かにウノハナも空木の一種であるという意味においてのみ、ウノハナはウツギであるということです。いい方を変えると、ウノハナは、木種としてのウツギの木に該当するという意味ではなく、空木という漢字言葉の読みとしてのウツギに過ぎないということです。ウノハナは、万葉時代から現在に至るまで一貫して現在のアジサイ科のウノハナという木であって、肝心なことは**「白い花が咲き刺がない」**ということです。

現在では園芸種が加わったこともあって、ウツギには科、属、種にわたって多数の種類があり、白い花だけでなく、赤い花、桃色の花、紫色の花なども咲きます。現在ほどではなくても古い時代にもウツギには数種がありいろいろな色彩の花が咲いていたと思われることから、これらのウツギが白い花の咲くウノハナに該当した木とは思われません。現在のウノハナはアジサイ科とされていてウツギ科ではないことから考えても、**「個別具体的な木種という視点からはウノハナのウツギ説は誤り」**であり、幹枝が中空の木、つまり、**「空木という視点においてのみ、ウノハナはウツギである」**ということになります。大体、江戸時代の学者により始めて唱えられた説を、さしたる検証もせずに鵜呑みにすること自体が可笑しいのです。結論としては**「ウノハナは、木種として考えたときには、ウツギとはなんの関係もない」**ということです。

15　ウノハナ

ウノハナはアジサイ科の木とされています。漢字入りでは「卯の花」と書かれますが、この名称について、全称での木名なのか、或いは、ある木の花のことなのかという問題があるのです。つまり、**「ウノハナ」**と**「ウの花」**のどちらなのかということですが、はっきりとした納得できそうな説明はあるようでないのです。後者であれば、ウという名称の木があることになるのですが、現在ではそのような木はありません。

ウノハナは、全称としての「ウノハナ」なのか「ウの花」なのかの問題は曖昧のまま、アジサイ科の落葉灌木を指すとされています。アジサイ科は、近年にユキノシタ科から分科されたものなので、ユキノシタ科と書いてある植物本や大辞典もあります。この木は、山野に自生し、丈は2m程度に達します。その特徴としては、幹や枝は堅いのですが、普通の木と違ってその芯部が中空になっていることです。つまり、空木になっているのです。白色の五弁花が群れ咲いて円錐状の花序になり、初夏に美しい光景を山野に現出します。

万葉集には、ウノハナを詠んだ歌が二四首あり、宇能花と書かれたものが一五首、宇乃花と書かれたものが六首、宇能波奈、宇能婆奈、于花が各一首づつとなっています。例えば、次のような歌があります。

・霍公鳥《ほととぎす》鳴く声聞くや宇能花の
　咲き散る岳《をか》に田葛《くず》引く乙女（万葉１９４２）

・かくばかり雨の降らくに霍公鳥
　宇乃花山になほか鳴くらむ（万葉１９６３）

・咲きて散りにき　宇能波奈は
　今そ盛りと　あしひきの・・・（万葉３９９３）

万葉集の歌ではウノハナは「咲く」とか「散る」とか詠われているので、万葉時代にはウノハナのハナは花のことだったと思われます。そうしますと、当時は、ウという名称の木があったのであり、どういう木かというと、漢字では万葉時代には「宇」、平安時代からは「卯」と書かれる木だったのです。宇と卯とは、その音読を利用するための単なる当て字であって、「ウ」とはなにかというと、一音節読みでウと読み「美しい」の意味の嫵のことであり、それは花のことと思われるので、木を指すときは**「美しい花の咲く（木）」**という意味の木だったのです。ウという一音節の言葉だけではなんのことか分かりにくいので、平安時代になると花と結び付けた「卯の花」の読みが全称としてのウノハナという木名とされるようになったと思われます。

さて、語源の話をしますと、一音節読みで、上述したように嫵はウと読み「美しい」の意味があります。つまり、ウノハナとは、嫵之花の多少の訛り読みであり、直訳すると「美しい花」ですが、木を指すときは**「美しい花の咲く（木）」**の意味になり、これがこの木名の語源と思われます。

現在では、「ウノハナはウツギノハナの略称」とされていますが、これは現代における最大の誤解の一つともいうべきものです。ウノハナはウノハナであり、ウツギノハナはウツギノハナであって、**「ウノハナは、木種としてのウツギやウツギノハナとはなんの関係もない」**と見做すべきものです。なぜならば、**第一に**、ウツギという名称がつくられた平安時代の書物に、ウノハナはウツギノハナの略称であるとか、ウノハナという木はウツギという木の別称であるとか記述されたものは存在せず、鎌倉時代や室町時代に至ってもそのように記述されたものは存在しないからです。もし、ウノハナがウツギと関係があるのならば、平安時代の本草和名に「楊櫨木、空疏、宇都岐、古称宇能花」、和名抄に「溲疏、楊櫨、宇豆木、古称宇乃花」などと書かれた筈なのです。**第二に**、ウノハナは万葉集の歌に詠まれており、ウツギは平安時代の字鏡に初出することからその時代にできた木名ですから、万葉時代には存在しなかったウツギという木の花であるウツギノハナからツギを省略したものがウノハナというのでは本末転倒になるので、ウノハナが「ウツギの花ノ略称」であるとの説は成立しないのです。**第三に**、ウノハナがウツギノハナである、或いは、ウツギという木である理由や根拠がなにもないからです。ウノハナとウツギという木に共通な特徴は、その幹や枝が中空であるというだけ、つまり、空木というだけであって他にはなにもありません。共に美しい花は咲きますが、ウノハナは白い花であるのに対して、ウツギの花は種により異なり白い花だけではありません。**第四に**、平安時代にウツギという名称がつくられた時には、本草和名、和名抄、枕草子などの記述から察するところ、空木や嫐姿木の外に武刺木、つまり、刺のある木とされていたと思われることです。このことについては、ウツギ欄をご参照ください。**第五に**、ウノハナは一種だけであるのに対して、ウツギは科、属、種にわたり複数の種類のものがあります。つまり、ウノハナは空木という意味においてはウツギですが、その逆は成り立たず、すべての種類のウツギ或いは複数の種類のウツギがウノハナということにはならないのです。**第六に**、ウノハナはウツギノハナの略称であるとされるようになったのは、ウノハナやウツギの語源、つまり、その由来が分からなくなったと思われる江戸時代になって初めて唱えられたものであり、必ずしも信頼できる説ではないからです。江戸時代の大和本草の付録巻に「(ウツギノ)花ヲ卯ノ花ト称ス」、和漢三才図会に「卯の花は、宇豆木の花の略したいい方である」と書かれていますが、その理由や根拠は説明されていません。憶測に過ぎませんが、たぶん、江戸時代の学者たちは、「うつぎの花」という言葉を眺めていたら、「つぎ」を省略すれば「うの花」になることに偶然に気付いてそのような説を唱え始め、現代の学者たちには万葉歌や枕草子などの古典の記述が検証されることもなく、その説が受入れられて現在に至っているものと思われます。結局のところ、木種として考えたときには、ウノハナはウツギの木であるとか、ウツギの別称であるとか、ウツギノハナの略称であるなどという説明は限りなく誤りに近いということです。繰返しになりますが、木種としてだけ考えたときには**「ウノハナはウツギとはなんの関係もない」**ということです。このことについてはウツギ欄をもご参照ください。

16　ウメ

バラ科の落葉喬木とされています。ウメは、古来、最も愛《め》でられてきた樹木の一つで、詩歌や襖絵・掛軸絵などの題材としても数多く取上げられてきました。同じように、芝那でも最も愛でられてきた樹木の一つとされています。それは、その独特の枝ぶりと、そこに咲く花が高貴で美しいと見做されてきたからであり、そのうえに滋養のある実がなります。漢字で梅と書きます。紅梅、白梅の熟語があるように、赤色、白色、桃色などの美しい花が咲きます。「萬葉の花」(松田修著・芸艸堂)によれば、ウメは、万葉集では梅、烏梅、宇米、汗米などと書かれて一一八首が詠まれています。なお、大言海によれば、平安時代の本草和名に「梅実、烏梅、白梅、牟女」、和名抄に「梅、宇女」と書いてあります。

一音節読みで、嫵はウ、美はメイと読み、共に「美しい」の意味です。つまり、ウメとは、嫵美の多少の訛り読みであり直訳すると「美しい」ですが、花を指すときは「美しい(花)」、木を指すときは**「美しい花**

の咲く（木）」の意味になり、これがこの木名の語源です。その果実は、古来、滋養健康果実としても珍重されてきたことから、美味しいと見做されてきたのであり、美には美味の意味があるので、果実を指すときは「美味しい（果実）」、木を指すときは**「美味しい果実のなる（木）」**の意味にもなり掛詞になっています。まとめると、木を指すときは「美しい花が咲き、美味しい果実のなる（木）」の意味になります。

なお、上述したように、本草和名においてはムメ（牟女）とも読まれています。一音節読みで、穆はムと読み「美しい」の意味なので、ムメとは穆美であり、嫵美と同じ意味になっています。したがって、梅はウメと読んでもムメと読んでも意味上は同じであり、どちらで読んでも構わないということです。

国語・言語学者である丸山林平著の「日本語（上代から現代まで）」には、次のように書かれています。『本草和名』などでは『梅』を『烏梅』とも『牟女』とも書いている。江戸時代の国語学者本居宣長と上田秋成が、『うめが正しい』、いや『むめが正しい』などと、むきになって論争した話は有名であるが、どちらも正しくなく、いわば暗中模索に過ぎなかったのである。だから、俳人与謝蕪村は、『梅咲きぬ　どれがうめやらむめぢゃやら』などと二人の論争をからかっている」。

しかしながら、「どちらも正しくない」というこの学者の認識は間違っています。なぜならば、古代の教養人は現代の学者が足元にも及ばないほどに漢字に精通していたからです。更に、上述したように、意味上は、ウメとムメのどちらも正しいのであって、現在では、ウメと読むことが多くなっているに過ぎないだけのことです。本居宣長と上田秋成が論争したというのも、本気での論争であったというよりも、戯《ざ》れ論争だったと思われます。もし、ほんとうに暗中模索であり本気での論争ならば、その頃からすでに、日本の国語学は、日本語の解釈の仕方について偏向していたということです。

17　ウルシ

ウルシ科の落葉喬木で、明確に樹木を指すときはウルシノキともいいます。この木の樹皮に切りを入れて樹液を採り、主として椀、盆、重箱などの食器類、ギター（guitar）、ピアノ（piano）などの楽器類、印籠、小箱などの細工物その他の高級木製品の塗料にされています。日本では、特には輪島塗が有名です。大言海によれば、平安時代の和名抄に「漆、宇流之」と書いてあります。

さて、語源の話に移りますと、一音節読みで、嫵はウと読み「美しい」、潤はルンと読み動詞で使うときは「飾る、装飾する」の意味があります。汁は、清音読みでシ、濁音読みでジと読み「汁、液汁」の意味です。つまり、ウルシとは、嫵潤汁の多少の訛り読みであり、直訳すると「美しく装飾する液汁」になり、少し表現を整えていうと、液汁を指すときは**「美しく装飾するための液汁」**の意味になります。ウルシノキは「漆の木」であり、**「美しく装飾するための液汁の採れる木」**の意味になり、これがこの木名の語源と思われます。なお、そもそもの漢語の一音節読みでは漆はチと読み、日本語の音読ではシツと読みます。

18　エニシダ・シダ

マメ科の落葉灌木です。根元から細い枝が多数でており、初夏に、普通種では、多数の黄色い花が美しく群がって咲きます。漢字では日漢で共に金雀花と書かれ、漢語ではチン・チュエ・ホアと読み、日本語ではエニシダと読みます。江戸時代の和漢三才図会では金雀花《きんじゃくか》と読んであり、「画譜（五言唐詩画譜など七巻から成る）によれば、金雀花は、春初に黄色花を開くが大変に愛すべきものである」と書いてあることから、この漢字名は芝那でつくられた名称と思われます。

早速、語源の話に移りますと、一音節読みで、嫣はイェン、捻はニィエンと読み、共に「美しい」の意味です。枝はチ、日本語音読ではシとも読み「枝」の意味、大はダと読み、漢和辞典をひもといて頂くとお分かりのように「多い」の意味があります。つまり、エニシダは、嫣捻枝大の多少の訛り読みであり、直訳すると「美しい枝の多い（木）」の意味ですが、美しいのは花のことと思われるので、少し意訳するとこれがこの木名の語**「美しい花の咲く、枝の多い（木）」**になり、これがこの木名の語源と思われます。ということは、エニシダは純然たる日本語ということになります。関連した言葉で、「シダ」という植物がありますが、その意味は「枝大」のことであり「枝の多い（植物）」の意味になっています。シダは、葉状の枝から更に多数の葉が柄分《えわ》かれしていることから、「多い」ことが「めでたい」として正月の注連《しめ》飾りに使われています。

和漢三才図会（一七一二自序）では、上述したように、金雀花は「きんじやくか」と読まれていますが、エニシダという木名は、草木名初見リスト（磯野直秀作）によれば、同時代の草花魚貝虫類写生図（狩野常信〔一七一三没〕作）にでています。新村出全集（第三巻）には、エニシダについて、次のように書かれています。「要するに、ゲニスタ genista はラテン名で、エニスタはそれより転訛した西班牙《スペイン》或は阿蘭陀《オランダ》の俗音であり俗語であつて、これらの俗語形を以て金雀花は徳川初期既に十七世紀初期に日本に輸入されたものであらう。（中略）。日本に金雀花が輸入された時代を上述の如く延宝年間の一六七〇年代とせば、エニスタの語源を直接に和蘭語に求める方が直接に西班牙語に求める方よりもむしろ穏当であらう。然し若しその植物の輸入と名称の伝来とを更に数十年以前に遡り得ると仮定せば、西班牙語で解釈しても差支ない。いづれにしても語源は西語か蘭語かの二つを出でないと信ずる」（傍点は著者）。

このような説が支持されて、現在の辞典の世界における一般説によれば、エニシダの語源は、ヨーロッパ語でゲニスタ、エニスタ、エニシタ、エニスダなどと呼ばれた外来種の植物名からでたとされています。この説は、ほんとうとは思われませんが、万々が一そうだとした場合でも、日本語のエニシダは、これらの外来語発音に似せて、別途に、日本語としてつくられた名称であると思われます。なぜならば、漢語では、金雀花は唐代から存在する木名であり、早い時期に日本には芝那から同じ漢字名で輸入されたものであって、十七世紀頃にヨーロッパから輸入されたものでないと思われるからです。それにも増して上述した語源のような意味をもった立派な日本語としての木名が成立し得るからです。

日本語において、現在、外来語とされている言葉の中には、言語・国語学者の説により、そもそもは日本語であるにもかかわらず、ヨーロッパからの外来語にされてしまっていると思われる極めて多数の日本語があります。新村出は、語源・語彙学者を自称し、多くの日本語を外国語由来にしてしまった学者の一人といえます。その有名なものの一つに、京都の**先斗町**《ぽんとちょう》の「ぽんと」はポルトガル語であり「洲崎の意」というのがあります。しかしながら、先斗《ぽんと》というのは、純然たる日本語であって、ポント町という音声言葉の意味は「**楼閣通りの町**」、先斗町の漢字字義は「**美女と遊ぶ町**」であることは殆んど疑いないだろうと著者は思っています。

先斗町《ぽんとちょう》は、現在の京都市の三条通りと四条通りの中間の鴨川西岸に位置しており、南北に伸びる先斗町通りと東西に伸びる通りの、いずれも細い路地からなります。江戸時代の寛文十年（一六七〇）に鴨川護岸工事の際に河原が埋立てられた地で、妓女のいる茶屋や旅館が立ち並ぶようになり繁盛していましたが、文化十年（一八一三）に花柳街として公認され、以来今日まで続いている伝統ある町です。

「〝ことば〟を知る」（東京電力文庫）という本の中で、語源辞典の著書のある杉本つとむ（早稲田大学文学部教授）は次のように書いています。「ポルトガル人など、いわゆるキリシタンと呼ばれるキリスト教の伝来があって、パンやカステラ、ロザリオなど、多くのポルトガル語が日本語に組み入れられました。京都の先斗町の『ポント』は、英語のポイントと同じ意のポルトガル語です」。

しかしながら、このような説明は大辞典からの借物と思われるもので、大辞典になんらかの記載があるものと調べたところ、案の定、広辞苑（第六版）には「**ポント【ponta;ponto ポルトガル・先斗】**（ponta は先、ponto は点の意。『斗』は捨て仮名）①洲崎《すさき》の意。『—町』②カルタ賭博などで、真っ先に金をかける意か」などと、訳の分からないことが書かれています。

約千年間も日本の首都であった京都の、しかもその中心部の一角に位置する「先斗町」の地名がポルトガル語というのは、いかにも納得しにくいことです。そこで、広辞苑に書いてあることをよく見ると、理解しにくいことがいくつかあります。

第一に、『斗』は「捨て仮名」と書いてありますが、斗は仮名ではなく、漢語では量詞を始め、名詞、動詞、形容詞、副詞として多用される重要な漢字です。

第二に、斗は捨て仮名と書いてあるのは、「特には意味のない字である」の趣旨と思われますが、京都中心部の町名について、捨て仮名となるような字を使うなどという馬鹿げたことがあり得るのかという疑問があります。

第三に、ポルトガル語でポンタは「先」、ポントは「点」の意味であるとしても、そのどっちが語源なのか、両者の間にどんな関係があるのかが全く不明です。

第四に、例え、ポルトガル語でポンタは「先」、ポントは「点」の意味であるとしても、なぜ、それが「洲崎の意」になるのか、論理が飛躍し過ぎていて、だれが考えても不可解なのです。

第五に、これから繁昌しなければならない新地の町名が、単なる「先」や「点」の意味で付けられるとは思われません。率直にいって、そもそもが賢い当時の京都人が、そんな意味のないことから町名を付けたとは到底思えないのです。

第六に、これが一番大きな問題なのですが、当時の日本の首都に存在する町名を、ポルトガル語で付けることが、当時の日本人の感覚として、ほんとうにあり得たのかということがあります。以上のような疑問から、先斗町のポルトガル語説は極めて怪しい説と思わざるを得ません。

ならば、どういうことかということになるので、本書の唱える語源説を以下に披露しますと、一音節読みで、棚はポンと読み「楼閣」の意味、途はトと読み「通り、道路」の意味があります。つまり、先斗町の意味は棚途町であり、**「楼閣通りの町」**の意味になり、これがポント町という音声言葉の語源です。

ではなぜ、漢字で「先斗」のような当て字が付けられたのかということですが、一音節読みで、先はシィエンと読み、同じ読みの「仙」に通じており、仙には仙女の意味から敷衍して「美女、妓女」の意味があります。「斗」には「遊ぶ、戯れる」の意味があります。つまり、先斗町の意味は仙斗町であり**「美女と遊ぶ町」**の意味になっており、これが先斗という漢字言葉の語源です。

19 エノキ

ニレ目ニレ科の落葉喬木です。比較的に幹が太くなり枝別れの多い木で山野に自生し、丈は20ｍ程度に達します。初夏に淡黄色の花が咲き、たくさんの小さなアズキ大の実がなり、昔は、子供が竹鉄砲で遊ぶときの弾としました。秋に赤くなり濃熟する頃には甘くなるので、小鳥が餌として好んで食べるのですが、昔は、人間の子供もこの木に登って遊んでいる際に食べたものです。

漢字では榎と書きます。榎は、分解すると夏木になりますが、夏を形容詞で使うときは「大きい」の意味があるので、榎の字義は「大木」の意味にもなっています。また、榎は一音節読みでシィアと読みますが、同じ読みの俠に通じていて、俠には「美しい」の意味があります。したがって、榎は「大きい美しい木」という意味の字になっています。

大言海によれば、平安時代の和名抄に「榎、衣」、同時代後期の天治字鏡に「榎、衣乃木」と書いてあります。すでに万葉仮名においては、「衣」は「エ」と読まれています。

さて、エノキの語源の話に移りますと、一音節読みで、嫣はイェンと読み「美しい」の意味ですが、単にそうなのではなくて、特には「身体が高大で美しい」の意味とされています。つまり、エノキとは「嫣の木」であり**「大きい美しい木」**の意味になり、これがこの木名の語源と思われます。

20 オガタマノキ

現在では、オガタマノキとは暖地の南西地域に自生するモクレン科の常緑喬木と見做されています。その木は、丈は20ｍ程度にまで成長し、葉は大き目の長楕円形で厚くて光沢があります。春になると、葉腋に芳香のある白い六弁花が咲きます。漢字では、小賀玉之木と書かれます。上述したように、現在では特定された木にされていますが、古来、神木として、現在のいわゆるサカキ（榊）の代用とされてきました。**古今伝授「三木の一つ」**とされていますので、他の二つと共に、どんな木なのか必ずしもはっきりしないようです。

秘伝ですから、伝授された人が明らかにしないことには分からないのです。したがって、オガタマノキにしても、現在では上述したような木とされていますが、そもそものほんとうの木種がどんな木であるかは分からないといえるかも知れません。古今集の歌に「をがたまの木」と題して、その名称を巧みに詠み込んだ次のような歌があります。

・みよしのゝ吉野のたきにうかびいづる
あわをかたまのきゆと見つらん（古今・物名）

一音節読みで、恩はオン、感はガンと読み、共に「有難く感じる、感謝する」の意味があります。拝の字は、一音節読みではパイと読むのですが、日本語で「拝《おが》む」という言葉におけるように、オガと読むのは恩感の読みを転用したものです。つまり、「拝む」のそもそもの意味は「感謝する」の意味であり、感謝するが故に拝むのです。漢語では、字を逆にした感恩という熟語があり恩感と同じ意味で使われます。讜はタン、曼はマンと読み共に「美しい」の意味があります。つまり、タマとは讜曼の多少の訛り読みであり「美しい」の意味です。したがって、オガタマノキとは、恩感讜曼之木であり、直訳すると**「感謝すべき美しい木」**の意味になり、これがこの木名の語源と思われます。「感謝する」というのは神様に対してであり、この木は、古来、神様を拝むときのサカキの代用として用いられてきたことに由来しています。この語源は漠然とした意味ですが、秘伝の木ですから、その名称がつくられた当時においては、その特徴が明確に推定できるような名称にはなっていないのです。

21　カイドウ

バラ科の落葉小喬木とされ、丈は5m程度です。枝は紫色で垂れており、葉は楕円形でぎざぎざがあります。四月頃に長い葉柄の先に、紅色の美しい五弁花がかたまって下垂れに咲きます。漢語では海棠と書きハイタンと読みますが、海と書くのは、漢語辞典によれば、海外、つまり外国から輸入されたものだからとされています。唐の玄宗皇帝が、愛姫であった楊貴妃の美しい姿をその花の姿に例えたとして有名な木です。

日本へは、芝那から輸入されたので、日本語でも、漢字では海棠と書き、訓読でカイドウと読んでいます。室町時代の下学集《かがくしゅう》(一四四〇頃)に「海棠《カイタウ》」とでています。

一音節読みで、可はカと読み「よい、良好な」の意味ですが、花などを指すときは敷衍して「美しい」の意味でも使われます。咲はイ、都はド、嫵はウと読み、形容詞で使うときはいずれも「美しい」の意味があります。つまり、日本語におけるカイドウとは、可咲都嫵であり直訳すると「美しい」ですが、美しいのは花のことと思われるので、花を指すときは「美しい(花)」、木を指すときは**「美しい花の咲く(木)」**の意味になり、これがこの木名の語源です。

22　カエデ

カエデ科の落葉木で、普通には、小喬木ですが、いろいろの種類があり、喬木となる種もあります。一般的には、春から夏にかけて緑色であった掌状《てのひら》の葉が、秋になると赤色に美しく紅葉するものを指す場合が多くなっています。英語ではメイプル(maple)といいます。

早速、カエデの語源の話に移りますと、旧仮名遣いでは「カヘデ」と書いて「カエデ」と聴きなせるように読んだので、音声上のカエデとして語源を考えることになります。一音節読みで、亢はカンと読み副詞で使うときは「とても、非常に、著しく」の意味であり、艶はイェン、腆はティエンと読み、いずれも「美しい」の意味です。つまり、カエデとは亢艶腆の多少の訛り読みであり、**「とても美しい(木)」**の意味になっていて、これがこの木名の語源と思われます。

万葉集の歌には、カヘルデという名称で、次の二歌が詠まれています。

・わが屋戸《やど》に黄変《もみ》つ蝦手《かへるで》見るごとに
　妹を懸けつつ恋ひぬ日は無し(万葉1623)

・子持山　若《わか》加敝流弖の黄葉《もみ》つまで
　寝もと吾《わ》は思ふ汝は何どか思ふ(万葉3494)

現在の通説では、これらの歌における「蝦手」や「加敵流弖」は「かへるで」と読み、両棲動物の蛙のことであり、それはカエデの木の旧名と解釈されています。大言海によれば、平安時代の字鏡には「鶏冠　加戸天」、和名抄には「鶏冠木　賀倍天乃木」と書かれています。そうしますと、カエデの木は、奈良時代（万葉時代）にはその葉の形について蝦手、平安時代にはその紅葉した葉の色について鶏冠《とさか》に似ていると見做されていたことになり、その見方にかなりの相異があります。ということは、万葉歌における「蝦手」はカヘルデと読まれたかも知れませんが、両棲類の動物である「カエルの手」のことではなく、単なる当て字だったのではないかと思われます。

なぜならば、カエデの葉の形が、カエルの手に似ているというのであれば、カエルだけでなく他の多くの動物の手の形、特に両棲類に属する殆んどの動物のものにも似ているといえるからです。また、「むくつけき（＝気味が悪い）」ともいえそうな蛙の手と「美しい」色彩の紅葉とが、似つかわしくないことは誰の目にも明らかなことであり、両者を同一視することはふさわしいとは思われないからでもあります。したがって、平安時代に至って、その当て字は誤解を招き易い「蝦手」から「鶏冠」に変更され、その読みもカヘルデからカヘデに変更されたのではないかと推測されます。

そこで、遡って、万葉歌における旧仮名遣いのカヘルデとはいかなる意味だったのかを考えてみますと、上述したようにカは亢、エは艶、デは腆のことであるとして、一音節読みで、潤はルンと読み、洗練されて「美しい」の意味があるので、熟語の潤色や潤飾は「美しい色にする」や「美しく飾る」の意味とされています。つまり、カエルデとは、和歌における音節の都合から、当て字としての蝦手を四音節語のカエルデ（亢艶潤腆）と読んだに過ぎないものであり、その意味は三音節語のカエデ(亢艶腆)と同じ**「とても美しい(木)」**の意味だったと思われます。

広辞苑（第六版）には、先行辞典である大言海の記述をそのまま借用して「カエルデ（蛙手）の約。葉の形が似ているからいう」と説明されていますが、上述したように本書ではこの説には疑問をもっています。

現在では、カエデはモミジと同じ木とされています。ということは、両者は同じ意味の名称であることが推測されますが、実際に、モミジはカエデと同じく**「とても美しい（木）」**の意味になっています。モミジの語源についてはその欄をご参照ください。

樹木としてのカエデは漢字では楓と書きます。この字は、芝那から日本に導入したものですが、現在の日本語では、楓の字をカエデと読むときはカエデ科のカエデという木であり、フウと読むときはマンサク科のフウという木とされています。フウは、芝那原産の木で、丈が15~20m程度にも達するマンサク科の落葉喬木で、日本の公園でも植樹されています。フウの葉は、日本の普通の楓《カエデ》の葉形とはやや異なっていて三裂した形であり、夏に、白色の小花が咲き、秋に、直径2㎝程度のイガイガのあるまん丸い、たくさんの実がなり冬になると落下します。漢語の一音節読みで楓の字はフォンと読むことから、日本語では「フウ」または「カラカエデ（唐カエデ）」と呼ぶとされています。

なお、カエデの種類をみるとサトウカエデという名称がありますが、これはその樹液から砂糖が採れるからであり、植物百話（矢頭献一著・朝日新聞社）によれば、今でもカナダやアメリカ合衆国の北部では林の中につくった砂糖小屋でメイプル・シュガー（maple-sugar）と呼ばれるカエデ糖をつくっており、日本のイタヤカエデからもカエデ糖をつくることができると書いてあります。ただ、日本でもカエデからまとまった数量の砂糖がつくられたことがあるのかどうかは分かりません。

23　カキ

カキノキ科の落葉喬木です。初夏に白黄色の花が咲き、果実は秋になって熟してくると先ず黄色になり、さらに熟してくると赤色が増してきます。甘柿と渋柿とがあり、甘柿には普通にはゴマが入っています。大形の渋柿は渋を抜いて甘くして、或いは、干柿にして甘くして食べます。柿の実は、とてもたくさん生《な》るので、甘柿にせよ渋柿にせよ、小形の柿は収穫されずに放置される場合が多く、葉が紅葉して散った後に赤い柿の実だけが鈴なりに残り、美しい風景が現出します。平安時代の本草和名に「柿、加岐」、和名抄に「柿、賀岐、赤実果也」、天治字鏡に「柿、加支」と書いてあります。草木名初見リストによれば、正倉院文書（文献欄）の七五七年の条にでています。次のような有名な俳句が詠まれていることはご承知のとおりです。

・柿食えば鐘が鳴るなり法隆寺（子規）

漢語では柿子と書き、一音節読みでシツと読みます。シは同じ読みの食に通じており「食べる」の意味です。ツは同じ読みの姿に通じており、姿は形容詞で使うときは「美しい」の意味があります。つまり、柿子の意味するところは食姿であり、美には「美味しい」の意味があることを考慮すると「食べて美味しい」の意味になりますが、果実を指すときは「食べて美味しい（果実）」、木を指すときは「食べて美味しい果実のなる（木）」の意味になっています。

日本語の呼称であるカキの語源の話をしますと、一音節読みで、可はカと聴きなせるように読み「よい、良好な」の意味ですが、敷衍して、花に関するときは「美しい」、食べ物に関するときは「美味しい」の意味があります。漢語の「可口」という熟語は「美味」の意味です。瑰はキと読み「美しい」の意味があります。つまり、カキとは可瑰であり、花に関するときは「美しい（花）」や「美しい花の咲く（木）」の意味にもなり得るのですが、この木の場合は花というよりもむしろ美味しい果実のことを指していると思われます。したがって、美には美味の意味があることを考慮すると、果実を指すときは「美味しい（果実）」、木を指すときは**「美味しい果実のなる（木）」**の意味になり、これがこの木名の語源です。

24 カシ

ブナ科の常緑喬木で、アカガシ、シロガシ、アラガシ、ウラジロガシなどがあります。果実はドングリといい、子供が独楽《こま》として遊ぶこともあります。材は極めて堅く、弾力に富み、丈夫なので、特には建材・舟材・農具材などに使われます。ウバメガシは、幹や枝に曲折が多くて他に使いにくいので、備長炭の原料として有名です。漢字では、木と堅の字を組合せて樫と書きます。

一音節読みで、剛はカン、石はシと読み、形容詞で使うときは共に「堅い、固い、硬い」の意味がありま す。つまり、カシとは剛石の多少の訛り読みであり**「堅い（木）」**の意味になり、これがこの木名の語源です。カシの名称は、古くは漢字で橿と書かれて次のような万葉集の長歌にもでています。畺は「堅くて強い」の意味なので、橿は「堅くて強い木」の意味の字になっています。

・若草の夫《つま》かあるらむ　橿《かし》の実の
独りか寝らむ　間はまくの・・・(万葉1742)

カシの木の実を**ドングリ**といいます。ドングリは、一応は食べられるものが多いのですが、栗と比較したらその味は格段に劣ります。鈍はドンと読み鈍感、鈍刀などの言葉に使われるように「鈍《にぶ》い」の意味がありま す。したがって、味について「鈍い」などというのが適当な言葉使いかどうかは分かりませんが、ドングリは鈍栗であり「鈍い味の栗」、つまり、**「あまり美味しくない栗」**の意味になっているように思われます。

ドングリは、漢字では団栗と書かれます。大言海によれば、平安時代の康頼本草に「橡実、都留波美乃美、ドングリ」、江戸時代の書言字考節用集に「団栗、ドングリ」とでています。栗はイガに包まれている上に丸くはないので転がりにくいのに対して、ドングリは比較的丸くてよく転がり、独楽のように回すこともできます。したがって、ドングリの名称は、「どんぐりころころ　どんぶりこ　お池にはまって　さあたいへん」(青木存義作詞)という童謡歌詞からも推測できるように、転がることからできた名称かも知れません。一音節読みで、団はダンやドンと聴きなせるように読み、形容詞では「丸い」、動詞では「まわる、転がる」の意味があります。つまり、ドングリは団栗であり**「丸い転がる栗」**の意味に理解されていると思われます。合わせると、ドングリとは**「あまり美味しくない、丸い転がる栗」**になります。なお、ドングリの名称はカシだけでなく、ナラ、クヌギ、シイなどの実にも使われます。

25　カシワ

柏は、現在では「かしわ」と読みブナ目ブナ科の落葉喬木を指すとされています。この木の葉は大きくて食物を包むことができ、この葉で包んだ餅をカシワ餅といいます。古代の日本では、ある特徴をもった葉のことを「カシハ（カシ葉）」といったようであり、樹木などを指すときは、そのような特徴をもった葉のある樹木を指したようです。したがって、本書ではカシワとは葉のこととして話を進め、最後にカシワとはどのような意味の葉であるかについて叙述します。木の葉について、古事記の神武天皇条の歌謡に「畝火山　木の波騒ぎぬ」（歌番二〇）および「風吹かむとぞ　木の波騒げる」（歌番二一）とあります。大言海によれば、和名抄に「葉、波、草木の茎枝に敷《つ》く者なり」および「柏、加之波」とあります。葉は万葉仮名で波と書かれているので、柏の読みは「かし（加之）」という修飾語付きの「葉（波）」のことになっています。つまり、旧かな使いではカシハと書かれましたが、その名称は、木の葉の特徴から付けられたものです。ただし、炊葉《かしぐは》から「ぐ」が抜け落ちたものというような説は、見当違いの俗説です。

最古の日本語は、万葉集における歌やその詞書に出てくる言葉の中にも多く含まれていると思われます。万葉集にでてくる「カシハ」という言葉について調べてみますと、八首の歌と、一つの詞書と、一つの序言の合わせて一〇か所にでており、それは次のようなものです。

①吉野川　石迹柏と　常盤なす
　吾は通はむ萬代までに（万葉１１３４）

②秋柏　潤和《うるわ》川辺の　細竹《しの》の芽の
　人には逢はね君にあへなく（万葉２４７８）

③朝柏　閏（潤）和川辺の　小竹《しの》の芽の
偲びて宿《ぬ》れば夢に見えけり（万葉２７５４）

④奈良山の　児手柏の両面に
左も右も佞人《ねぢけひと》の徒《とも》（万葉３８３６）

⑤千葉の野の　古乃弖加之波の保保《ほほ》まれど
あやにかなしみ置きてたか来ぬ（万葉４３８７）

⑥攀《よ》ぢ折れる保宝葉を見る歌二首（⑦⑧歌の序言）

⑦わが背子が　捧げて持てる　保宝我之婆
あたかも似るか　青き蓋《きぬがさ》（万葉４２０４）

⑧皇神祖《すめろぎ》の　遠御世御世《とほみよみよ》は　い布《し》き折り　酒飲みき
といふそ　此の保宝我之波（万葉４２０５）

⑨稲見野の　安可良我之波は　時はあれど　君を吾
が思ふ時は実《さね》なし（万葉４３０１）

⑩・・・皇后紀伊国に遊行して熊野の岬に至りて其
処の御綱葉を取りて還る・・・（万葉９０の詞書）

これらの歌におけるカシハは、漢字の使い方から分類すると、（１）石迹柏・秋柏・朝柏・児手柏、（２）古乃弖加之波・保宝我之婆・保宝我之波・安可良我之波、（３）保宝葉《がしは》・御綱葉《がしは》の三種類になりそうです。これらのカシハがお互いにいかなる関係にあるかという課題と共に、各歌における「石迹《いはと》」「秋」「朝」「児手・古乃弖《このて》」「保宝」「安可良《あから》」「御綱《みつな》」などはいかなる意味の言葉なのかが解明されるべき課題なのですが、今でも明確には分かっていないようです。柏の字は、日本語では旧仮名使でカシハと読みます。そのことは、万葉３８３６の「児手柏」と万葉４３８７の「古乃弖加之波」とを対比することによって判明します。また、これらの万葉集の歌においては、「葉」の字を「カシハ」と読むべきことは、万葉４２０４・４２０５の二首の序言にある「保宝葉」と万葉４２０４・４２０５の歌中にある「保宝我之婆・保宝我之波」とを対比することによって判明します。

大言海によれば、上述したように、平安時代の和名抄に「葉、波、草木の茎枝に敷《つ》く者なり」、また「柏、加之波」と書いてあります。これらのことから、万葉集におけるカシハという言葉でのハは葉のことであり、カシは葉の修飾語であって、カシハという言葉全体が修飾語付きの「葉」のことになっています。つまり、万葉歌における漢字の「柏」は、単なる当て字的なものであり、必ずしもそもそもの固有の木種を指すものではないらしいのです。このことは、実際に、歌二首の序言にある「保宝葉」および万葉９０の詞書にある「御綱葉」における「葉」の字が「カシハ」と読まれていることから判断できます。ただ、木種を指すということになると、カシハの修飾語となっているイワト、コノテ、ホホ、アカラ、ミツナなどが意味するような特徴の葉をもった木ということになります。そうしますと、カシハにおけるカシという修飾語は、いかなる意味なのかが重要な課題となってきますが、その意味と語源については本欄の最尾に記述することにします。

万葉集の歌において、なぜ、柏という漢字が使われたのかという疑問が生じますが、シナ（芝那）の代表的な柏である側柏は、日本の代表的な柏であるコノテガシハと見做されているので、日本ではカシハと呼ぶ木にはすべて柏の字を当てることにしたと思われます。なお、シナの柏《パイ》は常緑樹とされていますが、日本の柏《カシハ》はカシハと呼ばれた途端から、必ずしも常緑樹ではなく針葉樹でもないので注意が必要です。なお、松柏という言葉があり、その意味についてはコノテガシワ欄をご参照ください。

日本のカシハについて、漢字の使い方からの分類は上述しましたが、木種から分類すると、秋と朝とはそのままの意味と思われるので、さておくとして、（i）イワトガシハ（石迹柏）（ii）コノテガシハ（児手柏・古乃弖《このて》加之波）（iii）ホホガシハ（保宝我之婆・保宝我之波・保宝葉）（iv）アカラガシハ（安可良我之波）（v）ミツナガシハ（御綱葉）の五種類になります。

イワトガシハについては、日本古典文学大系「萬葉集二」（岩波書店）の頭注では「他に例なく不明」と書いてありますが、岩石上に生えるシダ植物のイワヒバではないかとの学説があります。このイワヒバは、湿気があると広がり乾燥すると萎縮するという珍しい葉をもっています。イワヒバは漢字では巻柏と書いてイワヒバと読みます。そこで、イワヒバは漢字で巻柏と書かれることを踏まえたうえで、イワトガシハはイワヒバのことであるとして語源を探ってみます。一音節読みで縢はトンと読み、その字体から想像できるように「巻く、縛る、包む」などの意味があります。つまり、イワトガシハとは、岩縢柏の多少の訛り読みであり直訳すると**「岩に巻きつく柏」**の意味になり、これがこの木名の語源と思われます。特に巻きつく訳ではありませんが、好んで岩に生えることから、このような表現になっているものと考えられます。

コノテガシハについては、現代の大辞典をみると、通説では、現在のヒノキ科の常緑樹の小喬木であり、名称も木種も万葉時代そのままの同じ木とされています。小枝は縦に平たく分枝し、その葉は分枝に密生しており鱗状で表と裏の区別がなく緑色をしています。春に、雄花と雌花が単生し、小さな凹凸のある実がたくさんなります。万葉集でのコノテガシハが現在のコノテガシワと同じ木かどうかについては、通説とは異なり、万葉集でのコノテガシハは落葉樹であるとして異なる木であるとする高名な学者がいますが、そもそも柏は落葉樹とは限らないのであり、木名はそんなにころころと変わるものではなく、通説通り新旧同じ木と見做すべきものと思われます。

漢字で児手柏と書かれているので、コノテ柏というのは「葉の形が幼児の手の形に似ているから」との解釈が通説となり、他に「小さな凹凸のある実が児童の拳の形に似ているから」などの説もあるようです。しかしながら、この木の葉は幼児の手の形には似ておらず、その実も児童の拳の形に似ているとはいえません。したがって、児手柏における児手は単なる当て字であり、幼児の手形説や児童の拳形説は近年に至ってこじ付けでつくられた俗説と思われます。しからば、いかなる意味かというと、一音節読みで、共はコンと読み「共に、両方とも」の意味です。穠はノンと読み「よい、良好な、美しい」、腆はティエンと読み「美しい」の意味があります。したがって、コノテガシハとは、共穠腆柏の多少の訛り読みであり直訳すると**「両方とも**

美しい柏」の意味になります。両方とも美しいとは、葉が両面共に表面《おもてめん》であることを指すと思われるので少し意訳すると「両面とも表面の柏」になり、更に柏《かしわ》を葉のことと見做すと、葉を指すときは**「両面とも表面の葉」**、木を指すときは**「両面とも表面の葉のある(木)」**の意味になり、これがコノテガシハという木名の語源です。因《ちな》みに、「おもて面」とは、字義上は「美しい面」の意味です。なぜならば、娥はオ、茂はマオ、腆はティエンと読み、いずれも「美しい」の意味であり、オモテは娥茂腆の多少の訛り読みだからです。

ホホガシハについては、現在はモクレン科の落葉喬木であるホオノキのこととされています。ただ、保宝我之婆や保宝我之波をホホガシハと読むかぎり、ホオノキではなくてホホノキと読み書きすべきものです。このホホノキは、日本特産とされ、山地に自生し、丈は20m程度になります。その特徴は、卵形の葉がとても大きいことで、その長さは20〜40cm程度、幅は10〜25cm程度とされています。初夏に枝先に大輪の黄白色の花が咲き、その実は多くの種子からなる1・5cm程度の莢果で、秋になると赤く熟します。漢字では「朴」と書かれますが、漢語では朴はニレ科のエノキの一種とされています。

ホホガシハが詠われている万葉4204における「蓋《かさ》」とは貴人用の「絹傘」のことです。万葉4205においては「い布《し》き折り酒飲みき」と詠われていますので、当時の粗造であったと思われる酒器に敷いて用いたのかも知れません。或いは、葉を円錐形に丸めて、その尖がった方を下にして、酒がこぼれないように下端を上に折り曲げて用いたとも考えられます。ということは、この木の葉は大きくて美しかったということです。日本古典文学大系「萬葉集四」(岩波書店)においては、原文での「保宝我之婆」や「保宝我之波」を「厚朴《ほほがしは》」と書替えてあることから、学者はこの木名の意味が分かっているらしいのです。解説はありませんが、たぶん、保宝は厚朴を通じて厚宏のことと思われます。一音節読みで、厚はホウ、宏はホンと読み形容詞では共に「大きい」の意味があります。つまり、ホホガシハとは、厚宏柏の多少の訛り読みであり直訳すると「大きな柏」ですが、上述したようにカシハ(柏)を葉のことと見做すと、葉を指すときは

「大きな葉」、木を指すときは「大きな葉のある（木）」の意味になり、これがこの木名の語源と思われます。蓋《かさ》や酒器として利用するには大きな葉であることが必要だったのです。

アカラガシハは、万葉4301に「安《あ》可《か》良《ら》我之波」と詠われていますが、日本古典文学大系「萬葉集四」（岩波書店）の頭注には「温帯の山地に自生するブナ科の落葉喬木。広い大きな葉をもち、現在、端午の節句の柏餅に使う」と説明されています。そうしますと、頭注ではアカラガシハは現在のどの木であるかは明らかにされていませんが、この木こそが、現在、木種として単に「カシワ（柏）」と呼ばれている木にふさわしいらしいことになります。ちなみに、現在、木種を指すときのカシワ（柏）はブナ科の落葉喬木とされています。さて、アカラガシハの語源の話をしますと、一音節読みで、盎はアンと読み、程度が著しいことを表現するときに「とても、非常に、著しく」などの意味で使われます。康はカンと読み「広大な、広くて大きな」、孌はランと読み「美しい」の意味があります。つまり、アカラガシハとは、盎康孌柏の多少の訛り読みであり直訳すると「とても広くて大きな、美しい柏」ですが、カシハを葉のことと見做して少し意訳すると、葉を指すときは「とても広くて大きな、美しい葉」、木を指すときは**「とても広くて大きな、美しい葉のある（木）」**の意味になり、これがこの木名の語源と思われます。柏餅に用いるのですから、広くて大きいうえに、美しい葉であることも必要なのです。つまり、現在その葉を柏餅に用いるカシワ（柏）は古代にはアカラガシハと呼ばれたらしいということです。

ミツナガシハについては、日本古典文学大系「萬葉集一」（岩波書店）の頭注には「延喜式には三津野柏とある。葉を大嘗会の酒器に使う。オオタニワタリだともカクレミノだとも言われる」と説明してあります。岩波文庫の「古事記」（倉野憲司校注）の仁徳天皇条の「大后豊楽《とよのあかり》したまはむとして、御綱柏《みつながしは》を採りに、木《きの》国に幸《い》行でましし間に・・・」という記事の下注に「（御綱柏は）ウコギ科の常緑喬木のカクレミノ。葉は三裂または五裂する。酒をこれに盛る」と説明してあります。岩波文庫の日本書紀（二）の仁徳天皇三十年条の「皇后、紀国《きのくに》に遊《い》行でまして、熊野岬に到りて、即ち其の処の御綱葉《みつなかしは》（葉、此をば箇始婆《かしは》と云ふ）を取りて還りませり」という記事の注記に「ミツナカシハはミツノカシハの転。三角葉。葉先が三つに分かれている常緑葉。豊明・神供などに酒を盛る木の葉」と説明してあります。また、白井光太郎博士（元東京帝国大学名誉教授）により、ミツナガシハはシダ植物のオオタニワタリであると推定されて、これが現在の通説となっています。

　このシダ植物は、その葉長が1m程度、葉幅が20㎝からそれ以上にもなる大きなもので、その若芽は食材にもされています。

　ミツナガシハはオオタニワタリであるとしてその語源を探りますと、一音節読みで、瀰はミと読み「広い」、秭はツと読み「とてつもなく大きい」、娜はナと読み「美しい」の意味があります。つまり、ミツナガシハは瀰秭娜柏であり直訳すると「広くて、とてつもなく大きな、美しい柏」になりますが、カシハ（柏）を葉のことと見做すと、葉を指すときは「広くてとてつもなく大きな美しい葉」、木を指すときは**「広くてとてつもなく大きな美しい葉のある（木）」**の意味になり、これがこの木名の語源と思われます。

　秭は、そもそもは数の大きさを表す単位であり、とてつもなく大きな数を表す単位です。数を表す単位には拾、百、千、万、億、兆があり、これらの単位は日常生活で目にするものです。その上に大きくなる順に京、垓、秭があり、一音節読みで、京はケイ、垓はガイ、秭はツと読みます。いろいろな説がありますが、一説では兆の億倍が京、京の億倍が垓、垓の億倍が秭とされています

　ちなみに、カクレミノはウコギ科の常緑小喬木ですが、ウルシに似た成分があるため、その樹液に触れるとかぶれることがあるとされることから、酒器に用いるには適しなかったかも知れず、カクレミノ説の不利な点になります。

　上述してきたように、万葉集の歌においては「い布《し》き折り酒飲みき」と詠われているのはホホガシハだけですが、酒を盛った事実があるのかどうかは分からないとしても、現在ではアカラガシハやミツナガシハにも酒を盛ったと理解されているようです。

　なお、アカラガシハについて補足しますと、現在の

植物の世界ではアカラガシハという木は存在していません。他方、出芽時からの若葉が赤いことからアカメガシワと名付けられたとされるトウダイグサ科の落葉小喬木があります。「古代のアカラガシハは、今のアカメガシワである」と書かれた本こそ存在しませんが、高名な植物学者でさえもアカラガシハにおけるアカラを「赤ラ」のことと誤解して、アカラガシハとアカメガシワとを同じ木と見做しているのではないかとの疑いがあります。上述したように、アカラは盈康孌（＝とても広くて大きい）の意味であり、アカメの「赤芽」とは「アカ」の意味は異なっています。例えば、牧野新日本植物図鑑（北隆館）には、アカラガシハ（アカラガシワ）の記載はなく、アカメガシワについて「昔からこの葉に食物をのせたことにより五菜葉または菜盛葉ともよばれる」と書いてありますが、アカメガシワという名称は、江戸時代の大和本草に初出する名称であり、「五菜葉または菜盛葉ともよばれる」というのも、この時代からいわれるようになったものです。アカメガシワが、トウダイグサ科の木ということになると毒分があるのではないかと思われ、その葉は食物を包んだりするのに適していない可能性があります。

「植物の名前の話」（元東大名誉教授・前川文夫著・八坂書房）という本には「伊勢神宮の神事にはやはりこの名（ミツナガシハ）で使われているが、その正体はアカメガシワであるという。オオタニワタリは南九州や琉球ではふんだんにあるが伊勢ではもう生えられない。いきおいアカメガシワが交代して欠かすことのできない神事の座を埋めたとも考えられる」と推定で書いてあり、「日本人と植物」（前川文夫著・岩波新書）という本にも似たことが書いてあります。この二冊の本でも、アカラガシハとアカメガシワとを同じ木と見做してあるように思われ、もしそうであれば、それは明らかに誤解であるといえます。アカラガシハとアカメガシワとは同じ木と見做すことはできないのかということですが、前者はブナ科、後者はトウダイグサ科とされることからも異なる木ということになります。

なお、学者説として一般に広く行われているカシハの語源の話をしますと、万葉4205においてはその葉を酒器として「い布《し》き折り」して用いたと詠われていることを一つの根拠として、カシハの名称は「炊《かしぐ》」と関連した「炊葉《かしぐは》」から「ぐ」が抜け落ちたものとの説が有力な語源説とされ通説になっています。しかしながら、炊の第一義は「火を焚《た》く」の意味であり、敷衍してその第二義は「煮炊きする」の意味があります。したがって、炊葉は、例えカシハと読み得るとしても、「焚火をする葉」或いは「煮炊きする葉」程度の意味にはなりますが、「酒器にして使う葉」とは直接にはなんの関係もありません。また、万葉集では、酒器としたのはホホガシハの葉とされているのであってその他のカシハには言及されていません。更には、①炊事と酒器とは直接には関係がないと思われること、②カシハという音声が炊葉に結び付く合理的な理由が乏しいこと、③炊の字は、名詞でカシキ、動詞でカシグと読むとされますが、なぜ、「かしきは（炊葉）」や「かしぐは（炊葉）」から「き」や「ぐ」が抜落ちて「かしは」になるのかなどの疑問があり、カシハの名称は炊葉からでたものではないように思われます。つまり、万葉集の歌におけるカシハの炊葉説は的外れの俗説と思われます。

カシハと名称のある樹木は、常緑樹（コノテガシハ）であったり、落葉樹(ホホガシハ・アカラガシハ)であったり、シダ植物（推定イワトガシハ、ミツナガシハ）であったりと支離滅裂のようですが、万葉集におけるカシハとは「カシ」という修飾語付の「葉」のことであると理解すれば、なんら可笑しいことにはならないのであり、漢字の柏は単なる当て字的なものとなっているのです。今後においても、どんな卓越した説がでてもそのように理解しない限りは、万葉集におけるカシハの課題を明確に解決することは困難と思われます。

さて、最後に、以上のようなことを踏まえて、本欄の主題である万葉集に詠まれた「カシハの語源」を探りますと、一音節読みで、亢はカンと読み「とても、非常に、著しく」などの意味があり、稀はシと読み「稀な、珍しい、奇特な」などの意味があります。つまり、**カシハ**とは「亢稀葉」の多少の訛り読みであり直訳すると、葉を指すときは**「とても珍しい葉」**、木を指すときは**「とても珍しい葉のある（木）」**の意味になり、これがこの言葉の語源と思われます。

つまり、万葉集の歌におけるカシハ（柏）とは、直接には**「カシ（亢稀）」**という修飾語付の**「葉」**のことなのであり、更にイワト、コノテ、ホホ、アカラ、ミツナなどの修飾語が付いて木名にもなっているということです。したがって、万葉集で詠まれているいろんな科属に所属する珍しい葉をもった樹木について適合できる言葉になっています。

26　カツラ

この木は、カツラ科の落葉喬木です。漢字で桂と書き、日本語ではカツラと読みます。桂の字は漢語ではキと読まれますが、「美しい」の意味の「瑰」の読みを転用したものと思われます。

（1）日本語では、古く、古事記の山幸彦（火遠理《ほおりの》命《みこと》）と海幸彦（火照命《ほでりのみこと》）の話の条に「訓香木云加都良。木。」と書いてあります。下だし読みすると「香木を訓みて加都良《かつら》と云ふ。木。」と書いてあります。この香木《かつら》が、どんな木であるかは、現在でははっきりしていません。

（2）万葉集には、次の歌が詠まれています。

・向つ岳の若楓の木　下枝取り
　花待つい間《ま》に嘆きつるかも（万葉1359）

この歌における「楓」は、日本古典文学大系「萬葉集二」（岩波書店）では「かつら」と読んでありますが、その頭注では「カエデ」という説もあると書かれています。つまり、この歌はカツラの歌なのかカエデの歌なのか分からないということです。

（3）鎌倉時代初期の古今集には、次のような歌が詠まれています。

・久方の月の桂も秋はなほ
　もみぢすればや　てりまさるらむ（古今194）

この歌における「桂」は、岩波文庫の古今集では「かつら」と読んであります。以上からいえることは、日本語のカツラという名称は、古代において、すでにできていたということです。

現在では、日本語における桂は木の一種でありカツラと読むとされています。この木は、カツラ科の落葉喬木で、丈は20m程度にまで達し、イチョウと同じようにに庭木や街路樹としても植えられます。秋になると、イチョウと同じ時期に同じように黄葉して落葉するので、葉形を見ないと、遠くからでは区別がつかないほどです。同じ胸形ですが、イチョウの葉は先端の方に窪みがあるのに対して、カツラの葉はその根元、つまり葉柄の方に窪みがあり全体としては丸形をしています。

一音節読みで、嵁はカンと読み「高い」、姿はツと読み名詞では「姿、形、姿形」、孌はランと読み「美しい」の意味があります。つまり、カツラは、嵁姿孌の多少の訛り読みであり、直訳すると**「高い姿の美しい（木）」**、いい変えると「美しい姿の喬木」の意味になり、これがこの木名の語源と思われます。

漢語辞典をみると、桂月とは「月」の別称、月桂冠とは「美しい冠」のこと、桂宮とは「美しい宮殿」のことと書かれており、日本でも京都には桂離宮という美しい別荘庭園があることなどからも、この場合のカツラのツラとは、「姿孌（＝美しい）」の意味であることが強く推測されます。なお、人間の顔のことを「ツラ」というのもその語源は姿孌のことです。

27　カヅラ

カヅラは、新かな使いではカズラと書き、通常、漢字では葛や蔓と書かれます。カヅラの話に入る前に、万葉集の歌には、**ツラ（ヅラ）**という名称のついた植物で、トコロツラ二首、イハヰツラ二首、タハミヅラ一首の計五首が詠まれています。葛という漢字は、クズというツル性植物の名称で使われている字ですが、万葉１１３３の歌ではツラと読んであります。また、都良はツラ、豆良はヅラと読んであります。

・すめがみの神の宮人　ところ葛
いやとこしくに　吾かへり見む（万葉１１３３）

・小剣《こたち》取り佩《は》きところ都良　尋《と》め行きければ・・・
（万葉１８０９）

・入間路の大家が原のいはゐ都良
引かばぬるぬる　吾にな絶えそね（万葉３３７８）

・上毛野　可保夜《かほや》が沼のいはゐ都良
引かばぬれつつ吾をな絶えそね（万葉３４１６）

・安波をろの　をろ田に生《お》はるたはみ豆良
引かばぬるぬる吾《あ》を言《こと》な絶え（万葉３５０１）

岩波文庫の古事記では、景行天皇の段の「倭建命の薨去《こうきょ》」の条の歌（歌番三五）に「登許呂豆良」とあります。

また、万葉集には、**「カヅラ」**の名称のついた植物で、サネカヅラ一〇首、ヒカゲカヅラ（ヒカゲノカヅラ）六首、クソカヅラ一首の計十七首が詠まれているとされます。**サネカヅラ**のサネは佐根・狭名・佐奈・左奈などと書かれており、カヅラは、木妨己と書かれた一首を除き、漢字ではすべて葛と書かれています。（９４狭名葛。２０７佐根葛。２２９６佐奈葛。３０６７玉葛。３０７０狭名葛。３０７１真玉葛。３０７３佐根葛。３２８０左奈葛。３２８１左奈葛。３２８８木妨己）。**ヒカゲカヅラ**は、ちゃんと名称がでているのは六首のうち一首の日影可豆良だけで、他はその草のこととされているものです。（３２２９玉蔭《たまかげ》。３５７３山可都良加気。３７８９山縵《やまかづら》。３７９０玉縵。４１２０賀都良賀気。４２７８日影可豆良）。サネカヅラ、ヒカゲカヅラ、クソカヅラの入った各歌を各一首づつ挙げると、次のようなものがあります。

・玉くしげ　みむろの山の狭名葛
さ寝ずはつひに有りかつましじ（万葉９４）

・かはらふぢに　延《は》ひおぼとれる屎葛
絶ゆることなく宮仕せむ（万葉３８５５）

・あしひきの山下日影可豆良ける
上にやさらに　梅をしのはむ（万葉４２７８）

大言海によれば、平安時代の字鏡には「葛、加豆良」とあります。これらの歌や書籍における、都良や豆良と可豆良や加豆良は、ツル性植物を指すためにつくられた言葉であり、すべて同じ意味であるらしいことが推測されます。なお、カヅラは漢字では蘿（国字は縵）と書くのが最も適当です。

岩波文庫の古事記（倉野憲司校注）における天石屋《あめのいはや》戸《と》の天宇受売命《あめのうずめのみこと》の裸踊りの条では「天宇受売命、天の香山の天の日影《ひかげ》を手次《たすき》に繫《か》けて、天の真拆《まさき》を鬘《かづら》として・・・」とあり、八俣大蛇《やまたのをろち》の条では「身一つに八頭八尾あり。また、その身に蘿《こけ》と檜榲《ひすぎ》と生《お》ひ、その長は谿《たに》八谷　峡《を》八尾に度《わた》りて・・・」と振仮名してあり、日影はヒカゲ、蘿はコケと読んでであります。

岩波文庫の日本書紀(坂本太郎・家永三郎・井上光貞・大野晋校注）における天石窟戸《あまのいはやと》での天鈿女命《あまのうずめのみこと》の裸踊りの条では「天香山の真坂樹を以て鬘《かづら》にし、蘿（蘿、此《これ》をば比舸礙《ひかげ》と云ふ）を以て手繦《たすき》にして・・・」とあり、八俣大蛇の条では「頭尾各八岐《やまた》有り。眼は赤酸醤（赤酸醤、此をば阿箇箇鵝知《あかかがち》と云ふ）の如し。松柏《まつかへ》、背上に生《お》ひて、八丘八谷の間に蔓延《はひわた》れり」と書いてあります。ここで、「蘿をばヒカゲ（比舸礙）と云ふ」のヒカゲは、全称でのヒカゲカヅラ（ヒカゲノカヅラとも）のことです。ヒカゲとだけあるのは、ツル性植物であることを明確にするために、カヅラは後付けされた言葉だからです。

また、上述したように古事記の八俣大蛇の条では「その身に蘿と檜榲と生ひ」とあり、日本書紀の八俣大蛇の条では「松柏、背上に生ひて、八丘八谷の間に蔓延《はひわた》れり」とありますが、両書は同じことを叙述してある筈なのです。したがって、古事記の檜榲は日本書紀の松柏に相当するのですが、古事記の蘿に相当すべきものは日本書紀にはありません。松柏は「蔓延する」とは思われないので、日本書紀では「蘿」の字が脱落しているのです。蘿という植物は「蔓延する植物」、つまり、ツル性植物のことですから、古事記における蘿は「こけ」ではなくて上述した日本書紀におけると同じように「ひかげ」と振仮名した方がよいと思われます。なぜならば、そもそも蘿の字には「こけ（苔）」の意味はないからです。ただ、万葉集の歌では、蘿はコケと読んでであります。大言海によれば、和名抄に「苔、古介」および「松蘿、萬豆乃古介」と書いてあります。松蘿＝萬豆乃古介の意味については、コケ欄をご参照ください。

さて、これらの言葉の語源をみますと、先ず、ヅラについて、一音節読みで、刺はツと読み「捕捉する、捕まえる、捉まえる、捉まる」の意味があり、濫はランと読み「蔓延する、延伸する、延びる、伸びる、延《は》う」などの意味があります。つまり、ヅラとは、刺濫の多少の濁音訛り読みであり直訳では**「捉まって延伸する（もの）」**の意味になっています。カヅラは、ヅラにカを加えたものですが、卡はカと読み、上述の刺と同じ意味があります。つまり、カヅラとは、卡刺濫の多少の濁音訛り読みであり直訳では**「捉まって延伸する（もの）」**の意味になり、これがこの言葉の語源です。

二音節語のヅラ（刺濫）が三音節語のカヅラ（卡刺濫）になっただけでまったく同じ意味になっています。このように、カヅラとは、草木における延伸する性質のある部分、具体的には「延伸する性質のある茎枝」のことをいいます。

ツル性植物を指すカヅラという言葉がつくられたことにより、植物名であるクズ、ツタ、フジ、ヒカゲは、その性質を明確に示すために、クズカヅラ、ツタカヅラ、フジカヅラ、ヒカゲカヅラ（ヒカゲノカヅラとも）などと呼ばれるようになります。また、屎葛はクソカヅラ、佐奈葛はサナカヅラと読まれるようになり、平安時代にはスイカヅラやノウゼンカヅラ、室町時代にはテイカカヅラなどの植物名がつくられています。

なぜ、ヅラとカヅラの二つのまったく同じ意味の言葉がつくられたかというと、和歌と関係があると思われます。和歌では、五七五七七の三一音節になるので、五音節語と七音節語になる方が都合がよいのです。したがって、植物名の頭がトコロ、イハヒ、タハミのように三音節語のときは二音節語のヅラと組合せ、サナ、クソのように二音節語のときは三音節語のカヅラと組合せるとちょうど五音節語の名称になります。ヒカゲカヅラがヒカゲノカヅラとも呼ばれるのは七音節語にするためなのです。

現在、カヅラがカズラと書かれるのは、原則としてすべての言葉におけるヅはズと書くようにとの公権力の要請によるものです。しかしながら、語源という視点からすると、カヅラという名称においてはヅでなければならないのです。なお、現存する辞典・事典・字典類の中で最も優秀なものの一つである大言海（大槻文彦著・冨山房）において、どのような学者が関与したのか分かりませんが、その新訂版では、見出し語が「かづら」から「かずら」に変更されています。しかしながら、このようなことは、著者である故大槻文彦博士の見識を損なうことになり、また、言語・国語学上の歴史的研究の面からも安易にすべきものではありません。

なお、クソカヅラとヒカゲカヅラ（ヒカゲノカヅラとも）について、誤った認識が流布されているようなので、少し注釈をしておきます。クソカヅラは、万葉集の歌では屎葛と書かれていますが、ここでの屎は直接には排泄物としての糞ではなくて単なる当て字です。一音節読みで酷はクと読み「とても、非常に、著しく」、臊はサァオと読み「臭《にお》う、臭《くさ》い」の意味があります。つまり、クソとは、酷臊の多少の訛り読みであり直訳では「とても臭い」の意味になるので、**クソカヅラ**は酷臊葛であり**「とても臭い蔓《つる》性（植物）」**の意味になり、これがこの言葉の語源です。このような意味になるのは、この植物の茎や葉を切断すると強い臭いがするからです。上述の万葉歌３８５５は、高宮王という人が詠んだ歌とされ、この人は皇族と思われますが、宮廷に捧げる歌と思われることから、排出物の糞の意味であるとは思われません。ただ、糞をクソと読むのは、酷臊からでたものではあります。平安時代末には、へクソカヅラともいうようになり漢字では屁屎葛と書かれたりしますが、これもまた当て字です。「へ（屁）」を追加したのは、当時の文化人の悪趣味のようにもみえますがそうでもないのです。一音節読みで、菲はフェイと読み本来は「におう」の意味ですが、一音節読みでピと読む屁を訓読で「へ」と読むのは菲の多少の訛り読みを転用したもので「におう」の意味なのです。ところが、菲には「美しい」の意味もあり、畳語にした「菲菲」は芝那では人名にも使われています。したがって、ここでの「へ」は、屁にみせかけた菲のことで「美しい」の意味で使われているのであり、美しいとは花のことを指すと思われます。そうとしますと、**へクソカヅラ**とは、屁酷臊葛というよりも菲酷臊葛であり**「美しい花の咲く、とても臭い蔓性（植物）」**の意味になります。この植物はサオトメバナという別称があるように、美しい花が咲くのです。

ヒカゲカヅラは、古くは、カヅラを付けないヒカゲだけで植物名だったのであり、それだけで意味のある名称だったのです。古事記の「天の岩屋戸」の条に

「天宇受売命《あめのうずめのみこと》、天の香山《かぐやま》の天の日影を手次《たすき》に繋《か》けて」とあり、日本書紀の神代七段には「また天の香山の真坂樹を以て鬘にし、蘿（蘿、此を比舸礙《ひかげ》といふ）を以て手《た》すきにして」とあります。枕草子六六段・八七段・九二段にはいずれも「日かげ」とでています。これらの書物での日影、蘿、日かげはすべてヒカゲと読まれており、後世のヒカゲカヅラ（ヒカゲノカヅラ）のことを指すのです。現代では、ヒカゲの意味は必ずしもはっきりと把握されていないようであり、その語源について色んな説が述べられていますが、本書での語源は次のようになります。一音節読みで、上述したように菲はフェイと読み「美しい」、卡はカと読み「捕捉する、捕える、捉まる、捉まえる」、亘はゲンと読み「延伸する、延びる、伸びる、延う《は》」などの意味があります。つまり、ヒカゲは菲卡亘の多少の訛り読みであり直訳では**「美しい、捉まって延《は》ふ（植物）」**、**ヒカゲカヅラ**は菲卡亘カヅラであり**「美しい、捉まって延《は》ふ蔓性（植物）」**の意味になり、これがヒカゲとヒカゲカヅラの語源です。このような意味になることは、ヒカゲは古代神事において冠飾りの一部に使われたことや、現在でも観賞用として植栽されることからも明らかなように美しい植物と見做されていたのであり、また、地面に根を下ろして地面に捉まりながら延伸する植物だからです。結局のところ、「日影」は単なる当て字なのです。また、ツル性植物であることを明確に示すために、後世では全称でヒカゲカヅラやヒカゲノカヅラという七音節語の呼び方もされるようになります。

大言海には「**ひかげかづら**（名）蘿葛・日蔭葛　日光ノアタル所ニハ生《ハ》エズト云フ」と伝聞推定で書いてあり、牧野新日本植物図鑑に「日蔭の蔓《かずら》は陰地に生ずるつる植物の意」とありますが、これらの説明は、日影が当て字であることを理解せずに、その字義のとおりに解釈したことから生じた明らかな誤りといえます。なぜならば、この植物は向陽性で日当たりのよい所に生え、日影（日陰）には殆んど生えないとされているからです。牧野新日本植物図鑑自体にも「山麓の比較的明るい所にはえる」と上述と矛盾したことが書いてあります。「明るい所」とは、「日当たりのよい所」の別表現なのです。世界大百科事典（平凡社）には「ヒカゲノカズラは、山地の林下や路傍の日当たりのよい場所にふつうに生えるヒカゲノカズラ科の多年生の常緑性草本」と書いてあります。

話は変わりますが、古来、日本語漢字ではクヅは葛、ツタは蔦、カヅラは葛と蘿と蔓、ツヅラは葛と蔦、ツルは蔓と書かれてきましたが、クヅとツタは共に一植物名であり、カヅラとツヅラとツルはいずれも同じ意味で、伸び延う性質をもった植物の一部分、具体的には主としてそのような性質をもった茎や枝などのことを指します。したがって、今後の植物の世界においては、古い使用法をそのまま踏襲するのではなく、混乱を避けるために、今後において漢字で書くときは漢字本来の意味に従って、**クズ＝葛**、**ツタ＝蔦**、**カヅラ＝蘿（国字は縵）**、**ツヅラ＝藟**、**ツル＝蔓**に統一した方がよいのではないかと思われます。

古代において、葛の字がクズの他にヅラ、カヅラやツヅラとも読まれたのは、葛《くづ》がツル性植物だったからであり、当初は蘿《かづら》、藟《つづら》、蔓《つる》などの字を使うようになるまでの過渡的一時的なものと見做されていたのが、ずるずると後世まで長引いてしまったものと思われるのです。蘿は古代のヒカゲ（ヒカゲカヅラやヒカゲノカヅラとも）に使われている字であり、日本語のカヅラとツヅラとツルとが同じ意味であるように、蘿と藟と蔓の三字は同じ意味です。古くカヅラと同時代につくられた、まったく同じ意味の、「ツヅラ」という言葉と、後世に作られた「ツル」という言葉については、それぞれの欄をご参照ください。

なお、結果的にはそのようになっても、一部の大辞典にあるように、カヅラやツヅラやツルという名称を、その意味や相互関係を説明することもなく、いきなり、「ツル性植物の総称」の如くにいうのは明らかに行き過ぎであるといっても過言ではありません。

28 カバノキ・カニワ

カバ（樺）は全称ではカバノキともいい、カバノキ科カバノキ属の喬木で、東北地方など寒冷地に多く生えます。カバノキ属にはシラカバ、ウダイカンバ、ダケカンバなど数種類があります。樺の字は、日本語ではカバやカンバと読むとされています。樺の字を分解すると華木になりますが、華は「華美、華麗、美しい」の意味の字ですから、「美しい木」の意味になっています。

さて、カバという日本語の語源の話に移りますと、一音節読みで、可はカと読み「よい、良好な」の意味ですが敷衍して「美しい」の意味でも使われます。樺はカンと読み「とてもよい、素晴らしい、美しい」、棒はバンと読み「よい、良好な、美しい」などの意味があります。つまり、これらの字は、形容詞で使うときはいずれも「よい」や「美しい」の意味があります。したがって、カバとは可棒、カンバとは樺棒の多少の訛り読みであり、共に、「よい（木）」の意味になっています。「よい（木）」というだけでは、なにが良いのか分かりませんが、樺という漢字の字義と関連して考えると「美しい（木）」の意味が適当です。したがって、カバ（可棒）やカンバ（樺棒）とは**「美しい（木）」**の意味であり、これがこの木名の語源と思われます。シラカバの樹皮は、ご承知のように白い斑紋になっています。漢字で白樺と書き「白い樺の木」の意味です。したがって、シラカバは白可棒、シラカンバは白樺棒であり共に**「白い美しい（木）」**の意味になります。

カバノキ科は、カバノキ属、ハンノキ属、ハシバミ属、クマシデ属、アサダ属の五つの属に分類されています。ご承知のように、これらのカバノキ科の木に共通することは、長く垂れた雄花序が付くことです。シラカバやウダイカンバでは雌花序も同じように長く垂れています。花の字は、漢語の一音節読みではホアと読みますが、日本語ではカと読みます。これは、クゥワと読んで「美しい」の意味のある「姱」の多少の訛り読みを転用したものです。つまり、日本語では、花は「美しいもの」と見做されているのです。八の字は、漢語では、濁音読みでバ、清音読みでパと読み、しばしば「多い」の意味で使われます。例えば、漢語の八面鋒（パーメンフォン）とは「ぺらぺらとよく喋る、とても口数が多い」などの意味があり、八哥（パーコ）とは日本の九官鳥のことをいいます。このようなことから、カバノキとは花八之木であり直訳すると「花の多い木」の意味、つまり、**「総状花序のある木」**のことをも意味しているのではないかと思われます。したがって、総状花序のあることもカバノキの語源の一つと思われるので、前段の語源と合わせると「美しい、総状花序のある木」になります。

さて、カバノキに関連して余談をしますと、カニワという言葉があり、平安時代の本草和名に「櫻桃、朱櫻、加爾波佐久良」、和名抄に「樺、加波、又云、加仁波、今桜皮」と書いてあります。ところが、この和名抄の記述の仕方が、後世に混乱を引起すことになったのです。つまり、和名抄の記述を読んで、カニハとは現在における「樺」と「桜」とのどちらなのかという問題が起きたのです。しかしながら、ここでの和名抄の記述は「樺は加波なり。又云ふ、加仁波は、今の桜皮なり」と読むべきものと思われます。つまり、樺はカバと云い、桜皮はカニハと云うと書いてあるらしいのです。ただ、なぜ、樺と桜皮とを同じ欄に書いたのかという疑問は残ります。

古代において、加爾波や加仁波はカニワと聴きなせるように読まれたと思われますが、本草和名にある櫻桃や朱櫻は、加爾波（加仁波）という修飾語を付けてカニワ桜と呼ばれた桜の一種であり、それはカニワという桜皮の採れる桜の木という意味だったのです。

現在、東北には、ヤマザクラ（山桜）の桜皮を表装素材としてつくる工芸品があり、小箱、茶筒、茶卓、盆、手鏡その他多くの細工物がつくられています。特には、秋田県仙北市角館《かくのだて》町の郷土工芸品が有名です。この工芸品の材料となる皮を採るヤマザクラは桜皮桜と書いてカニワザクラ、その工芸品は桜皮細工と書いてカニワザイクと読むとされています。つまり、桜皮はカニワと読まれています。通常は、例えばサクラノカワやオウヒと読むべきものを、わざわざカニワと読むのは、平安時代の加仁波や加爾波の読みとその意味とを引継いだものと思われます。

そこで、カニワの語源について考えてみますと、一音節読みで、伉はカンと読み「強い、強靱な」、膩はニと読み形容詞で使うときは「光沢のある」、婉はワンと読み「美しい」の意味があります。つまり、カニハとは、**伉膩婉**の多少の訛り読みであり、直訳すると**「強靱で、光沢のある、美しい（桜皮）」**の意味になり、これがこの言葉の語源と思われます。カニワは、名詞として使うときは具体的には上述したように桜皮を指します。したがって、カニワ細工とは**「強靱で、光沢のある、美しい桜皮の細工物」**の意味になります。また、一音節読みで、棒はバンと読み形容詞では「よい、良好な、美しい」などの意味ですから、伉臓婉の婉を棒に入れ替えた伉臓棒は、カニバと読めることになり同じ意味になるので、カニハ（カニワ）とカニバのどちらで呼んでも同じということです。

カニワ細工は、現在、樺細工とも書かれてカバ細工ともいうとされていますが、この樺は単にその読みと意味とを利用するための修飾語として使われている当て字的なものと思われます。つまり、樺はカバと読み「美しい木」の意味なので、樺細工は「美しい木からつくった細工物」の意味になるからです。そうしますと、古文書に度々でてくる樺皮は、実際には、桜皮を指していたことになります。

広辞苑（第六版）には、カバノキ科のカバ〔樺〕について「**かば**【**樺**】（カニハの転）」と書いてありますが、そうとは到底思われません。なぜならば、カバとは可棒の読みであり、上述したようにカニハとは桜皮のことでありカニハからニが抜け落ちる理由が分からないからです。また、一部の国語学者などによって、樺の読みであるカバやカンバはアイヌ語からでたものであり、カニワはアイヌ語のカリンバニ（桜樹の意）からきたとの説が流布されていますが、アイヌ語の中にほんとうにカリンバニという言葉があったとしても、両者は音声が著しく異なることからその可能性は極めて低いといえます。また、繰返し何度もいうように、古代においては夷語と見做されていたアイヌ語から、和語の普通語がつくられることはあり得なかったと思われます。

29　カボス・スダチ

カボスもスダチも、ダイダイと同じように極めて酸味の強い柑橘類の一種です。その果実はダイダイのように丸形ですが、はるかに小さく、皮は厚くて少し香りがあり、熟しても青色か黄色のままでダイダイのように赤黄色になることはありません。カボスは大分県、スダチは徳島県の特産物として有名で、最近ではダイダイの代わりに、烹酢《ぽんす》、つまり、料理酢として多用されています。烹は、「料理」という意味の字です。

江戸時代前期末の和漢三才図会には「カブスはダイ

ダイの別称である」と書かれているので、カボスは江戸時代にはできていた名称であり、スダチは比較的に新しい名称と思われます。カボスは名称がつくられた当時はカブスと呼ばれていたものが音便変化したものと思われます。

一音節読みで、亢はカン、渤はボと読み、共に程度が著しいことを表現するときに「とても、非常に、著しく」などの意味で使われます。酢はスと読み「酢っぱい」の意味です。つまり、カブスとは、亢渤酢の多少の訛り読みであり、果実を指すときは「とても酢っぱい（果実）」、木を指すときは**「とても酢っぱい果実のなる（木）」**の意味になり、これがこの木名の語源です。他方、大はダ、激はチと読み、共に「大いに、激しく、とても、非常に」などの意味があります。つまり、スダチとは酢大激であり直訳では「酢っぱいのがとてもである」ですが、表現を逆にすると、果実を指すときは「とても酢っぱい（果実）」、木を指すときは**「とても酢っぱい果実のなる（木）」**の意味になっており、これがこの木名の語源です。したがって、カボスとスダチは、表現が異なるだけで同じ意味になっています。

30 カヤ

イチイ科の常緑針葉樹で、山地に単独で自生しており、丈は20m以上の大木になります。雌雄異株で、幹には若干の香りがあり、四月頃に褐色の集合雄花と淡緑色の雌花が咲き、雌花の後には楕円形の実がなり、秋にそれを搾って食用油や頭髪油を採ります。材は堅く、建材、家具、彫刻材などにします。漢字で榧と書きますが霏木のことであり、霏は形容詞で使うときは「香りのある」の意味があるので、榧は「香りのある木」の意味になっています。木目が綺麗で、香りのある大木であることから、古代には、一木造の仏像の材料としても好んで使われ、それらの仏像が文化財として多くの寺院に現存しています。また、現在でも碁盤や将棋盤などの材料として使われることで有名です。大言海によれば、平安時代中期の康頼本草（丹波康頼著）に「榧実、加也乃実」と書いてあります。

一音節読みで、可はカと読み「よい、良好な」の意味、雅はヤと読み「優雅である、優美である、美しい」などの意味があります。つまり、カヤとは、可雅であり直訳すると**「良好な美しい（木）」**の意味になり、これがこの木名の語源です。このような意味になるのは、香りのある木目の美しい大木であり、古来、一木造の仏像や碁盤、将棋盤などの材料として珍重されてきたからと思われます。

31　カラタチ

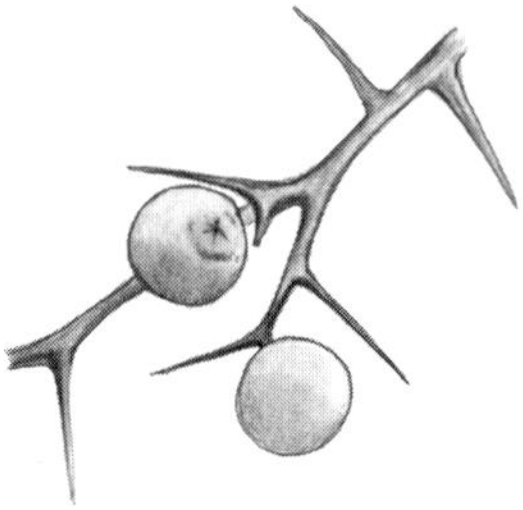

ミカン科の落葉灌木です。枝は複雑に分枝してよく茂り、枝には鋭くて堅い、やや大き目の刺がたくさん生えているので、生垣としても多用されます。春に白い五弁花が咲き、小さ目の果実がなり秋に黄色に熟しますが、そのままに放置されて食べられることはありません。

大言海によれば、平安時代の本草和名に「枳殻、加良多知」、和名抄に「枳椇、加良太知」と書いてあります。一音節読みで、剛はカンと読み「堅い」、刺はラと読み「トゲ」の意味です。怛はタと読み「恐ろしい」、棘はチと読み「トゲ」の意味です。つまり、カラは剛刺で「堅いトゲ」、タチは怛棘で「恐ろしいトゲ」の意味になっています。したがって、カラタチとは剛刺怛棘であり、直訳すると「堅いトゲと、恐ろしいトゲのある（木）」ですが、整理していうと**「堅い恐ろしいトゲのある（木）」**の意味になり、これがこの木名の語源です。

枕草子一五三段の「名おそろしきもの」には「・・・。くちなはいちご。おにわらび。鬼ところ。むばら。からたち。・・・」と書かれていることから、カラタチという名称の中には「恐ろしい」の意味が含まれていることは確実と推測されます。なぜならば、才女だった清少納言は、漢字の字義にも詳しく、カラタチの名称字義も知っていたので、「名おそろしきもの」の中に加えたと思われるからです。

32 ガンピ

ガンピという名称の植物には、ジンチョウゲ科の落葉灌木とナデシコ科の多年草とがあります。

木のガンピは、漢字では日漢で共に雁皮と書きます。山地に自生し、丈が1・5m程度、葉は卵形で、夏に、枝先に淡い黄色の小花が集まって咲きます。その樹皮の一部である靭皮《じんぴ》繊維を和紙の原料にしますが、靭皮繊維は強靭で耐久性があります。靭皮とは、木の外皮のすぐ内側にある柔らかな皮部分をいい、その靭皮繊維を原料として、紙、布糸などをつくる植物を靭皮植物といいます。この木の場合は、その靭皮繊維でつくった和紙を雁皮《がんぴ》紙といい、緻密で光沢があり、湿気や害虫にも強い、最も優れた和紙の一つで「和紙の王」と称されています。草木名初見リスト（磯野直秀作）によれば、室町時代後期の文明本節用集（一五〇〇頃）にでています。

さて、語源の話に移りますと、木の雁皮における雁は当て字ですが、日本語においては、このように、その一部だけを当て字にする言葉があります。一音節読みで、崗はガンと読み「とてもよい、素晴らしい、美しい」などの意味です。皮はピと読みます。つまり、ガンピとは崗皮であり、直訳すると「素晴らしい皮の（木）」ですが、その皮を利用することから生まれた名称と思われるので、少し意訳すると**「素晴らしい皮の採れる（木）」**の意味になり、これがこの木名の語源と思われます。

大言海には「**がんぴ**（名）雁皮〔古言、かにひノ転〕古名、かにひ。落葉ノ灌木。皮ヲ紙トシ、斐紙・雁皮紙《ガンピシ》ト云フ」、また、「**かにひ**（名）莞花・蕘花　灌木ノ名。莞花《フジモドキ》、蕘花《キコガンピ》ノ総名。皮ニテ紙ヲ造ルヲ斐紙ト云フ、今云フ、雁皮紙《ガンピシ》ナリ」と説明してあります。また、平安時代の医学書である医心方《いしんぼう》には「莞花　加爾比」と書いてあることが紹介されています。

平安時代の枕草子六七段の「草の花は」の下りに「かにひの花、色は濃からねど、藤の花といとよく似て、春秋と咲くがをかしきなり」と書かれています。

草のガンピ（岩菲）については、その欄をご参照ください。

33　キササゲ

大言海には、「**きささげ**（名）楸〔莢《サヤ》ノ垂ルルコト、十六大角豆《ササゲ》ノ如シ〕古名、ヒサギ。夏、尺許《バカリ》ノ穂ヲ出シテ、花ヲ開ク、胡麻《ゴマ》ノ花ノ如クニシテ、浅黄ニ紫点アリ、莢ヲ結ブ、長サ尺余ニシテ垂ル」とあるように、ヒサギ（楸）はキササゲの一種なのです。

大言海によれば、江戸時代の倭訓栞《わくんのしおり》（和訓栞）（後編）のあづさ欄に、アヅサについて「梓ヲ訓《ヨ》メリ、云々、今云フ木ささげナリ、其実ノ形ヲ云フ、木豇豆《ささげ》ノ義ナリ、サレバ、あづさモ、厚房《アツフサ》ノ義ニヤ」とあり、また、同時代の重修本草綱目啓蒙の梓欄に「李時珍ノ説ニ、木理《モクメ》白キハ梓ト為シ、赤キハ楸ト為スト云フ。ソノ白キハ梓ト為スト云フハ、即チ、きささげニシテ、倭名抄ノあづさ、是レナリ。又、赤キハ楸ト為スト云フハ、即チ、あかめがしはニシテ、倭名抄ノひさぎ、是レナリ」。

これらの本には、アヅサ（梓）はキササゲであると書いてありますが、重修本草綱目啓蒙にはヒサギ（楸）はキササゲであるとは書いてありません。アヅサについて「厚房《アツフサ》ノ義ニヤ」とあるのは、アヅサの字義が分からなかったことを示しており、ヒサギやキササゲの字義についても同じことがいえます。

キササゲとは、そもそもは木の態様のことであり、木名のことではないのですが、現在では木名のこととされています。アヅサとヒサギとは、すでに万葉集に詠われている木で、古くから日本にも存在した木です。キササゲという名称は、江戸時代につくられたもので、草木名初見リスト（磯野直秀作）によれば、書言字考節用集（一七一七）という本にでています。つまり、アヅサやヒサギという古くから日本にも存在する木に対して、その「垂れる莢」に着目して、新たにキササゲという名称がつくられたのです。キササゲのキは木のことであるとして、一音節読みで、降はシャンと読み「降下する、下がる、垂れる」の意味、亘はゲンと読み「伸びる、長く伸びる、延伸する」などの意味があります。つまり、キササゲとは、木降亘の多少の訛り読みであり直訳すると「**垂れて長く伸びた木**」になりますが、「垂れて長く伸びた」とは具体的には雌性の花後にできる莢のことなので、少し意訳すると「**垂れて長く伸びた莢のなる木**」になり、これがこの木名の語源です。

キササゲは、学名ではカタルパ（Catalpa）といいます。漢語辞典には、梓はカタルパ・オヴェイタ（Catalpa ovata）、楸はチャイニーズ・カタルパ（Chinese catalpa）と書いてあります。牧野新日本植物図鑑によれば、現在、日本には学名がカタルパ・オヴェイタ（Catalpa ovata）のキササゲと、学名がカタルパ・ブンゲイ（Catalpa bungei）のトウキササゲとがあるとされています。日本のアヅサ（梓）とヒサギ（楸）とは、共にキササゲであることから判断して、アヅサは現在のキササゲ、ヒサギは現在のトウキササゲと見做すべきだと思われます。

牧野新日本植物図鑑では、アヅサはカバノキ科カバノキ属の木とされ、同じ属のヨグソミネバリと同じ木で、学名は共にBetula grossaとされていますが、これは完全な誤解です。なぜならば、江戸時代の博物誌や漢語辞典でも述べられているように、アヅサ（梓）はノウゼンカヅラ科キササゲ属のキササゲと見做すべきものであり、ヨグソミネバリはカバノキ科カバノキ属の木でありキササゲではないからです。カバノキ科の木にキササゲは存在しないのです。

また、上述したように、重修本草綱目啓蒙の梓欄に「楸は、あかめがしは」とありますが、楸はキササゲなのに対して現在アカメガシワとされる木は、トウダイグサ科の木でありキササゲではないので、この記述は誤りです。なぜ、こういう説明になるかというと、キササゲという木名の字義が正しく理解されていないことに起因しています。江戸時代の誤った記述により、現在の通説に至るまで、アヅサおよびヒサギとキササゲとの関係、加えてその周辺の木種、例えば、トウキササゲ、ヨグソミネバリ、ミヅメ、アカメガシワなどの関係が支離滅裂の誤ったものになっています。

34 キハダ

ミカン科の落葉喬木で丈は15m程度、羽状複葉で初夏に枝先に円錐花序をなして黄緑色の小花が咲きます。木質は堅固で建築材や各種器具材として利用されます。漢字では黄蘗と書かれます。樹皮の外皮は灰色ですが内皮はコルク質で厚く鮮やかな黄色をしています。樹皮からは黄色染料が採れ、また、漢方で黄蘗《おうばく》と呼ばれる健胃整腸剤などの薬になります。

　大言海によれば、平安時代の字鏡に「黄蘗、支波太」、本草和名と和名抄に「蘗木　支波多」と書いてあります。キハダにおけるキは黄のこと、ハダは膚《はだ》のことであり、語源としては黄膚であり**「黄色い膚の（木）」**の意味になっています。膚は皮と同じ意味なので、「黄色い皮の（木）」といってもよいと思われます。

　黄の字は、漢語の一音節読みでホアンと読むのに、日本語の訓読でキと読むのは葵の読みを転用してあるからです。葵は、一音節読みでキと読み、いわゆる向日葵《ひまわり》のことで、形容詞的に黄色の意味でも使われています。例えば、徳川家の家紋である葵御紋などがあります。ご承知のように、葵御紋は黄色になっています。

　膚の字は、漢語の一音節読みでフと読むのに、日本語の訓読でハダと読むのは、汎達の読みを転用してあるからです。一音節読みで、汎はハンと読み「すべて」、達はタと読み「達する」の意味があります。つまり、ハダとは、**汎達**の多少の訛り読みであり直訳すると「すべてに達している」ですが、少し意訳すると「すべての所に達している（もの）」、更に分かり易く意訳すると**「全身をすっぽりと覆っている（もの）」**の意味になり、これがハダという言葉の語源の一つになります。

　また、膚をハダと読む限り、「美しい」の意味が含まれていると推測されます。なぜならば、漢和辞典を見るとお分かりのように、膚の字を形容詞で使うときは「美しい」の意味があるからです。一音節読みで、酣はハン、讜はダンと読み、共に「美しい」の意味があります。つまり、ハダは、**酣讜**であり**「美しい（もの）」**になっており、これもこの言葉の語源で掛詞になっていると思われます。まとめると、ハダ（膚）とは「全身をすっぽりと覆っている、美しい（もの）」になります。

35　キリ

　キリ科の落葉喬木で、丈は15m程度にまで成長します。幹は太く、樹皮は灰色、葉は大きな扇形で対生します。五月頃、紫色の花が群がって咲き、熟すると多数の平たい翼状の二枚の実ができます。材は白く、やや柔らかですが、軽くて、収縮が少ないので狂いがなく、現在では特には琴材や箪笥材として重用されています。

大言海によれば、平安時代の字鏡に「桐、支利乃木」、本草和名に「桐、岐利乃岐」、和名抄に「梧桐、木里」と書いてあります。つまり、桐は、平安時代にはすでにキリと読まれていたのです。

枕草子三七段の「木の花は」には、「桐の木の花、むらさきに咲きたるはなほをかしきに、葉のひろごりざまぞ、うたてこちたけれど、こと木どもとひとしういふべきにもあらず。もろこしにことごとしき名つきたる鳥の、えりてこれにのみゐるらん、いみじう心ことなり。まいて琴に作りて、さまざまなる音のいでくるなどは、をかしなど世のつねにいふべくやはある、いみじうこそめでたけれ」と書かれており、岩波文庫の枕草子では「桐」には「きり」の振仮名が付けられています。この随筆には、鳥の王である鳳凰の止まる木であり、琴の材料となる木であって、とてもめでたい木であると書いてあります。

一音節読みで、貴はキと読み「貴い」、麗はリと読み「美しい」の意味です。つまり、キリとは貴麗であり直訳すると**「貴い美しい（木）」**の意味になり、これがこの木名の語源と思われます。桐は、菊と共に皇室の紋章にも採用されており、勲章制度で最も高位の「旭日大綬章」の中で、更に一段上の「旭日桐花大綬章」というのがあります。なお、更に一段上には「旭日菊花大綬章」というのがあります。

36 クコ

ナス科の落葉灌木です。河川や海の堤防、線路の土手、麓の崖地などで、陽の当たる荒地に好んで自生しています。枝にはトゲ（刺・棘）が生えており、枝葉は柔らかく、葉腋に淡紫色の小花が咲き、実は赤く熟します。漢字では、日漢で共に枸杞と書いて、日本語ではクコ、漢語ではコウチと読みま

す。クコは美味しい食材として知られており、その若枝や若葉は、油揚げ、汁物、和え物、煮付け、その他いろいろな料理にして賞味されています。また、強精・強壮剤としても知られており、葉、根皮、実は乾草させてクコ茶や漢方薬にします。実は、乾燥させて漢方薬にし、生のままで枸杞酒用としても使われます。枸杞酒のつくり方は、梅酒のものに似ています。

さて、語源の話に移りますと、一音節読みで、穀はク、咢はコと読み、共に「よい、良好な」ですが敷衍して「素晴らしい、美しい」などの意味もあります。つまり、クコとは、穀咢であり、直訳すると**「素晴らしい（木）」**の意味になり、これがこの木名の語源と思われます。このような意味になるのは、紫色の花や赤く熟した実が美しいうえに、食材、強精・強壮剤、茶材、漢方薬、果酒などに多用できるからです。

また、酷はクと読み、程度が著しいことを表現するときに「とても、非常に、著しく」などの意味で使い、恐はコンと読み「恐い、恐ろしい」の意味です。つまり、クコとは酷恐の多少の訛り読みであり、直訳すると「とても恐い（木）」、少し意訳すると**「とても恐い刺のある（木）」**の意味になっており、これもこの木名の語源で掛詞になっていると思われます。このような意味にもなるのは、枝に大き目のトゲが生えているからであり、一般的に、トゲ（刺・棘）が生えた木にはそのような意味があります。大言海には、この木は別称で枸棘ともいうと書いてあります。掛詞をまとめると**「素晴らしい、とても恐い刺のある（木）」**になります。

大言海によれば、平安時代の字鏡には「枸杞、久己」、和名抄には「枸杞、奴美久須利、久古」と書いてあり、この頃から「飲み薬」ともされていたのです。

「おいしい山菜図鑑」（千趣会）という本には、この木について次のように書いてあります。「枝の長さは二mから、ときには三mくらいになるが、クコの枝はだいたい半匍匐性で横にはい広がるので、あまり高くは立ち上がらない。枝は淡い褐色をおびた黄色でよく小枝を出し、鋭いトゲがまばらにつく。葉はへら形で大小不同、大きいのは四～五センチ、一点から五～七枚かたまって出る。初夏から夏にかけて、薄い紫色で星形の五弁花をやや下向きに咲かせる。大きさは一・五センチぐらい、かれんな花だ。夏の終りごろから晩秋にかけて赤く熟す実も美しい。大きさは一・八センチぐらいで、楕円形。細い柄でぶら下がり、よく熟したものはすきとおるようなみずみずしい紅色になる。この実を乾燥したものが漢方でいう枸杞子。中にトウガラシのタネを小さくしたような細かいタネがあり、味はホオズキの中味と似ている」。

また、同本には食材としてのクコについて、次のように書いてあります。「クコを山菜として摘むには、枝に出る葉よりも、根株の方から萌え立ってくる太くて新しい茎がよい。太さが箸ほどもあり、柔らかで、一〇センチ長さくらいまでポキンポキンと折れる。味はこのころのものが最高。ふつうヤブになって群生しているから、手かごに一杯ぐらいはたやすく摘める」。

更に、同本には、クコの葉について、次のように書いてあります。「四月初めごろ、お茶ぐらいの葉が出るが、それを摘んでゆで、ひたしものなどにすると。ぷうんとほのかにユリ根に似た香りがして、とてもおいしい。柔らかい葉だから、あまりゆですぎないようにするのがコツ。おいしい草なので、少し大きくなると虫がつきやすい。食用にする場合は、どんどん新芽を採って食べるようにする、クコの新芽は、いくら摘んでも、あとから続々と出てくる」。

37　クサギ

クマツヅラ科の落葉灌木で、山野に生え、丈は2m程度、葉には強い臭気があります。木の葉は食用に、熟した青い実は染料として使われてきました。葉や茎に臭気があるので、**「臭木」**とされています。大言海によれば、平安時代の本草和名と和名抄に「恆山、久佐岐」と書いてあります。

野草散歩（邊見金三郎著・朝日新聞社）に、次のようなことが書いてありました。「だいぶん前のことだが、明治時代の小説家上司小剣氏が朝日新聞にこの木の『効用』について書いておられた中に『この木を一本庭に植えておけば、つくだ煮屋を一軒抱えているようなものだ』というようなことがあった。（中略）。非常に強勢な木で真夏になっても新しい葉を次々と出してくるから、それを絶えず摘んで食べる段になれば、それこそ『つくだ煮屋を抱えている』ようなことにもなろうというものだ。食べ方については、前記上司氏の文中に和え物、煮物、汁の実などいろいろ挙げてあり、好きな人は塩でもんでイキナリ食べるともあった。(中略)。つくだ煮の場合は、どの道細かく刻むのだから、使う葉は相当開いたものでもさしつかえない。時期によってサンショウの葉、トウガラシの葉、シソの葉などを混ぜると変わったつくだ煮ができる」。

さて、語源の話をしますと、一音節読みで、酷はクと読み、程度が著しいことを表現するときに使われます。臊はサオと読み「臭い」の意味があります。つまり、クサギとは酷臊木の多少の訛り読みであり**「とても臭い木」**の意味になり、これがこの木名の語源です、また、餐はツァンと読み「食べる」の意味があります。つまり、クサギとは酷餐木の多少の訛り読みであり**「よく食べる木」**の意味にもなっており、これもこの木名の語源で掛詞になっていると思われます。まとめていうと、「とても臭いが、よく食べる木」になります。

38 クスノキ

クスノキ科の常緑喬木です。日本では関東地域以南に生えていますが、南方、特に九州に多く、熊本県や佐賀県では県木に指定されています。丈は25m程度にまで達し、あちこちから大きな横枝がでるので、幹がまっ直ぐなものは殆んどなく、こんもりと茂った大木になります。夏に白い花が咲き、小さな黒い実がなります。木目は細緻で木質は固く、建材、船材、家具や工芸品の材料として使われます。木からは香りを発し、枝を剪定するときは辺り一面がその強い香りで満たされます。その幹を含め枝や葉は防虫剤である樟脳《しょうのう》の原料となります。

大言海によれば、平安時代の字鏡に「樟、久須乃木」、本草和名に「楠材、久須乃岐」、和名抄に「楠、久須乃木」と書いてあり、日本では樟と楠との区別は、昔からされていなかったようで、現在でも分からない状況にあります。

さて、語源の話に移りますと、一音節読みで、酷はクと読み、副詞では程度が著しいことを表現するときに、「とても、非常に、著しく」などの意味で使われます。宿はスと読み「大きい」の意味であり、宿敵という熟語は、宿《やど》にいる敵ではなくて大敵の意味です。つまり、クスノキとは、酷宿之木であり、直訳すると**「とても大きな木」**の意味になり、これがこの木名の語源の一つです。

　また、一音節読みで、香はシャンと読み名詞では「香り」、形容詞では「香りのある」の意味です。つまり、クスとは酷香の多少の訛り読みであり、酷香之木を直訳すると**「著しい香りのある木」**の意味になり、これもこの木名の語源で掛詞になっています。このような語源になることは、漢語では、この木を香樟ということからも推測できます。なお、酷のそもそもの字義には「香りの強い、とても香りのする」などの意味がありますが、ここでは副詞の意味の方を採用してあります。掛詞を合わせると**「とても大きな、著しい香りのある木」**の意味になり、これがこの木名の語源です。

　この木の語源について、牧野新日本植物図鑑には、「(江戸時代の）和訓栞に『奇（くすしき）の義也といえり、よく石に化し、樟脳を出すものなれば名くる成るべし』と出ているが、定説とすることはできない」と書いてあります。クスノキからは樟脳が採れるとしても「よく石に化す」ことはないと思われるので、この木はさほど「奇しき」ものではなく、そのことが定説どころか語源にはなり得ないということのようです。文法上も、「奇し」は形容詞であり「奇しく、奇しく、奇し、奇しき、奇しけれ」と活用する言葉なので、「奇す」のような動詞的変化は生じないということもあります。

　江戸時代の和漢三才図会には、樟と楠とは香木類に分類されており、特に樟については「気《におい》は大へん芬烈《ふんれつ》(=香りが強烈）である」と説明してあります。また、漢語辞典におけると同じように、楠と樟とは別項で説明され、樟は「たぶ(太布)」、楠は「なんたぶ(南太布)」と読まれているので、この図会では同属ではあるが別種の木と見做されているようです。

　広辞苑（第六版）には、「**くすのき【樟・楠】**」と書かれており、その編者である新村出著の「言葉の今昔」という本には、次のように書かれています。「楠の字の語源についてはすでに述べたが、樟の字については一つの問題がある。木偏の旁《つくり》の章の字はアヤという意味で、要するにクスノキの文理（モクメ）、木目である。このアヤが大変いいものであるから、木材について章の字をつけたと解釈してある。楠の方は南方に多く産するからの地理的の名称であり、樟の字は木材の文理が美しいというところから名付けたと見做されている。（中略）。樟脳の脳は**brain**の意味で、**essence, extract**の**extracted oil**（抽出油）という意味であろうと思われる」。

楠の字の語源については「すでに述べた」と書いてあるのは、楠という字について「支那の南方に多く産するからの地理的の名称」ということを長々と説明してあるからです。また、「解釈してある」とか「見做されている」と書いてあるのは、和漢三才図会の「肌理《きめ》は細かくて錯縦《たてまじり》の文章《もよう》が多いので樟という」との説明を借用してあるからです。しかしながら、「木偏の旁の章」というのもよく分からない表現ですが、樟における章がアヤの意味であり、それが文理の意味であり、文理が木目の意味というのには少々疑問があります。なぜならば、樟の木目は良好であるといっても、サクラ（桜）やヒノキ（檜）ほどのものではなく、木目の意味としての章を樟の字義として採用できるほどに褒められる木目かどうかという問題があるからです。日本書紀の神代上（八段）の素戔嗚尊《すさのをのみこと》の下りには「クスノキは浮宝（＝船）にすべし」と書いてあり、その材質の特徴は耐水性であって木目などではないのです。語源本といいながら、「言葉の今昔」に書かれていることは、楠と樟という漢字の字義に関する説明に過ぎないものであって、樟についての説明は必ずしも妥当なものとは思われないうえに、音声語である「クスノキ」という日本語名称に関する語源説明は全然されておらず、日本語の語源説といえるものにはなっていないといえます。

漢語辞典や和漢三才図会では、楠と樟は別項で説明されているので別種の木と見做されているようですが、両者についての説明の違いは、樟には「樟脳をつくる」と書いてあることです。そうしますと、樟における章は、一体なんのことかということになりますが、それはクスノキから樟脳という防虫剤がつくられていたことと関係があると思われます。つまり、章は、障碍《しょうがい》という熟語における障のことと思われるのです。障も碍も「防《ふせ》ぐ、妨害する、阻止する」の意味であり、なにを防ぐかというと、虫が木や本や布など、特に衣類を食害するのを防ぐということです。つまり、樟とは障木であり「虫害を防ぐ木」の意味になっています。

　他方、樟脳の脳とは悩のことであり、名詞では「苦悩、悩み」、動詞では「悩む、悩ませる」の意味です。ここでは、「虫による食害の悩み」、或いは逆に「虫を悩ませる」の意味とも解釈でき、双方の意味が含まれているのかも知れません。つまり、樟脳という言葉の意味は障悩であり、「虫の悩みを防ぐ木」と同時に「虫を悩ませその害を防ぐ木」の意味にもなるので殺虫剤のことにもなり得るのです。上述したように、クスノキを**タブノキ**（大布乃木）ともいうのは、同じ読みの大怖乃木の意味であり、樟脳が採れるので、虫にとっては**「とても怖い木」**の意味になっているものと思われます。結局のところ、クスノキの際立った特徴は、大木となり、香りがあり、樟脳がとれることにあるのです。

39　クチナシ

アカネ科の常緑灌木で、丈は3ｍ程度にまで成長し、漢字では梔子と書いてクチナシと読みます。夏に、芳香のある純白の美しい花が咲きます。その果実からでる黄色のことを梔黄《ちおう》といい、黄色染料として使われます。英語でいうところのジャスミン樹（jasmine tree）はこの仲間の一種です。大言海によれば、平安時代の字鏡と和名抄には「梔、梔子、久知奈之」と書いてあるので、平安時代にはできていた木名です。

　一音節読みで、酷はクと読み、程度が著しいことを表現するときに、「とても、非常に、著しく」などの意味です。漢語辞典によれば「気」はチと読み「におい、香り」の意味があると書いてあります。娜はナと読み「美しい」、晢はシと読み「白い」の意味があります。つまり、クチナシとは、酷気娜晢であり、直訳すると「とても、香りのする、美しい、白い」ですが、それは花のことと思われるので、花を指すときは「とても香りのする美しい白い（花）」、木を指すときは**「とても香りのする美しい白い花の咲く（木）」**の意味になり、これがこの木名の語源です。
人気のある歌謡曲に「くちなしの花」（水木かおる作詞）というのがありますが、その歌詞の（一）は次のようになっています。

いまでは指輪も　まわるほど
やせてやつれた　おまえのうわさ
くちなしの花の　花の香りが
旅路の果てまでついてくる
くちなしの白い花
おまえのような　花だった

江戸時代の大和本草に「和名クチナシト名ツケシハ佗果ハカラアル物皆　口《クチ》ヲヒラク　梔子ハカラアレドモロナシ　故ニ名ツク」と書かれています。佗果とはなんのことか分かりませんが、この口無説を引継いで、昭和時代の大辞典、例えば、大言海には「口無ノ義、実、熟スレドモ、開カズ」、広辞苑（第六版）には「果実が熟しても口を開かないからいう」と説明されています。しかしながら、一般的に、果実に口というものがあるのかどうかもさることながら、そもそも口が無いのであれば開く筈もないのであり、一体どういうことなのか不可解な説明といえます。樹木の果実において、熟して割れるのはザクロ、イチジク、アケビなど極めて少数なので、殆んどすべての果物の実は口無なのです。つまり、このような説明は、語源の探求に窮した上での単なる思い付きの俗説に過ぎないものといえるのであり、現在に至って大学者がこのような説を本気で云々すること自体が可笑しいのです。

40　クヌギ

クヌギはブナ科の雌雄異株の丈が15ｍ程度に成長する落葉喬木で、山野の雑木林に自生します。秋に比較的大形の球形ドングリがなります。枯材はシイタケ栽培用の原木として利用され

ることで有名です。葉や樹皮は、染料や漢方薬として用いられます。また、良質の炭材としても使われており、その炭をクヌギ炭といいます。樹液を出すので、カブトムシやクワガタムシその他の昆虫が集まる木としても知られています。

この木の名称は、すでに日本書紀の景行天皇条において、天皇が筑紫の後国《しりのくに》の御木、つまり、現在の佐賀県三池地方へ遠征したときの話として次のように書かれています。「天皇、問ひて曰はく、『是《これ》何の樹ぞ』とのたまふ。一の老夫有りて曰さく『この樹は歴木《くぬぎ》といふ。嘗《むかし》、未だ僵《たふ》れざる先に、朝日の暉《ひかり》に当りて、則ち杵嶋山を隠しき。夕日の暉《ひかり》に当りては、亦、阿蘇山を覆《かく》しき』とまうす。天皇の曰はく。『是の樹は神《あや》しき木なり。故、是の国を御木国と号《よ》べ』とのたまふ」。ここでは、歴木をクヌギと読んでありますが、平安時代の字鏡に「櫪、櫟、久奴木」と書いてあり、日本書紀の解説書ではこの読みを援用して歴木をクヌギと読んであるものと思われます。歴木を一字にまとめたものが櫪という字です。クヌギは、ブナ類、英語でいうオーク (oak) 類の代表的な木です。大言海によれば、江戸時代の東雅（新井白石著）には「景行天皇、其地ヲ、御木ノ国ト名ヅケタマヒシニ因リテ、其樹ヲ、くぬぎト云フ、国木ト云フガ如シ」と書かれています。つまり、この日本書紀の記事から、クヌギは「国木」からでたものではないかとの語源説になっています。しかしながら、「其地ヲ、御木ノ国ト名ヅケタマヒシニ因リテ、其樹ヲ、くぬぎト云フ」などとは日本書紀には書いてなく、天皇は逆のこと、つまり「クヌギという神木がある地だから、その地を御木国と呼べ」といっているだけであって、この語源説には難点があります。

さて、日本語のクヌギの語源の話になると、かなり難しく、古来これといった納得のいく説はないようです。それは「ヌ」と発音する漢字が少なく、漢字から出た適当な意味がないからです。上述したように、日本書紀に、この木は朝日や夕日の光を遮って杵嶋山や阿蘇山を覆い隠したと書いてあるので、大きな繁茂する木と見做されていたと思われます。そのことを根拠にして語源を考えると、一音節読みで、酷はクと読み「とても、非常に、著しく」などの意味があり、穠はノンと読み「繁茂する」の意味があります。ギは木の濁音読みと思われます。ご承知のように、万葉仮名では農と濃とは共にヌと読んであるので、万葉仮名として存在したならば、穠もまたヌと読まれたと思われます。つまり、クヌギとは酷穠木（クノンギ）の多少の訛り読みであり、直訳すると**「非常に繁茂する木」**の意味になり、これが日本書紀の記述から推量したこの木名の語源です。

また、漢語辞典によれば、櫪と櫟は、古くから同じ木を指すとされており、一音節読みでは共にリと読みますが、同じ読みの麗に通じているので、その字義は「美しい木」の意味を心象できるものになっています。

酷については上述しました。穠はノンと読み別意で「美しい」の意味があり、娜はナの外にヌオとも読みこれまた「美しい」の意味があります。そうしますと、クヌギとは酷穠木または酷娜木の読み、つまり、クノンギまたはクナギかク・ヌオ・ギの多少の訛り読みであり、直訳すると共に**「とても美しい木」**の意味になり、これもこの木名の語源で掛詞と思われます。美には素晴らしいの意味も内包されているので、日本書紀の「神木」という記述を勘案すると「とても素晴らしい木」ともいえます。美しい木であるかどうかの判断は人それぞれであるとしても、木名といえども人名と同じで、普通にはよい意味の名称が付けられます。掛詞をまとめると、**「非常に繁茂する、とても美しい木」**の意味になります。結局のところ、本書では、クヌギの語源は、酷穠木または酷穠木と酷娜木の多少の訛り読みではないかと考えています。

41　グミ

グミ科の常緑小喬木で、ナワシログミ、ナツグミ、アキグミその他の種があり、丈は平均４m程度で、枝が多数でており、こんもりとした木になります。種によって時期は異なりますが白色の花が咲き、たくさん実った卵形の小さい果実は青いうちは酢っぱくて、赤く熟すると甘くて美味しくなります。一音節読みで、轂はグと読み「よい、良好な」、靡はミと読み「美しい」の意味があります。食べ物に関して「よい」とか「美しい」というのは「美味しい」ということです。つまり、グミとは、穀靡であり、実を指すときは「美味しい（実）」、木を指すときは**「美味しい実のなる（木）」**の意味になっており、これがこの木名の語源です。

平安時代の本草和名と和名抄に「胡頽子、久美」と書いてあるのが、この木のこととされています。鎌倉時代末期の夫木和歌抄《ふぼくわかしょう》に、次のような歌が詠まれています。

・小山田の　なはしろぐみの春過ぎて
　我が身の色に　出でにけるかな

42　クリ

ブナ科の落葉喬木です。喬木とは高木の意味ですが、一般的には、丈が5m程度以上になる木を指し、3m～5m程度の木を小喬木というようです。クリは、漢字で栗と書きます。野生では、普通には小高い丘や山に生育しています。秋になると、いがいがのある茶色に熟した実が地面に弾《はじ》け落ちるので、それを拾って、あるいは枝から叩き落として収穫します。比較的堅い皮に被われていますが、蒸して食べると、甘くてとても美味しい実です。漢字の栗の意味を考えてみますと、一音節読みで、栗はリと読み、同じ読みの麗に通じていて、麗は「美しい」の意味です。つまり、栗は直訳では「美しい（木）」ですが、美には美味の意味があることを考慮すると、実を指すときは「美味しい（実）」、木を指すときは「美味しい実のなる（木）」の意味になっています。大言海によれば、平安時代の字鏡や和名抄には、共に、「栗、久利」と書いてあります。

さて、日本語のクリの語源については、一音節読みで、酷はクと読み、副詞では程度が著しいことを表現するときに「とても、非常に、著しく」などの意味で使われます。上述したように、麗はリと読み「美しい」の意味です。つまり、クリとは、酷麗であり「とても美しい」の意味ですが、美には美味の意味があることを考慮すると、実を指すときは「とても美味しい（実）」、木を指すときは**「とても美味しい実のなる（木）」**の意味になっており、これがこの木名の語源です。

なお、イガグリにおけるイガの意味についていいますと、一音節読みで、懟はインと読み「傷つける、怪我をさせる、害する」、尬はガと読み「処理困難な、始末に負えない、困った」の意味なので、「いが」とは憖尬であり直訳すると**「傷つける、始末に負えない（もの）」**の意味になっています。とても食べ物の少なかった著者の幼い頃に、裏山で数個の栗を拾ったときの気持を今にして、つたない俳句にしてみました。

・いがぐりを拾って嬉し秋の山　　不知人

43 クルミ

クルミ科クルミ属の落葉喬木です。漢字では、胡桃と書かれます。実は球形で堅い内皮に包まれており、その子葉部を食用にしますが、脂肪分に富んだ、かなり美味しいものです。子葉部から抽出した油はクルミ油として食用その他に利用されます。大言海によれば、平安時代の字鏡に「呉桃、久留彌」、和名抄に「呉桃、久留美」と書いてあります。

一音節読みで、穀はクと読み「よい、良好な」の意味があります。潤はルンと読み洗練されて「美しい」の意味、靡はミと読み「美しい」の意味があります。食べ物に関して「よい」とか「美しい」というのは「美味しい」ということです。つまり、クルミは穀潤靡であり、直訳すると「よい美しい」になるのですが、美には美味の意味があるので、果実を指すときは「美味しい（実）」、木を指すときは**「美味しい実のなる（木）」**の意味になっており、これがこの木名の語源と思われます。

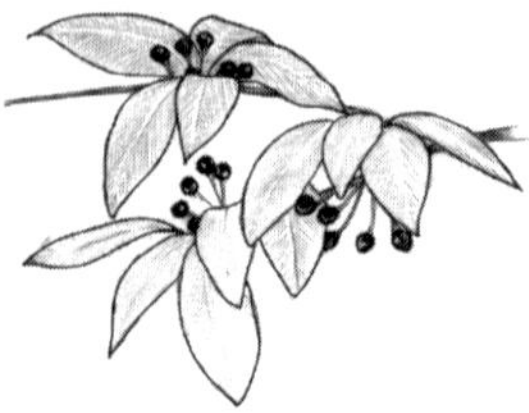

44 クロモジ

クスノキ科の落葉灌木で山地に自生しています。春に、多数の黄色の小花が咲き、その後に実った液果は黒色に熟します。この木は、緑色の樹皮に黒斑があり、材は強い香りを放つのが特徴です。草木名初見リスト（磯野直秀作）には、江戸時代初期の雀子集という本にでているとされています。

さて、語源の話に移りますと、クロモジにおけるクロは黒のことであり、「黒斑」のことを指しています。一音節読みで、猛はモンと読み程度が著しいことを表現するときに、「とても、非常に、著しく」などの意味で使われます。芷はジと読み「香りのする木」、つまり、香木のことを指します。したがって、クロモジとは、黒猛芷であり、直訳すると「黒いとても香りのする木」の意味ですが、実態に合わせて言葉を少し補足していうと**「樹皮に黒斑のある、とても香りのする木」**の意味になり、これがこの木名の語源と思われます。そもそもこの木の属する科名であるクスノキという名称自体が、香木という意味になっています。このことについては、クスノキ欄をご参照ください。

広辞苑（第六版）には「樹皮は緑色で黒斑があり、それを文字に見たてたのが名の由来という」と伝聞形式で書いてあります。しかしながら黒斑はどう見ても文字には見えないという大きな難点があります。この説明は、「名の由来という」のような伝聞形式で書かれていますが、インターネットのウィキペディア（Wikipedia）という欄の規則では、伝聞形式の説明の場合は、その出典を示すことになっています。一般的に、広辞苑に書かれている語源説は、疑わしいものが多いといっても過言ではないと思われます。

45 クワ

クワ科の落葉喬木です。以前、東京都杉並区の青梅街道沿いに蚕糸試験場というのがあったのですが、昭和五十年代中頃に茨城県つくば市に移転したので、現在では「蚕糸《さんし》公園」という名称の公園になっています。ここには複数のクワ（桑）の木が植樹されており、次のように書かれた立札がありました。「養蚕用に使われているクワは、クワ科クワ属のヤマグワなどを原種として、多くの品種改良を重ねて作られたものです。クワの木は、自然の状態では10メートルを越す大木にもなりますが、養蚕用には枝を摘みやすくするために多くは低く仕立てられており、こちらの方が一般的に馴染みが深いようです。クワには雄株と雌株とがあり、雌株は夏になると甘くて食べられる赤い実がたくさんなるので、昔はクワの実を食べて口のまわりを赤くした子供が見られたものです」。現在、蚕糸公園には、ヤマグワと養蚕用の仕立桑の双方が植えられています。熟したヤマグワの実は、赤味を帯びた直径1cm程度の小さいものです。

　大言海によれば、芝那の後漢時代の説文という本には「桑、蚕が葉を食う木なり」と書かれているとされ、平安時代の和名抄には「桑、久波」、平安時代後期の天治字鏡には「桑、久波乃木」と書いてあります。

　古事記の神武天皇の条には「畝傍山《うねびやま》　昼は雲とゐ　夕されば　風吹かむとぞ　木の波騒げる」（歌番二一）という歌が詠まれており葉を波と書いてあります。また、平安時代の和名抄には「葉、波、草木の茎枝に敷《つ》くものなり」と書いてあります。このような記事があることから、クワを久波と書いてあるのは久葉のことであることは、ほぼ間違いないと思われます。そうしますと、ク（久）とは、いかなる意味かということが問題となります。

　クワの語源につき、大言海には「蚕葉《コハ》ノ転カト云フ」と書いてあります。また、別途に食葉《くうは》の転との語源説もあります。この二つの語源説は、意味上は極めて魅力のあるものですが、クワ（旧仮名使いではクハ）とコハでは音声が異なり、クハとクウハでも同じことがいえ、少し無理筋のような気はしないでもありません。「転」というのは、著者としては、あまり感心しない言葉です。なぜならば、「転」とすればいくらでも誤魔化せそうだからであり、例えば、漢字を抜きにして発音上のことだけに限れば、アオはアカの転、クロはシロの転などといって、いずれも同色であるかのごとくに説明できそうだからです。

　さて、語源の話に移りますと、クワ（クハ）のワ（ハ）は、葉のことであるとして一音節読みで、穀はクと読み「良い、良好な」の意味ですが、敷衍して「美しい、美味しい」などの意味もあります。つまり、クワとは、穀葉の多少の訛り読みであり直訳すると「美しい葉」の意味ですが、美には「素晴らしい」の意味もあるので**「素晴らしい葉」**の意味になり、これがこの木名の語源と思われます。更に、美には美味の意味もあるので、特にカイコ（蚕）にとっては**「美味しい葉」**の意味にもなりこれもこの木名の語源と思われます。まとめると「素晴らしい、美味しい葉」になります。「素晴らしい葉」というのは、カイコの餌になり、カイコを通じて上等な布《ぬの》素材である絹糸をつくる繭《まゆ》がとれるからです。「美味しい」というのは、そもそもはクワの葉がカイコにとって美味しい餌になることと思われますが、人間の子供にとってもその実は美味しいもののようであり、大人用にはクワ酒と称する果実酒もつくられるようなことから、そのような意味にもなるのです。なお、葉の字は、漢語ではイエと読みますが、日本語の訓読でハと読むことについては、本書冒頭の「草木名の基本語源」の欄をご参照ください。

46　ケヤキ

ニレ科の落葉喬木で、丈は30ｍ程度にも達します。春に、淡い緑黄色の小花が咲きます。幹はくすんだ褐色で、葉は木の大きさからするとやや小形の鋸葉で互生しており、秋に、黄色や紅色になって落葉します。その材は大きくて堅く、木目も美しいので、高級木材の一種とされています。現在の大辞典では、ケヤキは、漢字では槻や欅と書くとされています。

大言海によれば、日本書紀の神功紀に「新羅征伐ノ明年三月、莵区《ツク》弓ニ、末利挪ヲタグヘ・・・」とあります。平安時代の字鏡に「欟、豆支《ツキ》」、和名抄に「槻、豆木乃木、弓ヲ作ルニ堪ユルナリ」と書いてあり、このツク（莵区）やツキ（豆支、豆木）はケヤキの古名とされています。この材でつくった弓は、古くから槻弓《つきゆみ》と称されています。また、室町時代の林逸節用集に「樫、ケヤキ」と書いてあるので、ケヤキの名称は室町時代頃にはできていたもののようです。樫の字は国字とされ現在ではカシと読むのですが、ここではケヤキと読んでであるところをみると、この時代にもまだ、その呼称と漢字名とが必ずしも確定してはいなかったと推測されます。また、槻を分解すると規木になりますが、一音節読みで規はキと読み同じ読みの傀に通じていて「大きい」、欅を分解すると擧木になりますが、擧はチュと読み同じ読みの巨に通じていて「大きい」

の意味なので、槻と欅とは共に「巨木」の意味になっているようです。福岡市の中心街である天神地域には、この木の植樹された「ケヤキ通り」という美しい大通りがあり、その他全国にも、この名称の通りがいくつかあります。

さて、語源の話に移りますと、先ず、ツクやツキについては、一音節読みで姿はツと読み形容詞では「美しい」、固はクと読み「固い、堅固である」、傀はキと読み「大きい」の意味があります。つまり、ツクは姿固で**「美しい堅固な（木）」**、ツキは姿傀で**「美しい大きな（木）」**の意味になっていると思われます。

次に、ケヤキについては、根はケンと読み「根本的に、徹底的に」の意味ですが、程度が著しいことを表現するときに「とても、非常に、著しく」の意味でも使われます。雅はヤと読み「美しい」、傀はキと読み上述したように「大きい」の意味があります。つまり、ケヤキとは、根雅傀の多少の訛り読みであり直訳すると**「とても美しい大きい（木）」**の意味になり、これがこの木名の語源と思われます。美には「素晴らしい」の意味もあるので「とても素晴らしい大きい（木）」の意味に解釈してもよいでしょう。

47　ケンポナシ

クロウメモドキ科の落葉喬木で、大きなものでは、丈は20ｍ程度にまで達します。夏に、小枝の先に淡い白緑色の房状花が咲いたあと、そこに集合して多数の実がなり、それぞれの実に至る小枝は柔らかく肥厚して褐色を帯びた果枝ともいうべきものになり、食べることができて、甘くて梨のような味がするとされています。実は果枝と共に落下しますが食べません。果枝とは「果実と見做せる枝」のことです。

この木の名称において、最も興味のあることは、ケンポとはいかなる意味かということです。しかしながら、この名称がつくられて以来、そのほんとうの語源が明らかにされていないので、ここで本書説をご紹介します。一音節読みで、亘はケンと読み「連なる」、夏はポウと読み「集まる、集まっている」の意味があります。つまり、ケンポとは、亘裒の多少の訛り読みであり直訳では「連なり集まっている」の意味になっています。したがって、ケンポナシとは、亘裒梨であり、「連なり集まっている梨の（木）」の意味になります。ここで「連なり集まっている」というのは、食べる部分が果枝ともいうべき枝の集まりだからであり、ここでの梨とは、意訳すると「梨のように美味しい枝」程度の意味と思われます。連続していうと**「連なり集まっている、梨のように美味しい枝のある（木）」**の意味になり、これがこの木名の語源と思われます。

　牧野新日本植物図鑑には、ケンポナシという日本名について、「多分手棒梨のなまったもので、形がらい病人の手に似ているからであろう。支那にも癩漢指頭の名があるが、また地方によりテンボナシの名もある。玄圃梨というのは間違いであろう。〔漢名〕枳椇」と書かれています。

　しかしながら、支那のことはいざ知らず、少なくとも日本語においては、①子供が遊んでいるときに拾って食べるものの名称が「らい病人の手に似ている」ことから付けられたと思われず、②玄圃梨における玄圃は、その音読を利用するためだけの単なる当て字であって、極言すればどんな字でもよいのであり「間違いであろう」というのもまた、あり得ないことと思われます。大言海によれば、平安時代の本草和名に「枳、椇、一名、木蜜」、康頼本草に「枳椇、ケムノキ、木蜜　コノ甘味ハ飴ノ如シト謂フ」、江戸時代の重修本草綱目啓蒙に「枳椇、ケンポナシ、ケンポノナシ」と書いてあることから、平安時代から知られていて、江戸時代頃に現在の名称になったものと思われます。

　なお、康頼本草におけるケムノキは亘募之木であり、直訳すると「連なり集まっている木」の意味になっており、ケムはケンポと同じ意味になっています。なぜならば、亘はケンと読み上述したように「連なる」の意味であり、募はムと読み自動詞では「集まる」の意味があるからです。漢名の枳椇《チチュ》は、ほぼ同じ読みの集聚《チチュ》に通じており、集と聚は同じ意味で「集まっている（木）」の意味ですが、少し意訳すると「集まっている果枝のある（木）」の意味になっているものと思われます。

48　コウゾ

クワ科の落葉灌木です。山野に自生し、植樹もされています。なぜならば、その樹皮繊維が良質和紙の原料となるからです。

大言海によれば、鎌倉時代の説話集である古今著聞集に「かうぞノ皮ヲ負テ来リテ、僧ノ前ニ並ベオキタリ、云々、コレヲ取リテ料紙ニ漉《ス》カセテ、云云」とでています。料紙は用紙と同じ意味です。

コウゾは、ガンピやミツマタと共に、和紙の三大原料木とされてきました。漢字で楮と書き、分解すると者木になりますが、日本語では、古来、者と物とは同じ意味とされているので、楮は物木と同じ意味になります。つまり、楮は「物の木」の意味の字であって、ここでの物とは紙のことと思われます。日本語では、今でこそ「者」の字は人間の場合に多用されますが、者と物とは共にモノと訓読することからも分かるように、両字は同じ意味として同じように使われたのであり、特に明治時代頃までの書物をみればそのように使われていることが分かります。

ご承知のように、手すき紙の製法は、芝那の後漢時代の蔡倫《さいりん》という人が発明したとされ、日本書紀の推古十八年（六一〇）の条に、来朝した高麗僧の曇徴《どんちょう》が「紙墨を作る」と書かれていることから、この頃に日本に伝わったとされています。

手すき紙は、「植物繊維を水中で密に絡み合わせ、薄い膜状に延ばして乾燥させたもの」と定義されています。紙の字は、ご承知のように、一音節読みでは、清音読みでシ、濁音読みでジと読むのですが、訓読では「カミ」と読みます。なぜ、そのように読むかというと、その製法と関係があると推測されます。一音節読みで、乾はカンと読み「乾燥する、乾かす」の意味、密はミと読み「密に、緻密に」の意味があります。つまり、カミとは、乾密の多少の訛り読みであり直訳すると**「乾かした密な（もの）」**の意味になり、これがカミ（紙）の語源ではないかと思われます。

さて、コウゾという木名の語源の話に移りますと、一音節読みで、「工」はコンと読み形容詞で使うときは「精巧な、緻密な」の意味があります。物はウと読みます。コウゾのコウは「工物」の多少の訛り読みであり「緻密な物」の意味と思われます。造はザオと読み「造《つく》る、作る」などの意味です。したがって、コウゾとは、工物造の多少の訛り読みであり、直訳すると「緻密な物を造る（木）」、少し意訳すると**「緻密な物を造る原料となる（木）」**の意味になり、これがこの木名の語源と思われます。当然のことながら、ここでの「緻密な物」とは「紙」のことを指します。

49 コシアブラ

ウコギ科の落葉喬木で山地に自生しています。丈は10m程度、実から樹油を採り、精製して、漆と同じように塗料とします。この木は、漢語から導入した漢字では「金漆」と書き、日本語ではコンシツと読むとされています。

大言海によれば、シナの明代の本草綱目に「金州ノ者ヲ以ッテ佳ト為ス、故ニ世ニ、金漆ト称ス」と書いてあります。金州から採れたのが佳《よ》いとあるので、金漆には「良好な漆」の意味も含まれていると思われます。シナの明代からすると、はるかに遠い昔に当る、日本の平安時代の和名抄に「金漆、古之阿布良」、字類抄に「金漆、コシアブラ、コンシツ」とあります。ということは、漢語の金漆と日本語のコシアブラという名称は、かなり古い時代につくられていたということです。

この木からは、ある種の液体が採れるのですが、この液体は品質上の視点からすると油であり、用途上の視点からすると漆なので、日本語においては、アブラの頭にコシという修飾語が付けてあり、漆にする油であることが明確にされています。漆とは装飾用の塗料として使われる液体をいいます。

一音節読みで、哿はコと読み「よい、良好な」の意味ですが、敷衍して「美しい」の意味でも使われます。飾はシと読み「飾る、装飾する」の意味があります。つまり、コシとは哿飾であり直訳すると「美しく装飾するための（液体）」の意味になりウルシ（漆）とほぼ同じ意味になっています。したがって、コシアブラとは、哿飾油であり「美しく装飾するための油」、木を指すときは**「美しく装飾するための油の採れる（木）」**

の意味になり、これがこの木名の語源と思われます。

大言海によれば、平安時代の兵庫寮式に「金漆一合、箭《や》を塗るの料《しな》」、浜松中納言物語に「髪、掻キ出デタマヘレバ、頂ヨリ末マデ、ツユ隠レタル理ナク、マコトニ、きんのうる志ナドノヤウニ、影見ユバカリ、ツヤツヤトシテ」、栄花物語の初花に「花山院ノ御車ハ、きんのうる志ナド云フヤウニ、塗ラセタマヘリ」とあり、装飾用に塗られたことが叙述されています。「きんのうる志」は、金漆を日本語読みしたものです。

50　コノテガシワ

カシワは漢語から導入された漢字で「柏」と書きますが、木種としては、シナの柏と日本の柏とはなんの関係もなく、柏の字はある種類の木を指す言葉として日本に導入されたものです。

コノテガシワは万葉集で詠われています。万葉集には、他にイワトガシワ、ホホガシワ、アカラガシワ、ミツナガシワなどが詠まれています。

現在の通説では、コノテガシワはヒノキ科の常緑小喬木、イワトガシワはシダ植物のイワヒバ、ホホガシワはモクレン科の落葉喬木であるホオノキ、アカラガシワはブナ科の落葉喬木、ミツナガシワはシダ植物のオオタニワタリとされています。これらの木の種類は多岐にわたっていますが、共通することはその葉が珍しいということです。つまり、カシワとは、カシ葉のことであり、修飾語カシの付いた葉ということです。

さて、語源の話に移りますと、一音節読みで、娥はオ、茂はマオ、腆はティエンと読み、いずれも「美しい」の意味があります。したがって、娥茂腆はオモテと読め「美しい」の意味になります。つまり、表《おもて》というのは「美しい」のことですから、表面《おもて》とは「美しい面」ということであり、逆にしていうと「美しい面」は表面《おもて》ということになります。

共はコンと読み「共に」の意味ですが、敷衍して「両方の、両面の、両側の」などの意味でも使われます。穠はノンと読み「美しい」の意味があります。上述したように、腆はティエンと読み「美しい」の意味です。つまり、共穠腆はコノテと読め「両面とも美しい（面）」

の意味になりますが、「美しい面」は「表面」ですから、入れ換えると**「両面とも表（面）」**の意味になります。

一音読みで、亢はカンと読み「とても、非常に、著しく」などの意味があります。稀はシと読み「稀な、珍しい、奇特な」などの意味です。つまり、カシワとは亢稀葉の多少の訛り読みであり直訳すると、葉を指すときは「とても珍しい葉」、木を指すときは「とても珍しい葉のある（木）」の意味になります。したがって、コノテガシワとは共穠腆亢稀葉であり、葉を指すときは**「両面が表面《おもてめん》の、とても珍しい葉」**、木を指すときは**「両面が表面《おもてめん》の、とても珍しい葉のある（木）」**の意味になり、これがこの木名の語源です。

現在のカシワ（柏）という木は、ブナ科の落葉喬木であり、その葉は大きくて、食物、特には柏餅を包むのに使われることから、やはり、「とても珍しい葉」に属するのであり、同じブナ科の木とされる古代のアカラガシワに相当するのではないかと推測されます。なお、古代のアカラガシワと現在のトウダイグサ科のアカメガシワとは、異なる木なので注意が必要です。

万葉集に次のような歌が詠まれています。

・奈良山の児手柏《このてがしは》の両面《ふたおもて》に
かにもかくにも佞人《ねじけびと》の徒《とも》（万葉３８３６）

この歌について、日本古典文学大系「萬葉集四」の頭注では、「両面に—両面があって、表裏の違いがはげしいこと。〔大意〕奈良山の児手柏が、表裏に著しい違いがあるように、あれにつけこれにつけて、口先と腹の中との違いのはげしい徒輩である」と説明してあります。しかしながら、コノテガシワという木名の意味を考慮するならば、逆の表現にしなければならないと思われます。例えば、「両面に—両面が同じようで、表裏の違いが分からないこと。〔大意〕奈良山の児手柏が、表裏の違いが分からないように、あれにつけこれにつけて、口先と腹の中との違いの分からない徒輩である」のような説明になります。
松柏という言葉がありますが、日本の植物学の世界では、誤解されているようなので少し言及しておきます。この言葉は、シナの詩経や論語や礼記などにでてくるもので、大言海では「松柏ハ、四時、色ヲ変ヘザルニヨリテ、節操ノ堅キニ喩《タト》フル語」と書いてあります。漢和辞典には「柏は、常緑樹でその葉が常に色を変えないことから、松とともに松柏と称せられ、人の節操の固いことを象徴した」と説明されています。松柏という言葉における柏はコノテガシワのこととされています。つまり、松柏という言葉における松と柏とは、常に青々として色を変えない常緑樹であることから一緒にされているに過ぎないのです。にもかかわらず、日本の植物学の世界では「松柏類」という言葉までつくって「針葉樹」のこととされています。

例えば、「日本人と植物」（東京大学名誉教授・前川文夫著・岩波新書第三刷）の116頁には「針葉樹に対する松柏類という名が示すように、柏の実体は針葉樹のそとにはどう転んでも出られない」と書いてあります。この言説で、松柏は「針葉樹に対する名」というのが誤解なのです。上述したように、松柏という言葉は針葉樹に対するものではありません。このような誤解説が流布されることによって、カシワと呼ばれる木に対する日本の学者の言説は訳の分からない支離滅裂なものになっているのです。「日本人と植物」には、引続いて次のように書いてあります。「それをどうしてカシワとよみ、そして木の葉のいかにもひろい柏餅のカシワに使うようになったのであろうか。どこかで混乱が起こり、そしてとり違えがあったに相異ない」。しかしながら、混乱もとり違えもあったのではなく、日本語のカシワという音声言葉の意味をその語源を通じて理解し、日本のカシワとはどんな木であるかを理解していないと、このような言説になるのです。

51　コブシ

モクレン科の落葉小喬木で、野生種では丈は10m程度に成長し、春季に香りのある美しい白色の六弁花が咲きます。小枝への花の付き方が変わっており、小枝で葉のない枝元のところから葉のある先端まで順に花が付くのです。モクレン科の花は、かなり強い香りを放つので、香水の原料としても使われます。大言海によれば、平安時代後期の続詞花集に「時シアレバ　こぶしノ花モ、開ケタリ、君ガ握レル、手ニモキレカシ」

という歌が詠まれており、同時代の名義抄には「辛夷、コブシ」と書いてあります。

　一音節読みで、咅はコと読み「よい、良好な」の意味ですが敷衍して「美しい」の意味でも使われます。峬はブと読み「美しい」、哲はシと読み「白い」の意味があります。つまり、コブシとは、咅峬哲であり直訳すると「美しい、白い」ですが、花を指すときは「美しい白い（花）」、木を指すときは**「美しい白い花の咲く（木）」**の意味になり、これがこの木名の語源です。

「エルムの花」（作詞者不詳）という題名の人気のある歌謡曲があり、その歌詞の（一）は次のようになっています。ただし、エルム（elm）はヨーロッパの木であり、コブシの木ではありません。

　岩肌あわき　残雪の
　四月の空は　まだ低い
　はるかに偲《しの》ぶ　北の国
　こぶしの花よ　白く咲け

なお、広辞苑（第四版）には「にぎりこぶしを思わせる蕾《つぼみ》をつける」と書いてあり、その語源は「にぎりこぶし」からきたと暗示するかのような説明になっていましたが、人間の拳をどのような形のものと見るかによるとしても、その蕾は「にぎりこぶしを思わせる」ものではないのであり、また、こぶしの実のどの時期のどの部分にせよ人間の拳に似ているとは到底思われないことからか、第五版・第六版ではその説明は削除されています。しかしながら、この語源説は独り歩きを始めて今でも広く信じられているようです。この他にも、広辞苑には、その語源説を訂正するか削除すべきものが多々あるように思われます。

　なお、日本では平安時代以来コブシという木は漢字では辛夷と書かれますが、漢語では辛夷は木蘭《もくらん》のこととされています。つまり、辛夷と木蘭とは芝那では同じ木とされているのに対して、日本では同じ科ではあっても異なる木とされています。このことを踏まえてか、日本の植物本にはコブシを辛夷と書くのは「誤用である」と書いてあるものもあります。

52　コマツナギ

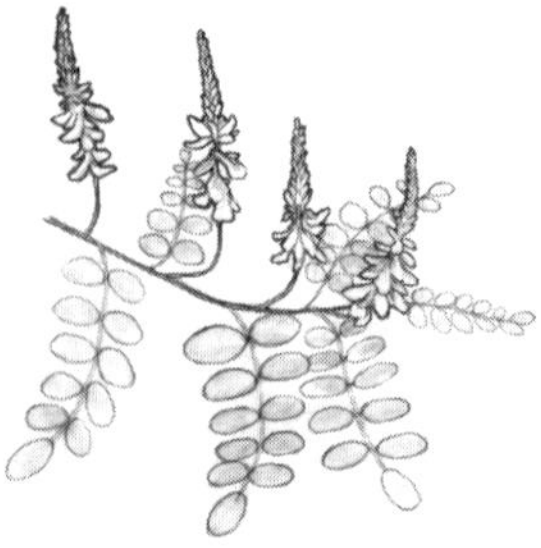

コマツナギという植物名は古くから存在していますが、江戸時代を境目として、学者によって、古代と現代ではその種が草から木に変えられてしまった植物です。

大言海によれば、平安時代の字鏡に「狼蓎子、宇萬豆奈支」、名義抄に「狼牙、コマツナギ草」と書いてあります。また、本草和名に「牙子。一名狼牙、一名狼子、一名犬牙。陶景注ニ云フ、根牙ハ獣ノ牙歯ニ似ル。宇末都奈岐」、和名抄の草類に「狼牙、一名犬牙。古末豆奈木。根牙ハ獣ノ牙歯ニ似ル、故ヲ以ッテ之ヲ名ヅク」と書いてあります。したがって、コマツナギやウマツナギという名称は、これらの牙子、狼牙、犬牙の意味を和語で説明した言葉からできていると思われます。本草和名や和名抄に「根牙ハ獣ノ牙歯ニ似ル」と書いてあるところからすると、この草の根部分に獣の牙歯に似るところ、例えば、刺、或いは、刺状物などが存在するらしいことが強く推測されます。

これらの古書に書かれたことを根拠に、語源の話をしますと、一音節読みで、恐はコンと読み「恐ろしい」、蛮はマンと読み「野蛮な、荒々しい、猛々しい」などの意味があります。刺はツと読み名詞では「とげ、とげ状物」の意味、娜はナ、瑰はギと読み共に「美しい」の意味があります。つまり、コマツナギとは、恐蛮刺娜瑰の多少の訛り読みであり、直訳すると「恐ろしい、荒々しい、刺のある、美しい（草）」になりますが、美しいのは花のことと思われるので、少し意訳すると**「恐ろしい荒々しい刺状物のある、美しい花の咲く（草）」**になり、これがこの草名の語源と思われます。武はウと読み、蛮と同じ意味があるので、ウマツナギは武蛮刺娜瑰であり**「猛々しい荒々しい刺状物のある、美しい花の咲く（草）」**になり、両名称は当然のことながらほぼ同じ意味になっています。

大言海によれば、漢籍の蜀本図経という本には狼牙について「苗ハ蛇苺ニ似テ高大デ深緑色ナリ」と書かれているとあります。ヘビイチゴ（蛇苺）という草名が名指しされているということは、この草の形状の特徴に知識があれば、コマツナギが上述の語源のような意味になるのは、殆んど自明のことだったのです。ヘビイチゴは、バラ科キジムシロ属の草とされ、地下の根部分と地上の茎部分とのちょうど境目に、かなり目立った鋭いトゲ状の根牙とも茎牙ともいえそうなもの、つまり、根茎牙ともいえるものが複数で上向きに突出しています。漢語ではこれを狼牙のようなものと見做し、日本語では上述の語源のような意味と見做して、この草名が付けられたのは確実と思われます。

コマツナギは、文献上、平安時代以降においては、鎌倉時代末期の夫木和歌抄《ふぼくわかしょう》に「をみなへし　おほかる野辺の駒つなぎ　おちけむ人や引ととめてし」という歌が、コマツナギを「駒繋ぎ」の意味に掛けて詠まれています。後世の江戸時代の博物学者たちはこの歌での「駒つなぎ」が単なる掛詞であることを理解せずに、その字義のとおりに解釈するという大変な誤りを犯してしまったのです。

江戸時代の大和本草（一七〇九）には「狼牙草」の名称がでていますが、刺状物や狼牙らしいものについてはまったくなんの言及もありません。和漢三才図会（一七一二）の毒草類の項には「狼牙の苗は蛇苺に似て厚くて大きく深緑色である。根は黒くて獣の牙歯のようである。根は大へん強いので、草苅り人はこれに牛馬を繋ぐことができる。俗に馬繋という」と書いてあります。この本において、初めて、この草名におけるウマやコマを動物の馬のことと見做してしまったのです。重訂本草綱目啓蒙（小野蘭山口述・一八〇三）の毒草類の狼牙の項には「大葉ノダイコンソウヲ狼牙ニ充ル古説アリ。（中略）。狼牙ハ野州日光及足尾山中ニ生ズ。円茎高サ一二尺、葉互生ス。三葉一蔕ニシテ蛇含葉《ヲヘビイチゴ》ノ形ニ似テ毛アリ。六月枝梢ニ花ヲヒラク。五弁黄色。形蛇苺花ニ似テ、小ナリ。ソノ根曲リ尖リテ獣牙ノ形ニ似タリ」と書いてあります。江戸時代に書かれた和訓栞《わくんのしおり》という本には「**こまつなぎ**　和名抄に狼牙を訓ぜり　山豆根《せんぶり》なりともいへり　又　駒繋の義駒の好み喰う草なり　根茎つよくして駒をつなぐべしともいへり」と書いてあります。和漢三才図会と和訓栞は、平安時代の博物誌における「根牙ハ獣ノ牙歯ニ似ル、故ヲ以ッテ之ヲ名ヅク」との説明を、牙歯状物のある場所は正しく把握していながら、それを曲解して、「根はたいへん強いのでこれに牛馬を繋ぐことができる」とか「駒の好み喰う草なり」とか「根茎つよくして駒をつなぐべし」などと、ほんとうとも思えない勝手な理屈をつけて「コマツナギ（古末豆奈木）」に「駒繫ぎ」という誤った新しい意味を与えてしまったのです。それは、コマツナギの語源が分からずその字義を理解できていなかったことに加えて、夫木和歌抄における「駒つなぎ」を単なる掛詞と分からなかったことに起因しています。特に和訓栞の記述は滅茶苦茶ともいえるものです。なぜならば、そもそものコマツナギは毒草に分類されているヘビイチゴに似た草なのであり、センブリ（山豆根）にしてもそのような苦いものが「駒の好み喰う草」である筈がなく、また、単なる草の根茎が「つよくして駒をつなぐ」ことができる筈もないからです。和漢三才図会や和訓栞に限らず、江戸時代の博物誌に書かれていることには、空想的な作り話や不正確なものも多いのであって、この駒繫説もその端的な一例といえます。しかしながら、このような誤謬説が現在にまで引継がれて流布され続けています。

平安時代の博物誌に「根牙ハ獣ノ牙歯ニ似ル」とところがあって名付けたと書いてあるにもかかわらず、江戸時代の学者たちは、その語源を発見することができなくて、コマツナギやウマツナギにおけるコマやウマを哺乳動物の馬のことと解釈してしまい、その草名は馬に関係することから付けられたものとしてしまったのです。もちろん、これは誤りであり、なにが誤りかというと、動物の馬と結びつけたことが誤りなのです。そこで、コマツナギやウマツナギという草名におけるコマやウマが動物の馬であるかどうかについて、文字使いを調べてみると、万葉集の歌では動物の駒は古麻、故麻、胡麻などと書かれ、馬は宇馬、宇麻などと書かれており、他方、草のコマツナギにおけるコマは古末、ウマツナギにおけるウマは宇萬や宇末と書かれているので用字が異なっています。したがって、文字使いだけから見ても、時代は異なるとしても、この草名におけるコマやウマは動物としての駒や馬とは関係のない単なる当て字らしいことが推測されます。ただ、江戸時代の博物誌においては、コマやウマを馬のことにしてしまった誤解はありますが、まだコマツナギは草のこととされています。江戸時代の博物学者たちの誤りは、①そもそものコマツナギの意味を理解できなかったこと、②この植物名におけるコマやウマを動物の馬と見做したこと、③夫木和歌抄の歌での「駒つなぎ」を掛詞と理解できなかったこと、④「駒繋」という漢字言葉に拘《こだわ》り過ぎたことにあります。

　昭和時代初期の大言海には、コマツナギには草と木との二種類があるように書いてあります。先ず、草については「**こまつなぎ**〔狼牙〕多年草ノ名。又、うまつなぎ。今、ミツモトサウ。（中略）。夏ノ末、枝梢ニ、五弁ノ黄花ヲ開ク、へびいちごノ花ニ似テ、小サシ、根、曲リ尖リテ、獣ノ牙ニ似タリ」。次に、木については、「**こまつなぎ**〔駒繋〕荳《マメ》科ノ灌木、原野ニ生ズ、茎、高サ一二尺、葉ノ形、れんげさうノ葉ニ似テ、円クシテ、黒ミアリ、夏、葉ノ間ニ、一寸許《バカリ》ノ穂ヲ出シテ、花ヲ垂ル、豆ノ花ニ似テ、紫、又、白ナリ、莢《サヤ》、五六分、細ソク円クシテ、中ニ、十バカリノ種子アリ。馬棘」。

　しかしながら、この記述が現代におけるコマツナギという草の誤解を決定的なものにしたのです。この辞典では、コマツナギを草と木に分けてありますが、それは江戸時代の駒繋説と整合させるためだったと思われます。草では馬などは到底繋ぎ止め得ないので木を導入したのです。しかしながら、なぜ、唐突にマメ科の灌木がでてくるのかという疑問があり、またこの灌木の漢名が「馬棘」とされることにも違和感があります。なぜならば、この灌木に棘状物や牙歯状物はどこにもないからです。注目すべきことは、この辞典において、コマツナギは草であったものが、現在のようなマメ科の灌木ともされるようになったということです。つまり、コマツナギは、古代からずっと草であったものが、この辞典の記載以降は木にもされてしまって現在に至っているということです。

　ミツモトソウは、道端、原野、林縁地などに生えるバラ科キジムシロ属の多年草とされ、その形状は同科同属の草である上述したヘビイチゴと同じような特徴があります。つまり、同じような根茎牙があり、黄色の五弁花の間から鋭い牙状の萼片が五つ覗いています。したがって、花の正面からみると、五枚の花弁と五個の牙状の萼片が交互に円形をなして並んでいます。また、托葉の形も鋭い牙状をしています。ということは、根茎牙に加えて、この鋭い牙状にみえる咢片や托葉もまた、「獣ノ牙歯」と見做すことができます。つまり、この草は形状だけからみると牙だらけの草といえるのです。キジムシロ属に所属する草は大抵そのような形状になっています。また、上述した重訂本草綱目啓蒙に書いてあるダイコンソウもバラ科ダイコンソウ属の類似草であり、同じような形状をしています。なお、上述の重訂本草綱目啓蒙や大言海には「ソノ根曲リ尖リテ」とありますが、ヘビイチゴ、ミツモトソウ、ダイコンソウの根茎牙は曲がっておらず直立しています。なお、この三草は同属の植物と見做すべきと思われます。

ミツモトソウという草名は、いつ頃につくられたか分かりませんが、古書に見当たらないことから判断して江戸時代末期以降ではないかと思われ、**「鋭利でない平穏な棘のある草」**の意味になっています。形状は鋭い牙状でも、植物の根牙、草花の咢片や葉の託葉に過ぎないので、いわば当然にそのような意味になるのです。結局のところ、そもそものコマツナギという草は**「バラ科キジムシロ属の多年草」**らしいということに帰着します。

大言海は、江戸時代からの駒繋説を誤まりであると認識したにもかかわらず、植物種を草と木に分けることによって解決しようとしたために、現代の大植物学者たちに木についての駒繋説が追認されてしまって定着し現在に至っているということです。

現在、コマツナギとされているマメ科の灌木は、そもそも古代にはコマツナギではなかったものを、夫木和歌抄の歌詞での「駒つなぎ」の文言に惑わされて、江戸時代の学者による誤った駒繋説が生まれ、それが尾を引いて現在の灌木のコマツナギに同定されてしまっている植物です。

現在のコマツナギとされるのはどのような植物かについては、牧野新日本植物図鑑（北隆館）の記述を要約すると「まめ科　至るところの原野、道端にはえる草本状の小型低木。高さは60～90㎝ぐらい。夏から秋にかけて葉腋から花柄を出し、長さ3㎝ばかりの総状花序をつけ、紅紫色の美しい蝶形花をひらく。〔漢名〕馬棘」と書かれています。また、原色日本植物図鑑（保育社）には「低木または草本。花は紅紫色まれに白色、葉腋からでた総状花序につく。苞は小さく、小苞はない。がくは小さく、斜めに歯牙がある」と書かれています。ということは、これらの図鑑において大変換が起きているのです。なにごとかというと、コマツナギは、平安時代以来「草」であったものが現在では「木」に変えられてしまっていることです。

　上述したように、牧野新日本植物図鑑では、コマツナギは、従来は草だったのでそのことと矛盾が生じないようにとの配慮から草本状低木とされ、その漢名は馬棘であるとされています。馬は形容詞で使うときは「大きい」、棘は「刺《とげ》」のことですから、馬棘は「大きな刺」の意味になるので、名称上からは、この低木はどこかに「大きな刺」或いは「大きな刺状物」、草のコマツナギでいう狼牙のようなもののある木ということになるのですが、その馬棘はどんなものなのか、どこにあるのかについてはなにも触れられていません。なぜならば、現在のようなマメ科の木であるコマツナギにはそのようなものはまったく存在しないからです。にもかかわらず、漢名は馬棘と書いてあるのは言葉の意味が全然分かっていないといえます。原色日本植物図鑑（保育社）では、コマツナギについて「低木または草本」とありますが、同じ植物が木であったり草であったりする筈もないことから、コマツナギが従来は草であったこととの矛盾を解消するための方便としての説明と思われます。また、原色日本植物図鑑に「がく（萼）は小さく、斜めに歯牙がある」と書かれているのは、この植物名の語源となった歯牙のある場所と対象物を間違えているのであり、草のコマツナギでは歯牙は根茎部分にあることは上述したとおりです。日本の代表的植物図鑑であるにもかかわらず、肝心の歯牙状物について、牧野新日本植物図鑑にはまったく説明されておらず、原色日本植物図鑑はその存在場所と対象物を間違えているのです。なぜ、このような説明になるかというと、植物を草から木に変更してあるからです。

　現在ではコマツナギは木とされてしまい、その名称は、動物の馬に関係した「駒繋ぎ」の意味からできたという説が広く流布され続けています。しかしながら、コマツナギという名称は、平安時代に草について付けられたものであり馬など繋げる筈もないのです。したがって、草を木に変更し、その木を対象として駒繋ぎがどうのこうのというのは、お門違いの誤りなのです。

牧野新日本植物図鑑には「〔日本名〕駒繋ギという意味で、茎が丈夫なので馬をつなぐことさえできるという意味である。〔漢名〕馬棘」と書いてあります。しかしながら、現在のコマツナギとされる灌木には馬など繋ぎ得ないのであり、かつ、馬棘、つまり、大きな棘や棘状物などは存在しないので、少なくとも漢名が「馬棘」である筈はありません。忌憚なくいえば、この植物図鑑の記述はそもそもの古代からのコマツナギのみならず現在のコマツナギについてさえも誤りといえます。

さすれば、現状をどのようにすればよいかというと、上述のような誤解がなされて以降、永い年月が経過してしまっているので、今さら訂正するのもどうかという見解ならば、「コマツナギは古代では今のバラ科キジムシロ属の草、例えば、ヘビイチゴ、ミツモトソウ、ダイコンソウのような草であったが、江戸時代からはコマツナギは駒繋ぎのことと誤解されて、コマが馬のことと誤り解釈されるようになって、今ではマメ科の灌木のこととされている」とでも説明せざるを得ないのではないかと思われます。ただ、この灌木で果して馬を繋ぎ得るのかという疑問が解決された訳ではありません。また、このような説明では、コマツナギやウマツナギの真の語源が永久に抹消されてしまうことになります。

ウマが最も好む草は、農村地帯で育ち子供の頃に馬を飼育していた著者の知識によれば、イネ、ムギ、エンバク、カラスムギなどのイネ科の植物です。それ以外でも、コモ、ササなどの似たような先の尖った細長い葉身の草木の葉を好んで食べます。マメ科植物は馬が好んで食べる草の一種であることは確かですが、現在コマツナギとされる植物は灌木であることから枝部分が多く、ウマを繋ぎ止めておくほどに好んで食べるとは思われません。また、コマツナギは馬を繋ぐところに都合よく生えている灌木ではないので、それを好んで食べているところなど見たことはなく、もし食べていたとしても、イネ科の草やそれに似た草木が近くにあれば、そちらを食べに行ってしまい繋ぎ止めることは難しいと思われます。上述したように、コマツナギはどこにでも生えている草ではなく、重訂本草綱目啓蒙には「狼牙ハ野州日光及足尾山中ニ生ズ」と書いてあります。更に、現在のコマツナギは、枝が強靭で地下に根を深くはっているといっても、丈がわずかに1m弱程度の灌木に過ぎないことから、成長馬はもちろんのこと、子馬でさえも繋ぎ止めることなどが無理であることは誰が考えても明らかなことです。また、手綱よりも細い枝にどうして安定して結び付け得るのかということもあります。日本国語大辞典（小学館）によれば、歴史上著名な武将などが馬を繋いでいたという伝説をもつのは、駒繋松を始めとして桜、杉、榎などの大木であると書いてあります。つまり、コマツナギの名称は「駒繋ぎ」の字義からきたのではなく、それは後世における単なる当て字に過ぎないのです。したがって、この灌木の名称は、そもそもは、動物の馬とはなんの関係もないということです。

53　ゴンズイ

ミツバウツギ科の落葉小喬木で、関東以西の山野の雑木林に自生しています。初夏に黄緑色の多数の小花が咲き、秋に紅色の果袋ができ、熟すると袋が裂開して赤い種袋の中に球形黒色の実が露出して、赤と黒の対照からその美しさが際立ったものになります。また、紅葉が際立って美しい木としても知られています。

一音節読みで、紅はホンの外にゴンとも異読し「紅《あか》い、赤い」の意味です。姿はヅと読み名詞では「姿、形、姿形」の意味があります。昳はイと読み「美しい」の意味です。つまり、ゴンヅイとは、紅姿昳であり直訳すると**「赤い姿の美しい（木）」**の意味になり、これがこの木名の語源と思われます。赤い姿というのは、赤い種袋と紅葉のことを指すと推測されます。ゴンズイという名称は、草木名初見リスト（磯野直秀作）によれば、室町時代の看聞御記という本の一四二一年の条にでています。

「植物名の由来」（中村浩著・東書選書）には、次のように記述されています。「牧野博士の『牧野新日本植物図鑑』のゴンズイの項には〝漁師が問題にしない役立たぬ魚にゴンズイというのがある。この木は役に立たない木である。それで役立たぬ点から魚の名をつけたものかと考える〟とでている。また牧野先生の別の本には〝ゴンズイの語源は全く不明〟と記されている。白井光太郎博士の『樹木和名考』には〝ゴンズイの名称奇異にして意義知り難し〟と記されている」。

更に引続いて、「植物名の由来」には次のように記述されています。「植物名のゴンズイをこれ（魚のゴンズイ）とおなじに〝役立たぬ〟ときめつけるにはかなり無理がある。ゴンズイの木はそれほど役立たない木ではないからである。ゴンズイの若葉は食用になる救荒植物の一つであるし、この材は燃えにくいが乾かせば十分たきぎとして使用できる。またその赤い実は鑑賞に値するほど美しいし、その紅葉はあらゆる植物のうちで最も鮮やかで美しい。ゴンズイは立派な木であり、それほど実用に役立たないとしても、この程度の雑木は他にいくらでもある。何もゴンズイだけが〝役立たぬ〟という烙印を押される理由はない」。

なお、救荒《きゅうこう》とは飢饉に苦しむ人たちを救うことで、救荒植物とは山野に自生し、一般作物の不作などで飢饉が発生したときに、食用になる野生植物のこととされています。つまるところ、ゴンズイという木は、さほど丈のある木ではなく、幹もさほど太くはならないので、建材やその他の木製器具材などの用足しにはなりにくいかも知れませんが、上述の特徴の外にも高級木炭の材料になる木です。

54　サイカチ

マメ科の落葉喬木です。山野に自生し、丈は20m程度にまで成長します。幹や枝には鋭い棘《とげ》があり、葉は長楕円形で小枝に対生する複葉にも棘があります。にもかかわらず若葉は食用にします。夏に、淡い黄緑色の小花が穂状に咲き、秋に、大豆状で、やや捻《ね》じれて扁平な莢《さや》の中に莢果《さくか》がなります。

大言海によれば、平安時代の康頼本草に「皀角、佐伊加知」と書いてあります。サイカチは、現在、漢字では「皀莢」と書きます。皀は、穀物の「粒」のことですから、皀莢の字義を直訳すると「粒入り莢《さや》」、木を指すときは「粒入り莢のなる（木）」の意味になります。

漢語の一音節読みで、皀はシャンと読み「粒」の意味であり、極めて似た字である皂はツァオと読み「黒い」の意味があります。大言海には、サイカチに関連して、玉篇に「皂、黒也」と書かれていると紹介してあるのは、お互いに字体も意味も異なる皀と皂の字を取違えているのではないかと疑われます。サイカチの種子は、暗褐色であって黒くはありません。

さて、サイカチの語源の話に移りますと、一音節読みで、残はツァンと読み、形容詞では「残忍な、残酷な、残虐な」などの意味ですが、動詞では「傷付く、傷付ける」の意味があります。痍はイと読み動詞では「傷付く、傷付ける」の意味です。剛はカンと読み「堅い」、棘はチと読み「とげ」の意味です。つまり、サイカチとは、残痍剛棘の多少の訛り読みであり、直訳すると**「傷付ける、堅い棘のある（木）」**の意味になり、これがこの木名の語源です。このような意味になるのは、幹、枝、葉腋に大きなトゲがあり、いわばトゲだらけの木ともいえるからです。

また、餐はツァン、食はイと読み共に「食べる」の意味があります。可はカと「よい、良好な」、綺はチと読み「美しい」の意味があり、食べることについて、「よい」や「美しい」というのは「美味しい」ということです。つまり、サイカチは餐食可綺の多少の訛り読みであり直訳すると**「食べて美味しい（木）」**の意味にもなり、これもこの木名の語源で掛詞になっていると思われます。まとめると、「傷付ける堅い棘のある、食べて美味しい（木）」になります。

55　サカキ

ツバキ科の常緑小喬木で、丈は５ｍ程度に達し、関東以西の山野に自生します。夏に、白い花が咲き、実は熟すると黒くなります。漢字では、万葉歌においては「賢木」と書かれていますが、サカキは古代から神木とされてきたので、日本で榊という字が、いわゆる国字としてつくられて現在でも使われています。榊は、分解すると神木になっています。したがって、神社の境内に植えられることも多く、神事儀式においてその枝葉が神に捧げられることは神社への参拝時などに日常的に行われていることなのでよくご存知のことと思います。万葉集に、次のような長歌が詠まれています。

・神の命《みこと》　奥山の　賢木の枝に白香《しらか》つけ　木綿《ゆふ》とりつけて・・・(万葉379)

大言海によれば、平安時代の「字鏡」に「榊、梻、佐加木」、和名抄に「榊、佐加岐」と書いてあります。

さて、語源の話に移りますと、サカキのキは木のことであるとして、一音節読みで、粲はツァンと読み動詞では「光り輝く」の意味ですが、形容詞では「とても美しい」の意味です。可はカと読み「よい、良好な」の意味があります。つまり、サカキとは、粲可木の多少の訛り読みであり、直訳すると**「とても美しい良好な木」**の意味になっており、これがこの木名の語源と思われます。神木なので、このような意味になっているのかも知れません。

56 サクラ

バラ科の落葉喬木とされています。漢字の繁体字では櫻と書きますが、櫻を分解したときの旁《つくり》である嬰は纓のことです。纓とは「房飾《ふさかざ》り」のことであり、英語でいうところのリボン(ribbon)のことなので、この字においては、花びらのことを房飾りに見立ててあるものと思われます。

日本書紀の允恭《いんぎょう》天皇の八年春の条に、次のような記事があります。「天皇、井の傍の桜の華を見して、歌して曰はく、〝花ぐはし　佐区羅の愛《め》で　同愛《ことめ》でば　早くは愛でず　我が愛づる子ら〟」。この歌は、允恭天皇がその妃である衣通姫《そとおりひめ》を桜(佐区羅)に例えて、褒めて詠んだものとされています。

「萬葉の花」(松田修著・芸艸堂)によれば、万葉集の歌では、桜の外に、作楽、佐久良などと書かれて四二首が詠まれています。大言海によれば、平安時代の和名抄と天治字鏡とに「櫻、佐久良」と書いてあります。このことから、サクラという名称は古い時代につくられたことが分かります。桜の字は、そもそもの一音節読みではインと読むのですが、日本語の音読ではオウとも読むとされていることは、競馬に「桜花賞《おうかしょう》」があるのでご承知のことと思います。一音節読みで娥はオ、嫵はウと読み共に「美しい」の意味であり、娥嫵の読みを桜の読みに転用したものです。したがって、オウの読みは、漢和辞典では音読部に入れてありますが、むしろ訓読部に入れるべきではないかと思われます。

さて、サクラの語源の話に移りますと、一音節読みで粲はサンと読み、形容詞では「とても美しい」の意味があります。穀はクと読み「よい、良好な」の意味ですが、花などを指すときは、「美しい」の意味で使われます。孌はランと読み「美しい」の意味です。つまり、サクラとは美しいの意味が三つ重なった粲穀孌であり、直訳すると「美しい」の意味ですが、美しいのは花のことと思われることから、花を指すときは**「美しい（花）」**、木を指すときは**「美しい花が咲く（木）」**の意味になり、これがこの木名の語源です。

また、一音節読みで、散はサンと読み「散る」の意味があります。酷はクと読み「とても、非常に、著しく」などの意味、孌については上述したとおりなので、クラとは酷孌であり「とても美しい」の意味になります。したがって、サクラとは、散酷孌でもあり直訳すると「散るのがとても美しい」ですが、少し表現を変えると花を指すときは**「散り方がとても美しい（花）」**、木を指すときは**「散り方がとても美しい花の咲く（木）」**の意味になりこれもこの木名の語源で掛詞になっています。掛詞をまとめて簡潔にいうと**「美しい花が咲き、その散り方がとても美しい（木）」**の意味になります。

江戸時代の国学者である本居宣長は、「敷島の大和心を人とはば朝日に匂う山桜花」という有名な歌を詠んでいます。明治時代頃からは、特に、散り方が潔《いさぎ》よいということが強調されて、いっそう愛《め》でられるようになったのです。今では、戦争高揚を心象するとして殆んど歌われませんが、以前は、日本男児の歌として盛んに愛唱された、次のような歌があります。

貴様と俺とは同期の桜
同じ航空隊の庭に咲く
咲いた花なら散るのは覚悟
見事散りましょ国のため

この歌の意味はともかくとして、サクラは、日本国の平和と国民の幸せ、および、日本人の心情を象徴する花として、いつまでも愛《め》で続けていきたいものです。

・散る花が　いと美しき桜かな　　不知人

57 ザクロ

ザクロ科の落葉小喬木で、丈は6ｍ程度になります。梅雨の頃、赤い花が咲いた後に実る丸形の果実は、秋頃に直径6㎝程度になりその外殻が熟して割れると、その中に各室に分かれたたくさんの豆粒大のやや角張ったような核《さね》のある赤い小粒果実が露出してきます。ザクロは果実の中に、さらに多数の小粒果実がある形になっています。

この頃のザクロの木は、紅葉した葉群の中に、その割れた赤い果実が加わることによって、更に美しい魅力的な外観を呈します。赤く熟した小粒果実は甘いのですが、各粒はあまりに小さくて硬い核もあるので、一粒づつではなくて小粒果実を集めて一緒に食べると美味しく食べられます。なお、各々の小粒果実の根元部を少し覆っている白皮は非常に苦いので、小粒果実と一緒に口に入れないようにちゃんと剝がして食べないと甘味が半減してしまう惧れがあります。漢方薬では樹皮と根皮は回虫や条虫駆除剤とされています。

ザクロは、漢字では石榴と書かれます。一音節読みで、石はシと読み同じ読みの食に通じていて「食べる」の意味です。榴を分解すると留木になりますが、一音節読みで留はリュウと読みます。麗はリ、玉はユ、嫵はウと読みいずれも「美しい」の意味があり、留《リュウ》は麗玉嫵のことであると思われますが、美には美味の意味があるので「美味しい」の意味があることになります。つまり、石榴とは食麗玉嫵を一気読みしたものであり、直訳すると実を指すときは「食べて美味しい（果実）」、木を指すときは**「食べて美味しい果実のなる（木）」**の意味と思われます。大言海によれば、平安時代の本草和名には「安石榴、佐久呂」、和名抄には「石榴、佐久路」と書いてあるので、かなり古くから認識されていた樹木です。

さて、日本語の語源の話に移りますと、一音節読みで、臧はザンと読み「美しい」の意味です。穀はクと読み「よい、良好な」の意味ですが「美しい」の意味でも使われます。柔はロウと読み「美しい」の意味があります。つまり、ザクロとは、臧穀柔の多少の訛り読みであり直訳では「美しい」の意味ですが、花を指すときは「美しい（花）」の意味になります。また、美には美味の意味があるので、果実を指すときは**「美味しい（果実）」**の意味になり、木を指すときは花と果実の双方のことと思われるので**「美しい花の咲く、美味しい果実のなる（木）」**の意味になり、これがこの木名の語源と思われます。ザクロは、とても種子が多いので、「子供がたくさんできる」の意味に繋がり、漢語ではとても縁起のよい果物であり樹木であるとされています。

外来語（楳垣実著・講談社文庫）という本には次のように書いてあります。「花が咲いて、その花の下部のふくらんだところが、だんだん大きくなり、やがて割れると、中に珊瑚玉のような実の粒が並んであらわれるあの**ザクロ**という実は、ほかの果実とは、だいぶん趣のちがうものだ。しかも『石榴』と書いてザクロと読むのも、なかなかむつかしい。中華音ではセックラウ（sek-lau）だというから、その音を訛って伝えたものかもしれない。なんだか中華風の感じのする花であり実である」。しかしながら、この説明にはかなりの疑問があります。セックラウ（sek-lau）とは、芝那のどの地域の中華音か分かりませんが、普通語の中華音の読みでは、石榴は「シ・リュウ」と読むので、いくら訛ってもザクロの読みにはなりにくいのであり、ザクロという名称は、中華音ではなくて上述した語源のような意味の訓読日本語と解釈すべきものです。

58　ササ

イネ科・タケ亜科・ササ属の植物です。ササは、漢字では小竹とも書かれるように小さい竹なのですが、タケとササの顕著な違いは、「小さい」の外に、タケの茎は当初は鞘《さや》に包まれていても成長すると剝がれるのに対して、ササの茎は成長後も鞘が剝がれずに残ることです。

古事記上巻において、天石屋戸《あめのいはやと》の前で天宇受売命《あめのうずめのみこと》が裸踊りをする下りに「天の香山の天の日影を手次《たすき》に繋けて、天の真拆《まさき》を鬘として、天の香山の小竹葉を手草に結ひて（小竹を訓みて佐佐と曰ふ）、天の石屋戸に槽伏《うけふ》せて蹈《ふ》み轟こし、神懸りして、胸乳をかき出で、裳緒《もひも》を陰《ほと》に押し垂れき」と書かれています。なお、岩波文庫の古事記の下注では、天宇受売命について「名義未詳」と書いてありますが、裸踊りをする女性命のことですから、その名称字義は自明ともいえます。一音節読みで、嫵はウ、姿はズ、美はメイと読み、形容詞ではいずれも「美しい」の意味ですから、「天の美しい女命《ひめみこ》」の字義になっていっているのは明らかです。万葉集では、ササは小竹や佐佐と書かれて五首が詠まれていて、例えば、次のような歌があります。

・小竹の葉は　み山もさやにさやげども
吾は妹思ふ別れ来ぬれば（万葉１３３）

・佐佐が葉のさやぐ霜夜に七重かる
衣《ころも》に益せる子ろが膚《はだ》はも（万葉４４３１）

平安時代の和名抄には「篠、細細竹なり。俗に小竹の二字を用ひ、これを佐佐と謂ふ」と書いてあります。「小さい」の意味の漢字には、一音節読みしたときの、細《シ》、小《シイアオ》、少《シイアオ》、些《シイエ》、瑣《スオ》などがありますが、笹や小竹をササと読むのは、これらのいずれかの漢字の重ね式表現からでたものであることは、ほぼ間違いないと思われます。推測するところでは、ササとは、些や瑣の重ね式表現の「些些」や「瑣瑣」を多少訛り読みしたもので、**「小さい（竹）」**の意味であり、これがササの語源です。なお、漢和辞典をみると、些些や瑣瑣は「ささ」と読んであります。

なお、ササに因《ちな》んで、シナから伝来した**「七夕」**という言葉があり、漢語ではチシと読み日本語では**「タナバタ」**と読みます。日本では七月七日の夜に、葉のいっぱいある笹竹に色んな願い事を書いた色紙を取付けて祝い事をします。

中国の民間伝説に、天帝が、とても勤勉であった牽牛《けんぎゅう》という牧童を見込んで、これも勤勉な働き者であった自分の娘である織女《たなばたつめ》と結婚させたのですが、結婚すると二人は甘い新婚生活に酔いしれて働かなくなってしまったので、天帝は怒ってしまい、年に一日だけ夫婦が会うことを許したのです。七月七日の夜は七夕といい、牽牛と織女とが、一年に一度だけ会える夜とされ、カササギという鳥が集って、その翼で天の河、つまり、銀河に橋を架けて、織女が牽牛に会うために銀河を渡るのを手助けするという話があります。この伝説は、日本には古くから伝わっていたようで、タナバタは、多奈波多、棚機、棚幡などと書かれて、これに関係する歌が万葉集でもたくさん詠まれていますす。日本古典文学大系「萬葉集」では、多奈波多、棚機、棚機は「織女」と書替えてあります。代表的なものを若干例示すると、次のようなものがあります。

・多奈波多《たなばた》の船乗りすらし　まそ鏡
清き月夜に　雲立ちわたる（万葉３９００）

・棚機《たなばた》の　五百機《いほはた》立てて　織る布《ぬの》の
秋去り衣《ころも》　たれか取り見む（万葉２０３４）

・天の河　霧立ち上る　棚幡《たなばた》の
雲の衣《ころも》の　飄る袖《かへるそで》かも（万葉２０６３）

・天の河　棚橋渡せ　織女《たなばた》の
い渡らさむに　棚橋渡せ（万葉２０８１）

・天の河、かじの音聞ゆ　孫星《ひこほし》と
織女《たなばたつめ》と　今夕逢《こよひあ》ふらしも（万葉２０２９）

・牽牛《ひこほし》と　織女《たなばたつめ》と　今夜逢《こよひあ》ふ
天の河門《かはと》に　波立つなゆめ（万葉２０４０）

「七夕」の字義はその字の示すとおり、七月七日の夕べ、つまり、七月七日の夜のことですが、日本語では、なぜタナバタと読むのかということが問題なのです。

万葉集の歌にでてくる、多奈波多、棚機、棚幡の文字は、いずれもタナバタと読まれています。機の字は「はた」とも読み、古くから織機のことともされてきました。棚機は「たなばた」と読み、棚を供えた構造の織機のことで、棚付織機ともいえるもので、その読みがこの言葉の語源とされています。しかしながら、実際には古来そのような棚付織機というものは存在しません。したがって棚織は当て字と見做すべきものです。そのことは、棚幡と書かれていることからも窺えます。

今までに、この棚機説以外にタナバタという音声言葉の語源は存在しません。したがって、ほんとうと思われる語源は分からないまま今日に至っています。もし、タナバタが棚機のことであるならば、タナバタとは、棚付織機のことである、つまり、「七月七日の夕＝棚付織機」ということになり、いくら織女が織機で衣を織るのが上手な女性だったからといっても、荒唐無稽と思われる意味になってしまうのです。タナバタという音声言葉の意味は、若い夫婦間の切ない愛情のことですから、もっと夢のある幻想的なものでなければならないのです。ならば、どういう意味なのかということになり、著者に解答すべき負担がのしかかってきます。

そこで、本邦初めての本書の語源説を披露します。探は一音節読みでタンと読み、人を訪問すること、つまり、人を訪《たず》ねることをいいます。男はナンと読み男性のことです。したがって、探男はタナと読めることになり「男を訪ねる」という意味です。傍はバンと読み「そばに居る」ことをいい、躺はタンと読み「横になる、横たわる、寝る」ことをいいます。したがって、「タナバタ」とは、**探男傍躺**の多少の訛り読みであり、直訳すると「男を訪ねて傍に寝る（夜）」の意味であり、少し潤色していうと**「男を訪ねて行って、その傍に寄り添って寝る（夜）」**の意味になり、これがこの言葉のほんとうの語源です。

このことは、万葉集に詠まれている歌の表現からも推察できます。万葉集巻第十の「七夕《たなばた》」のところで九八首がまとめて詠まれている数首の中に「紐解く」という表現があり、これは「下着の紐を解く」ということで、男女が一緒に寝て愛情を交わすことをいいます。また、例えば、万葉２０７８には「玉葛《たまかづら》絶えぬものからさ寝らくは年の渡《わたり》にただ一夜のみ」という歌があり、「さ寝らく」は「共に寝る」の意味です。更に、万葉１５２０の長歌には「牽牛は織女と・・・玉手さし交《か》へ　あまた夜も　寝てしかも・・・」と詠われており「寝てしかも」は「寝たいものである」の意味とされています。日本の古代では男が女のところに通う妻問婚であったため、万葉歌では大伴家持が詠んだ万葉3900以外は、船を漕いで男が女のもとに訪れる歌が殆んどですが、中国の伝承では、銀河に架けられた鵲橋《かささぎのはし》を渡って、女が男のもとに会いに行くことになっているようです。

59　サザンカ

ツバキ科の常緑灌木で、そもそもは九州や四国の山野に自生し、晩秋から初冬にかけて白い花が咲く木なのですが、園芸種には白色に加えて赤色や淡紅色の花などもあります。寒い時期に咲く稀少な美しい花なので観賞用の庭木としても植樹されています。この木の花の際立った特徴は、木についているときは普通のツバキの花と同じように花びらが重なりかたまっているのに、散るときは見事なまでにバラバラになって散ることです。サザンカは、日本語では漢字で山茶花と書かれます。しかしながら、漢語ではツバキのことを山茶といい、その花のことを山茶的花、山茶花、または茶花というので、かなり紛らわしいことになっている感は否めません。

草木名初見リスト（磯野直秀作）によれば、安土桃山時代から江戸時代への移行期の日葡辞書に「さんざか（山茶花）」とあり、江戸時代初期の山内千代書簡に「さざんくわ」とでているとされます。大言海によれば、江戸時代元禄期の合類節用集には「山茶花、左をサザンクハと訓む」と書いてあります。

サザンカが、なぜ、日本語漢字では山茶花と書かれるかというと、主として山地に自生していることに加えて、茶と同じツバキ科の木だからです。山茶花は、日本語で読むとすれば単純にはサンチャカまたはサンサカと読むと思われます。サザンカは、サンチャカまたはサンサカが訛ったものという語源説がありますが、たとえ訛るとしても、音声上はサンチャカやサンサカからサザンカの読みにはなりにくいのであり、また、もしそうであれば、サンチャカまたはサンサカのままでもよかった筈なのです。したがって、この説はほんとうらしくない俗説といえます。広辞苑（第六版）には、「さざんか（山茶花）　字音サンサクヮの転」と書かれています。しかしながら、サンサクヮもまたサザンカの読みにはなりにくいといえます。つまり、サザンカはサンサクヮの転ではないらしいということです。

さて、日本語のサザンカの語源の話に移りますと、一音節読みで、粲はサンと読み動詞では「光り輝く」の意味ですが形容詞では「とても美しい」の意味があり、臧はザン、姱はクアと読み、共に「美しい」の意味があります。つまり、サザンカとは美しいの意味が三つ重なった粲臧姱の多少の訛り読みであり、直訳すると「美しい」の意味ですが、美しいのは花のことなので、花を指すときは**「美しい（花）」**、木を指すときは**「美しい花の咲く（木）」**の意味になっており、これがこの木名の語源と思われます。

また、一音節読みで、散はサンと読み「散る」の意味ですが、散の本義は、まとまってではなくて、個々ばらばらに散るという意味の字です。散散は連濁でサンザンと読むことになります。つまり、サザンカとは、散散花の多少の訛り読みであり直訳すると、花を指すときは「ばらばらに散る花」、木を指すときは「ばらばらに散る花の（木）」ですが、花びらという言葉を補足していうと**「花びらがばらばらに散る（木）」**の意味であり、これもこの木の語源で掛詞になっています。この木の花は、上述したように、一枚の花びらさえも重なることなく、見事なまでにバラバラになって散ることからすると、この語源はいかにも当を得たものになっています。掛詞をまとめると「美しい花の咲く、花びらがばらばらに散る（木）」の意味になります。なお、花の字は、漢語の一音節読みでは「ホア」と読むのに、日本語の音読で「カ」と読むのは、上述した「姱《クア》（＝美しい）」の多少の訛り読みを転用したものです。

60　ザボン・ボンタン

柑橘類の中では最も大形の果実がなり、通常の大きさでは、その果実の直径は15㎝程度になります。気候の温暖な熊本県や鹿児島県を主産地とし、若干異なる種のようですが高知県も主要産地の一つです。著者の故郷の熊本県八代地方は、古文献によれば、柑橘類の最も古い産地として知られており、以前は普通には「ザボン」といい慣わしていました。ザボンについて、江戸時代の和漢三才図会には「柚」と書いてあります。

さて、語源の話に移りますと、臧はザンと読み「美しい」、鵬はポンと読み「大きい」の意味があります。つまり、ザボンとは、臧鵬の多少の濁音訛り読みであり直訳すると「美しい大きい」ですが、美には美味の意味があるので、果実を指すときは**「美味しい大きな（柑橘）」**の意味、木を指すときは**「美味しい大きな柑橘のなる（木）」**の意味になり、これがこの言葉の語源です。

ザボンはボンタンともいいます。ということは、ボンタンといいたい人たちもいたということです。こちらは、現在は、ボンタン飴とかボンタン漬とかの甘味菓子の名称で使われています。一音節読みで、上述したように鵬はボンと読み「大きい」の意味があり、讜はタンと読み「よい、良好な」の意味があります。つまり、ポンタンとは鵬讜であり、食物について「よい、良好な」というのは美味しいということなので、果実を指すときは**「大きい美味しい（柑橘）」**、木を指すときは**「大きい美味しい柑橘のなる（木）」**の意味になっています。

熊本県八代地方のザボンは、その産地を銘柄化するために、最近では漢字で「晩白柚」と書いて**「バンペイユ」**と名付けられ都会の市場にも出廻っています。

一般的に、柑橘類は冬の果物ですが、ザボンは、比較的に晩《おそ》く熟して長持ちし、その皮は淡い黄色の外皮と厚くて白い内皮とからなっており、外皮を剥いた内側は更に白い綿状物で包まれています。柚は日本語ではユズのことですが、そもそもの漢語ではザボンのことを指します。したがって、**晩白柚**《ばんぺいゆ》と名付けられたのです。ザボンを長期に保存するには、箱にたっぷりと入れた籾殻《もみがら》の中に埋めて置くと二、三か月間は大丈夫です。

バンペイユの名称には、意味上の内容も含まれています。一音節読みで、棒はバンと読み形容詞で使うときは「よい、良好な」の意味があります。倍はペイと読み動詞では「倍になる」の意味ですが、ここでは「大きくなる」の意味です。つまり、晩白柚の意味は、棒倍柚であり直訳すると「よい、大きくなる、柑橘」になるのですが、食べ物について「よい」というのは「美味しい」ということなので、少し意訳していうと、果実を指すときは**「美味しい大きな柑橘」**、木を指すときは**「美味しい大きな柑橘のなる（木）」**の意味になり、これがバンペイユという名称の意味上の語源で、ザボンの字義と同じになっています。

外来語（楳垣実著・講談社文庫）という本には次のように書いてあります。「ザボンがポルトガル語ザンボア（zamboa）であることは、まず疑う余地がない。『朱欒』『香欒』の字を宛てた。土地によりジャボンとも訛るが、九州各地にはザンボという土地があり、愛媛県周桑郡ではザンボーともいうそうだ。だから、ザンボアの名残はその方言形のほうに濃厚だといえる」。

しかしながら、朱欒や香欒という名称自体は「美味しい果実」の意味になっています。また、ザボンの語源を、「疑う余地がない」などと、ポルトガル語のザンボアと断言するのも奇妙であり、九州各地とはどの辺りのことを指すのか分かりませんが、主要産地の八代育ちの著者はいろんなザボンに親しんできても、ジャボンやザンボーと訛るのは聞いたことがありません。本書では、ザボンという名称は上述したような語源の純然たる日本語だと思っています。

芝那の難破船が九州に漂着したときに、日本人が親切に面倒を見たので、そのお礼として船長の謝文旦《しゃぶんたん》という人から種子を贈られ、その種子を植えたら大きな実のなる柑橘になったので、この木をその船長名の文旦と呼ぶことにし、それが訛ったのがボンタンだという話もあります。しかしながら、この話は、そのことを記述した確かな文献もないようなことから、作り話である可能性が高いようです。

61　サワラ

ヒノキ科の大喬木で、奥山に自生し、丈は40m程度に達するものがあるとされています。木名であることを明確にするために、サワラギ（サワラ木）ともいいます。漢字では椹と書かれます。この字は漢語から導入したもので、漢語の一音節読みでシェンと読み、そもそもの漢語では「桑の実」のことを指すとされています。

草木名初見リスト（磯野直秀作）によれば、日本語のサワラという名称は、室町時代の山科家礼記の一四七五年の条にでているとされますが、当時に椹の漢字が当てられたと思われます。椹の字を当てたのは、椹を分解すると甚木になるので「甚だしく大きな木」の意味をだすためだったと推測されます。大言海によれば、易林節用集（慶長）に「弱檜《サハラ》」、合類節用集（元禄）に「弱檜《サハラ》、椹《サハラ》」、大和本草（正徳）に「さはらぎ、檜ノ類ナリ」、和漢三才図会（正徳）に「椹《サハラギ》、乃柏之属」と書いてあります。

一音節読みで、粲はツァン、婉はワン、孌はランと読み、いずれも「美しい」の意味があります。つまり、サワラとは、粲婉孌の多少の訛り読みであり、直訳すると**「美しい（木）」**の意味になっており、これがこの木名の語源と思われます。一般的に、なんにせよ、大きなものは「美しく」て「素晴らしい」のです。

62 サンショウ・ハジカミ

ミカン科の落葉灌木で、漢字では山椒と書きます。山野に自生しますが植樹もされています。丈は3m程度、枝には葉の付け根に一対づつの刺があります。雌雄異株で雄木と雌木とがあり、春に、双方共に黄緑色の小花が密生して咲き、雌木には果実がなります。果

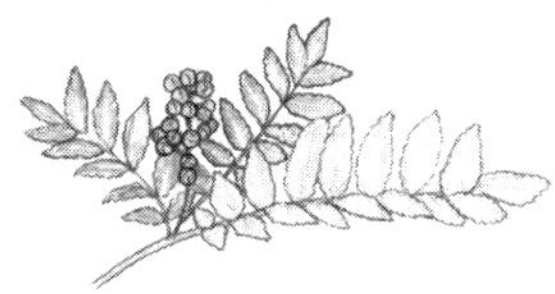

実は、秋になると赤く熟して裂開し黒色の種子がとびだして現れてきます。葉、果実、果皮には独特の香気と辛味があります。若芽は「きのめ」といい料理の香辛料にし、果皮は乾燥させて「すりこぎ」等で粉にしてウナギの蒲焼などの香辛料として使われています。また葉、果実、果皮を含めて漢方で健胃剤や回虫駆除薬として利用されてきました。材は固くて香りがあることから「すりこぎ」という料理用の棒状物にすることで知られています。

椒の字は、「香り」と「辛味」のある木のことを指しますから、山椒という漢字の字義は**「山地に生える、**

香りと辛味のある木」の意味になっていると思われます。

さて、日本語としてのサンショウの語源の話に移りますと、一音節読みで、山はシャン、椒はチャオと読むので、サンショウは、単純には山椒の多少の訛り読みであるかも知れません。しかしながら、一音節読みで、香はシャン、臭はシュウまたはショウと聴きなせるように読むので、香臭はシャンシュウまたはシャンショウと読み「香り、匂い」の意味になります。他方、惨はツァン、削はシャオと読み、共に「苛酷な、辛辣な、辛い」などの意味があるので、惨削は食べ物に関するときは「辛味」の意味になります。つまり、サンショウとは、香臭《シャンショウ》と惨削《ツァンシャオ》との多少の訛り読みの掛詞であり、直訳すると**「香りと辛味のある（木）」**の意味になり、これがこの木名のほんとうの語源と思われます。

サンショウは、古くはハジカミといったとされます。大言海によれば、古事記の神武天皇の条に「植ヱシ波士加美、口疼《ヒヒ》ク」とでており、平安時代の本草和名に「秦椒、加波波之加美。蜀椒、布佐波之加美」、和名抄に「蜀椒、奈留波之加美」、康頼本草に「秦椒、カハハシカミ」と書いてあります。つまり、古くは、葉、果実、果皮などのいろんな部分が利用され、椒はハジカミと読まれたのです。

一音節読みで、芳はファンと読み「芳香、香り、匂い」、辛はシンと読み「辛い、辛味」の意味です。つまり、ハジは、芳辛であり「香りと辛味」の意味になります。可はカと読み「よい、良好な」、靡はミと読み「美しい」の意味があります。つまり、カミは可靡になりますが、食べ物について「よい」というのは「美味しい」ということであり、美には美味の意味があります。したがって、**ハジカミ**は、芳辛可靡の多少の濁音訛り読みであり、美には美味の意味があることを考慮すると**「香りと辛味のある、美味しい（木）」**の意味になり、これがハジカミという木名の語源と思われます。この木自体では若芽は香辛料としての食用にし、また、香辛料として他の料理を美味しく引き立てるので、語源上は、このような意味になっているのかも知れません。

なお、クレという接頭修飾語の付いたクレノハジカミは**「とても美味しいハジカミ」**という意味ですが、生姜《しょうが》の古称とされています。一音節読みで酷はクと読み「とても、非常に、著しく」などの意味、稔はレンと読み「美しい」の意味があります。美には美味の意味があるので、食べ物について「美しい」というのは、「美味しい」ということです。したがって、クレは酷稔のことになり「とても美味しい」の意味になるのです。大言海によれば、平安時代の字鏡に「干薑　久禮乃波自加彌」、本草和名に「乾薑、生姜、久禮乃波之加美」、和名抄に「生薑　久禮乃波之加三」と書いてあります。

鎌倉時代の源平合戦の結末の一つとして、追討武士の那須大八郎と平家の落人貴族の娘とされる鶴富姫の悲恋を題材にした、宮崎県の民謡として知られる「ひえつき節」の歌詞においては、山椒は九州ではサンシュと読まれています。また、「山椒は小粒でぴりりと辛い」という決まり文句があることはご承知のとおりです。このサンショウ（山椒）は、サンシュユ（山茱萸）と呼ばれるミズキ科の落葉小喬木のことではないかとの説がありますが、日本国語大辞典（小学館）によれば、サンシュユは江戸時代の享保年間に朝鮮から渡来したとされるので、この記述がほんとうであるならば、古くから存在するサンショウ（山椒）の名称は、サンシュユ（山茱萸）からでたものではないことになります。

63　シイ

ブナ科シイ属の常緑喬木で、シイノキ（シイの木）ともいい、丈は30m程度にまで達し、こんもりと茂った巨木になります。漢字では「椎」と書かれますが、この字は漢語から導入したもので、そもそもは木名ではなく木槌《きづち》のこととされています。槌《つち》の材料にするのですから、この木の材質は極めて堅く、古代には木刀や木製兵器の材料にもされたようです。椎は動詞としても使われ、その第一義は「木槌で打叩《だこう》する」、第二義は「打殺す、殺す」の意味とされていますが、なぜか、日本語では木名として採用してあります。

奈良時代に、孝徳天皇の皇子であった有馬皇子が、謀反の咎《とが》で中大兄皇子（後の天智天皇）により処刑された際に、刑場への道すがらに詠んだとされる次のような有名な万葉歌があります。

・家にあれば　笥《け》に盛る飯《いひ》を草枕
旅にしあれば椎の葉に盛る（万葉１４２）

この歌で、椎が使われているのは、その字義において「殺す」の意味があるからのみならず、その読みの音声において「死」に通じているからではないかと思われます。ご承知のように、そもそも椎の木の葉は小さくて、飯を盛ることなどできそうもないことから、この歌では故意に使われていることは明らかです。偶然なのか分かりませんが、万葉集での歌番が「142」で「人死に」に通じているのも奇妙なことです。

また、一音節読みで、縶はシと読み「縛る、束縛する、拘束する、拘引する」、非はフェイと読み「誤り、不正である」の意味がありますから、シイ（シヒ）は縶非の多少の訛り読みになり**「拘引は誤りである」**の意味が込められていたのかも知れません。有馬皇子は無実を訴えていたのです。

さらに、屍はシと読み「死体」、塋はインと読み「埋葬する、埋葬される」の意味ですから、屍塋の多少の訛り読みはシイになり、直訳すると**「死体を埋葬する」**の意味になっています。古代人は漢字に精通していたことから、このようなこともこの歌と関係していると推測されます。

大言海によれば、万葉3493に「遅速も汝《な》をこそ待ため向つ嶺《を》の四比の小枝のあひは違《たが》はじ」と詠われており、また、平安時代の本草和名と和名抄に「椎子、之比」と書いてあることから、奈良・平安時代から椎はシイ（シヒ）と読まれていたのです。

さて、語源の話に移りますと、一音節読みで、石はシ、硬はインと読み、形容詞で使うときは共に「硬い、堅い」の意味があります。したがって、木のことだけに限っていうと、シイとは、石硬の多少の訛り読みであり**「堅い（木）」**の意味になり、これがこの木名の語源と思われます。

64 シキミ

モクレン科の常緑灌木で、山木として自生します。丈は3～5ｍ程度、葉は長楕円形で対生し光沢があります。春に淡黄白色の花が咲き、秋に実がなります。その際立った特徴は、木全体に濃厚な香りがありその樹皮や葉から線香や抹香がつくられることです。また、江戸時代の和漢三才図会には「子《み》は黒色で大きく酸甜《あますっぱく》て食べられる」などと書いてありますが、現在では実を含めて木全体が有毒とされています。漢字では樒と書かれます。万葉集には次のような歌が詠まれています。

・奥山の　之伎美が花の名のごとや
　しくしく君に　恋ひわたりなむ（万葉４４７６）

平安時代の和名抄に「樒、之岐美、香木也」と書いてあります。樒を分解すると、密木になりますが、ここでの密は「密である、濃密である」の意味であり、なにがそうかというと「香り」のことと思われます。枕草子一二〇段には「樒の枝を折りてもて来たるに、香などのいとたふときもをかし」、源氏物語（巻四七）の総角には「名香のいと香ばしく匂ひて、樒のいとはなやかに薫れる」と書かれて、その香りに言及されています。

　さて、語源の話をしますと、和名抄、枕草子や源氏物語には香りのことばかりが書かれているので、この木の名称もそのことから付けられた可能性があります。一音節読みで、馨はシンと読み「香り」の意味、魁はキと読み「傑出した、突出した、並みでない」などの意味があります。密については上述したとおり「密である、濃密である」の意味です。つまり、シキミとは、馨魁密の多少の訛り読みであり直訳すると**「香りが突出して濃密な（木）」**の意味になり、これがこの木名の語源と思われます。

　大言海には「重実《シキミ》ノ義、実、重《シゲ》クツク故カト云フ」とありますが、重はシキとは読めないという難点があります。また、広辞苑（第六版）には「果実は猛毒で『悪しき実』が名の由来という」と、伝聞形式での納得しにくい説明になっています。なぜならば、香木として、この木の樹皮や葉を利用するのであって実はさしたる問題とはされていないのであり、「悪しき実」から「悪」を取除くと確かに「しき実」にはなるとしても、「しき実」だけではなんのことだか全然分からなくなるからであり、悪を取除く理由がないからです。

65 シャクナゲ

ツツジ科の常緑灌木で、深山に自生し、丈は1～2m程度、葉はツツジ科の中では大形で裏には毛が密生していいます。五月頃に淡紅色の美しい花が咲きますが、現在では園芸種もできています。漢字では、日漢で共に、石南花や石楠花、または杜鵑と書かれます。草木名初見リストによれば、平安時代末期の色葉字類抄（字類抄とも）という本にでている「さくなむさう」というのはシャクナゲのこととされています。

シャクナゲは、シャクとナゲの二つから構成されているようです。一音節読みで、煞はシャ、酷はクと読み、共に、程度が著しいことを表現するときに「とても、非常に、著しく」などの意味で使われます。娜はナと読み「美しい」の意味です。華は、蓮華や曼珠沙華におけるようにゲとも読み「花」のことです。つまり、シャクナゲとは、煞酷娜華であり直訳すると、花を指すときは**「とても美しい花」**、木を指すときは**「とても美しい花の咲く（木）」**の意味になり、これがこの木名の語源と思われます。

大言海にはシャクナギともいうと書いてあります。ギは木の濁音読みと思われ、そうしますと、煞酷娜華の華を木と入れ替えたに過ぎない煞酷娜木であり、**「とても美しい花の咲く木」**の意味になり、両名称は同じ意味になっています。

66 シュロ

ヤシ科シュロ属の常緑喬木で、丈は6m程度ですが、この樹木の姿をみるとまさに聳えているという感じの木です。糸毛が絡んだ幹は節があって直立し、枝はなく、葉は梢に叢生《そうせい》します。各々の葉は、長い葉柄をもちその先端で多数に深裂して扇状になっています。南九州原産とされ、漢字では棕櫚と書かれます。五月頃に淡黄色の多数の小花が咲いた後に、球状の核果がなります。

大言海によれば、平安時代の和名抄に「椶櫚（棕櫚）、俗云、種魯」、名義抄に「棕櫚、シュウロ」、字類抄に「棕櫚、スロ」と書いてあります。用途は多く、幹は建材や細工物、樹皮や葉は帽子、敷物、シュロ縄やシュロ箒《ほうき》、等の素材として使われます。

この木は、漢語でも棕櫚と書きソンリュと読みます。棕の字には宗、櫚の字には呂が入っているので、日本語では棕櫚はシュウロと読めることになり、その多少の訛り読みがシュロと見做すことができます。ただ、敢えて語源を探ると、一音節読みで、淑はシュ、柔はロウと読み、共に「美しい」の意味があるので、シュロとは淑柔の多少の訛り読みであり、**「美しい（木）」**の意味になり、これがこの木名の語源と思われます。

67 ジンチョウゲ

ジンチョウゲ科の落葉灌木です。漢字では沈丁花と書きます。春に、紅紫色または白色の強い「におい」のする多数の花が咲きます。漢語では、瑞香《ルイシャン》といい直訳では「非常に香りのする木」の意味になっています。草木名初見リスト（磯野直秀作）によれば、この草名は室町時代の尺素往来という本にでています。江戸時代の和漢三才図会には「香りは烈しく沈香と丁香とを相兼ねたるが如し、故に沈丁花といふ」と書かれています。

沈香と丁香は、熱帯地方に生育する常緑高木とされ、この木名における沈と丁は、共に「とても、非常に、著しく」の意味があるので、字義上は、沈香と丁香の両木は共に「とても香りのある木」の意味になっています。

しかしながら、沈と丁の字は、共に「とても、非常に、著しく」などの意味に過ぎないので、沈香と丁香から発想されたとしても、沈丁花は意味のある名称にはならないことから単なる当て字に過ぎず、日本語においてはジンチョウゲという音声上の読みに意味が含まれていると考えるべきものです。

一音節読みで、勁はジンと読み「強烈な、猛烈な」、臭はチョウと読み「におう」の意味があります。華は、蓮華《れんげ》や曼珠沙華《まんじゅしゃげ》におけるようにゲとも読まれ、花と同義の字です。つまり、ジンチョウゲとは、勁臭華のことであり直訳すると「強烈に臭う花」ですが、木を指すときは**「強烈に臭《にお》う花の咲く（木）」**になり、これがこの木名の語源です。日本語では、臭の字を「におう」と読むときは必ずしも「くさい」の意味で使われるわけではありません。なぜならば「におい」というのは「よい香」という意味の言葉だからです。

68　スギ

スギ科の常緑喬木で日本特産種とされています。幹は直立し丈は40m程度に達するものがあり、ほぼ全国で盛んに植樹される姿の美しい木です。樹皮は褐色で縦の裂け目が入っており、枝には針状の葉が密につきます。雌雄同株で、早春開花し、葉の根元に小さい球果を付けます。やや柔らかな材質ですが、木目はまっ直であり、建築、家具、その他の用材として重宝されています。有名なもので、秋田杉・北山杉・吉野杉・屋久杉などがあります。

万葉集の歌では、杉の外に、須疑、椙などとも書かれて十一首が詠まれており、例えば次のような歌があります。

・わが背子《せこ》を大和へ遣《や》りてまつしだす
　足柄山の須疑の木の間か（万葉３３６３）

大言海によれば、平安時代の本草和名に「杉材、須岐乃岐」、和名抄に「杉、須木」と書いてあります。

一音節読みで、竪はシュと読み「垂直である、縦にまっすぐである、直立する」の意味があり、瑰はギと読み「美しい」の意味があります。つまり、スギとは、竪瑰の多少の訛り読みであり直訳すると**「直立する美しい（木）」**の意味になり、これがこの木名の語源です。

少し余談をしますと、上述の万葉３３６３の原歌は、「和我世古平《わがせこを》　夜麻登敝夜利弖《やまとへやりて》　麻都之太須（まつしだす）　安思我良夜麻乃《あしがらやまの》　須疑乃木《すぎのこ》能末可（のまか）」と書かれており、日本古典文学大系「萬葉集三」（岩波書店）では、上述の振仮名のように読んであり、頭注では次のように説明してあります。「まつしだす—古来難解、諸説がある。原文、都之は都ゝの誤で、待ちつつ立つ意か。〔大意〕わが背子を大和へ遣って待ちつつ立つ足柄山の杉の木の間よ、ああ」。

しかしながら、「都之は都ゝの誤」というのも不可解であるうえに、そのような大意では、なんのことなのかさっぱり分からないのであり、「まつしだす」が古来難解といっても、「能末可」を「のみか」と素直に読み、この歌が詠まれたときの状況を推察すれば、その意味は簡単ではないかと思われます。

一音節読みで、満はマンと読み副詞では「満足に、完全に」の意味があります。伺はツと読み「伺い見る」、視はシと読み「じっと見る」、眈はダンと読み「睨み見る」、覗はスと読み「覗き見る」の意味であり、細かい意味は少々異なっても「見る」の意味の字が四つ重なったものになっています。つまり、マツシダスとは満伺視眈覗の多少の訛り読みであり、直訳すると「満足に見る、完全に見る、十分に見る」などの意味になります。したがって、先ず、この歌は読み方を変えるべきであり「わが背子を大和へ遣りて　まつしだす　足柄山の杉の木のみか」と読み、その歌意は**「私の夫を大和へ出したのだが、夫を満足に見られるのは、足柄山の杉の木だけではなかろうか」**と解釈すべきものです。高い山の上に生える高い杉だからこそ見えるのではないか、という歌意なのです。

69　スズカケノキ

スズカケノキ科の落葉喬木です。英語ではプラタナス（**platanus**）といいます。街路樹に多用されますが、公園や大学構内にも植えられています。街路樹のものは剪定されるので丈はさほど大きくなりませんが、公園や大学構内にあるものは、丈は30ｍ程度に達し、こんもりと茂った壮美ともいえる巨木になります。幹は樹皮が剝げて白っぽさと淡緑色からなる大斑《おおまだら》になっており、葉は大きく、三つの大きな切れ込みがあります。

一般的には、春に、同じ木に黄緑色の雄花と雌花が咲き、秋に、多数の種子の集合体であるまん丸い塊は直径３㎝程度になり、落葉した後の枝にそれぞれ８㎝程度の紐がついて冬空にたくさんぶら下がっている光景は見事です。東京では、日比谷公園や立教大学や蚕糸公園にある大木がよく知られています。なお、種類はいろいろあるようで、蚕糸公園にあるものは、早やばやと、桜花の咲く四月には、やや小ぶりの種子体が多数ぶら下がっています。

一部の語源本などでスズカケノキというのは、「修験者が着る篠懸《すずかけ》によく似ているためという」との説が流布されていますが、これは眉唾ものです。なぜならば、大辞典によれば、篠懸とは篠懸衣《ごろも》のことで「修験者が上着として着る直垂《ひたたれ》形の麻の衣」と説明されていますが、いったい篠懸衣とスズカケノキとのどこがどのように似ているのかという疑問があるからです。したがって、本書としては、修験者の篠懸衣説にはまったく賛成できません。ただ、強いていうならば、篠懸衣の上から結袈裟《ゆいげさ》というものを首から懸けるのですが、そこに「丸い房」が、普通には、前面に四個、背面に二個付いており、それをこの木の丸い種子体に見做すことはできないことではありません。しかしながら、それは結袈裟であって篠懸衣ではないのであり、そこに付いている「丸い房」は大き過ぎる上に数が少な過ぎます。篠懸衣というのは、山伏などの修験者が険しい山道を歩くときに、その衣がササ（篠）に引っ掛かることからの名称だとされています。

この木は、漢字では「鈴懸の木」や「篠懸の木」と書かれます。「鈴懸の木」と書く場合、語源ということになると、まるで風鈴のように、多くの種子の集合体である満ん丸い種子体が多数ぶら下がっている、つまり、懸垂《けんすい》している状況から、**「鈴状の種子体が懸垂する木」**の意味であり、これがこの木名の語源と見做してもよいと思われます。

「篠懸の木」と書く場合、漢語辞典を見ると、篠の字は、漢語の一音節読みでは小の字の読みと同じくシャオと読み、「小竹、細竹」のことと書いてあります。篠は、日本語の訓読ではシノと読み、名詞では植物としての「小竹《ささ》や細竹《ささ》」の意味、形容詞では「小さい」の意味があります。大言海によれば、室町時代の下学集（絹布門）に「篠懸、スズカケ」と書いてあるところをみると、かなり古くから、篠はスズと読み篠懸はスズカケと読まれたようですが、なぜ、そのように読むのかという単純な疑問があります。そこでそのことを探求してみます。

一音節読みで、糸はスと読み名詞では「糸、糸状物」の意味です。子はズと読み、名詞の二字語をつくるときの語尾として使われます。したがって、糸子はスズと読め「糸、糸状物」の意味になりますが、その読みを、名詞の「小竹《ささ》」の意味での「篠」の訓読に準用してスズと読むものと思われます。そうしますと、篠は糸子《スズ》ですから、糸子を名詞の「糸」と見做して「篠懸の木」を直訳すると「糸で懸垂する木」になりますが、実態に即して目的語を入れて少し意訳すると**「糸状物で種子体を懸垂する木」**の意味になり、これが「篠懸の木」と書く場合のこの木名の語源になると思われます。

また、この木の名称はこの木の実態に即して付けられている可能性があります。一音節読みで、宿はスと読み「大きい」の意味があり、宿敵とは大敵と同じ意味です。姿はズと読み形容詞で使うときは「美しい」の意味、亢はカンと読み形容詞では「高い」、亘はケンと読み「空間を縦横に伸び広がる」の意味があります。つまり、スズカケノキとは、宿姿亢亘之木の多少の訛り読みであり直訳すると**「大きくて、美しい、高く、縦横に伸び広がる木」**の意味になり、これがこの木名のほんとうの語源かも知れません。この木の姿は、まさに、この意味にぴったりの木であることはご承知のとおりです。

以上から、語源候補は(i)鈴懸の木（＝鈴状の種子体が懸垂する木）、(ii)篠懸（糸子懸）の木（＝糸状物で種子体を懸垂する木）、(iii)宿姿亢亘之木（＝大きくて、美しい、高い、縦横に伸び広がる木）の三つになります。これらの三つのうち、理屈上は、いずれも語源説となり得ますが、要は、スズカケノキという名称をつくった人に聞いてみないことには分からないということです。しかしながら、以上のような語源説は、民間語源説とか俗解語源説といわれて、学者からは馬鹿にされるものです。なぜならば、学者が唱えたものではないからであり、然るべき学者が唱えたものならば、筋違いで荒唐無稽と思われるものや奇妙奇天烈なものでさえも通説になったりするのです。

大辞泉（一九九五年初版）という大辞典によれば、この木はアジア西部の原産で明治末に日本に渡来したと書かれているので、日本語名称はその頃に付けられたと思われますが、誰が付けたのか、ほんとうはどのような語源なのかは明らかにされていません。今後につくられる草木の新名称については、学者だけの或いはある学界だけの内緒事ではなく、そのようなことが明らかにされて、然るべきところに正式に記録されたものを標準和名にするとの仕組をつくるべきだと思われます。

70 センダン・オウチ

現在の日本のセンダン科のセンダンとされるのは、落葉喬木で、丈は6~10m程度、春に、葉腋に小さい五弁花が集まって咲きます。花びらは白色、メシベ（雌蕊）を囲んだオシベ（雄蕊）は円筒状で淡紫色をしており、特に香りがあるとは思えない木です。漢字では梅檀と書くとされセンダンと読みますが、梅檀と書きセンダンという呼称である限り、現在では木種が間違えられているのです。なぜならば、字義からして、センダンは赤い花が咲く香木でなければならないからです。

漢語には栴檀という木があり、漢語読みでチャンタンと読みます。漢語辞典によれば、栴檀には香りがあるので檀香ともいい、檀香は漢語読みでタンシャンと読みます。漢語には、香木という修飾語の付いた香木梅檀という木があり、これはその特徴を明確に示した名称になっています。梅檀は、上述したように日本語ではセンダンと読みますが、漢語では栴檀の読みと同じくチャンタンと読みます。なお、栴と梅の字に丹が含まれているということは、この木のどこかに赤いところがあるということですが、一般的に、それは花のことと思われるので、この木の花は赤いことを示唆しています。

檀という木については、いろいろと複雑のようですが、漢語辞典には、簡潔にいうと、「古書には『檀』と称する木が極めてたくさん紹介されている。なお、香木梅檀という木の略称を檀香という」と書かれています。そうしますと、漢語においては、栴檀と檀香と香木梅檀とは、同じ木とされていることになります。

漢語では香木梅檀を略語にしたものが檀香《タンシャン》とされていますが、日本語では香木梅檀の中間の二字を省略したものが香檀《シャンタン》であり、芝那の檀香と日本の香檀とは同じ木と思われます。そもそも旃檀や梅檀における檀の字は、いかなる意味かというと、一音節読みで、檀はタンと読み、ほぼ同じ読みの「丹」や「赯」に通じており、両字は共に「紅色、赤色」の意味がありますが、それは花のことと思われるので、**「赤い花の咲く（木）」**の意味になっています。

日本語では、センダンの古名は、楝《あふち》というとされ、楝は万葉歌では阿布知や安不知などと書かれて四首が詠まれており、例えば、万葉798に「妹が見し　阿布知の花は散りぬべし　わが泣く涙いまだ干《ひ》なくに」という歌が詠まれています。平安時代の和名抄には「楝、阿布智」と書いてあります。枕草子の三七段には「木のさまにくげなれど、楝《あふち》の花いとをかし」とでています。一音節読みで、盎はアンと読み「とても、非常に、著しく」、馥はフと読み「香りのある」、赤はチと読み「赤い」の意味があります。したがって、アフチは盎馥赤であり直訳では「とても香りのある赤い」ですが、赤いのは花のことと思われるので**「とても香りのある、赤い花の咲く（木）」**の意味になっており、これが楝《あふち》という木名の語源です。

さて、日本語のセンダンの語源の話に移りますと、一音節読みで香の字はシャン、檀はタンと読みます。つまり、センダンは香檀の多少の濁音訛り読みであり、**「香りのある檀」**の意味になりますが、上述したように檀は「赤い花の咲く（木）」の意味ですから、**「香りのある、赤い花の咲く（木）」**の意味になり、これがセンダンという木名の語源になっています。

日本語におけるそもそものセンダン（梅檀）は、香木梅檀を略語にした香檀のことだったと思われるのは、大言海によれば、和名抄に「梅檀、俗云、善短」と書いてあるからです。一音節読みで、善短は香檀と同じくシャンタンと読みます。つまり、善短は香檀の当て字になっています。また、そもそものセンダンが香りのある木を指していたことは、日本書紀の天智紀十年十月条に「梅檀香」の記載があることや、古くから「梅檀《せんだん》は双葉より芳《かんば》し（＝センダンは若葉のときからよい香りがする）」という常套句があることなどからも推測できます。平家物語には「梅檀は二葉より香しとこそ見えたれ」と書かれています。

しかしながら、問題は現在の日本のセンダン科のセンダンについて、積極的に「香りのある木」と説明してある日本の植物図鑑、植物辞典や大辞典などは見当たらないことです。実際にも、現在、日本でセンダンとされる木には「香りはない」といっても過言ではない程度なのです。ということは、現在、日本のセンダン科のセンダンとされる木は、名称が付けられた当時のそもそものセンダンである旃檀＝檀香＝香木栴檀＝善短＝香檀＝栴檀とは木種が異なっているのは確実と思われます。

日本の植物図鑑、植物辞典や大辞典などをみると、栴檀以外の檀については、平安時代から名称のある白檀の他に黒檀、紫檀、青檀、黄檀、赤檀、緑檀などの名称が見られますが、現在では、白檀、黒檀、紫檀が特定して認識されている木とされています。この中で特に「香り」があるのは白檀だけです。

大言海によれば、和名抄に「白檀、栴檀の白きは之を白檀と謂《い》ふ」とあります。ここで注目すべきことは、白檀は「栴檀の白いもの」とはありますが、「香りがある」とは書かれていないことです。また、新漢書の南蛮伝に「単単は、・・・、亦、州県に有り、木は白檀多し」とあります。つまり、「州県にある檀（単単）は白檀が多い」とは書いてありますが「香り」については書かれていません。白檀は、漢語ではパイタンと読み、日本語ではビャクダンと読みます。

白の字は、日本語では普通はハクとは読んでもビャクとは読みませんが、白檀の場合においてそのように読むのは**「当て読み」**なのであり、この読みを通じて白をビャクとも読むようになったのではないかと推測されます。なぜならば、白をビャクと読むべき理由が外に見当たらないからです。つまり、日本語では、白をビャクと読むことによって、白檀を「香りのある檀」に仕立て上げたのです

さすれば、ビャクとはいかなる意味かというと、一音節読みで、苾はビと読み「香り」、洋はヤンと読み「満ちている」、酷はクと読みそもそもの字義は「香りの強い、とても香りのある」の意味です。つまり、ビャクとは苾洋酷の多少の訛り読みであり直訳すると「香りが満ちて強い」になります。したがって、**ビャクダン**とは、苾洋酷檀の多少の訛り読みであり、少し言葉を整えて直訳すると**「香りが強く満ちている檀」**の意

味になります。

なぜか分かりませんが、不思議なことに、現在の漢語辞典のいずれにおいても「白檀」という名称の記載すらありません。察するところ、漢語では、白檀は香木とされていない、さして重要視もされていない種類の壇のようなのです。

現在、日本のセンダンは、漢字では栴檀と書かれ、一般的には、その第一義はセンダン科のセンダン、その第二義はビャクダン科のビャクダン（白檀）のこととされています。例えば、広辞苑（第六版）には「**せんだん**【栴檀】①ビャクダンの異称。②センダン科の落葉高木。」と書いてあり、この辞典では栴檀の第一義が白檀のこととされています。つまり、現在では、日本のセンダンは一名二種になっています。その一種は別称をビャクダン（白檀）というビャクダン科のセンダンであり、他の一種はセンダン科のセンダンであるという可笑しなことになっているのです。

センダンという音声言葉の字義から考えたときに、そもそものセンダンはビャクダンそのものだったことは間違いありません。なぜならば、上述したように、センダンという名称の字義は簡単にいうと「香りのある檀」の意味だからです。なぜ、こういうことになるかというと、日本の植物学者が、数種の檀の木を仕分けするときに、センダンの**「セン」**は**「香」**の多少の訛り読みであることを理解していなかったからと思われます。本来のセンダンは、漢語では旃檀や檀香と書き日本語では栴檀や香檀と書く、そもそもは共に香りのする檀のことですが、現在の日本では、そうではない、香りのしない檀をセンダンにしてしまってあるのです。このことは、牧野新日本植物図鑑には、センダンにつき「日本名の語源不明」と書かれていることからも明らかです。しかしながら、「セン」は「香」であることが、過去に分からなかった筈はないと思い調べてみると、「草木の話　センダン」（和泉晃一書）という手記の中で、江戸時代後期の大和本草批正《ひせい》（小野蘭山口述・井岡冽著・一八三七年刊）という本に「楝、この木節々に香気あり、故にセンダンと名《なづ》く」と書かれていることが紹介されています。ということは、本来の日本語のセンダンは、香りがあることから付けられた名称であり、そもそもはビャクダン（白檀）の異称というよりもビャクダンそのものだったことは江戸時代から知られていたことになります。つまり、日本におけるそもそものセンダンは、旃檀《チャンタン》＝檀香《タンシャン》＝香木栴檀＝善短＝香檀＝栴檀＝白檀だったということです。しかしながら、いまさら、間違っていたともいえないので、広辞苑におけるような順序が逆の説明になるのです。そうすると、日本語においては、現在の特には香りのしないセンダン科のセンダンは、字義上からするとセンダンと呼ぶべきではなく、そもそもはなんという名称だったかというと、白檀以外の檀ということになりますが、黒檀、紫檀は特定されているので、これら以外の檀、つまり、青檀、黄檀、赤檀、緑檀、或いは、その他の檀のいずれかであるということです。漢語辞典の中には、修飾語を付けないで単に檀というときは、青檀のことを指すと書いてあるものもあります。

さすれば、センダンにつき、日本語では一般的にはどのように説明すればよいかというと、例えば、「**【せんだん】**栴檀。香檀。センダン科の常緑喬木。強い香りのするセンダンであることを明確にするために別称で白檀《びゃくだん》ともいう。丈は10m程度にまで達し、葉は対生し、茎先に群がって小さい赤い花が咲く。材には強い香りがあり、特には仏像や扇子その他の工芸品の材料にし、白檀油と称する油を抽出して香料や薬剤にする」。「**【だん】**檀。樹木の種類。強い香りのある種を白檀《びゃくだん》といい、その他に黒檀、紫檀、青檀、黄檀、赤檀、緑檀など多くの種があるとされる」。結局のところ、日本語においては、センダン（＝香りのある檀）とビャクダン（＝香りが強く満ちている檀）とはその名称字義はほぼ同じ意味であり、同じ木であることから、センダンの木種を白檀に変える必要があるということです。

なお、各種の檀における白、黒、紫、青、黄、赤、緑とは、それぞれの木におけるどの部分(花、葉、枝、幹、樹皮、実、根など）のなにを指すのか、よく分からないといえます。また、現在の大辞典によれば、白檀はビャクダン科、黒檀はカキノキ科、紫檀はマメ科の木であって、センダン科の木とはされていないので、草木についての専門的な知識のない素人目には、奇妙でありさっぱり分からないというのが正直なところです。

71　ソテツ

裸子植物門のソテツ目ソテツ科の常緑灌木です。そもそもは九州などの暖地に多いのですが、今では全国各地の公園などに植樹されています。草木名初見リスト（磯野直秀作）によれば、ソテツの名称は室町時代中期の蔭凉軒日録の一四八八年の条にでているとされます。

蘇は日漢でソと読み「蘇《よみが》える、蘇生する、活力を取戻す」などの意味があります。鉄は漢語ではティエと読み、日本語では鉄子《ティエツ》の多少の訛り読みを転用してテツと読み、形容詞で使うときは「強靱な、強健な、力強い」などの意味があります。つまり、ソテツは蘇鉄子であり、**「蘇えった強靱な（木）」**の意味になっており、これがこの木名の語源です。

なぜ、このような意味になるかというと、この木の歴史に起因しています。原色日本植物図鑑（北村四郎・村田源共著・保育社）には「そてつ科に近縁のものは、中生代によく発達し、栄えた。（その一属の）シカドスパディクス・ディオオニテス・ブジュヴィアは三畳紀からである。現世の属は第三紀からである」と説明してあります。中生代は、今から約二億五〇〇〇万年前から約六五〇〇万年前までの期間とされ、その第一紀が三畳紀、第二紀がジュラ紀、第三紀は白亜紀で約一億四〇〇〇万年前から約六五〇〇万年前までの期間とされています。白亜紀は動植物が大変に栄えた時期とされていますが、その末期に地球と巨大隕石との衝突があり、恐竜その他の動植物の多くが絶滅したと考えられています。ソテツは、その困難な時期を乗切って、気の遠くなるような太古から生き延びてきた貴重な木なのです。このことから、なぜ、蘇鉄であるかがお分かりになったと思います。

蘇鉄という漢字名称は芝那からきたものですが、大言海によれば、明代の群芳譜（王象晋著）という本に「鳳尾蕉、一名番蕉、能《ヨ》ク火患ヲ辟《サ》ケル、此ノ蕉ハ鉄山ニ産シ、少シ萎ムガ如クナラバ、鉄ノ焼紅ニテ之ヲ穿テバ即チ生キル、平常、鉄屑ヲ以ッテ泥ゼ和ヘテ之ヲ壅《フサ》ゲバ、則チ茂ル」と書いてあります。しかしながら、こんなことをしたら、逆に枯れてしまうのであり、この記述は本当のこととは思われません。芝那においても、学者というのは本当のことは庶民には教えたくなかったのです。牧野新日本植物図鑑には「(日本名)蘇鉄の音よみで、蘇はよみがえる意味であって、衰弱して枯れそうになった時に、鉄くずを与えたり、鉄くぎをさすと元気をとりもどすといわれていることから来ている」と書いてあります。

著者の郷土は熊本県の八代であり、以前は、この地域の殆んどの小・中学校、高等学校の正面玄関前には、広く囲いをして数本の蘇鉄の木が植えられていましたが、九州の他県においても同じように植えられていました。なぜかというと、郷土の然るべき人たちには、この木名の意味が分かっていたからと思われます。著者の伯父は、聞いたところによると、東京外国語学校(現在の東京外国語大学)出の当時の高等文官とやらで、台湾総督府の招きで台湾の上級学校で英語教師をしていたようですが、大東亜戦争の敗戦で日本に引揚げてきたときに、ソテツとは「鉄のように強い木」のことだと教えてくれました。伯父は、「台湾に行くのだったら、台湾人の教え子がたくさんいるので、相当に偉い人でも紹介できるよ」と常々いっていましたが、当時の著者はまだ小学生でしたから、さしたる関心もなかったのを記憶しています。

72　ダイダイ

ミカン科の常緑小喬木で、丈は5m程度にまで成長します。初夏に白色小花が咲き、果実は丸くて直径8cm程度の大きさにまでなり、秋頃から赤黄色、いわゆる橙色に熟し、柑橘類の果実の中では最も赤味のつよい一種であり、極めて酢っぱいので、古来、烹酢《ぽんす》、つまり、料理酢として重宝されてきました。現在では、ダイダイの代りに、全国的にはより小形の大分県のカボスや徳島県のスダチなどが多用されています。ダイダイの果実は、やや香りがあり、大きくて艶があって美しいことや後述する縁起担ぎの理由もあって、料理酢としての外に正月の鏡餅の上に載せたり、門松などの飾りとしても使われてきました。

平安時代の本草和名に「橙、阿倍多知波奈」、和名抄に「橙、阿倍太知波奈」と書いてあることから、古くはアベタチバナと呼ばれたのです。ダイダイという呼称は、草木名初見リスト（慶応大学名誉教授・磯野直秀作）によれば、室町時代末期、つまり安土桃山時代の「お湯殿の上の日記」という本の一五六四年の条にでているとされることから、この頃にできた名称と思われます。

　橙は、シナから渡来したとされ、その字も日本に導入されていますが、シナの明時代の漢籍である本草綱目（一五九六刊行）には「橙の実は八月に熟する。色は黄色。嗅げば香しく、食えば美味で、誠に佳果である」とあり、同じ明時代の漢籍である三才図会（一六〇七完成）には「橙は、樹は橘に似て葉が大きく、その形は円く、橘より大きくして香しく、皮は厚くして皺《しわ》んでいる。八月に熟する」と記述されているので、現在、日本で橙とされるものとは、種が異なるのは確実と思われます。なぜならば、現在の日本の橙の実は「冬季に熟し、赤黄色で、とても酸っぱい」からであり、「美味で、誠に佳果である」などとは到底いえそうにもないからです。

　橙は、上述したように、平安時代から室町時代末頃まではアベタチバナと呼ばれたのですが、その語源のことをいいますと、盎はアンと読み「とても、非常に、著しく」などの意味です。倍はベイ読み、同じ読みの棓のことですが、漢語辞典には棓はバンとも読み同じ読みの棒につながっているとされています。棒を形容詞で使うときは「よい、良好な」の意味があり、食べ物について「よい、良好な」というのは「美味しい」ということです。つまり、阿倍とは盎棓を通じて盎棒であり「とても美味しい」の意味になります。したがって、アベタチバナは、盎棒タチバナであり**「とても美味しいタチバナ」**の意味になっており、これがこの名称の語源と思われます。そうすると、やはり、アベタチバナと呼ばれた橙は現在のものとは異なっているように思われます。タチバナの語源についてはその欄をご覧ください。

　上述の漢籍の本草綱目や三才図会の話に戻りますと、その実が「八月に熟する」とか「黄色」や「美味で佳果である」などと書いてあるところをみると、この橙は現在のナツミカンのことではなかったかと推測されます。現在では、ナツミカンはそれほど美味しいものとはされていませんが、アベタチバナと呼ばれた当時は美味しいとされていたのかも知れません。

ダイダイという名称は、上述したように、室町時代末の「お湯殿の上の日記」に初出するとされますが、どのようなものだったのかは分かりません。たぶん、名称の変更にともない、橙の種類が現在のものに変わったのではないかと推測されます。少なくとも江戸時代の中頃までには、その種類とその名称語源は変わっていたと思われます。なぜならば、江戸時代の博物誌にはダイダイについて「美味である」とか「佳果である」などとは書いてないからです。

江戸時代の中頃になると、ダイダイという呼称の語源が分からなくなっていたのか、この時代の代表的博物誌において、その果実を主題にして次のようないろいろな説明が試みられています。

(一)本朝食鑑(一六九七)には「橙は、多比多比と訓む」と書かれています。しかしながら、その語源については、なんら触れてありません。

(二)大和本草(一七〇九)には、「俗ニタイタイト云ハ其蔕《ヘタ》二台ニアル故也ト云。橙ノ実ハ四五年モ落チズ甚大ニナル」と書かれています。この本では「果実に蔕が二台あるから」、および「実が四、五年も落ちないで甚大になるから」との二つの語源説になっています。

(三)和漢三才図会(一七一二)には、「春になると色は濃く永持ちし、夏にまた青に変る。どれが新か旧か弁じにくく、それで俗に代代と呼ぶ」と書かれています。この本では「新世代の実か旧世代の実か分からないから代代と呼ぶ」との語源説になっています。

(四)本草綱目啓蒙(一八〇三)は、同じ江戸時代ではあっても和漢三才図会から約九〇年後のものですが、橙について次のように書かれています。「橙ニ香橙、臭橙、回青橙ノ分アリ。(中略)。本邦ニテ古ヨリ橙ヲダイダイト訓ズレドモ、ダイダイハ皮ニ臭気アリテ味苦ク食用ニ堪ズ。ソノ形ハクネンボヨリ大ニシテ、皮肌《カワハダ》細クシテソノ蔕《ヘタ》二重ナル故、俗ニダイダイト云。マタ冬熟シテ黄色ニ変ジ春ニイタレバ緑色ニ回り、幾年モカクノ如ク年ヲ経テ落ズ、形大ニナル故ダイダイト名クト云。因テ漢名回青橙ト云。八閩通志ニイヅ」。この本では、二つの語源説が述べられています。その一つ目は「蔕が二重であるから」、その二つ目は「実の形が大きく大大になるから」というものです。つまり、この本では、大和本草の語源説を踏襲してあり、また、新たに「回青橙」という名称が初めて紹介されています。ただ、「黄色ニ変ジ」や「回青橙」というのであれば、それは夏《ナツ》ミカンのことではないかと疑われます。というのも、夏《ナツ》ミカンの果実の皮は、黄色であり古くなるとやや黄色が褪せるので回青したようにも見えるからです。

（五）和訓栞（一七七七～一八八七）は、その著者である谷川士清の生涯が一七〇九年から一七七六年までの六七年間であるにもかかわらず、江戸時代の一七七七年から明治時代の一八八七年（明治二〇年）の一一〇年間をかけて刊行された本とされ、ダイダイについて「その実あからみて後も落ちず、来年実のある時まで青し、よて回青橙の名あり、四五年も落ちざるあり、されば代々といへる義なるべし」と推測・推量で書かれています。しかしながら、「四五年も落ちざるあり」というのは事実に反し、また、言葉の正しい使い方としては、四、五年も落ちないのは「年々」というべきであって、「代々」ではありません。代の字義は、時代、世代、年代の意味であり長期の一定期間のことを指すからです。これらの江戸時代の博物誌の語源説を簡単に羅列しますと、次のようになります。

・大和本草
　蔕が二台あるから。
　実が甚大になるから。
・和漢三才図会
　実が新代か旧代か分からないから。
・本草綱目啓蒙
　蔕が二重であるから。
　実の形が大大になるから。
・和訓栞
　実が四、五年も代々落ちないから。

以上の江戸時代の博物誌から推測するところ、本草綱目啓蒙には「古ヨリ橙ヲダイダイト訓ズレドモ云々」と書かれていますが、その古とは、上述したように安土桃山時代頃のことであって、江戸時代に至って名称の語源が模索されるようになり、台台説、大大説、代代説などが後付けで考案されたと思われます。ただ、「俗に」とか「なるべし」と推測・推量で書かれているということは、これらの語源説は確信して主張できるものではなかったことを示しています。なぜならば、「俗」とは、ほんとうでない、または、本当でないらしいという意味の字であり、「なるべし」とは現代語でいえば「ではないか」といった程度の推測・推量に過ぎないからです。更に、その理由が複数でまちまちであることもまた、これらの説が単なるこじ付け説であるらしいことを裏付けしています。これらの江戸時代の博物誌の説明を検証してみますと、次のような矛盾があります。①蒂は二台や二重とはいえない、②果実はいくら長い期間、枝に付いていても一定の大きさ以上にはならない、③例え、四、五年の間、枝に付いているとしても、その全期間がこの果実の一代というべきものであって年々とはいえても代々とはいえない。④実際には、初夏に花が咲きその後になった果実は翌年の晩秋頃までの足掛け二年、つまり、満一年半程度の期間を大幅に超過して枝に付いていることはない、⑤新世代の実が熟する頃は、旧世代の実は萎んで落下してしまっているので両者が区別できないということはない。

昭和初期の大言海には、次のように書かれています。「**だいだい**（名）橙〔代代ノ意、新果ミノレバ、旧果落ツ、人ノ世世相承クルガ如シ。或ハ、蒂《ヘタ》ニ台二ツアレバ云フト云フハ、アラジ〕。（中略）。実ノ蒂、二重ナリ、冬、熟シテ黄ニ変ジ、春、又、緑ニ回《カヘ》ル、此ノ如クニシテ、年年落チズシテ形大キクナル。故ニ代代ト名ヅケテ、春ノ春盤《ホウライ》等ノ飾トシテ祝フ。‖回青橙‖ 今、多クハ臭橙《カブス》ヲ以テ、マガヘテ用ヰル」。この辞典の説明は、おおよそ上述した江戸時代の博物誌の記述をまとめて踏襲したものになっています。したがって、「蒂ニ台二ツアレバ云フト云フハ、アラジ」と書いてあるかと思うと「実ノ蒂、二重ナリ」と書いてあり、「新果ミノレバ、旧果落ツ」と書いてあるかと思うと「年年落チズシテ形大キクナル」とも書いてあり、正反対で矛盾するようなことが書かれています。また、江戸時代の本草綱目啓蒙や和訓栞の記述を引継いで「回青橙」の名称をも紹介してあります。

広辞苑（第六版）には、次のように書かれています。「**だいだい**【橙・回青橙・臭橙】（ダイは橙の中国音の転訛）。①ミカン科の常緑低木。幹は高さ三メートルほどで、葉は卵形、透明な小油点を有し葉柄に翼を持つ。初夏、木の葉のつけ根に白色五弁の小花をつける。果実は冬に黄熟するが、翌年の夏に再び緑色にもどるので回青橙の名がある」。この辞典では、江戸時代の博物誌にもまったくなかった、新しい画期的な語源説が述べられています。つまり、ダイダイは「橙の中国音の転訛である」という語源説になっています。しかしながら、この説は荒唐無稽とも滅茶苦茶ともいえそうなものです。なぜならば、一つには、橙の中国音は、普通語では、トンまたはチョンであって、ダイが橙の中国音の転訛であるとは思われないからであり、いかなる漢和辞典にもそのような発音は書いてありません。二つには、日本人は、漢語言葉を導入しても、同字のままでの漢語発音から日本語をつくることはせず、新たに日本語としての音声言葉をつくるという一応の大原則があるからです。三つには、ダイダイという言葉は、幾多の本でも日本語とされています。ということは、後述する語源のような日本語としての意味をもった訓読言葉、つまり、ダイダイは単なる橙という漢字の音読ではなくて、いかなる意味かを説明した「解釈読み」或いは「説明読み」と思われるのです。四つには、ダイダイの果実は、冬に、黄色ではなくて赤味の強い赤黄色に熟します。黄色に熟すのは夏ミカンの果実であり、その果実は古くなるとやや色が褪せるので緑色、つまり、青色にもどったように見えるという特徴があります。五つには、ダイダイの果実は、翌年の夏に再び緑色や青色に戻ることはありません。

江戸時代のもろもろの博物誌の記述の基になったと思われる漢籍の本草綱目や三才図会には、橙についての記述はありますが、翌年の春や夏になったら再び緑色や青色に戻るなどとは書かれておらず、したがって、回青や回青橙という言葉もありません。本草綱目啓蒙に回青橙のことが記されているとして挙げられている**「八閩通志」**は、シナの明代に書かれた現在の福建省地域の地理誌ですが、動植物についても記述されています。橙については、簡単に触れられており**「橙　柑類の大なるもので仏酥柑に似て皮は光っており実の味は甘酸っぱい」**とだけあり、それ以上のことはなにも書かれていません。東京の国立国会図書館で、漢語辞典等の漢籍で探しても、回青橙はもとより回青という言葉さえ見当たりません。したがって、今のところ、回青橙は本草綱目啓蒙がでっち上げた名称ではないかと疑われます。

そもそも一般的には、柑橘類のうちダイダイのような大形果実の皮は厚く、太陽光の作用で色が褪せるので若干は青味がかった色に感じることはあっても、植物体の本性として、再び色が元に戻ったり一度成熟した果実の中味が数年もそのままであることはあり得ないことです。ダイダイの果実は冬季の十二月〜一月頃が最熟期であって、他の似た種類の柑橘類の果実と同じように春季に至っても落ちにくく、もぎ取らずにその儘で枝にならせておくと徐々に水分がなくなり、したがって酸味も少なくなるので、美味しいとまではいえませんが酸味をさほど気にすることなく食べられるようになります。果皮が厚いので中味は腐りにくく、時には、木になっているままで種から根や芽がでている果実もあります。色も褪せ、ほぼ完全に近く水分がなくなった果実は、徐々に萎んで晩秋頃までには枝から落下します。

ダイダイという言葉がつくられた当時の橙がどのようなものであったかが分からないので、本書では、漢字の橙の字義を通じての語源を探ってみます。先ず、漢語での橙の意味から始めますと、橙を分解したときの旁《つくり》である登は、一音節読みでトンと読むのですが、同じ読みの燈に通じており、その簡体字は灯と書きます。灯《ともしび》は、「赤いもの」の心象があるので、橙は燈の心象を通じて「赤い木」の意味になっていると思われます。つまり、少し意訳すると「赤い果実のなる木」の意味になっているようです。また、登と、ほぼ同じくトンと読む彤は「赤い」の意味があることからも、音声的には橙は彤木であり「赤い果実のなる木」の意味に理解し得ることを補強しています。

登はトンと読むことから、形声文字である橙は、本来はトンと読むと思われるのに、漢語の実際ではチョンと読まれています。なぜならば、芝那の古称では、ダイダイの木とその果実を棖《チョン》と呼んでいたので、そのことと整合させるために、橙もチョンと読むと思われます。この橙や棖についてのチョンという読みは、同じ読みの赬に通じていて、赬には「赤い」の意味があります。つまり、橙や棖とは赬木のことであり、直訳すると「赤い木」、少し意訳すると「赤い果実のなる木」の意味になっています。以上のことから、いずれにしても、橙の字は、果実を指すときは「赤い果実」、木を指すときは**「赤い果実のなる木」**の意味になっていると思われます。

次に、日本語の「ダイダイ」の語源の話に移りますと、橙をダイダイと読むことにした、つまり、ダイダイという日本語をつくった安土桃山時代の人、或いは人たちは、たぶん、当時、日本に存在した橙はいかなる果樹であり、橙の字義はいかなるものかを調べたと推測されます。一音節読みで、丹はダンと読み、形容詞で使うときは「赤い」の意味があります。矣はイと読み、語気助詞として「〜である」の意味で使われるもので、俳句や和歌などでは「〜かな」と読まれたりしています。つまり、ダイは丹矣の多少の訛り読みであり、ダイダイはその重ね式表現の**丹矣丹矣**であって、直訳すると「赤い」ですが、果実を指すときは**「赤い（果実）」**、木を指すときは**「赤い果実のなる（木）」**の意味になり、これがこの木名の語源と思われます。重ね式表現にするのは、意味を明確にするためと声調や音感がよくなるからです。

なお、夏ミカンのことを、「正式には夏ダイダイ」というとの説が流布されていますが、語源上の視点からすれば、夏ミカンは夏ミカンであり、夏ダイダイではありません。なぜならば、夏ミカンの果実は、黄色であって赤黄色にはならないからであり、更にミカンには美味しい柑橘の意味が含まれるからです。

賢明な読者の皆さんの中には、ダイダイという名称は安土桃山時代につくられたと思われるのに、江戸時代になるとなぜその語源が分からず、同じような語源説が唱えられるのかと疑問を抱く人がいるかと思われますが、それは、日本の言語・国語に関係する学者は、昔から先輩学者の説を極めて尊重してきたからと思われます。しかしながら、反面、学問的進歩が止まってしまうのであり、現在に至ってもなお、江戸時代から行われてきた謬説《びゅうせつ》が改められることもなく垂れ流されていることについては不満を禁じ得ません。

上述したように、本草綱目啓蒙には、橙には香橙、臭橙、回青橙の三種があると記載されていることから、「萬葉の花」（松田修著・芸艸堂）のアベタチバナ解説欄には、香橙はクネンボ、臭橙はカボス、回青橙は現在のダイダイといわれているものではないかと書かれています。香は「美味しい」という意味の字であり、クネンボという日本語名称の意味自体が「美味しい（果実）」という意味ですから、香橙がクネンボであることはそうかも知れません。普通には、樹木の果実はその全部をもぎ取った方が翌年の実りがよくなるとされており、橙もその例外ではありません。果実がなっていると、枝に負担がかかり新果の実りにも影響するからです。もし、ほんとうに回青が四、五年も続くということにでもなれば、この木は果実だらけになり、その果実はこの地球上で殆んど唯一の珍果であり、世界中で大騒ぎされ、徹底的にその成分についての研究がなされる筈なのです。なぜならば、太古の秦の始皇帝に限らず、現在でも極めて多くの人々が長生きすることを望んでおり、そのための食材などを探しているからです。

芝那では、橙は「めでたい」果実と見做されている節があります。というのも、橙を分解したときの旁《つくり》が「登」なので「上に揚がる」つまり、「立身出世」の意味に繋がり、「チョン」と読まれることによって、同じ読みの成や盛、つまり成功や繁盛などに通じるからです。日本でも、「代代」の意味と見做し、代代は「代代続く、代代栄える」の意味に捉えられており、ダイダイの果実はもぎ取ってはならないという人もいます。代代や大宜大宜（＝大変に宜《よ》い）は、音声上においてダイダイと同音なので、単なる縁起担ぎの後日談として考案されたに過ぎない説である可能性が極めて高いと思われます。最後に、繰返しますと、橙という漢字の字義の方面からの探求では、日本語としてのダイダイの語源は**「丹矣丹矣＝赤い果実」**であるらしいということです。

73　タケ

タケは、イネ科の植物に分類されており、漢字で「竹」と書きますが、漢語辞典の説明を見ると、その茎と垂れ下がった葉との双方をかたどった象形文字とされています。大言海によれば、古事記の雄略天皇の条には「本《もと》には　いくみ陀気生ひ　末方には　たしみ陀気生ひ」とでていて、ここでの陀気はタケと読み、竹のこととされています。平安時代の和名抄には「竹、多計」と書いてあります。

竹の特徴には、幹状の①茎に一定の間隔ごとに節がある、②茎が中空である、③茎が強靱である、④地下茎で繁殖する、⑤茎がまっすぐに割れるなどがありますが、その際立った特徴は外観上において⑥茎が直立している、という点にあります。竹は、日本語の音読でチク、訓読でタケと読み、漢語ではチュと読みます。

さて、日本語のタケの語源の話をしますと、漢語の一音節読みで、端はタンと読み「直立する」の意味があり、しかも、その直立の仕方は「不歪不彎的直立」、つまり、「歪みも曲がりもせずに直立する」の意味とされています。亘はケンと読み「延伸する、延びる、伸びる」の意味があります。つまり、タケとは、端亘の多少の訛り読みであり、直訳すると**「直立して伸びている（植物）」**の意味であり、これがこの植物名の語源です。

竹取物語という説話における竹取を鎌倉時代の仙覚はタカトリと読み、江戸時代の契沖は大和国十市郡の鷹取山と結びつけてタカトリ（鷹取）のこととし、それらをタケの語源と見做しているようですが、筋違いの推測に過ぎないものと思われます。

74 タチバナ

タチバナについては、古い話があります。古事記の垂仁天皇の条には、この天皇の要請で、田道間守《たじまもり》という人が常世の国から持帰ったとされる「非時《ときじく》の香《かく》の木実《このみ》は、これ今の橘なり」との記事があります。古事記の原書では、「登岐士玖能迦玖能木実」と書いてあり、万葉4111には「時支能香久乃菓子《ときじくのかくのこのみ》」と書いてあります。「菓子」とあることは、美味しい果実であったことを示しています。

そもそも「香」の字には「美味」の意味があることはご承知のとおりですから、「非時の香の木実」は直訳では「どの時期でも美味しい木の実」の意味になります。このことから、古代のタチバナは、食べられない現在のタチバナとは異なり、かなり美味しい柑橘であったと思われます。

「萬葉の花」（松田修著・芸艸堂）によれば、万葉集には六六首が詠まれおり、橘諸兄が橘姓を賜ったときの歌として次のようなものがあります。

・橘は実さへ花さへその葉さへ
　枝に霜降れどいや常葉《とこは》の樹（万葉1009）

この際の勅《みことのり》には、「橘は菓の子《み》の長上にして、人の好む所なり」と書かれていることからも相当に美味なものとされていたことが窺われます。平安時代の和名抄には「橘、太知波奈」と書いてあります。この頃から、京都の紫宸殿《ししんでん》の正面階段の、向かって左右に、桜と橘が植えられ、「左近の桜、右近の橘」と称したようです。

このようなことを踏まえた上で、古代のタチバナの語源を探りますと、一音節読みで、啖はタン、即はチと読み共に「食べる」の意味です。棒はバンと読み「よい、良好な」の意味ですが食べ物に関するときは「美味しい」の意味でも使われます。娜はナと読み「美しい」の意味があります。つまり、タチバナとは、啖即棒娜の多少の訛り読みであり、美には美味の意味があることを考慮して直訳すると、果実を指すときは**「食べて美味しい（果実）」**、木を指すときは**「食べて美味しい果実のなる（木）」**の意味になり、これが古代におけるこの木名の語源だったと思われます。

この古代のタチバナは、今日では、どの柑橘だか分からなくなっていますが、現在の温州ミカンの祖先に当るようなものだったと推測されます。温州というのは、芝那の温州のこととされています。古代における記事からすると、古代のタチバナは、現在のタチバナと同じものとは思われません。したがって、その語源の意味も古代と現代では異なっても可笑しくはないのです。

現在のタチバナは、ミカン科の常緑小喬木であり、枝に鋭い棘があり繁茂するので垣根としても植えられます。葉は比較的小さく、五月頃に白い五弁花が咲き、小さい実が秋に熟して黄色になりますが、とても酢っぱくて苦味もあるので食用にすることは到底望むべくもありません。現在のタチバナは、どこでどう入れ替わったのか分かりませんが、古代のタチバナとは異なる種と見做すべきものです。なぜ入れ替えできたかというと、その名称の語源の意味も入れ替えが可能だったからです。一音節読みで、大はタと読み形容詞では「多い、たくさんの」、棘はチと読み「棘《とげ》」の意味です。蛮はバンとも読み「荒々しい、猛々しい」、難はナンと読み「難しい、面倒な、厄介な」などの意味があります。つまり、タチバナとは、大棘蛮難の多少の訛り読みであり直訳すると**「たくさんの棘のある、荒々しい厄介な（木）」**の意味になり、これが現在のタチバナの意味でありその語源と思われます。

75　タラ

ウコギ科の落葉灌木で、タラノキ（タラの木）ともいいいます。幹は直立し、丈は５ｍ程度にまで成長します。幹上に鋭い刺が生え、いわば刺だらけの木といえます。にもかかわらず、春になると、幹の上に芽を生じ、その新芽は美味しい食材として賞味されています。

大言海によれば、平安時代の本草和名に「桜木、小木也、多良」、字類抄に「桜、茨、タラノキ」と書いてあります。江戸時代の大和本草には、タラについて「木にはハリ多し。枝なし。その梢上に葉生ず、下に生ぜず。その葉、若きとき、食すべし。味よし」と書いてあります。

一音節読みで、大はタと読み形容詞では「多い」の意味があります。そもそもは、多はトゥオと読むのですが、タと読むのは大の読みを転用したものです。刺はラと読み「刺《とげ》」のことです。つまり、タラノキとは、大刺之木であり、直訳すると「多くの刺の木」、少し表現を変えると**「多くの刺のある木」**の意味になり、これがこの木名の語源です。

また、大は副詞では「とても、非常に、著しく」などの意味があります。孌はランと読み「美しい」の意味です。つまり、タラは、大孌の多少の訛り読みであり、美には美味の意味があることを考慮すると、タラノキとは、大孌之木で**「とても美味しい木」**の意味にもなり、掛詞になっています。美味しいというのは新芽が美味しく食べられるからです。掛詞をまとめると「多くの刺のある、とても美味しい木」になります。

76　チャ

ツバキ科の常緑灌木です。五月頃から九月頃にかけて、三～四回程度の茶摘をします。乾燥させて、飲茶の材料にすることはご承知のとおりです。世界の茶にはいろいろの種類がありますが、日本産のものは緑茶という種類です。

大言海によれば、平安時代の和名抄には「茶茗、其の葉は煮て飲むべし、今、早採を呼びて茶とし、晩採を茗とす」と書いてあります。漢語では茶と茗はまったく同じ意味ですが、和名抄の記述を受けて、日本語では、厳密には、茶は早採みのもの、茗は晩《おそ》採みのものと区別されてきました。

さて、語源の話に移りますと、一音節読みで、姹はチャと読み「美しい」の意味です。茶をチャと読むのは、漢語においても、姹の読みを心象したものになっています。つまり、チャとは姹であり、直訳すると「美しい（木）」の意味ですが、美には美味の意味があることを考慮して少し意訳すると**「美味しい葉の採れる（木）」**の意味になっており、これがこの木名の語源です。

茶茶（茶々）という熟語があり、少女を指す美称とされています。豊臣秀吉の側室だった淀君の少女時代の愛称が「茶々」だったことはご承知のとおりです。このことからも、茶の読みが姹（＝美しい）の意味であることは間違いないといえます。

77　チョウジ

マツ目フトモモ科の常緑喬木です。東南アジアのモルッカ諸島が原産地とされ、漢字では丁子と書きますが、これは当て字と思われます。臭気が極めて強いので香料としても使われます。大言海によれば、平安時代の和名抄の薫香具の欄に「丁子

香」と書いてあります。

一音節読みで、臭はチョウと読み「臭《にお》う、臭い」、激はジと読み「激烈な、激しい、強い」の意味があります。つまり、チョウジとは、匂激であり直訳すると**「臭いが激しい（木）」**の意味になり、これがこの木名の語源と思われます。

78　ツガ

マツ目マツ科ツガ属の常緑喬木で、丈は30m程度にも達します。深山に生える針葉樹で群生します。大言海には「材ハ緻密堅硬ニシテ良ク、木理《モクメ》密ナリ」と書いてあります。漢字では、樛または栂と書かれます。栂の字はいつ頃つくられたかは分かりませんが国字とされています。栂を分解すると母木になります。

一音節読みで、母はムと読み、同じ読みの穆に通じていて、穆には「壮美である、堂々として美しい」の意味があるので、「堂々として美しい木」の意味を表現するために、敢えて栂の字がつくられたものと思われます。その垂直に伸びた木々がうっそうと茂る樹林は、昔から注目されていたようで、万葉集では、樛《つが》、都賀、刀我、都我と書かれて、次のような五首の長歌で詠まれています。

・神のことごと　樛の木の　いやつぎつぎに
天の下・・・(万葉２９)
・繁《しじ》に生ひたる　都賀の木の　いやつぎつぎに
玉かづら・・・(万葉３２４)
・繁に生ひたる　刀我の樹の　いやつぎつぎに
萬代に・・・(万葉９０７)
・神さびて　立てる都我の木　幹も枝も
同じ常磐に・・・(万葉４００６)
・あしひきの　八峰の上の　都我の木の
いやつぎつぎに・・・(万葉４２６６)

さて、語源の話に移りますと、都の字は、そもそもの一音節読みで、都合《つごう》のツ、都会《とかい》のトのように、ツともトとも聴きなせるように読み、副詞では「とても、非常に、著しく」、形容詞では「美しい」の意味があります。剛はガンと読み「堅い、硬い」の意味です。つまり、ツガやトガとは都剛の多少の訛り読みであり、都を副詞と見做して直訳すると**「とても堅い（木）」**の意味になり、これがこの木名の語源と思われます。

また、崗はガンと読み「とてもよい、素晴らしい」の意味があります。つまり、ツガやトガとは、都崗の多少の訛り読みであり、都を形容詞と見做して直訳すると**「美しい素晴らしい（木）」**の意味になり、これがこの木名の語源で掛詞と思われます。まとめると「とても堅い、美しい素晴らしい（木）」になります。

上述したように、都の字はツともトとも聞きなせるように読むので、ツガでもトガでも同じであり、どちらの呼称が古いとか新しいとかの問題ではなく、母音交替がどうのこうのといった難しい問題でもないようです。

79　ツゲ

ツゲ目ツゲ科の常緑小喬木で、丈は３m程度になります。葉は対生し、春に、葉腋に黄色の小花が咲きます。材は緻密で堅く強靱であり、古くから櫛材《くし》として重用され、版木《はんぎ》、印章、将棋駒などの材料としても使われます。漢字では黄楊と書きます。万葉集には六首が詠まれているとされ、例えば、次のような歌があります。

・君なくは　何ぞ身装餝《みよそ》はむ　匣《くしげ》なる
　黄楊《つげ》の小梳《をぐし》も取らむとも思はず（万葉１７７７）

・朝づく日　向ふ黄楊櫛　舊《ふ》りぬれど
　何しか君が　見れど飽かざらむ（万葉２５００）

大言海によれば、平安時代の字鏡に「黄楊、豆介乃木」、和名抄に「黄楊、豆介」と書いてあります。一音節読みで、都はツとも読み副詞で使うときは程度が著しいことを表現するときに「とても、非常に、著しく」などの意味で使われます。艮がゲンと読み「堅い」

の意味があります。つまり、ツゲとは都良の多少の訛り読みであり、直訳すると**「非常に堅い（木）」**の意味になり、これがこの木名の語源です。

80　ツタ

ツタは、ブドウ科ツタ属のツル性の落葉植物で山野に自生しています。漢字では蔦と書きます。ツタ属の植物は、世界中には十数種あるようですが、日本のツタ属には一属一種のツタだけがあるとされています。大言海では、ツタについて次のように説明されています。「多年生蔓草。鬚根《ひげね》ヲ以テ、樹石、土壁等ニ着キテ延フ。葉ハ互生シ、三尖ニシテ鋸葉アリ、光沢アリ、小サキハ二三寸、大ナルハ尺許《ばかり》。夏、葉ノ間ニ、淡黄花、数十、簇《むらが》リ生ズ、五弁ニシテ二分許、実円ク、熟シテ黒シ。紅葉美シ、人家ニ植ヱ、樹、壁等ニ延ハシメテ賞ス」。

ツタの特徴の一部を抜出すと、日本国語大辞典（小学館）に「**つた【蔦】**各地の山林、岸壁、石垣などに生え・・・葉の反対側に巻ひげが出るが・・・巻ひげは小型で枝分れし先端に吸盤があって、他物に吸着する」、日本大百科全書（小学館）に「**ツタ**〔蔦〕かんきひげの先は吸盤になり、木や石に固着する」、世界大百科事典（平凡社）に「**ツタ　蔦**　円形吸盤のついた巻ひげで他の物に吸着し、からむ」と説明してあります。

「萬葉の花」(松田修著・芸艸堂)によれば、万葉集では、ツタを詠んだ歌は八首あるとされ、そのうち都多が四首、津田、岩綱、石葛、角と書かれたものが各一首づつで、この四首の漢字はいずれもツタと読まれて同一物を指すとされています。例えば、次のような長歌が詠まれています。

・さ寝し夜は　いくだもあらず　延《は》ふ都多の
別れし来れば・・・(万葉135)

・せむすべ知らに　延ふ津田の行きの別《わかれ》の数《あまた》・・・
(万葉3291)

大言海によれば、平安時代の本草和名に「落石、都多」、和名抄に「絡石、豆太」と書いてあります。落石や絡石と書いてあるのは、石に絡むこともありますが、これは漢名からきたものではなくて、日本語としてつくられた漢字言葉のようです。一音節読みで、落はルオと読み、同じ読みの羅に通じていて、羅は動詞では「捕捉する、捕《つか》まえる、捉《つか》まる」などの意味があります。石はシと読み、同じ読みの恃に通じていて「恃《たの》む、依存する、支えられる」などの意味があります。つまり、落石とは羅恃のことであり直訳すると**「捉まって依存する（植物）」**の意味になっています。また、絡石とは絡恃のことで**「絡《から》まって依存する（植物）」**の意味になっています。ということは、ツタは、自立できないで他物に捉まったり絡まったりして身体を支える植物と見做されているのです。枕草子二八七段の「神は」では「齋垣《いがき》に蔦《つた》などのいと多くかかりて」とあり、現在でも、ツタは漢字では蔦と書かれています。

さて、日本語のツタの語源の話に移りますと、一音節読みで、刺はツと読み「捕捉する、捕まえる、捉まる」などの意味があり、刺網《さしあみ》や鳥刺《とりさし》などの熟語でも使われています。覃はタンと読み動詞で使うときは「延伸する、延《の》びる、伸《の》びる、延《は》う」などの意味があります。つまり、ツタとは、刺覃の多少の訛り読みであり、直訳すると、植物の部分を指すときは**「捉まって延びる（もの）」**、植物全体を指すときは**「捉まって延びる（植物）」**の意味になり、これがこの植物名の語源です。言葉を補足すると「他物に捉まって延びる巻きひげのある（植物）」になります。

この欄で記憶べき肝要なことは、現在では、ツタはツル性の一種の木本植物名とされているということです。したがって、ツル性植物であることを示すために、ツタという名称を使ってツタウルシ、キヅタなどの植物名がつくられていますが、正しくはツタではなく、カヅラ、ツヅラ、ツルのいずれかを使うべきものだったのです。なお、植物名であるクヅ（葛）やツタ（蔦）の性質に関連して、植物名ではありませんが上述した**カヅラ**、**ツヅラ**、**ツル**という言葉があり、これらについてはカヅラ欄、ツヅラ欄、およびツル欄をご参照ください。

81　ツツジ

ツツジ科の灌木であり、漢字では画数の多い字で躑躅と書きます。野生では、かなり高い山地にまで自生することが多く、四～五月頃に、赤、桃、紫などを中心とした色とりどりの美しい花が咲きます。

一音節読みで、姿はツ、芝はジと読み、形容詞で使うときは共に「美しい」の意味があります。つまり、ツツジとは、姿姿芝であり、直訳すると「美しい」ですが、美しいのは花のことと思われるので、花を指すときは「美しい（花）」、木を指すときは**「美しい花の咲く（木）」**の意味になり、これがこの木名の語源と思われます。

また、その華やかさは、まるで美しく着飾った女性たちが大勢集っている様子に似ています。上述したように、一音節読みで、姿はツと読み「美しい」の意味があります。雌はツと読み「女、女性」、集はジと読み「集まる」の意味です。つまり、ツツジとは、姿雌集であり、直訳すると「美しい女性が集まる」ですが、少し潤色して表現すると「美しい女性が集まったように美しい（花）」や**「美しい女性が集まったように美しい花の咲く（木）」**の意味にも解釈できそうであり、これもこの木の掛詞としての語源と考えても差支えないと思われます。万葉集には、ツツジを詠んだ歌が一〇首あり、実際の原歌では、管士、管仕、管自、都追慈などと書かれ、例えば、次のような歌が詠まれています。

・青山を　ふりさけ見れば　つつじ花
　香少女《にほえをとめ》　桜花　栄《さかえ》少女・・・（万葉３３０５）

大言海によれば、平安時代の字鏡に「豆豆志」、本草和名と和名抄に「都都之」と書いてあります。漢語では、躑躅の外に杜鵑や映山紅と書きますが、その意味は、次のようになっています。

躑躅については、一音節読みで、躑はジと読み同じ読みの芝に、躅はツと読みほぼ同じ読みの姿に通じています。つまり、躑躅の発音の中味は芝姿であり、上述したように、芝と姿は、共に「美しい」の意味があるので、「美しい（花）」や「美しい花の咲く（木）」の意味になっています。

杜鵑については、一音節読みで、杜はトと読み同じ読みの都に、鵑はチュアンと読み同じ読みの娟に通じています。都と鵑は、共に「美しい」の意味なのでこれまた「美しい（花）」や「美しい花の咲く（木）」の意味になっています。杜鵑には、小鳥のホトトギスの意味もあるので、おそらく、ホトトギスはツツジのような灌木の密生した中で暮らすことが多いことからも、適当な字として使われているものと思われます。

映山紅については、その字義を直訳すると「山に映える赤い（花）」や「山に映える赤い花の咲く（木）」の意味です。そもそもツツジは高山に咲く花なのです。

・美しく匂い咲きたる　つつじ花
　野山に集う乙女らのごと　　不知人

82　ツヅラ

ツヅラは、カヅラや、後世につくられたツルと同じ意味の言葉ですが、万葉集に次の二歌が詠まれています。

・駿河の海　磯部に生ふる浜都豆良
　汝《いまし》をたのみ　母に違《たが》ひぬ（万葉３３５９）
・上毛野《かみつけの》　安蘇山都豆良　野を広み
　延《は》ひにしものを　何《あぜ》か絶えせむ（万葉３４３４）

古事記の景行天皇の段の「小碓命《をうすのみこと》の西征」の下りに、倭建命《やまとたけるのみこと》の御歌として「やつめさす出雲建が　佩《は》ける太《た》刀《ち》　都豆良多纏《さはま》き　さ身無しにあはれ」（歌番二四）と詠まれています。このように、ツヅラという言葉は奈良時代にはできていたのです。ただ、このツヅラとは、植物の種名ではなくて、「延《は》い伸びる性質のある茎枝」を備えた植物体における、その延《は》い伸びる部分、いわゆるツルのことを指していました。

さて、ツヅラの語源の話に移りますと、一音節読みで、刺はツと読み「捕捉する、捕まえる、捉まえる、捉まる」などの意味があり、現在では刺網《さしあみ》や鳥刺《とりさし》などの熟語でも使われています。濫はランと読み「蔓延する、延伸する、延びる、伸びる、延《は》う」などの意味があります。つまり、ツヅラとは、刺刺濫の多少の濁音訛り読みであり、直訳では**「捉まって延びる（もの）」**の意味になり、これがこの名称の語源です。

カヅラとツヅラとは、同時代にできたと思われる言葉で、両者の字義は同じになっています。したがって、日本の大辞典では、漢字では両者共に「葛」とも書かれます。また、カヅラとツヅラとは、後世の室町時代頃にできたと思われるツル（蔓）の字義とも同じになっています。つまり、カヅラ、ツヅラ、ツルは同じ意味の言葉であり、そもそもは植物の種名ではなくてその性質を表わす言葉であって、その性質を具現する植物体の一部分を指すということです。現在では、捉まって延びる性質のある植物体の一部分、具体的にはそのような茎枝をカヅラ、ツヅラ、ツルなどといい、そのような茎枝をもった植物をツルという言葉で代表して**「ツル性植物」**といい慣わしています。なお、注意すべきことは、古くから行われてきたことではあるとしても、現代に至っては、漢字ではカヅラは「蘿」、ツヅラは「藟」或いは「虆」、ツルは「蔓」と書くべきものです。

つまり、カヅラやツヅラを漢字で葛と書くことは、よくないというよりも誤りと見做すべきものです。このことについては、カヅラ欄とツル欄をご参照ください。

大言海によれば、本草和名と和名抄に「防己、阿乎迦都良」とあり、典薬寮式に「防己、アヲツツラ」とあります。つまり、防己を通じてアオカヅラとアヲツヅラとは同じ植物ということになるので、これらの古書の記述から判断すると、カヅラとツヅラとは同じ意味の言葉だと書いてあることになります。また、現在では、カヅラとツヅラとは漢字では共に「葛」とも書かれることからも両者が同じ意味であることが分かります。ただ、正しくは、上述したように、カヅラは蘿、ツヅラは藟や虆と書くべきものです。

シソ目クマツヅラ科に**クマツヅラ**という草があり、漢語由来の漢字では馬鞭草、日本語としての漢字では熊葛と書かれています。大言海によれば、平安時代の本草和名と和名抄に「馬鞭草、久末都都良」とあります。馬鞭草は音読でバベンソウとも読みます。クマツヅラ（熊葛）は、ツヅラの言葉が使われていることと、葛の漢字が使われていることからするとツル性植物でなければなりません。ところが、江戸時代の和漢三才図会によれば、芝那の明代の一五九六年の刊行とされる漢籍の本草綱目に書かれている馬鞭草は、蔓草類ではなくて湿草類に分別されていてツル性の植物とは書かれておらず、実際にもそうではないのです。ということは、本草綱目の馬鞭草は、ツル性の植物ではないという点において、平安時代の日本の馬鞭草とは植物が異なっていることになります。にもかかわらず、日本の和漢三才図会などでは、芝那の本草綱目における馬鞭草が昔のツル性植物である馬鞭草とは異なる植物になっていることを見抜けなかったのかどうか分かりませんが、馬鞭草を従来どおりクマツヅラと呼び現在に至っています。

なぜ、こういうことになったかというと、江戸時代の学者がツヅラの字義を理解していなかったか、或いは、日本では平安時代から馬鞭草はクマツヅラと呼ばれてきたので、本草綱目の馬鞭草は昔のものと植物が異なっているらしいとは気付いていても日本語では昔のままで呼んだということだと思われます。

日本の自生種では、現在のクマツヅラ科の草にはクマツヅラとイワダレソウの二種だけがあるとされますが、肝心のクマツヅラがツル性植物でないということは、現代の学者もツヅラの字義が分かっていないのではないかと疑われます。イワダレソウはツル性植物なのでこちらをクマツヅラに同定すればよかったのです。イワダレソウは、海岸に生える多年草で、茎は各節から地に根を下ろして延《は》って伸びます。古いクマツヅラがいかなるツル性植物であったかは分かりませんが、ほんとうはイワダレソウだったのではないかと思われます。なぜならば、イワダレソウはツル性植物だからです。にもかかわらずそのことに注目せずに江戸時代末以降に付けられた名称と思われます。

クマツヅラはツル性植物ではないので、語源上からすればツヅラと呼ぶことは全然ふさわしくないというよりも誤りというべきものです。にもかかわらず、そのように呼ばれるうえに、現在のクマツヅラ科にはツル性植物でない外来種などが含まれるという事態になっています。さすれば、どうすればよいかというと、例えば、現在のクマツヅラはシソ目バベンソウ科バベンソウ属のバベンソウとだけ呼んで、イワダレソウは現在のままシソ目クマツヅラ科クマツヅラ属イワダレソウ、或いは、ツヅライワダレソウとでも呼べばよいと思われます。こういうことは、学者がちゃんとしないことにはどうにもならないのです。なお、草木名初見リストによれば、江戸時代初期の犬子集に、ツヅラフジという草名がでていますが、これはツル性植物なので問題はありません。繰返し言及しておきますと、**「クズ、ツタは植物の種名ですが、カヅラ、ツヅラ、ツルは植物の茎枝の性質名である」**ということです。

83　ツバキ

ツバキ科の常緑樹木です。丈は2m程度の灌木が多いのですが、5m程度にまで成長して小喬木といえそうなものもあります。その葉は光沢のある楕円形でやや厚みがあります。本州以南、特に九州、四国などの比較的暖かい地域の山野に自生しますが、美しい花が咲くことから庭木としても植樹されます。春に、花びらの合着した赤い花が咲き、数週間すると付け根からそっくりぽたりと落ちます。したがって、以前は、特に武士の家では、斬首刑での首が落ちるのに似ているとの心象から、庭木として植えるのは良くないとされることもあったようです。その実は球形で秋に熟すると果皮が裂けて黒色の種子が現れます。種子から油を採り、良質の食用油や頭髪油などとして使われます。八丈島の椿油が有名です。

さて、語源の話に移りますと、一音節読みで、姿はツと読み、形容詞で使うときは「美しい」の意味があります。棒はバンと読み「よい、良好な」の意味ですが敷衍して「美しい」の意味でも使われます。瑰はキと読み「美しい」の意味です。つまり、ツバキとは、姿棒瑰の多少の訛り読みであり直訳すると「美しい」ですが、花を指すときは**「美しい（花）」**、木を指すときは**「美しい花の咲く（木）」**の意味になり、これがこの木名の語源です。

「萬葉の花」（松田修著・芸艸堂）によれば、万葉集の歌には、ツバキは九首が詠まれています。原歌では椿、都波吉、海石榴などと書かれており、例えば、次のような歌があります。

・巨勢山《こせやま》のつらつら椿つらつらに
見つつ思《しの》はな巨勢の春野を（万葉５４）

この歌における二つの「つらつら」は、前者は形容詞であり後者は副詞であってその意味は異なっているようです。前者の「つらつら」は、原歌では「列ゝ」となっているので、「列をなして、連なって」の意味と思われます。後者の「つらつら」は、原歌では「都良ゝゝ」となっているので、都了都了のことであり「つくづく、よくよく、じっくり、しっかり」などの意味と思われます。したがって、「つらつら椿つらつらに見つつ」というのは「列をなして花の咲いている椿を、よくよく眺めながら」のような解釈になります。

大言海によれば、平安時代の字鏡に「椿、豆波木」、本草和名に「椿、都波岐」、和名抄に「椿、豆波木」と書いてあります。なお、ツバキは、漢字では「椿」と書かれますが、椿の字義は漢語と日本語では相異しています。漢語での椿は香椿《シャンチュン》とも書かれ、日本語でいうところのセンダン科の落葉喬木に相当するとされますが、日本には生育しないのか専門書にも具体的な木名が書かれたものは見当りません。つまり、香椿は日本のどの木に相当するのか今のところ分からないということのようです。或いは、日本には生育していないのかも知れません。他方、日本語での椿は、漢語では山茶《シャンチャ》と書かれます。漢語辞典によれば、その花は、山茶的花や山茶花、簡単にして茶花《チャホア》ともいいます。

同じツバキ科でツバキに近縁のサザンカという木があり、日本語では漢字で山茶花と書かれるので、日本語と漢語とがごちゃ混ぜになって、ツバキと混同されるのですが、日本のサザンカは漢語では茶梅《チャメイ》という木に相当するとされています。つまり、漢字で書くと、日本語としてのツバキは、日本語では椿、漢語では山茶であり、日本語としてのサザンカは、日本語では山茶花、漢語では茶梅に相当するということで、かなりややこしいことになっています。

84　ツママ

この木について、万葉集に、大伴家持が越中守時代に詠んだとされる、次のような歌があります。

渋谿《しぶたに》の崎を過ぎて巌の上の樹を見る歌一首

樹名は都萬麻

・磯の上の　都萬麻を見れば　根を延《は》へて
年深からし神さびにけり（万葉4159）

この歌について、日本古典文学大系「萬葉集四」（岩波書店）では、次のように解釈してあります。「磯のほとりのツママを見ると、根を長く延ばしていて、年を大分経ているらしい。神々しい様子をしていることだ」。この歌において、最も重要な言葉は「年深からし」つまり「長生きである」ということです。

ところが、このツママ（都萬麻）という木は、現在のどの木に相当するのか分からないようなのです。「萬葉の花」（松田修著・芸艸堂）という本には、次のように書いてあります。「このツママは集中の難解植物で『古名録』は磯ムマベ、『国史昆虫草木攷《こう》』はマツ、『万葉古今動植正名』はタブノキ（一名イヌグス）、白井光太郎博士はイヌツゲなどが唱えられた。これは今、タブノキ（一名イヌグス）ならんと推定されているが、さて、このツママという名とタブノキとが、どういう関連があるかについて私は永年これを考えていた」。

なかなか難しいことのようなのですが、僭越ながら、語源という視点から本書説を紹介しておきます。一音節読みで、刺はツとも読み「とげ」の意味、満はマンと読み「満ちている、いっぱい」の意味があることから、ツマ（刺満＝とげがいっぱい）は、マツ（満刺＝いっぱいのとげ）を逆転した表現であり、意味上は、両称は同じになります。曼はマンと読み「美しい」の意味があります。したがって、ツママとは、刺満曼の多少の訛り読みであり、直訳すると**「刺がいっぱいの美しい（木）」**の意味になっており、これがこの木名の語源と思われます。そうしますと、**「ツママはマツ（松）の別称」**らしいことになり、この頃の教養人はおし並べてそうなのですが、漢字に詳しかった大伴家持による造語の可能性があります。なぜならば、わざわざ「樹名は都萬麻」との注記があるということは、都でも使われておらず、当地の方言でもなく、だれも知らない新作の樹名だったので注記の必要があったからと思われるのです。

松は、ご存知のように、磯、つまり、海岸で、しっかりと根を延《は》へて力強く生える典型的な木であることからも、ツママとは松のことらしいことが強く推測できます。したがって、上述の諸説の中で国史昆虫草木攷説が最も適当であり正しいらしいということです。大伴家持は、「年深からし」、つまり、年を経て強靱に生きる松に対して思い入れが深かったようで、他にも松（麻都）の歌（万葉4501）を詠んでいます。

古事記の景行天皇条では、倭建命《やまとたけるのみこと》が次のような歌を詠んだと書かれています。この歌でも、松は麻都と書かれています。「尾張に直に向へる　尾津の崎なる　一つ麻都　あせを　一つ麻都　人にありせば太刀佩《は》けましを衣著《き》せましを一つ麻都　あせを」。「あせを」というのは「美しいなあ」という意味の囃し言葉です。都萬麻と麻都とは、同じ漢字が使われていることや、上述した古事記と万葉集の歌は、似たような環境の「磯」と「崎」とにおける歌であることからも、大伴家持はツママの歌を詠むに際しては古事記の歌にある「尾津の崎なる」松の木を心象していたらしいことが推測されます。なお、一般的には、クスノキ科のタブノキ（イヌグス）説が有力とされているようですが、イヌグスはイヌクスノキの略称ともいえるものであり、そもそもこの木は南国のものなので、たとえ生えていたとしても、北国の歌にふさわしい木とは思われません。歌から受ける心象が生気のないものになってしまいそうだからです。

85　ツル

ツルという言葉は、カヅラやツヅラと同じく、ツル性植物を指すために後世においてつくられた言葉です。ツルは漢字では蔓と書かれます。なぜ、この言葉が新たにつくられたかというと、ヅラやカヅラは多くのツル性植物名の一部として使われ、あたかもその植物名と一体化してしまったように見えるために、同じ意味で同じ役割を果たすべき新たな名称が必要になったからと思われます。ツルという名称は鎌倉時代末期の夫木《ふぼく》和歌抄における「みさびまじる　ひしのうきづる　とにかくに　みだれて夏の　池さびにけり」という歌で初出するので、この頃にできた言葉と見做されています。
ツルについて、日本大百科全書（小学館）に「細長く伸びて、それ自体の力で立たない茎をいう」、世界大百科事典（平凡社）に「よじのぼるように変形した茎をつるという」と説明してあります。つまり、ツルとは、植物名ではなくカヅラやツヅラと同じように植物の一部分の名称であり、具体的には「延《は》い伸びる性質をもった茎枝」を指す名称なのです。

一音節読みで、刺はツと読み「捕捉する、捕える、捉まる、捉まえる」などの意味があり、虜はルと読み、捕虜という熟語で使われているように、刺と同じ意味があります。つまり、ツルとは、**刺虜**であり直訳では**「捉まえる（もの）」**の意味になり、これがこの言葉の語源です。人間でいえば「手」のようなものということです。したがって、ツルとは、幹からでるひげ根吸盤や巻きひげなども含めて「他物を捉まえる性質をもった茎枝など」のことをいい、そのような茎枝などをもった植物を**「ツル性植物」**といいます。ツルは、大別して、①ひげ根吸盤を出して他物に付着するもの（ツタなど）、②巻きひげを出して他物に絡みつくもの（ブドウなど）、③茎自身で他物に巻き付くもの（アサガオなど）、④茎枝自身で他物に巻き付くもの（フジなど）があります。詳しくは、植物本でお調べください。

86　トチ

トチノキ科の落葉喬木です。山地に生え、丈は30m程度、幹周2m程度にも達する大木になります。なお、喬木《きょうぼく》の喬は、この字を分解すると分かるように「高い木」の意味の字に過ぎないので難しい漢字ではありません。

大言海によれば、平安時代の字鏡に「橡、止知」と書いてあります。トチは、漢字では橡または栃と書かれます。橡は漢語から導入した漢字であり、栃は国字、つまり、日本語としてつくられた漢字です。橡を分解すると象木になりますが、象はシャンと読み、同じ読みの祥に通じていて「吉祥の、めでたい」の意味があるので、橡は「めでたい木」の意味になっています。また、一音節読みで、栃はリと読み、同じ読みの麗に通じていて麗は「美しい」の意味なので、栃は「美しい木」の意味になっています。

さて、日本語のトチという読みは、いかなる意味かというと、一音節読みで、斗はトウと読み「大きい」、芝はチと読み「美しい」の意味です。つまり、トチやトチノキとは、「斗芝」や「斗芝之木」の多少の訛り読みであり、直訳すると**「大きな美しい木」**の意味になり、これがこの木名の語源です。栃の字は、このような良い意味なので、県名にも使用され、関取の四股名《しこな》にも多用されているのです。

トチノキは、学者の著書などではアイヌ語と流布されています。例えば、外来語（楳垣実著・講談社文庫）という本には「トチという木の名もアイヌ語らしい。アイヌ語でトチニ（tochi-ni）といっているが、ニは木の意味だから、同じ語であることはまず間違いない」。

しかしながら、トチとはいかなる意味かは書いてないのに、ニだけから判断して、なぜ「間違いない」のか分からず、この本の記述は「ほんとう」とは思われません。なぜかというと、トチノキはほぼ日本全国に分布し東北や北海道に限った木ではないからであり、それにも増して、アイヌ語が普通語の日本語として導入されることは、極めて考え難《にく》いからです。また、もし、アイヌ語であれば、県名にもされることはなかったであろうし、縁起をかつぐ関取の四股名《しこな》にも多用されることはないと思われます。なぜならば、古来、アイヌ語は夷語と見做されてきたからです。なお、漢字の「四股名」は当て字であり、一音節読みで、禧はシと読み「めでたい、吉祥の」、咼はコと読み「よい、良好な」の意味ですから、シコ名とは禧咼名であり、「めでたい良い名前」という意味と思われます。

87 トネリコ・タムノキ

トネリコは、モクセイ科の落葉喬木です。モクセイ科の木の幹や枝に白い蠟を塗布するカイガラムシ科のイボタロウムシが、この木にも寄生することで、イボタノキと共によく知られた木です。

大言海によれば、平安時代の本草和名に「秦皮、一名、石檀、止禰利古乃木、一云、多牟乃木」、和名抄に「秦皮、一名、石檀、止禰利古乃木、一云、太無乃木」と書いてあります。つまり、古くから、トネリコはタムノキとも呼ばれたのです。

トネリコの語源については、滑りの悪くなった引戸の敷居に塗《ぬ》って利用したので、「トヌリキ（戸塗り木）」だったのが、トネリコに転訛したものとの語源説が流布されています。しかしながら、この説には疑問があります。なぜならば、第一に、トヌリキがそれほど都合よくトネリコに音便変化するとは思われないからです。第二に、平安時代において、引戸の敷居に塗って利用したという事実はどの文献から引用されたのか不明だからです。第三に、トネリコは、万葉歌に詠まれていないことから、平安時代にできたと思われる木名ですが、転訛ということになると、「トヌリキ（戸塗り木）」という名称の方が先に存在したことになります。もし、そうならば、本草和名や和名抄などには、転訛した呼称であるトネリコだけではなくて、元の呼称であるトヌリキも記載された筈なのです。また、時代がかなり経過した鎌倉時代以降に転訛したというのならまだしも、同じ平安時代において、それほど安易に転訛したとは考えにくいのです。つまり、トネリコは、トヌリキの転訛である可能性は極めて低いのではないかと思われます。

一音節読みで、塗はトと読み「塗《ぬ》る」の意味です。膩はニと読み「油、油ぎったもの」の意味があることからイボタロウムシのだす「蠟」のことを指しています。離はリと読み「切離す」の意味です。疙はコと読み「おでき、はれもの」のことなので疣《いぼ》も含まれます。漢和辞典には、疣は「皮膚に生ずる小さいこぶ」、瘤《こぶ》は「からだにできる塊状の凸起」と書いてあります。つまり、トネリコとは、塗膩離疙の多少の訛り読みであり、直訳すると「塗る蠟が瘤を切離す（木）」ですが、瘤を疣に置換えて、かつ、意味が分かるように整理していうと**「塗ると疣を切離せる蠟の採れる（木）」**の意味になり、これがこの木名の語源と思われます。そうしますと、イボタノキと、ほぼ同じ意味になっていることになります。

トネリコのネがニの訛り読みであることは、本草和名や和名抄の止禰利古《トネリコ》における禰は、そもそもの一音節読みではニと読むことからも推測できます。つまり、そもそもは、止禰利古はトニリコと読むべきものだったのです。

また、**タムノキ**（太無乃木・多牟乃木）とも呼ばれるのは次のようなことです。一音節読みで、打はタと読み「除去する、取除く」の意味があります。畝はムと読み「丘、岡、小山」などの意味ですが、突き出た疣のことを指すものと思われます。つまり、タムノキとは、打畝之木であり、畝とは疣のことであると見做して直訳すると、**「疣を除去する木」**の意味になり、これがタムノキという呼称の語源となります。

88　トベラ

バラ目トベラ科の灌木とされています。海岸近くに自生し、枝葉においがあり、初夏頃ににおいのある白色の五弁花が咲きます。実は球形で秋に熟して黒褐色になり、三つに裂けて粘りのある赤い種子が10個程度でてきます。漢字では石南草（石楠草）や海桐花と書かれています。

大言海によれば、平安時代の字鏡に「石南草、比比良乃木」、本草和名に「石南草、比比良乃岐」、和名抄に「石楠草、比比良乃木、俗云、佐久奈無佐」と書いてあります。また、江戸時代前期の本草一家言という本に「海桐花。凡ソ、海桐花ト称スルハ三種アリ。和名ノ扉木、俗ニ登辺羅ハ扉ノ伝ヘ誤ナリ」とあり、東雅（新井白石著）には「石楠草、トビラノキ、云々。藻塩草ニハ石南草ト記シテとべらのきト注セリ。とびらト云ヒ、とべらト云フハ、其語ノ転ゼシナルベシ。或人ノ説ニ、とびらのきト云フハ、俗ニ相伝フ。除夜ニ民家ノ扉ニ此木ノ枝ヲサセバ、疫神ヲ除《ハラ》フト云フ、サレバとびらノ木ト云フナリ」とあります。

この木は古くはヒヒラノキといったようです。また、これらの書物に書いてあることははっきりしないのですが、本草一家言には、トベラというのは、トビラの伝え誤りであり、正しくはトビラであると書いてあり、東雅には、トビラノキは藻塩草という本ではトベラノキと注してあり、或人の説ではトビラノキというのは俗伝とされていると書いてあるようです。

ヒヒラノキについては、一音節読みで、菲はフェイと読み、草木の発する「かおり、におい」の意味があります。啦はラと読み、特には意味のない単なる語気助詞と思われます。つまり、**ヒヒラノキ**は、菲菲啦乃木の多少の訛り読みであり、直訳では**「においのある木」**の意味になっていると思われます。

トベラについては、ほんとうはトビラであるとされることから、都はトと読み副詞では程度が顕著であることを表現するときに使われ「とても、非常に、著しく」などの意味、苾はビと読み「かおり、におい」の意味があります。つまり、**トビラ**は都苾啦であり**「非常に、においのある（木）」**の意味になり、これがこの木名の語源と思われます。

「におう」ということであれば、苾よりも大便を心象する便の方が分かり易いということから、意識して都苾啦よりも**都便啦**という言葉の方が使われるようになったと思われます。結局のところ、この木名を漢字で書くときの「扉」は単なる当て字ということです。また、この木の枝葉を切裂くと強いにおいがするので、除夜の疫神よけの作り話ができて、それが実行された地域もあったのです。

89　ナシ

バラ科ナシ属の落葉喬木とされています。春に白い五弁花が咲き、秋に甘くて美味しい果実が実ることはご承知のとおりです。ナシは漢字で梨と書き、一音節読みではリと読みます。梨は、同じ読みの麗に通じており、麗には「美しい」の意味があるので、梨は「美しい木」の意味になっています。美しい白い花が咲くことを考慮して、少し意訳すると「美しい花の咲く木」の意味になります。また、美には美味の意味があるので、その実を指すときは「美味しい果実」、その木を指すときは「美味しい果実のなる木」の意味になっています。大言海によれば、平安時代の本草和名と和名抄には、共に「梨子、奈之」と書いてあります。

さて、日本語のナシの語源の話に移りますと、一音節読みで、娜はナと読み「美しい」、皙はシと読み「白い」の意味です。つまり、ナシは、娜皙であり、直訳すると「美しい白い」ですが、それは花のことと思われるので、花を指すときは「美しい白い（花）」、木を指すときは**「美しい白い花の咲く（木）」**の意味になり、これがこの木名の語源です。

しかしながら、ナシの木は鑑賞樹ではなく、主として果実を収穫するための樹木なので、当然に、その意味だけでは不充分です。娜は「美しい」の意味があると上述しましたが、美には「美味しい」の意味があることはご承知のとおりです。一音節読みで、食はシと読み「食べる」の意味です。したがって、ナシは娜食であり、直訳すると「美味しく食べる」ですが、少し意訳していうと、その果実を指すときは「美味しく食べられる（果実）」、木を指すときは**「美味しく食べられる果実のなる（木）」**の意味になり、これもこの木名の語源で掛詞になっています。掛詞を合わせると**「美しい白い花の咲く、美味しく食べられる果実のなる（木）」**の意味になります。

90　ナツメ

クロウメモドキ科ナツメ属の落葉小喬木です。漢字で棗と書き、朿が縦に並んだ字ですが横に並べると棘になり、幹枝にトゲの多い木であることを示しています。夏に黄緑色の小花が咲き、その実は楕円形で長さ2㎝程度になり秋に褐色に熟すると甘くなって食用にし、また乾燥させて漢方にします。万葉集には二歌が詠まれており、その一つは次のようなものです。

・玉掃《たまばはき》　刈り来《こ》鎌麿　室《むろ》の樹と
　棗《なつめ》が本《もと》　かき掃《は》かむため（万葉３８３０）

大言海によれば、平安時代の字鏡に「穧、奈豆女。棟、夏女」、本草和名には「酸棗、須岐奈都女」、和名抄の果類に「棗、奈豆女」と書いてあります。

さて、語源の話に移りますと、一音節読みで、攮はナンと読み「刺す」、刺はツと読みトゲのことです。玫はメイと読み、トゲの木であるバラのことです。つまり、ナツメは攮刺玫の多少の訛り読みであり、直訳すると**「刺すトゲのあるバラのような（木）」**の意味になっており、これがこの木名の語源と思われます。

また、娜はナ、姿はツ、美はメイと読み、いずれも「美しい」の意味があります。つまり、ナツメとは、娜都美であり直訳すると「美しい」ですが、美には美味しいの意味があるので、果実を指すときは「美味しい(果実)」、木を指すときは**「美味しい果実のなる(木)」**の意味になり、これもこの木名の語源で掛詞と思われます。古代にはナツメの実でも美味しいものだったのです。まとめると、「刺すトゲのあるバラのような、美味しい果実のなる（木）」になります。

　江戸時代の大和本草には「棗　夏芽を生ず故にナツメと云」とあり、この記述を信じて昭和初期の大言海には「夏芽ノ義、初夏ニ芽ヲ生ズル故ニ云フ」と書いてあります。以後の大辞典の中には「名は、初夏になって葉の芽を出すことによる」と書いてあるものがあります。つまり、その語源は「夏芽から」ということですが、さほど当てになるものとは思われません。なぜならば、ナツメは遅くとも春季である四、五月には若葉の芽をだしているからです。また、木が初夏に芽を出すというような、ごく当たり前のことから木名がつくられるとは思われません。

91　ナナカマド

バラ科の落葉小喬木とされています。夏に白色小花が群れて咲き、群生して房状になった小さな実は秋に熟すると赤くなり、また、その葉は最も美しく紅葉する木の一種です。ナナカマドの名称は、草木名初見リスト（磯野直秀作）によれば、江戸時代前期の松平大和守日記の一六六四年の条にでています。

　早速、語源の話に移りますと、一音節読みで、可はカと読み「よい、良好な」の意味ですが敷衍して「美しい」の意味でも使われます。曼はマン、都はドと読み、共に「美しい」の意味があります。したがって、カマドは可曼都であり、当然に「美しい（木）」の意味になりますが、このままでは後述するような「竈《かまど》」のことと誤解されることから、その意味を明確にするために、名称の頭にナナを付加したものと思われます。

　赧は、一音節読みでナンと読み、顔について「赤面している、赤らんでいる」の意味とされていますが、そもそも赤からできている字なので「赤い、赤色の」の意味でも使われます。重ね式表現にすると赧赧《ナンナン》になります。つまり、ナナカマドとは、赧赧可曼都の多少の訛り読みであり**「赤い美しい（木）」**の意味になり、これがこの木名の語源と思われます。赤い美しいとは、房状の赤い実と紅葉のことを指します。

「植物名の由来」（中村浩著・東書選書）という本には、次のように記述されています。「さてこのナナカマドという名の由来であるが、牧野富太郎博士の『牧野新日本植物図鑑』には、この名の由来として〝ナナカマドは材が燃えにくく、かまどに七度入れてもまだ焼け残るというのでこの名がついた〟と記されている。しかしわたしは、かねがねこの説明を疑問に思っていた。というのは、この木はそれほど燃えにくい木ではないからである。（中略）。山村では、このナナカマドの薪を燃料用に用いているが、よく燃えて、決して〝七度かまどに入れて燃やしてもなお燃え残る〟ということはない。鶴田知也さんの『草木図誌』には、〝牧野植物図鑑の説明は事実と合わない。たき火に加えるとナナカマドはよく燃える。だから名は体をあらわさず、ナナカマドは何か別の意味があるのではなかろうか〟と書かれているのを見て、この疑問はわたしだけではないことを知り、わが意を得たりと思った」。

しかしながら、大辞典の中には、今だに「その名は、七度かまどに入れても燃えないということにちなむ」などという、ほんとうとも思えない俗説を垂れ流しているものがあります。なぜならば、それは植物界の権威である牧野富太郎博士の唱えた説だからです。「植物名の由来」自身の語源説としては、次のように書いてあります。「ナナカマドという名は、ナナカという言葉とカマドという言葉がくっついたものである。ナナカとは古い言葉で〝七日〟という意味である。この言葉は今日ではナノカと変化している。カマドとは竈《かまど》のことであることはまず間違いないであろう。したがってナナカマドとはナナカカマド（七日竈）の意であろう。ナナカカマドでは〝カ〟が重複するので一字省略してナナカマドになったものと思う。（中略）。さて、ナナカマドの名の由来であるが、わたしは、この名は炭焼きと関連した名であると思う。ナナカマドを原木として極上品の堅炭を得るには、その工程に七日間を要し、七日間かまどで蒸し焼きにするというので、七日竈すなわちナナカマドとよばれるようになったのだと思う」。

ただ、この説にやや難があると思われるのは、①上質堅炭の製造には、ナナカマドの炭に限らず七日間程度を要すること、②「七日」は、標準的には「ナヌカ」と読み、いずれの古語辞典や大辞典をみても「ナナカ」の読みはないこと、③カの一字を省略しなくても、意味の明確な「ナナカカマド」で差支えないこと、④上質堅炭の材料になり、その製造に七日間程度が必要としても、炭焼竈のことから木名が付けられるとは考えにくいことなどがあります。

92　ナラ

ブナ目ブナ科の喬木で、ナラの呼称の入った木の総称であり、通常はコナラのことを指す場合が多いとされていますが、ここでは語源のことなので、かなり複雑そうな木種のことについては深入りせずに、単にナラという音声言葉のことだけの話にします。

コナラについては、万葉３４２４に「下野の三鴨の山のこ奈良のす　ま麗《ぐは》し児ろは　誰が笥《け》か持たむ」と詠まれています。簡単に意訳すると「あの美しい娘は、だれの嫁さんになるのだろう」という意味のようです。大言海によれば、平安時代の字鏡に「柞、櫟也、奈良乃木」、和名抄に「楢、奈良」、天治字鏡に「楢、奈良乃木」と書いてあります。

一音節読みで、娜はナ、孌はランと読み、共に「美しい」の意味があります。つまり、ナラとは、娜孌の多少の訛り読みであり**「美しい（木）」**の意味になっており、これがこの木名の語源です。

なお、地名の**「奈良」**もまた娜孌であり**「美しい（国）」**の意味になっています。一部の学者によって、地名の「ナラ」の呼称は、朝鮮からきたなどと流布されていますが、朝鮮語からきた日本語など皆無といっても過言ではないといえます。朝鮮も漢字文化圏ですから、当然のことながら、漢字を通じての類似が多少はあるとしても、それはそもそもは漢語の訛り発音であって朝鮮語ではないのです。日本古典文学大系「萬葉集」（岩波書店）の頭注や補注には、多くの言葉について、「朝鮮語と同源」という説明が多出しますが、なにがどのように同源なのか、素人には一向に分からない説明に終始しているように思われます。日本では、そもそも朝鮮語とはいかなる言語なのかも十分には研究できていないようなのに、ちょっとでも似た音声があると、その日本語は朝鮮語からきたとされるのは可笑しなことです。

93　ナンテン

メギ科の常緑灌木です。丈は３ｍ程度にまで達し、初夏に、白色の小花が咲き、たくさんの小さな球形の実がなり、冬にまっ赤に熟します。漢字では「南天」と書きます。その姿が美しいので、よく庭木としても植えられます。草木名初見リスト（磯野直秀作）によれば、平安時代末から鎌倉時代にかけての明月記という本にでていることから、この頃にできた名称と思われます。

一音節読みで、赧はナンと読み「赤くなる」、腆はティエンと読み「美しい」の意味です。つまり、ナンテンとは赧腆の多少の訛り読みであり、直訳すると「赤くなる美しい」ですが、実を指すときは**「赤くなる美しい（実）」**、木を指すときは**「赤くなる美しい実のなる（木）」**の意味になり、これがこの木名の語源と思われます。

94　ニッケイ

クスノキ科の常緑喬木です。漢語から導入された漢字で肉桂と書きます。丈は10ｍ程度にまで達します。木全体に香りがあって葉からは香水をつくり、樹皮や根皮には香りと辛味があり香辛料にし薬用ともします。細根は、以前は「ニッケ」や「ニッキ」といって小さな束にして雑貨屋などで売られていて、腹の足しにはならないとしてもその皮を齧るとピリッとした刺激があり、甘辛の味のする子供のお菓子の一つでした。また、ニッケ水という砂糖水も売られていました。ニッケイは、広辞苑（第六版）には「享保年間（一七一六〜一七三六）に中国から輸入」と書いてありますが、草木名初見リスト（磯野直秀作）によれば、羅葡《ラホ》日辞典（一五九五）にでているとされています。昭和初期の大言海では肉桂を「にくけい」と読んであります。

桂の字は、そもそもの漢語においては、①肉桂、②月桂《げっけい》、③木犀《もくせい》の異なる三種の木のことを指し、いずれも香りの強い木です。したがって、漢語では、二字熟語にしないと、単に桂と書いただけでは、どの木であるか分からないのです。漢語における桂は、一音節読みでキと読むのですが、同じ読みの瑰に通じていて、瑰には「美しい」の意味があります。つまり、桂は「美しい木」の字義になっています。ただし、日本語では、桂の一字をカツラと読むときは、上述の三種の木のいずれとも異なる、日本の特産種とされる木のことを指します。この木についてはその欄の記述をご覧ください。

漢語の肉桂において、肉の字が使われているのは、桂の仲間でも、特に香辛料や薬用として、人間が口にするものに使われるからと思われます。肉の字は、一音節読みでロウと読み、同じ読みの柔に通じていて、柔には「美しい」の意味があります。つまり、肉は柔を通じて「美しい（もの）」の意味になっており、美には美味の意味があることから、**「美味しい（もの）」**の意味になっています。したがって、漢語の肉桂は「美味しい桂」の意味になっています。なぜ、美味しいの意味になるかというと料理を引立てる香辛料になり、更には薬用にもなるからと思われます。

さて、日本語のニッケイの語源の話に移りますと、一音節読みで、旎はニ、姿はツと読み、共に「美しい」の意味があります。つまり、ニッケイのニッは旎姿であり「美しい」の意味です。根はケンと読み、本来は「根本的に、徹底的に」などの意味ですが「とても、非常に、著しく」などの意味でも使われます。昳はイと読み「美しい」の意味です。つまり、日本語で桂をケイと読むのは、根昳の多少の訛り読みであり「とても美しい」の意味です。したがって、ニッケイとは、旎姿根昳の促音便に似た多少の訛り読みであり、美には美味の意味があることを考慮して直訳すると**「美味しい、とても美しい（木）」**の意味になり、これがこの木名の語源と思われます。

その花・葉、枝・皮・根などを食材として食べるわけではないので、美味しいというのは少し大袈裟かも知れませんが、人気のある香辛料や薬用として使われるからであり、また、この木の名称に、わざわざ木名にふさわしとは思われない**「肉」**の字が使われているのは、「美味しい」の意味をだすためと思われるのです。日本語の訓読では、肉の字はニクと読みます。一音節読みで、旎はニと読み「美しい」の意味、穀はクと読み「よい、良好な」の意味があります。肉をニクと読むのは、旎穀のことであり直訳では「美しい良好な」ですが、食べ物に関して「美しい」とか「良好な」というのは、美には美味の意味があることを考慮すると**「美味しい（もの）」**の意味になり、これが肉をニクと訓読するときの語源と思われます。肉の字は、上述したように漢語ではロウ、日本語の訓読ではニクと読み、共に「美味しいもの」の意味になっています。平安時代には肉食は禁じられたりしましたが、そもそもから「美味しいもの」と見做されていたのです。

95　ニレ

ニレ科ニレ属の落葉喬木で、漢字では楡と書きます。春に花の咲くハルニレと秋に花の咲くアキニレなどがあり、単にニレというときは、ハルニレのことを指すようです。材は堅く建材や器具材として使われます。ニレは、英語ではエルム（elm）といいます。万葉集の次の長歌に詠われている尓礼は、楡のこととされています。

・あしひきの　この片山の毛《も》武《む》尓《に》礼《れ》を
五百枝《いほえ》剝ぎ垂り・・・（万葉3886）

大言海によれば、平安時代の康頼本草（九九五）に「楡皮、ニレ、爾礼也」、天治字鏡（一一二四～一一二六）に「楡、白粉也、爾礼也」、と書いてあります。一音節読みで、旎はニ、稔はレンと読み、共に「美しい」の意味があります。つまり、ニレとは旎稔であり、**「美しい（木）」**の意味になっており、これがこの木名の語源と思われます。

96　ニワトコ

スイカヅラ科の落葉灌木です。山野に自生し、丈は４ｍ程度、幹や枝の中心部は白くて柔らかい髄になっています。春に、白い小花が円錐状に密生して咲き、実は熟すると赤色になります。利尿、発汗、湿布、消炎等の薬用になるとされています。

大言海によれば、平安時代の康頼本草に「接骨木、ニハトコ」、室町時代の運歩色葉集に「接骨木、ニハトコ」と書いてあります。漢字では「接骨木」と書きますが、そのことについて、大言海には「此木、薬用トシテ、折傷ヲ治シ、筋骨ヲ接グ効アリト云フ」とあります。

また、「おいしい山菜図鑑」（千趣会）には「以前、東京都杉並区の高井戸あたりが、まだ『東京府高井戸村』といわれていたころ、甲州街道に面した農家には、おきまりの手づくりのニワトリ小屋があり、そういう農家では、トリ小屋のわきとかに、決まってニワトコの木があった。この木は、ニワトリの病気や、外傷などに奇妙なほどよくきくので、どの農家でも必ず植えたのである」と書かれています。

ニワトコの液汁は、ニワトリだけでなく、鳥一般の損傷にも卓効があることから、鳥の「止まり木」として重用されています。また、人間を始めとした動物一般の折傷の治癒にも効果があるとされ、以前は、骨折や脱臼などの際には、民間治療法として、その液汁を混ぜた軟膏を患部に塗り、その患部を副木で支えて包帯しておくと、もちろん数日毎に取替える必要はありますが、早めに痛みもなくなり顕著な治療効果があったようです。

さて、語源の話に移りますと、一音節読みで、旋はニ、婉はワン、都はトと読み、形容詞で使うときはいずれも「美しい」の意味があります。咢はコと読み「よい、良好な」の意味ですが敷衍して「美しい」の意味でも使われます。つまり、ニワトコは、旋婉都咢であり、直訳すると**「美しい（木）」**の意味になっており、これがこの木名の語源です。美には「素晴らしい」の意味があるので「素晴らしい（木）」の意味に解釈してもよいと思われます。ニワを庭のこととして「庭に植える美しい木」の意味と解釈しても構いません。なぜならば、庭そのものが旋婉であり「美しい（所）」の意味だからです。「美しい木」や「素晴らしい（木）」の意味になるのは、損傷に卓効があるからと思われます。

97　ヌルデ

ウルシ科の落葉小喬木で、丈は5m程度で山野に自生し、秋に美しく紅葉します。白い樹液は塗料として利用します。漢字で白膠木と書き、直訳すると「白い膠《にかわ》の木」の意味になっているのは、その白い樹液がにかわ質で塗料として利用されるからです。

日本書紀の崇峻天皇即位前紀の下りに「白膠木、此をば農利泥といふ」とでており、平安時代の和名抄に「白膠木、沼天」とあります。鎌倉時代の夫木和歌抄《ふぼくわかしょう》に「あまの住む　磯の山辺を見渡せば　波にぬるでのもみぢしにけり」という歌が詠まれています。

一音節読みで、糯はヌオと読み「にかわ質の、粘着性の」、潤はルンと読み「美しく飾る、装飾する」、滴はディと読み「水滴、したたり」の意味があります。

つまり、ヌルデは、糯潤滴の多少の訛り読みであり、直訳すると「にかわ質の装飾する水滴」ですが、少し意訳すると**「にかわ質の装飾用液体の採れる（木）」**の意味になり、これがこの木名の語源と思われ、ウルシの名称語源とほぼ同じ意味になっています。なお、農利泥《ぬりで》は糯麗滴で「にかわ質の美くする水滴」、沼天《ぬで》は糯滴で「にかわ質の水滴」の意味と思われます。

98　ネムノキ

マメ科の落葉小喬木で山地に自生します。漢字では合歓木と書きます。丈は10m近くまで成長し、小枝に対生した多くの小さい葉は、夜になると眠るように合わさって閉じ、朝になると再び開きます。夏に、枝の梢ごとに、美しい淡紅色の穂状花が咲きます。

古くはネブリノキと呼んだようで、大言海によれば、平安時代の字鏡に「椵、爾夫利」および「合歓樹、爾夫利」、本草和名に「合歓、一名、合昏、禰布利乃岐」、和名抄に「合歓木、禰布里乃木、睡樹」と書いてあります。鎌倉時代の夫木和歌抄には「秋といへば　長き夜あかす　ねぶの木も　ねられぬ程に　すめる月かな」という歌が詠まれており、室町時代の撮壌集には「合昏、ネムノキ」、和玉篇に「椷、ネブノキ」と書いてあります。また、江戸時代の書言字考節用集には「合歓木、ネブノキ」、同時代の大和本草には「合歓、和名、ネブノ木」と書いてあります。漢語では、合歓はホクァンと読み、男女が愛情を交わすことをいいます。

　さて、語源の話に移りますと、一音節読みで、捻はネン、穆はムと読み、共に「美しい」の意味があるので、ネムノキとは、捻穆之木の多少の訛り読みであり直訳すると「美しい木」ですが、美しいのは花のことと思われることから、少し意訳すると**「美しい花の咲く木」**になり、これがこの木名の語源と思われます。峬はブと読み「美しい」の意味なので、ネブノキ、漢字では捻峬之木と呼んでも同じ意味になります。

　また、日本語のネムノキやネブノキにおけるネムやネブは、「眠《ねむ》る、睡《ねぶ》る」という意味のネムルやネブルの語幹ではないかと推測されます。そのことは、和名抄に「睡樹」と書いてあることから窺えます。先ず、ネブノキについていいますと、一音節読みで、蔫はニィエンと読み「凋《しぼ》む、萎《しぼ》める、萎《しお》れる、萎縮《いしゅく》する」などの意味であり、睡眠するときに目を閉じることを、そのように見做してあるものと思われます。仆はプと読み「倒れる」の意味です。英語においては、fall は「倒れる」の意味ですが、fall asleep は「眠る」の意味です。つまり、蔫仆は、ニィエンプと読めることになります。その多少の濁音訛り読みがネブであり、「凋み落ちる、萎め落ちる」の意味になり、意訳すると「眼をつぶる」や「目を閉じる」の意味に繋がると思われます。

　次に、ネムノキについては、一音節読みで、目はムと読みます。つまり、ネムは蔫目であり直訳すると「目を萎める」になりますが、意訳して「眼をつぶる」や「目を閉じる」の意味に繋がると思われます。

　したがって、ネブノキは「蔫仆之木」、ネムノキは「蔫目之木」であり、共に**「眠る木」**の意味になり、これもこの木名の語源で掛詞になっていると思われます。まとめていうと**「美しい花の咲く、眠る木」**になります。いわずもがなのことですが、ここでの「眠る」とは、この木の葉のことを指しています。

江戸時代から伝えられている次のような童謡があります。

ねんねんころりよ　おころりよ
坊やはよい子だ　ねんねしな

この童謡における「ねんねん」や「ねんね」は、「蔫蔫」のことであり、「萎める」から「閉じる」の意を通じて「眠る」の意味に繋がるのではないかと思われます。また、睏はコンと読み「眠る」、淪はロンと読み「沈む」、零はリンと読み「落ちる」の意味があるので、「ころり」は睏淪零の多少の訛り読みであり直訳すると「眠りに沈み落ちる」ですが、簡潔に意訳すると「眠る」の意味になり得るのではないかと思われます。そうしますと、「ねんねん」と「ころり」とは、表現が違うだけで同じ意味になります。このように解釈して、この童謡の歌意を訳しますと、**「眠ってね、眠ってね、坊やは良い子だから　眠りなさいね」**の意味になります。

99　ハジ・ハゼ

この木については、古事記上代の天若日子の下りに「天之波士弓、天之加久矢」とあります。また、日本書紀の神代下第九段に「天梔弓・天羽羽矢」とあり「梔、此をば波茸《はじ》と云ふ」とあります。ハジは、万葉集には次のような一首の長歌だけに詠まれており、日本古典文学大系「萬葉集四」（岩波書店）では「梔《はじ》」と書き変えてありますが、原歌では「波自」と書かれています。

・高千穂の　嶽《たけ》に天降《あも》りし　皇祖《すめろぎ》の　神の御代より
波自弓を　手握《たにぎ》り持たし・・・(万葉４４６５)

ハジ弓（波自弓）とあるのは、昔はこの木を弓材として使用したからとされています。

ハジはウルシ科の落葉喬木で、山地や原野に自生し、五月頃に黄緑色の小花が円錐状に咲き、楕円形の白い実がなり、秋になると美しく紅葉します。実からは漆蠟《うるしろう》が採られてきました。

現代になると、ハジやハジノキは、ハゼやハゼノキと呼ばれるようになります。いずれの植物本でも、なぜ、ハジがハゼに変わったのかの理由は書いてありません。

ウルシ科の木は、大抵がそうですが、特にハジはそれに触れると、さほど敏感でない人でも皮膚が「かぶれる」、つまり、じん麻疹にかかるという特徴があります。じん麻疹とは、漆《うるし》などに犯されて、急に首部をはじめ身体中に赤いぶつぶつができて痒くなる疾患で、ハジの場合は一瞬びっくりしますが、数時間後には消失し疾痕も残りません。一音節読みで、煩はファンと読み「わずらわしい、いとわしい」の意味があります。ここでは、すぐに治る漆のかぶれのことですからこの程度の軽い意味になります。疾はジと読み「疾患になる、病気になる」の意味です。つまり、ハジとは煩疾の多少の訛り読みであり直訳すると**「いとわしい疾患になる（木）」**の意味になり、これがこの木名の語源です。

なお、後世になると、たぶん、江戸時代頃からハゼともいうようになりますが、一音節読みで疹はゼンと読み、紅斑などの生じる非伝染性の皮膚炎症である「疾疹《しっしん》」のことなので、ハゼは煩疹の多少の訛り読みであり**「いとわしい疾疹になる（木）」**の意味になります。したがって、同じ意味になるので、どちらで呼んでも構わないということです。

100　ハシバミ

カバノキ科の落葉灌木で、丈は５m程度にまで成長します。日当たりのよい山野に好んで生え、葉は丸形で鋸葉になっています。三〜四月頃に花が咲き、堅果は苞に包まれた１・５㎝程度の球形のドングリ状で美味しい食材になります。

大言海によれば、平安時代の字鏡に「榛、波自波彌」、本草和名に「榛子、波之波美」、和名抄に「榛子、波之波美、榛栗也」と書いてあります。和名抄で「栗」と書かれていることから、ハシバミは、当時、美味しく食べられていたことが推測できます。

さて、語源の話に移りますと、一音節読みで、飯はファンと読み動詞で使うときは「食べる」の意味があります。食はシと読み「食べる」の意味です。棒はバンと読み、形容詞で使うときは「よい、良好な」の意味がありますが、食べ物に関するときは「よい」とは「美味しい」の意味になります。実の字は、命の一音節読みを転用して訓読でミと読みます。つまり、ハシバミとは、飯食棒実の多少の訛り読みであり、直訳すると、堅果を指すときは「食べて美味しい実」、木を指すときは**「食べて美味しい実のなる（木）」**の意味になり、これがこの木名の語源と思われます。

101　ハナイカダ

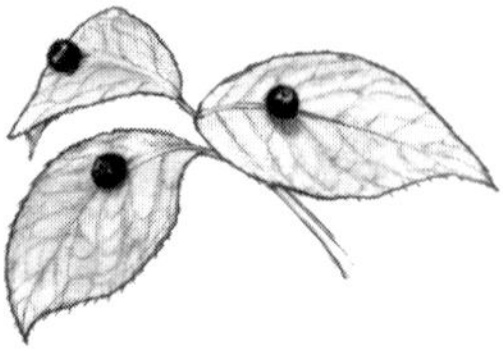

ミズキ科の落葉灌木です。雌雄異株で丈は1m程度になり、非常に変わった木として知られています。それは、五月頃に、楕円形の葉の表面の中央部に淡緑色の花が咲くからです。雄株には数個、雌株には通常は1個、たまには2～3個の花が咲きますが、その後の雌株には花数に相当する数の小さい実がなり、その後の実は、熟するにつれて緑色から褐色を経て黒色に変わります。若葉や花に加えて、実も甘くて美味しく食べられます。草木名初見リスト（磯野直秀作）によれば、ハナイカダの名称は、江戸時代中期の諸国産物帳にでています。

さて、語源の話に移りますと、ハナは花のことであるとして、一音節読みで、葉はイェと読み草木の「葉」の意味、軀はカンと読み「身体」の意味なので、葉軀は「葉身《ようしん》」の意味になります。担はダンと読み、動詞では「担《かつ》ぐ、担《にな》う」の意味があります。つまり、ハナイカダとは、花葉軀担（ハナ・イェ・カン・ダン）の多少の訛り読みであり、直訳すると**「花を葉身で担う（木）」**の意味になり、これがこの木名の語源です。

なお、広辞苑（第四版～第六版）には「**はないかだ【花筏】**①花が散って水面に浮かび流れるのを筏に見立てていう語。（中略）。②初夏、葉の上面の中央に淡緑色の小花をつけ、これを、花を乗せた筏に見立てる」と説明してあり、一般的にはこのような俗説が流布されています。ただ、難をいうならば、①の説明については、散って水面に浮かび流れる単なる花びらだけを筏に見立て得るのかという問題、②の説明については、水に浮かんでもいないのに、木に付いたままの葉と花を筏に見立て得るのかという問題があります。また、①と②の二通りに説明されているのは、いったいどちらがほんとうの意味とされているのかなどの疑問もあります。①の説明については、花と葉が一緒ならともかく、花が散って花びらや木葉だけが別々に水面に浮かび流れても筏《いかだ》に見えるとは思われず、②の説明については、木の枝に付いたままの葉の上面に小花が咲いただけで川に浮かぶ筏に見立てるのは少々無理があるように思われます。更に、この木の生えているところに、そんなに都合よく川が流れているものでもありません。ということは、ハナイカダの筏説は、イカダという発音を利用して上手に仕立てられた作り話だということです。

筏《いかだ》とは、多数の木材や竹材を水平に並べて縄や蔓で結わえ付け水上に浮かべたもので、主用途としては、古来、木材の運搬方法の一つであり、船の代わりをして人や荷物を運ぶ簡便な輸送手段として利用されてきました。筏は、すでに万葉50に「五十日太」、万葉3232に「栰」と書かれて詠まれています。筏は栰の外に「桴」とも書き、平安時代の和名抄には「筏、桴、以加太」と書いてあります。イカダの語源については、一音節読みで、殷はインと読み、漢和辞典をみて頂くとお分かりのように「多い、多くの」の意味があります。幹はカンと読み樹木の幹のことをいいます。上述したように担はダンと読み、そもそもは「担ぐ、担う」の意味ですが、一字だけで「荷物を運ぶ」の意味があります。つまり、**イカダ**（筏）とは殷幹担であり直訳すると**「多くの幹で荷物を運ぶ（もの）」**の意味になっており、これがイカダという言葉の語源です。イカダが竹材のときは、イカダは殷竿担になります。竿はカンと読み「竹竿《たけざお》」のことです。

したがって、花イカダにおけるイカダ（葉躿担＝葉身で担う）と、筏におけるイカダ（殷幹担・殷竿担＝多くの幹・竿で荷物を運ぶ）とは意味が異なるのであり、同音異語ともいうべきものに相当しています。例え、花と葉が一緒であったとしても、その「花と葉」を「人や積荷を乗せた筏」に見立てるのには無理があるように思われます。なぜならば、筏は、木材や竹材を多数集めて結わえたものなので、この木の一枚葉には見立てにくいからです。

ハナイカダは、別称で、ママコとも呼ばれています。一音節読みで、曼はマンと読み「美しい」の意味です。哿はコと読み「よい、良好な、美しい」などの意味があります。つまり、ママコとは、曼曼哿のことと思われ、直訳すると「美しい（木）」の意味になりますが、姿形の視点からすると特にはこの木やその葉や花が「美しい」ということもないので、食べるという視点から呼ばれている別称と思われます。美には美味の意味があることを考慮すると**「美味しい（木）」**になり、これがママコという名称の語源です。美味しいというのは、若葉、花、実が、いずれも食べられるからです。

102　ハネズ

ハネズは万葉集で詠われている木ですが、現在ではニワウメ（庭梅）のこととされています。この梅は落葉灌木で、早春に、普通の梅と同じように葉に先だって花が咲きます。この木について、万葉集に次のような四首の歌が詠まれています。

・念《おも》はじと言ひてしものを翼酢《はねず》色の
変《うつろ》ひやすきわが心かも（万葉６５７）

・夏まけて咲きたる波祢受《はねず》ひさかたの
雨うち零《ふ》らば移ろひなむか（万葉１４８５）

・山吹のにほへる妹が翼酢色の
赤裳のすがた夢に見えつつ（万葉２７８６）

・唐棣《はねず》花色の移ろひやすき情《こころ》なれば
年をそ来経《きふ》る言《こと》は絶えずて（万葉３０７４）

日本書紀（岩波書店）の天武天皇下（十四年七月）の条に「浄位より已上《かみつかた》は、並《ならび》に朱色を着る。朱色、此をば波泥孺《はねず》と云ふ」と書いてあります。その注釈では「万葉に唐棣をハネズという。初夏さいて赤い花をつける」と説明してあります。

これらの記述からすると、ハネズとはそもそもは朱色の意味であったものが、木名としても使われるようになったもののようです。

さて、語源の話に移りますと、この木の名称には赤の意味が入っているものと推測されます。一音節読みで赫はホ、紅はホンと読み、形容詞では共に「赤い」の意味があります。また、捻はネン、姿はヅと読み共に「美しい」の意味があります。つまり、ハネヅとは、赫捻姿または紅捻姿の多少の訛り読みと思われ、直訳すると「赤い美しい」になりますが、それは花のことと思われるので、花を指すときは**「赤い美しい（花）」**、木を指すときは**「赤い美しい花の咲く（木）」**の意味になり、これがこの木名の語源と思われます。

古来、ハネズと書かれますが語源上はハネヅになっているようです。また、赫捻姿または紅捻姿をそのまま読むとホネヅ（骨子）になるので、それを嫌ってハネヅに音便変化した名称になっているものと推測されます。

103　ハマナス

バラ科の落葉灌木で、多くは、北海道や北方地域の海岸の砂地で群生します。丈は1～1・5m程度で、バラ科の木ですから幹や枝には刺《とげ》がいっぱい生えており、葉には皺があります。夏に、美しい香りのする大きな赤色の五弁花が咲きます。ただ、たまに白い花もあります。

丸い果実は熟すると赤くなります。その表面は刺がなくてつるつるのものと、細かい刺が生えているものとがあり、刺の程度は多いものや少ないものなど、その程度はいろいろです。果実は、中が空っぽのややピーマン状で、種子がたくさん入っており、赤く熟すると少し甘味があり酢っぱくて、食べようと思えば食べられますが、味覚は人それぞれとしても、さほど美味しいものではありません。したがって、ハマナス酒にしたりハマナスジャムにしたりして利用されています。

この木は、知床《しれとこ》旅情（森繁久弥作詞）という次のような歌謡曲の歌詞の中で謡われていることで有名です。

知床の岬に　はまなすの咲く頃
思い出しておくれ　俺たちのことを
飲んで騒いで　丘に登れば
はるか国後《くなしり》の　白夜は明ける

さて、語源の話に移りますと、ハマは浜のことであるとして、一音節読みで、赧はナンと読み「赤くなる」、淑はスと読み「美しい」の意味です。つまり、ハマナスとは、浜赧淑の多少の訛り読みであり、直訳すると「浜の赤くなる美しい」ですが、赤いや美しいのは一義的には、花のことと思われるので、花を指すときは「浜辺の、赤い美しい（花）」、木を指すときは**「浜辺に生える、赤い美しい花の咲く（木）」**の意味になり、これがこの木名の語源と思われます。赤い果実も含めたいということであれば、**「浜辺に生える、赤い美しい花と実のなる（木）」**になります。

漢字では、漢語から導入された名称で玫瑰、日本語の当て字では浜茄子と書かれます。玫瑰は漢語ではメイクゥイと読み「トゲのある美しい草木」の意味であり、具体的には日本語でいうバラ系統の草木を指します。

草木名初見リスト（磯野直秀作）によれば、ハマナスの名称は、江戸時代中期の草花魚貝虫類写生図（常信・一七一〇頃）にでています。また、「植物の名前の話」（前川文夫著・八坂書房）によれば、同時代の増補地錦抄や草木育種という本にでています。同時代の大和本草（一七〇九）の原書では「玫瑰」に片仮名で「ハマナス」と振仮名してあり、和漢三才図会（一七一二）には「玫瑰花、俗に波末奈須と云ふ」と書いてあります。

ところが、大正時代に武田久吉博士によって、昭和初期には牧野富太郎博士によって、共にハマナスの浜梨説が唱えられるようになります。牧野新日本植物図鑑（北隆館・昭和三六年初版）には、次のように書いてあります「〔日本名〕浜梨の意味で浜茄子ではない。浜梨は食べられる果実をナシになぞらえたもので、しかも海浜生であるからである。ハマナスは東北地方の人がシをスと発音するために生じた誤称である。漢名としては、一般には玫瑰を当てているが誤りであろう」。

しかしながら、この説には多くの人から疑問がだされているようです。東北地方の人が、シをスと発音するとしても、正式名称として本などに書くときは必ずスと書くのです。例えば、身体のアシ（足）でも、家畜のウシ（牛）でも、東北地方の人がアスやウスと発音するとしても、本に書くときはアシやウシと書きます。

また、ハマナスがハマナシ（浜梨）であるとは到底思われません。なぜならば、①ハマナスはバラ科の木であって幹や枝には刺がある、②ハマナスの花は赤いのに対してナシの花は白い、③ハマナスの果実は小さい、④ハマナスの果実の表面に細い刺のあるものが存在する、⑤ハマナスと異なりナシの果実は赤く熟しない、⑥ハマナスの果実の中身はややピーマン状で空《から》である、⑦ハマナスの果実は、その大きさと比較して大き目の種子だらけである、⑧食べようと思えば食べられるとしても梨の美味しさには到底及ばない、⑨その木姿はナシ（梨）には似ていない等々の理由から、つまり、ハマナスはナシ（梨）に似たところは全然ないので、ハマナスの浜梨説は論外の俗説といえそうです。また、漢語辞典における玫瑰の説明は、牧野新日本植物図鑑に書かれたハマナスの特徴説明と、ほぼそっくり同じなので「玫瑰を当てているのは誤りであろう」というのもまた当たっていないと思われます。特には、上述したように、江戸時代の大和本草や和漢三才図会に「ハマナス」や「波末奈須」と明確に書いてあることからも、ハマナスはハマナシの誤称ではないことは確実と推測されます。なお、今では浜茄子とも書かれることから、ナスは野菜の茄子であるとの説もありますが、茄子はその音声を利用するためだけの単なる当て字と見做すべきものであり、その果実は食べられることから茄子の字が当てられているに過ぎないものです。つまり、ハマナスのナスは、梨でも茄子でもないということです。植物学の大家であっても、言語学上の言葉の語源が分からないと、このような俗説がでてくるのです。にもかかわらず、多くの植物本や大辞典が武田博士説や牧野新日本植物図鑑に書かれていることに右へ倣《なら》えしています。例えば、広辞苑（第六版）のハマナス欄には「**はまなす**【浜茄子】ハマナシ（浜梨）の訛」とたったの一行書いてあるに過ぎず、大方の説明はハマナシ（浜梨）欄でなされています。つまり、広辞苑は、ハマナシ（浜梨）が正当としているのですが、本書としては、上述したような理由から、ハマナスはハマナシの訛ではなく、ハマナシ（浜梨）と解釈するのは確実に誤りであると思います。

上述の「植物の名前の話」によれば、スウェーデン人のチェンベリー著の日本植物誌にハマナスは**Ramanas**（**R**は**H**の誤記）、コブシは**Kobusi**のように**s**と**si**とを明確に区別してあり、ドイツ人のシーベルトとツッカリーニ氏共著の「Flora Japonica」にはハマナスについて**Hamanasi**とあるので、ハマナシと読むべきであろうというのですが、チェンベリーはちゃんと—**nas**と書いているのであり、—**si**の発音についても両書は著者の国籍も異なるので一概に同じ発音に読むとはいえないのです。なぜならば、この人たちは外国人ですから、ローマ字の読み方は必ずしも日本式読み方であったとは限らないからです。ウェード式や漢語式ローマ字(拼音字母《ピンインツーモ》)では**si**はスと読みます。また、日本語について、外国人の言を、江戸時代の日本人博物学者の言より優先するのも可笑しなことです。こういうのを「西洋かぶれ」といいます。

104 バラ・ウマラ

バラ科の灌木です。美しい花が咲くので鑑賞用として広く栽培されて、現在では、バラ園というのがあちこちにあり、人々の目を楽しませています。この木の特徴は、美しい花が咲くことと、幹や枝に堅い鋭い刺《とげ》が生えていることです。薔薇の字は、漢語ではチャンウェイと読み野エンドウのことを指しますが、日本語では訓読でバラと読みバラ科の灌木のことを指します。

一音節読みで、棒はバンと読み形容詞では「よい、良好な」の意味ですが、敷衍して「美しい」の意味でも使われます。變はランと読み「美しい」の意味です。つまり、バラとは棒變の多少の訛り読みであり「美しい」の意味ですが、美しいのは花のことと思われるので、花を指すときは「美しい（花）」、木を指すときは**「美しい花の咲く（木）」**の意味になり、これがこの木名の語源です。

また、木製の棒は一般的に堅いものと見做されているからか、形容詞では「堅い」の意味もあります。刺はラとも読み「刺《とげ》」のことです。つまり、バラとは棒刺の多少の訛り読みであり、直訳すると**「堅い刺のある（木）」**の意味にもなり、これもこの木名の語源で掛詞になっています。したがって、バラは、棒欒と棒刺との掛詞であって、**「美しい花の咲く、堅い刺のある（木）」**の意味になり、これがバラという木名の語源です。

にもかかわらず、有名大学の言語・国語学の教授にして、「漢語から導入した『薔薇』という漢字熟語は、それ以前から存在した日本固有の大和言葉で『バラ』と読む」のような「ほうけた」ことをいっている人はたくさんいます。ということは、多くの日本語の言語・国語学者が、日本語の本質が分かっていないか、世間に向かっては分かっていないふりをして俗説をばら撒いているらしいということです。

古くは、バラはウマラといったようで、万葉集に、次のような歌が詠まれています。

・道の辺の宇万良の末に這《は》ほ豆の
　からまる君を別れか行かむ（万葉４３５２）

一音節読みで、嫵はウ、曼はマン、欒はランと読み、いずれも「美しい」の意味があります。つまり、ウマラは嫵曼欒であり直訳すると「美しい」ですが、花を指すときは**「美しい（花）」**、木を指すときは**「美しい花の咲く（木）」**の意味になっています。また、武はウ、蛮はマンと読み、共に「荒々しい、猛々しい」の意味があります。つまりウマラは武蛮刺でもあり直訳すると**「荒々しい刺のある（木）」**の意味で掛詞になっています。まとめると**「美しい花の咲く、荒々しい刺のある（木）」**になります。

大言海によれば、本草和名に「墻薇、宇波良」、和名抄に「薔薇、無波良」と書いてあり、古くはウバラやムバラとも呼ばれたようです。ウとムとはバラの接頭語の形になっています。一音節読みで嫵と武とは共にウともムとも聴きなせるように読み、上述したように、嫵は「美しい」、武は「荒々しい、猛々しい」の意味があります。したがって、ウとムとは共に「嫵＋武」であり、ここでは「美しい＋荒々しい」という意味でのバラの接頭語になっています。

なお、トゲ（刺）のないバラの木が存在するのかということですが、あるバラ園芸家の手記によれば、そのように見做されているバラでも、突然、本性を現してトゲをだすことがあり、その人の認知の限りでは、本性を現すことの極めて少ないのは、ただ一種モッコウバラだけであると書いてあります。そもそも、言葉の意味上からは、トゲのないものはバラとはいえないのです。とはいっても、バラ科の草木にはトゲのないものがたくさんあるではないかということですが、「日本人と植物」（東大名誉教授・前川文夫著・岩波新書）には、要約すると、次のように書いてあることがその解答になります。「分類の方からすると、ワレモコウはバラ科である。大体バラ科というのは特徴をまとめて挙げることの困難な一群である。じつはこれは少々内輪の話になるが、何となく直感で似たものを集めて、その中から必らず莢《さや》がなる一群をこれはマメ科とまとまるから除く、次にめしべが決って二枚の心皮からでき上がっている点で一致するものはユキノシタ科として一群にしてはぶくというように、まとまるものから順々にはずして行くと、あとに共通の特徴のないものが残る、この残りをバラ科という」。素人考えとしては、草木名の字義についてまったく考慮されていないらしい、こんな分類の仕方でよいのかという気がしないでもありません。バラは、特徴がないのではなくて、その最たる特徴は**「トゲがある」**ことです。言葉の語源上は、トゲのないものはバラとはいえません。本書で取上げた草木の中にも、トゲがないにもかかわらず、バラ科とされているものには、草のイチゴ、シモツケ、ワレモコウ、木のアンズ、ウメ、カイドウ、サクラ、ナナカマド、ビワ、モモ、ヤマブキ、ユスラ、リンゴなどがあります。特徴のないものの集まりがバラ科というような分類ならば、これらの草木は科属を再検討すべきではないかと思われます。

なお、**モッコウバラ**の語源についていいますと、一音節読みで、猛はモンと読み「猛々しい、荒々しい」、刺はツと読み「トゲ（刺）」、公はコンと読み「公然と、あからさまに、はっきりと」、無はウと読み「無い、存在しない」の意味があります。したがって、モッコウとは猛刺公無の多少の訛り読みであり、モッコウバラとは直訳すると**「猛々しいトゲが公然とは無いバラ」**の意味になっており、これがこのバラ名の語源です。

105　ヒイラギ

モクセイ科の常緑灌木です。丈は３ｍ程度に成長し、とても堅い木質をしています。初冬に白い小花が咲き、モクセイ科の木ですから、モクセイほどではありませんが、ほのかによい香りがするという特徴があります。葉は、対生し、かなり厚い長楕円形で、少し縒《よじ》れた鋸葉《のこぎりば》であり、葉縁やその先端からは鋭い刺《とげ》がでているのも特徴です。

古事記の景行天皇条に、天皇が倭建命《やまとたけるのみこと》を東伐に遣わした際に「比比羅木の八尋矛《やひろほこ》」を給《たま》わったと書いてあります。ここでの比比羅木は現在のヒイラギのこととされています。そうしますと、この木名は古事記が書かれた頃には、すでにつくられていて、そもそもはヒヒラ木であったことになります。漢字では柊と書きます。柊を分解すると冬木になりますが、一音節読みで冬はトンと読み、同じ読みの恫に通じており、恫は「恐い、怖ろしい」の意味です。つまり、柊とは恫木であり「恐い木」の意味になっているのは、その葉縁から鋭い刺がでているからです。

さて、日本語の語源の話に移りますと、一音節読みで、菲はフェイと読み「香り、香りのある」、刺はラと読み「とげ（刺）」の意味です。つまり、ヒヒラギは、菲菲刺木の多少の訛り読みであり、直訳すると**「香りのする刺のある木」**の意味になり、これがこの木名の語源です。

菲菲と重ね式表現になっているのは、音声上、いい易い、分かり易い言葉にするためであり、意味上からは必ずしも二つは必要ないので、古くは「ヒラギ」ともいったとされています。現在では、ヒヒラギがヒイラギに音便変化しているということです。音便とは、読むに便利な読み方、つまり、読み易い読み方のことをいいます。

さて、平安時代になると、「痛む」という意味の「柊《ひひら》く」という動詞語がつくられたようであり、大言海によれば、平安時代の字鏡に「柊、痛也、比比良久」、和名抄に「柊、比比良久、動痛也」と書いてあり、鎌倉時代の発心集（鴨長明著）には「此病ノ苦痛ニ責メラレテ、寝ラレ侍ラズ、切リ焼クガ如クウヅキ、ヒヒラギ、身モホトリテ、堪ヘ忍ブベクモアラネバ、云々」と書いてあるとされます。

なお、この木の葉の刺《とげ》で傷つくと「ヒリヒリ」と痛いから「ヒイラギ」という木名ができたとの俗説が流布されていますが、この語源説には無理があります。なぜならば、ヒヒラキ（比比羅木）という木名は、古事記に記載されているので、すでに奈良時代にはできていた名称であり、ヒヒラク（比比良久）という動詞は後世の平安時代につくられたと思われることから、ヒヒラクは先立ってできていた木名としてのヒヒラギ（ヒヒラ木）の語源にはなり得ないからです。逆に、ヒヒラギからヒヒラクやヒリヒリ（する）のような言葉が生まれたのです。

106　ヒサギ

古くから名称のある木で、万葉集には四首が詠まれているとされ、次のような山部赤人の有名な歌があります。

・ぬばたまの夜の深《ふ》けゆけば久木生ふる
　清き河原に千鳥しば鳴く（万葉９２５）

この歌の外に、日本古典文学大系「萬葉集」（岩波書店）によれば、万葉１８６３と万葉２７５３には「久木」、万葉３１２７には「歴木」と書かれてヒサギと読まれています。歴木は、普通は、クヌギと読まれるのに、なぜこの歌においてはヒサギと読まれるのかは頭注に説明がないので不明です。大言海によれば平安時代の和名抄に「楸、比佐木」、天治字鏡に「楸、比佐木」とでています。大言海自身の説明としては「木ノ名。今、きささげ（楸）ト云フ」とありますが、正しくは「木ノ名。楸ハ、きささげノ一種デアル」と説明すべきものです。万葉集には、キササゲ類の木は、梓《あづさ》と久木と書かれた楸《ひさぎ》との二種が詠まれています。ちなみに、漢語辞典には、梓は**Catalpa ovata**、楸は**Chinese catalpa**と書かれ、共にカタルパ（**catalpa**）類の木とされています。カタルパとは、日本語でいうキササゲのことです。草木名初見リストによれば、キササゲという名称は、江戸時代の書言字考節用集

(一七一七)という本にでているとされるのでこの頃につくられたと思われます。**キササゲ**とは、**「垂れて長く伸びた莢のなる木」**の意味であり、そもそもは木の態様の特徴を表わす言葉からできた木名です。梓と楸という漢字名はシナからきたもので、シナでは梓と楸とは異なる木ではあっても共にカタルパ、つまりキササゲとされており、シナから来たものであれば、理屈上は両木は共にトウキササゲですが、区別するとすれば、梓はキササゲであり、楸はシナでChinese catalpaとされているので日本語ではトウキササゲとでも翻訳すべきものと思われます。

原色牧野植物大図鑑(北隆館)には、現在、日本でトウキササゲとされる木について「中国北部の原産の落葉高木で、日本には昭和初期に渡来した」と書いてありますが、すでに万葉集の時代に日本に存在していたヒサギこそが、現在、トウキササゲと呼ぶべき木であると思われます。もし、そうでなければ、万葉時代に存在したヒサギに該当するキササゲ類の木は、現在では日本には存在しないことになるからです。ヒサギという木名は、今に実在する木種としては、原色牧野植物大図鑑を始めとして、現代の植物本からは消えています。

さて、ヒサギの語源を探りますと、ヒサギのギは木のことであるとして、一音節読みで、菲はフェイと読み「美しい」、降はシャンと読み「下がる、垂れる」の意味なので、ヒサギは菲降木の多少の訛り読みであり直訳では「美しい垂れる木」ですが、少し意訳すると**「美しい垂れる莢のなる木」**の意味になり、これがこの木名の語源です。垂れるというのは、垂れて長く伸びた莢のことを指します。

日本では、江戸時代の大和本草の「楸樹」の項に「其葉(楸ノ葉)ハ、桐葉ニ似又梓ニ似タリ、苗及葉ノ茎、葉ノ筋赤シ、故ニ赤目柏ト云。(中略)。梓《アヅサ》ノ実ハ豇豆《ササゲ》ノ如ク長莢《ナガキサヤ》アリ、楸ノ実ハ長莢ナシ」と書いてありますが、大和本草の著者は楸がキササゲであること及びキササゲという名称の意味が分かっていなかったため、楸についてこのような誤解した説を唱えているのです。ただ、梓について「長莢アリ」と書いてあることは、梓はキササゲであると見做していることになります。また、大和本草によって、アカメガシワ(赤目柏）という木名が初めてつくられて、ヒサギはアカメガシワであるという誤った説が述べられ、それが現在にまで引継がれています。

原色牧野植物大図鑑（北隆館）の「ササゲ」の欄には、「和名は捧げるという意味で豆果が上を向くものにつけた名であろう」などと推測での理解しにくい説明になっています。このような理解では、キササゲとはどのような木であるかの同定が困難になり、ヒサギはアカメガシワの古名であるとか、アヅサはヨグソミネバリであるとかのとんでもない誤解説がでてくるのです。ヒサギやアヅサはキササゲであり、アカメガシワやヨグソミネバリはそうではないので同じ木になる筈がないのです。

現在では、日本のヒサギにはキササゲ説とアカメガシワ説との二説が唱えられていますが、アカメガシワ説は明らかに誤りと見做すべきものです。なぜならば、上述したように、ヒサギはカタルパ、つまり、キササゲであるのに対して、現在、アカメガシワとされる木には「垂れたもの」、具体的にはキササゲのような雌性の「垂れて長く伸びた莢」はできないからです。結局のところ、アカメガシワは、カタルパではない、つまり、キササゲではないので、万葉集に詠われたヒサギ（久木）ではあり得ません。本書では、アヅサは木名としての現在のキササゲ、ヒサギは木名としての現在のトウキササゲであると見做しています。

なお、現在、アカメガシワといわれる木は、トウダイグサ科の木であり、その新芽や若葉が赤色をしているのでそのようにいうとされています。アカメガシワという木名は、上述したように江戸時代の大和本草（一七〇九）に楸の別称として初めてでているので、この頃につくられた名称と思われますが、たぶん、大和本草はヒサギを「長莢ナシ」、つまりキササゲではないと間違えたように、ここでも同定を間違えていると思われます。つまり、ヒサギはアカメガシワではあり得ません。牧野新日本植物図鑑（北隆館）には、大和本草説を継承したと思われる説で、アカメガシワについて「昔からこの葉に食物をのせたことにより五菜葉または菜盛葉ともよばれる」とありますが、この記述には疑問があります。なぜならば、アカメガシワは、古代には存在しなかった木名であり、江戸時代に大和本草によってつくられた木名と思われるからです。また、ヒサギ（久木）に「昔からこの葉に食物をのせた」というなんらかの証拠、つまり、そのように記載された古文書なりが存在するのかという問題があるのです。牧野新日本植物図鑑（北隆館）には、アカメガシワについての記載はありますが、万葉４３０１に詠われているアカラガシワについてはまったく触れられておらず、アカメガシワとアカラガシワとは同じ木であると混同しているのではないかとの疑があります。アカラとアカメとは意味がまったく異なるのであり、したがって、当然に木種も異なると見做すべきものです。アカラガシワについてはカシワ欄をご参照ください。

107　ヒノキ

ヒノキ科の常緑喬木で、丈は30m以上にまで成長します。日本で最も高級な材木の採れる木として知られています。漢字では檜、その箇体字で桧と書きますが、この箇体字を分解したときの旁《つくり》である会は、絵のことであり、絵には「美しいもの」の心象があります。なぜならば、絵の字は、漢語の一音節読みでホェイと読むのに日本語の訓読で「え」と読むのは、イェンと読み「美しい」の意味である妍や艶の多少の訛り読みを転用したものだからです。漢和辞典をみて頂くと、絵の読みは平仮名で「え」と書いてあり片仮名の「エ」ではありません。つまり、絵を「え」と読むのは訓読であり、訓読とは「解釈読み」或いは「説明読み」のことですから「美しい（もの）」の意味になっているのです。

つまり、木種の一つである桧（檜）とは、漢字の字義上は、絵木を経由して妍木や艶木のことであり、直訳すると**「美しい木」**の意味になっています。美は「優れている、素晴らしい」の意味をも含んだ字なので「優れた木」の意味と解釈してもよいと思われます。大言海によれば、平安時代の天治字鏡に「檜、栢葉松身、比乃木」と書いてあります。栢葉松身とは、「葉は柏、幹は松に似ている」という意味ですが、この四字熟語における柏は常緑樹とされる芝那の柏《パイ》のことであり日本の柏《かしわ》のことではありません。なお、松柏という言葉の意味については、コノテガシワ欄をご参照ください。

さて、ヒノキという日本語としての音声名称の語源の話に移りますと、一音節読みで菲はフェイと読み、本来は「香りが良い」の意味ですが「美しい」の意味でも多用されます。したがって、ヒノキとは菲之木であり、直訳すると「美しい木」ですが、美には「優れた」の意味もあるので、表現を変えると**「優れた木」**の意味になっており、これがこの木名の語源です。漢字名「檜」と音声名「ヒノキ」の語義は同じになっています。

江戸時代の和漢三才図会には「檜の樹を互いに摩り合わせると、火のでることがあるので、火の木という」と書いてありますが、火を起せることは事実であるとしても、木名の語源として考えるときは、たぶんに、作り話であり俗説と見做すべきものと思われます。

108　ビワ

バラ科の常緑喬木とされています。九州や四国では野生しますが、野生のものは比較的に果実が小さいので、現在では、より大きな果実のなる栽培種が果樹園で育成されています。十一月頃に花が咲き、翌年の初夏に卵形の黄色い、甘くてとても美味しい実がなります。夏季には、特にニィニィゼミが好んで樹液を吸いにくる木として知られています。

大言海によれば、平安時代の字鏡に「杷、比波乃木」、本草和名に「枇杷葉、比波」、和名抄に「枇杷、俗に味杷と云ふ」と書いてあります。漢字で枇杷と書くのは、美しい音色のでる古代弦楽器の琵琶にあやかってつくられた字と思われます。つまり、琵琶からでる音色に関連した「美」の意味が欲しいということです。

一音節読みで、賁はビ、婉はワンと読み、共に、「美しい」の意味があります。つまり、ビワとは、賁婉の多少の訛り読みであり、美には美味の意味があることを考慮すると、果実を指すときは「美味しい（果実）」、木を指すときは**「美味しい果実のなる（木）」**の意味になり、これがこの木名の語源です。つまるところ、ビワとは、そもそもは賁婉のことなので、美しい音色のでる楽器の琵琶にも、美しい湖である琵琶湖にもなり得るのです。

109　フジ（フヂ）

マメ科の蔓性の落葉灌木です。春に、蝶形をした紫色の美しい総状花が垂れ下がって咲きます。公園や庭園では、鑑賞用に棚をつくって蔓を這わせてあるのを、ご覧になったことがあると思います。「萬葉の花」（松田修著・芸艸堂）によれば万葉集には二一首が詠まれており、例えば、次のような歌があります。

・春べ咲く　藤の末葉のうら安に
　さ寝る夜そなき　子ろをし思へば（万葉３５０４）

大言海によれば、平安時代の和名抄に「藤、布知」と書いてあります。

さて、語源の話に移りますと、この木はツル性植物ですから、先ずはそのことから名付けられていることが考えられます。一音節読みで、匐はフと読み「這う」の意味があり、匍匐《ほふく》という熟語で使われています。摯はヂと読み「つかむ、捉まる」の意味です。つまり、フヂとは匐摯であり、直訳すると**「這い捉まる（木）」**の意味になり、これがこの木名の語源と思われます。意訳すると、**「ツル性の（木）」**ということです。漢語辞典によれば、藤の字には「ツル性茎」の意味もあると書いてあります。

また、一音節読みで、膚はフ、芝はヂと読み、形容詞で使うときは、共に「美しい」の意味があります。つまり、フヂとは、膚芝であり直訳すると「美しい」ですが、美しいのは花のことと思われるので、花を指すときは「美しい（花）」、木を指すときは**「美しい花の咲く（木）」**の意味になり、これもこの木名の語源で掛詞と思われます。そうしますと、「藤娘」などは「美しい娘」ということになります。掛詞をまとめていうと「ツル性の、美しい花の咲く（木）」になります。

飛鳥時代の政治家であった藤原鎌足は、もとは中臣鎌足《なかとみのかまたり》といったのですが、その功績により、晩年に、天智天皇から「藤原」の姓を賜り藤原鎌足と称することになったことはご承知のとおりであり、なぜ、賜わったかというと、遠い先祖からの伝統ある固有の姓を持たなかったのも一因と思われます。また、フヂという読みは、上述の語源の意味の他にも、とてもよい意味にもなるからと思われます。藤は、そもそもから漢語における木名なのですが、一音節読みではトンと読み、同じ読みの騰に通じており、騰は「上に揚がる、上昇する」の意味なので「立身出世」というよい意味に繋がっています。また、その訓読であるフヂは、上述したように「美しい」の意味ですから、藤原は「美しい原」の意味になり、これまたよい意味になります。更には、不二（＝二つとない）にもなり、いわば最高の言葉ともいえそうなものになっています。

110　ブドウ・エビカヅラ

エビカヅラ科の蔓性の落葉小喬木です。漢字では、日漢で葡萄と書き、漢語の一音節読みではプトウと読みます。日本語ではブドウと濁音で読み、蔓状樹木の特徴から匍匐植物《ほふくしょくぶつ》といわれます。プトウとブドウとは、読みが似ているように思えますが、日本語読みには声調がないので、芝那人には殆んど意味の通じない言葉になります。

日本語におけるブドウは、**「葡萄の日本語音読」**、つまり、声調の加わらない濁音訛り読みになっています。匍は「這《は》う」、匐は「成長して茂る」の意味であり、この二字に草冠が付いた言葉が葡萄なので、その字義は**「這って成長して茂る（植物）」**になっています。「這って成長して茂る」とは、茎が蔓状になって伸びながら葉が繁茂していくことを指しているものと思われます。

古代には、ブドウは**エビカヅラ**といったようであり、大言海によれば、平安時代の本草和名に「紫葛、衣比加都良」と書いてあります。紫葛とあるのは、当時のブドウの果実は普通には紫色だったことを示しています。

エビカヅラの語源を探りますと、一音節読みで艶はエン、貢はビと読み、共に「美しい」の意味があります。つまり、エビカヅラとは艶貢葛の多少の訛り読みであり、直訳すると「美しい葛」ですが、美には美味の意味があることを考慮すると**「美味しい果実のなる葛」**の意味になり、これがエビカヅラという名称の語源と思われます。また、紫葛と衣比加都良において、紫が衣比と対比していることからも、ムラサキという音声言葉の語源は**「美しい」**の意味と見做されていたことが窺われます。このことについては、クレナイ欄をご参照ください。

葡萄の語源について、広辞苑（第六版）には「西域の土語に由来するという」と書かれており、どこから聞いたのか例によっての「伝聞形式」の説明になっていますが、出典は示されておらず、どのような意味かも分からず、そのようなことはありそうにないと思われます。なぜならば、葡萄という名称の意味は、上述したようにこの植物の実態にぴったりと合致した漢字の意味からできている言葉であることからも「西域の土語に由来する」とは到底思われないからです。また、西域のどこかも分からず、余りにも曖昧模糊としており、そのこと自体が西域土語からの由来とは到底思われません。

111　ブナ

ブナ科ブナ属の落葉喬木で、丈は20m以上にも達します。褐色の実がなり、熟すると殻は四裂して三稜の形の細身ドングリの種子が二個現れてきます。炒ったり蒸したりして食べられます。漢語でいう山毛欅という木に相当するとされています。日本語では漢字で「橅」と書きますが、この字は漢語には存在しないようなので、日本でつくられた和製漢字と思われます。漢字のつくり方の法則からいうと、橅を分解したときの旁《つくり》である無は嫵のことであり「美しい」の意味なので、橅は「美しい木」の意味の字として、ブナという読みと同時につくられたと思われます。大言海によれば、室町時代の和玉篇に「樗、ブナ」、江戸時代の本草一家言に「武奈」、和漢三才図会に「橅、ブナ、附奈乃木」と書いてあります。

一音節読みで、嫵はブ、娜はナと読み共に「美しい」の意味があります。つまり、ブナとは嫵娜であり、直訳すると**「美しい（木）」**の意味になりこれがこの木名の語源と思われます。

ブナ科には、ブナの外に、ナラ、クリ、カシ、クヌギ、シイ、カシワなどの主要喬木が含まれるので、このような意味になっているのかも知れません。美には美味の意味があるので、食べられるドングリの実がなることに注目して少し意訳すると**「美味しい実のなる（木）」**

の意味にもなり、掛詞になっていると思われます。まとめると「美しい、美味しい実のなる(木)」になります。

112 フヨウ

アオイ科の落葉灌木です。本来は九州以南の木で、沖縄や芝那にも自生し、淡紅色の美しい五弁花が咲きます。栽培種には白色または赤色のものや、これらの中間色のものがいろいろあります。花は、七~九月にかけてかなり長い期間にわたって咲きますが、朝に開いて夕方には萎む一日花です。漢字では芙蓉と書かれます。

大言海によれば、芝那の宋代の石林燕語という本に「芙蓉に二種あり。水に出るものは、これを草芙蓉という。陸に出るものは、これを木芙蓉といい、即ち木蓮なり」と書いてあります。草芙蓉は、水芙蓉ともいい睡蓮のことを指します。本欄での芙蓉は、陸に出る木芙蓉であり木蓮ともいいます。しかしながら、日本では、木蓮は木芙蓉ではなく木蘭のことと誤解されています。

そもそも、木芙蓉である木蓮《もくれん》は、英語でいうところのハイビスカス(hibiscus)のことをいいます。にもかかわらず、現在の日本では、木蓮と木蘭は同じくモクレンと読み同じ木とされています。これは、江戸時代の博物誌の誤解をそのまま引継いだもので、もちろん、誤った説ですが、現代の学者はそれを正すことができないで現在に至っているのです。広辞苑(第六版)には、「**もくれん**【木蓮・木蘭】モクレン科の落葉低木」と書いてあります。木蓮《もくれん》はアオイ科の落葉灌木であり、木蘭《もくらん》はモクレン科の落葉中喬木であって、両者はまったく異なる木です。漢字の本来の読みからしても、木蓮はモクレン、木蘭はモクランと読むべきものであり、木蘭はモクレン科ではなくモクラン科のモクランというべきものです。

このことについては、モクランの欄もご参照ください。

芙蓉は、日本語ではフヨウと読みますが、漢語ではフロンと読みます。一音節読みで膚はフ、優はヨウと読み共に「美しい」の意味があります。つまり、フヨウとは膚優であり直訳すると「美しい」ですが、美しいのは花のことと思われるので、花を指すときは「美しい(花)」、木を指すときは**「美しい花の咲く(木)」**

の意味になり、これがこの木名の語源です。

草木名初見リストによれば、鎌倉時代中期の塵袋（一二八一）という本に、漢字で「芙蓉」とでているとされ、たぶん、この頃からフヨウと読んだと思われます。芙蓉の日本語読みのフヨウとは、膚優の意味なので、いわば美しい花の咲くいずれの草木にも適用できることになることから、上述したように、美しい花の咲く睡蓮のことにもなり得るのです。極端には単に「美しい」の意味で「芙蓉」という場合さえあります。

113 ボケ

バラ科の落葉灌木です。丈は2m程度、枝には刺が生えており、葉は楕円形で鋸葉になっています。春に、葉に先だって淡紅や白色の花が咲きます。夏になると実は熟して黄色になり香りがあります。庭木にされますが、バラ科の木ですから、個々の木によって多少の差はあっても枝には刺があるので垣根にも利用されます。

大言海によれば、平安時代の本草和名に「木瓜、毛介」、和名抄に「木瓜、毛介、其の実は小瓜の如く也」と書いてあります。江戸時代の和漢三才図会には「木瓜、ボケ。和名ノ毛介ハ木瓜ノ転音ナリ。再転シテ今ハ保介ト称スル」と書いてあります。そうしますと、木瓜の読みは、毛介《モケ》→保介《ボケ》と転音したことになります。木瓜の読みがモケやボケなのは、和漢三才図会に「其の実は小瓜の如く」と書いてあり、その実が小さいのはその通りとしても瓜とは異なって食べることもないので、この木の実のことではなく他の特徴に注目してその訓読名称がつくられたからと思われます。

一音節読みで、猛はモン、暴はバオと読み、共に「猛々しい、荒々しい」の意味があり、艮はケンと読み「堅い」の意味があります。つまり、モケとは猛艮、ボケとは暴艮の多少の訛り読みであり、直訳すると共に「荒々しい、堅い（木）」の意味になります。荒々しいとか堅いというのは刺のことと思われるので、その言葉を補足して少し意訳すると**「荒々しい堅い刺のある（木）」**

の意味になり、これがこの木名の語源と思われます。刺のある木は同じような意味の語源になっている場合が多いのです。

114　ボタン

キンポウゲ科の落葉灌木とされています。ボタン科という人もいますが、なぜキンポウゲ科かというと、ボタンには弱毒があるからです。キンポウゲ科の草木の多くには毒があるのです。ボタンの花は大形で美しいので、美しい女性を形容するときの文句として「立てばシャクヤク、座ればボタン、歩く姿はユリの花」という有名な表現があることはご承知のとおりです。

ボタンは芝那原産で、その花は、そもそもの原生種は赤色だったようであり、漢語辞典には「通常は深紅色」と書いてあります。そのうちに白色のものができ、現在の園芸種では、紅、白、紫、黄、或いはそれらの混色の美しい花が咲きます。この花は、漢字で牡丹と書かれますが、「牡」の字は雄牛のことなので、ボタンとはなんの関係もないことから、単なる当て字であることは明らかです。

一音節読みで、牡はムと読み、同じ読みの穆に通じていて、穆には「荘美である、華麗である、美しい」などの意味があります。丹はタンと読み「赤い、紅である」の意味ですから、牡丹の意味上の中味は穆丹であり直訳すると「華麗な赤い」になりますが、それは花のことなので、花を指すときは**「華麗な赤い（花）」**、木を指すときは**「華麗な赤い花の咲く（木）」**の意味になり、これがこの木名の漢名における語源です。

さて、日本語のボタンの話に移りますと、日本でも、その花は「赤い」と認識されていたことは、江戸時代の俳人である与謝蕪村の詠んだ次のような俳句からも察することができます。

・閻王《えんおう》の口《くち》やボタンを吐かんとす（蕪村）

閻王というのは、地獄界に君臨している恐ろしい閻魔大王のことなので、その舌は怖ろしいまっ赤なものとされていたのです。

一音節読みで、宝はボウと読み形容詞で使うときは「美しい、華麗な」の意味があり、宝色は「美しい色」、宝璐は「美しい玉」という意味です。上述したように、丹はタンと読み「赤い」の意味があります。つまり、日本語でのボタンは宝丹《ぼうたん》の多少の訛り読みであり、花を指すときは**「華麗な赤い（花）」**、木を指すときは**「華麗な赤い花の咲く（木）」**の意味になり、これがそもそものこの木名の語源です。ボタンのボが宝であることは、この草の花は最も美しい花、つまり、「花の王」と見做されていることと関係があるかも知れません。

大言海によれば、平安時代の栄花物語に「その下に、薔薇、ぼうたん、からなでしこ、蘭、蓮華の花どもうつさせ給へり」と書いてあり、枕草子一四三段には「台の前に植ゑられたりける牡丹などのをかしきことなどのたまふ」とあります。現在では、園芸種により、紅だけではなく、白を始めとしたさまざまの色の花が咲くようになったので、丹は讜の意味に替えて理解してもよいと思われます。一音節読みで、讜はタンと読み「美しい」の意味があります。そうしますと、ボタンとは宝讜であり直訳すると、花を指すときは**「華麗な美しい（花）」**、草を指すときは**「華麗な美しい花の咲く（木）」**の意味になります。

115　ポンカン

ポンカンは、柑橘科の小喬木で、黄色い甘みのある美味しい果実がなります。現在では、その果実の蔕《へた》に近い部分が膨らんでいない普通ポンカン種と、膨らんでいるデコポン種があり、両種共に、主として、九州の鹿児島、熊本、長崎、佐賀などで栽培されています。

ポンカンの樹木は、漢語では椪柑と書き、日本には台湾を通じて輸入されたとされています。椪を分解すると並木になるのですが、先ず一つ目の問題は、並とはなにかということです。また、日本語の諸辞典をみると、漢字では椪柑の外に凸柑とも書かれていますが、二つ目の問題は、なぜ、そのように書かれるのかということです。

先ず、一音節読みで、椪柑の椪はポンと読みますので、同じ読みの捧を通じて、少し読みは違うとしてもパンと読む棒のことと見做してあるのではないかと思われます。棒は清音読みでパン、濁音読みでバンと読み「よい、良好な」の意味があります。そうしますと、椪柑とは棒柑の多少の訛り読みであり「よい柑橘」ですが、食べ物について「よい」とは美味しいということですから、表現を変えると**「美味しい柑橘」**の意味になっており、これがポンカンという名称の語源と思われます。

　椪の読みであるポンを棒の読みであるパンやバンの訛り読みと見做すのは、飛躍し過ぎと思われるかも知れません。しかしながら、漢語辞典には、例えば、砰という字は一字ではポンと読むにもかかわらず、その意味は衝突や戸締り音や重量物落下音としての「パンやバンという音のこと」と説明されています。また、砰然という二字熟語においてはパンやバンと読むとされています。このように、ポンとパンやバンとは似たような音であることから相互に融通が利くようなのです。

　次に、日本語では、なぜ、凸柑とも書かれるかということですが、そもそものポンカンはデコポンだったからではないかと推測されます。一音節読みで、膨はポンと読み「膨れている、膨らんだ」の意味です。つまり、日本語のポンカンは、膨柑の意味である「膨らんだ柑橘」、現実に即して少し意訳すると**「膨らんだところのある柑橘」**の意味であり、これもポンカンという名称のそもそもの語源と思われます。したがって、ポンカンは棒柑と膨柑の掛詞のようであり、意味上は棒膨柑になり**「とても美味しい、膨らんだところのある柑橘」**の意味になります。しかしながら、現実には普通ポンカン種とデコポン種とがあるので、デコという修飾語を付けて区別するようにされたと思われます。嵽はディエと読み「高い」、磕はコと読み形容詞では「凸出している」の意味があります。つまり、**デコ**とは嵽磕の多少の訛り読みであり直訳すると**「高く凸出している」**の意味になります。人間の額部について、接頭語のオを付けて「オデコ」などとも使われています。

　ポンカンの名称は、大言海などに記載がないところからみると、現在に近い時期につくられたようです。新村出全集（第三巻）の「南方語の渡来」欄には、「大正昭和時代に、台湾から輸入されたポンカンなどという柑橘類もある。ポンカンのカンは柑のことにちがいないが、ポンは印度の西海岸に近い都市のプーナ（poona）に由来するといふ」と書いてあり、広辞苑（第六版・新村出編）には「**ポンカン**【椪柑・凸柑】（ポンはインド西部の都市プネの別称Poonaによる）」と書いてあります。しかしながら、これは疑がわしい。なぜならば、世界地図帖（国際地学協会）には、ボンベイ（現・ムンバイ）の少し奥地にプネ（Pune）やプーナ（Poona）と呼ばれる都市はありますが、プネやプーナとポンカンのポンとでは著しく音声が異なっています。また、どこから伝聞してインドの都市が持出されているのか、その都市はポンカンの産地とも書かれていないことから、この柑橘とこの都市はいかなる関係にあるのかも分からず、極めて説得力に乏しく、ほんとうとは思われない説のように見受けられます。この学者は、他の幾多の例からみても、なにかというと、日本語を外来語由来にしたがった人のようです。

116　マキ

日本語に、マキという名称の木があります。日本書紀（七二〇）の神代上八段の素戔嗚尊《すさのをのみこと》の下りには「鬚髯《ひげ》を抜きて散つ、即、杉になる。又、胸毛を抜き散つ、是、檜になる。尻毛は、是、柀《まき》になる。眉毛は、是、櫲樟《くす》になる。すでにして、その用ゐるべきものを定む。すなはち称してのたまはく、杉および櫲樟、この両の樹は、もて浮宝（＝船）とすべし。檜はもて瑞宮（＝宮殿）の材にすべし。柀はもて顕見蒼生（＝人々）の奥津棄戸（＝棺桶）に将《も》ち臥《ふ》さむ具にすべし。（中略）。柀、此をば磨紀と云ふ」とあります。ここでは、この時代の主要な木として、スギ（杉）、ヒノキ（檜）、クスノキ（櫲樟）、マキ（柀）の四種類が挙げられて、マキは棺桶にせよと書いてあります。つまり、マキという木名は、スギ、ヒノキ、クスノキと共に、古代につくられた名称であり、これらの木はそれぞれが用途も含めて明確に区別されています。

　和泉晃一という人の書によれば、万葉集にはすべて漢字で「真木」と書かれて、十七首の歌が詠まれています。例えば、次のような歌があります。

・皇《おほきみ》は神にしませば　真木の立つ
　荒山中に海を成すかも（万葉２４１）

・真木の上に　ふり置ける雪のしくしくも
　念《おも》ほゆるかも　さ夜訪《と》へわが背（万葉１６５９）

万葉集の歌においては、別途にスギが十一首、ヒノキが八首詠まれていることから、万葉集の歌においてもこれらの木はそれぞれ明確に区別されていたことは明らかです。平安時代の和名抄に「柀、木名、柱ニ作リテ之ヲ埋メ、能ク腐ラザル者ナリ、末木」、また「杉、須木」と書いてあり、天治字鏡に「檜、比乃木」と書いてありここでもマキ、スギ、ヒノキは明確に区別されています。

昭和時代初期の大言海には「**まき**（名）真木　檜ヲ褒メテ云フ語。建築材料ノ最上ノ木、檜ノ異名」と説明してあります。しかしながら、マキとは檜の異名やスギ、ヒノキも含めた優良木を指すなどという説は、古代人の草木に対する鋭敏な観察力と字義に対する深い知識をないがしろにするものであり、明らかに後世における俗説と思われます。マキはマキなのであり、それ以外のスギやヒノキなどの木種を含むとは全然思われません。もし、大言海に限らず過去にそのような記述があるとすれば、それはかん違いしてのものといえます。本書の考えでは、万葉集に詠われた真木が、一つの木種とされずに、檜の異名や優良木の総名とされたりするのは明らかに誤りであると思っています。

さて、語源の話をしますと、真は漢語音読でチェン、日本語音読でマと読むのですが、この字にはいろいろな意味があり、漢和辞典をみて頂くとお分かりのように、「真実の、ほんとうの、純粋な、正しい」、或いは「立派である、優れている」などと共に「美しい」の意味もあります。

真木という言葉においてマと読むのは、一音節読みでマンと読む満か曼の多少の訛り読みを転用したものと思われ、これら以外に、真をマと読むべき根拠はないと思われます。満は「満ちている、まん丸い、欠けたところがない」の意味があり、敷衍して「完全である、優れている」の意味でも使われます。曼には「美しい」の意味があります。したがって、マキのマは満と曼との掛詞ではないかと思われます。そうしますと、マキは意味上は満曼木になり、**「優れた美しい木」**の意味になり、これがこの木名の語源と思われます。

真木は一字にすると槙になり、万葉集での槙と日本書紀での柀とは、同じ木なのかどうかということですが、読みが同じとされることもあって、現在では、同じ木と見做されています。この両字は、共に、現代の漢語辞典には記載がないので、漢語漢字ではなくて、古代に日本でつくられた和製漢字かも知れません。

現在、マキと呼ばれる木にはラカンマキ、コウヤマキ、イヌマキなどがあり、草木名初見リスト（磯野直秀作）によれば、ラカンマキは室町時代中期の看聞御記という本の一四二四年の条に羅漢樹《らかんじゅ》とでているのがそれとされており、コウヤマキは江戸時代初期の松平大和守日記の一六六〇年の条に、イヌマキは同時代の合類節用集の一六八〇年の条にでていることから、三者ではラカンマキが他の二者より二〇〇年以上も前にできた名称ということになります。自然状態では、丈はラカンマキとイヌマキは20m程度、コウヤマキは30m程度の大木になるとされています。ラカンマキとイヌマキは似ているところが多いことから共にマツ目マキ科マキ属の木とされ、コウヤマキはマツ目コウヤマキ科コウヤマキ属の木とされています。

問題は、日本書紀に書かれ、万葉集で詠われたマキが今のどのマキに相当するのかということですが、コウヤマキではないかとされています。なぜならば、古墳からでている木棺は、その鑑定ではコウヤマキのようだとされているからです。

ラカンマキについては、そのラカンは、漢字では「羅漢」と書き仏教僧のことと流布されていますが、これは当て字と思われます。一音節読みで、孌はランと読み「美しい」の意味、崗はカンと読み「とてもよい、素晴らしい、美しい」などの意味があります。つまり、ラカンは孌崗であり、孌崗槙は**「美しい槙」**の意味になっています。

コウヤマキについては、そのコウヤは、和歌山県の高野山地域に多く生えていたからと流布されており或いはそうかも知れませんが、一音節読みで、高はコウと読み「高い」、呉はウと読み「大きい」、雅はヤと読み「優雅な、美しい」の意味があります。コウヤマキは高呉雅槇であり**「高い大きな美しい槇」**の意味と思われます。この木は木曾五木の一とされています。

イヌマキは、大辞典や植物本によれば、「マキに劣る」の意味で付けられたと流布されていますが、これは語源をはき違えた俗説と思われます。なぜならば、自然状態でイヌマキはコウヤマキよりも丈がやや低いだけで劣ったところはなにもないうえに、かえって、昔の子供たちにとっては、食べられる甘い小さい実（花託・花床）のなる木だったのです。筆者は、子供の頃、農家の子供に頼まれて自家の木群の中にあったその木の実五、六個程度と鶏卵一個とを交換したことがあります。また、漢字の字義に必ずしも明るくない現代人ならともかく、古い時代においては「劣る」のようなことから木名が付けられたとは思えないからです。なぜならば、この木は古くからの由緒ある木の一族だからです。この木は、成長力が旺盛で、日陰、潮風、排ガスなどの悪条件にも強く、かなりの剪定にも耐えられるので、庭木ではこれが同じ木かと思えるほどにいろんな樹姿に仕立てられ得るとされています。

一音節読みで、溢はイと読み「溢れる、盛んである、旺盛である」、怒はヌと読み「勢いのある、旺盛である、力強い」などのほぼ同じような意味があります。つまり、イヌマキにおけるイヌとは「溢怒」であり「旺盛で力強い」の意味になっています。したがって、イヌマキは溢怒槇であり直訳するとイヌマキという木名の語源と思われます。**「旺盛で力強い槇」**の意味になり、これがイヌマキという木名の語源と思われます。

古来、イヌという接頭語のついた植物名がたくさん付けられていますが、イヌマキの外にも生命力が旺盛なことから「溢怒」の意味になっているものがたくさんあるように思われます。例えば、イヌツゲなどが該当するように思われます。広辞苑（第六版）にはイヌマキについて、「元来はスギをマキと言ったのに対して、この種をいやしんでの名」とありますが、このような説明はイヌを人間に劣る動物である犬と見做したことから生じたと思われる空想的な理解であり本書としては全然納得のできないものです。イヌという音声が、いかなる意味とされているかは、その植物名の命名者が、その言語についての知識に基づいていかなる意味として付けたかによるのであって、命名者でない者は正しく推定する以外にないのです。したがって、一つ覚えの如くに、これらのイヌがほんとうに「劣った」や「卑しい」だけの意味なのか、なぜ、そのような意味になるのか、各植物の特徴と名称字義の根拠も含めて、それぞれの植物名毎に再検討の余地があるように思われます。

117　マタタビ

ツバキ目マタタビ科の蔓性《つる》の落葉灌木で山地に自生しています。「猫にマタタビ」といわれ、その実などを猫が好んで食べ、その後に身体が痺れて酔ったようになることで知られています。このことは、猫に限らず猫科の動物である獅子《しし》、虎、豹についても同じことがいえます。大言海によれば、平安時代中期の康頼本草に「木天蓼、マタタビ、三四月に花開き五月に子《み》を採る、末多多比」、安土桃山時代末期頃の林逸節用集に「木天蓼、マタタビ」と書いてあります。

さて語源の話に移りますと、一音節読みで、猫はマオと読みます。啖はタンと読み「食べる」の意味であり、食欲が進みたくさん食べるという意味の健啖という言葉があります。蛋はタンと読み、動物の身体の一部または全部のことを指します。痺はビと読み「麻痺する、痺《しび》れる」の意味があります。つまり、マタタビとは、猫啖蛋痺（マオ・タン・タン・ビ）の多少の訛り読みであり、直訳すると**「猫が食べると身体が痺れる（木）」**の意味になり、これがこの木名の語源です。

大言海によれば、同じ平安時代でも、上述の康頼本草より古い本草和名に「木天蓼、和多多比」、和名抄に「木天蓼、和太太非」と書いてあります。ということは、より古くはワタタビであったということです。一音節読みで蔓の字はワンとも読むので、ワタタビとは、蔓啖蛋痺（ワン・タン・タン・ビ）であり、直訳すると**「蔓を食べると身体が痺れる（木）」**の意味だったと思われます。しかしながら、この表現では、目的語はあっても主語がないので、主語を挿入すべきとのことから、後世において蔓と猫とが差替えられて現在の名称に至ったと考えられます。

広辞苑（第六版）には、「名の由来は食べるとまた旅ができるからとする俗説もある」と書いてありますが、俗説と分かっているのであれば、大辞典にこのようなことを書くべきではありません。俗説とは、ほんとうでない、或いは、ほんとうでないらしい説のことをいうからです。

118 マツ

マツは、マツ科に分類される常緑針葉樹です。自然環境に対して強靱で、高山や風速の強い海浜でも生育することができ、高山で生育するものはハイマツといいます。比較的環境の厳しくないところに生育する種では喬木になり、アカマツ、クロマツ、エゾマツ、トドマツ、ゴヨウマツなどがあります。

マツの最大の特徴は、常緑であることもありますが、葉が針状であること、つまり、針葉が生えることで、アカマツ、クロマツでは二葉、ゴヨウマツ、ハイマツでは五葉が束になっています。種によっては三葉や四葉が束になっているものもあります。松は、一音節読みでソンと読み、訓読でマツと読みます。マツは剪定にも耐えられ、美しい姿にもできるので、庭園に植樹されることの多い樹木の一種であり、小さいものでは盆栽に使われ、能舞台の背景画、屏風絵や襖絵の題材としても重用されています。

さて、語源の話に移りますと、一音節読みで、曼はマンと読み「美しい」の意味、姿はツと読み名詞では「姿、形、姿形」の意味があります。つまり、マツとは曼姿の多少の訛り読みであり、直訳すると**「美しい姿の（木）」**の意味になり、これがこの木名の語源の一つです。

また、満はマンと読み「満ちている、いっぱいである」の意味、刺はツと読み「刺《とげ》」の意味です。つまり、マツとは、満刺の多少の訛り読みであり、直訳すると「満ちている刺の（木）」、少し表現を変えると**「刺がいっぱいの（木）」**の意味であり、これもこの木名の語源の一つです。

万葉集に、大伴家持が詠んだとされる次のような歌があり、原歌では松は「麻都」と書いてあります。

・八千種《やちぐさ》の花は移ろふ常盤《ときは》なる
麻都のさ枝をわれは結ばな（万葉４５０１）

この歌の歌意は、次のようなものと思われます。「多くの植物種の花々は美しいが直ぐに散ってしまうので、私は長続きする緑葉の付いた松の小枝を結んで長寿を願おう」。そうしますと、マツには、「長く続く、長く存する」の意味があると見做されていたと思われます。一音節読みで、曼はマンと読み、「美しい」の外に「長い」の意味、存はツンと読み「存在する、生存する」の意味があるので、曼存は直訳すると**「長く生存する（木）」**の意味になり、これもこの木名の語源の一つであり掛詞になっていると思われます。三つの掛詞をまとめると**「美しい姿の、刺がいっぱいの、長く生存する（木）」**になります。

古事記の景行天皇の条では、倭建命《やまとたけるのみこと》が次のような歌を詠んだと書かれています。この歌でも、松は麻都と書かれています。「尾張に直に向へる　尾津の崎なる一つ麻都　あせを　一つ麻都　人にありせば太刀佩《は》けましを衣著《き》せましを一つ麻都　あせを」。「あせを」というのは、「美しいなあ」という意味の囃《はや》し言葉です。

広辞苑（第六版）には、次のように書いてあります。

「**まつ【松】**（一説に、神がその木に天降ることをマツ（待つ）意とする。また一説に、葉が二股に分かれるところからマタ（股）の転とする）」。この二つの説は、広辞苑自身の説というよりも、他の学者説を引用したもののようです。

しかしながら、なぜ神が木に天降るのを待たなければならないのか、松葉が二葉のときは二股でよいかも知れませんが三葉、四葉、或いは五葉のときはどうなるのか、なぜ、マタ（股）が転じたらマツ（待つ）になるのか等々、かなり理解しにくいというか、ほんとうとも思えない俗説のように見受けられます。

トドマツは、北海道に生える高さ30ｍにも達する直立したマツ科の大木です。この名称におけるトドが、はたしてなんたるかについては必ずしも明確ではなく、一般的にはアイヌ語だと流布されていますが、そのようなことはないと思われます。一音節読みで、都はトと読み副詞で使うときは程度が著しいことを表現するときに使われ、「とても、非常に、著しく」などの意味です。斗はトウと読み「大きい」の意味ですから、トドマツとは都斗松であり**「とても大きい松」**の意味になっています。

アイヌ語研究の権威とされる金田一京助全集の「トドの考」欄には、次のような二つの記事があります。

「松前広長の松前志に、『トド。本字本名未詳、方俗の称なり。亦トドロプと云ふ。是蝦夷方の詞なるべし。木理を視れば白樅《しらもみ》といふべし。柏樹《かしわぎ》此物に近からんか』」。

「幕末の松前の博識、淡斎如水の松前方言考には、『トド、林に巨木多し。これ、栂《とが》、樅《もみ》の類なるべし、考るに、トヾも夷言なるにや。是全くはモミといふ木なるべし。松前の俗、樅の字をあやまりて椴と書く。草字のくずしにしては相似たる故に誤りしなるべし』」。

このように、松前志には、トドはトドロプともいい、木目（木理）から判断すると白樅というべき木であると書いてあります。松前方言考にもトドはモミといふ木であり、椴の崩し字は樅の崩し字と似ているので取違えているのであり、椴は樅の誤りであろうと書かれています。つまり、両書共に、トドやトドロプとは樅であるとしています。更に、トドという言葉について、松前志は俗称や「本字本名未詳」といい、松前方言考は「夷言なるにや」といって夷言（アイヌ語）らしいとしていますが、ほんとうは、松前広長も淡斎如水も、トドが夷言でないこと、および、その意味も知っていたと推測されます。なぜならば、トドという言葉は和語と思われるからであり、にもかかわらず、たぶん故意に「べし（＝べきである）・なるべし（＝と思われる）」程度の表現にしています。

江戸時代に、日本人としてアイヌ語の語彙を書き残した藻汐草（上原熊次郎著）という貴重な本があり、そこには樅か椴の崩し漢字を「ト、ロップ」と読んであります。この崩し漢字が「樅」なのか「椴」なのかについては議論があるようですが、「くずし字解読辞典」（児玉幸多編・東京堂出版）における崩し字を参考にして判断するところでは「樅」の字のように思われます。

さて、もし、トドが、和語だとすれば、一体いかなる意味なのかということになるのですが、樅、柏、栂などの大木についての記述の際に言及されていることから、おおよその推察ができます。つまり、トドマツの条で上述したように、トドとは都斗であり**「とても大きい」**の意味になっています。

トドロプについては、和語とアイヌ語とを混ぜた言葉とは思われないので、トドを和語だとするとロプもまた和語と思われるのであり、したがって、いかなる意味かということになります。一音節読みで、隆はロンと読み「高い」、阜はフと読み「大きい」の意味です。つまり、ロプとは、隆阜の多少の訛り読みであり、直訳すると「高くて大きい」、簡潔にいうと「大きい」の意味になっています。したがって、トドロプとは、同じような意味のトドとロプとを重ねた都斗隆阜であり、樹木を指すときは**「とても大きい（木）」**の意味になっており、これがトドロプという名称の語源と思われます。

上述の金田一京助全集の「トドの考」には、内地アイヌの酋長であった四郎三郎が、津軽藩士の東蝦夷巡視に随行したときに、船上から見て山上にいっぱいに生えていた樹木を指して、藩士から「なんという木か」と質問されたときに「トドロプです」と答えたとされることから、その辺りの樹木は今のトドマツなので、トドロプとはトドマツのことと解釈してあります。

四郎三郎は、たいへんに賢いアイヌであったと書かれており、和人の武士階級の通詞も務めていたので、教養ある武士間で話されていた和語を聞き知っていたかも知れないのであり、質問を受けたときには、自分の知識を試されたと思って「大木」の意味でトドロプと答えたのかも知れないのです。ということは、推測に過ぎませんが、トドやトドロプという言葉は「大きい」の意味で、津軽や松前の武士階級の間では普通に使われていた可能性があります。というのも、間宮林蔵の樺太探検のことを記した北夷分界餘話という本にも、「此島多きものは木なり。至る処叢生せざる処なし。然ども只雑木のみ多して大木・良材と称すべき者なし。只蝦夷松・トド・シュングの三種を以て良材とす」。更に他所にも「矢はトド木を以て幹を造る」と書かれているからです。

そもそも、「トドマツ」という名称は、江戸時代まではなかったもので、大正時代に新たにつくられたもののようです。江戸時代の博物誌である大和本草、和漢三才図会や本草綱目啓蒙等にもトドマツの名称はないのであり、辞書の世界において初めて現れたのは、明治時代の言海（初版発行明治二十二年）であって、そこでは**「とど（名）椴〔或ハ蝦夷語カ〕えぞまつニ同ジ」**と説明されています。この辞書では、まだ、トドは「とどまつ」ではなく「えぞまつ」とされています。その後の明治時代の幾多の辞書でも**「『とど』とは『えぞまつ』のこと」**と書かれています。なぜ、トドがエゾマツのことになるかというと、エゾマツはすべてが大木だからと思われます。

　辞書の世界において、「トドマツ」の言葉が初めて現れたのは大正時代の大日本国語辞典（初版発行大正四～八年）であり、そこでは簡潔に**「トド　とどまつ（椴松の異名）」**とだけ書かれており、その他の説明は一切ありません。しかも、樅、或いは樅松の異名ではなく、椴松《とどまつ》の異名と書かれています。椴の字は、本来の意味においては、菩提樹、つまり、ヨーロッパ語でいうところのリンデン（linden）のことなのですが、一音節読みで、椴はトゥアンと読むので、その音声から、トドに当て字すべき適当な字として採用されたものと思われます。したがって、この当て字が採用されたときから、椴は漢語と日本語では違った字義になっています。

　現在、諸辞書や植物本等では、トドマツ（椴松）とモミ（樅）とは、共にマツ科モミ属であるとされ、トドマツは北海道に、モミは本州以南に生育する樹木と説明されています。しかしながら、モミは上述した古文書でも明らかなように、江戸時代までは北海道にもたくさん生育していたのです。これは一体どういうことかというと、大正時代以降の辞書の世界においては、大日本国語辞典の説に従って、北海道に生育するモミはトドマツという名称にされたと思われます。いい方を変えると、トドマツとは北海道に生育するモミのこととされるに至ったのです。つまり、トドマツは、マツ科モミ属の樹木であり、そもそもは北海道に生育するモミのことをいうのではないかと思われます

　カラマツはマツ科カラマツ属で、北海道にも生えている木ですが、現在の北海道では野生種がなく大規模な造林種のみが生育するとされています。一音節読みで、糠はカンと読み「空になる、駄目になる」の意味があり、草木について使うときは「枯れる」の意味になります。了はラと読み、完了を表す語気助詞です。

つまり、カラマツとは、糠了松であり直訳すると「枯れる松」、言葉を補足して少し意訳すると**「葉が枯れる松」**の意味になっており、これがこの木名の語源です。なぜ、このような意味になるかというと、ご存知のように、カラマツは、その葉が常緑である普通の松とは異なり冬になると枯れて落葉するので、その名称はそのことを踏まえて付けられているのです。カラマツソウという、山地に生えるキンポウゲ科の多年草がありますが、この草名もまた、夏に美しい小さい白い集合花が咲いたあと、冬には葉も茎も枯れてしまうことから名付けられているようです。

119　マツポックリ・マツフグリ

マツ（松）という樹木そのもののことではありませんが、マツポックリとマツフグリという言葉について、誤解された語源説が広く流布されているようなので、正しいと思われる本書の語源説を紹介しておきます。

マツポックリは、漢字入りでは松ポックリと書き、松フグリともいい、誰にでも通用する言葉でいうと**「松カサ」**のことです。松ポックリと松フグリは、若い人でも、気の利いた人であれば殆んどの人が知っている言葉です。なぜならば、その語源について、あちこちの書物でああだこうだと云々されているからです。

広辞苑の編者である新村出著の「言葉の今昔」という本の語源漫談の欄では、次のように叙述されています。「雅言でいうと松カサ、俗語で言うと、関東では松ポックリであるが、関西では松フグリあるいは松のフグリと呼んでいる。関東の松ポックリは、松フグリの音韻変化に外ならぬ。フグリがポックリというように変ったらしい」。

しかしながら、どのように訛って読んでも、つまり、どのように音韻変化をしても、フグリがポックリに変わるなどとは冗談としてさえも到底考えられないことであり、音韻変化によりフグリがポックリに変わるようなことが、新村出が随所で繰返し述べている音韻変化の理法のようです。このような「なんでもあり」のようなことを、音韻変化の理法といえるのかどうかには大いに疑問があるといわざるを得ません。

更に続いて、語源漫談では次のように叙述してあります。「フグリという言葉は、和名抄の形体部においては、陰嚢、俗名布久利、とある。（中略）。原始的な言葉が文化的な言葉に伍して、露骨な意味から緩和された言葉が、おうおう認められることがある。語源上は汚いけれども、元の語源意識を失って、今では音の変化とともに汚い意味の連想を失っている場合が、相当に数多く存する。松フグリよりも、松ポックリという言い方が行われるようになるごときは、その一つである」。ここでは、松フグリのフグリとは陰嚢のこと、つまり、別称でいう睾丸や金玉《きんたま》のことと見做されているようですが、このような解釈はまったくの誤解であり、松フグリのフグリは陰嚢のことと見做すべきではないのです。

そこで、マツカサ（松毬）に関する一連の名称、つまり、カサ、ポックリ、フグリの語源の話をしますと、先ず、カサについては、一音節読みで、干はカンと読み「乾いている」、撒はサンと読み「撒き散る、散らばり落ちる」の意味です。つまり、松カサの**カサ**とは、干撒の多少の訛り読みであり、直訳すると**「乾いて、散らばり落ちる（もの）」**の意味になっています。

次に、松ポックリのポックリについては、潑はポと読み「まったく、充分に、完全に」、殂はツと読み「死ぬ」、枯はクと読み「枯れる」、零はリンと読み「落ちる」の意味があります。つまり、松ポックリの**ポックリ**とは、潑殂枯零の多少の訛り読みであり、直訳すると**「充分に、死に枯れて、落ちる（もの）」**の意味になっています。

次に、松フグリのフグリについては、脯はフと読み「乾き切る」、枯と零は上述したとおりです、つまり、松フグリの**フグリ**とは、脯枯零の多少の濁音訛り読みであり直訳すると**「乾き切って、枯れて、落ちる（もの）」**の意味になっています。以上のことから、松という木に関してのカサとポックリとフグリとは、ほぼ同じ意味のことを別表現でいったに過ぎないものです。

他方、「犬ふぐり（犬の陰嚢）」という文句で使われる陰嚢のことを指すフグリとは、いかなる意味かというと、一音節読みで、胡はフと読み「皮袋」の意味があります。股はグと読み、いわゆる「股《また》」のことです。里はリと読み「所、場所」を指し、例えば、「ここ」は這里《チョリ》、「そこ」は那里《ナリ》というので、股里は「股の所」

という意味になります。つまり、陰嚢という意味でのフグリとは、胡股里であり、直訳すると「皮袋で股の所の（もの）」、順序を変えていうと**「股の所にある皮袋」**の意味になっています。

「松フグリ」と「犬フグリ」におけるフグリは、しばしば、同音異語の典型として例示される、橋、箸、端のようなものであり、意味がまったく相違しています。語源漫談で述べられている平安時代の和名抄におけるフグリ(布久利)とは犬フグリにおけるフグリ(胡股里)の説明であって、これを松フグリにおけるフグリ（脯枯零）と混同して解釈してはなりません。外見上からも、殆んど似てはおらず、樹木の松フグリは一個であり動物の犬のフグリは二個であることからも、似ているとはいい難いからです。

結局のところ、どんなに訛っても、松フグリの音韻変化したものが松ポックリではあり得ないのであり、特に、松フグリにおけるフグリは陰嚢の意味ではないのです。したがって、マツカサのことである松ポックリや松フグリは漢字では「松陰嚢」と書くべきではなく、「松毬」と書いてマツポックリやマツフグリとも読むべきものであり、大辞典で振り撒かれている俗説は、即刻、訂正するか削除すべきものです。

120　マツリカ

モクセイ科の常緑灌木です。丈は2ｍ程度で、夏に、枝の頂上に美しいまっ白い花が咲き、強い芳香を放ちます。花びらは一〇弁程度で夕方から咲き翌日には萎みます。インド・イラン方面の原産とされ、現在では温室栽培して香料が採られています。

一音節読みで、曼はマン、姿はツ、麗はリ、姱はクワと読み、いずれも「美しい」の意味があります。つまり、マツリカは曼姿麗姱の多少の訛り読みであり、直訳では「美しい」ですが、それは花のことと思われるので、花を指すときは「美しい（花）」、木を指すときは**「美しい花の咲く（木）」**の意味になり、これがこの木名の語源と思われます。草木名初見リストによれば、室町時代後期の新撰類聚往来（一五〇〇頃）に「末利」とでているのがこの草のこととされているので、この頃に渡来したもののようです。現在では草冠の付いた茉莉と書かれます。漢語の一音節読みで茉莉はモリと読むのですが、日本語ではマリと読まれて茉莉子などと書いて女性の名前でも使われています。

121　マユミ

ニシキギ科の落葉小喬木です。雌雄異株で、丈は6m程度、初夏に、集散花序をなして緑白色の小さい四弁花が咲きます。その後、ニシキギ科に特徴の仮種皮が付き熟してくると紅色になって四裂し、そこから赤色の四個の種子が顔をだしてきます。庭木としても好まれる樹木です。万葉集には、真弓(五首)、白檀《しらまゆみ》(四首)、檀弓《まゆみ》（一首）、末由美《まゆみ》（一首）などと書かれて十一首が詠まれており、例えば、次のような歌があります。

・み薦《こも》刈る信濃の真弓わが引かば
貴人《うまひと》さびていなと言はむかも（万葉96）

・南淵の細川山に立つ檀《まゆみ》
弓束《ゆづか》纏くまで人に知らえじ（万葉1330）

平安時代の和名抄に「檀、万由三」とあります。古代においては、弓の材料としてはマユミ、アヅサ、ケヤキ（古名ツキ）、ハゼノキ、クワその他かなり多くの木種が材料になったとされています。マユミの名称については、「昔、弓をつくる材料にしたからこの名がある」との説があり、或いはそうであるかも知れません。ただ、一般的には、アヅサの木でつくったものはアヅサ弓、ケヤキ（古名はツキ）の木でつくったものはツキ弓、その他ハゼ弓、クワ弓などというので、その伝でいくと、マという木からつくらないとマユミにはならないのに、マという木は存在しないという不都合があります。

したがって、推測するところ、そもそもマユミという木がありその木からつくった弓は「マユミ弓」、或いは、「マユミの弓」というべきところですが、ユミが重複するので掛詞と見做してマユミと略称したのだと思われます。

マユミという音声語は、現在では、特に女性の名前にも多用されていることから推測して、古代においても、よい意味があったと思われます。一音節読みで、曼はマン、玉はユ、靡はミと読み、形容詞で使うときはいずれも「美しい」の意味があります。つまり、マユミとは、曼玉靡の多少の訛り読みであり直訳すると**「美しい（木）」**の意味になり、これがこの木名の語源と思われます。この木は、ニシキギ科に属しますが、ニシキという言葉自体が「美しい」の意味になっています。

122 マンサク

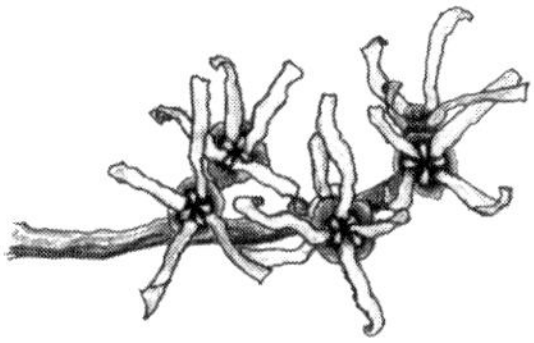

マンサク科の小喬木です。この木の丈は通常5~8m程度であり、葉は互生して倒卵形をしています。花は、幹や太枝からでた短枝の節に2個づつ付き、その各個から細長い線状の捩《よじ》れたような黄色の花びらが4個づつ、それぞれの方向に、乱雑に、つまり英語でいうところのアトランダム（at random）にでています。近頃では、変種なのか園芸種なのか分かりませんが、紅色の花びらのものも見られます。マンサクという木名は、草木名初見リスト（磯野直秀作）によれば、江戸時代前期の草花魚貝虫類写生図（常信）にでています。

さて、語源の話に移りますと、一音節読みで、漫はマン、散はサンと読み、形容詞で使うときは、共に「乱雑な」の意味、古はクと読み「奇特な、特異な」の意味があります。つまり、マンサクは、漫散古の多少の訛り読みであり、直訳すると「乱雑で奇特な」の意味ですが、それは花のことなので、花を指すときは「乱雑で奇特な（花）」、木を指すときは**「乱雑で奇特な花の咲く（木）」**の意味になり、これがこの木名の語源と思われます。

この木について、ほんとうとは思われませんが、従来の語源説を紹介しますと、「植物名の由来」（中村浩著・東書選書）には、次のように書かれています。

「日本全国の山地にふつうにはえているマンサク科のマンサクは、早春葉にさきだって開花し、その鮮黄色でねじれている長い紐《ひも》状の花弁は特異な観を呈する。マンサクの語源については『牧野新日本植物図鑑』のマンサクの項には、〃マンサクは満作の意味で、満作は豊作と同様、穀物が豊かにみのることをいい、この木が枝いっぱいに花を咲かせるので、このようにいう。またある人はマンサクを早春にまっ先に咲くの意味にとっている〃とでている。室井綽博士著『植物観察図解辞典』(六月社)のマンサクの項には、〃花は二〜三月の候に葉に先だって開花する。先ず咲くがマンサクに変ったという〃とでている。本田正次博士著『花ものがたり』には、〃山林の中や庭の中で万花にさきがけて、小さいながらも黄色い花を枝一面につけている美しい木が目につく、かくは万花にさきがけて〈先ず咲く〉というので、訛ってマンサクの名になったという。(中略)。とにかくマンサクとは早春にほほえましい話題を投げる植物である〃と記されている。これらのマンサクの語源に関する説明は、読んでいると一応なるほどと思わせるが、実地に早春枯林の中でこの花が咲いているところを眺めると、感じはだいぶ違う。まず第一にこの小さな花は、あまり花らしい印象を与えないばかりか、たいして美しくもない。ソメイヨシノなどの満開のありさまは、まさに、〃満作〃の感があるが、マンサクの花からはどうひいき目に見ても〃満作〃の感じは浮んでこない。また、〃まず咲く〃が転じてマンサクになったという説も、花が咲くという感じとぴったりしないので納得しにくい」。

確かに、そのとおりで、「満作」や「先ず咲く」の意というのは俗説と思われるのであり、そのような意味ならば、むしろ「満咲く」の意と考えた方がよいと思われます。なぜならば、マンサクの花は、この木の全体にたくさんの花が満ち溢れて咲くからです。漢語では金縷梅と書かれ縷は糸の意味ですから、「黄色の糸状花の咲く梅のような木」の意味になっています。「梅のような」というのは、花が葉に先立って咲く点がお互いに似ているからと思われます。

123 ミカン

ミカン科の常緑灌木で、初夏に五弁の白い花が咲きます。果実の大きさ、色彩、味はそれぞれに違っており、温州ミカン、ポンカン、ネーブル、ハッサク、ナツミカン、ザボンなどさまざまの種類がありますが、日本語のミカンという言葉の語源になったのは、いわゆる温州ミカンなどの甘くて美味しい種類ではないかと思われます。温州は芝那の浙江省の近くにあり、江戸時代の和漢三才図会には、漢籍の本草綱目に「橘や柑の属は、あちこちにあるが、どれも温州のものほどよくない」と書いてあることが紹介されています。漢字では蜜柑と書きますが、蜜の字における脚《あし》である「虫」とは蜜蜂のことを指します。柑の字を分解すると甘木になり、そもそもの甘は食べて「美味しい」の意味なので、柑は「美味しい実のなる木」の字義になっています。したがって、漢字言葉の蜜柑は「蜂蜜のような美味しい実のなる木」の意味になります。

ミカンの名称は、草木名初見リストによれば、室町時代中期の看聞御記という本の一四一九年の条にでています。また、大言海によれば、江戸時代の重修本草綱目啓蒙に「柑、みかん、柑ハみかん類ノ総名也、品種多シ」と書いてあります。しかしながら、厳密にいうと、一字の柑は、柑橘類の総名ではあっても二字の蜜柑《みかん》類の総名ではないと思われます。なぜならば、蜜とは蜂蜜のことだからであり、柑のすべてが蜜柑のように甘くて美味しいとは限らないからです。日本語におけるミカンとは、漢字で書いたときの蜜柑の読みそのものであり直訳すると、果実を指すときは「蜜のように美味しい（柑橘）」の意味、木を指すときは**「蜜のように美味しい柑橘のなる（木）」**の意味になっており、これがこの木名の語源です。

124　ミズキ（ミヅキ）

ミズキ目ミズキ科に属するミズキという言葉の入った木には、種ミズキの外にクマノミズキやアメリカから渡来したとされるハナミズキなどがあります。また、ミズキという言葉の入った木にはマンサク目マンサク科に属するトサミズキ、ヒュウガミズキ、キリシマミズキ、コウヤミズキその他があります。

ミズキ科の種ミズキは、丈が10m程度、葉は互生し、五月頃に、枝先に白い小花が群がり咲いた後、球形の実がなり秋に熟して黒色になります。花ミズキは落葉小喬木で、丈は5m程度、初夏に、枝先に美しい白い小花が群がって咲きます。その後にたくさんの小さい丸い実がなり、晩秋に赤く熟して美しい光景になります。マンサク科の、例えばトサミズキは、丈は3m程度、春、葉がでる前の各枝に6~7個程度の花穂が垂れて黄色い花が咲き、マンサク科のミズキを庭木にすると庭全体に趣《おもむき》がでてくるという園芸家もいます。この木は、旧仮名使いではミヅキと書きました。

以上のようなことを踏まえて、語源の話をすると、一音節読みで、靡はミ、姿はヅと読み共に「美しい」の意味があります。つまり、ミヅキとは、靡姿木であり、直訳すると「美しい木」になりますが、美しいのは花や実のことと思われるので**「美しい花の咲く木」**の意味になり、晩秋には**「美しい実のなる木」**の意味にもなり、これがこの木名の語源と思われます。まとめると、「美しい花が咲き、美しい実のなる木」になります。

草木名初見リスト（磯野直秀作）によれば、この木の名称は江戸時代初期の桜川（一六七五）という本にでているとされます。江戸時代の大和本草（一七〇九）に玉ミヅキの木名がでていますが、これといった説明はなにもありません。和漢三才図会（一七一二）には「美豆木《みづき》　正字未詳　思うに、高いもので二、三丈。葉は梅嫌木《うめもどき》の葉に似ていて微《やや》厚く、冬は凋む。花は藤の花に似ていて黄色い」と書いてあり、これは黄色い花の咲くマンサク科のミズキのことではないかと推測されます。ただ、両書共に樹液のことについては一言も触れられていません。昭和初期の大言海には、「**みづき**(名)サンシュユ科ノ落葉喬木。山野ニ多シ。(中略)。初夏ノ頃、梢上ニ傘状ヲナセル小白花ヲ開キ、後、小球果ヲ結ブ。材ハ薪炭、其他ニ供セラル。みづのき」と説明してありますが、これまた樹液についてはなにも書いてありません。つまり、大言海以前の書籍には、樹液について触れられたものは存在しないということです。牧野新日本植物図鑑（北隆館・昭和三六年初版発行）に「〔日本名〕水木は樹液が多く、春先に枝を折ると水がしたたることによる」と書かれてから、ミズキという木名の由来について、大辞典の記載は一斉に次のようになっていきます。ただ、二大植物図鑑とされる原色日本植物図鑑（保育社）では、樹液についてはなにも書いてありません。

・広辞苑（岩波書店）：「早春芽をふく時、地中から多量の水を吸い上げるので有名」。
・広辞林（三省堂）：「樹液が多く、傷をつけると多量の液が出るのでこの名がある」。
・日本国語大辞典（小学館）：「早春、樹幹に多量の水を含むところからいう」。
・大辞林（三省堂）：「春先、枝を折ると樹液がしたたるのでこの名がある」。
・大辞泉（小学館）：「根から水を吸い上げる力が強く、春には多量の水を含む」。
・新明解国語辞典（三省堂）：「春、芽をふく時、水を地中からたくさん吸い上げるので、この名がある」。
・日本語大辞典（講談社）：（樹液についてはなにも書いてない）

また、相互に関連性はあるとしても、多量の水を吸い上げることと多量の水を含むこととは内容が異なるのであり、樹液がしたたることとも異なるので、いったいどれがほんとうのミズキという木名の由来なのかという多少の疑問はあります。早春、種ミズキが多量の水を吸上げたり、その幹枝に多量の水を含んでいるといっても、また、その幹を傷つけたり、枝を折ったり切ったりしたときに樹液がしたたるといっても、他木と比較したときに、さほど顕著に違うことはないようであり、したがって、「ので有名」とか「ゆえにこの名がある」とかの説明には疑問符が付くように思われます。植木屋さんに聞いて頂くとお分かりのように、一般的に、木は春になると活動が活発になって地中から多量の水を吸上げるので、種ミズキに限らず三～五月頃にその枝を切ると樹液がしたたる木は多いのです。また、種ミズキ以外のミズキ科やマンサク科の木にミズキの名称があるのは、なぜなのかという問題もあります。なぜならば、これらのミズキからは、種ミズキのようには水はしたたらないからです。結局のところ、この木の名称は水のことから付けられたのではないらしいということです。

125 ムク

ニレ科の落葉喬木で、ムクノキ（ムクの木）ともいいます。本州中部以南の山野に自生し、丈は25ｍ程度にまで達します。春に、淡緑色の花が咲き、秋になると、直径1・5㎝程度の丸い実は黒色に熟して食べることができます。幹は堅くて建材、特に床材として良材であり、ざらざらする葉は、木製品、角《つの》製品などを磨くのに用いられることで知られています。

大言海によれば、平安時代の和名抄の果類の項には「椋子、無久」、その木類の項には「椋、牟久」、膠漆具の項には「椋葉、無久乃波」と書いてあり、同時代の栄花物語には「板敷ヲ見レバ、トクサ、むくノハナドシテ、四五十人、手ゴトニ竝《ナラ》ミ居テ、ミガキノゴフ」と書いてあります。大言海自身には「葉ハ、枯ルレドモ堅ク、角、木、等ノ器ヲ磨クニ用ヰテ、木賊《トクサ》ニ勝ル」と書いています。

漢字では、椋と書き、分解すると京木になりますが、京には形容詞で使うときは「大きい」の意味があるので、「大木」の意味になっています。また、椋は一音節読みでチンと読み、同じ読みの婧に通じていて、婧は名詞では「美女」、形容詞では「美しい」の意味があるので「美しい（木）」の意味にもなっています。つまり、椋は「大きい美しい（木）」という意味の字です。

日本語としてのムクの語源の話をしますと、一音節読みで、穆はムと読み「美しい」、穀はクと読み「よい、良好な」の意味があります。つまり、ムクとは穆穀であり直訳すると**「美しい良好な（木）」**の意味になっており、これがこの木名の語源と思われます。

また、漢語の一音節読みで無はウと読み、形容詞で「無い」の意味で使われる字で、日本語では無垢《むく》という熟語でも使われています。日本語では、すでに万葉仮名で無はムと読まれています。しかしながら、無は形容詞なので、拭き掃除などをして汚れを取除くという意味では使いにくいものになっています。漢語辞典をみると、一音節読みで、沐はムと読み、その第一義は「髪を洗う」の意味ですが、第二義で「取除く、取払う」などの意味があるとされています。垢はコウと読み「汚れ、垢《あか》」の意味です。つまり、ムクとは、沐垢の多少の訛り読みであり、直訳すると**「汚れを取除く（木）」**の意味になり、これがそもそもこの木名の語源と思われます。掛詞をまとめると「美しい良好な、汚れを取除く（木）」になります。

126 ムクゲ

アオイ科の落葉灌木で、漢字では槿と書きます。根本《ねもと》から枝別れの多い木で、庭木や生垣用の木として植樹されています。夏から秋にかけて普通には白色の花が咲きますが、淡紅色や淡紫色の花もあります。花は順番にどんどん咲き続けますが、朝開いた花は夜には萎んで枯れる一日花という特徴があるので、平安時代に、しばらくの間、アサガオと呼ばれた時期がありました。このことについては、詳しくはアサガオ欄をご参照ください。大言海によれば、平安時代中期の康頼本草に「木槿、ムクゲ」と書いてあります。

一音節読みで、暮はムと読み「夕方、夜」の意味、枯はクと読み「枯れる」、腸はゲと読み「死ぬ」の意味があります。つまり、ムクゲとは、暮枯腸であり直訳すると「夜に枯れて死ぬ（木）」になります。しかしながら、それは花のことであり、花について「死ぬ」や「枯れる」というのは「凋《しぼ》む」のことなので、花を指すときは**「夜には凋む（花）」**、木を指すときは**「夜には花が凋む（木）」**の意味になり、これがこの木名の語源です。

127 ムクロジ

ムクロジ科の落葉喬木です。夏に黄白色の小花が咲いたあと、球形の実がなり熟すると褐色になって、その皮は石鹸の代用として使われてきたとされています。その種子は黒色で円くて堅く、正月に羽子板で突く羽根の玉にも使われてきました。草木名初見リスト（磯野直秀作）によれば、平安時代の本草和名に「むくれじ（牟久礼之）」とでているのが、ムクロジのこととされています。

一音節読みで、沐はムと読み、沐浴《もくよく》という熟語で使われている字で、第一義では「髪を洗う」の意味ですが、漢語辞典をみると第二義では「取除く、取払う」の意味があります。垢はコウと読み「汚れ、あか」のことで、無垢《むく》という熟語で使われています。肉はロウと読み「泥、泥土《でいど》」の意味です。つまり、クロとは垢肉のことで「汚れや泥土」のことです、浄はジンと読み「清浄にする、清潔にする」の意味があります。したがって、ムクロジとは、沐垢肉浄の多少の訛り読みであり、直訳すると**「汚れや泥土を、取除いて、清潔にする（木）」**の意味になり、これがこの言葉の語源です。なぜこのような意味になるかというと、古来、その皮が石鹼の代用として使われてきたからです。

128　ムベ

アケビ科の常緑灌木です。果実は、縦が５㎝程度の楕円形で、古くからアケビの果実と同じように美味しく食べられてきました。ムベとアケビとの最も異なる点は、ムベの果実はアケビのそれのようには裂けて開かないことです。

大言海によれば、平安時代の本草和名に「郁核、宇倍」、和名抄に「郁子、牟閉」、字類抄に「郁子、ムヘ」と書いてあります。郁の字は、果実を指すときは、芯のない、つまり、空洞の肉質果実のことをいいますので、ムベの果実はそのようなものと見做されているということです。また、ムベ（牟閉）とウベ（宇倍）のように二通りに呼称されているということは、後述するようにムとウとは同じ意味になるからです。

一音節読みで、穆はム、嫵はウと読み、共に「美しい」の意味がありますが、美には美味の意味があることを考慮すると、ここでは「美味しいもの」、つまり、「果実」のことではないかと思われます。倍はベイと読み同じ読みの被に通じていて、被には「被われている、被覆されている」の意味があり、ここでは果実に関して「裂けて開かない」のことではないかと思われます。つまり、牟閉は穆被、宇倍は嫵被の多少の訛り読みであり、共に、直訳すると「美味しい被覆されている（果実）」の意味になりますが、被覆されているとは上述したように果実が熟してもアケビのようには「開かない」ことを指しているようです。したがって、ムベ（穆被）とウベ（橅被）は、少し表現を変えると、共に、果実を指すときは「美味しい開かない（果実）」、木を指すときは**「美味しい開かない果実のなる（木）」**の意味であり、これがこの木名の語源と思われます。このような意味になるのは、同じアケビ科のアケビの果実と比較してのことです。

129　ムラサキシキブ

この名称を聴いた瞬間は、源氏物語の著者である紫式部という女性を心象しての草名と思えそうですが、実は木名なのです。クマツヅラ科の落葉灌木とされ、丈は３ｍ程度、夏に淡い紫色の小花が群がって咲いた後に、秋に紫色の液果が群がってなり、食べることができます。花も美しいのですが、枝の葉腋《ようえき》（葉の付け根）毎に群がり付いている液果は実に美しい姿をしていいます。したがって、鑑賞用としても植樹されています。緻密で粘り強い性質の良材がとれます。漢語由来の漢字では「紫珠」と書かれるので液果に注目しての命名のようです。日本語の当て字では「紫式部」と書かれます。

江戸時代に初めてでてくる草名で、大和本草批正（小野蘭山口述・井岡冽著）には「ヤマムラサキ、京にてムラサキシキミといふ。小樹なり。救荒の女児茶是なり」と書いてあります。救荒ということは、その液果は食べられるということです。また、「京にてムラサキシキミ」とあり、この木のそもそもの名称はムラサキシキミとされています。

さて、語源の話をしますと、小花や液果が紫色であることから、この草名におけるムラサキは紫のことと推測されます。シキミについては、モクレン科のシキミ（樒）という呼称の木があるのですが、その木は全体が香りのする香木でありながらその実には毒があり、対してムラサキシキミは救荒植物でもあることから、その木（樒）の意味には全然相当しないことは確かです。一音節読みで、什はシと読み「多い、たくさん」、瑰はキと読み「美しい」の意味があります。実は「実、果実」のことですが、命の一音節読みのミンを転用して、実をミと読むことは、江戸時代には完全に定着していたと思われます。つまり、シキミは什瑰実であり直訳すると「多くの美しい実」になります。したがって、ムラサキシキミは紫什瑰実であり、実を指すときは「紫色の、多くの、美しい実」、木を指すときは**「紫色の、多くの、美しい実のなる（木）」**の意味になり、これがこの木名の語源と思われます。

シキミがシキブになったのは、紫式部という女性を通じての「美しい」の感じを強くだすため、つまり、木名に優雅な感じを与え、かつ、木名を覚え易いものにするためだったと思われます。

一音節読みで、峬はブと読み「美しい」の意味があります。つまり、ムラサキシキブは、紫什瑰峬であり直訳すると「紫色の、多くの、美しい」ですが、実を指すときは「紫色の多くの美しい（実）」、木を指すときは**「紫色の多くの美しい実のなる（木）」**の意味になり、これがムラサキシキブの語源と思われ、ムラサキシキミと同じ意味になっています。

なお、この木がクマツヅラ科の木とされることには違和感があります。なぜならば、ツヅラというのは、平安時代までにはできていた言葉であり、現在でも使われていますが、いわゆるツルの古名ですから、ツル性植物でもないムラサキシキブをクマツヅラ科の木とするのは可笑しいと思われるからです。

130 モクセイ

モクセイ科の小喬木で、丈は6m程度に達し、庭木として普通に見られるものにキンモクセイ（金木犀）とギンモクセイ（銀木犀）があります。秋になると、前者は黄色、後者は白色のたくさんの小花が咲き、独特の強い芳香を周辺に撒き散らします。したがって、ヨーロッパの有名な香水業者の間では香水原料の一つとして珍重されています。草木名初見リスト（磯野直秀作）によれば、室町時代中期の下学集《かがくしゅう》（一四四四）に、モクセイの名称がでています。

一音節読みで、猛はモンと読み、程度が著しいことを表現するときに使われ、「とても、非常に、著しく」などの意味です。酷はクと読み、漢語辞典を参照して頂くとお分かりのように、そもそもの本義は「香りが濃い」という意味の字です。つまり、モクとは猛酷であり「著しく香りが濃い」の意味になります。馦はシィエンと読み「香り」、溢はイと読み形容詞では「満ち溢れた」の意味があります。つまり、セイとは馦溢であり「香りに満ち溢れた」の意味になります。

したがって、モクセイとは、同じような意味の猛酷と馦溢を組合わせた猛酷馦溢の多少の訛り読みであり、直訳すると「著しく香りが濃い、香りに満ち溢れた（木）」ですが、簡潔にいうと**「著しく濃い香りに満ち溢れた（木）」**の意味になり、これがこの木名の語源です。

131　モクラン

漢語辞典をひもとくと、木蘭と木蓮の二種類の木について、木蘭はムランと読み「落葉喬木、別称を辛夷《シンイ》や木筆という」、木蓮はムレンと読み「落葉灌木または小喬木、別称で芙蓉や木芙蓉という」と書いてあります。大言海によれば、漢籍の石林燕語（宋の葉夢得著）に「芙蓉に二種あり。水に出るものは、これを草芙蓉という。陸に出るものは、これを木芙蓉といい、即ち木蓮なり」と書いてあります。この本に書いてある二種類の芙蓉とは、一つは草芙蓉という睡蓮のことであり、一つは木芙蓉という木蓮のことです。木蓮は、英語ではハイビスカス（Hibiscus）といいます。ただし、本欄の主題の木は木蘭であり、木蓮ではありません。日本語では、そもそもの漢字の読み方からすると、木蘭はモクラン、木蓮はモクレンと読むべきものです。

日本では、平安時代の和名抄に「木蘭、毛久良邇」、名義抄に「木蘭、モクラニ」、字類抄に「木蘭、モクラン」と書いてあります。つまり、本欄の主題の木は、漢字では木蘭と書きモクラニやモクランと読んだと書いてあります。したがって、日本語では、木蘭はモクランと読み、木蓮はモクレンと読むべきだったのです。なぜ、そうならなかったかというと、江戸時代の博物誌での記述が影響しています。和漢三才図会では、木蘭に「もくらん」と振仮名してあり、その別称として木蓮が挙げられていますが、こちらは「もくれん」と振仮名してあります。つまり、木蘭と木蓮とは漢字名と読み方は異なっても同じ木とされています、本草綱目啓蒙では、その木蓮の欄で「木芙蓉《フヤウ》、木蘭《シモクレン》ニモ木蓮ノ名アリ。コレハ花ノ形ヲ以テ名クルナリ」と訳の分からないことが書いてあります。また、木蘭の欄では木蘭をモクレンゲやシモクレンと読んであります。このような木蓮と木蘭とを同じ木とする誤りや、木蘭をモクレンと読む誤りは、現代において正さなければならなかったのですが、そのまま受入れられてしまっています。

現代になると、江戸時代の博物誌の記述を受入れて、大言海に「**もくらん**（名）木蘭〔もくらにノ音便〕もくれん（木蓮）ニ同ジ」と書いてあり、その記述を引継いだと思われる広辞苑（第六版）には「**もくれん**【木蓮・木蘭】モクレン科の落葉低木」と書いてあります。しかしながら、木蘭と木蓮とは共にシナから渡来した樹木であることを考慮に入れて忌憚《きたん》なくいえば、この両辞典の記述は共に明らかに誤りといえます。なぜならば、そもそもモクラン科モクラン属の喬木である木蘭と、アオイ科フヨウ属の灌木である木蓮とは異なる木だからです。

本欄の主題の木である木蘭は、上述した平安時代の古典にモクラニやモクランとあり、江戸時代の和漢三才図会では「もくらん」と振仮名されていることからも分かるようにモクランと読むべきものです。本草綱目啓蒙では、漢字の本来の読みからみてもそうは読めないのに、なぜ、モクレンと読んでいるのか不可解です。蘭は、そもそもは、香草の一種のことですから、木蘭は香木の一種ということになります。木蘭は、丈は4m程度、春に紫紅色の美しい六弁花が咲き、かなりの香りがあります。白花の咲くものはハクモクランと呼び、共に主として庭木や街路樹として植えられています。

さて、モクランという音声言葉の語源の話に移りますと、一音節読みで猛はモンと読み、程度が著しいことを表現するときに「とても、非常に、著しく」などの意味で使われます。酷はクと読み「香りの濃い、香りの強い」の意味があります。孌はランと読み「美しい」の意味です。つまり、モクランとは、猛酷孌の多少の訛り読みであり、直訳すると「とても香りのする美しい」ですが、美しいのは花のことと思われるので、花を指すときは「とても香りのする美しい（花）」、木を指すときは**「とても香りのする美しい花の咲く（木）」**の意味になり、これがモクランという木名の語源と思われます。

植物一日一題（牧野富太郎著）という本には、「古来、どの学者でも辛夷《シンイ》をコブシであるとして疑わず涼しい顔をしており、また従来どんな学者でも木蘭《モクラン》をモクレンで候《そうろう》としてスマシこんでいるのは笑わせる」と書いてあります。この本では、原産地のシナでは辛夷は木蘭の別称であるから、日本で辛夷をコブシに当てているのは可笑しいと書いてあるようです。また、木蘭をモクレンと読むのは可笑しいと書いてあります。なお、上述したように、辛夷は日本ではモクラン科モクラン属のコブシという木の漢字名称とされていますが、シナでは木蘭《ムラン》の別称とされています。なお、一言いうならば、そもそも木蘭と木蓮とは異なる木ですから、日本でも両者は区別すべきであり、漢字の日本語読みからすれば、木蘭はモクラン、木蓮はモクレンと読むべきであると思われます。

上述したように、平安時代の字類抄や江戸時代の和漢三才図会では木蘭はモクランと読んであります。そうすると、漢字の本来の読み方からみても、本欄の主題の木である木蘭の読み方は、モクレン科モクレン属のモクレンではなくて、モクラン科モクラン属のモクランと読むべきことになります。

132　モチノキ・ネズミモチ

現在、モチノキ科のモチノキという木があり、漢字入りでは「黐樹」と書かれ、その特徴は樹皮から「鳥《とり》黐《もち》をつくる」こととされています。また、モクセイ科のネズミモチという木があり、漢字では「鼠黐」と書かれますが、その名称に黐とあるにもかかわらず、この木からは鳥黐はできないし、ネズミを捕まえるという意味での鼠黐もできません。ということは、植物の世界のことは分かりませんが、現在では、そもそものネズミモチの木種を間違えているのではないかと疑われます。

大言海によれば、平安時代の字鏡に「毛知乃木」、少し後期の和名抄に「禰須三毛知乃木、鼠梓木ナリ」と書いてあります。ここでの「毛知」とはなんのことか分かりませんが、更に調べてみると、和名抄の飯餅類に「餅、毛知比」、および、畋猟具《てんりょうぐ》に「黐、毛知、所以《ゆえん》ハ鳥ヲ黐《ねばりとる》ナリ」と書いてあることから、「毛知」とは「黐」のことであることが分かります。畋猟は狩猟と同じ意味です。

さて、語源の話に移りますと、一音節読みで、猛はモンと読み程度が著しいことを表し「とても、非常に、著しく」などの意味があり、黐はチと読み動詞や形容詞では「ねばる、粘りつく」、名詞では「ねばるもの」の意味があります。つまり、モチとは、猛黐の多少の訛り読みであり「とても粘るもの」の意味になり、この読みを転用して餅や黐は訓読でモチと読みます。したがって、モチノキとは、猛黐乃木であり、直訳すると**「とてもねばる木」**の意味になり、これがこの木名の語源です。モチノキからはトリモチ（鳥黐）ができるので、その名称の中身としての意味は「トリモチ（鳥黐）の採れる木」になっています。

モチノキとネズミモチ（ノキ）とは、毛知（黐）と書かれている以上、共に「ねばる」木である必要があることから、平安時代には同じ木ではなかったかと推測されます。つまり、同時代のことではあり、字鏡でのモチノキに対して少し後期の和名抄ではその名称の意味を明確にするために、ネズミ（禰須三）という修飾語をつけ加えてネズミモチ（ノキ）にしたと思われます。したがって、モチノキとネズミモチ（ノキ）とは同じ木なのです。

一音節読みで、粘はネンと読み「ねばる、粘りつく」、阻はズと読み「阻止する、妨碍する」の意味ですが、そもそもは、動物の身体上の正常な動きを阻止することをいいます。縻はミと読み「拘束する、束縛する」の意味があります。つまり、この木名におけるネズミとは、粘阻縻の多少の訛り読みであり、直訳すると「粘りついて動きを阻止して束縛する」、簡潔に意訳すると「粘りついて捕縛する」の意味になります。したがって、ネズミモチとは、粘阻縻猛黐であり、直訳すると**「粘りついて捕縛する、とてもねばる（木）」**の意味になり、これがこの木名の語源だったと思われ、名称の意味がモチノキよりもはるかに明確になっています。

　しかしながら、江戸時代に至って、ネズミモチにおけるネズミの意味が理解できずに、両木は別木とされるようになっています。例えば、和漢三才図会では、樹木の一種である「女貞」をネズミモチ、イヌツバキ、ネズミノフンと三通りに読んであり、「俗に鼠乃久《く》曾《そ》という」とあって、ネズミを動物の鼠のことと解釈した記述があり、それを継承して現代の牧野新日本植物図鑑ではモチノキとネズミモチとは異なる木とされ、「ネズミモチは、果実がネズミのふんに似て、木がモチノキに類するために名付けられた」と説明してあります。しかしながら、その果実はネズミの糞に似ているとはいえそうにありません。加えて、牧野新日本植物図鑑では「モチノキに類するために名付けられた」とありますが、現在のネズミモチはモチノキ科ではなくモクセイ科に分類されていることからも簡単に分かるように、モチノキとネズミモチとはお互いに似ている点は殆んどないといっても過言ではないのです。つまり、牧野新日本植物図鑑の記述の信憑性については疑問があります。

　その名称に毛知（黐）の字が含まれているにもかかわらず、現在のネズミモチからは捕縛するという意味での鼠黐はもちろんのこと、トリモチ（鳥黐）さえも採れないのです。結局のところ、平安時代には、モチノキとネズミモチとはほぼ同じ意味で同じ木だったのを、江戸時代にネズミの字義を理解できなかったことから、別木にしてしまい、それが現在まで継承されているということではないかと思われます。そうしますと、現在、モクセイ科の常緑灌木とされるネズミモチという木はなんといえばよいかというと、その別称の一つとされる**「イヌツバキ」**を本称にすればよいのであり、ネズミモチと呼ぶべきではありません。

133　モッコク

　ツバキ科の常緑小喬木です。木は比較的小振りであり、剪定などでもその姿形が整え易いとされて庭木として好んで植えられています。夏に白色の小さな五弁花が咲き、実《み》は直径1・3㎝程度で極めて小さなリンゴのような形をしており、秋に熟すると殻が赤くなって四裂し、中にある四粒のまっ赤な種子が露出して見えるようになります。草木名初見リスト(磯野直秀作)によれば、江戸時代の草花魚貝虫類写生図（狩野常信一七一三年）にでています。

一音節読みで、猛はモンと読み「猛烈に、とても、非常に、著しく」、姿はツと読み形容詞では「美しい」の意味があります。哿はコ、穀はクと読み、共に「よい、良好な」の意味ですが敷衍して「美しい」の意味でも使われます。つまり、モッコクとは、猛姿哿穀の多少の訛り読みであり、直訳すると「とても美しい」ですが、それは花のことと思われるので、花を指すときは「とても美しい（花）」、木を指すときは**「とても美しい花の咲く（木）」**の意味になり、これがこの木名の語源と思われます。

134　モミ

マツ科モミ属の喬木で、丈は30ｍ以上にも達します。モミノキ（モミの木）ともいい、北海道以外の地域に生育するとされています。大言海によれば、平安時代の字鏡には「樅、毛牟乃木」、和名抄には「樅、毛美」と書いてあります。

一音節読みで猛はモンと読み、程度が著しことを表現するときに「とても、非常に、著しく」などの意味で使われます。靡はミと読み「美しい」の意味があります。つまり、モミとは、猛靡の多少の訛り読みであり直訳では**「とても美しい（木）」**の意味になっており、これがこの木名の語源です。美には、素晴らしいの意味も包含されますので「素晴らしい（木）」の意味と考えてよいと思います。

モム（毛牟）ともいうとされていますが、一音節読みで、牟はムと読み同じ読みの穆に通じており、穆には「美しい」の意味があるので、猛靡と猛穆とは同じ意味になることから、どちらで呼んでも構わないということです。モミやモムということからも、語源の意味が「美しい」であるらしいことが証明されていると思います。

なお、トドマツは北海道だけに生育するとされ、それ以外の地で生育するとされるモミとは、同じ木ではないかと思われます。なぜならば、いろいろ調べても両木はまったく同じようであり、寒冷地に好んで生育する針葉樹のモミが北海道に生育しないこと自体が考えにくいからです。逆に、トドマツについても同じことがいえ、なぜ、北海道だけに生育するとされるのかということです。このことについては、マツ欄のトドマツの条をご参照ください。

135 モミジ（モミヂ）

万葉集では、モミジは母美知や毛美知と書かれて、例えば、次のような歌が詠まれています。

・竹敷の母美知を見れば吾妹子が
待たむといひし時そ来にける（万葉３７０１）

・竹敷の浦廻《うらみ》の毛美知われ行きて
帰り来るまで散りこすなゆめ（万葉３７０２）

・毛美知葉の散りなむ山に宿りぬる
君を待つらむ人し悲しも（万葉３６９３）

しかしながら、どうした訳か、万葉集の草木について書かれた、どの本にもモミジという木名は含まれていません。ということは、これらの歌に詠み込まれた母美知や毛美知は、木に関する普通名詞であって、個別具体的な木名を指す言葉ではなかったと見做されているためと思われます。それは、後述する大言海の記述が影響しているかも知れません。ただ、本書では、上述の万葉歌にモミヂ（母美知・毛美知）とモミヂバ（毛美知葉）とに書き分けられていることから、古代においてもモミジは木名をも指していたのではないかと思っています。

以上のようなことを踏まえて、モミジの語源の話に移りますと、一音節読みで、猛はモンと読み程度が著しいことを表現するときに、「とても、非常に、著しく」などの意味で使われます。靡はミ、芝はヂと読み、共に「美しい」の意味があります。つまり、モミヂとは、猛靡芝の多少の訛り読みであり、直訳すると木の葉を指すときは「とても美しい（葉）」、木を指すときは**「とても美しい葉になる（木）」**の意味になり、これがこの名称の語源と思われます。現在では、黄葉や紅葉した美しいモミジを山野に鑑賞に行くことは「もみじ狩り」と称されています。

　大言海の「もみぢ」や「もみぢば」の欄には、次のように書かれています。

「**もみぢ**（名）黄葉・紅葉（色ハ揉ミテ出スモノ、又、揉ミ出ヅルモノ、サレバ、露、霜ノタメニもみいだサルルナリ」（一）モミヅルコト。草木ノ葉ノ、霜ニテ、赤ク、又ハ、黄ニナルコト。ヤマノニシキ。（二）もみぢ葉ノ略。（三）麦ノふすま。（四）襲《カサネ》ノ色目ノ名。（五）楓《カヘデ》ノ一名」。

「**もみぢば**（名）黄葉・紅葉　モミヂタル葉。草木ノ葉ノ、霜ニ偶ヒテ、赤ク、又ハ、黄ニ変ハレルモノ。つた（蔦）、ぬるで（白膠木）、に志きぎ（錦木）、はじ（黄櫨）、ははそ（柞）、どうだんつつじ（満天星）ナド、次第ニ赤シ。楓《カヘデ》、最モ後レテ最モ美シ、故ニ、遂ニ、もみぢノ名ヲ専ラニシ、遂ニ、其樹名トスルニ至ル」。

つまり、大言海では、「もみぢ」や「もみぢば」とは、そもそもは特定の木の葉ではなくて、黄葉や紅葉した木の葉一般のことであったと書いてあります。また、「もみづ」という動詞語は、木の葉が黄や紅に変色するという意味であり、黄葉や紅葉するどの木の葉にも適用できるものと解釈されているようです。

　大言海には、「色ハ揉ミテ出スモノ、又、揉ミ出ヅルモノ、サレバ、露、霜ノタメニもみいだサルルナリ」と、よく分からないことが書かれており、モミヂは「揉ミ出ヅ」からでた名称でありこれが語源ということのようです。しかしながら、揉は「手偏十柔」からできていることからも分かるように、直訳では「手で触って柔らかくする」の意味です。色は、揉みて出すものではないと思われます。

　広辞苑（第六版）には「上代にはモミチと清音」と書かれています。しかしながら、母美知や毛美知における知の現代読みから判断しての自分勝手な言説と思われるのであり、そんなことは分からないというよりも、そうではないと思われます。つまり、広辞苑の説明は誤りのようなのです。なぜならば、漢和辞典をみれば分かるように、そもそもの漢語の一音節読みにおける「知」の発音記号は「zhi」だからです。また、古今集の歌にたくさん詠み込まれたものは、すべて「もみぢ」と詠んであり、二〜三を例示すると次のような歌があります。

・天の河もみぢを橋にわたせばや
　たなばたつめの秋をしもまつ（古今１７５）

・物ごとに秋ぞ悲しき　もみぢつゝ
　うつろひゆくを限りと思へば（古今１８７）

・もみぢせぬ　ときはの山は吹く風の
　音にや秋をきゝわたるらん（古今２５１）

なお、現在の木名としてのモミヂは、万葉時代にはカエルデといい、今のカエデのこととされています。つまり、現在ではモミヂとカエデは同じ木とされています。このことについては、カエデの欄をご参照ください。

136　モモ

バラ科の落葉小喬木とされています。シナ原産とされ、漢字では桃と書き、音読ではトウ、訓読ではモモと読みます。万葉集には大伴家持の次のような有名な歌が詠まれています。

・春の苑《その》　紅《くれなゐ》にほふ桃の花
　下照る道に　出で立つ少女《をとめ》（万葉４１３９）

平安時代の和名抄には「桃子、毛毛」と書いてあることから、すでに平安時代にはモモという日本語ができており、桃の字はモモと読まれていたのです。漢語の一音節読みで、毛はマオと読みますが、茂もまたマオと読み「よい、素晴らしい、美しい」などの意味があります。つまり、モモとは**茂茂**の多少の訛り読みであり、食べ物について、よいや美しいというのは「美味しい」の意味であることを考慮すると、果実を指すときは**「美味しい（果実）」**、木を指すときは**「美味しい果実のなる（木）」**の意味になり、これがこの木名の語源です。なお、すでに、万葉仮名では毛も茂もモと読まれています。

桃は、春に、種類によって赤色、桃色や白色の美しい花が咲きます。桃の字は、女性に関係することの多い字で、桃花とは美しい女性の形容とされています。漢語では、桃花運とは男性が美しい女性の愛を獲得できたことをいい、桃花薄命とは日本語での美人薄命と同義とされています。この木の果実に関連して、日本に「桃太郎」という御伽噺《おとぎばなし》があることはご承知のとおりです。お爺さんと二人暮らしのお婆さんが、川に洗濯に行ったときに、上流から流れてきた桃の実を拾って家に持ち帰って割ると、桃の中から可愛い男の子が生れたという童話です。したがって、この子は「桃から生れた桃太郎」と呼ばれます。しかしながら、実際問題として、桃の実から人間の子が生れる筈はないのであって、この噺における桃は当て字なのです。嬷という字があり、一音節読みでモと読み「母」の意味です。つまり、モモとは**「嬷嬷」**のことで**「母」**の意味であり、これがこの噺におけるモモの語源です。万葉仮名では母の字は嬷の読みを転用してモと読まれているので、この噺でのモモは母母と見做してよいとも思われます。

桃の果実は、白くて柔らかくてほんのりと薄い紅色がさしており、一筋の浅い割れ目が入っているなどの特徴から、女性が心象され、更には母が心象されて、同じ読みの嬷嬷に結びついたのではないかと推測されます。股や腿の字をモモと読むのも、なんらかの心象が影響しているのかも知れません。そして、モモは嬷に通じ得るとの知識の下地があって、桃から生れた桃太郎、実際は、嬷嬷から生れた桃太郎のような御伽噺が生れたのではないでしょうか。

ご承知のように、漢語では、声調を考慮しないでいうと、父親はパパ（爸爸）、母親はママ（媽媽）、兄はココ（哥哥）、姉はティエティエ（姐姐）、弟はティテイ（弟弟）、妹はメイメイ（妹妹）のように重ね式表現にして呼びます。現在の日本では「おとうさん」や「おかあさん」というよりも、「パパ」や「ママ」という人が多くなっていますが、驚いたことに、英語だと思って使っている人がかなりいるようです。「パパ」や「ママ」は、そもそもは漢語です。

古事記において、イザナギ命がイザナミ命のいる黄泉《よみ》の国から逃げ帰るときに、その国の醜女《しこめ》や雷神や軍隊に追撃された際に、いわゆる黄泉の平坂で桃の実三個を投げつけたところ、追手たちはみんな逃げ返ってしまったと記述されていることはご存知のことと思います。このような話が書かれているのは、桃には不思議な威力があるという信仰がシナから伝来していたからであり、このことについて「植物の名前の話」（前川文夫著・八坂書房）の30頁には「けっきょくこうした信仰の発祥は今となってはもはやわからないし、またたとえ近代でも容易に突き止めえないであろう」と書いてあります。しかしながら、シナは文字の国であることを考慮すれば、そんなに難しく考えることでもないのです。一音節読みで、桃はトウと読み、同じ読みの討に通じていて「討伐する、誅殺する」の意味があるからと思われます。また、日本語のモモについては、魔はモと読み「魔神、悪魔、妖怪」などの意味があるので、モモは魔魔であり魔神のことになり、黄泉の国の追手たちよりはるかに強くて恐ろしいことからさすがの追手たちも逃げ帰ってしまったという筋書きになっているのです。シナで桃には不思議な威力があるとされたのも日本でその話が素直に信じられたのも、モモという音声から直ちに魔魔を連想できたからと思われます。

137 ヤシ

ヤシ科の常緑喬木です。漢字では椰子と書きます。アジアの南国に生育する直立した常緑喬木であり、堅い皮に覆われた楕円形の果実がなり、中には甘くて美味しい果汁がたっぷりは入っています。「椰子の実」（島崎藤村作詞）という題名の次のような有名な歌があります。

名も知らぬ遠き島より
流れ寄る　椰子の実一つ
故郷《ふるさと》の岸を離れて
汝《なれ》はそも　波に幾月

ヤシの名称は、草木名初見リストによれば、平安時代の本草和名にでています。一音節読みで雅はヤと読み「優雅である、美しい」の意味です。食はシと読み「食べる」の意味です。つまり、ヤシとは雅食であり、美には美味の意味があることを考慮して直訳すると「美味しく食べる」ですが、表現を逆にしていうと「食べて美味しい」になります。更に簡潔にいうと、果実を指すときは「美味しい（果実）」、樹木を指すときは**「美味しい果実のなる（木）」**の意味になり、これがこの木名の語源です。

138　ヤシャブシ

カバノキ科の小喬木で山地に自生しています。漢字で夜叉五倍子《やしゃぶし》と書かれますが、これは当て字です。なぜならば、この木と夜叉とはなんの関係もなさそうだからであり、五倍子は虫が寄生することにより木葉にできる虫癭《ちゅうえい》と呼ばれる瘤ですが、この木の葉には虫が寄生することはないので、そのような瘤はまったくできないからです。この木の際立った特徴は、小枝の先から垂れ下がった雄花が長い尾状であり、その雄しべから雌しべに向かって。盛んに花粉を蒔《ま》き散らすことにあります。

大言海によれば、江戸時代（文政）の八笑人という本に「菊石屋ノや志ゃぶ志、云々、アノ面《ツラ》ヲ見ネエ、紺屋デ遣《ツカ》フ、や志ゃぶ志ノヤウダゼ」と書いてあるので、この頃につくられた木名と思われます。この木の実にはタンニンが含まれているので布染色の際の媒染剤としても使われていたのです。

一音節読みで、洋はヤンと読み「広い、広く」、降はシァンと読み「降る、降らせる」、逋はブと読み「散らす、散乱する」、蒔はシと読み「蒔く」の意味があります。つまり、ヤシャブシとは、洋降逋蒔の多少の訛り読みであり、直訳すると「広く、降り散らして、蒔く（木）」になりますが、それは花粉であることから、目的語を入れて少し意訳して簡潔に表現すると**「花粉を広く蒔き散らす（木）」**になり、これがこの木名の語源と思われます。牧野新日本植物図鑑（北隆館）には、この木について「尾状花穂《かすい》は小枝の項《うなじ》から垂れ下がり・・・黄色の花粉を多く出す」と書いてあります。

139　ヤドリギ・ホヨ

ヤドリギ科の常緑灌木で、他の樹木に寄生します。大言海には「松、柳、梅、桜、桃、梨、桑、楡《にれ》、欅《けやき》、等ノ枝節ノ間ニ寄生スル特殊ノ常緑灌木。枝葉ヲ生ジテ、他木ノ枝ヲ挿《さ》シタルガ如シ、花ヲ開キ、実ヲモ結ブ。形状、樹ニ因リテ異ナリ」と説明してあります。

平安時代の和名抄に「寄生、夜止里木、一云、保夜」と書いてあり、枕草子四〇段の「花の木ならぬは」には「そのものとなけれど、やどり木といふ名、いとあはれなり」とあります。日本古典文学大系「萬葉集一」（岩波書店）の音韻欄において、夜の字は、万葉集と古事記ではヤとヨとの双方で読まれ、日本書紀ではヤと読まれたと書いてあるので、保夜はホヤやホヨと読まれたと思われます。

さて、語源の話に移りますと、一音節読みで、快はヤンと読み「強要する、無理矢理にする」、屯はトンと読み「駐屯する、留まる」、里はリと読み動詞では「住む、居住する」の意味があります。つまり、ヤドリギとは、快屯里木の多少の濁音訛り読みであり、直訳すると**「無理矢理に、留まり、居住する木」**の意味になり、これがこの草名の語源です。つまり、植物界における押しかけ女房といったところです。

また、一音節読みで、合はホと読み、「結合する、和合する、付合する」など、養はヤンやヨウと読み「保養する、養生する、生育する」などの意味があります。つまり、ホヨやホヤは共に**合養**の多少の訛り読みであり**「結合して生育する（木）」**の意味になり、これがホヤやホヨの語源と思われます。なにと結合するかというと、寄生すべき他木と結合するということです。

140 ヤナギ

ヤナギ科の落葉喬木で、多くは水辺に生育します。枝葉が垂れるという特徴があり、池端や川辺などで枝と葉が風にそよいでいる様は、古来、とても風情があるとして愛《め》でられてきました。日本では数十種あるようですが、よく知られた種にシダレヤナギとカワヤナギとがあります。カワヤナギはネコヤナギともいいます。「萬葉の花」（松田修著・芸艸堂）によれば、ヤナギは、万葉集には柳、楊、也奈宜、楊奈疑などと書かれて三九首が詠まれており、例えば次のような歌があります。

・春の日に　張《は》れる柳を取り持ちて
　見れば都の大路《おほち》思ほゆ（万葉４１４９）

大言海によれば、平安時代の本草和名と和名抄に、共に「柳華、之多利也奈岐」と書いてあります。ヤナギは、漢字では普通には柳と書くのですが、この字には一字だけで「美女」の意味があり、他にも柳眉（＝美しい眉）、柳腰（＝細くて美しい腰）などの熟語としても使われています。ということは、柳の字には「美しい」の意味が心象されているということです。柳を分解すると卯木になります。本来、卯はマオと読むのですがウとも読むとされ、ご承知のように万葉仮名ではウと読まれています。一音節読みで、杋はウと読み

「揺れる、揺れ動く」、嫵もウと読み「美しい」の意味です。つまり、卯の読みであるウは、杋と嫵とに通じていることから掛詞になっているようです。したがって、漢字の柳は意味上は杋嫵木になり「揺れる美しい木」の字義になっています。

さて、日本語のヤナギの語源に移りますと、一音節読みで、漾はヤンと読み「揺れる、揺れ動く」の意味、娜はナ、瑰はギと読み、共に「美しい」の意味があります。つまり、ヤナギとは、漾娜瑰の多少の訛り読みであり、直訳すると「揺れる美しい（木）」の意味ですが、主語を入れて少し意訳すると**「枝葉が揺れる美しい（木）」**の意味になり、これがこの木名の語源です。

なお、日本でヤナギと読む字には楊もあります。支那では、一般大衆はともかく、そもそもの字義に詳し

い知識人の間では、厳密には、楊は西洋ヤナギ、つまり、ポプラ（popular）のことと認識されています。

141　ヤマブキ

バラ科の落葉灌木で、山野に自生し、丈は2m程度です。春に、美しい黄色い花がいっぱい咲くので庭木としても愛でられています。「萬葉の花」（松田修著・芸艸堂）によれば、万葉集には、山吹、山振、夜麻夫伎（夜麻夫枳）などと書かれて十七首が詠まれており、例えば、次のような歌があります。

・山吹の花取り持ちてつれもなく
　離《か》れにし妹を偲《しの》ひつるかも（万葉4184）

人口に膾炙したことなので、いわずもがなのことですが、一応、ヤマブキと太田道灌とのことに簡単に触れておきます。狩の道中に俄雨に襲われた道灌が、蓑を借りようと思って民家に立寄ったところ、そこの娘が一輪の山吹の花を差しだしたので、道灌は憤慨したようなのですが、後でその訳を知って、大いに恥入って歌道にも精をだしたという話です。というのも、勅撰集の後拾遺和歌集（一〇八六年撰）で、「七重八重花は咲けども山吹の実の一つだに無きぞ悲しき」という歌があったのです。つまり、この娘は「わが家は貧しくて蓑一つでさえもありません」ということを歌に託していったのです。

さて、語源の話に移りますと、一音節読みで、雅はヤ、曼はマン、峬はブと読み、いずれも「美しい」の意味があります。葵はキと読み、ヒマワリのことですが、日本語では黄色の意味でも使われます。黄の字は、そもそもの一音節読みではホアンと読むのに、日本語でキと読むのは、葵の読みを転用したものです。つまり、ヤマブキとは、雅曼峬葵の多少の訛り読みであり直訳すると「美しい黄色い」ですが、それは花のことと思われるので、花を指すときは「美しい黄色い（花）」、木を指すときは**「美しい黄色い花の咲く（木）」**の意味になり、これがこの木名の語源です。

142 ヤマボウシ

　ミズキ科の落葉喬木で山野に自生しています。夏に、淡黄色の小花が集まって咲き、その外側に花びら状の4枚の白い苞《ほう》がつきます。苞とは、花や芽の付け根の所に生じて、蕾《つぼみ》や芽を覆って保護する葉のことです。この木では、白い花びらにみえても、それは苞であって、花びらではないのが特徴です。白い花びら状の苞は美しいので、庭木としても植えられます。果実は、小花の咲いた後に実る集合果で秋に赤く熟して食べられます。

　漢字で山法師や山帽子と書かれますが、これらの漢字は単にその音読を利用するためだけの当て字です。この木の語源は簡単です。一音節読みで、雅はヤ、曼はマンと読み、共に「美しい」の意味があります。苞はパオと読み、二字語にして使うときは苞子と書きパオツと読みますが、日本語読みではボウシと読みます。つまり、ヤマボウシとは、雅曼苞子の多少の訛り読みであり、直訳すると「美しい苞」の意味ですが、実態に即して少し意訳すると**「美しい花びら状の苞のある（木）」**の意味になり、これがこの木名の語源です。草木名初見リスト（磯野直秀作）によれば、この木名は江戸時代初期の草花魚貝虫類写生図（常信）にでています。

143 ユズ

　ミカン科の常緑灌木で、枝には刺があり、直径5～7cm程度の淡黄色の丸い果実がなります。果皮には芳香があり、果肉には強い酸味があって、カボスやスダチと同じような用途で酸味調味料として使われます。漢字では柚子と書きますが、この熟語は漢語から導入したもので、現在では、芝那の柚子と日本の柚子とは相異しています。芝那の柚子はいわゆる文旦といわれるもので、日本でのザボンに相当します。柚子は、漢語では「ヨウツ」と読みますが、日本語では「ユズ」

と読みます。

一音節読みで、郁はユと読み、形容詞では「芳香のある、香りのある」の意味があります。酢はツと読み形容詞では「酢っぱい」の意味です。つまり、ユヅ（ユズ）とは、郁酢の濁音読みであり、直訳すると、果実を指すときは「香りのある酢っぱい（果実）」、木を指すときは**「香りのある酢っぱい果実のなる（木）」**の意味になり、これがこの木名の語源です。

平安時代の和名抄に「柚」とあるのと、枕草子八七段に「柚《ゆ》の葉のごとくなる宿直布《とのゐぎぬ》の袖の上に、・・・」とでている柚は、ユズのこととされていますが、「ゆ」の読みだけでは判別しにくいので、後世の江戸時代頃までに、漢語と同じように柚に子を加えて柚子の二字熟語にして「ゆず」と読み、聞いても分かる言葉にしたものです。大言海によれば、江戸時代の俚言集覧という本に「**いず** 江戸、及、出雲ニテゆずヲ云フ」と書いてあります。一音節読みで食はイとも読むので、「いず」は食酢であり、直訳では「食べて酢っぱい（果実）」の意味と思われます。

144 ユスラ

バラ科の落葉灌木とされています。草木名初見リストによれば、江戸時代が始まらんとする時期の日葡辞書（一六〇三）に「ゆすら」とでています。江戸時代の和漢三才図会には「**桜桃**《ゆすらうめ》 本草綱目に次のようにいう。桜桃《おうとう》は桃類ではないが、形が桃に似ているのでこういう名がついている」と書いてあります。現代の外来語（楳垣実著・講談社文庫）という本には、次のように書いてあります。「ユスランメという桜らんぼに似た実のなる木がある。最後のンメは『梅』だと見当がつくが、ユスラは何か分からない。ところが朝鮮ではあれをイスラットと呼ぶそうだ。そうすると、それが伝わってユスラとなり、さらにユスラ梅となったのかもしれない」。

この木とその実は、日本語では、普通には、ユスラやユスリというのですが、著者の故郷の九州の熊本地方では主にユスラといいます。一音節読みで、玉はユ、淑はス、孌はランと読み、いずれも「美しい」の意味があります。したがって、ユスラとは、玉淑孌の多少の訛り読みであり、直訳すると「美しい」の意味ですが、美には美味の意味があることはご承知のとおりなので、果実を指すときは「美味しい（果実）」、木を指すときは**「美味しい果実のなる（木）」**の意味になり、これがこの木名の語源です。一音節読みで麗はリと読み「美しい」の意味ですから、ユスリはユスラの變を、同じ意味の麗に置き換えた玉淑麗になっているだけであり同じ意味になることから、どちらで呼んでも構わないということです。

なお、ユスランメというときのメは、一音節読みでメイと読む「美」のことであり、ユスランメとは優淑變美のことなので、三音節語から四音節語の名称になっただけで、これら三者（ユスラ・ユスリ・ユスランメ）の名称の意味はまったく同じものになっています。なお、ユスラウメでのウメとは嫵美《ウメイ》のことであり、嫵と美は共に「美しい」の意味です。つまり、ユスラ、ユスリ、ユスランメ、ユスラウメなどはすべて、漢籍の本草綱目などにより伝来した「桜桃」に対して、日本語として付けられた複数の訓読名称だということです。

上述の外来語という本では、ンメが梅のことになっていますが、この木は梅の木ではないので、この説明はまったくの誤解といえます。また、朝鮮語のイスラットの読みがユスラの読みにまで変化するとは極めて考えにくいことなので、ユスラやユスリが朝鮮語からきたものでないことは確実と思われます。そもそも、日本語は、漢字を通じての関係を除けば、朝鮮語とは関係ないのであり、**「日本語は、或いは、日本語の多くは朝鮮語に由来するかのような学説は根本的に誤っている」**といえます。朝鮮は漢字文化圏なので、漢字を通じてある程度は似たところがあるというだけのことであり、古来、日本語は日本人自身がつくるとするのが日本国の基本原則だったと思われます。

145　ユヅリハ

トウダイグサ科の常緑喬木で、丈は６ｍ程度になります。８〜10枚程度のやや厚目の葉が平たく円形状をなして枝先に付いています。春になると若葉が旧葉の上方に８〜10枚程度でてきて、しばらく若葉と旧葉とが二層をなしていますが、若葉が成長するにつれて旧葉は下垂れするようになり、その内に落葉して世代交代が行われます。人間はこのような現象を見て、旧葉がその地位を新葉に譲っているように感じたのです。漢語では、交譲木と書かれます。万葉集に次のような二首が詠まれています。

・古《いにしへ》に恋ふる鳥かも弓弦葉《ゆづるは》の
　御井《みゐ》の上より鳴き渡り行く（万葉111）

・何《あ》ど思《も》へか阿自久麻山《あじくまやま》の由豆流葉《ゆづるは》の
　含《ふふ》まる時に風吹かずとも（万葉3572）

　清少納言の枕草子の四〇段に「ゆづり葉の、いみじうふさやかにつやめき、茎はいとあかくきらきらしく見えたるこそ、あやしけれどをかし」と書かれています。大言海によれば、平安時代末の字類抄に「樹、ユツリハ」、室町時代末の林逸節用集に「榕葉、ユヅリハ」、易林節用集に「弓弦葉、ユヅリハ」とあります。

　一音節読みで、与はユと読み「与える、授与する」、資はヅと読み「提供する、供給する」の意味があります。児はル、哩はリと読み、共に特には意味のない活用語尾とも見做せるものです。つまり、ユヅルハは与資児葉、ユヅリハは与資哩葉であり、直訳すると共に「葉を与える、葉を提供する」ですが、表現を変えると**「葉を譲る（木）」**の意味になり、これがこの木名の語源です。また、玉はユ、姿はヅと読み、形容詞では共に「美しい」の意味があります。つまり、ユヅルハは玉姿児葉、ユヅリハは玉姿哩葉でもあり直訳では**「美しい葉の（木）」**の意味になっており、これもこの木名の語源で掛詞になっています。このような意味にもなることは、枕草子に「つやめき」や「きらきらしく」と記述されていることから察することができます。まとめると**「葉を譲る、美しい葉の（木）」**になります。

　これまでに、枕草子の解説書では明確には指摘されたことはありませんが、清少納言は漢字についての造詣が極めて深く、言葉の字義を踏まえて、つまり、諸事に関する言葉についてその語源を踏まえて記述している場合が非常に多いのであり、ユヅリハもその一例であるということです。

146 ヨグソミネバリ

日本の山地に、カバノキ科（樺木科）の**ミネバリ**という木があります。長い年月を要して成長するため、幹は緻密で斧が折れてしまうほどに堅いということから、オノオレカンバ（斧折樺）と俗称するとされています。加えて、粘りもあることから建材の外に特には細工物の材料に適しているので、櫛材としても使われて商品名が「お六櫛」という有名なものがあります。その仲間に、枝を折ったり皮を剥いだりすると、かなり強い臭いがするので**ヨグソミネバリ**という名称を付けられた木があります。

ミネバリは、漢字で峰榛と書かれますがこれは当て字です。一音節読みで、密はミと読み「緻密な」、粘はネンと読み「粘る、粘りのある、弾力性のある」、榛はバンと読み形容詞では「堅い、硬い」、令はリンと読み「よい、良好な、美しい」などの意味がありま す。つまり、ミネバリとは、密粘棒令の多少の訛り読みであり直訳すると**「緻密な、粘りのある、堅い、良好な（木）」**の意味になっています。

ヨグソミネバリは、夜糞峰榛と書かれますが、ここでの夜は当て字です。糞もまた当て字であって、直接には排泄物としての糞ではありません。一音節読みで、尤はヨウと読み「特に、とても、はなはだ」などの意味があります。また、酷はクと読み「とても、非常に、著しく」など、臊はサァオと読み「臭《にお》う、臭《くさ》い」などの意味があるので、クソとは、酷臊の多少の訛り読みであり直訳では「とても臭い」の意味になっています。したがって、ヨグソミネバリは、尤酷臊ミネバリであり**「とても臭いミネバリ」**の意味になりこれがこの名称の語源です。この木の樹皮にはかなりの臭いがあるのです。古くから、ヘクソカヅラという植物がありますが、ここでのクソもまったく同じ意味です。このことについては、カヅラ欄をご参照ください。

ミネバリと**ヨグソミネバリ**の共通の特徴は「雄性の短く垂れた花穂」がなることであり、異なる特徴は、前者には「樹皮に臭いがなく」、後者には「樹皮に臭いがある」ということです。

他方、同じカバノキ科に、丈は20ｍ程度、幹径は60㎝程度にまで達する**ミヅメ**という木があります。この木も、幹は緻密で粘りがあって堅いので、建材の外にいろいろな細工物の材料とされています。この木の特徴は、ヨグソミネバリと殆んど同じものになっています。したがって、現在では、「大木であること」、「雄性の短く垂れた花穂がなること」、「樹皮に臭いがあること」などの共通する特徴から、ヨグソミネバリとミヅメとは同じ木と見做されています。一音節読みで、密はミと読むこととその意味については上述しました。粗はツと読み「太い」の意味で「細い」の反対語であり、主として幹のように長くて直径の大きいことを指すときに使われます。美はメイと読み「美しい」の意味です。つまり、ミヅメとは密粗美の多少の濁音訛り読みであり直訳すると**「緻密で太い美しい（木）」**になり、これがこの木名の語源と思われます。ミネバリとミヅメという名称は、ほぼ同種の木について少し視点を変えて命名されているようです。ミネバリ、オノオレカンバ、ヨグソミネバリ、ミヅメなどの木名は、近代になってから付けられたと思われますが、いつから存在するのかは分かりません。

なお、牧野新日本植物図鑑などでは、アヅサはカバノキ属の木とされ同じ属のヨグソミネバリと同じ木とされていますが、正しくはアヅサはキササゲ属の木でありヨグソミネバリと同じ木ではありません。カバノキ属の木には、キササゲはないので、カバノキ属の木であるヨグソミネバリは、キササゲ属の木であるアヅサではあり得ないのです。

147 リンゴ

バラ科の落葉喬木とされています。日本のリンゴは、日本語では林檎と書きますが、漢語では苹果《ピンクオ》と書きます。実《じつ》のところ、芝那には、林檎と苹果との二種類があるのです。芝那の林檎は、紅色の花が咲き、その果実は球形で苹果に似ているが苹果ではなく、苹果より小形で黄緑色であり、同じように美味しく食べることができるとされています。

漢語の一音節読みで、林檎はリンチンと読みます。令はリンと読み「良い、良好な、美しい」などの意味、靚はチンと読み「美しい」の意味があるので、林檎はほぼ同じ読みの令靚であり「美しい」の意味になります。美には美味の意味があることから、林檎、つまり、令靚は果実を指すときは**「美味しい（果実）」**、木を指すときは**「美味しい果実のなる（木）」**の意味になっています。

他方、苹果はピンクオと読みます。苹はピンと読み、同じ読みの娉に通じていて、娉は「美しい」という意味の字です。美人のことをベッピンというときのピンとは娉のことです。つまり、苹果の意味は娉果であり、上述したように、美には美味の意味があるので、果実を指すときは**「美味しい果実」**木名を指すときは**「美味しい果実のなる（木）」**の意味になっています。このように、林檎と苹果とは漢語式の当て字であり、両者の字義は同じものになっています。

さて、日本のリンゴは、実際は漢語の苹果であるにもかかわらず、林檎の方を使いリンゴと呼んでいます。一音節読みで、上述したように令はリンと読み「よい、良好な、美しい」などの意味、咢はゴと読み「よい、良好な」の意味ですが敷衍して「美しい」の意味もあります。つまり、リンゴは令咢であり、直訳すると「美しい」ですが、美には美味の意味があることは、繰返し述べてきたとおりです。したがって、果実を指すときは**「美味しい（果実）」**、木を指すときは**「美味しい果実のなる（木）」**の意味になり、これがこの木名の語源です。このように、漢語の苹果や林檎の意味と日本語のリンゴの意味とは、まったく同じものになっています。平安時代の和名抄には「林檎、利牟古牟」とでていますが、実際には利牟古牟はリンゴンと読まれたのではないかと推測されます。大言海によれば、安土桃山時代末から江戸時代初期にかけての林逸節用集に「林檎、リンゴ」と書いてあるので、この頃から現在のように明確にリンゴと呼ばれるようになったようです。

148　ロウバイ

ロウバイ科の落葉灌木です。葉は卵形で対生します。新春になると、葉に先だち枝の節に香りのある美しい花が咲きます。外側の大きい花びらは黄色で、内側の小さい花びらは紫褐色をしています。草木名初見リスト（磯野直秀作）によれば、ロウバイの名称は、室町時代の温故知新書（一四八四）にでています。

　鑑賞用の木とされ、漢字では蠟梅と書かれますが、この木は梅ではないことから、いわゆる当て字となっています。一音節読みで、柔はロウ、嫵はウと読み、共に「美しい」の意味があります。また、棒はバンと読み「よい、良好な」の意味ですが敷衍して「美しい」の意味でも使われます。眏はイと読み「美しい」の意味があります。つまり、ロウバイは、美しいという意味の字を四つ重ねた柔嫵棒眏の多少の訛り読みであり、直訳では「美しい」ですが、美しいのは花のことと思われるので、花を指すときは「美しい（花）」、木を指すときは**「美しい花の咲く（木）」**の意味になり、これがこの木名の語源です。

149　ワタ

　大言海の綿の項には、「**わた**（緜絮）古へ、綿ハ、スベテ絹綿ナリ、もめんわたハ遥ノ後ニ渡リ来《キタ》レルナリ」と書いてあります。万葉集には、綿という字の入った次のような歌が詠まれています。

・白縫《しらぬひ》　筑紫の綿《わた》は身につけて
　いまだは着ねど暖かに見ゆ（万葉336）
・富人《とみひと》の家の子どもの着る身無《みな》み
　腐《くた》し棄つらむ絁綿《きぬわた》らはも（万葉900）

　これらの歌での綿はワタと読んであり、真綿のことを指すとされていします。真綿とは、繭糸のとれない「屑繭《くずまゆ》」や「繭糸屑《まゆいとくず》」をほぐして集めたものであり、とても肌触りもよく柔らかく保温性に富んでいます。つまり、万葉時代においては、綿の字は使われいても真綿、つまり、動物性の屑繭や繭糸屑のことであって、綿花からとれる植物性の綿とはまったく異なるものだったのです。そこで、万葉歌における綿は真綿のことであるとして、なぜ綿の字をワタと読んだのか、そう読める証拠はあるのかという疑問がでてきますが、大言海によれば、平安時代の和名抄に「緜絮、和太」と書いてあります。綿と緜とは、その偏と旁《つくり》である糸と帛とが左右入れ替わっただけで同じ意味の字であり、絮は真綿という意味の字です。したがって、緜絮とは「真綿」、つまり、当時の「綿」のことなので、万葉歌での綿はワタ(和太)と読めることになるのです。

さて、日本語としてのワタという音声言葉の意味とその語源の話をしますと、一音節読みで、宛はワンと読み「温柔な、優しくて柔らかな」、英語でいうところの gentle and soft の意味があります。湲はタンと読み「熱い、暖かい、温かい」、英語でいうところの hot の意味です。つまり、ワタとは宛湲の多少の訛り読みであり、直訳すると**「優しくて柔らかで暖かい（物）」**の意味になり、これがワタの語源です。

上述の大言海での**「わた」**の項の続きとして「木綿ハ、(日本）後紀、八、延暦十八年七月、参河《ミカワ》ニ漂着セシ昆崙人《コンロンジン》ノ綿種ヲ伝へ、類聚国史ニ、延暦十九年四月ニ、昆崙人ノ齎ス所ノ綿種ヲ、紀伊、淡路、阿波、讃岐、伊予、土佐、及、太宰府、ナド、諸国ニ賜ヒテ殖ウトアレド中絶シタリ。後ニ秀吉、征韓ノ時、持帰リシナリ」と書いてあります。つまり、日本には、綿花は平安時代初期に一度は渡来しているのですが定着しなかったことから、永い間、綿花から採れる植物性の綿は収穫されていなかったのです。延暦十八年は西暦七九九年に相当します。

新村出全集(第三巻)の「日本語と印度語」の欄には、次のように書いてあります。「ワタ（綿）は幾多の学者を興味づけてゐる問題であるが、その源泉は今尚明瞭でない。(中略)。綿といふ語は、印度語の badara 或は vadara の略音であると見做されている。(中略)。この印度語源説は賛同者もあちこちに見受けられ、人をして首肯せしめるに足る説であろう」。しかしながら、badara や vadara はバラダやヴァダラとしか読めないのであり、ワタの読みとは程遠いもので、なんという意味かも書かれていません。また、万葉時代の当時、インドの諸文化が日本に導入されたとしても、芝那を経由して導入されたのであって、インドからの直接の諸文化の輸入などあり得なかったことは歴史を少しでも学んだ人には常識ともいえるものです。したがって、新村出全集におけるような説が「人をして首肯せしめるに足る説である」とは到底思われません。

なお、植物のワタは、動物の身体の「腹わた」におけるワタとは異なります。一音節読みで、枉はワンと読み、「曲がった、捩《よじ》れた」の意味があります。黕はタンと読み「汚い」の意味です。つまり、「腹わた」のワタは枉黕であり**「捩れて汚い(もの)」**の意味です。したがって、腹わたとは腹枉黕であり「腹にある捩れて汚い(もの)」の意味になっています。腹わたとは、古来、腸のこととされていますが、外見上から汚い物と認識されてきたことを示しています。

150　ワビスケ

ツバキ科の常緑小喬木です。白色、桃色、赤色などの、半開きの釣鐘形の小さい美しい花が咲きます。一音節読みで、萬はワンと読み副詞で使うときは程度が著しいことを表現するときに、「とても、非常に、著しく」などの意味で使われます。雛はビと読み「小さい」の意味です。淑はス、瑰はキと読み、共に「美しい」の意味があります。つまり、ワビスケとは、萬鄙淑瑰の多少の訛り読みであり、直訳すると「とても小さい美しい」ですが、それは花のことと思われるので、花を指すときは「とても小さい美しい(花)」、木を指すときは**「とても小さい美しい花の咲く(木)」**の意味になり、これがこの木名の語源です。

大言海には、次のように書いてあります。「**わびすけつばき**(名)侘助椿　豊太閤、征韓ノ時、従軍セシ何ノ侘助、齎《モタラ》シ帰レルヨリ名トスト」。また、ワビスケという草名は、江戸時代の増補地錦抄という本にでているとされています。しかしながら、十六世紀の朝鮮出兵時の出来事を、二十世紀になってから辞典に書くのですから、この記述の出典が必要と思われるのに、出典を大切にする大言海にしてそれが挙げられていません。また、出典があったとしても、昔の日本人が、兵卒と思われる姓も分からない人のことから、その名前を木名にするようなことをしたとは思われません。現代辞典の大辞林には「茶人笠原侘助が好んだからという」と書かれています。兵卒の何ノ侘助と茶人侘助とが同一人物かどうかは分かりませんが、このような異説の話があることからも、侘助がどうのこうのというのは、殆んど信じられそうもない作り話のようです。

＊おわりに

（一）草木の漢字名について

草木の漢字名には、大別して、漢語から導入されたものと日本語としてつくられたものとがあり、例外的に漢字名のないものもあります。

漢語から導入された漢字名は、その殆んどが新たに日本語としてつくられた言葉、つまり、訓読言葉で読まれています。訓読の字義は、「解釈読み」或いは「説明読み」ということですから、その読みの中に意味が含まれています。本書では訓読のことを**「当て読み」**と称しており、それはその意味どおりの漢字を当てて、その漢字を漢語読みで読むという趣旨です。例えば、草のアザミは漢語から導入された漢字名は「薊」と書きますが、日本語ではアザミと読みます。それはその名称の意味が盎臧靡だからです。漢語読みで、盎はアンと読み「とても、非常に、著しく」、臧はザン、靡はミと読み共に「美しい」の意味があります。つまり、アザミは盎臧靡の多少の訛り読みであり直訳では「とても美しい」になっています。したがって、この草名の意味は「とても美しい花の咲く（草）」の意味になります。

木のウメは漢語から導入された漢字名は「梅」と書きますが、日本語ではウメと読みます。それはその名称の意味が嫵美だからです。漢語読みで、嫵はウ、美はメイと読み共に「美しい」の意味があります。つまり、ウメは嫵美の多少の訛り読みであり直訳では「美しい」の意味になっています。したがって、この木名の意味は「美しい花の咲く（木）」の意味になります。

他方、日本語としてつくられた漢字名は、その殆んどが当て字としての漢字であり、例えば、毒草のトウダイグサは「灯台草」、木のヤマブキは「山吹」と書きますが、これらの漢字はその音読を利用するための単なる当て字です。トウダイグサというのは、その名称の意味が恫悪殆草だからです。漢語読みで恫はトン、悪はウと読み共に「恐しい」、殆はダイと読み「危険な」の意味があります。つまり、トウダイグサは恫悪殆草の多少の訛り読みであり直訳では「恐るべき危険な草」の意味になります。

ヤマブキというのは、その名称の意味が雅曼峬葵だからです。漢語読みで、雅はヤ、曼はマン、峬はブと読みいずれも「美しい」の意味があります、葵はキと読み「黄色い」の意味で使われます。つまり、ヤマブキは雅曼峬葵であり直訳では「美しい黄色い」になっています、したがって、ヤマブキは「美しい黄色い花の咲く（木）」の意味になります。

このようにして、日本の草木名はつくられているのです。このことは、草木名に限ったことではなく、日本語はその全般についてこのようにしてつくられています。

（二）日本語の二大特徴について

草木名にちなんで、日本語はどのような言葉から成り立っているかの話をしますと、日本語は**「漢字言葉」**と、該当する漢字の存在しない**「かな言葉」**とに大別されます。かな言葉は、その読みを利用するための漢字を当て字することのある**「当て字言葉」**と、漢字を当て字することのない**「純《じゅん》かな言葉」**とに分かれますが、その殆んどは前者になります。

漢字言葉は、呉音、漢音、唐音などと称される漢語式の読み方をする言葉、つまり**「音読言葉」**と日本式の読み方をする**「訓読言葉」**とに分かれます。音読というのは字音言葉としての漢字の読み方ですから、音読言葉においてはその漢字自体に意味が含まれています。他方、訓読言葉においては、訓とは「解釈読み」或いは「説明読み」という意味ですから、その言葉の意味は、当て字となっている漢字の意味ではなくて、その読み方、つまりその音で表わされる他の漢字の中にあります。訓読に使用する漢字の読み方は、漢語漢字としての字音読みをしたもので、多くの場合、複数の漢語漢字の組合わせになっています。したがって、多くの日本語としての訓読言葉は多音節の言葉になるのです。

草木名の例でいえば、漢語から導入した漢字ではアザミは薊と書きますが、漢語式にジと読むときはその漢字自体に意味が含まれています。通常、その意味はシナ人でなければ分かりません。アザミと読むときは、その意味は漢語音で表される盎臧靡という他の漢字の中にあります。トウダイグサは、当て字の漢字では灯台草と書きますが、この草の意味は灯台草という漢字の意味ではなくてその読み方、つまり、当て字で読まれるトウダイグサという漢語音で表される恫悪殆草という他の漢字の中にあります。ヤマブキは山吹と書きますが、この草の意味は山吹という当て字の漢字の意味ではなくてその読み方、つまり、当て字で読まれるヤマブキという漢語音で表わされる雅曼峬葵という他の漢字の中にあります。

訓読言葉というのは「日本人自身が、漢字を素材として、日本語としてつくった言葉」です。そのような意味では、訓読言葉は純日本語といえるかも知れません。日本語の漢字言葉についての二大特徴は、意味の視点からすると「日本語の基本は訓読言語である」ということであり、表現形式の視点からすると「日本語の基本は当て字言語である」ということになります。つまり、日本語の二大特徴は、訓読言語であり、当て字言語であるということです。

このような事情を踏まえたうえで、本書の語源説を読んで頂きたいと思います。そうでないと、漢語から導入した名称の場合はどうしてそのような読みになるのか、日本語としてつくられた当て字名称の場合はどうして使用されている当て字の字義と異なる意味になるのかという疑問が生じてしまうからです。現在の俗説の多くは、漢語から導入された漢字名の場合はその読みはどのような漢字の読みからきたものなのか分からないことから、日本語としてつくられた漢字名の場合はその漢字を当て字とは気付かずに、或いは、当て字と知りながらも、その漢字の字義どおりに解釈することから生じているものが多数存在します。なぜ、このようなことになっているかというと、日本の言語・国語学界には、日本語の語源のことを云々するにしても、ほんとうの語源は明らかにしてはならない、したがって、ほんとうのことは話さないという暗黙の諒解が存在しているからです。

大野晋と十一人の有名な学者・文人との対談集である「対談　日本語を考える」（中央公論社・大野晋編）には、次のように書いてあります。

「**梅棹忠夫**　やっぱりタブー（禁忌）が多過ぎるんだと思う。日本語について、そういうことというちゃいかんとか、やっちゃいかんということがいっぱいあるんです。それからいっぺん開放してほしい。**荒正人**　日本語学者の間には、日本語の起源を論じちゃいけないということがありますね。大野晋先生は学問的勇気で、そのタブーに立ち向かったけれども。**大野晋**　言語の起源はともかく、語源なんかやるのはやっぱりちょっとおかしなやつだということになっていますね」。

この会話について、最大の疑問は、なぜ、「日本語の起源を論じちゃいけない」のか「誰が禁じているのか」ということですが、それは日本語はどこからきたものでもなく、漢字を素材として日本人自身がつくった言語であること、および、漢字の伝来前に存在したとされる、いわゆるやまと言葉（大和言葉）なるものは、現在では存在しない、或いは、殆んど存在しないらしいことが暴露されてしまうが故に、暗黙の了解事項として「日本語の起源を論じちゃいけない」ということになっているのです。

そのことはさておき、上述したように、日本語として日本でつくられた漢字名には、当て字が極めて多く、このような漢字の使用法は、古代の万葉仮名といわれる漢字において行われたもので、それが現代にまで続いているということです。ただ、当て字としての万葉仮名の使用法と現在の漢字の使用法の大きな相異点は、前者が、原則として、単にその音読を利用するためだけの、字義を無視した一字一音としての使用法だったのに対して、後者は必ずしもそうではないということです。したがって、後者の場合には、例えば、アサギ色とは晴天の空色である「青色」のことですが、万葉仮名の用法にならって例えば阿佐岐色と書けば問題はなくても、浅黄色とも書かれるのでその字義のとおりに解釈した「薄い黄色」のことと誤解される事態が起きています。江戸時代の大学者とされる本居宣長でさえもそのようなのです（蟲名源・アゲハ・モンシロ欄参照）。また、ムギマキという名称の可愛い小鳥は、日本を春と秋の二回通過する候鳥《わたりどり》ですが、当て字で「麦蒔」と書かれるので、春のことは無視して、「麦を蒔く頃に渡来するのでムギマキという」のような俗説がはびこることになります。俗説とは、ほんとうでない、または、ほんとうでないらしい説のことをいいます。

（三）日本語漢字と漢語の違いについて

先ず、最初にいっておくべきことは、日本語漢字は漢語ではないということです。

ご承知のように、日本語漢字は、古代においてシナから伝来し積極的に導入されました。シナの言語を漢語といいますが、漢語は**①漢字**、**②その意味**、**③その音**、**④その声**の四要素から構成されており、これらが一体化したものです。漢字は、漢語の基本要素ではありますが、人間社会には音声だけの言語も存在するということを考慮すれば、漢語の構成要素の一つに過ぎないのです。したがって、漢語と漢字とでは、その意味する範囲が明確に異なっています。当然のことながら、シナでは自国民が使う漢字を漢語といい、日本などの他国民が使うものを漢字といって区別しています。なぜならば、「その音」と「その声」が異なるからであり、ときには「その意味」さえも異なることがあるからです。

言語問題を論ずるときに、音声という言葉における音とは「読み方」のことをいい、声とは話すときの「声調」のことをいいます。声調とは声の調子のことで、英語でいうところのアクセント（accent）に相当するものです。漢語は高低声調、英語は強弱声調とされています。

漢字は、漢語を書き表すときの文字ですが、「その意味」と共に日本に導入されて日本語を書き表す日本語漢字となっています。ただし、日本語には、「その音」と「その声」は導入されず、日本語としては独自の音声がつくられたのです。日本語では、漢語の四要素の一部である「漢字」と「その意味」は導入されても、「その音」と「その声」とは導入されなかったので、極論すれば、漢字は導入されても漢語は導入されなかったということです。したがって、日本語漢字の読み方、つまりその音声でシナ人に話しかけてもまったく通じないのです。ということは、日本人は、漢字は使っても漢語は使っていないということです。

日漢の漢字を区別していうと、漢字にはシナで使われる漢語漢字と日本で使われる日本語漢字とがあることになります。その違いは、繰返しになりますが、特に話し言葉になったときに、決定的に重要な要素となる音声が異なるということです。この音声の相異は、古代日本人が、日本に漢字を導入したときに、その音声を改変したことに始まっています。つまり、日本人は、漢字を導入する際に、その音を改変し、かつ、声（声調）は無視して日本語にしてしまったのです。日本語においても声調がどうのこうのといわれますが、日本語漢字においては声調はないといっても過言ではありません。なぜならば、日本語においては、声調がどうであっても、意味は通じるので、必ずしも必要としないからです。他方、漢語においては、同音異義語が多いので、声調は極めて重要であり声調が違うと他の漢字の意味になってしまい意味が通じなくなります。日本語では声調の代りに、呉音・漢音・唐音などと読み方、つまり音を変えることによって、同じ漢字の用法を区別し識別しています。呉音・漢音・唐音というのは、漢語で区別されて存在したというよりも、日本人が勝手に付けた音読であり、正しくは漢字の日本語音読ともいうべきものです。なぜそういうことをしたかというと、その主な目的は、同音異義語の発生をできるだけ避けることだったと思われます。

以上に、縷々《るる》述べたように、「漢語と漢字とは違うもの」ということは、極めて重要なことであり、教養ある人ならばはっきりと認識しておくべきことです。にもかかわらず、多くの著名な言語・国語学者が、その著書の中で日本語漢字を「漢語」と称しています。これは、特には、漢字排除思想の学者たちに多用されるもので、それらの言語・国語学者が分かっていないというよりも、日本語漢字は「借用語」であると強調するために、いわゆる「為にする」表現です。しかしながら、日本語漢字は、「導入語」或いは「輸入語」とでもいうべきものであって、返済や返上を要するとの意味合いのただよう、つまり、将来は漢字を使わないようにしようという意味合いのただよう「借用語」というべきではありません。日本語漢字は、世界に誇るべき日本語の根幹なのです。

（四）やまと言葉（大和言葉）について

日本語について一般的なことをいうと、動植物の名称に限らず、膨大な数の日本語言葉は、漢語から導入した漢字言葉と、当て字のある漢字言葉と、当て字のない純かな言葉とを含めて、その読みはすべて漢字を素材としてつくられたものです。つまり、**「日本語は、漢字を素材として日本人自身がつくった言語」**なのです。そうはいっても、漢字導入以前の古代にも、たとえ文字はなかったとしても、話し言葉としての日本語は存在した筈であるし、その古代和語は一体どうなったのかという疑問が当然に生じてきます。しかしながら、そのような古代和語は、漢字を素材として日本人自身がつくった新しい言語に置換されてしまって、現在では、殆んど存在しない、或いは、存在しないらしいということです。

もし、日本に漢字が伝来する前に、日本に存在した音声言葉である古代和語を大和言葉というのならば、文字化されて現在まで伝承している大和言葉は、現在では存在しない、或いは、存在しないらしいということです。したがって、大和言葉の定義は、そのつくられた時代を問わず「漢字を素材として、日本人自身がつくった言葉」と修正して新しく定義し直さなければならないと思われます。このことが、日本の国語・言語学界では認識されているのかいないのか分かりませんが、少なくとも歴史上において一度も学説として主張されたことはなく、いつまでたっても日本語の系統論が進歩せず決着しない原因となっています。

(五) 大和言葉と万葉歌について

現代の言語・国語学界では、漢字伝来前の古代和語は大和言葉ともいうとされています。そして、現在の殆んどの日本語は現在にまで引継がれた大和言葉であると見做すことが通説とされているようです。そもそも、大辞典の「大和言葉」欄には「日本固有の言葉」とだけ書いてあり、なんのことやら一向に分からない、そっけない説明になっています。つまり、現代の言語・国語学者は、大和言葉の正体がなんであるかを国民に知らせたくないようなのです。

しかしながら、上述したように、極言すれば「大和言葉は現存していない、或いは、現存していないらしい」のです。もし、そのような大和言葉が現存するとして、これこそがその大和言葉であると指摘できれば、それがほんとうにそうであるかどうかを判定することは、さほど困難なことではないかも知れません。なぜならば、その大和言葉の意味は漢字で解読することが不可能と思われるからです。

最も古い言葉であることから、漢字が伝来する以前の音声言葉である大和言葉が、文字化されて含まれるかも知れないと思われる万葉歌においては、現在に至ってもなおその意味が不明とされて、その歌の解説においてもその意味を解釈されていない言葉が多々あり、それらの言葉はひょっとすると古代和語としての大和言葉かも知れないということに繋がります。

(六) 万葉歌の言葉について

万葉歌において、その意味が不明である、或いは、定かでないとされるため、漢字が伝来する前の大和言葉かも知れない言葉はたくさんありますが、本書においてそれらの言葉の語源について、その殆んどを論ずることはできない訳ではありません。しかしながら、紙面も許さないので、万葉歌にでてくる、そのような言葉、例えば、万葉集の最初の歌にでてくる有名で代表的なものを三つだけを挙げれば、**「そらみつ」**、**「とりよろふ」**や天皇に対して度々使われている**「やすみしし」**などがあります。これらの言葉は、幾多の解説書において、その意味が現代語に翻訳されていないところをみると、江戸時代以降の多くの碩学《せきがく》が研究しても解明できなかったのかは分かりませんが、今なお意味不明とされているように思われます。したがって、これらの言葉は、古代和語としての大和言葉であるかも知れない可能性があるので、はたしてそうなのかどうかを追求してみます。

ソラミツは、第二一代の雄略天皇が詠んだとされる、万葉集の最初の長歌にでてくる言葉です。

・そらみつ（虚見津） 大和《やまと》の国は
　おしなべて　われこそ居《を》れ　・・・（万葉1）

日本古典文学大系の「萬葉集一」（岩波書店）の頭注では、「枕詞。ヤマトにかかる↓補注」と書かれています。そこで、補注をみると次のように書いてあります。

「神武紀に、饒速日命《にぎはやひのみこと》が天の磐船に乗って大空をかけり、この国を空から見下して天降った、それによって空見つ大和と称する、という伝説が載っている。この起源説はいわゆる民間語源説として当時伝えられていたもので、本来の正しい意味をとらえているかどうか不明であるが、この他に、特に正しいと思われる説は発表されていない。柿本人麿は、この四音の枕詞を、ソラニミツと五音にして用いている」。

そこで、僭越ながら、正しいと思われる本書説を披露しますと、一音節読みで、頌はソンと読み「褒める、称える」、孌はラン、靡はミ、姿はツと読み、いずれも「美しい」の意味があります。つまり、ソラミツとは、頌孌靡姿の多少の訛り読みであり「称えるべく美しい」の意味になります。したがって、「そらみつ大和の国」は**「称えるべく美しい大和の国」**の意味になっており、これがこの言葉の語源と思われます。

ソラニミツという五音節語は、柿本人麿の詠んだとされる万葉29に「・・・そらにみつ（空尓満）大和を置きて・・・」とただ一度だけ詠まれていますが、特に漢字に精通していたとされる人麿は、四音節語を五音節語にするために、一音節読みでニと読み「美しい」の意味の「旎」を追加したものと思われます。そうしますと、ソラニミツは頌孌旎靡姿になり、四音節語が五音節語になっただけで、その意味はまったく同じになっています。

トリヨロフは、第三四代の舒明《じょめい》天皇が詠んだとされる、万葉集の二番目の長歌にでてくる言葉です。

・大和《やまと》には　群山《むらやま》あれど　とりよろふ（取与呂布）
天の香具山　・・・（万葉2）

日本古典文学大系の「萬葉集一」（岩波書店）の頭注では、「とりよろふ―ヨロフは都に近くある意。↓補注」と書かれています。

そこで、補注を見ると次のように書いてあります。

「この句他例なく、意味不明。トリは接頭語として用いられたものかと思われるが、万葉集中、トリ・・・と複合した動詞では、トリはやはり手に取るという意味が、はっきり残っているものが多い。してみるとこの場合の解釈は、このままではほとんど不可能となる。あるいは当時何か香具山に関する伝承があって、当時の人々にはすぐに理解出来ることであったかもしれない。今仮りに、ヨルを寄ると解し、ヨロフを寄ろふとする意見（春日政治博士）に従い、都に近く寄っている意と見ておく。なお考うべき言葉である」。

しかしながら、この言葉の意味はさほど難しいこととは思われません。一音節読みで、都はト、麗はリ、優はヨウ、柔はロウ、膚はフと読み、形容詞として使うときは、いずれも「美しい」の意味があります。つまり、トリヨロフは、都麗優柔膚の多少の訛り読みであり**「美しい」**の意味になっています。したがって、「とりよろふ　天の香具山」は**「美しい　天の香具山」**の意味になり、これがこの言葉の語源と思われます。

なお、この言葉の意味に相当する漢字はいくらでもあるので、もし万葉歌でなければ、例えば、万葉仮名の取与呂布ではなくて「美麗」という熟語を「とりよろふ」と訓読する、つまり、「美麗《とりよろふ》」と訓読してもよかったと思われます。

ヤスミシシは、最初にでてくるのは万葉集の三番目の長歌であり、以降、万葉歌においてたびたびでてくる言葉です。

・やすみしし（八隅知之）　我大王《おほきみ》の　朝《あした》には
とり撫《な》でたまひ　夕《ゆふべ》には　い倚《よ》り立たしし・・・
（万葉3）

「やすみしし」という言葉について、日本古典文学大系「萬葉集一」（岩波書店）の頭注では「枕詞。ワガオホキミ・ワゴオホキミにかかる。↓補注」とあり、その補注をみると、「やすみしし」について次のように書いてあります。

「用字法を見ると、『八隅知之』『安見知之』『安美知之』などがある。これによって、八方を統べ治めるの意があると見る説と、安らかに見そなわす意と見る説が分れる。八方を統べ治めるという考えは、極めて中国的な発想法であると考えられるので、本来、行われていたヤスミシシに対して、中国の影響をうけるようになってから八隅知之という文字が用いられるようになったものかもしれない」。

古語辞典によれば、「見そなわす」とは「見る」の尊敬語とされています。しかしながら、この補注の説明では、ヤスミシシはいかなる理由で「八方を統べ治めるの意」や「安らかに見そなわす意」に解釈できるのか少しも明らかではありません。この言葉は、我大王にかかる修飾語なので、そう難しく考えなくても、単純に我大王を褒め称える言葉と理解した方がよいと思われます。そこで、本書では、次のような説を披露します。

一音節読みで、雅はヤ、淑はス、靡はミと読み、いずれも「美しい」の意味があります。熙と晰は、共にシと読み、共に「光り輝く」の意味です。したがって、ヤスミシシとは、雅淑靡熙晰であり直訳すると「美しく光り輝く」の意味になります。そうしますと、「やしみしし　我大王」とは**「美しく光り輝く　我大君」**の意味になり、これがこの言葉の語源と思われます。

以上のように、ソラミツ、トリヨロフ、ヤスミシシのいずれも、漢字が伝来する前に存在した古代和語ではないこと、或いは、ないらしいことが証明できるのです。

本書では、難解とされるもののうち、①ゴマ欄で万葉266の「アフミノミ（淡海の海）」、②スギ欄で万葉3363の「マツシダス」、③ツママ欄で万葉4159の「ツママ」についてその語源を示しています。この他にもたくさんあるのですが、マタタビ、サツヤ等については獣名源で、アオウマ（白馬）については鳥名源で、シラヌヒについては蟲名源で言及しています。万葉集において意味が不明である、或いは、不確かであるとされる言葉も、漢字を素材としている言葉であると理解すれば、比較的簡単にその意味を解読することができるのです。このことは、すべての日本語についてもいえることです。

（七）比較言語学の問題点について

日本の言語・国語学界では、ヨーロッパ流の比較言語学の手法を日本語に適用して、その由来や語源、及びその系統を究明する研究が盛んに行われてきたし、現在も行われているようです。しかしながら、先ずは比較すべきどの日本語が、漢字の伝来前に存在した古代和語としての大和言葉なのかを特定しないことには、後世に漢字を素材としてつくられた日本語と比較研究しても、まったく無意味であり、学問としては話にならないということです。

（八）新音義説について

本書における草木名についての語源説は、本書の唱える新音義説に基づいて行っています。特に江戸時代に盛んであった従来の音義説には、唱える人によって色々でしたが、その中心は、五十音図のそれぞれの音に「一義」がある、つまり、一つの意味があるとするものでした。したがって、多数の日本語のそれぞれの言葉の意味を上手に説明することができずに、現在の言語・国語学界では、本気なのかどうかは分かりませんが、誤った説としてまったく問題にされていません。しかしながら、このことが、日本語の本質を見失わせる結果を招いています。

本書の唱える新音義説において「新」というのは、五十音図のそれぞれの音には**「漢字に基づく多義」**がある、つまり、漢字に基づく複数の意味があるとするものです。どの程度の数の意味があるかというと、漢字の意味とその音読に見合った数の意味があるのです。しかもその音読は、漢字の漢語式音読になっています。

例えば、漢語式音読でアと読む漢字は、アンと読む漢字を含めると約40字あります。したがって、簡単にいうと、アという音には漢字の数に見合った約40の意味があることになります。イと読む漢字はインと読む漢字を含めると約260字、ウと読む漢字はウンと読む漢字を含めると約70字、エと読む漢字はエンと読む漢字を含めると約70字、オと読む漢字はオンと読む漢字を含めると約50字があります。したがって、採用できる漢字は限られるとしても、イには約260、ウには約70、エには約70、オには約50の意味があることになります。以下、五十音図の各音について、漢字の音読の数だけの意味があることになります。

日本語というのは、その意味はこれらの漢字の意味を繋ぎ合わせたもの、その読みはその漢語式音読を繋ぎ合わせたものになっています。したがって、日本語は多音節語になっているのです。その具体例は、この「草木名の語源」という本における各草木名の語源に示してあります。また、拙著の一連の「動物名の語源」本である魚名源、鳥名源、獣名源、蟲名源という本に示してあります。なお、本書の唱える新音義説は殆んどすべての日本語にも適用できるものです。したがって、日本語についての語源説は掃いて捨てるほどあるのですが、本書ではケ（毛）、タナバタ（七夕）、ハル・ナツ・アキ・フユ（春・夏・秋・冬）等の若干の言葉について、「一般語の語源」としてその語源を示しています。

以上

＊参考文献

主な参考文献

（平安時代まで）
・栄花物語
・源氏物語（紫式部著）
・古今集
・古事記
・字鏡
・正倉院文書
・字類抄（色葉字類抄）
・天治字鏡
・日本書紀
・本草和名
・枕草子（清少納言著）
・万葉集
・名義抄
・康頼本草（丹波康頼仮託著）
・和名抄（倭名類聚抄）

（鎌倉時代～室町時代）
・運歩色葉集
・易林節用集（易林本節用集）
・お湯殿の上の日記
・下学集
・夫木和歌抄（藤原長清撰）
・文明本節用集
・本草綱目（漢籍）
・山科家礼記
・林逸節用集

（江戸時代）
・合類節用集
・書言字考節用集（槇島昭武編）
・草花魚貝虫類写生図（狩野常信作）
・東雅（新井白石著）
・日葡辞書
・物類称呼（越谷吾山著）
・本草綱目啓蒙（含重修版・重訂版）（小野蘭山述）
・本朝食鑑（人見必大著）
・大和本草（貝原益軒著）
・和漢三才図会（寺島良安著）
・倭訓栞（和訓栞）（谷川士清著）
・和爾雅（倭爾雅）（貝原好古著）

（明治時代以降）
・おいしい山菜図鑑（千趣会）
・外来語（楳垣実著・講談社文庫）
・漢和辞典
・漢語辞典（現代・新現代漢語詞典）
・草木名初見リスト（磯野直秀作・慶大日吉紀要刊行委員会）
・原色牧野植物大図鑑（含改訂版）（牧野富太郎著・北隆館）
・広辞苑　第六版（岩波書店）
・語源辞典　植物編（吉田金彦編著・東京堂出版）
・言葉の今昔（新村出著・河出新書）
・植物一日一題（牧野富太郎著・ちくま学芸文庫）
・植物名の由来（中村浩著・東書選書）
・新村出全集
・大言海（含言海）（大槻文彦著・冨山房）
・大辞泉（小学館）
・日本古典文学大系「萬葉集」（岩波書店）
・日本国語大辞典（全二〇巻）（小学館）
・日本食物史（櫻井秀・足立勇共著・雄山閣）
・牧野新日本植物図鑑（牧野富太郎・北隆館）
・萬葉の花（松田修著・芸艸堂）
・野草散歩（邊見金三郎著・朝日新聞社）

その他の参考文献

（五十音順・時代不問）

・アイヌ語辞典……177
・壒嚢鈔（行誉撰）……223
・医心方……133・431
・出雲国風土記……77・143・243・256
・伊勢物語……49
・蔭凉軒日録……127・206・495
・浮世鏡……316
・宇津保物語……23・108・166・328
・犬子集……517
・絵本福寿草……308
・遠碧軒記（黒川道祐著）……347
・大鏡裏書……264
・奥の細道……202
・温故知新書（大伴広公著）……210・236・292・607
・女重宝記……307
・華夷通商考（西川如見著）……347
・懐風藻……131
・河海抄（四辻善成著）……223
・花鏡（世阿弥著）……368
・蜻蛉日記（藤原道綱母著）……252
・花壇綱目初稿（水野元勝著）……44
・花壇地錦抄……44・91・136・285
・角川外来語辞典（荒川惣兵衛著・角川書店）……66・128・288
・花譜（貝原益軒著）……91・173・348
・画譜（漢籍）……398
・嘉話録（漢籍）……307
・漢語抄……256
・冠辞考（賀茂真淵著）……382
・看聞御記……465・563・577
・魏志倭人伝……300
・季節を祝う食べ物（森田潤司作・同志社女子大学）……223・281
・紀貫之全歌集……367
・樹の花Ⅰ（山と渓谷社）……387
・玉篇（漢籍）……467
・魚名源（江副水城著）……621
・近代世事談（菊岡沾凉著）……243・347
・金田一京助全集（三省堂）……568
・訓蒙図彙（中村惕斎著）……194・259
・愚管記（近衛道嗣著）……208
・草木おぼえ書（宇都宮貞子著・読売新聞社）……309
・草木ノート（宇都宮貞子著・読売新聞社）……309
・草木夜ばなし・今や昔（足田輝一著・草思社）……104・146
・公事根源（一条兼良著）……223
・くずし字解読辞典（児玉幸多編・東京堂出版）……568
・蜘蛛の糸巻（岩瀬京山著）……70
・群芳譜（王象晋著）（漢籍）……495
・慶長日記（木下延俊著）……287
・毛吹草（松江重頼編）……93・158・301
・原色日本植物図鑑（北村四郎・村田源共著・保育社）……52・462・495・579
・現存和歌六帖……59
・現代ポルトガル語辞典（白水社）……175
・広益地錦抄（伊藤伊兵衛著）……335
・広辞林（三省堂）……71・329・579
・古今六帖……103
・国史昆虫草木攷（曾占春著）……519
・古今沿革考……227
・古今著聞集（橘成季編）……452
・古今要覧稿（屋代弘賢編）……103
・古今料理集……343
・後拾遺（和歌）集……168・599
・後撰集……168
・〝ことば〟を知る（東京電力文庫）……400
・古名録（源伴存編）……519
・桜川……578
・狭衣物語（六条斎院宣旨著）……353
・撮壌集（飯尾永祥著）……280・535
・更科日記（菅原孝標女著）……256
・山家集（西行著）……49・199

・三才図会（漢籍）……1・112・497
・爾雅（漢籍）……56
・詞花集……82
・詩経（漢籍）……455
・瓜哇薯ノ栽培……67
・釈紀……212
・獣名源（江副水城著）……116・134・150・620
・拾遺和歌集……256・317
・樹木和名考（白井光太郎著・内田老鶴圃）……466
・松渓県志（漢籍）……68
・小右記（藤原実資著）……303
・性霊集（空海著）……184
・諸禽万益集……242
・植物学九十年（牧野富太郎著・宝文館）……219・310
・植物観察図解事典（室井綽著・六月社）……576
・植物記（牧野富太郎著・ちくま学芸文庫）……362
・植物の名前の話（前川文夫著・八坂書房）……105・416・542・595
・植物百話（矢頭献一著・朝日新聞社）……406
・蜀本図経（漢籍）……458
・諸国産物帳（丹羽正伯編）……65・101・245・538
・拾芥抄……223・281
・拾玉集（慈円著）……99・201
・新漢書（漢籍）……492
・新刊多識編（林羅山著）……246・334・380
・新古今集……50
・新撰六帖……103
・新撰類聚往来……573
・新明解国語辞典（三省堂）……330・579
・雀子集（銀竹軒光方編）……447
・西洋道中膝栗毛……116
・世界大百科事典（平凡社）……424・511・521
・世界地図帖（国際地学協会）……561
・尺素往来（一条兼良著）……159・181・382・485
・碩鼠漫筆（黒川春村著）……382
・石林燕語（葉夢得著）（漢籍）……556・585
・説文（漢籍）……448
・仙覚抄（万葉集注釈）（仙覚著）……103
・千虫譜（栗本瑞見著）……387
・箋注和名抄（箋注倭名類聚抄）……167
・蔵玉集……237
・増補地錦抄……542・609
・草木錦葉集……205
・草木図誌（鶴田知也著・東京書籍）……528
・草木図説（飯沼慾斎著）……225
・草木育種……542
・草木の話 センダン（和泉晃一書）……493
・艸木六部耕種法（佐藤信淵著）……112
・草木弄葩抄……73
・続詞花集……456
・蔬菜栽培法（福羽逸人著・博文館）……67
・大辞林（三省堂）……71・330・579・609
・対談 日本語を考える（大野晋編・中央公論社）……612
・大日本国語辞典（上田万年・松井簡治著・冨山房）……570
・竹取物語……44・505
・多聞院日記……44
・塵袋……557
・鳥名源（江副水城著）……134・168・620
・堤中納言物語……138・353
・徒然草（吉田兼好著）……334・353
・耋筵小牘……66
・典薬寮式……515
・唐会要（漢籍）……307
・東寺百合文書……317
・常盤嫗物語……186
・中務集……35
・七草草紙……224
・日華本草（漢籍）……263
・二物考（高野長英著）……66
・日本語―上代から現代まで（丸山林平著・白帝社）……397
・日本語大辞典（講談社）……330・579

・日本語と外国語（鈴木孝夫著・岩波新書）……14
・日本語の起源（大野晋著・岩波新書）……16・338
・日本釈名（貝原益軒著）……208・273
・日本植物誌（チェンベリー著）……544
・日本植物方言集（八坂書房）……60
・日本人と植物（前川文夫著・岩波新書）……416・456・546
・日本大百科全書（小学館）……511・521
・年中行事秘抄……169・223・281
・農業全書……44・303
・農政全書（漢籍）……234
・野の花（佐竹義輔編・講談社）……309・319
・八閩通志（漢籍）……498
・八笑人……596
・花ものがたり（12ヵ月）（本田正次著・海南書房）……309・576
・浜松中納言物語……454
・春雨文庫（松村春輔編）……116
・久政茶会記……65
・秘伝花鏡（陳扶揺著）（漢籍）……53・174
・兵庫寮式……454
・仏和辞典（白水社）……288
・文華秀麗集……193
・平家物語……491
・北夷分界餘話……569
・発心集（鴨長明著）……288
・本事方（漢籍）……79
・本草一家言（松岡恕庵著）……524・555
・本草経……167
・本草綱目品目（貝原益軒著）……81・209
・本草名物附録……350
・本朝式……149・304
・梵灯庵袖下集（梵灯著）……223
・牧野植物一家言（牧野富太郎著・北隆館）……263
・昌章草木集（大窪昌章著）……337
・増鏡……353
・松平大和守日記（松平直矩著）……527・563
・松前志（松前広長著）……568
・松前方言考（淡斎如水著）……568
・饅頭屋本節用集……195・210
・萬代集……20
・萬葉考（賀茂真淵著）……104
・万葉古今動植正名（山本章夫著）……519
・萬葉集古義……82
・水谷本草（水谷豊文著）……347
・道端植物園（大場秀章著・平凡社）……216
・名語記（経尊著）……135・297・323
・明月記（藤原定家著）……530
・師光年中行事……169・223・281
・蟲名源（江副水城著）……134・309・320・613
・藻塩草……524
・藻汐草（上原熊次郎著）……568
・文徳実録……280
・野草雑記（柳田国男著）……216
・野草大百科（北隆館）……298・312
・大和本草批正（小野蘭山口述・井岡冽著）……220・493・583
・山内千代書簡……475
・山の花1（山と渓谷社）……309・319
・有用植物（菅洋著・法政大学出版局）……172
・用薬須知（松岡玄達著）……214
・吉野葛（谷崎潤一郎著）……146
・礼記（漢籍）……455
・羅葡《ラホ》日辞典……249・531
・俚言集覧……160・601
・類聚国史（菅原道真編）……133・608
・類聚往来……186
・類聚雑要抄……186
・連歌至宝抄……224
・論語（漢籍）……455
・和漢朗詠集（藤原公任編）……37・222
・和玉篇……535・555
・Flora Japonica（シーベルト、ツッカリーニ共著）……544

〈著者紹介〉

江副 水城（えぞえ みずき）

1938年熊本県八代市生まれ。
東京大学法学部卒、上場企業（旭化成）に勤務後退職。
趣味は麻雀愛好、動植物観察、言語研究。
著　書：『魚名源』（2009年5月）
　　　　『鳥名源』（2010年6月）
　　　　『獣名源』（2012年10月）
　　　　『蟲名源』（2014年2月）
　　　　（以上、発行所 株式会社パレード、発売所 株式会社星雲社）

〈挿絵〉

野上 幸子（のがみ さちこ）

フェリス女学院大学卒。

草木名の語源

定価（本体3800円+税）

2018年6月26日初版第1刷印刷
2018年7月 2日初版第1刷発行
著　者　江副 水城
発行者　百瀬 精一
発行所　鳥影社 (www.choeisha.com)
〒160-0023 東京都新宿区西新宿3-5-12トーカン新宿7F
電話 03-5948-6470, FAX 03-5948-6471
〒392-0012 長野県諏訪市四賀229-1(本社・編集室)
電話 0266-53-2903, FAX 0266-58-6771
印刷・製本　モリモト印刷・高地製本

ISBN978-4-86265-655-1 C0080